职业技能培训教程与鉴定试题集

仓库保管工

(教程)

中国石油天然气集团公司人事服务中心 编

石油工业出版社

内 容 提 要

本书是由中国石油天然气集团公司人事服务中心统一组织编写的《职业技能培训教程与鉴定试题集》中的一本。本书包含仓库保管工应掌握的基础知识、专业知识和相关知识，是仓库保管工职业技能培训的必备用书。

图书在版编目(CIP)数据

仓库保管工：教程/中国石油天然气集团公司人事服务中心编.—北京：石油工业出版社，2007.4

(职业技能培训教程与鉴定试题集)

ISBN 978-7-5021-5755-5

Ⅰ.仓…
Ⅱ.中…
Ⅲ.仓库管理－技术培训－教材
Ⅳ.F253.4

中国版本图书馆 CIP 数据核字(2007)第 012615 号

出版发行：石油工业出版社
　　　　　(北京安定门外安华里2区1号　100011)
　　　　网　址：www.petropub.com
　　　　图书营销中心：(010)64523633
经　　销：全国新华书店
排　　版：北京乘设伟业科技有限公司
印　　刷：北京中石油彩色印刷有限责任公司

2007年4月第1版　2018年5月第3次印刷
787×1092毫米　开本：1/16　印张：32
字数：816千字

定价：38.00元
(如出现印装质量问题，我社图书营销中心负责调换)
版权所有，翻印必究

《职业技能培训教程与鉴定试题集》
编审委员会

主　任：孙祖岭

副主任：刘志华　孙金瑜　徐新福

委　员：向守源　任一村　职丽枫　朱长根　郭向东
　　　　李钟磬　史殿华　马　富　关昱华　郭学柱
　　　　李爱民　刘文玉　熊术学　齐爱国　刘振勇
　　　　王家夫　刘瑞善　丁传峰　乔庆恩　申　泽
　　　　刘晓华　何坤琦　阿不都·热西提　郭　建
　　　　王阳福　郑兴华　赵忠文　刘孝祖　时万兴
　　　　王　成　商桂秋　赵　华　杨诗华　刘怀忠
　　　　杨静芬　纪安德　杨明亮　刘绍胜　姚　斌
　　　　何　明　范积田　胡友斌　多明轩　李　明
　　　　蔡新疆

前　言

为提高石油工人队伍素质，满足职工培训、鉴定需要，中国石油天然气集团公司人事服务中心继组织编写了第一批44个石油天然气特有工种的培训教程与鉴定试题集之后，又组织编写了第二、三批106个工种的职业技能鉴定试题集，并分别由石油工业出版社和石油大学出版社出版。根据企业组织工人进行培训和职工学习技术的需要，我们在第二、三批题库的基础上，又组织编写了第二批32个工种的职业技能培训教程。

本批教程只编写基础知识、专业知识和相关知识，内容、范围与题库基本一致，不分级别，与已出版的第二、三批试题集配套使用，便于组织工人进行鉴定前的培训。由于在公开印刷发行的试题集中，只选取了题库中的部分试题，因此本批教程对工人学习技术、提高知识技能将起到应有的作用。

《仓库保管工》由大庆石油管理局组织编写，主编为孙铁文。参加编写的人员有周东树、陈利民、李卫松、张正宇、娄广红、宫运兴、邹晓钟。参加审定的人员有长庆油田杜燕丽，辽河石油勘探局王汝栋，辽阳石化胡颖超，大庆油田方荣权、杨平、徐明丽、李惠民、彭茹杰、杨蕊、阮红莲。在此表示衷心感谢！

由于编者水平有限，书中难免有疏漏和错误，恳请广大读者提出宝贵意见。

编者
2006年3月

目　　录

第一部分　基础知识

第一章　物资仓储知识 ··· 1
　第一节　物资仓储基础知识 ·· 1
　第二节　物资接运 ·· 8
　第三节　物资验收 ·· 13
　第四节　物资保管 ·· 20
　第五节　物资的维护保养 ·· 36
　第六节　物资出库 ·· 56
　第七节　仓储保管合同实施细则 ·· 60
　第八节　计量、标准化及产品质量法知识 ·· 73
第二章　仓储管理知识 ··· 81
　第一节　物资保管基础资料 ·· 81
　第二节　仓库技术经济指标 ·· 102
　第三节　物资保管劳动定额 ·· 106
　第四节　仓库安全常识 ·· 107
第三章　物资计量及包装 ··· 113
　第一节　计量基础知识 ·· 113
　第二节　包装 ·· 124
　第三节　物资包装 ·· 138

第二部分　专业知识

第四章　物资计划及统计 ··· 150
　第一节　物资管理总论 ·· 150
　第二节　物资消耗定额管理 ·· 150
　第三节　物资储备定额管理 ·· 153
　第四节　物资供应计划概述 ·· 157
　第五节　物资统计 ·· 159
第五章　金属材料 ··· 171
　第一节　生铁及铁合金 ·· 171
　第二节　钢与钢材 ·· 183

— 1 —

第三节　有色金属材料 202
第六章　化工产品 215
　　第一节　工业化工产品的概念、性质、分类 215
　　第二节　石油工业常用无机化工产品 222
　　第三节　石油工业常用有机化工产品 228
　　第四节　压缩气体和液化气体 230
　　第五节　橡胶及其制品 237
　　第六节　塑料及其制品 251
　　第七节　油田化学试剂 258
第七章　煤、焦炭及油品 270
　　第一节　煤炭 270
　　第二节　焦炭 279
　　第三节　油品 280
　　第四节　石蜡及其他工艺用品 292
第八章　建筑材料 294
　　第一节　木材 294
　　第二节　水泥 307
　　第三节　玻璃及玻璃纤维 310
　　第四节　沥青、石棉及石棉制品 315
　　第五节　砖、瓦、砂、石、灰 319
第九章　机械产品 338
　　第一节　机械产品的基础知识 338
　　第二节　金属加工机械设备 343
　　第三节　刀具 346
　　第四节　磨具与磨料 353
　　第五节　标准紧固件 359
　　第六节　量具 364
　　第七节　轴承 368
　　第八节　阀门及管路配件 377
　　第九节　工业泵 392
　　第十节　风机和空气压缩机 401
　　第十一节　焊接材料 406
　　第十二节　液压元件 416
　　第十三节　石油钻井设备及配件 424
第十章　电工产品 427
　　第一节　电机 427
　　第二节　变压器 431
　　第三节　高压电器 435

第四节　低压电器……………………………………………………………… 443
　　第五节　开关柜…………………………………………………………………… 453
　　第六节　电工材料………………………………………………………………… 457
　　第七节　仪器仪表………………………………………………………………… 472

第三部分　相 关 知 识

第十一章　现代物流知识………………………………………………………………… 481
　第一节　物流的基本知识……………………………………………………………… 481
　第二节　现代物流采购管理知识……………………………………………………… 487
　第三节　现代物流技术设施…………………………………………………………… 491
　第四节　电子商务与物流配送………………………………………………………… 493
　第五节　现代化管理方法……………………………………………………………… 499

参考文献……………………………………………………………………………………… 503

第一部分 基础知识

第一章 物资仓储知识

物资是物质资料的简称,包括生产资料和生活资料。物资是生产资料还是生活资料,是以它在社会再生产中的作用来划分的。用于满足人们衣、食、住、行的各种生活消费的资料为生活资料,而人们在从事生产劳动中消费的一切物质资料,称为生产资料。生产资料是社会生产力中物的要素,即人们在生产过程中所使用的劳动资料和劳动对象的总和。在我国现行经济管理中的物资,通常是指生产资料而言,即除去土地、森林、矿山、道路和工业建筑以外的工业品生产资料。当然,有些既可以是生活资料,也可以是生产资料。

第一节 物资仓储基础知识

一、物资的分类及石油物资分类编码

(一)物资的分类

工业企业生产建设所需要的物资品种繁多、复杂,其来源和使用方向各不相同,为了便于编制物资计划、合理分配、储运、统计和核销,将各种物资按其不同的属性、不同的特征进行科学的分类是十分必要的。合理的物资分类,对明确职责、分工管理、加速物资流通、搞好物资核算、采用现代化技术、提高经济效益都具有十分重要的意义。

1. 物资分类的方法

物资分类一般有以下几种方法:

(1)按物资在生产中的地位可分为原材料、辅助材料、燃料、设备、配件及工具等。

(2)按物资本身的属性可分为金属材料、非金属材料、机电产品、化工产品、石油产品等。

(3)按物资的使用方向可分为生产用物资、基本建设用物资、经营维修用物资。

(4)按现行管理办法可分为国家指令性计划分配物资、国家合同订购物资、国家组织产需衔接物资和自由购销物资。

当然,除上述分类方法外,还可按其他方法进行分类,这里不再叙述。

石油物资分类是随着石油工业的发展逐步完善的,是根据物资的自然属性,结合石油天然气行业特点和保管要求进行分类的。原石油工业部于1963年将物资分为31个大类,以后由于新材料的不断出现和管理办法逐步完善,于1978年又重新进行了修订,扩充为52个大类。1992年,中国石油物资总公司结合物资编码的要求,在原52个大类的基础上,扩充为59个大类。2000年,中国石油物资装备(集团)总公司、大庆石油管理局物资装备总公司,结合物资编码的要求,在原59个大类的基础上又扩充为60个大类,代码为01到60,并对中类、小类进行了较大的调整和扩充,还增列了"品名"。这次分类的扩充,对物资计划、采购、保管、统计等各项工作应用计算机管理,创造了便利条件。

2. 石油工业物资大类代码目录

石油工业物资大类代码有60个大类：

第01大类——冶金原料及铸铁管；
第02大类——石油专用管材；
第03大类——普通钢材；
第04大类——金属丝、金属绳；
第05大类——有色金属及加工材料；
第06大类——建筑五金；
第07大类——石油及产品；
第08大类——煤炭；
第09大类——非金属建筑材料；
第10大类——水泥及制品；
第11大类——木材及制品；
第12大类——石油专用化工产品；
第13大类——催化剂、助剂、添加剂；
第14大类——橡胶及制品；
第15大类——塑料及制品；
第16大类——涂料及涂料用颜料；
第17大类——通用化工产品；
第18大类——玻璃仪器及化学试剂；
第19大类——火工产品及放射性材料；
第20大类——纺织产品；
第21大类——劳动防护用品；
第22大类——石油专用设备；
第23大类——炼化专用设备；
第24大类——工程机械设备；
第25大类——起重输送设备；
第26大类——通用机械设备；
第27大类——金属加工机械设备；
第28大类——动力设备；
第29大类——交通运输设备；
第30大类——纺织设备；
第31大类——电力电工设备；
第32大类——电工材料；
第33大类——电工元器件；
第34大类——日用电器；
第35大类——通信设备；
第36大类——电子工业产品；
第37大类——石油专用仪器、仪表；
第38大类——通用仪器、仪表；

第 39 大类——小型机械；

第 40 大类——工具、量具、刃具、磨具；

第 41 大类——焊接材料；

第 42 大类——紧固件；

第 43 大类——轴承；

第 44 大类——阀门；

第 45 大类——消防器材；

第 46 大类——其他机械设备；

第 47 大类——石油专用工具；

第 48 大类——石油钻采设备配件；

第 49 大类——炼化专用设备配件；

第 50 大类——纺织器材及配件；

第 51 大类——工矿配件；

第 52 大类——管道配件；

第 53 大类——密封件；

第 54 大类——内燃机及拖拉机配件；

第 55 大类——重型汽车配件；

第 56 大类——一般汽车及摩托车配件；

第 57 大类——铁路、水路设备配件及器材；

第 58 大类——其他机械配件；

第 59 大类——包装物；

第 60 大类——杂品。

（二）石油物资分类编码

石油工业物资统一分类编码是石油物资供应管理工作实现现代化科学管理的基础。它为石油工业所需的各类物资建立了分类方法统一、代码统一、名称命名统一、规格标识统一、计量单位统一的标准体系，使得物资管理标准化、规范化、科学化，为物资信息处理计算机化的实现奠定了基础。

1. 物资编码的原则

物资编码也称物资代码，是在物资分类的基础上，给各种物资规定代码，用以表明其所属的类别、名称、规格、技术条件等。物资编码的原则是：

（1）唯一性。即石油物资分类编码与其对象是一一对应的关系，一个代码只能对应唯一的一个编码对象。

（2）可扩充性。即为新的编码对象留有足够的容量。

（3）编码应尽量简短。即码位尽量短，便于手工和计算机处理。

（4）稳定性。即代码一经确定要保持不变。

2. 物资编码的方法

物资编码的方法一般有数字编码法、字母编码法和字母与数字混合编码法。石油物资分类编码则采用数字编码法，用数字标识出物资的大类、中类、小类、品名及规格型号。

石油物资分类编码可查阅石油天然气行业标准 SY/T 5497—2000《石油工业物资分类与代码》。

二、物资仓库的分类及任务

（一）物资仓库的分类

仓库是储存、保管物资的场所，也是开展物资储运业务的基础。因此，按照仓库不同的特征进行分类，有利于仓库管理和研究工作。我国物资仓库分类方法如下所述。

1. 按照物资在社会再生产中所处的领域不同分类

按照物资仓库在社会再生产中所处的领域不同可分为生产企业仓库和流通领域仓库。流通领域仓库又可分为产成品仓库、中转仓库和国家储备仓库。

（1）生产企业仓库。一般指生产企业为保证生产正常连续进行而建立的储备仓库，它储存生产准备和生产周转用的物资，如原材料、设备、工具、备品配件等。物资进入生产领域，即结束了物资流通阶段，生产企业的仓库是工业企业的组成部分。

（2）流通领域仓库。在整个流通领域里的物资仓库，均属于流通领域仓库。它是在较大范围内，为保证不间断地供应许多企业所需的物资，以及用以调整国民经济不协调时所需物资而建立的仓库。按其在流通领域的作用不同又可分为产成品仓库、中转仓库和国家储备仓库。

①产成品仓库。是指存放生产企业已经制成并经检验合格可进入销售阶段，但由于运输或其他条件限制，尚未离开生产企业的产成品的仓库。由于产成品已经脱离生产过程，即将进入流通领域，因而产成品仓库是属于流通领域仓库的范畴。

②中转仓库。又称为物资储运仓库。是指专门从事物资储存和中转运输业务的仓库。物资管理部门和中央各部物资供销机构所属的仓库都属于此类。区别是前者面向国民经济各部门，服务对象广泛；后者只为本部门的各生产企业服务。

③国家储备仓库。是用以存放国家储备物资的仓库，它主要为调整国民经济计划执行过程中所出现的不协调现象或比例重大失调等情况服务。这类仓库存放的物资虽较长时间脱离周转，但仍处于流通领域，因而国家储备仓库也是属于流通领域的物资仓库。

2. 按储存物资种类分类

按储存物资种类多少可分为综合性仓库和专业性仓库。

（1）综合性仓库。是指储存多种不同属性的物资仓库，但这些物资的理化性能必须是互不影响的。中转仓库大多数是综合性仓库。

（2）专业性仓库。是指只储存某一类物资的仓库。专业性仓库有的是由于物资本身的理化性能所决定，不能与其他物资存放在一起，如化工危险品、炸药等；也有的是由于某种物资的储存量大，需要整个仓库存放，如机电设备仓库、大型金属材料仓库等。

3. 按储存物资的不同保管条件分类

按储存物资的不同保管条件可分为普通仓库、保温仓库和特种仓库。

（1）普通仓库。存放一般性物资，这些物资在保管条件上无特殊要求，如储存黑色金属及其制品，一般机电产品、一般汽车配件、普通化工材料等的仓库。

（2）保温仓库、恒温恒湿仓库。这种仓库专门用来存放在保温条件下有特殊要求的物资，如保温仓库用以保管怕冻的物资。这类仓库在库房里必须配备专门设备，以满足物资的保管要求。

（3）特种仓库。一般指危险品仓库，因存放这类物资都带有一定的危险性，如易爆性、易燃性、放射性、腐蚀性、有毒性等，所以存放这类物资的仓库，在库房建筑结构及库址选择等方面都有特殊要求，故称为特种仓库。

仓库除按上述分类方法外，尚有其他的分类法，如按库房的建筑结构或建筑材料进行分类，按仓库的机械化程度进行分类等。

（二）物资储运仓库的基本任务

物资储运是指生产资料在流通过程中的储存与运输，物资储运仓库是用来储存保管在流通过程中暂时停滞的这部分生产资料。

在社会大生产和社会分工的条件下，社会生产和再生产过程中所消耗的生产资料，一部分由生产企业直接供应生产性消费，其余的需要经过一个产品从脱离生产过程到进入再生产过程或消费过程之间的间隔期间，在这段期间内，形成了一定量的物资储存。物资储运仓库就是担负着生产资料的储存保管和中转的任务。

物资储运仓库的基本任务有：

（1）保持储运物资原有的使用价值。物资的使用价值通常用物资的各项技术指标和经济指标表示。在物资储运过程中，为保证物资的各项技术及经济指标不变，仓库必须对库存物资进行科学管理，研究和掌握各种物资发生质量和数量变化的原因及规律，采取科学合理的保管方法，确保物资安全。

（2）认真做好物资的入库验收工作，尽量缩短验收时间。为避免物资在入库保管前发生错、缺及质量缺陷等情况，仓库必须在最短的时间内做好物资入库验收工作。

（3）及时、准确地把物资供应给需用单位。仓库必须根据用户的需求，及时、准确地把优质物资发放出去，保证供应。

（4）加强仓库经营管理，不断降低储运生产成本。在物资保管过程中的各个环节上，均需研究经济合理的管理方法，讲求经济效益，充分发挥仓库各项设施的作用，合理组织人力、机力进行作业，不断提高仓库利用率，降低保管费用，开展技术创新，不断提高仓库的管理水平。

（5）做好职工培训工作。做好职工培训工作，不断提高职工的业务素质，这是提高仓库管理水平的重要保证。

总之，物资储运工作必须按照生产的客观实际，协调仓库各部门、各环节的作用，充分合理地利用人力、物力、财力，不断提高仓库劳动生产率，以促进储运生产的发展。

三、物资仓储管理的性质及内容

物资仓储管理是研究社会再生产过程中的物资储运、保管规律的一门经济技术管理科学。具体地讲，它是研究如何对物资储运过程中的人、财、物及其运动过程，进行计划、组织、指挥、监督和调节，以达到用最少的物资消耗及资金占用，取得最大的经济效益。

（一）仓储管理的性质

1. 仓储管理的生产性

物资的储存、运输、保管是社会再生产过程中不可缺少的中间环节，其同样要具备劳动力、劳动资料和劳动对象三要素。在任何情况下，为储运和保管物资而消耗活劳动和物化劳动，是从直接的生产过程分离出来的。因此，物资储运是产品的生产过程在流通领域的继续，只是由于有了这种物资的储运保管，才能保证社会再生产的连续不断进行。

2. 仓储管理工作的特性

（1）仓储工作增加价值不创造使用价值。仓储本身不生产产品，不增加产品特性，不提高产品性能，因此它不能创造使用价值，但仓储过程中需要消耗劳动，又确实增加了物资的价值。

（2）仓储工作具有不均衡和不连续性。虽然大部分企业的生产是周期性的，但物资到货要受交通运输条件和物资不同供应方式的限制。因此，一般都是分批地、相对集中地进入仓库。这就造成出入库业务时紧时松，不均衡和不连续。

（3）物资储运工作具有服务性质。为保证社会生产和扩大再生产的顺利进行，物资储运部门必须根据国民经济各部门的需要，及时、齐备、保质、保量地供应所需物资，当好工农业生产的后勤。无论是生产企业的供应仓库，还是物资储运部门的仓库，都是服务性质的。因此，物资储运工作必须坚持从生产出发，为生产服务。

（二）仓储管理的主要内容

概括地说，仓储管理工作包括接运、验收、保管、出库、发运以及与之相应的信息、资料、安全等工作，其管理内容主要有：

（1）仓储计划管理。包括仓库企业的远景规划，物资吞吐、储存等计划的编制、执行和检查。

（2）仓储业务管理。包括仓库作业过程管理，库区规划管理，物资入库、保管、保养、出库等作业的管理。

（3）仓储质量管理。包括在物资储运全过程对物资质量、工作质量、服务质量的全员性管理。

（4）仓储设备管理。包括仓储设备的合理选择使用，设备的维护保养和检修等。

（5）仓库劳动管理。制定储运劳动定额和定员编制，对仓库劳动人员的调配等，提高劳动效率。

（6）仓库安全管理。包括仓库的保卫、消防以及安全技术管理等。

（7）仓库财务管理。包括仓库中固定资金、流动资金、费用管理等。

（8）仓库经济核算与管理。包括仓库经济核算的内容和方法、经济活动分析等。

四、仓库技术作业流程

科学的业务流程对于简化手续，提高工作效率起到了积极的作用。因此，加强仓库业务流程的管理和研究工作，对现有仓库作业中的每一个程序，每一个环节都要进行仔细分析，去掉那些重复或不必要、不合理的部分，使业务流程科学化、合理化，达到快进快出的要求。

仓库技术作业管理是以物资的储运保管为中心所展开的一系列业务管理活动。它是以物资的入库验收、保管保养、出库为主要环节的一系列作业阶段和作业环节构成，具体内容包括仓库技术作业流程管理、库区规划管理、物资的接运、物资的验收入库、物资的堆码苫垫、物资的维护保养、物资的出库发运以及物资的装卸搬运作业管理等。

储运仓库技术作业的全过程按其作业流程，可分为三个阶段和五个环节。三个阶段为物资的入库阶段、物资的保管保养阶段和物资的发放阶段。五个环节为物资的接运、验收、保管、出库、发运。每个环节又由若干个程序组成，这样就组成了仓库技术作业的完整体系。

五、物资保管员的职责及素质要求

（一）物资保管员的职责

为了圆满完成物资保管任务，适应物资保管岗位的要求，保管员应履行以下职责：

（1）坚持四项基本原则，认真贯彻执行物资工作的方针、政策和有关法规。树立为人民服务、为生产服务的观点，爱护国家财产，忠于职守，廉洁奉公，热爱本职工作，树立高度责任感，认真钻研业务，不断提高管理水平。

（2）严格执行仓储管理各项规章制度，及时做好物资的入库验收、保管保养和出库工作；严密各项手续制度，做到收有据，发有凭，及时准确登、销账，手续完备，账物相符以及验收、入库、出库的复核和交接工作，把好物资的收、发、管三关。

（3）加强业务学习，不断提高物资保管业务水平。掌握分管物资的名称、规格、型号、性能、用途、产地、计量单位、包装含义、安全标记等常识，正确使用常用的工具、量具、衡器和测试仪器，了解分管物资主要的生产工艺流程，熟悉分管物资的质量标准，能识别物资质量的明显变化，懂得分管主要产品的配套情况。

（4）提高物资储存规划的科学程度，合理地保存物资。熟悉分管库房（货场）面积，储存定额，正确运用物资分区、分类、编号管理办法。熟悉堆码、苫垫技术，不断改进储存及堆码方法，在库容使用上做到货位安排合理、利用率高、堆垛整齐、安全牢靠、进出畅通、方便收发、便于盘点清数对账和检查。

（5）根据分管物资的保管要求，不断提高保管保养技术水平。针对分管物资的特性和库房温湿度变化，采取相应的密封、通风、翻垛、降温、防腐、防霉变、防锈、防冻、防高温、防虫鼠雀害、防台风、防水涝等措施，创造文明卫生的保管环境，确保库存物资不受损失。

（6）坚持定期和经常盘点检查库存物资，做到数量准确、质量完好。熟练准确地填写记录、资料、报表，及时记账、对账和盘点，保证账、卡、物相符。对长期积压、接近失效或出现异状物资，及时与主管部门和存货单位联系，积极反映在库物资情况，催促尽快进行处理。

（7）加强经济核算，改善经营管理，不断降低费用。经常分析分管库房（货场）的利用率、各项储存定额和出入库动态，研究分析造成物资损坏和发生溢余的原因，采取积极有效的方法，把损失、损耗率降到最低限度。

（8）时刻保持高度警惕，严守国家机密，做好防火、防盗、防破坏、防止各种灾害事故的发生，确保人身、物资、设备及货场（或库房）安全。

（9）仓库设备和各种检验工具要定期维修，妥善管理，合理使用，保持数值准确，使用有效。做好包装材料的保管使用和旧包装的回收利用工作。

（10）熟悉与物资保管相关的进货、供应、运输、加工、综合利用等知识，实事求是地处理收发、管理中发生的问题，便利用户，不断改进服务工作，提高服务质量。

（二）物资保管员的素质要求

保管员的素质是完成物资仓储任务的关键。物资保管员应具备以下的素质。

1. 政治素质

（1）坚持四项基本原则，坚持改革开放，熟知并自觉贯彻执行党和国家有关物资工作的方针、政策和法令，树立为人民服务、为生产服务的观点。

（2）热爱仓储工作，爱护国家财产，文明礼貌，优质服务。

（3）团结协作，勇担重担，遵纪守法，不谋私利。

2. 业务素质

（1）知识要求：

①熟悉物资仓储业务流程及各业务环节的工作质量要求。

②熟悉物资技术保管规程及各项仓储管理制度。
③熟悉并掌握物资的分区、分类、编号、堆码等管理方法。
④懂得计算机使用常识。
⑤具有物资仓储管理的基本理论知识及与仓储有关的专业知识。
（2）技能要求：
①熟悉掌握物资仓储的业务环节，并能正确处理物资收、发、保管中发生的问题。
②熟悉并能鉴别仓储物资质量变化情况，采取正确的保养方法和维护措施。
③制单准确、记账及时、经常盘点，随时保证账、卡、物相符。
④能指挥作业人员安全地进行物资的搬运倒码，对仓储中的安全隐患能采取一定的保护措施，并能正确使用消防器材。
⑤根据工作需要掌握计算机的简单操作方法。

第二节　物　资　接　运

一、物资接运的任务及重要性

物资接运工作是物资仓储业务管理的第一道工序，其主要任务是根据承运部门提供的货运清单及时、准确地向承运部门接取到货物资，并办清交接手续，为仓库验收工作做好准备。

物资接运工作是仓库承担保管责任的开始，接运工作的好坏直接影响着物资的验收质量与速度，同时也影响着后期的保管保养。在物资接运过程中，要求接运人员必须认真进行检查，分清责任，避免将物资在运输中或运输前就已发生的差错带入仓库，从而造成验收及保管工作中的困难和责任不清。

由于接运人员直接与承运部门接触，所以要做好接运工作，接运人员必须了解和熟悉铁路、公路、水运、航空及邮政运输部门的有关规定和要求，如发货人与承运部门的交接关系及责任，承运部门与收货人的交接及责任，运输部门在运输过程中应负的责任，以及运输部门的索赔手续和必要的证件等。

二、物资接运的方式

物资接运方式一般有到承运部门提货、专用线接货、到供货单位提货、供货单位送货和承运部门送货到库五种。

（一）到承运部门提货

承运部门有铁路车站、民航机场、水运码头及邮局等。

到承运部门提货前要做好准备工作，如了解所提物资的名称、规格、单件重量、外形尺寸、特性和装卸搬运注意事项等，以便准备好装卸工具，组织装卸人员，按时到达指定地点提货。

（1）到站（港）提货。提货时应根据货物运单及有关资料详细核对物资的品名、规格、型号、数量（件数），要注意物资的外观检查，如包装封印完好情况，有无沾污、受潮、水渍、油渍、损坏等。发现问题应当场要求车站（港口）共同查验。属铁路（水运）部门责任，应由车站（港口）出具商务记录。记录内容与实际情况相符后方可提货。

（2）到民航机场提货。通过空运的物资一般都是企业急需的重要物资，因此必须及时提取。提货时根据到货通知单详细核对物资的品名、规格、数量（件数），并做好外观检查，发现问题应要求场方当场查验，如属民航部门的责任应取得有关签证，作为索赔依据。

（3）到邮局提货。当接到邮局寄来的取货通知单后应及时提取，否则超过保管期限将加收超期保管费。根据到货情况，合理配置车辆及装卸人员，携带必要的凭证及有关证明。取货时应当场核对包装是否完好，对包装有破损的应要求经办人当场查验，发现短少、损坏应取得签证，以便办理索赔手续。

在接运回库途中，应注意在途物资的安全，严防乱装、混号、碰损、丢失等。物资到库后，提货员应与保管员密切配合，保证安全作业，防止因卸车操作不当而造成物资变形、破损、散包等。对特殊性物资（如危险品等）必须有相应的安全保证措施。

（二）专用线接货

专用线接货是指铁路运输或水路运输部门按托运单位指定的收货人，将物资用火车或船舶直接运送到收货单位自备的铁路专用线或专用码头。由收货人在此收货并办理交接手续。

（1）铁路专用线接货。一般为大宗物资。当仓库接到到货通知后，应做好接车准备工作，根据到货物资的品名、数量确定卸车位置，要力求缩短装卸搬运作业距离，准备好卸车的人力、机具等。当车进入专用线后，接运人员按照确定的货位引车就位，根据运单及有关凭证对到专用线物资进行到货检查，其内容包括车皮的封闭是否完好，车卡、车窗、铅封、苫盖有无异状，品名、规格、数量是否相符，物资包装是否完好，有无变形、损坏、受潮等。只要靠直观能够检查的内容都要在卸车前进行。发现问题，应请铁路部门派人员复查，以便划清责任，并取得相应记录，办清交接手续后方可组织卸车。

（2）码头接货。由于水路承运部门分为港口（港方）和航运（船方）两大部门，因此，物资交接对象也就分为港方和船方两个方面。

一种是只与港方交接，而港方与船方交接。这种形式接运的物资一般是零担货物，也可是整船接运，接运员与港方交接是按运单核对实物。货运票据的交接有货物运单、货运记录、普通记录、货物交接清单、卸船记录、运输事故查询书等。另一种是只与船方交接，这种交接形式是本企业自备船（包括租用船）。其交接方式是整船接运。

专用线接货其时点性较强，卸车（船）应在规定的时间内完成，不可压车、压线、压船、压泊位。卸车（船）时要注意为物资验收和入库创造便利条件。要分清车（船）号、物资的品名、规格，不混不乱，不碰伤和压伤物资，不得拆打原包装。物资卸完后应及时向保管员办理交接手续，最迟不得超过24h。

（三）到供货单位提货

到供货单位提货时，应将这种提货与物资的初验结合起来同时进行。仓库应根据所提物资的性能、规格、数量，派出提货人员，必要时可派保管员或验收人员同去提货。在供货单位对物资进行质量检查，对数量进行点件或检尺、过磅，并做好验收记录，双方签字认可后，连同有关技术资料一同接收回库。

（四）供货单位送货

供货单位根据合同或协议规定送货到库时，由验收人员或保管员直接与送货人办理交接手续。根据送货明细表及合同，核对物资的品名、规格、数量，并对物资的外观质量进行初验。若发现有短缺、损坏、受潮、变形、变质等情况时，应与送货人一同核实，做好记录，由送货人签字或盖章认可。

（五）承运部门送货到库

这种送货方式是供货单位委托交通运输部门送货到库，而供货单位不派人随往。其交接方法与供货单位送货到库相同，但交接手续应严格认真。发现短缺、损坏及其他问题时应做好记录，由送货人签字或盖章认可，及时办理查询、索赔手续。

三、接运过程中责任的划分

物资到库后，是仓储业务管理的开始，与运输部门办清交接手续至关重要，以便明确供货单位、运输部门及本单位的责任。

（一）责任划分

（1）由供货单位组织装车（船）的物资，封印完整而物资发生丢失、短少、损坏、变质、污染等，除能证明属运输部门责任外，由供货单位负责；封印脱落、损坏，物资发生丢失、短少、损坏、变质、污染等，除能证明属于供货单位责任外，由运输部门负责。

（2）由发站（港）运输部门装车（船）的物资，仓库方应会同到站（港）运输部门拆封。如发现物资丢失、短少、损坏、变质、污染等，除能证明属供货单位或到达仓库方责任外，由运输部门负责。

（3）凭现状（或件数）交接的物资，由供货单位组织装车（船），运输部门按现状（或件数）交接的物资，如发生丢失、短少、损坏、变质、污染等，运输部门接收前由供货单位负责，接收后由运输部门负责。物资到库后，在仓库接收前发生的丢失、短少、损坏、变质、污染等，由运输部门负责，接收后由仓库方负责，但在交接时如无法从外部发现的物资丢失、短少、损坏、变质、污染等，除能证明责任者外，由供货单位负责。

（4）物资到库后发生的丢失、损坏、变质、污染等，保管员签收前由接运部门负责，签收后由保管部门负责。

（二）有关记录的填制

在交接时，责任已明确，除仓库本身责任外，可要求承运部门出具有关证明文件。证明文件主要有以下两种。

1. 普通记录

普通记录是指责任不属于仓库方，也不属于承运部门时，但需要由承运部门编写出具的书面证明。

当有下列情况之一时，可要求编制普通记录。

（1）整车货物的铅封完好，或篷布苫盖、捆扎良好的情况下，全部或部分货物有损坏现象，或货物与运单上所记载的品种、件数及质量不符。

（2）发货单位自行派人押运的货物发生短少或损坏。

（3）货物在运输过程中被污染、受潮，或其他损坏且不属于承运部门责任。

2. 商务记录

商务记录是指由于承运部门在承运过程中所发生的货损、货差等事故，其责任属于承运部门时，由承运部门所编制的书面索赔凭证。

当有下列情况之一时，可要求编制商务记录。

（1）货物运单内容与实物不相符。

（2）承运的物资全部或部分丢失、损坏。

四、物资装卸搬运常识

（一）物资装卸、搬运的意义

物资的装卸、搬运是仓储作业的一个重要组成部分。物资的装卸、搬运对于提高储运工作效率，降低储运成本，改善劳动条件，保证储运质量等起着十分重要的作用。装卸、搬运贯穿仓储作业全过程，从物资的接运、验收、堆码、保管、保养、整修加工、备料、包装、直到发运，都伴随着装卸、搬运作业。离开了物资的装卸、搬运，仓储作业的这些环节就无法进行，整个仓储生产就会停止。

物资的装卸、搬运还具有重要的经济技术意义，主要表现在以下方面：

(1) 装卸、搬运影响仓库物资的质量和数量。进库物资由于装卸、搬运作业不当，甚至野蛮装卸而造成物资的损坏、变形、散失、破碎、流溢等，致使一些物资部分或全部失去使用价值而报废，甚至影响生产建设工期。

(2) 装卸、搬运是仓库快进快出的关键。有效地装卸、搬运作业能缩短装卸、搬运作业的时间，因而也缩短了收发作业的时间，加速了物资流转。

(3) 装卸、搬运影响储运工作的经济效益。合理的组织装卸、搬运，减少中间环节，缩短作业周期，能节约仓储费用，提高储运工作的经济效益。

(二) 物资装卸搬运工作的基本原则

为了更好地完成物资装卸、搬运工作，必须遵守以下四项原则：

(1) 注意装卸，确保物资质量。在物资的装卸、搬运作业中，应首先坚持质量第一的原则，绝不能因装卸、搬运不当而使物资损坏。坚决杜绝野蛮装卸，树立良好的职业道德，严格遵守操作规程，做到品种、规格不混淆，堆码整齐牢固等。

(2) 注重提高效率。物资装卸、搬运作业必须注重提高效率，充分发挥现有装卸设备和人员的作用，提高机械设备的利用率和劳动生产率，提高机械化作业水平，缩短物资装卸作业时间，做到快进快出，加速物资流转。

(3) 保证安全生产。安全为了生产，生产必须安全。物资装卸、搬运作业经常与机械、物资及各种劳动工具接触。因此，在装卸、搬运作业中存在着很多不安全因素，必须高度重视安全工作，要为装卸、搬运作业提供安全的环境和劳动保护条件。对任何可能导致不安全的隐患予以根除，防患于未然。

(4) 讲究经济效益。物资装卸、搬运作业所占用的设备和人员较多，费用开支较大，对物资仓储单位的经济效益举足轻重。因此，以最少的人力、物力和财力消耗，来完成既定的装卸、搬运任务，也是必须遵守的原则。

(三) 物资装卸、搬运的准备

为了更好地完成装卸、搬运任务，做好装卸、搬运的准备是很重要的。装卸、搬运的准备工作有以下几点：

(1) 组织人力。根据任务量的大小、货物情况，确定搬运人员，其中要配有一定数量懂业务、了解情况的人员，并指定负责人与现场总指挥取得联系，协调作业。

(2) 清理作业现场和线路。物资卸放地点、搬运作业活动所必要的场地和线路、机械作业的运转部位、车辆经过的路线等，事先应安排进行检查，并消除障碍，保证操作安全和方便。

(3) 机械及工具的准备。根据货物情况确定使用的机械和工具。机械及工具必须事先检查，保证安全。在规定时间内，机械应进入既定位置，各种工具就绪待用。夜间作业时，要准备良好的照明设备，并做好电路系统的检查。所有装卸、搬运作业都应注意配置适量的苫垫材料和整修加固包装用的材料，如遇雨、露、冰、雪天气在露天操作时，需在场地通道等处预先做好防滑措施。危险品操作需按其有关规定采用相应的防护措施。

（4）确定搬运线路。装卸、搬运作业往往由若干道工序组成，为能提高装卸、搬运效率，减少重复装卸次数，必须组织好装卸、搬运作业各工序间的衔接，确定合理的搬运线路，尽量达到一次完成作业的要求。

（四）提高装卸、搬运作业效率的途径

提高装卸、搬运效率，应从以下四个方面来考虑：

（1）连续性搬运。根据物资具体情况，搬运路线选用两种以上搬运机械进行搬运，使物资搬运如流水的形式，连续地从一定的起点到一定的终点。

（2）一次性作业。物资的装卸、检斤、检质、搬运、上垛等工序紧密衔接，在每道工序交替时，做到"不落地"，以减少重复劳动。

（3）短距离搬运。物资从站台搬运到库房或料场，从这一库房或料场搬运到另一个库房或料场时，合理选择最近距离的搬运。

（4）单元化搬运。将零散的、小包装的物资集装成一个较大的单元，使搬运机械的性能得以充分利用。一般组成单元化的办法是包装化和托盘化。

（五）装卸、搬运的基本要求

装卸、搬运的基本要求是按时、保质、保量地完成装车、卸车、搬运、堆码工作，提高工作效率；搞好装卸、搬运中的质量管理；保证物资在操作过程中完好无损，不混不乱，保证人身安全、机械安全；节省人力、物力，降低装卸费用，尽量提高机械化作业水平。

（六）物资装卸、搬运的设备及工具

装卸、搬运设备及工具要根据仓库储存量、周转量、吞吐能力、储存物资的种类、物资的性能以及库区本身场地条件等因素选择和配置。同时，由于装卸、搬运作业直接受物资流转不均衡的影响，导致装卸搬运作业忙闲不均。因此，在配置装卸、搬运设备时，还要考虑装卸作业可能出现的高峰期。

按照作业内容的不同，装卸、搬运设备分为起重设备、搬运设备以及作业辅助工具。

1. 起重设备

起重设备包括门式起重机、桥式起重机、履带式起重机、汽车起重机、巷道式堆垛起重机及塔式起重机等。

（1）门式起重机也称"龙门起重机"、"龙门吊"等。门式起重机起重量大，作业效率高，稳定性能好，便于操作和维修，是装卸长、大、笨重货物的理想机械，主要用于货物装卸钢材、木材、大型设备、集装箱等。

（2）桥式起重机俗称"桥吊"、"天车"等，主要用于大型仓库库房内的装卸作业。由于有其独特的作业特点，库房内可不留车辆通道，使库容利用率大大提高，可达90%以上。

（3）履带式起重机俗称"履带吊"。这种起重机靠走行支撑轮在无端的履带上滚动运行。因此，能在不良的路面上作业，具有良好的爬坡能力和通过性能，稳定性好，作业时不使用支腿，一般能在其额定起重量75%的条件下负载行驶。这种机械自重大，运行速度慢，履带在行驶和转向过程中容易破坏路面，在使用上受到一定限制，多用于条件较差的路面及料场。

（4）汽车起重机俗称"汽车吊"。其行驶速度一般为40km/h，有的可达80km/h以上，机动性能好，是理想的流动装卸设备。汽车起重机起重量大，但作业时需要放下支腿，不能带负荷行走。

(5) 巷道式堆垛起重机也称"巷道堆垛机"。是一种框架结构，在主体仓库货架巷道内进行搬运堆垛货物的机械。其起重量一般在 2t 以下，起升高度多为 10～25m。该机自重较小，作业范围大，节省仓库工程造价，能较充分地利用库房容积，便于实现自动化，但起重量较小。

(6) 塔式起重机也称"塔吊"。是港口常用的起重设备，主要用于装卸船舶，如钢材、木材、集装箱等。如将吊钩换成铲斗，则可装卸散装物资，如砂、河流石、煤等。

2. 搬运设备

搬运设备包括叉车、载重汽车、平板拖车、抓管机、装载机、气力输送设备等。

(1) 叉车也称"叉式装载机"。叉车按驱动动力的不同可分为内燃机和电瓶式两种。内燃机叉车的动力是内燃机，它的起重吨位大；电瓶式叉车的动力是蓄电池（亦称电瓶），它的起重吨位小。叉车机动性能好，最高时速可达48km/h，具有起重和搬运两种功能，是仓储作业通用性较强的机械设备。

(2) 载重汽车俗称"卡车"。它是运送物资的主要工具。

(3) 平板拖车是一种大型的载重汽车，其载重量可达20t以上，主要用于大型货物的转移。

(4) 抓管机是一种具有举升机构、液压系统和可活动的颚板搬运设备。其颚板可自由闭合和张开，用以抓取货物，主要用于抓取木材、钢材等。具有使用方便、灵活、效率高等特点，其缺点是在作业中如使用不当，可造成被抓取物的弯曲、损坏等，石油企业中主要用于搬运钢、管材。

(5) 装载机主要用于散装物资的装载，如砂、石、灰、土等。该机结构紧凑、机动、灵活、工作平稳，广泛用于物资仓库、码头、矿山的建筑工地。

(6) 气力输送设备是利用压缩空气，通过管道将粉状或颗粒状的散装物资做短距离输送，主要用于散装水泥的输送，将散装水泥从专用车、船上直接输送到散装桶仓，或从散装桶仓直接输送到专用汽车内。气力输送设备具有装卸迅速，费用低，损耗少，效率高的特点。

3. 装卸、搬运作业辅助工具

为快速、安全地完成装卸、搬运作业任务，还应合理地配置与起重、搬运设备配套使用的必要的辅助工具。辅助工具包括索具、工具等。

(1) 索具主要有钢丝绳、夹具、卡具、网兜等。

(2) 工具主要有撬杠、千斤顶、倒链、滚杠、断线钳、托盘以及起重用的垫木等。

第三节 物资验收

物资经过接运到达仓库由保管员签收后，即进入验收入库阶段。

物资验收是指仓库保管部门根据物资入库通知单及有关资料，按照合同以及有关技术标准，对入库物资进行数量点检和质量检查，以验证其是否符合规定的一项技术性工作。

一、物资验收的作用及要求

（一）物资验收的作用

(1) 验收可以明确供货方、运输方与企业保管方之间的责任，维护本企业的利益。物资验收直接关系到供货方、承运方与保管方的经济责任和经济利益。物资一经验收入库，其一切后果均由保管方负责。通过验收,将数量不足、规格不符、质量不合格、配套不全等情况做好详细记录,分清责任,据此向有关责任单位提出换货、退货、拒付或索赔,使本企业不受损失。

(2) 验收是做好物资保管和使用的前提。对到库物资进行严格验收,是做好物资保管的主要保证。因为入库物资经过长途运输和多次装卸搬运后,包装容易损坏,包装内的物资容易散失,没有包装的物资容易受外界因素的影响,发生一些程度不同的变化,如金属材料雨淋后生锈,机电设备、仪器仪表、化工产品等受潮后会影响其性能,甚至失去使用价值。这些变化既影响物资的保管,也将影响物资的使用。因此,只有在入库前将物资的实际状况弄清楚,在入库后的保管过程中,针对存在的问题,有的放矢地采取措施,才能确保其原有使用价值不变,为使用单位提供质量完好,数量准确的物资,从而保证生产建设的正常进行。所以,对入库物资必须认真细致地做好验收工作,避免造成物资保管中的混乱和损失。

(3) 验收对生产资料的社会生产起监督和促进作用。产品出厂时虽然要进行数量和质量检查,但也难免有漏洞。另外,物资经过运输及多次装卸、搬运,到达仓库后很可能发生数量或质量的变化,通过验收将到库物资的数量和质量情况反馈给供货企业,对生产企业来说起到监督和促进作用。它是对产品的质量、包装和运输等情况进行的一次全面性考察,对保证企业的优质、高产、低消耗起一定的推动作用。

(4) 验收对供应部门是否按合同进货,避免积压物资进货起监督作用。在验收时,严格按合同验收,对超交、错交及质量不符合合同规定的物资不予验收入库,同时,对已列为积压的物资,虽有合同,在到货时应拒绝验收,并及时报告,待有关部门批示后按批示处理。这样通过信息反馈,互相制约,减少漏洞,对物资采购工作起着监督作用。

(二) 物资验收的基本要求

物资验收的基本要求是:准确、及时、认真。

(1) 准确。对于入库物资的品种、规格、型号、数量、质量及配套情况应做全面检查,做到准确无误,如实地反映物资当时的实际情况,不能渗入主观偏见和臆断。要严格按照合同规定的标准进行验收。

(2) 及时。对入库物资,必须在规定期限内完成验收工作。从对外来讲,由于托收承付和索赔货款都有一定的时间期限,超过规定期限,银行不予办理拒付手续,超过索赔期限,供货方也不予负责;从对内来讲,一批到货物资必须全部验收完毕并入库后,才能销售、发放,不允许未验先销或边验边销。因此,验收工作及时进行,可以加快物资的周转。石油行业仓储管理标准规定:物资验收期是零星料3天,整车7天,整列为10天验完。贵重物资与危险品随到随验。如因大批到货或检验复杂,限期过紧,确有困难时,应与存货单位协商,提出初验方法,然后再进行详细检验。

(3) 认真。验收工作关系到国家和企业的经济利益,验收人员必须对所验收的物资负全部责任。为此,要求验收人员应具有高度的责任心,严格遵守验收制度和手续,认真核对每种凭证,做好物资的计量、检验工作,特别是对进口物资的验收,更要严格按照合同规定的技术条件和各项数据认真进行。

总之,严格按照"准确、及时、认真"的要求验收物资,才能使企业和国家减少甚至避免经济损失。

二、物资验收的程序和方法

物资验收作业按验收准备、核对证件、检验实物、填写记录、问题处理、制单登账、堆码上架就位、建卡建档的程序进行。

（一）验收准备

为保证验收工作及时而准确地进行，提高验收效率，在验收前必须做好以下准备工作：

（1）根据所到物资的性质、形状、数量，确定存放的地点、位置、堆码垛形和保管方法。

（2）准备堆码、苫垫材料，准备装卸、搬运所需的设备、机具、人力，对特殊性物资还必须准备防护用品及采取必要的防护措施。

（3）准备检测工具和计量仪器，并校对准确。

（4）收集和熟悉验收凭证、单据和有关资料。

（5）对进口物资应及时通知商检部门，协同做好物资检验的准备。

（二）核对证件

所谓核对证件就是将供货单位提供的质量证明书、合格证、发货明细表等证件，与业务主管部门或存货单位提供的入库通知单和订货合同进行核实、查对，相符后才能进行实物验收。证件不全和不符者，按验收中出现问题处理。

物资验收必须核对的有关证件和凭证有：

（1）业务主管部门或存货单位提供的入库通知单、订货合同或协议书等。入库通知单是仓库据以验收物资的凭证。订货合同是验收的依据，保管员应严格按照合同规定和入库通知单进行验收。

（2）供货单位提供的质量证明书、合格证、说明书、装箱单、磅码单、发货明细表等。

（3）承运部门提供的运单、提运通知单若在物资接运时，对在入库前发生物资残损和原损的，还应核对普通记录或商务记录。

（三）检验实物

检验实物是指收货单位在具备验收条件后，按照一定程序和手续，对入库物资进行数量和质量检查。

1. 数量检验

数量检验是保证物资数量准确所不可缺少的步骤，它通常在物资质量检验前或同时进行。它是核对到库物资的品名、规格、型号、件数、重量、长度等与入库通知单、运单、发货明细表等资料是否相符的一项工作，通常由保管员负责进行。由于供货的物资数量中有的是按重量供货，有的是按理论换算供货等。因此，在进行物资数量验收时，应按合同规定的计量方法验收。

1）物资数量检验常用的方法

（1）点件复衡法：对按标准重量包装的物资，验收时先点清件数，再按件数复验重量。

（2）整车复衡法：对大宗散装进库物资，如煤炭、砂、石、灰等，验收时将车皮引入专用的"轨道衡"复验重量。如果用汽车载运的则引入专用的"地中衡"复重，减去车辆的皮重则可求得物资净重。

（3）理论重量检尺换算法：对定尺的板材、管材及其他型材等进行检尺，然后根据理论计算公式换算成重量。

（4）点件查数法：对按件、只、台等计量进库的物资的检数方法，即逐件、逐只、逐台进行点数加总求值。

2）全检和抽检

根据物资的供货状况、包装的完好程度、证件的完备程度及供方的质量保证等，对物资进行数量检验时，可分别采用全检和抽检。

（1）全检。是指对到库物资的数量全部进行复验和查对。在一般情况下，按重量交货的应全部检斤计量，国产计重物资一律按净重计算，数量可按磅码单进行复磅。按件数交货的应全部点数，带有附件和成套的机电设备，根据图纸规定，应清点主机、附机、备件、零件和工具等是否齐全。按理论换算交货的应全部检尺换算，以实际检验结果的数量为实收数。理论换算方法按冶金企业标准或有关生产主管部门的标准执行，如供货单位另有规定时，应经主管部门或存货单位同意后，按供货单位的规定执行。不能换算的物资，逐件过磅计重并填写磅码单，以实际检验结果的数量为实收数。计重物资堆垛时，一般按层分隔标明重量，便于盘点和发货，力求入库一次过磅，以减少重复劳动。

（2）抽检。根据到货情况，抽取其中一部分物资进行数量验收，据此推算出全部物资的数量。凡有下列情况之一者，可采取抽检的方法：

①国内产品与生产企业关系比较稳定，供货企业质量信誉较高，供货数量大，证件齐全，包装完整者。

②包装严密，打开包装易损坏物资质量或不易恢复包装者。

③理论换算的物资、规格整齐划一，并且按件标明重量者。

3）物资数量验收检验的比率

对于物资数量验收检验的比率，原物资部中国物资储运总公司做了统一规定。具体标准为：

（1）不带包装的物资检斤率为100%。

（2）带包装的物资毛重检斤率为100%，回皮率为5%~10%，清点件数为100%。有标量或标准定量包装的化工产品，按标量计算。

（3）理论换算计量的钢材检尺率为定尺交货检尺率为10%~20%，非定尺检尺率为100%。

（4）一些开箱困难的材料其开箱抽检率应同存货单位商定。

（5）贵重金属材料100%过净重。

4）计件物资验收的规定

凡计件物资的验收要做到全部清点件数（对带有附件的成套机电设备，不但要清查主机，还要清点零部件和工具），但对批量大、定量包装、包装完好的小件产品可采取拆箱抽检，抽检比例为10%~20%。在抽检中发现问题时要扩大验收比例或做全面开箱检验。

在物资数量检验中，对发现数量短缺或溢增的物资，除了真实填写记录外，要单独存放，妥善保管，防止混杂，等待处理。

2. 质量检验

物资质量检验是一项技术性很强的业务。分为物资外观质量检验和物资内在质量检验。

1）物资外观质量检验

物资外观质量检验是指查验物资表面有无水渍、潮湿、发霉、溶化、老化、生锈、异味、变质、变色、损伤等异状以及尺寸偏差等缺陷。对于金属材料还要检查表面裂纹、结疤、拉裂、瓢曲、压痕、切斜等外观质量缺陷。外观质量检验一般是由仓库保管员或检验人员按照合同规定的技术标准进行。通常采取抽验办法，抽验的物资要具有代表性，抽验比率的规定如下：

(1) 带包装的金属材料，外观质量缺陷按合同和有关规定抽检，无规定的其抽验率为5%~10%；不带包装的要在检尺、检斤、点数过程中，注意目测外观质量缺陷。

(2) 入库时在 10 台以内的机电产品，要开箱查看物资本体外观是否有锈蚀、水渍、缺件、残损，资料是否齐全等，检验率为100%；100 台以内的抽验不得小于 10 台，起重运输设备外观缺陷检验率为100%。

(3) 入库批量在 100 台以上的机电产品及定量包装的小件产品，要开箱检验物资表面缺陷，抽验率为10%。

(4) 其他易于发霉、变质、受潮、变色、污染、虫蛀、机械性损伤、破损的物资，抽验率为5%~10%。

(5) 仪器仪表外观质量缺陷检验率为100%。

(6) 尺寸偏差抽验率为2%~3%。

(7) 对物资外包装质量缺陷检验率为100%。

在物资外观质量检验中发现的各种缺陷应做详细记录，对于外观缺陷严重，影响到物资性能和使用的，不能正式码垛，要做好标记单独堆放保管，在处理之前不能动用。

2) 物资内在质量检验

物资内在质量检验是指对物资的化学成分和物理性能的检验。通常由专业技术检验部门负责进行，由仓库保管人员按照产品质量检验的有关规定取样送检。

在实际工作中，对国内生产的物资，如系证件齐全，包装严密完整，拆包装易损或者不易恢复原包装的物资，以及生产供货稳定，又有严格的质量检验制度和质量保证的厂家，可视具体情况分别采取免验或抽验。如在抽验中发现不符合质量规定时，应扩大抽验范围以至全部检验。

3. 进口物资检验

进口物资的检验工作既是一项经济工作，又是一项政治工作。遵照国务院关于"一切进口设备材料要严于检查"的指示，必须加强进口物资的检验工作。

加强进口物资的检验工作，是维护国家权益，保障社会主义建设所不可缺少的一项重要工作。对一切进口物资都要进行严格检验，未经验收的不准调拨、不准使用、不准销售，而且要抢时间在合同规定的索赔期内检验完毕。

进口物资的检验内容和方法，原则上与国内物资的检验相同，但下列内容应与国内物资检验加以区别：

(1) 进口物资检验必须根据订货合同和有关标准资料，按照保险部门的规定，对物资进行严格细致的检验。到库物资及其资料必须与订货合同相一致，产品质量、包装必须符合合同规定。

(2) 进库物资的数量一般要全部检验，但对到货包装完整者，亦可按10%~20%的比例进行抽检。如抽检结果在磅差范围内，则按正常手续办理验收入库。

(3) 进口计重物资按合同规定计重，无论用什么方法进行重量检验，发现短重时，需会同货主（或代理部门）、商检部门，按商检确认的检验方法进行复验。

(4) 进口物资外观质量检验原则上与国内产品相同，但检验中发现外观有缺陷时，则应扩大抽验比率（20%~30%），以最后检验结果为判定依据。进口物资一律要进行内在质量检验，由专业检验机构或由商检部门进行，保管员应做好取样的配合工作。

三、物资验收记录及管理

物资验收记录是仓储部门对入库物资实物验收的书面凭证，是物资验收前后情况的综合反映，是物资保管基础资料的一部分。

（一）物资验收记录的内容

验收记录包括以下内容：

（1）车号、运单号、合同号、发站、供货单位、到站、收货人。

（2）物资的名称、规格、型号、批号、数量及成套设备的配套情况。

（3）到库及验收时间。

（4）物资包装、数量及质量检验情况。

（5）供货方提供的证件情况。

（6）验收方法及结果。

（7）责任人签章，如交料人、接料人、验收人等。

（8）验收中的问题及处理情况，如查询、报损、索赔等。

验收记录是对退货、换货、拒付、拒收以及索赔查询的主要依据，验收记录由验收人填写。

（二）物资验收记录的管理

验收记录是物资保管基础资料之一，填写应齐全、准确，装订成册，并分类归档管理，以备质量查询。

四、物资入库手续及账卡的建立

物资一经验收完毕，就应办理验收、登账、立卡、建档等一系列入库手续。

（一）签收

物资经过验收合格或验收中的问题已处理完毕的，均要办理物资入库手续。经专职检验人员检验的物资由验收人员或技术管理部门填写入库通知单，并附检验记录单、磅码单、产品合格证、装箱单等有关资料凭证，一并交保管员验收。由保管员自己验收的物资应由保管组长核验，以证实该批物资已经验收合格或问题处理结束，可以正式入库保管。

（二）建账

物资入库时，首先要根据物资入库验收单和有关凭证，按照入库物资的类别、货主分别建立物资保管明细台账。明细账中记有物资的入库时间、品名、规格、批次、供货单位、物资所有权的货主、数量、物资单价、金额、货位号等，它是物资账目管理的"总账"，详细反映库存物资收入、发出、结存情况，它是保管人员进行盘点及财务部门进行稽核工作的基础。

（三）料卡

料卡又称料签、货卡、保管卡。它是一种实物标签，上面标明库存物资的名称、规格、型号、级别、单价、库存数量、货位号等。料卡一般挂在上架物资的下方或放在堆垛物资的正面。

料卡有活动号码式和填写式两种。每次收、发物资时，保管员应同时拨动号码数盘或填写料卡，以防事后忘记。保管员经常以卡对物，以物对卡，保证卡、物、资金、账目相符。

（四）建档

物资档案是各项入库物资的技术资料和出入库有关单据、资料的档案。建立物资档案的目的是为了更好地管理物资的技术资料，防止资料散失，方便查阅，同时，便于了解物资入库前后的活动全貌，有助于总结和积累物资保管经验，研究管理规律，提高科学管理水平。

物资建档工作的要求：

（1）物资档案应一物一档。同批次、同规格、同生产厂生产的也可列为一档。

（2）物资档案应统一编号，并在保管台账上注明档案号，便于查阅。

（3）物资档案应妥善保管，在物资保管期间，除必要的技术证件必须随货同发不能抄发外，其余均应留在档案内。物资的出库证件、动态记录等资料也应整理好一并归档。当一批物资全部出库后，该批物资档案应由仓库物资档案室或指定专人统一管理。物资档案资料的保管期限，根据实际情况酌定，其中有些资料，如库区气象资料、物资储存保管的试验资料等，应长期保留，可为今后的科学试验提供线索和参考。

五、物资验收过程中发生问题的处理方法

在物资验收入库的过程中会发现各种问题，对所发现的问题，应根据实际情况，按照有关政策、法规及规定迅速处理。

（一）国内生产物资在验收中发生问题的处理

1. *物资数量发生余缺的处理*

凡损、溢在规定磅差范围以内的，则可按实际验收数量填写验收单（或入库单）验收入库；凡超出磅差规定范围的，应查对核实，填写验收记录和磅码单，交存货部门或企业业务部门向供货方办理查询处理，在没做出结案之前应封存不得动用，待结案后，方能办理入库手续；凡实收数量多于原发数量的，应将多出的数量由存货部门或企业业务部门通知供货方处理，既可退回多发数，也可将多发数量作为进货补付货款。

2. *物资质量存在缺欠的处理*

凡物资外观质量和理化性能有欠缺，影响物资使用价值的；物资规格不符错发的；物资包装严重残损的；都应当先将合格品予以验收。对不合格品或规格不对错发的单独分开，查对核实后填写验收记录，由存货单位或本企业业务部门向供方办理查询处理，没有结案之前，物资应另行堆放保管，待结案后才可办理入库手续，但应把残次品另行存放，不得与合格品混存。对物资有锈蚀，不影响使用价值的，应先进行强制性保养后再验收入库。

3. *资料凭证不全的处理*

凡必需的验收证件不齐全时，到货的物资应作为待验物资堆放在待验区，临时妥善保管，由存货部门或业务部门负责查询，待证件到齐后方能进行验收；凡有关证件已齐全，但在规定时间内物资实物尚未到库的，应妥善保存证件资料并及时向业务主管部门反映，以便查询处理，物资到库后进行验收。

4. *多余积压物资再到货的处理*

凡已列为多余积压的物资有再进货时，无论有无合同，都应及时向有关业务部门及管理部门申报，按有关部门批示处理。

（二）国外进口物资在验收中发生问题的处理

进口物资合同都规定有索赔期。进口机械、电器仪表、设备、车辆等合同，除索赔期外，还订有使用保证期。发现质量、规格、性能、数量、重量、零件残损和性能等不符合合同规定，属于供货责任的，在保证期内也可对外提出索赔。

需对外提出索赔的进口物资，要及时向商检局申报检验出证，并提供验收报告、对外贸易合同和国外发货票、运输单据或提单、装箱单、磅码单、检验标准等资料，供商检局审核复验。向商检局申报检验出证，必须在索赔期到期15天前提出，以备商检局复验出证和国家进口部门办理对外索赔手续。

对外索赔对象，按其责任范围可分为发货人（卖方）和保险公司两个对象。

品质、规格、性能不符合贸易合同规定，重量、数量短少或货物残损属于卖方责任的，需凭商品检验局的检验证书，由国家进口部门向国外售方提出索赔。

残损短少属于承运方面（包括中外合营的）责任的，凭商检局检验证明，向保险公司提出损失赔偿；属于国内运输部门责任的，如因运输不慎或装卸不当造成的残损，由国内有关运输部门做出商务记录和残短签证，无需再由商检局出具检验证明，直接交国内有关运输部门的商务机构办理索赔。

需要对外索赔的物资，未经商检局检验出证，或经检验出证提出退货或换货的应妥善保管，保留好原包装物料，以备复验。

第四节 物资保管

到达仓库的物资，经过验收入库后，就进入了物资的保管保养阶段，物资保管保养工作是仓库技术作业的中心环节，也是仓储管理的核心。

对储存物资进行合理的保存和科学的管理，就是物资保管。物资保管是物资储存管理的核心内容和技术作业的中心环节。储存是保管的前提，保管是储存的要求和手段。物资保管的好坏，直接影响着生产、消费和物资企业的经济效果。

物资在流通过程中要经过购买、运输、储存、销售四个基本环节。在这四个环节中，物资购、销是物资流通的起点和终点，物资储、运处于流通的中间环节，而物资保管则是储存管理的核心内容，它在物资流通过程中与购、运、销紧密联系，处于中介地位。

一、物资保管的作用、原则及指导思想

（一）物资保管的作用

（1）物资保管是保证及时供应生产建设物资的前提。物资在储存过程中，必须进行妥善的保管保养和发放工作，使被保管的物资质量合格、数量准确，保证其及时、齐备、按质、按量供应给生产建设单位。

（2）物资保管是保持库存物资原有使用价值的重要手段。物资在储存过程中，由于自身性质以及自然的、社会的因素影响，可能导致物资的使用价值大大降低或完全丧失，如果物资失去了使用价值，也就丧失了储存它的意义，阻止或减少物资使用价值丧失的重要手段就是物资保管。

（3）搞好物资保管，可以节约费用开支，缩短物资流通时间，加快物资周转。物资一旦出现暂时停滞状态，不仅会延长物资的运动时间，而且使整个资金的循环速度减慢。为了保护物资的使用价值在时间和空间上的安全转换，必须要消耗一定的人力和物力，产生一定量的费用支出。对于这种费用，应该在保证物资使用价值不变的前提下，支出的越少越好，这就有赖于科学的物资保管。

物资保管负责物资验收、入库、保管、保养、发放、出库等项工作，这些工作的快慢程度直接影响着物资的流通时间和周转速度，因此，物资保管在缩短物资流通时间、加快物资周转方面也起着一定作用。

（二）物资保管的原则

物资保管的原则是准确、及时、经济、安全。

(1) 准确。保证物资保管的准确性，是保管员的首要职责。物资保管的准确性包括分类准确、计量准确、上架（垛）就位准确，各项资料及账册数据准确，物资收、发准确等内容。只有每项工作都准确，才能保证库存物资数量准确，质量合格。

(2) 及时。配合各业务部门，做好生产建设物资的及时供应是物资保管工作的主要任务之一。如果供应不及时，生产建设就会受到影响。因此，物资保管部门必须与各部门协作配合，根据出库凭证及时地把物资发到用户，以保证生产建设顺利进行。

(3) 经济。节约是社会主义的基本原则之一，在物资保管中贯彻这一原则尤为重要。由于保管不善而造成物资损坏和变质，不仅浪费物资，也会直接影响生产建设的正常进行。因此，物资保管工作应在保证物资质量的前提下，加强经济核算，节约各项费用，降低消耗，合理利用仓容，提高工作效率，讲求服务质量，达到提高经济效益的目的。

(4) 安全。是物资保管的基本条件，是完成物资保管任务的前提。在物资保管过程中，要遵守安全操作规程，严格执行物资技术保管规程，同时要采取行之有效的措施，杜绝物资保管工作中的不安全因素，防止发生人身、机械事故以及物资丢失、损坏、变质事故等。做好防火、防盗、防破坏、防自然灾害工作，没有这些安全工作做保障，物资保管工作就会受到影响。因此，必须坚持"管物资必须管安全"的原则，贯彻"安全第一，预防为主"的安全生产方针。

（三）物资保管的指导思想

物资保管的指导思想是从企业经营目标出发，讲求实际效果，力求周转快、服务好、费用省、消耗低，积极配合购销业务部门做好物资管理工作，保证生产建设的物资供应，为实现企业经营目标作贡献。

二、物资保管的内容及任务

（一）物资保管的内容

物资保管业务是指从物资入库开始，经过物资的堆码、苫垫，维护保养，检查盘点，一直到物资发出为止所进行的一系列业务活动的全部过程。物资保管的主要内容是为物资提供必备的储存保管条件，进行科学的维护保养，做好物资的安全防护工作，同时，做好与物资保管有关的各种技术证件、单据、凭证、账册、记录等资料的建立与管理。

（二）物资保管的任务

根据企业物资部门的经营目标和任务，按照物资保管工作的指导思想和原则，物资保管的任务是：储存多，进出快，保管好，损耗少，费用省，保安全。

(1) 储存多。物资保管应按科学的储存规划，实现最大的库容量。由于各种物资对保管要求不尽一致，因此，既要分类存放，又要按规格分垛；既要便于进、出库，又要多储存。这就要求保管员随时掌握物资的变动规律，对有限的地面和空间进行科学合理规划，充分利用库容，提高库容利用率，最大限度地多储存物资。

(2) 进出快。保证物资实体和信息运动处理速度要快，在物资进库过程中，要加快接货、验收、堆码等作业的速度；在物资保管过程中，要科学规划，为物资快进快出提供便利条件；在物资出库过程中，为物资出库创造充分条件。信息处理过程中，各种信息处理要及时，传递流程要合理，手续要简化，账、卡、单、证要齐备，核对要准确，要与物资实体运动紧密配合，时刻保持账、卡、物相符。

(3) 保管好。做好物资库存期的科学管理和技术养护工作。物资在储存期间，除物资本身的变化外，还受自然条件、保管场所、保管设施、包装状况、堆码高度、垛型选择、保管时间长短等因素的影响。保管员要针对物资的不同特性，采取必要的措施，创造必要的条件，以适应不同物资的储存要求。要加强维护保养，排除影响物资恶化的因素，确保储存期间物资数量准确，质量完好，不降低使用价值，随时准备以良好的状态出库。

（4）损耗少。将物资在保管期间的损耗降到最低限度，一是要严格把好入库验收关，使验收的数量准确，质量合格，为确保降低库耗创造条件；二是在装卸搬运作业中，做到合理作业，提高其作业效率，同时禁止野蛮装卸，爱护包装，合理进行堆码苫垫，以减少物资损失；三是改善储存条件，减少自然损耗；四是做好防锈蚀、防虫害、防霉烂变质工作；五是注意物资的保管期限，坚持先进先出的原则，防止物资过期失效，把库耗降到最低限度。

（5）费用省。节省物资的进库费、保管费、出库费，降低储运成本。

（6）保安全。做好防火灾、防盗窃、防破坏、防工伤事故、防自然灾害、防物资霉变残损等工作，确保物资、设备、仓储设施和人身安全。

三、物资储存规划与仓容利用

要完成物资保管保养的任务，首先就是要解决物资的合理存放。要解决物资的合理存放，又必须对仓库的储存场所进行合理的规划。物资的储存规划，就是根据仓库总体规划和要求，具体确定各类物资的存放地点和储存方法，确定各类物资仓容定额和整个储存能力的计划。合理的储存规划是提高物资储存量，提高作业效率，有效地利用仓容，确保仓库安全的重要保证。

物资储存规划包括物资分区分类保管规划、仓容定额和货位规划。

（一）分区分类保管规划

物资分区分类保管规划是根据物资储存量，物资的类别和性能，结合仓库内各库房、料场的储存能力，建筑结构情况，装卸设备，专用线位置等条件，确定每一库房、料场、料棚所存放物资的种类、数量。

1. 分区分类规划应考虑的因素

（1）物资性质所需要的保管条件。如怕潮易锈的材料或设备应安排在通风的库房里存放，怕冻的要放在保温库房，怕热的要放在低温库、地下室或其他荫凉场所储存等。凡同类或性质相近的物资，要尽量安排一起储存；性质不同，互有影响，性质互相抵触的物资，要求温湿条件不同的物资，灭火方法不同的物资，不能安排同一库房存放。化工危险品应专库专储，单独存放。

（2）便于装卸、搬运等技术作业。如存放大型笨重的物资，要考虑有装卸、搬运设备或装卸机械能进入库区操作；存放小件物品，则需考虑有足够的储存设施；量大或进出频繁的物资，在满足保管要求的前提下，尽量规划在离专用线较近的区域，或安排在靠近库房房门出入口，或车辆出入方便之处，使进出库搬运距离最短，同时应有利于仓库内通风和采光等。

（3）提高库房的平面利用率。要最大限度地增加物资存放面积，在保证满足技术作业的前提下，减少非存放物资面积。

（4）预留机动货位。在整个仓库划分货区时，应留出一定的机动货位，以便当库存物资的数量或品种发生变化出现不平衡时，及时调整货区或货位。

（5）适应物资进出和流转。根据历年物资储存动态、进出变化以及本年度储存计划执行中可能变化的预计情况，摸清物资供应和销售情况，掌握本仓库物资的流转情况，比较周密而准确地计算出各种物资所需的货位数，使之既能充分利用库容，又与物资流转情况相适应。

2. 分区分类方法

（1）按物资类别划分储存区域。它是按物资的类别进行仓库保管物资的分区分类的。这种分类方法是石油天然气企业主要采用的分类方法。

（2）按物资的自然属性进行分区分类。将物资按金属材料、机电产品、化工产品以及配件等划分储存区域。

（3）按物资危害性能分区分类。主要适用于化学危险品仓库。根据危险品本身具有的易燃、易爆、有毒等性质，以及不同的灭火方法等情况来分区分类储存。

（二）仓容定额

仓容定额是指在一定条件下，单位面积或容积允许合理存放物资的最高数量。这里指的一定条件是经济条件（仓库管理水平、生产组织状况等）、生产技术条件（物资保管技术、机械化作业程度等）、物资本身的性能特点及自然条件等。

仓容定额是具体确定仓库物资储量的依据，是反映仓容利用情况的一个重要指标。确定仓容定额，可以合理地进行仓库平面布置，充分利用仓库容积，最大限度地发挥仓库的储存能力，提高仓库利用率。

1. 仓容的构成与测算

仓容指仓库可储存物资的容积。它是以仓库可提供储存物资的面积为基础。要想充分合理使用仓容，就需对仓库面积和容积的构成进行分析测算，为制定仓容定额提供必要的数据。

由于仓库种类与规模不同，面积的构成也不同，一般计算方法如下。

1）仓库面积的构成

（1）仓库总占地面积：指仓库围墙外围线以内的平面面积，若围墙外还有仓库的行政区或库外专用线等，则应包括在总面积内。

（2）仓库建筑面积：指仓库内所有建筑物所占平面面积之和。若有多层建筑，则应加各层面积累计数。仓库建筑面积具体包括：生产性建筑面积（指库房、料棚所占面积之和），辅助生产性建筑面积（指机修车间、车库、锅炉房所占面积之和），行政生活建筑面积（指办公室、会议室、食堂、宿舍等面积之和）。对仓容来讲，仅指生产性建筑面积。

（3）仓库使用面积：指仓库用来存放储存物资实有面积之和。其中库房的使用面积为库房建筑面积减去外墙、内柱、间隔墙、保管员办公室及固定设施等所占面积。

（4）存放物资计划占用面积（亦称仓库有效面积）：指库房、料棚、料场内计划用来存放物资的面积之和，即等于库房、料棚、料场的使用面积中减去通道、垛距、墙距及生产辅助区等所占面积后剩余的面积。为保证物资进出库畅通，并符合消防、检查等要求，在库房、料棚等储存场所内应结合储存物资的保管要求及设备情况，留有适当的通道（包括消防通道）、墙距（货垛或货架离建筑物墙壁的距离）、垛距（货垛或货架之间的距离）以及进行验收、备料、发货的活动区域。

（5）物资实际占用面积：指在计划占用面积内实际存放物资的面积之和。此值是随着物资储存量大小的变化而变化。

2）存放物资计划占用面积的测算

要确定库房、料棚、料场的物资计划占用面积，主要是确定通道、垛距、墙距、柱距以及验收、备料等区域所占的面积。仓库在具体确定上述面积时，应结合储存物资的性质，仓库设备条件及作业方式进行综合考虑,在保证安全、方便收发作业的前提下,尽量缩小这些面积,以提高仓库面积利用率。

3)仓库容积的计算

(1)仓库空间的计算公式为:

$$M = L \cdot W \cdot H$$

式中　M——仓库容积,m^3;

　　　L——仓库长度,m;

　　　W——仓库宽度,m;

　　　H——地面至屋架横梁高度,m。

(2)仓库有效容积计算公式。

仓库的全部容积,通常在存放物资时并不可能全部利用,因为受到地面强度、物资本身性能特点和装卸条件等制约,堆码必须限制在某一定高度。因此,仓库有效容积的计算公式为:

$$M_e = L \cdot W \cdot H_e$$

式中　M_e——仓库有效容积,m^3;

　　　H_e——物资堆码有效高度,m。

(3)可储存物资最大容积。

仓库有效容积不可能全部用来存放物资,还需要留出作业通道、墙距、垛距、验收区域等。故实际可储存物资的最大容积计算公式为:

$$M_i = (L \cdot W - A) \cdot H_e$$

式中　M_i——可储存物资的最大容积,m^3;

　　　A——不划作储存区域的总面积,m^2。

通过合理的库容规划,确定出储存物资的总面积,再用上述方法确定仓库的最大储存容积,为制定仓容定额提供科学依据。

2. 仓容定额的制定

仓容定额,也称单位面积储存定额。它是确定仓库储存能力的依据,也是编制仓储生产计划的基础,每一个仓库都应根据本库的具体状况来制定仓容定额。一般是采用历年库存物资统计数据为基础,加以修正来制定。

(1)影响仓容定额的因素很多,主要有:

①储存物资本身的性质。

②物资的外形及单件重量。

③仓库地坪的允许载荷量,t/m^2。

④物资的堆码方法。

⑤库房的结构。

⑥仓库的机械化作业程度。

(2)仓库储存能力的确定。

在确定储存物资计划占用面积和物资仓容定额后,可通过下式求出仓储能力:

$$Q = \sum q \cdot S$$

式中　Q——某仓库储存能力,t;

q——某类物资的仓容定额，t/m^2；

S——该类物资的计划占用面积，m^2。

（三）货位规划、统一编号

在确定各库房、料场储存物资类别后，为了便于管理和查找，仓库还应进一步根据储存物资的外形、包装，合理的苫垫堆码方法及操作要求，结合保管场所的地形，规划货位的布局和固定料架的位置，进行统一编号。

1. 货位规划

库房内货位规划一般有横列式、纵列式和混合式三种类型。

（1）横列式：就是货垛或货架与库房的侧墙垂直排列。

（2）纵列式：就是货垛或货架与库房的侧墙平行排列。

（3）混合式：就是横列式和纵列式混合在同一库房布局。

在进行货场货位规划时，其货垛与货场的主要作业通道应成垂直方向排列。

在制定库房、货场规划时，既要充分利用储存物资的有效面积，也要留有合理的垛距和墙距。垛距是指同一库房或货场内堆垛的分界道，也是作业物资进出和维护保养作业的通道。它的宽度应依据物资搬运作业需用的设备机具而定，一般垛距为 0.5~0.8m。墙距是指物资堆垛或货架的摆放与建筑物之间的安全距离，它的距离应依据建筑物结构和物资重量而定，一般库房的墙距为 0.3~0.5m。垛距和墙距是保护建筑物安全和搬运作业的必要条件。

在物资的储存保管过程中，因物资的出库和入库的流动，使库房和货场经常出现利用率不均衡的现象，保管员应根据历年的物资进出情况（物资分类的吞吐量、时间和季节等），掌握每类物资的流转规律，做好货位调整工作，随时整垛、并垛，腾出空位，多储物资。

2. 统一编号

实行统一编号是仓库科学管理的方法之一，其优点是：便于提高仓储工作效率，缩短收发作业的时间，减少和避免收发差错；便于保管员之间合作互助，一人因故不在，别人可以代为发料；有利于储存物资的盘点检查，保证账物相符。

统一编号的方法，一般采用"四号定位"法，该方法是四个号码确定一个货位，是仓库货位管理的一种有效方法，被广泛采用。"四号定位"法是指将库存物资用库号、架号（区号）、层号（排号）、位号或场号、区号、排号、位号进行统一编号，固定其存放位置，实行对号入位，并和账页对应，做到见账知货位。具体做法是：

（1）库房号统一编排。

①把整个仓库所有库房按其所在的平面位置的排列顺序进行编号，如 1 号库、2 号库、3 号库等。

②当一栋库房中间有隔墙，且互不相通各有门出入时，应按其实际间隔的间数编排，如间隔成两间，按两个库编号；间隔成三间，按三个库编号，以此类推。

③库房号要明显地标记在库房门的上方墙上或库房两端墙上。

（2）库房内料架的编排。

①一个库内的所有料架，应从验收区或保管员办公室一侧开始编号。

②当一个料架两侧都摆放物资时，应按两个料架编号。

③编号顺序应尽量做到从左至右顺序编排。

④料架牌要挂在料架临作业通道端的上方。

（3）料架层号的编排。

①由上层向下顺序编排。
②料架的层号应标记在料架的临作业通道端面和侧面对应处。
(4) 料架的位号编排。
①不考虑料架排列方向，每层位号均应从临作业通道一侧的端头向里编排。
②每层编一个顺序号，同架不同层间的位号互不相接。
③位号要标记在料签上，挂在该项物资货位的零头处。
(5) 料场号的编排。
①把整个仓库的所有料场（包括料棚），按其所在的平面位置，合理规划各个料场，然后按顺序进行编号，如第一料场、第二料场、第三料场等。
②料场号牌立放在料场的起始处。
(6) 料场内的区、排、位号的编排。
①合理划分料场内的各区，并按顺序编区号，区号牌立在该区起始处。
②在各区内按照由左至右的顺序编排号，并将排号牌立在该排的起始处。
③在各排内按照由左至右的顺序编位号，位号要标记在料牌或料签上，签牌应悬挂或立放在该料垛的正面。
(7) 库房内存货区的货位编号。
①合理划分料区，并编排区号。
②在各区内由左至右编排号。
③在各排内由左至右编位号。
(8) 四号定位的表示方法。
将库场号、架区号、层号、位号中间用短横线连接，库号－架号－层号－位号；场号－区号－排号－位号。
如某项物资摆放在第3号库第5架第2层的第9货位上，该项物资的"四号定位"是3库5架2层9位或3－5－2－9。
又如某项物资摆放在第1料场第2区第4排第6货位上，该项物资的"四号定位"是1料场2区4排6位或1－2－4－6。
(9) 统一编号的要求。
库存物资统一编号的要求是：一个单位内库（场）号不重，一个库（场）内架（区）号不重，一个架（区）内层（排）号不重，一个层（排）内位号不重，即一个单位内的"四号定位"不重，确保一料一位。
(10) 统一编号时主、副货位的要求。
在物资储存过程中，由于某项物资库存量大，以及货位有限，不能把全部物资都上架存放时，可在库内料区或库外料场设副货位，主货位摆零，副货位存整。主货位料签上要标记副货位的"四号定位"和数量，副货位的料签上要标记主货位的"四号定位"，做到主、副货位相互对应。账页上只标注主货位的"四号定位"号。

四、仓库物资的储存设施

为保证各种物资的储存质量，满足各种不同物资对储存条件的要求，仓库必须配置相应的储存设施。仓库物资的储存设施包括库房、料场、料棚、储罐以及料架、料柜等。

(一) 库房

库房是由基础、地面、墙体、屋顶等构成的全封闭式的建筑物，具有隔热保温、防火防潮、防风吹日晒、防尘防有害气体、防盗防破坏等功能。库房有单层、多层之分。

（1）单层库房，亦称"平房"，是由基础、地面、墙体、库顶构成的单层建筑物。有单跨、双跨和多跨之分。其主要特点是：地面单位面积承载能力大，物资进出库方便，装卸、运输设备可进库作业，可安装桥式起重机，作业效率高，结构简单，施工容易，单位面积造价较低。但因受地面潮气和太阳光辐射热的影响，所以保管条件不如多层库房的中间层。

（2）多层库房，亦称"楼房"，是两层或两层以上的库房，是由基础、地面、墙体、楼顶、立柱、楼板、楼梯、竖井、门窗、库边站台等构成。其优点是：占地面积少，节约用地，布局紧凑，便于业务联系与管理，但不便于装卸、搬运设备到各层作业，物资进出库时，需要垂直运搬，所以给机械化作业带来很多困难，使物资收发不便。另外，由于受楼板承载能力所限，对储存物资有一定的局限性。

（3）半地下仓库，亦称"浅埋式仓库"。这种仓库建筑物，库墙的下半部埋在地下，库墙的上半部露在地面上，周围及库顶用土覆盖。半地下仓库兼有地上库和地下库的特点，因库顶、库墙的覆盖土层不太厚，所以太阳的辐射热对库内温度有影响，但库内温度变化小于地上仓库，库内湿度、通风采光、收发作业、仓库安全等介于地上仓库与地下仓库之间，一般作为油库、油漆库、橡胶制品库等。

（二）料棚

料棚，亦称"货棚"，是专供储存某些物资的半封闭式建筑物，有立柱和棚顶，没有或只有部分围护结构。其主要功能是防自然降水和太阳光辐射对物资的不良影响，与库房相比，结构简单，造价低廉，但防护功能差。料棚有多种类型，按结构特点分类，可分为全敞开式料棚和半敞开式料棚；按结构材料分类，可分为单一结构料棚和混合结构料棚。存入料棚的物资，主要是那些怕日晒、雨淋，但对温度、湿度条件要求不严的耐火材料、优质木材、中型钢材、电缆等。

（三）料场

料场，亦称"露天料场"、"露天货场"，是专门用于存放某些物资的露天场地，无任何围护结构，对各种自然因素的侵蚀均不起防护作用，主要靠下垫上苫保护物资不受损失。其地面可分为软地面（弹性地面）和硬地面（刚性地面）。前者是在素土夯实的基础上，铺垫河砂、山皮土、炉灰渣、砾石、碎石等；后者是在素土夯实的基础上浇筑水泥混凝土或铺砌石块等。软地面具有良好的渗水性和一定的弹性，造价低廉维修方便；硬地面有良好的排水性能，便于机械化作业，能防止杂草丛生，具有一定的防潮性能，但易损坏，不易维修，造价高。对货场的基本要求是：地势高，横断面成人字坡度，以利排水，地面有足够的承载能力，有方便的交通条件等。较大型的货场多有铁路专用线通入并安装龙门起重机。露天货场主要用于存放不怕风吹、日晒、雨淋的大宗物资，如煤炭、大型钢材、原木、砖瓦、砂石等，如有良好的垛基和苫垫条件，也可临时存放其他物资。

（四）储罐

储罐是由金属、钢筋混凝土或玻璃钢等材料制造。用于储存液体物资，如油类、酸碱类以及散装水泥等粉料。储罐有地上、地下及半地下三种，从结构上可分为立式和卧式。

（五）料架

（1）普通层架。有金属料架、木制料架等。由框架和层板构成，它分为单面层架和双面层架。这种料架结构简单，适用性大，便于收发，在企业仓库中被普遍采用。

（2）抽屉式和橱柜式料架。皆属于封闭式料架，它们的结构与层架相似，区别在于层格中有抽屉或在层格外面有橱门封闭。主要用于存放比较贵重的小件物品，如刃量具、精密仪器仪表、无线电元件等。其优点是能起到良好的防尘作用。

此外，为便于储存某些难堆垛的物资，还有 U 型、A 型、悬臂型料架、轮胎料架、气体钢瓶料架等。

五、物资的堆码和苫垫

物资验收入库时，应根据仓库的储存规划确定货位，同时进行堆码、苫垫。物资的堆码、苫垫，是保证入库物资质量完好和减少损耗必不可少的措施之一，也是物资保管保养中技术性较强的一项管理工作。

（一）物资堆码

物资堆码就是根据物资的包装形状、重量、数量及性能特点，结合地面负荷能力，储存时间等因素将物资按一定规律码成各种形状的货垛。

物资堆码是保管作业中的一个重要环节，它直接影响着物资的保管。合理的堆码，能保证物资不变形，不变质，便于收发货，特别是便于作业，有利于充分利用保管场所的单位面积储存能力和立体空间，提高仓容利用率；有助于盘点检查及维护保养和安全作业。物资的堆码方法是随着保管技术的不断提高而不断创新。

1. 物资堆码的要求

1）堆码物资应具备的条件

（1）物资的数量、质量、规格、型号已彻底查清，验收合格。

（2）包装完好，标志清楚。

（3）包装外的尘土、雨雪、油污等已清扫干净。

（4）对受潮、锈蚀、残损、包装破损或已发生某些质量变化或质量不合格部分，已经过保养、加工修复或剔除。这部分物资应与合格品分开堆码。

2）堆码的基本要求

当物资具备上述堆码条件后，可根据物资储存规划和物资保管要求进行物资的堆码工作。物资堆码的基本要求是：

（1）合理。对不同品种、规格、型号、牌号、等级、批次和不同货主的物资，均应分开堆码，不相混杂，选择的垛形，应适合物资性能特点，达到合理保管的目的。库房内码垛要距离建筑物墙体 40~80cm。垛间距离视操作需要而定，但不得小于 50cm。库房外码垛要距离建筑物 150cm 以外，并注意避开排水沟和屋檐水，堆垛时要注意物资进库的先后次序，以便贯彻"先进先出"的原则。

（2）牢固。码垛要不偏不斜，不歪不倒，不压坏底层物资和地坪，要与屋顶、梁柱、墙壁保持一定距离，确保物资堆垛牢固安全。

（3）定量。每行每层每方的物资数量力求成整数，五十成行，五十成方，过目知数。过磅物资不能成整数时，每层应明显分隔，标明重量，以便于清点，便于发货。

（4）整齐。垛形要有一定规格，排列要整齐有序，横看成行，竖看成线。包装外有标志者，标志应朝外，要彻底清除沾污尘迹，以便给人以整齐、清洁、美观的感觉。

（5）节省。要节省仓位，提高仓库面积的利用系数，节省劳动力。

（6）方便。垛位垛形符合装卸、搬运、发放、检查等作业便利的要求。

3）库存物资在货位上摆放的具体要求

库存物资在货位上摆放的具体要求是左整右零，后整前零，下整上零。

（1）左整右零：横向摆放的物资零头摆在右侧。
（2）后整前零：纵向摆放的物资零头摆在前面。
（3）下整上零：立体摆放的物资零头摆在上面。

成方立体摆放时，其零头应摆放在最右边的一行，最前面一摞的最上一层。

2. 堆码前的准备工作

（1）根据进库物资的数量、重量、密度、单件重量、包装情况及体积，计算货垛的占地面积、垛高，确定堆码层数及规划好垛形。

有包装箱或规格整齐划一的物资，其占地面积（不包括垛间距离）、垛高由下列公式进行计算：

计件物资： $$占地面积 = \frac{总件数}{可堆层数} \times 每件物资底层面积$$

计重物资： $$占地面积 = \frac{总重量}{层数 \times 单位面积重量} = \frac{总重量}{（地坪）单位面积最高负荷量}$$

$$垛高 = 层数 \times 每件物资高度$$

上列计算式中：

$$可堆层数 = \frac{（地坪）单位面积最高负荷量}{单位面积重量}$$

$$单位面积重量 = \frac{每件物资毛重}{该件物资占地面积}$$

在确定垛高和占地面积时，必须注意不超过底层包装允许承受的压强和包装标志要求的堆垛层数以及地坪的允许负荷量。

（2）做好机械、人力、材料等准备工作。垛底应扫干净，用粉笔在地坪上划好占地面积范围以及使垛形整齐美观，摆好下垫物（水泥墩、石墩、垫木、垫板、托盘等），如需苫盖、密封，还要准备好苫盖密封材料。

3. 堆码的基本形式

由于各种物资的性能、规格、包装各异，外形多种多样，因此，堆码成的垛形也就各不相同。基本形式有以下几种。

（1）按物资底层的排列不同分为正方形、长方形、环形等。
（2）按货垛纵断面形状分为方垛、梯形垛、三角形垛、矩形垛等。
（3）按堆码方式和式样不同分为重叠式、纵横交错式、仰伏相间式、压缝式、鱼鳞式、通风式、栽柱式、衬垫式、串联式等，各种式样还可结合使用。一般常用堆码的垛形有：

①重叠式码垛。逐件逐层向上重叠码高而成的货垛。对钢板、箱装物资等质地坚硬，占地面积较大，不会倒塌的，可采用这种方法码垛。

②纵横交错式码垛。将物资纵横交错上码，形成方形垛。此垛形适宜码大垛、高垛，垛形稳固整齐。

③仰伏相间式码垛。将物资仰放一层再伏放一层，仰伏相间而相扣，使堆垛稳固。也可伏放几层，仰放一层，或仰伏相间组成小组再码成货垛，这种码垛方法适用于金属材料中的型材（如槽钢、角钢等）和锭子（如锭铝）的码垛。

④压逢式码垛。将底层排列整齐成方形、长方形或环形垛底，然后起脊压逢上码。方形

或长方形垛底形成的货垛，其断面成屋脊形，也称起脊压逢式码垛，环形垛底形成的货垛则是圆柱形。

⑤鱼鳞式码垛。将圆圈形物资（如电线、盘条等）半卧，其一小半压在另一圈物资上，顺序排列，第一件和最后一件直立作柱或另放柱子，码第二层时，方法与第一层相同，方向相反，这种货垛稳固，花纹形状像鱼鳞一般，故称鱼鳞式码垛。

⑥行列式码垛。有些物资体积大而且重，外形特殊，或需要经常查看其四周是否有渗透、变化情况的，不宜码成重叠或其他形式的垛，只排列成行，中间留有通道，以便检查，有利于通风，这种码垛方法称为行列式码垛。适合于大型变压器、汽车、筒装化工液体等。

⑦通风式码垛。需要通风保管的物资，堆码时每件物资之间都有一定空隙，以利通风。

⑧栽柱式码垛。对于金属材料中的长条形状（如棒材、管材等），在码垛时，与货垛两旁各栽两三对木柱或钢棒，然后将金属材料平铺于柱中间的货墩或墩架上，每层或隔几层在两侧相对的柱子上用铁丝或绳子拉紧，并标明每层的重量。

⑨衬垫式码垛。对四面不整齐、不规则的裸体物资（如电动机、减速箱等）堆码时，每层间应加衬垫物，衬垫平整牢靠，才能上码。衬垫材料的形状须视物资的形体而定。

⑩串联式码垛。利用物资中间的管道或孔，如管子零件、轮胎等，用绳子按一定数量串联起来，再逐层码垛。

⑪带托盘重叠式码垛。将袋装或盒装物资先整齐码在托盘上，然后带着托盘再逐层上码。

除上述提供的几种较定型的码垛方法外，各仓库可根据本库实际情况进行创新，但必须符合堆码垛的六项基本要求。

4. 物资的堆码方法

物资堆码的主要方法是"五五化"堆码法，也称"五五化"摆放法或"五五化"法。

"五五化"是根据物资的不同形状，以五为基本计算单位，码成各种不同垛形，每一整垛为五或十的倍数。它的优点是美观、整齐，便于收发盘点，减少收发差错，提高作业效率。

由于"五五化"的物资堆码法只提出物资堆码中每层、每批的计算原则，并不解决垛形问题，因此各种不同的物资，有不同的"五五化"垛形和堆码方法，如大的五五成方、高的五五成行、小的五五成包、带眼的五五成串等。在确定各种物资的五五堆码时，不要片面为了追求形式上的"五五化"，而多占货位，多费劳动力，或不利于物资的维护保养。"五五化"的堆码要因物、因地制宜。

因为"五五化"堆码方法可以把大小不一、形状各异、毫无规则的物资，变成比较有规则的各种定型定量包装或货垛，所以仓库采用"五五化"堆码后，就能做到货垛横看成行，竖看成列，左右对齐，过目成数，美观整洁，并有利于物资的盘点、检查、保管和收发。

常用的"五五化"堆码方式有平行五、重叠五、平方五、立方五、梅花五、压缝五、三二五等。

（二）物资苫垫

物资在堆码时需要垫垛，露天存放的物资还应妥善苫盖。"苫"，是指在物资的垛上加上遮盖物,"垫",是指在物资的垛底加上衬垫物。物资的上苫下垫,是防止物资受潮及受损的必要措施,特别是对露天存放的物资,更是一项必不可少的保管措施。

1. 垫垛

根据物资的性能及保管要求的不同,按垛形尺寸和负荷轻重,在垛底放置适当的衬垫物料,如石墩、石条、水泥条、木板、枕木等,有利于垛底通风,以减少地面潮气对物资的不良影响。

露天料场一般是在料场地坪上用水泥修筑垛基,无垛基时,也可先垫一层石块或利用废旧轨道、水泥制件或其他代用品。垫垛的高度应距地坪面 30~50cm,潮湿和土质松软的场地要适当加高。

库房和货棚内的垫垛应根据地坪和物资防潮要求而定,一般水泥地坪上只需放一层垫木或垫板,垫板与地面之间应留有一定空间,以便通风除潮。垫垛高度达到 20cm 即可。库房和货棚的地坪湿度大或物资有防潮要求时,垫垛应加高,并在垫木或垫板上加垫防潮层。

垫垛时要注意以下几点:

(1) 下垫必须保证不受水浸或潮湿,通风要良好。

(2) 露天料场的地面一定要铺平夯实,以免码垛后地面下沉造成货垛倾斜倒塌。

(3) 下垫材料要铺平放正,计算每块和每条垫板的负重,堆垛货物的重量不得超过下垫材料和地坪的负重限额。

(4) 根据堆垛货物的特性,合理选择和使用下垫材料,注意经常回收保管。

2. 苫盖

料场上的货垛,为了避免直接受到日晒和风、雨、露、雪的侵蚀,上面都必须遮盖适宜的苫盖物。在库房、料棚内,某些物资为了防止大气污染,也应加以苫盖。

根据储存物资性质的不同,保管要求和垛形的不同,要采用不同的苫盖材料和苫盖方法。苫盖材料的选择应符合防火、安全、经济、耐用的要求。目前,常用的苫盖材料有篷布、芦席、竹席、油毡纸、苫布、铁皮、塑料罩、玻璃钢瓦等。在易燃易爆物资仓库里,不得使用易燃的苫盖材料。

无论采用何种苫盖材料和苫盖方法,在苫盖时,垛顶料必须平整,以免积水而渗入垛内。垛底的垫木、石墩不可露在苫盖材料的外面,以防止雨水顺延流入垛内。苫盖物苫好后,要拴扎牢靠,以防掀起。

苫盖方法一般有以下几种:

(1) 就垛苫盖法。适用于屋脊形垛和大件包装物资的苫盖,它是将苫盖材料直接苫盖在物资上面。临时苫盖时,一般用油布、苫布苫盖,使用时要爱护,用后晾晒放好。

(2) 鱼鳞式苫盖法。将苫盖材料自货垛的底部逐渐向上围盖,上层的苫盖材料下部应压在下层苫盖材料上部的外面。从外形看呈鱼鳞状。

六、物资的检查与盘点

由于仓库内的物资品种繁多,数量大,进出频繁,而且各种自然条件在不断变化,极易造成物资质量和数量的变化,因此,物资的检查和盘点是物资保管过程中不可缺少的一项工作。只有通过检查和盘点,才能掌握物资在保管期间的变化情况,掌握影响物资变化的各种因素,及时采取措施,以确保物资数量全、质量好。通过检查和盘点,还可以不断总结经验教训,提高仓库管理水平。

（一）物资检查的内容和方法

1. 检查的种类

物资保管过程中的检查有经常性、定期性和临时性检查三种。

（1）经常性检查。它是保管员日常工作的重要内容之一。由保管员自行进行检查，在每日上班后和下班前，保管员要对所管物资的安全情况、保管状况、计量工具的管理情况，库房和料场的清洁整齐及门窗安全状况等进行检查。

（2）定期检查。是指根据实际情况，由仓库领导者组织有关方面的专业人员对在库物资进行定期检查，如：每季进行盘点检查，半年进行普遍检查，年终进行彻底清查盘点。

（3）临时性检查。在风、雨、雪天气前后及有灾害性气象预报时，或是根据工作中发现的问题而决定进行的临时性检查，如：在暴雨、台风到来前，要检查建筑物是否承受得住风雨袭击，水道是否畅通，露天货场苫盖是否严密牢固；雨、雪后检查物资的损失情况，并及时排水、除雪等。

2. 检查的内容

（1）**查质量**：查库存物资的质量有无变化，包括是否发生锈蚀、霉变、潮解、鼠咬、虫蛀等情况，必要时可进行化验或技术检验。查物资质量的同时还要检查有无超过保管期限和长期积压。

（2）**查数量**：查物资的数量是否准确，核对账、卡、物是否一致，同时检查规格有无混串。

（3）**查保管条件**：检查堆垛是否稳固，苫垫是否符合要求，库温是否适宜，库房有无漏雨，场地有无积水，门窗是否良好，通风设备是否有效，保管条件与各种物资的保管是否符合要求，清洁卫生是否符合要求等。

（4）**查计量工具**：检查计量工具是否完好、准确，使用与保养是否合理。

（5）**查安全**：检查各种安全设施与消防设备、工具是否符合安全要求。

3. 检查的方法

物资检查方法有抽查和全查两种。

（1）抽查。一般性检查采用抽查的方法进行。

（2）全查。一般在每季度末、半年和年终盘点时，以及临时性检查采用全查方法进行。

（二）物资盘点的主要方法

物资盘点是指对库存的全部物资分别进行清点数量的业务活动。根据物资的性质以及进出库业务频率的状况，常用以下几种盘点方法：

（1）永续盘点法。也称动态盘点法。是指对有动态的物资，在收、发料的同时，进行清点实存是否与账册、料签相符的一种盘点方法。其特点是盘点工作量少，能有效防止差错并及时查找差错原因。

（2）循环盘点法。是指按照库存物资的排列顺序，有计划地将所管物资合理地划分成若干个"区域"，然后按预先确定的盘点计划，逐区逐日循环进行盘点，直至将全部物资盘点完的一种方法。这种方法的特点是节约人力，经济方便，但需要的时间长。

（3）重点盘点法。是指对进出库频率高的，易损耗的，昂贵重要的物资进行重点盘点的一种方法。其特点是时间性强，要求严格。

（4）全面盘点法。是指对库存所有物资进行全面盘点、清查的一种方法。这种盘点法常与年终盘点一起进行。数量盘点、质量检查和安全检查是全面检查的重点，其特点是工作量大、盘点彻底。

七、物资保管过程中问题的划分及处理

物资在储存过程中，因其本身性质、自然条件的影响，计量的合理误差，或人为的原因，可能发生各种损耗，有的可以避免，有的难以完全避免。为及时摸清物资在保管期间的变化情况，掌握库存动态，最大限度地减少损失，应当对盘点和检查中发现的问题进行相应的处理。

（一）盘盈与盘亏

库存物资的盘盈与盘亏，也称盈亏，是指实物量与账存量不相符的一种现象。实存大于账存为盈，实存小于账存为亏。

1. 发生盈亏的原因

库存物资发生盈亏的原因有如下几种：

（1）物资入库前发生的损耗或数量不足在验收入库时没有被发现。

（2）由于自然特性，某些物资因挥发、吸湿，使重（质）量减少或增加，超过了规定标准的损耗量。

（3）液体物资因容器破损而渗漏流失。

（4）错收、错发规格型号，使实际收发物资与实际记账物资不是同一项。

（5）单据遗失，已出库或已入库的物资未记账。

（6）物资入库和物资出库时计数错误，造成多收、少收或多发、少发。

（7）计量器具不准或使用方法不当造成数量不准。

（8）物资整进零出、入库时一次计量，出库时分多次计量造成超过规定标准的计量差。

（9）出库单已销账，而实物仍然存放在货位上。

2. 盈亏的处理

在检查盘点中发现盈亏后，首先要认真查找并分析发生"盈亏"的原因。仔细、认真反复核实"盈亏"数量，确认无误后，方可填表上报。

"盈亏"的处理时间及审批权限按各企业规定执行。

（二）自然损耗

物资的自然损耗主要表现为物资的干燥、风化、挥发、粘结、散失、破碎、包装破损而造成大量流失，以及物资在进出库时，由计量器具之间精度上的差别而造成的亏损。

1. 运输损耗

运输损耗，也称运损，是指物资经铁路、公路、水路运输，中转到达仓库前所发生的损耗。

运损的范围是物资在入库时，实收数量小于应收数量，其短量部分有合理运损标准的，并在规定的合理损耗标准以内的，可按运损处理；超过规定的损耗标准时，其超过部分不能计入运损之内。

运损的处理是在该批物资验收完毕时填报，运损数量应计入验收单的实收数量之中。

2. 保管损耗

库存物资在储存保管过程中，因其自然特性、易损易碎、易挥发造成的损失为储耗。收发料时计量中发生的误差为计量差。

（1）储耗。库存物资由于自然因素造成的短量时，其短量部分在规定的合理储损标准以内的，按储损处理；超过储损标准时，其超过部分不得计入储损之内。

（2）计量差，也称合理误差。在收发过程中，因过磅检斤、检尺计量造成的计量差，在规定的计量差范围以内的，可按计量差处理；超过计量差标准规定的不得计入计量差之内。

储损及计量差应每季处理一次，由各级仓库主任行使本仓库的审批权。

（三）物资报废

当库存物资由于技术淘汰，长久积压造成质量降低，以及自然灾害造成的损坏，使物资失去使用价值，经过履行必要的手续，可予以报废。

1. 物资报废的范围

（1）国家有关部门明令报废的物资。

（2）国家有关部门明令淘汰的设备及配件。

（3）由于不可抗拒的自然灾害，如火灾、地震、台风、龙卷风等灾害造成的物资损坏、变质的物资。

（4）质量低劣，已失去使用价值的物资。

（5）产品已超过有效期限并失去使用价值的物资。

（6）由于储存时间较长，保管条件不佳造成严重锈蚀、老化、风化、分解、溶化、变质等，影响其内在质量，失去使用价值的物资。

（7）物资毁损无法修复，或购买比修复更经济的物资。

2. 报废处理时间

（1）国家有关部门明令报废的物资，按要求报废。

（2）其他原因的报废应每年在年终盘点时报批。

3. 报废的审批权限

（1）国家有关部门和上级主管部门明令报废的物资，按国家有关部门和上级主管部门通知规定的权限报批。

（2）其他原因报废的物资由企业一级供应部门主管领导并会同财务部门及其有关部门进行审批。

（四）仓储管理事故

仓储管理事故也称业务事故，指在仓储管理过程中，由于人为的因素造成的物资损坏、变质、丢失及收发差错等。

1. 仓储管理事故的范围

（1）多收。指收入的实物数量多于验收单上的实收数量。

（2）少收。指收入的实物数量少于验收单上的实收数量。

（3）收串。指收入物资的名称、规格、型号与应收物资不符。

（4）多发。指发出的实物数量多于调拨单上的实发数量。

（5）少发。指发出的实物数量少于调拨单上的实发数量。

（6）发串。指发出的物资名称、规格、型号与应发物资不符。

（7）漏发。指发出的实物项次少于发料单上的应发项次（空头料单除外）。

（8）漏收。指收入的实物项次少于应收的实物项次。

（9）错发。指将发往甲单位的物资错发给乙单位。

（10）丢失。指在仓库内各作业环节中因管理不善而造成的丢失（包括被盗）。

（11）损坏。指在仓储各作业环节中，由于操作不当（包括装卸、搬运、堆码、盘点等），管理不善造成的物资残损或报废。

（12）霉烂变质。指物资在正常保管期间，由于维护保养不当或保管方法不当以及责任心不强，使物资发生霉、腐、变质等，致使物资品质降低而造成的损失。

（13）无凭证出库。指库存物资出库没有正式凭证，包括白条子出库、私自外借等。

（14）放空车。指由于仓库的原因造成用料单位不能按时提取该提的物资而空车返回（空头料单除外）。

（15）无故验收积压物资及1年以上无发出物资。指已列为积压物资及1年以上无发出动态的物资，有新到货时，没有及时按规定报批而将物资验收入库。

（16）出库质量事故。指将已确认质量不合格的物资充当合格物资出库，或硬性搭配出库。

（17）无故验收质次、超合同、无合同等不该验收或没有经过批准验收的物资。

（18）无故超期限验收。

（19）弄虚作假，使账册、单据数据不真实，或将库存盘盈物资有意隐藏，盘亏物资以外借（包括索要）顶数。

2. 事故的处理

（1）事故责任人的处理。按各企业有关事故处理的规定进行惩罚处理。

（2）事故物资的处理。应在事故发生后及时进行处理。凡物资已到库但尚未验收入库，由于仓库有关人员在装卸、搬运过程中发生的事故，其事故数量应计入验收单的实收数量之内。

3. 上报事故时的注意事项

（1）发生物资事故要填写事故报告单。填报时，事故的详细情况和发生事故的经过必须真实、清楚，必要时，可附文字材料、图片等加以说明。

（2）对事故责任者的处理意见应是结论性意见。

（3）重大事故应有专题事故报告。

（4）被盗事故应有保卫部门的签证、盖章。

4. 物资事故的审批权限

库存物资事故的审批权限按各企业规定执行。

（五）库存物资的规格调整

当库存物资发生混串时，可通过规格调整的方法予以调平，使之账、物相符。

1. 库存物资规格调整必须具备的条件

（1）两项物资必须是一盈一亏。

（2）两项物资的名称相同，规格不同，或名称、型号相同，规格不同。

（3）调整的数量必须相等。

调整时上述条件缺一不可，可不考虑单价是否相同。

2. 规格调整时应注意的事项

当两项物资发生规格混串或多项物资发生规格交叉混串，进行规格调整时，应注意以下几点：

（1）首先要确定相互混串的数量。

（2）将混串的物资分别记清数量后，先进行实物调整，将其分别摆放到与之规格相符的货位上。

(3)重新核实各自的实际库存数量和账存数量,如还有混串,符合规格调整条件的可按规格调整要求处理。

3. 规格调整的审批权限

库存物资需要进行规格调整时,必须经各仓库的管理部门核实认可,由该仓库主任或上级管理部门审批。

第五节 物资的维护保养

物资进入保管保养阶段后,为使储存物资保持其使用价值,最大限度地减少损耗,避免技术性能下降,对物资进行维护保养是至关重要的。

物资的维护保养是根据物资本身发生变化的特点,结合本企业的具体条件,采取各种有效手段对物资进行科学养护,以延缓物资质量变化的一项技术性工作。如对库区温度、湿度进行控制,防锈和除锈,防霉和除霉,防虫鼠害等措施。

一、影响储存物资质量的因素

要做好物资的维护保养工作,首先需了解影响物资自身变化的因素及影响情况。影响物资质量变化的因素很多,归纳起来为两大类,即人为因素和客观因素。

人为因素,是指人们在物资储运过程中没有按物资保管的客观要求或违反操作规程,而使物资的质量受到影响。如包装不善、装卸不慎、堆垛不当、苫垫不适、物资长期积压或突然的机械事故等都会影响物资的质量。

客观因素,即自然因素,是指由于物资本身的理化性质和物资储存环境的自然因素(如空气、温度、湿度、日光等)的影响,使物资变化受损。

本节侧重分析客观因素对储存物资的影响。影响储存物资的客观因素很多,一般可概括为三个方面,即物资本身物理化学性质的影响、各种自然因素的影响和物资储存期的影响。

(一)物资本身物理化学性质的影响

物资本身所具有的物理化学性质是物资发生质变和数量损耗的根本原因,它对物资保管条件和保管方法起决定性作用,也是决定仓库合理布局、分区分类、堆码方法、保养技术的重要因素。物理化学性质在物资储存中的主要表现形式如下所述。

1. 导热性

导热性是指物体传递热能的性质。影响导热性的主要因素是物资的成分和组织机构,各种成分不同的物质,其导热性的差别很大。例如,金属材料是热的良导体,玻璃、橡胶等则是热的不良导体。所以,体积大的金属材料可以露天存放,而橡胶制品就不宜存放在露天料场,因受热不易散发,会促使其加速变化。物资的结构不同,其导热性也不一样。属于多孔性结构的物资,由于大量孔隙中蕴藏着导热性很小的空气层,又不发生剧烈的对流现象,因而增加了保温性,石棉就是这样。

此外,物资表面色泽也与其导热性有关。浅色和强光泽的表面,具有较强的反射作用,可以减少辐射热能的侵入;深色和粗糙的表面,具有吸热的性能。

2. 耐热性

耐热性是指物资耐温度的性质。影响物质耐热性的因素,除成分、结构和不均匀性外,与物资的导热性、膨胀系数等也有关系。导热性大而膨胀系数小的物资,则耐热性良好;反之,则耐热性差。玻璃制品的导热性较低,耐热性能低,在温度变化时,由于传热慢,以致各部位受热不均,膨胀不一致而容易破裂。橡胶及一些塑料制品,由于受温度变化影响,将发生分子结构变化，而导致性能改变。高温时，发粘和强度下降；低温时，则发硬变脆。

3. 弹性

弹性是指物体受一定外力的作用时发生变形，当移去外力后物体自动复原的性质。具有弹性的物资很多，有代表性的是各种橡胶制品，这类物资一般不怕碰、撞、压，但不宜重压、久压，以免引起变形，影响质量。

4. 强度

强度是指物体抵抗外力作用而保持体态完整的性质。强度的大小，直接反映物资的耐用程度，这是检验物资产品质量的指标之一。不同成分的物资具有不同的强度，同一种成分的物资，因结构不同，强度也不一样。外力性质不同，也将使物资反映不同的强度。静荷重，一般物资抵抗外力能力要大些；动荷重，因突然产生组织位移，易使物资破裂。这是装卸、搬运、储存工作中必须注意的。

5. 可塑性

可塑性是指物体受一定外力作用时发生变形，当移去外力后，物体不能恢复原形的性质。具有可塑性的物资以塑料制品最为突出。对软质塑料制品，一般碰撞无多大影响，如果受重压、久压，就会变形；对硬质塑料制品，如电木、电器制品等，一般不怕压，但怕磕碰。

6. 韧性

韧性是指物体在一定条件下，能承受外力的作用而不破裂的性质，如软质塑料制品、橡胶制品等。一般不怕压、冲、碰、撞，具有一定韧性，但不能拉扯和久压。

7. 脆性

脆性是指物体在一定外力作用下，易于破裂的性质，如陶瓷、玻璃、电器、电木等产品。属于这类性质的物资，保管时应防碰、撞、摔等。

8. 挥发性

挥发性是指液体物资或液化的气体物资，在空气中液体表面能迅速气化而变成气体散发的现象。液体物资挥发不仅会使物资数量减少，有的还严重影响物资的质量。在有些情况下，挥发的气体对周围环境造成有害的影响，如：

（1）污染环境，影响动植物正常生长，甚至导致疾病和死亡。

（2）容易挥发的物资大多具有可燃性，遇到明火将造成火灾或爆炸事故。

（3）与周围物资发生化学反应，造成物资腐烂、锈蚀、变质。

9. 溶化性

溶化性是指某些固体物资在潮湿空气中能吸收水分，当吸收水分达到一定程度时而溶化成液体的现象。溶化是属于固态变液态的变化形式，如氯化钙、碳酸钾、硝酸铵等。

影响物资溶化的因素，主要有物资成分、结构和性质等。另外，空气相对湿度大小，对物资溶化影响也很大。空气相对湿度越大，易溶性物资就越容易吸湿而溶化。气温升高也能加速物资的溶化。在相对湿度大的情况下，温度越高，物资吸湿能力就越强，吸湿速度也越快，物资就越容易溶化。各种物资在不同温度下，吸湿能力不一样，因为每种物资都有自己的吸湿点。

10. 熔化性

熔化性是指某些固体物资受热后，发生变软以至变成液体的现象。易熔化物资有松香、沥青等。物资的熔化，除受气温高低的影响外，与物资本身的熔点密切相关。熔点越低，越易熔化；反之，越难熔化。因此，要防止物资熔化，必须严格控制库温，一般以常温为宜。

11. 氧化性

氧化性是指物资与空气中的氧或其他放出氧的物质接触，发生与氧结合的化学变化。物资的氧化，不仅会降低物资质量，有的还会在氧化过程中产生热量，发生自燃，有的甚至发生爆炸事故。易于氧化的物资很多，如金属材料及其制品、化工原料、橡胶制品等。

12. 老化性

老化性是指某些以有机高分子聚合物为成分的物资，受日光、热和空气中氧等因素的影响，而发生粘连、龟裂、强力降低以至发脆变质的现象。橡胶、塑料制品的老化变质，是由于它们的成分发生裂解和聚合反应所引起的。

13. 风化性

风化性是指含有结晶水的物资，在一定温度或干燥的空气中失去其结晶水的一部分或全部，而使晶体崩溃，变成非结晶的无水物资的现象。如水合碳酸钠、水合硫酸钠等晶体，放置空气中时，就逐渐风化变成白色粉末。

14. 有毒性

有毒性是指某些物资含有能破坏有机生理功能的毒性物质。在物资流通中，有毒性物资，主要是部分化工产品。有的蒸气有毒，有的本身有毒，有的经过分解或化合后产生有毒成分。

15. 腐蚀性

腐蚀性是指某些物资能对其他物资发生破坏性的化学性质。如在物资保管中，经常碰到的盐酸、硫酸、硝酸和烧碱，这些物资具有腐蚀性的原因，主要是由于它们具有强氧化性质和吸水性所致。因此，不能把这类物资与金属材料及制品同仓储存。

16. 易燃性

易燃性是指某些物资在热和光的作用下，达到燃点，引起燃烧。属于这类物资的主要有红磷、白磷、生松香、汽油、苯、油漆、硝化棉、萘、金属钠、碳化钙等。燃烧必须具备三个条件：可燃物（易燃物）、助燃物（氧）、火源。

17. 爆炸性

爆炸性是指物质由一种状态迅速转变成另一种状态，并在瞬间放出大量能量的现象。爆炸可分为两种，一种是物理性的爆炸，另一种是化学性的爆炸。从爆炸起因考虑，又有以下三种情况：

（1）碰击性的爆炸。这种物资都是极不安定的物质，略受碰击，分子就会突然分解变成若干元素或简单的化合物。由于急剧的反应，体积突然增大而引起爆炸，如三硝基甲苯、硝化甘油等。

（2）混在空气中易燃物的爆炸。如苯、乙酸戊脂、醚、汽油、丙酮等，其挥发出的气体混合在空气里，当与空气的混合比例达到一定值时，碰到火花，由于突然的氧化作用，或因温度过热过高而自动发生体积膨胀以致爆炸燃烧。

（3）氧化剂混合易燃物（受热或摩擦）的爆炸。如氯酸钾、高锰酸钾、硫黄、红磷、有机物和金属锌粉等混合在一起时，虽然在静置下不会立刻发生爆炸，但略受热和摩擦后立即爆炸。

18. 吸湿性

吸湿性是指物资吸收和放出水分的性质。这是许多物资在储存期间发生质量变化的重要原因之一。

物资含水量是指物资所含水分的多少而言。物资含水量分为结合水和游离水两部分。结合水包括结晶水和胶体结合水，这部分水一般不易失去，如果失去这部分水，物资就会发生解体；游离水是由于物资的成分、结构不同吸附在表面或毛细管之间的水分，它随着外界温湿度条件的不同，有时放湿，有时吸湿。物资的吸湿，主要与游离水的含量有关，如棉、麻、丝等吸湿能力强，玻璃、陶瓷制品等吸湿能力弱。

19. 化学稳定性

化学稳定性是指物资受日光、空气、水、热及酸碱等外界因素的作用，在一定范围内，不易发生分解、氧化或其他变化的性质。化学稳定性高的物资，在同样条件下，不易发生变化。

20. 化合性

化合性是指物资受到外界条件的影响，两种或两种以上物质相互作用，生成一种新物质的反应。化合反应不仅直接改变了物质成分，而且反应中的生成物，有的会影响周围物资的安全，如生成物中的水，就会使其他物资受潮。

21. 分解性

分解性是指某些化学性质不稳定的物资，在光、热、酸、碱及潮湿空气的影响下，发生化学变化，由原来的一种物质生成两种或两种以上的物质。分解反应使物质受到破坏，反应生成物中的气体还可能导致新的化学变化。

22. 聚合性（也称固化性）

聚合性是指某些物质在外界条件作用下，会使同样分子（或其他分子）相加或缩合而结合成相对分子质量较高的化合物的反应。如桐油表面结块就是聚合反应的结果；苯酚与甲醛经缩合，生成甲醛树脂，并析出小分子，也是聚合反应。

（二）各种自然因素的影响

自然因素是影响储存物资变化的外因。了解和掌握自然因素的特点和规律以及它们与物资物理化学变化之间的关系，不仅可以防止物资遭受自然因素的影响，而且还可以利用自然因素来改善物资的储存环境。因此，对自然因素的影响必须重视，影响物资变化的自然因素主要有：

（1）温度。大部分物资都要求有适宜的储存保管温度，温度过高或过低都会使物资质量发生变化。如油毡纸，温度过高会发粘变质，温度过低又会发生脆裂。

（2）湿度。湿度过大会使物资发生霉变、锈蚀、潮解、结块失效，也使电气的绝缘性能降低。湿度过低会使部分化工产品的结晶体失去水分而风化。

（3）空气。空气中的氧会使金属材料及其制品发生氧化、锈蚀，使还原剂类的化工产品氧化变质。

（4）日光。日光的热能能蒸发多余的水分。日光直射，气温升高会引起物资的自燃甚至爆炸，日光中的紫外线会使部分物资变质、老化。

（5）尘土和杂物。尘土和杂物能加速金属材料锈蚀，使仪器仪表和设备的精密度、灵敏度降低，使某些化工原料因含杂质而影响质量。

（6）虫害。老鼠、蛀虫、白蚁等能咬坏或蛀坏储存物资及其包装，它们的粪便不但能污染物资，且对物资有腐蚀作用。

（7）灾害性气候。台风、暴雨、洪水、地震、雷击等自然灾害的侵袭一般发生的突然，能造成巨大的物资损失。

（三）物资的储存期

物资的储存期，决定于物资的有效期限和物资的供货周期。物资的有效期限是保证储存物资使用价值不失效的时间。所谓供货周期，就是两次供货的间隔时间，这个时间还受物资生产周期、运输周期、物资消耗的特点等因素的影响。供货周期越短，消耗量越大，货源越充足，则物资储存期就越短。

物资的储存期对储存物资的质量变化也有一定的影响。由于各种物资的自然属性不同，其质量变化的快慢程度也不同，物资的储存期也就不同。因此，保管员必须注意物资的储存期。对于那些超过储存期限就会失效变质的物资，要在储存期限内发出；对于那些储存期限长或超过储存期不会失效变质的物资，仓库应按照物资进库时间的长短坚持先进先出；若发现有长期多余积压的物资，保管员应向有关部门及时反馈信息，以便采取措施，妥善处理，以减少或避免库存物资损失。

二、保证库存物资质量的措施

物资在储存期间，一些物资从表面上看并没有发生什么变化，而实际上，每一种物资都在不断地发生着变化。这种变化由于物资本身的性质，自然环境及人为因素不同而各有差异，有时是缓慢的，有时则是剧烈的，甚至会引发起巨大的灾害。物资的质量变化可导致降低或丧失其使用价值，物资的数量变化除少数物资外，一般可导致库存数量的减少。因此，在物资保管过程中，必须采取切实可行的措施，尽量减少发生质量变化和数量损失，以保证储存物资的完整无损，保证生产建设所需的物资供应。

保证库存物资质量的措施主要有控制库区温度、湿度、防锈、防霉及防虫害等项工作。

（一）控制库区温度、湿度

物资在储存过程中的各种变化与空气的温度、湿度有着密切的关系。由于物资的性质不同，它们所需要的温度、湿度也不同。各种物资都要求有适宜的保管温度、湿度，若超过该范围，物资将会发生有害的变化。因此，保管员除要熟悉物资本身性质外，还要了解和熟悉物资储存温度、湿度知识，以便根据各种物资对温湿度的要求，控制库区温湿度。

1. 温度、湿度对库存物资的影响

1）温度的影响

（1）温度在 20～35℃ 之间是菌类和微生物生长繁殖最适宜的温度。菌类和微生物繁殖需要养料，往往摄取有机物品中的淀粉、糖类、蛋白质，使其腐烂变质。

（2）橡胶及其制品、塑料制品等怕热，温度过高会发粘老化变质。锡及其制品在低温时则易产生同素异晶变化，在 -15～-48℃ 时变化显著，产生锡疫现象，严重时可变成粉末。精密仪表在过高或过低的温度中以及温度发生聚变时，会影响仪表的精密度。

（3）含有一定水分或结晶水的物资，在高温下逐渐失去水分，引起外形和性质变化，并造成重量损失，如石膏、硫酸铜等。

（4）有些机械配件采取油蜡密封，如果库温超过油蜡的熔点，会使油蜡熔化，温度过低会使油蜡硬脆开裂，失去密封保护作用。

（5）汽油、煤油、油漆、丙酮、松节油和苯等易挥发的液体物资，温度升高时会加速挥发，不但造成数量损失，而且挥发的气体与空气混合达到燃点温度时还有燃烧爆炸的危险。

2）湿度的影响

（1）大部分物资怕潮湿，如湿度过大也会给菌类及其他有害微生物提供滋生条件，使有机物资生霉、腐烂变质。

（2）有些粉状、颗粒状、片状、块状、结晶固体材料，如水泥、碱类等化工材料受潮会发生结块、潮解或溶化，黑色炸药、硝铵炸药等材料吸潮后会变质失效。

（3）机电设备、仪器仪表会因受潮而失灵。

（4）金属材料及其制品因受潮会加速锈蚀。

（5）有些物资（如结晶水化物）则会由于空气干燥造成失水而风化，或干裂变形或脆折不能使用（如竹木制品）。

（6）液体材料，尤其是浓度较高的各种酸碱溶液，吸收空气中的水使本身溶液浓度降低。

2. 库区温度、湿度的变化及其影响因素

1）温度的变化及其影响因素

空气温度在气象学上称为气温。库区温度指库房内外的温度，它包括气温、库温及垛温。为了精确地表示温度的高低，我们用温度计来测量库区温度。

我国计量法规定温度用摄氏温度（℃）表示。摄氏温度的数值，是将在标准大气压下，水的凝固点（冰点）定为0℃，水的沸点定为100℃，然后将0~100℃之间分成100等分，每一等分称为1℃。0℃以下的温度称为负，0℃以上的称为正。如：零下25度，即表示为-25℃；零上20度，即表示20℃（正号可不写）；零上20度至零下25度，即表示20~-25℃。

（1）温度变化规律。

空气温度变化有周期性变化和非周期性变化。

周期性变化又分为日变化和年变化。日变化，就是一昼夜内气温的变化。所谓年变化，就是气温在一年内的变化规律。温度除随时间变化以外，还与地形、地理位置、天气情况等有关系。

气温非周期性变化，是指不正常的偶然性的变化，如寒流、暖流、霜冻、风、雪、雾、雨等都会造成气温的突然变化。气温的变化会给仓储管理工作带来很大的影响，甚至会造成物资损失。

（2）影响库内温度的因素。

除外界空气温度外，影响库内温度的因素有：

①库房的建筑结构及建筑材料。库房建筑采用混凝土及石、砖结构的影响小，木板及金属结构的则影响大；库房建筑高、库内空间大影响就小；库房墙体厚影响小，墙体薄则影响大。另外，库房墙体的光洁程度也有一定的影响。

②库内位置。向阳一面由于受阳光照射温度偏高，背光一侧温度低。靠近门窗处容易受到外界温度影响，而库内深处温度较稳定。

③物资的堆码方式。堆码大垛、方垛，其垛的外侧易受外界温度的影响，垛内则影响较小。垛顶温度偏高，垛底温度较低。垛底大小，垛与墙体间隔宽度都会对库温产生影响。

此外，整个仓库的地理位置及方位对库区温度也有影响。

由于库区（内）温度的变化对物资的储存影响很大，有时甚至会造成物资损失。因此，保管员必须随时掌握天气变化情况及库区的温度，以便采取必要的措施。

2）空气湿度的变化规律及其影响

（1）空气湿度的表示方法。

空气湿度常以绝对湿度、饱和湿度和相对湿度来表示。

①绝对湿度：指单位体积空气中所含水蒸气的质量，常用克/立方米（g/m^3）表示，或者表示为空气中水蒸气的压力，用帕斯卡（Pa）或兆帕（MPa）单位表示，也可用毫米汞柱（mmHg）为单位表示。空气中水蒸气含量越多，密度就越大，蒸气压力也越大。

绝对湿度日变化的一般规律：一种是每日出现两次最高值、两次最低值。在陆地上夏季多是这种变化情况，即每日清晨，当温度最低时，绝对湿度最小。此后当温度急速升高时，绝对湿度也急速增加，到上午 8 至 9 时，达到最高值。此后因热交换作用，大气垂直对流上下混合，结果反而使绝对湿度降低，到下午 2 至 3 时，第二次降为最低。此后又增加很快，到下午 8 至 9 时，第二次增为最高。此后又减少，依此循环变化。另一种是每日出现一次最高值，一次最低值，即日出前绝对湿度最低，日出后绝对湿度逐渐增大，到午后 2 至 3 时，达到最高值，此后绝对湿度逐渐降低。一般沿海地区及陆地上的秋、冬季节，属于这种类型。

绝对湿度的年变化规律：每年的最冷月份，绝对湿度最小，最热月份绝对湿度最高。温度年变化大的地区，绝对湿度的年变化也大。

②饱和湿度：指在一定气压、气温条件下，单位体积空气中所含有的最大蒸气质量，单位为克/立方米（g/m^3）。空气中的水蒸气超过饱和湿度时，剩余的水蒸气即凝成水珠附在冷物体上，这种现象叫做"水淞"，俗称"出汗"。饱和湿度随温度升高而增加，但不成比例增加。表 1-1-1 中列出温度与饱和水蒸气压力的对应关系。

③相对湿度：指空气中实际含有水蒸气量（绝对湿度）与当时温度下饱和水蒸气量（饱和湿度）的百分比，它表示在一定温度下，空气中的水蒸气量的程度。相对湿度能确切反映空气的潮湿程度。

相对湿度的日变化和年变化的一般规律：相对湿度的日变化主要决定于气温。当气温升高时，空气中的实际水汽量逐渐远离饱和状态，相对湿度减小；当气温降低时，水汽量就逐渐接近于饱和状态，相对湿度增大。这是因为当温度升高时，绝对湿度和饱和湿度都增加，但后者比前者增加得快，因此，相对湿度就减少了；反之，当温度降低时，绝对湿度比饱和湿度减少得速度慢得多，因此，相对湿度增加。

绝对湿度、饱和湿度和相对湿度三者的关系可用下式表示

$$相对湿度 = \frac{绝对湿度}{饱和湿度} \times 100\%$$

相对湿度越大，即越接近 100%，说明空气越潮湿；反之，则越干燥。在物资储存过程中，若相对湿度大，就会影响某些物资受潮而变质；反之相对湿度过小，又会使某些物资干裂。因此，在仓库温度、湿度控制中，检查湿度是否合适，主要是观测相对湿度的大小。

在温度不变的情况下，空气绝对湿度越大，相对湿度就越高；绝对湿度越小，相对湿度就越低。在空气中的水蒸气含量（绝对湿度）不变的情况下，温度越高，相对湿度就越小；温度越低，相对湿度就越高。

相对湿度虽然能表示空气的干湿程度，但并不能表示空气中所含的水蒸气量。因此，在判断能否进行通风时，应以当时的绝对湿度作为依据，因为它是直接表示空气的实际含水量。

表 1-1-1 饱和水蒸气压力表

温度,℃	压力,mbar[①]	压力,mmHg[②]	温度,℃	压力,mbar[①]	压力,mmHg[②]
1	6.6	4.9	21	25.0	18.7
2	7.1	5.3	22	26.5	19.8
3	7.6	5.7	23	28.1	21.1
4	8.1	6.1	24	29.9	22.4
5	8.7	6.5	25	31.7	23.8
6	9.3	7.0	26	33.7	25.2
7	10.0	7.5	27	35.7	26.8
8	10.7	8.1	28	37.8	28.4
9	11.5	8.6	29	40.1	30.1
10	12.3	9.2	30	42.5	31.9
11	13.1	9.9	31	45.0	33.7
12	14.0	10.5	32	47.6	35.7
13	15.0	11.2	33	50.4	37.8
14	16.0	12.0	34	53.3	40.0
15	17.1	13.0	35	56.3	42.2
16	18.2	13.6	36	59.3	44.6
17	19.4	14.5	37	62.8	47.1
18	20.7	15.5	38	66.4	49.8
19	22.0	16.5	39	71.0	52.5
20	23.4	17.6	40	73.9	55.4

① 1mbar = 100Pa；
② mmHg = 133.322Pa。

（2）库区湿度变化规律及其影响因素。

库房湿度变化主要受库温影响，日变化与年变化基本上与库外相似，但是一日内出现一次最高值一次最低值，变化幅度小些。

其次，库内湿度还受其他因素的影响而不同。库内四角和接近墙壁处，空气淤积流动不畅，湿度通常偏高，库内向阳一面，因气温高，相对湿度偏低，背阳面则偏高；库内上下部位的湿度也有差别，尤其在夏季气温较高时，这种差别更明显，上部相对湿度较低，下部相对湿度较高等。

除空气的温度、湿度外，与物资保管有关的还有空气的露点及各种材料的临界湿度。

①露点：在绝对湿度和气压不变的情况下，若空气温度降低，空气的饱和湿度下降，多余的水蒸气便开始冷凝成水珠排出，这时的温度称为露点温度，简称露点，单位以摄氏度（℃）表示。当含有水蒸气的热空气进入库房里，遇到冷的物体（如金属、盛有冷水的容器、地面等），当冷物体周围湿空气达到饱和湿度且温度降到露点时，则空气中的水蒸气就凝结在冷物体表面。

②临界湿度：引起金属生锈的相对湿度的范围，称为金属生锈的临界湿度。例如铁的临

界湿度为65%~70%、钢的临界湿度为70%~80%。因此，要防止生锈，就应设法使相对湿度降低到临界湿度以下。

3）温度、湿度的测定与记录

（1）测定。在库内外适宜地点设立"干湿球温度计"。一般可在每个库房内中部悬挂一个，悬挂的高度离地面约1.5m，库外则应挂在"百叶箱"内。

（2）记录。指定专人每天按时观测和记录。观测时间一般上、下午各一次，记录的内容应包括：干湿球温度计所表示的温度，并依据换算表对当时的相对湿度、绝对湿度和饱和湿度进行换算，同时记录气候变化情况。对温度、湿度仪器要经常检查和养护，以保证测量数据的准确。仓库温度、湿度记录表见表1-1-2。对记录应按月、季、年进行分析，统计出该时期内最高、最低及平均温度、湿度，为改进仓库管理积累历史资料。

表1-1-2 仓库温度、湿度记录表

库号：　　　　储存主要物资：　　　　　　　　　　　　　　　　　　　年　月

检查时间			检查情况			气候	检查人
日	时	分	干表温度	湿表温度	相对湿度		
1							
2							
3							
⋮							
30							
31							
月温度最高	℃		最低	℃		平均	℃
相对湿度最高	%		最低	%		平均	%

（3）建立气象报告制度。每个大、中型仓库都应在库外设置气候通知牌，由指定人员每日上、下午及时把库外气候变化情况通知仓库保管员，以便根据库内、库外温度、湿度情况，及时控制和调节库内温度、湿度。气候通知牌可参见表1-1-3。

表1-1-3 气候通知牌

库外气候通知牌				
温度	℃	相对湿度		%
绝对湿度	mbar 或 g/m³			
风向		风力		
其他气象预报				
测定时间		年　月　日　时　分		

3. 温度、湿度的控制与调节

当发现库内温度、湿度超过要求时,应立即采取相应的防范措施,以达到安全储存物资的要求。一般物资对温度、湿度的要求可参见表1-1-4。

表1-1-4 一般物资对温度、湿度的要求

物资种类	温度,℃	相对湿度,%	备注
金属及其制品	5~35	≤75	允许短时间内(12h)温度达40℃,但此时相对湿度不超过75%。25目铝粉、镁粉的温度不得超过30℃。轮胎库房相对湿度最好保持在45%~65%之间,油漆库房、合成纤维制品库房温度应不超过30℃
塑料制品	0~30	≤75	
树脂、油漆	0~30	≤75	
汽油、煤油、轻质油	≤30	≤75	
重质油、润滑油	5~35	≤75	
火药	5~35	60	
布电线	0~30	45~60	
工具、刃具	10~25	50~60	
仪表、电器	10~30	70	
轴承、钢球、滚针	5~35	60	
木材	<3	≤90	

温度、湿度的控制与调节应遵循两个原则:当库内温度、湿度适宜物资储存时,要设法保护原来的温度、湿度状况,防止库外气候对库内的不利影响;当库内温度、湿度不适宜物资储存时,要及时采取有效措施,利用气候中的有利因素,来调节库内温度、湿度。

根据我国仓库温度、湿度管理的多年实践经验,控制和调节温度、湿度一般有通风、密封、除湿、排水等方法。

1) 通风

通风是根据空气对流的规律,有计划地使库内外空气进行交换,以达到调节库内温度、湿度的目的。这种方法比较经济、简便,收效较快,对降低或提高库房的温度和降低湿度都有一定的效果,并可以排出库内的污浊空气,以适应物资保管的需要。库房通风要根据储存物资所要求的温度、湿度条件,结合库内外温度、湿度的对比,并参考风力、风向来进行,不适宜的通风反而会使物资受到不应有的损失。因此,进行库房通风时必须掌握通风条件,捕捉最佳时机。

(1) 通风时机。

①在炎热的夏季,利用通风降温,适用于一些怕热但对空气湿度要求不严的物资,一般在夜间或凌晨六时左右为宜;在寒冷的季节,利用阳光充足,库外温度最高时进行通风,可达到提温的目的。

②温度和湿度有直接关系,在利用通风降潮湿时,不仅要比较库内外湿度,还要比较库内外温度。利用通风降潮湿时,必须以绝对湿度为依据。只有当库房外绝对湿度低于库房内时,通风才能起到降温、散潮湿的作用。另外,附几点说明:当库外温度、绝对湿度都低于库内时,能起到降温、散潮湿的作用,可以进行通风;当库外温度稍高于库内温度,但不超过3℃,而绝对湿度低于库内时,也可以进行通风,通风主要达到降潮湿的目的;当库内外温度基本一致,但库内绝对湿度和相对湿度均高于库外,为散潮湿也可以进行通风;当库外温度低于库内,但绝对湿度、相对湿度都大于库内时,不能进行通风。

③通风时还应注意风向和风力大小。一般西北风较干燥，东南风较潮湿。所以需要降潮湿时，最好在刮西北风时进行通风，但在通风前，还应对比一下库内外温度、湿度情况。当风力超过五级，灰尘较大或库外吹来有害气体时，都不能通风。

④当库内外温差较大或梅雨季节，库外空气温度低于露点温度 1～2℃时，不易进行通风。总之，利用通风升、降温和降潮，必须根据物资性质、气候条件灵活掌握，才能有较好的效果。

（2）通风方式。

通风方式一般可分为自然通风和机械通风，或两者联合使用。

①自然通风是利用库内外空气的压力差和空气的流动规律，实现库内外空气交流置换的一种通风方式。其通风量的大小与库区的地形地貌、库区的平面布局、库房的朝向、库房门窗的大小位置、库房的跨度与高度、库内物资的平面及竖向布置等因素有关，同时还与风向、风力、库内外温度等有关。它一般是通过库房门窗的开启，让库内外空气自然交换，以达到调节温度、湿度的目的，但门窗的启闭有一定的要求。库外无风时，通风主要靠库内外温差产生的气压进行，库内外温差越大，进气口和出气口压力差越大，空气对流的速度越快，库外空气由库门及通风口处进入库内，而库内热空气便由窗口流出；库外有风时，通风主要靠风的压力，此时应关闭迎风面上部出气口，开启背风面上部气门，打开库门。否则，热空气不但排不出去，反而可能吹回库房下部。

对于地下库，还可利用坑道高差来进行通风。由于地理位置的高差，形成了气压差推动空气由下向上流动进行通风，高差越大，通风效果越好。对于坑道库，冬季是自然通风的大好时机，到了夏季，自然通风的机会就较少了。因此，采取自然通风，必须抓住时机，及时进行。

影响自然通风效果的因素较多，而且通风降湿的过程并不是干燥空气从一个口进，潮湿空气从另一个口出的简单过程，同一口的上、下部，实际也存在着空气对流的情况。这是由于库内外空气的自然对流是借助于温差所进行的通风，其通风量大小决定于通风口的面积、库内外的温差以及通风口上下的高差。温差越大，上下口高差越大，则进口和出口处的气压差也越大，所以空气对流加快，单位时间内的通风量也多。单独借助于风压所进行的通风，其通风量的大小，除与通风口的面积有关外，还决定于风速大小，以及通风口与风向间的角度，当风向和通风口一致时，通风量最大。

在进行自然通风时，须不断观察通风的效果，若通风结果不利于库内温度、湿度的要求，或库外气候发生了变化，则不利通风；或通风已达到要求时，应迅速关闭门窗，并密闭库房，停止通风，以维持通风效果。

②机械通风是利用通风机械产生的推压力或吸引力，即正压或负压，使库内外空气形成压力差，从而强迫库内外空气发生流动和置换的方法。

机械通风有三种形式，即排出式、吸入式和混合式。排出式通风，是在库房墙上部或顶部安装排风机械，利用机械产生的推压力，将库房内空气经库房上方的通风孔道压迫到库外，从而使库内气压降低，库外空气便从库房下部孔洞进入，形成库内外空气的对流与循环。吸入式通风是在库房的下部安装通风机械，利用其形成的负压力，将库外空气吸入库内，压迫库内下部空气上升，经库房上部的排风口排出，形成库内外空气的对流。混合式通风是将上述两种方式结合起来运用，库房上部安装排风机械，库房下部安装送风机械，同时排出库内空气，吸入库外空气，使通风速度加快，通风效果更好。

2）密封

密封是指采用一定的方法，将物资尽可能严密地封闭起来，以防止和减少外界空气对其产生的不良影响，为物资创造适宜的保管条件。这是一种简单有效的保管方法，能够收到防霉变、防潮湿、防干裂、防锈蚀、防虫害等多方面的效果。

（1）密封的时机。

密封应根据各地气候条件和气候变化情况，选择合适的密封时间。一般在春末夏初，潮湿季节到来之前，即库内外湿差不大时进行密封为好。对于整库密封，还要选择适当的开始密封时间和启封时间。一般选择在库外绝对湿度大于库内绝对湿度，而库内相对湿度较低（45%左右）的情况下进行密封。启封时间一般在秋末（干燥季节开始时），当库外温度、湿度下降，库外绝对湿度低于库内湿度时，结束密封。

（2）密封前的准备。

①密封前，对物资要进行一次全面检查。物资是否有锈蚀、变质、发霉等现象，包装是否完好，是否有渗漏（特别是液态化工品）等。只有当物资质量合格，包装完时方可密封。

②在整库密封前，利用一切可能的机会和条件进行通风。在密封前，最好使库内相对湿度降至40%~50%，同时准备好密封期间用于观察库内湿度的温湿仪器。

③地下仓库的密封前要做好排水补漏工作和化学吸湿的准备工作。

④维修好库房门窗，并准备好密封时所用的器材。

（3）密封方法。

①按件密封：主要对箱、桶等物资包装进行密封，适用于易霉烂变质、虫害的物资。

②个别密封：对小件的金属制品，如轴承、轴瓦可采用蜡封、真空密封、惰性气体密封等，这样能大大减少生锈的可能性。

③货架密封：将货架用密封材料封闭起来，防止透气和落入灰尘。对于出入频繁、怕潮、易锈、易霉的小件物品，可采用货架密封方式。

④按垛密封：用密封材料将货垛上下四周整垛密闭起来，以防止和减少外界不良因素对物资的影响。这种密封方式适宜存放在露天货场的易锈蚀物资。

⑤库内小室密封：将库房整个密封起来。整库密封能在较大范围内隔离库外空气的影响，对数量大、整进整出或物资进出不频繁的仓库，适宜整库密封。整库密封时，首先要检查门窗的密封是否良好。密封时，既要考虑到密封的严密性，又要考虑到开启方便。在密封期间，库房的大门一般不宜开启，但在有物资进出库任务时，或定期进库检查，可以开启大门，最好能够装设两道库门，或在大门上安一个小门，有条件的还可采用密封门。另外，目前有些单位采用干燥空气密封物资的方法效果较好，即在密封装置内，预先放置保护物，直接通入干燥空气，同时吸出潮湿空气，然后密封容器。

以上各种密封方法可单独使用，也可结合使用，主要是根据物资保管条件结合气候与仓库储存条件，因物因地因时而定。

在密封期间要按规定时间进库检查，并对密封情况及温度、湿度进行登记。如发现温度、湿度变化太大时，应及时查明原因，采取有效措施调整库内的温度、湿度。地下仓库的密封，应注意检查库内顶部和墙壁是否有渗漏现象，特别是在大雨、暴雨时，更要注意检查，发现问题及时采取措施，并在渗漏部位做好标记以便在通风季节处理。

3）除湿

除湿是指利用物理或化学方法将库内潮湿空气中的部分水汽除去，以降低空气湿度的一种有效方法。目前，除湿的主要方法一种是利用制冷装置，将潮湿空气冷却到露点温度以下，使水汽凝结成水滴被排出，从而降低空气湿度；另一种是利用吸收剂吸收空气中的水汽，以降低空气中的湿度。在物资仓库里主要是利用后者。

仓库常用的吸湿剂有生石灰、氯化钙、硅胶、干木炭等。

（1）生石灰（氧化钙）：具有吸湿性强，吸湿速度较快的特点，其料源充足，价格便宜，因此使用比较普遍。生石灰属于碱性物资，具有一定腐蚀性，吸湿后会释放一定热量并膨胀松散。使用时将石灰盛放在木箱或瓦盆内，均匀地摆放在垛底和库房沿墙四周。生石灰吸湿后变成粉末（熟石灰），应及时进行调换，以免熟石灰吸收二氧化碳后，散发出部分水汽，增加库房湿度。

（2）氯化钙：是一种白色的多孔性固体，吸湿率较高，但吸湿后便溶化为液体，因此使用时，应将氯化钙放在竹筛里，下接瓦盆等容器。氯化钙溶液加热熬煮后，仍可结晶，继续使用。氯化钙吸湿剂的特点是投资低，设备较简单，制作容易，便于就地取材，并且收效快。空气温度低时，仍有良好的吸湿效果，可以重复使用，但其缺点是吸湿量不稳定，新的吸湿量大，随着时间的增长，吸湿能力逐渐降低，因此需要更换或再生。氯化钙潮解后，对金属容器有腐蚀作用，因此严禁将氯化钙或其溶液撒落到物资上。氯化钙吸湿剂比较适用于地下仓库的吸湿，其使用量可见表 1-1-5。

表 1-1-5　氯化钙使用量

地下仓库相对湿度，%	75 以下	76~80	81~85	86~90	90 以上
氯化钙使用量，kg/m³	0.2~0.25	0.25~0.3	0.3~0.35	0.35~0.4	0.5 以上

（3）硅胶：又名矽胶，是无色透明的颗粒状固体。它具有良好的吸湿性，而且理化性质稳定，吸湿后仍为固体，不潮、不溶、不沾污物资，也没有腐蚀性。使用时，可用纱布将硅胶包成小包进行吸湿，硅胶吸湿后，可放在 130~150℃下烘烤 1~2h，烘去水分，即可恢复吸湿效能，继续使用。硅胶价格较贵，适用于高级仪器的吸湿。

（4）干木炭：在有干木炭的地方，亦可利用木炭除湿，其吸湿率取决于木炭含水的多少，一般 100kg 木炭能吸收 5kg 水分。使用时可将条状干木炭盛在箩筐或直接放在垛底、垛旁，经一定时间取出晒干后，也能继续使用。

4）排水

排水是指露天料场和物资苫盖物上的雨水、雪水，库房周围的积水以及渗入或漏入地下仓库内的地下水的排除。排水与防潮关系极为密切，排水是保证空气干燥的重要条件之一。

采用通风、密封、除湿等方法控制温度、湿度，虽能收到一定的效果，但是这些方法需要经常观察库内外或垛内外的温度、湿度的变化情况，然后再进行控制和调节，有时会错过机会。为了给物资储存提供更优越的条件，对要求较高的贵重物资，库房内可安装空调设备，或恒温恒湿设备，进行自动控制。

（二）防锈

由于金属和金属制品比较容易锈蚀，因此防锈是金属材料维护保养工作的主要内容之一。

金属锈蚀是金属表面与周围介质发生化学或电化学作用而引起的破坏现象，习惯上把它称作"生锈"。金属锈蚀会影响其使用价值，因此，如何防止金属锈蚀，以及对已经发生锈蚀的金属除锈后防锈，是物资养护中的一个重要研究课题。

金属锈蚀总是从金属表面开始，逐渐向里面深入，同时金属表面发生外形的变化。金属锈蚀后生成的腐蚀产物，大多是疏松的结构，不能阻止氧、水汽和其他腐蚀介质的侵入，故不能起到保护金属的作用。但镁、铝、锌、锡等金属，它们的腐蚀产物氧化物或氢氧化物，能成为一层致密的薄膜覆盖在金属表面，因此可以保护此类金属不再继续腐蚀。

1. 金属锈蚀的分类

（1）按腐蚀发生的机理不同，可分为化学腐蚀和电化学腐蚀两大类。如在非电解质溶液中金属的腐蚀，在完全没有湿汽凝集于金属表面高温下金属的腐蚀都属于化学腐蚀；而大气中金属腐蚀、海水腐蚀、土壤腐蚀以及在电解质溶液中的腐蚀都属于电化学腐蚀。

（2）按腐蚀破坏的形式，可分为全面腐蚀和局部腐蚀两类。全面腐蚀是腐蚀分布在金属整个表面，可以是均匀的或不均匀的；局部腐蚀是腐蚀集中在某一区域。局部腐蚀一般表现为以下几个方面。

①斑腐蚀：腐蚀发生在表面的个别部位上，深度不大，但占有较大的面积。

②陷坑腐蚀：比较深和比较大的损坏部分，集中在不太大的面积上。

③点腐蚀：腐蚀集中在个别小点上，其腐蚀程度比较深。

④晶间腐蚀：腐蚀是沿晶粒边界发生的。这是一种很危险的腐蚀，在外观变化还不显著的情况下，金属的机械性能急剧降低甚至使金属散成粉末。

⑤穿晶腐蚀（又名腐蚀破裂）：腐蚀破坏沿最大张应力线发生的一种局部腐蚀。

⑥表面下腐蚀：此种腐蚀虽从表面开始，但主要是向上扩展，常引起金属表面的隆起或分层。

通常局部腐蚀比全面腐蚀厉害得多，因为局部腐蚀使金属的机械性能降低较多。

2. 金属锈蚀的等级

根据金属锈蚀程度、面积大小、色泽深浅以及形状的不同，划分为以下等级。

（1）黑色金属。

①轻锈（或称浮锈）：呈黄色或淡红色，成细粉末状，用麻布或棕刷擦拭即可除掉，去锈后仅轻微损伤氧化膜层。

②中锈（或称迹锈）：部分氧化膜脱落，呈红褐色或淡赭色，成堆粉末状，要用硬棕刷或金属丝刷才能刷掉，去锈后表面粗糙，甚至留存锈痕。

③重锈（或称层锈）：锈层凸起呈片状，一般为褐色或红黄色，用硬铜丝刷或钢丝刷才能除掉，去锈后呈麻坑状。

④水渍：受雨水或海水侵蚀，尚未起锈，仅在表面呈灰黑色或暗红色的水纹印迹，轻者可用麻布擦去，但已深入氧化膜者仍有纹印。

（2）镀覆的黑色金属。

①粉末锈：镀层表面被氧化后，形成白色或灰色粉末状的锈层，虽能用麻布擦去，但擦净后大多数表面留有锈痕或呈现粗糙面。

②破锡（锌）锈：镀覆在基体金属上的锡（锌）由于锈蚀而破坏，使基体金属暴露，轻者虽镀层破坏，但基体金属未发生锈蚀；重者基体金属亦发生重锈。

（3）有色金属（主要是铜材和锌、铝材）。

①铜材。

a. 水纹印：金属表面生褐色平滑水纹暗印。

b. 迹锈：凸起水纹黑锈，表面不平，或呈淡绿色锈，表面平滑。

c. 绿锈：表面呈斑点或层状深绿色凸起锈蚀，擦掉后呈现麻坑。

②锌、铝材。

a. 白浮锈：金属表面生成一层白色的细粉末，用布擦去后，呈平滑暗灰色锈印。

b. 白迹锈：呈水纹或点白锈，用布擦后，仍留白色锈迹，表面稍呈粗糙。

c. 重白锈：凸起白色锈蚀，擦掉后呈现小坑。

3. 影响金属锈蚀的因素

影响金属锈蚀的因素很多，很复杂，其主要因素有以下几个方面。

（1）金属特性的影响：金属本身具有的性能，金属内所含杂质，金属的化学活动性，金相结构，材料加工过程中内应力分布不均匀以及金属表面的光洁度等对腐蚀都有一定的影响。

（2）外界条件的影响：空气中的水分和氧是金属锈蚀的主要因素，大气的温度、湿度、含氧量等对金属锈蚀都会产生很大的影响。特别是当温度有大的变化时，湿热空气遇到冷金属，引起金属表面出现凝露，更使锈蚀加快。湿度的大小对金属的锈蚀也有较大的影响。因此，高温高湿地区，金属最容易生锈。当相对湿度低于65%时，金属不易锈蚀。另外，大气中含有的 CO_2、SO_2、H_2S 等气体和各种灰尘，都能使金属造成严重的锈蚀。

4. 防止金属锈蚀的主要措施

金属在保管过程中防锈的根本方法，就是严格按照金属材料的保管要求进行储存，杜绝或减少促使金属锈蚀的一切外界因素，采取的主要措施有以下几方面。

（1）选择适宜的保管场所。储存金属材料的场所，不论是库房还是露天料场，尽可能远离产生有害气体和粉尘的厂房，更不应与酸、碱、盐类物资混存。各种薄钢板、钢带、冷弯型钢、金属制品及有色金属等，都必须在库房内保管。存料货场要用砾石或炉灰等平垫，增强地表层的透水性，以保持库区干燥，同时应具有良好的排水系统，雨后不但能将积水迅速排除，而且能使地下水位很快下降。

（2）保持库房干燥。保持库房相对湿度在临界湿度（一般是60%左右）以上，防止金属材料表面凝结水分，以减少电化学腐蚀。

（3）保持储存物资及储存场所的清洁。

（4）妥善存放和码垛。不同的金属材料应采用不同的存放方法，不同种类的金属材料存放于同一地点时，必须有一定的间隔距离，防止接触发生腐蚀。码垛时应注意垫高垛底，并防止垛基沉陷，避免金属材料直接接触地面，以便加强垛下通风能力，促使垛下阴暗潮湿的地面加速干燥。

（5）苫盖与喷涂防腐剂。金属材料受潮，特别是被雨淋后，腐蚀速度会显著加快。对于一些规格较小，怕锈蚀和易锈蚀的材料，在进入保管状态前，应做好临时苫盖维护。

在材料表面喷涂防腐油，可使材料与空气等腐蚀介质隔绝。目前，有的仓库采取在入库卸车后、上垛后和出库前各喷一次防锈油的方法（将防锈油均匀地喷涂在钢材表面后，即能形成一层连续、牢固的透明薄膜），使金属与空气等腐蚀介质隔绝，防止腐蚀发生。

（6）保持物资保护层或包装完整。对有包装的金属材料，如果包装损坏，应予以修复或更换。包装受潮时，对包装材料应进行干燥处理。入库时如果发现金属表面原涂的防腐油已干涸失效或保护层破坏已锈蚀，应及时予以清洗、除锈，重新涂油。

（7）坚持定期（以半年为宜）质量检查，并做好质量检查记录。

（三）防霉

物资霉变是指某些物资在霉菌的作用下，引起物资发霉、腐烂和腐败发臭等质量变化现象。棉、丝、麻、毛纤维及织品，化学纤维及织品，皮革、竹、木及其制品，橡胶、塑料制品等物资，在一定条件下会发生霉变，其根本原因是由于霉菌的破坏作用。

防止物资霉变的主要措施有以下几点，其中后两种防霉方法多用于生活资料的防霉。

（1）加强仓储管理工作。在物资入库时，一定要杜绝已经发生霉变的物资或含水量过高的物资入库。对库存中易霉腐的物资，应经常进行检查，发现物资有霉腐迹象，及时采取防霉措施，以免造成严重损失。对一般物资，主要是控制好库内温度、湿度，相对湿度保持在75%以下，并经常通风或翻晒，使物资经常保持干燥，以确保物资的安全储存。

（2）药物预防。把对霉腐微生物具有抑制或杀灭作用的化学药剂喷洒在物资上，可以防霉腐，常用的防腐剂有五氯酚钠、水杨酰苯胺、多菌灵、多聚甲醛等。

（3）气相防霉。主要采用真空充氮储存法及二氧化碳防霉。

（4）低温冷藏防霉。是利用各种制冷剂，使仓库保持所需要的低温，从而抑制霉菌的生理活动和霉的活性，使保管的物资处于基本无变化状态。其方法主要有冷却法和冰冻法。

（四）防虫害、鼠害

仓库害虫简称"仓虫"，指能在仓库的特定环境下生活和繁殖，危害库存物资、物资包装和仓库设施安全的虫害。仓虫的种类很多，在我国已发现有100余种，对物资仓库危害最大的是鞘翅目昆虫及鼠害。仓虫对储存物资的威胁也很大，不仅能蛀蚀物资，使物资减量，品质受到严重损失，而且对仓库建筑、库内设备、用具等也造成危害。因此必须做好防治工作。

仓虫的防治应贯彻"预防为主、防治结合"的原则，要求做到物资进库无虫、仓内无虫。具体防治方法有清洁卫生法、物理机械防治法和化学药剂防治法。

（1）清洁卫生防治法。库内要经常保持清洁，对洞、孔、缝隙要进行堵封；库外要做到三不留，即不留垃圾、杂草和污水，杜绝虫害的滋生条件。

（2）物理机械防治法。物理防治是以自然的或人为的方法，来破坏害虫的生理机能，达到消灭害虫的目的。例如，高温杀虫，主要是日光曝晒、烘烤、热蒸和远红外线照射等；低温杀虫，是利用天然条件进行仓库通风，使库内物资的温度降低到仓虫致死温度范围，将仓虫冻死。对鼠的防治，可采用捕鼠机械，库门安挡门板等方法。

（3）化学药剂防治法。利用有毒的化学药剂来防治或杀死仓虫，常用的有六六六、林丹、马拉硫磷、敌百虫、敌敌畏、氯化苦、溴甲烷以及鼠药等。使用药剂灭虫时，必须考虑物资的性能，选择适宜的杀虫剂，不可任意乱用。

三、常用的维护保养方法

（一）包装的维护

对储存物资的加工维护，是保证仓储物资质量的主要措施之一。物资在保管期间发生了某些变化或变质的迹象，应采取防治结合的办法。一方面查明原因向存货单位报告，催请处理；另一方面应积极寻求经济、有效、适用的办法，予以加工维护。

库存物资如有包装损坏、渗漏、锈蚀、受潮、沾污，应及时予以恢复、加固、拭锈、干燥、除污或调换包装。

（二）金属的除锈

在金属材料的储存过程中，应以防锈为主，但是一旦防锈失败或入库时已发生锈蚀，就应对生锈的金属材料或制品进行及时的除锈处理,在除去金属表面的锈蚀物时,不能影响它们原有的使用价值。

除锈方法可分为手工除锈、机械除锈和化学除锈。

1. 手工除锈

手工除锈是一种最简便的方法,多半用在其他方法不便或不能采用的情况下,如对于一些体大笨重的制件或部件,或一些粗糙的工具、零件等,使用砂布、刮刀、铲、锤、锉、钢丝刷、钢丝束等简易的手工工具,进行擦、刷、磨等方法除锈。用手工除锈一般不会影响产品质量,但劳动强度大,工作效率低,质量也不够理想。由于其方法简便,能清理任何结构设备的锈蚀,所以目前仍然采用。

2. 机械除锈

借助机械力对金属表面进行除锈工作,它主要用于除去大面积锈蚀物或严重的锈蚀。机械除锈对金属的尺寸、形状改变较大,其效率较高。仓库用除锈机械品种较多,如板材除锈机、槽钢除锈机和线材除锈机喷砂、除锈等。使用时应根据物资的形状、规格适当选用。

3. 化学除锈

金属的锈蚀产物主要是金属的氧化物。化学除锈是用酸溶液与这些金属氧化物发生化学反应,使其溶解在酸溶液中,达到将锈蚀物从金属表面除去的目的。化学除锈主要用以除去轻锈,它对金属的尺寸、形状改变不大,也不影响金属表面无锈部分的光洁度和色泽,所以除锈效果较好,效率较高,但若违反操作规程,则易造成酸洗过度,使金属表面遭破坏而造成损失。因此,在进行化学除锈后必须立即采取纯化防锈措施和用合适的防锈材料进行包装、密封,否则会使金属材料锈蚀加快。化学除锈多用于型材及零部件的除锈。

1)黑色金属的化学除锈

化学除锈习惯称之为酸洗。酸洗方式有浸渍酸洗、喷射酸洗、酸洗膏等。仓库多用浸渍酸洗。

浸渍酸洗即除去金属表面的油脂后,放在酸槽内,将铁锈层腐蚀掉,用水洗净后,再用碱进行中和处理,最后进行纯化处理。其工艺过程一般为酸性除锈—冷水冲洗—热水洗涤—中和处理—纯化处理。

除锈用的酸,一般常用无机酸(如硫酸、盐酸、磷酸、硝酸等)和有机酸(如醋酸、柠檬酸等)。有机酸作用缓和,残酸无严重后患,不易重新锈蚀,且易形成缓冲溶液,便于控制pH值,物件处理后表面干净,又能延长洗液的使用期,但有机酸费用高,化学作用力小,故一般较少使用。无机酸的作用力强,除锈速度快,原料来源广,价格低廉,但缺点是浓度控制不恰当时,即使加入缓蚀剂,也会使金属产生过度腐蚀现象,而且残酸腐蚀性很强,若酸洗后清洗不彻底,腐蚀将继续发展。

浸渍酸洗溶液的配方及工作条件见表1-1-6。

(1)硫酸除锈的特点。

①成本较低。一般比盐酸便宜30%,而且浓度较高(一般硫酸都在90%以上,而盐酸浓度仅为30%),因此可降低硫酸的消耗。在除锈时,当酸的浓度降低时,可提高温度来保持原有的除锈能力。

②可用一般的钢铁容器储存,在运输和操作上比较方便。

③在除锈中对金属腐蚀的作用较大,且氢原子容易扩散到钢铁中去,除锈后零件表面比

较黑而且粗糙。因此，适用于去除较粗糙、形状较简单（没有小孔、狭槽、铆接等）的构件上的锈蚀。此外，除锈后金属表面的铁盐不易洗去，除锈速度比较慢，故需加温。

表1-1-6　黑色金属酸洗液配方及工作条件

序号	配方		处理温度,℃	处理时间,min	适用范围
1	硫酸	75~100g	20~60	5~50	适用于钢、铸钢制件除锈
	食盐	200~250g			
	盐酸	110~150g			
	缓蚀剂	3~5g			
	水	1L			
2	硫酸	18%~20%	65~80	25~40	适用于清理铸铁大块氧化皮，若铸铁表面有型砂，可加2%~5%的氢氟酸
	食盐	4%~5%			
	硫脲	0.3%~0.5%			
	水	余量			
3	盐酸	12~23g	40~50	15~60	适用于高合金钢制件除锈
	硝酸	(d=1.33~1.38) 110~120g			
	若丁	1~2g			
	水	1L			
4	铬酸酐	15%	85~95	20~60	只能除轻锈，适用于精密零件，轴承除锈
	磷酸	8.5%			
	水	76.5%			
5	硫酸	15g（±10%）	80~90	数分钟	适用于精密零件、仪表零件除锈，对光洁度影响不大，重锈处理时间较长
	铬酸酐	150g（±10%）			
	水	1L			

（2）盐酸除锈的特点。

①除锈质量比较高，对金属的腐蚀作用较小，除锈后零件表面比较光洁，除锈速度较快，并且不必加温，除锈后留在金属表面的铁盐容易洗去。

②成本较高。除锈时会放出有害的氯化氢气体，因此，操作时应有抽风装置。当酸的浓度降低时，不能用提高温度的办法来提高酸液的除锈能力，故盐酸液在收尾阶段不能充分利用。

③必须用耐酸容器储存。

（3）磷酸除锈的特点。

磷酸在一定条件下较上述两种酸具有更多的特点。因为它不仅能除锈，而且除锈后还能在金属表面形成一层良好的保护层。其操作工艺也比较简单，磷酸除锈除采用浸泡外，还能用涂、喷等方式，这样就解决了对于一些大型零件受设备条件的限制而只能采用手工除锈的问题。

(4) 缓蚀剂在酸洗中的作用。

在化学除锈液中,加入少量的缓蚀剂,可以大大减慢金属铁的溶解及氢的生成,使被除锈的零件表面不受或少受腐蚀。这对于提高除锈质量,减少金属腐蚀及酸的消耗,减少酸雾,改善劳动条件都有很大意义。

其作用原理是在金属铁与酸作用时,加入在酸液中的细小而分散的缓蚀剂颗粒在金属表面形成一层很薄的膜,这层薄膜将酸与铁分隔开来,使铁与酸的作用减慢或停止,使金属得到保护。而铁锈与酸作用时,不会形成薄膜,因此,不影响铁锈的溶解速度。一些缓蚀剂加入酸洗液时,还会在溶液表面产生泡沫,阻止氢气泡溢出液面,因此也减少了酸雾的产生。

不同的缓蚀剂在各种酸中的加入量都有规定的数值,如若丁缓蚀剂(二邻甲苯基硫脲)在硫酸除锈液中加入量一般最高不超过0.4%,同时,每一种缓蚀剂使用时,都有一定的允许温度和除锈时间。一般随着除锈时间增长,缓蚀率会不断降低。故在操作时,应定期向除锈液中加入一定的缓蚀剂,使其缓蚀率维持在75%以上。在酸洗过程中,若发现有大量的氢气出现,表示缓蚀剂功效不足或失效,此时,应酌情补加缓蚀剂。

目前,发现的有缓蚀作用物质有两千余种,其中大部分是有机物,国内常用的有乌洛托品(六次甲基四胺)、若丁、食盐等。

上面介绍的化学除锈配方只适用于黑色金属的强酸溶液除锈,不能用于有色金属的除锈和黑色金属强碱溶液的除锈。

2)有色金属的化学除锈

(1)有色金属化学除锈的特点。

有色金属主要指铝、铜、镁、锡、镉、镍等。它们除锈时一般有以下特点。

①有色金属中,有些部分是两性金属,如锌、镉等,它们的腐蚀物也具有两性金属的性质,能溶于酸,也能溶于碱。对这类金属,不能采用强酸或强碱除锈,一般用碱性盐的饱和溶液进行除锈。

②有些有色金属(铜、铝等),其金属基体在稀酸溶液中比较稳定,而它们的腐蚀物都能溶解在这些稀酸溶液中,据此,可用稀酸溶液处理这类金属的锈蚀。

(2)有色金属的除锈配方。

①铝及铝合金零件除锈液配方。

铬酐(CrO_3):80g;

磷酸(密度1.7):200mL;

水:1L;

温度:常温;

时间:5~10min。

此配方能除去轻锈,对基体金属影响不大,适合于尺寸精度较高的零件。铝合金器材经上述化学除锈后,可用下列的配方纯化:

重铬酸钾:0.5~1g;

碳酸钾:1.5~2.5g;

水:1kg;

温度:60~80℃;

时间:3~5min。

②铜零件除锈液配方。

硫酸（密度1.84）：40～50g；
铬酐（CrO_3）：90g；
氯化钠：1g；
水：1kg；
温度：室温；
时间：5s～2min。

该配方对黄铜的除锈效果很好，并可作铜的纯化液，纯化时间为2s。

③锌、镉及镀锌、镀镉零件除锈配方。

醋酸铵：650g；
水：350g；
温度：80℃；
时间：10min左右。

除锈后的零件，先用热水冲洗，再用冷水冲洗。镉及镀镉零件除锈时，可在室温下进行，除锈时间为40min左右，取出后先用冷水冲洗，再用热水冲洗。

锌及镀锌零件除锈后，可用下述配方进行纯化，提高锌层的防护性能。

重铬酸钠（$Na_2Cr_2O_7$）：200g/L；
硫酸：8～10g/L；
温度：室温；
时间：5～10s。

除锈后，先用冷水冲洗，再用热水冲洗。

有色金属零件一般较为贵重，精度较高，所以若为局部生锈或轻锈时，很容易用手工除去，一般不轻易采用化学除锈法。

应特别指出，有色金属零件的纯化处理，不能使用一般黑色金属的纯化液，各种有色金属零件的纯化处理均有自己的纯化液配方，它们的共同点是生成铬酸盐保护膜。

进行化学除锈后，必须涂防锈油，再用防锈材料进行防锈包装，以保护除锈效果。

(三) 涂油脂

涂防锈油脂是物资维护保养的主要措施之一，它可有效地防止物资的锈蚀。

1. 防锈油脂的防锈机理

利用防锈油脂的特性，将防锈油脂喷涂在金属的表面，使金属与空气隔绝，防止在金属表面形成水膜和氧化，以达到防锈的目的。

防锈油脂是在矿物油中加入适量的油溶性缓蚀剂和添加剂，使其能够牢固地附着于金属表面。

选用防锈油脂时，应考虑取材容易，价格低廉，防锈性能好，对金属表面附着力强，具有良好的韧性、耐磨和稳定性等因素，这样既达到了防锈效果，也不至于加大仓储成本。

2. 防锈油脂的主要成分

(1) 缓蚀剂。防锈油脂保护金属的原理，实质上是基于油溶性缓蚀剂吸附于金属表面，降低水膜到达金属表面的能力，有时还能置换残留在金属表面的腐蚀物。一般来说，缓蚀剂分子在金属表面上的吸附越稠密、越牢固，防锈性能就越好。因此，要求缓蚀剂必须具备足够的浓度。常用的缓蚀剂主要有羟酸及金属皂类、酯类、磺酸盐类、胺类、硝化矿物油等。

(2) 基础油。基础油在防锈油脂中所占的比例最大。基础油在防锈油脂中的作用是溶化缓蚀剂,能够堵塞缓蚀剂在金属表面的缓蚀剂孔隙,使油膜更加完整严密,并增加油膜的厚度,保护吸附在金属表面的缓蚀剂分子层。一般地讲,基础油粘度低一些,易于深入到缓蚀剂分子中间去,以形成憎水性油脂,防锈性能更好。基础油主要有柴油、机械油、锭子油等,或已经使用过并经沉淀过滤处理后的上述油类。

(3) 添加剂。添加剂的作用是使防锈油脂具有较全面的性能,这些添加剂有抗氧化剂、分散剂和调粘剂。

抗氧化剂的作用是防止防锈油与空气接触或遇热时发生氧化变质。主要有二烷基二硫代磷酸盐等。

分散剂可促使防锈油脂具有良好的安定性,不致分层离析。主要有苯甲酸丁酯等。

调粘剂可以调节防锈油脂的粘度,调粘剂主要有甲基丙烯酸酯、聚异丁烯等。

3. 防锈油脂的种类及用途

防锈油脂可分为两大类,即硬膜防锈油脂和软膜防锈油脂。

(1) 硬膜防锈油脂。这种油使用前呈粘稠状,涂覆在金属上很快干固。干固后似一层漆膜附着于金属表面,防锈性能较好,但油膜不易除掉,所以主要用于待加工或不经清洗即可使用的金属材料,如套管、油管、钻杆、抽油杆等。

(2) 软膜防锈油脂。这种油脂多为稀释型,当溶剂挥发后,在金属表面就形成油膜。软膜防锈油脂多用于库内长期封存防锈,使用方便,无需加热即可喷涂。

软膜防锈油脂可分为轻质(低粘度)的,主要用于精密仪器、仪表等的防锈;重质(高粘度)的主要用于大型机电设备、冷轧钢板等的防锈。使用软质防锈油脂涂层防锈的机械设备,在库内封存时其防锈期可达 2～5 年。

(四) 可剥性塑料涂浸成膜

可剥性塑料涂浸成膜是以塑料为成膜物质,配以缓蚀剂、增塑剂、稳定剂等所组成的防锈涂料,经加热熔化或用溶剂溶解后,浸涂或喷涂于金属制品,待冷却或溶剂挥发后,在金属表面形成一层均匀、致密、完整的保护膜。这层保护膜与金属表面互相脱离,很容易剥离。常用的成膜物质主要有乙基纤维素、醋酸丁酸纤维素、聚氯乙烯、过氯乙烯、聚乙烯等。

缓蚀剂主要有羊毛脂皂类、硬脂酸皂类和石油磺酸盐等。

增塑剂主要是熔点较低、沸点较高、并与成膜物质容易混溶的低分子物质的有机脂类和氯化石蜡等。

稳定剂主要是有机酸的铅盐、钙盐等。

利用可剥性塑料涂浸成膜的方法封存的各类金属制品,具有良好的防锈效果,防锈期也较长,并可剥离便于清洗,适用于对各种金属零件、配件的防锈。

(五) 气相防霉

气相防霉是在密闭的空间内,利用气相缓蚀剂所挥发出来的气体,减缓金属腐蚀的一种有效方法。其特点是不需要成膜物质,不影响制品的外观和使用,防锈期较长,防锈效果较好,特别是对形状和结构复杂,难以涂覆防锈油膜的金属制品最为合适。多用于个体包装及内包装密闭防锈。

第六节 物资出库

物资出库,是指根据业务部门或货主的调拨单或提料单所进行的业务凭证核对、备料、复核点交等作业活动的总称。

物资出库是仓库业务的最后一个环节，及时准确地做好物资出库工作，是储存管理工作为生产服务的主要体现，也是评价仓库管理水平高低的重要标志。

做好物资出库工作，既有利于生产建设，又有利于提高企业的经济效益。为此，保管人员必须树立全心全意为人民服务的思想，想用户所想，急用户所急，为用户排忧解难。

一、物资出库的要求及注意事项

为保证物资出库的质量，应做到：

（1）物资出库时，出库凭证和手续必须符合要求，非正式凭证一律不予发货，但抢险救灾用料可凭调度令出库。另外，物资已到库但还没有验收而工程又急需的物资，保管员可凭由主管领导签发的"临时物资出库单"出库。

（2）物资出库必须及时准确，严格复核，认真点交，以防差错。

（3）认真执行"先进先出"的原则，密切注意物资的保管期限和出厂日期。一般情况下，产品出厂日期早的先进库，按先进先出的原则应先发货。特殊情况下，产品出厂日期早的，因多次转手却晚进库，出现这种情况时，后进库要先发货，因为物资都有保管期限，保管员要随时掌握，同型号同规格的产品，哪批出厂日期早，就先发哪批出库，以减少或避免超储积压。

（4）出库物资必须符合运输的要求。对于包装损坏，产品损伤的，要修复并达到用户及承运单位的要求，才能发货出库。备货待发物资要注意苫垫，避免受损。

二、物资出库的程序与方式

（一）物资出库程序

物资应严格按照出库程序出库。其程序包括出库前的准备、核对出库凭证、备料、复核、点交、清理等。其中应重点抓好"复核"和"点交"两个环节。"复核"是防止差错的重要和必不可少的措施。"点交"是划清仓库和提货方面责任的必要手续。

1. 出库前的准备

为了能准确、及时、安全、节约地做好物资出库工作，保证物资按时发给使用单位，根据出库物资的品种、数量、性能等，做好出库前的准备工作。包括选择发货垛位，安排好出库物资的堆放场地，安排好机械设备、工具及人员，准备好包装物及劳动防护用品等。

2. 核对凭证

仓库接到出库凭证后必须进行核对，以确定凭证的真伪。

（1）核对出库凭证时，要一项不漏地认真审查，逐项核对提货单位、开单日期、开单人、有效期限、名称、型号、规格、数量、单价、总价及财务收款印鉴等，字迹是否清楚，提货方式是否明确，是否注明包装、产地等，如发现疑点应及时与开单人取得联系，查对无误后方可发货。特殊情况如抢险、救灾等用料，需经领导批准，以生产调度部门签发的"调度令"为凭证，可先发货后在规定的时间内补办正式手续。

（2）出库凭证上的任何数字、文字，保管员都不得改动。

3. 备料

核对出库凭证无误后即应进行备料。

（1）查对库存数量是否与账相符，以免将已存在的问题带入下一个程序中。

（2）按出库凭证所列的名称、规格、型号、数量进行备料。规定发货批次的，按规定发货批次发货，未规定批次的按先进先出原则发货。

（3）出库计量一般以入库验收时的计量为准，一般不再重新过磅，如用户要求复验时，应予以复验。零星小额物资则应重新计量。出库备料后，应及时查点余料与账、卡上的数量是否相符。

（4）出库物资应附带有关技术证件，如合格证、质量证明书、说明书等，同批到达分批发出的技术证件应予以复印，原件留存仓库备查。

（5）代提代运或送货到用料单位的，要打好包装，注明安全标志。待运期间，对所备物资应进行临时保管，上苫下垫，防止雨淋或丢失。

4. 复核

为了保证出库物资不出差错，备料后应立即进行复核。复核的内容包括：名称、规格、型号、数量、质量是否相符，计量单位是否准确，技术证件是否齐全。复核方式可采取保管员自己复核、保管员间的交叉复核等。

5. 点交

经复核无误后，即可向提料人员或代运发运人员点交。提货单位自提的物资，应将出库物资及随行资料向提货人当面点清交付，并办清货款结算，提料员签字，开出门证等交接手续。待发运的物资，保管员应向发运人员点交清楚后办理交接手续。

6. 清理

物资出库后应立即做好清理工作。

（1）清理发料现场。物资出库后，有的货位被打乱，有的货位剩有空间。保管员应根据具体情况，进行并垛、挪位、清扫现场，腾出货位，以备待用，同时收集整理苫垫材料、工具、用具等。

（2）查明损耗。对检斤、检尺、易碎物资，要查明实际损耗量，如在规定的损耗范围内，按规定报批核销。超过规定范围的，要查明原因后专案处理。

（3）清理资料。账目要日清月结，记账后要认真查点实物与账卡是否相符，发现问题，要查明原因并及时处理。要定期集中整理单据、证件，装订成册，归档管理。

（二）物资出库方式

物资出库方式主要有三种：用户自提、送货上门和代办托运。

1. 用户自提

用户自提是指用料单位持出库凭证，到仓库直接提货。出库物资的交接手续在仓库内当即办理完毕。这种提货方式在石油企业中居多数。

2. 送货上门

送货上门是受用户的委托，物资企业自备运输工具送货到需用单位指定的地点。这种出库方式手续简便，方便用户，应予推广。送货前保管员要与送货人员办清交接手续，送货人员把货送到后，也应与收货人办好交接。在石油企业中，一般大宗材料及专业物资多采用这种方式。

3. 代办托运

代办托运是用户较远，委托物资企业办理提货，并通过铁路、公路、水路、民航或邮局，将货发运到用户指定的地点。物资出库时保管员应与运输人员办清交接手续。

三、物资退库

物资退库是物资供应工作中常见的业务，各级仓库都应把这一工作认真抓好，不能刁难冷淡或推托延误。及时办理退库业务，有利于物资的现场管理，有利于准确核销，避免散失浪费。

物资退库有两种形式：一种是实物退库；一种是实物不退库，只办理退库手续，称为"假退料"。

（一）物资退库的范围

（1）工程项目计划变更，已出库又不需要的物资。

（2）工程竣工后剩余的物资。

（3）用料单位错开错领的物资。

（4）因物资质量残次，用户要求退库的物资。

退库的物资应保持其完好无损，附件、工具、技术资料齐全完整，包装完好。收料仓库在接收时应认真检查，必要时需经过维护保养后再验收入库。

（二）退库手续的办理

（1）业务部门给退料单位开退料单。

（2）退料单位凭退料单向原发出仓库退货。

（3）保管员按验收标准进行验收，合格的验收入库，并在退料单上签章。

（4）退料单位凭退料单向业务部门办理退款。

（三）假退料

假退料是生产建设单位在工程结束后，将剩余物资转入下一工程时所办理的一种退料方式。假退料只办理退料手续，不进行实物退库，而实物直接转移到下一工程。退料时，一般同时办理下一工程的物资出库手续。

假退料的目的是为加强物资管理工作，使成本核算更加准确可靠，避免散失浪费，同时为物资的核销及消耗定额的制定提供了可靠的依据。

四、物资出库过程中发生问题的处理

（一）出库时的问题处理

（1）出库凭证是物资出库的依据，当发现出库凭证有假冒、复制、涂改或对出库凭证有疑点及情况不清时，应及时与业务员联系，及时查明，必要时应与保卫部门联系，以便妥善处理。

（2）业务员超开的出库凭证（也称空头料单），仓库无货，保管员应及时通知业务员，同时应做好记录，记录内容包括时间、用料单位、凭证号、开单数量、库存数量等，以便分清责任。

（3）用户凭跨年、跨月或超过规定有效期的出库凭证前来提货时，保管员可不予发货，待业务员更改日期或重新开单再予以发货。保管员不得自行发货，或自行更改日期。

（4）任何白条子不能作为物资出库的凭证，抢险救灾用料可凭生产值班调度签发的调度令出库。

（5）产品维修、保养或送验时，都必须按规定办理出库手续。任何人都不得强制保管员将库存物资借用出库。

（6）凡出库凭证指定有生产厂家的，保管员应按指定厂家发货，未注明的，保管员可酌情处理。

（7）同型号、同规格但不同颜色的物资，如汽车等，凭证上注明的按凭证要求发货，不得更改；凭证上未注明的，由保管员安排，应尽量满足用户要求。

（8）在提货时，用户发现规格开错，保管员不得随意调换，必须通过业务员更改或重新开单后方可发货。

（9）物资已到库但还没有验收而工程又急需的物资，保管员可凭由主管领导签发的"临时物资出库单"发货。

（10）在备料、点交过程中，发现有质量问题的物资，保管员应予以剔除，留待日后处理，不可以次充好，缺斤短两、短尺少寸。

（11）在发料时，用户要求为零散小件解决包装或捆扎材料时，保管员应帮助解决。

（12）用户将出库凭证遗失时，应先到业务员处挂失，然后到保管员处挂失。如果挂失前货已提走，保管员不负责任，但要协助破案；如货还未提走，保管员应时刻警惕；如有人持已挂失的凭证提货时，应立即与保卫部门联系处理。

（13）在发料时，保管员对一些重要产品的技术要求、配套情况、使用方法、注意事项等应向提料人交代清楚，当好用户的参谋。

（14）随物的技术资料，应同时随物发给用户，当一份资料多次出库时，保管员应将抄件随物发给用户。

（二）出库后的问题处理

（1）物资出库后，用户反映规格、数量不符等问题时，保管员应认真进行核对，如确属发错，应纠正致歉，如不属保管员差错，应耐心解释清楚，并请用户另行查找。

（2）物资出库后，因产品质量问题，用户要求退货或换货的，经核对属实，保管员应予退货或换货。

（3）物资出库后，保管员发现账实不符，要及时查找，以减少损失，不可久拖不决。

第七节　仓储保管合同实施细则

仓储保管合同是存货和保管方为加速物资流通、妥善保管物资、提高经济效益而明确相互权利、义务关系的协议。

仓储保管合同实施细则适用于经工商行政管理机关核准，依法从事仓储保管业务的法人同委托储存物资的法人之间签订的仓储保管合同。

一、订立仓储保管合同的有关规定

（1）订立合同，必须遵守国家法律、法规，符合国家政策的要求；必须贯彻平等互利、协商一致、等价有偿的原则。

（2）根据存货方的委托存储计划和保管方的存储量，双方依法就合同的主要条款协商一致，由双方的法定代表或授权的经办人签字、单位盖公章或合同专用章，合同即成立。如法定代表授权单位经办人员代理签订合同，应事先出具本单位的委托证明。法人之间代订合同时，必须事先取得委托单位的委托证明，并根据受权范围以委托单位的名义，对委托单位直接产生权利和义务。

（3）合同应当采用书面形式。当事人协商同意的有关修改合同的文书、电报、图表和购销合同副本也是合同的组成部分。当事人一方在接到修改合同的文书、电报后 15 日内或合同规定期限内未提出异议，即视为同意。

二、合同的条款

仓储保管合同应具备以下主要条款：

（1）货物的品名或品类；

（2）货物的数量、质量、包装；
（3）货物验收的内容、标准、方法、时间；
（4）货物保管条件和要求；
（5）货物的出库手续、时间、地点、运输方式；
（6）货物损耗标准和损耗的处理；
（7）计费项目、标准和结算方式、银行、账号、时间；
（8）责任划分和违约处理；
（9）合同的有效期；
（10）变更和解除合同的期限。

与仓储保管有关的货物检查、包装、保险、运输等事项，必须在合同中明确规定或另订合同。

三、有关物资入库的规定

（一）入库计划的执行

保管方不能全部或部分按合同议定的品名（品类）、时间、数量接货，存货方不能全部或部分按合同议定的品名（品类）、时间、数量入库（含超议定储存量储存），均应承担违约责任。

（二）货物入库交接

由存货方或运输部门为供货单位送货到库的，或由保管方负责到供货单位、车站、港口等处提运的货物，必须按有关规定当面交接清楚，分清责任，合同另有规定者除外。交接中发现问题，供货方在同一城镇的，保管方可以拒收；外埠或本埠、站、机场、邮局到货，保管方应予接货，妥善保存，并在有效验收期内通知存货方和供货方处理运输等有关方面应提供证明。暂存期间所发生的一切损失和费用由责任方负责。

四、有关物资验收的规定

（1）保管方的正常验收项目为：货物的品名、规格、数量、外包装状况，以及无需开箱拆捆直观可见可辨的质量情况。

包装内的货物品名、规格、数量，以外包装或货物上的标记为准；外包装或货物无标记的，以供货方提供的验收资料为准。散装货物按国家有关规定或合同规定验收。

（2）保管方未按合同或本细则规定的项目、方法和期限验收或验收不准确，由此造成的实际损失，由保管方负责。合同议定按比例抽验的货物，保管方仅对抽验的那一部分货物的验收准确性以及由此造成所代表的那一批货物的实际经济损失负责，合同另有规定除外。

存货方未提供验收资料或提供不齐全、不及时，所造成的验收差错及贻误索赔期由存货方负责。

（3）验收期限，国内货物不超过10天，国外货物到货不超过30天，法律或另有规定者除外。超过验收期限所造成的实际损失，由保管方负责。货物验收期限，是指自货物和验收资料全部送达保管方之日止。日期均以运输或邮电部门的戳记或直接送达的日期为准。

五、有关物资保管的规定

（1）保管方的责任。

①按合同议定的储存条件和保管要求保管货物。

②货物在临近失效期（只限外包装或货物上标明了有效期或合同上申明的）60天前应

通知存货方，合同另有规定者除外。发现货物有异状，及时通知存货方。

③按国家或合同规定的要求操作、存储危险品和易腐货物。

（2）存货方的责任。

①易燃、易爆、易渗漏、有毒等危险货物以及易腐、超限等特殊货物，必须在合同中注明，并向保管方提供必要的保管、运输技术资料。

②及时处理近失效期或有异状的货物。

（3）货物在储存期间，保管方履行了合同规定的要求，由于不可抗拒的原因、自然因素或货物（含包装）本身的性质所发生的损失，由存货方负责。

（4）货物在储存保管和运输过程中的损耗、磅差标准，有国家或专业标准的，按国家或专业标准规定执行，无国家或专业标准的，按合同规定执行。

（5）货物发生盘盈盘亏均由保管方负责。

六、有关物资包装的规定

（1）货物的包装由存货方负责。其标准是有国家或专业标准的，按国家或专业标准的规定执行；没有国家或专业标准的，在保证运输和储存安全的前提下，由当事人议定。

（2）货物在储存保管过程中，因保管或操作不当使包装发生毁损，由保管方负责修复或按价赔偿；造成货物损坏，由保管方负责。

（3）包装不符合国家或合同规定，造成货物损坏、变质的由存货方负责。

七、有关物资出库的规定

（1）货物出库须按照先进先出或易坏先出（易坏只限合同中申明或货物外部显漏出来的）的原则发货，否则由此造成的实际损失由保管方负责。

（2）由存货方或用户自提，或保管方送货上门的责任划分：

①当面办理交接手续。

②保管方没有按合同规定的时间、数量交货，应承担违约责任；存货方已通知出库或合同期已到，由于存货方（含用户）的原因不能如期出库，应承担违约责任。

③由于存货方调拨凭证上的差错所造成的实际损失由存货方负责。

（3）由保管方代办运输的责任划分：

①由保管方负责向运输部门申报运输计划，办理托收、发运手续；

②保管方未按合同规定期限和要求发货或发生错发到货地点、收货人等差错事故，应负责赔偿由此造成的实际损失；

③存货方未按合同规定及时提供包装材料或未按规定期限变更货物的运输方式、到站、收货人，应承担延期的责任和增加的费用。

（4）保管方代运的货物，发生数量、质量异议时，除合同另有规定者外，由保管方负责处理，其费用由责任方承担。

（5）凡原装、原封、原标记完好无异议时，包装或货物上标明的品名、规格、数量、花色与实际不符时，除合同规定应开箱（拆捆）检验而未检验或验而不准者由保管方负责外，发生质量不符合要求或其他问题，按国家有关规定或合同规定处理。

八、有关违约责任的规定

当双方当事人不能全部或部分按合同议定的品名（品类）、时间、数量接货或入库，即没有按合同规定的时间、数量交货或出库，责任方必须向对方付违约金，合同另有规定的除外。违约金的数额为违约所涉及的那一部分货物的三个月保管费（或租金）或三倍的劳务费，合同另有规定者除外。因违约使对方遭受经济损失时，如违约金不足以抵偿实际损失，还应以赔偿金的形式补偿其差额部分。其他违约行为，给对方造成经济损失的，一律赔偿实际损失。赔偿货物的损失，一律按进货价计算，有残值的，应扣除其残值部分或残件归赔偿方，不负责赔偿实物。

九、工矿产品购销合同条例

工矿产品购销合同是物资保管部门对到库物资进行验收的主要依据。

购销合同是指法人之间为实现商品流通的经济目的，明确商品购销关系中相互权利义务的协议。这类合同，即包括国家与集体之间、集体与集体之间订立的，也包括企业相互之间订立的合同。

（一）合同的条款

工矿产品购销合同主要有以下条款：

(1) 产品的名称（注明牌号或商标）、品种、型号、规格、等级、花色；
(2) 产品的技术标准（含质量要求）；
(3) 产品的数量和计量单位；
(4) 产品的包装标准和包装物的供应与回收；
(5) 产品的交货单位、交货方法、运输方式、到货地点（包括专用线和码头）；
(6) 接（提）货人单位或接（提）货人；
(7) 交（提）货期限；
(8) 验收的方法；
(9) 产品的价格；
(10) 结算方式、开户银行、账号名称、账号、结算单位；
(11) 违约责任；
(12) 当事人协商同意的其他事项。

（二）产品的技术标准条款

合同中要明确产品的技术标准。

在执行产品的技术标准时，有国家标准的按国家标准执行；没有国家标准而有专业（部）标准的，按专业（部）标准执行；没有国家标准、专业（部）标准的，按企业标准执行。在合同中必须写明执行的标准代号、编号和标准名称。没有上述标准的，或虽有上述标准，但需方有特殊要求的，按供需双方在合同中商定的技术条件、样品或补充的技术要求执行。

（三）有关产品数量的规定

(1) 产品数量的计算方法，按国家或主管部门规定的计量方法执行；国家没有规定的，按供需双方商定。对某些产品，必要时应当在合同中写明有关主管部门颁发的（没有主管部门规定的由当事人商定）交货数量的正负尾差、合理磅差和在途中自然减（增）量规定及计算方法。对机电设备，必要时应当在合同中明确规定随主机的辅机、附件、配套产品、易耗配件和安装修理工具等。对成套供应的产品，应当明确成套供应的范围，并提出成套供应清单。

(2) 当事人双方应当严格按照合同规定的产品数量和计量方法履行。需方不得少要或不要，否则应承担中途退货的责任。供方不按合同规定的数量交货的，应按下列规定处理：

①供方交付的产品多于合同规定的数量，需方不同意接收的，在托收承付期内，可以拒付多交部分的货款和运杂费。购销双方在同一地点（同城）的，需方可以拒收多交的部分；购销双方不在同一地点（异地）的，需方应把产品接收下来，并负责保管，将详细情况和处理意见在到货后10天内（另有规定或当事人另行商定期限者除外）通知供方处理。

②供方交付的产品少于合同规定的数量，需方凭有关合法证明，在托收承付期内，可以拒付少交部分的货款，并在货到后10天内（另有规定或当事人另行商定期限者除外）将详细情况和处理意见通知供方。供方接到通知后，应在10天内（另有规定或当事人另行商定者除外）答复处理，否则，即视为默认需方的意见，少交的部分，应立即补交。

③供方通知需方不能履行全部或部分合同规定的交货数量的，供方应负担全部或部分不能交货的违约责任。

（3）凡原装、原封、原标记完好无异状，包装内的产品数量，由生产企业或封装单位负责；需要确定负责期限的，由当事人根据不同产品的不同情况商定。

由供方组织装车（船）、凭封印交接货物，需方在卸货时，如车（船）封印完整，无其他异状，但件数缺的，属于供方的责任，需方凭运输部门编制的记录证明，可以拒付短缺部分的货款，并在货到10天内（另有规定或当事人另行商定期限者除外）通知供方；如件数相符，但重量、尺寸等短缺，或者包装标明的重量与实际的重量相符而包装内数量短缺，需方可以凭本单位的验收书面证明，在托收承付期内，拒付短缺部分的货款，并在货到后10天内（另有规定或当事人另行商定期限除外）通知供方，否则，即视为验收无误。

由供方组织装车（船），凭现状（或件数）交接的货物，需方在卸货时，无法从外部发现货物丢失、短缺、损坏的，应由供方负责的部分，需方可以凭本单位的验收书面证明和运输部门的交接证明，在托收承付期内，可以拒付丢失、短缺、损坏部分的货款，并在货到后10天内（另有规定或当事人另行商定期限除外）通知供方，否则，即按少交处理。

（4）发货数与实际验收数之间的差额，不超过有关主管部门规定（没有主管部门规定的由当事人商定）的磅差和自然减（增）量的范围的，不按多交或少交论处，双方互不退补。超过规定范围的磅差，按照实际交货数量计算多交或少交的数量；超过规定范围的自然减（增）量，按有关主管部门规定或当事人商定的计算方法计算多交或少交的数额。

实际交货数量与合同规定的交货数量之间的尾差，不超过有关部门的规定（没有主管部门规定的由当事人商定）的尾差范围的，双方互不退补；超过范围的，按合同规定的数量计算多交或少交的数额。

（四）有关产品名称、品种、规格和质量的规定

（1）合同中要明确规定供方对产品质量负责的条件和期限。

对成套产品，在合同中应明确规定附件的质量要求。

对某些必须安装运转后才能发现内在质量缺陷的产品，除主管部门另有规定外，合同中要具体规定提出质量异议的条件和时间。

实际抽样检验质量的产品，合同中应注明采用的抽样或抽验方法和比例。

有些产品在商定技术条件后需要封存样品时，应由当事人双方共同封存，分别保管，作为检验依据。

（2）供方应对提供的产品的质量负责。

供方交货时，应将产品合格证（或质量保证书）和双方商定的必要的技术资料随同产品货运单交需方据以验收。需方在验收中，如果发现没有合格证（或质量保证书）和必要

的技术资料，在托收承付期内有权拒付这部分货款，并应将产品妥为保管，立即向供方索要，供方应及时补给需方。超过合同规定交货期限补交的即作为逾期交货处理。

需方在验收中，如果发现产品的品种、型号、规格、花色和质量不符合规定，应一面妥善保管，一面向供方提出书面异议。在托收承付期内，需方有权拒付不符合合同规定部分的货款。

凡原装、原封、原标记完好无异状，包装内的产品品种、型号、规格、花色，由生产或封存单位负责，需要确定负责期限的，由当事人根据不同产品的不同情况商定。

凡原装、原封、原标记完好无异状，在当事人商定的期的限内，该产品的质量由生产或封装单位负责。

（3）需方在向供方提出书面异议时，按以下规定办理：

①产品的外观和品种、型号、规格、花色不符合合同规定，属供方送货或代运的，需方应在货到后10天内（另有规定或当事人另行商定期限的除外）提出书面异议；需方自提的应在提货时或者双方商定的期限内提出异议。

②产品内在质量不符合合同规定的，不论供方送货、代运或需方自提，需方应在合同规定由供方对质量负责的条件和期限内检验或试验，提出书面异议。某些产品，国家规定有检验或试验期限的，按国家规定办理。

③对某些必须安装运转后才能发现内在质量缺陷的产品，除另有规定或当事人另行商定提出异议的期限外，一般从运转之日起六个月以内提出异议。

④在书面异议中，应说明合同号、运单号、车（船）号、发货和到货日期；说明不符合合同规定的产品名称、型号、规格、花色、标志、牌号、批号、合格证（或质量保证书）号、数量、包装、检验方法、检验情况和检验证明；提出不符合合同规定的产品的处理意见，以及当事人双方商定的必须说明的事项。

⑤如果需方未按规定期限提出书面异议的，视为所交产品符合合同规定。

⑥需方因使用、保管、保养不善等造成产品质量下降的不得提出异议。

（4）供方在接到需方的书面异议后，应在10天内（另有规定或当事人另行商定期限者除外）负责处理，否则，即视为默认需方提出的异议和处理意见。

（5）当事人双方对产品质量在检验或试验中发生争议，按《中华人民共和国标准化管理条例》规定，由标准化部门的质量监督检验机构执行仲裁检验。

（五）有关产品包装的规定

（1）为了保证货物运输的安全，产品包装按国家标准或专业（部）标准规定执行；没有国家标准或专业（部）标准的，可按承运、托运双方商定并在合同中写明的标准进行包装。有特殊要求或采用包装代用品的，应征得运输部门的同意，并在合同中明确规定。

（2）运输包装上的标记由供方印刷（合同另有规定的除外）产品包装时，必须附有装箱清单。

（3）产品的包装物，除国家规定由需方供应的以外，应由供方负责供应。可以多次使用的包装物，应按有关主管部门制定的包装物收回办法进行。有关主管部门没有规定的，由供需方商定包装回收协议，作为合同附件。

（4）产品的包装费用，除国家另有规定的除外，不得向需方另外收取。如果需方有特殊要求的，双方应当在合同中商定，其包装费超过原定标准的超出部分由需方负担；其包装费低于原定标准的相应降低产品的价格。

（六）有关产品的运输及交接的规定

（1）产品一般应由供方实行送货或代运。实行送货的产品，国家主管部门规定有送货办法的，按规定的办法执行；没有规定送货办法的，按供需双方协议执行。实行代运的产品，由供方代办运输，供方应充分考虑需方的要求，商定合理的运输路线和运输工具。某些实行送货或代运的产品，必须由需方派人押运或者由有关主管部门签发装运证明的，应在合同中明确规定。

送货、代运确有困难，或者需方要求自提的产品，应在合同规定的交货期限（月份或季度）前40天通知供方，以便供方编月度要车（船）计划。迟于上述规定期限，供需双方应当立即协商处理。

（2）需方要求变更到货地点或接货人，应在合同规定的交货期限（月份或季度）前40天通知供方，以便供方编报月度要车（船）计划。迟于上述规定期限，供需双方应当立即另行协商处理。

（3）供方和需方对产品的运输和装卸，应按有关规定与运输部门办理交接手续，做出记录，双方签字。明确供方、需方和运输部门的责任。

供方、需方和运输部门的责任如下：

①凭封印交接的货物。

a. 由供方装车（船）、需方到站（港）、运输部门卸车（船）的货物，封印完整而货物发生丢失、短少、损坏、变质、污染，除能证明属于运输部门的责任外，由供方负责；封印脱落、损坏，货物发生丢失、短少、损坏、变质、污染，除能证明属于供方责任外，由运输部门负责。

b. 由发站（港）运输部门装车（船），需方卸车（船）的货物，需方应会同到站（港）运输部门拆封，如发生丢失、短少、损坏、变质、污染，除能证明属于供方或需方责任外，由运输部门负责。

②凭现状（或件数）交接的货物。由供方组织装车（船），运输部门按现状（或件数）交接的货物，如发生丢失、短少、损坏、变质、污染，运输部门接收前由供方负责，接收后由运输部门负责；到站（港）后在需方接收前发生丢失、短少、损坏、变质、污染的，由运输部门负责，接收后由需方负责，但对在交接时无法从外部发现的货物丢失、短少、损坏、变质、污染的，除能证明责任人外，由供方负责。

上述属于运输部门责任的，由需方按国家颁发的有关货物运输合同条例的规定向运输部门提出书面异议，要求赔偿损失。属供方责任的，应按规定由需方向供方提出书面异议，供方负责处理。

（4）实行送货或代运的产品，到货地点或接货人发生错误，属于需方过错的，一切责任由需方承担；属于供方过错的，一切责任由供方承担；属于运输部门过错的，由托运单位按国家颁布的有关货物运输合同条例的规定向承担部门要求赔偿损失。但是不论哪一方的责任，接货单位对运到的货物应妥善保管，并立即通知有关单位查明处理，由此所支付的一切费用由上述责任方承担。

（七）有关产品交（提）货期限的规定

（1）合同中的产品交（提）货期限，应写明月份。有条件的和有季节性的产品，要规定更具体的交货期限（如旬、日等）；有特殊原因的，也可按季节规定交货期限。属于年度分配指标的订货，必须在本年度内商定具体交货期限，除特殊情况外不得跨年供货。生产周期超过一年的大型专用设备和试制产品，可以由供需双方商定交货期限。不得签订没有交货期限的合同。

（2）规定送货或代运的产品的交货日期，以供方发运产品时承运部门签发戳记的日期为准（另有规定或当事人另有商定者除外）；合同规定需方自提的产品，以供方按合同规定通知的提货日期为准。供方的提货通知中，应给需方以必要的途中时间。实际交（提）货日期早于或迟于合同规定的交（提）货期限，即视为提前或逾期交（提）货。

（3）合同当事人未按合同规定期限交（提）货的，按以下规定办理：

①提前交货的需方接货后，仍可按合同规定的交货时间付款，合同规定自提的需方可拒绝提货。

②逾期交货的，供方应在发货前与需方协商，需方仍需要的，供方应照数补交，并负逾期交货责任；需方不再需要的，应当在接到通知后15天内通知供方，办理解除合同手续，逾期不答复的，视为同意发货。

③逾期提货的，需方除应当按合同规定时间付款外，并承担逾期的责任。

（八）有关违约责任的规定

当事人双方或一方有违约行为的，必须向对方支付违约金。因违约使对方遭受损失的，如违约金能够抵补损失，就不再另行支付赔偿金；如违约金不足以抵补损失，还应支付赔偿金以补偿差额部分。对方如要求继续履行合同的，应当继续履行。

（1）供方的违约责任：

①供方不能交货的，应向需方偿付违约金。通用产品的违约金为不能交货部分货款总值的1%~25%，专用产品的违约金为不能交货部分货款总值的10%~30%，具体比例可由供需双方在订立合同时商定。

根据国家指令性计划签订的购销合同，由于供方将产品自销而不按合同规定交货的，除按违约及有关规定处理外，并由工商行政管理部门没收其自销多得的收入，上缴中央财政。

②供方所交产品品种、型号、规格、花色、质量不符合合同规定的，如果需方同意利用，应当按质论价；如果需方不能利用的，应当根据产品的具体情况，由供方负责保修、包换或者包退，并承担修理、调换或退货的实际费用。供方不能修理或者不能调换的，按不能交货处理。

③因产品包装不符合合同规定，必须返修或重新包装的，供方应当负责返修或重新包装，并承担支付的费用；需方不要求返修或重新包装而要求赔偿损失的，供方应当偿付需方的该不合格包装物低于合同包装的价值部分。因包装不符合规定造成货物损坏或者灭失的，供方应当负责赔偿。

④自提产品供方不能按合同规定期限交货的，应负逾期交货责任，并承担需方因此而支付的实际费用。

⑤逾期交货的，应比照中国人民银行有关延期付款规定，按逾期交货部分总值计算，向需方偿付逾期交货的违约金。

⑥提前交货的产品、多交的产品和品种、型号、规格、花色、质量不符合合同规定的产品，需方在代保管期内实际支付的保管、保养等费用以及非因需方保管不善而发生的损失应当由供方承担。

⑦产品错发到货地点或接货人的，供方除应负责运交合同规定的到货地点或接货人外，

还应承担需方因此多支付的一切实际费用和逾期交货的违约金。

⑧供方未经需方同意，单方面改变运输路线和运输工具的应承担由此增加的费用。

⑨在供方专用线自装的产品，因装载技术不善造成的产品灭失、质量下降、包装损坏或者其他质量事故的，应当由供方承担责任。

⑩供方用罐车发运货物，未随车附带规格质量证明或化验报告，致使需方无法卸货的，由此造成的卸车等存车费及运输罚款，应当由供方偿付。

（2）需方的违约责任：

①中途退货，应向供方偿付违约金。通用产品的违约金为退货部分货款总值的1%～5%，专用产品的违约金为退货部分货款总值的10%～30%，具体比例可由供需双方在签订合同时商定。

②未按合同规定的时间和要求提供应交的技术资料或包装物的除交货日期得予顺延外，应比照中国人民银行有关延期付款的规定，按延期交货部分货款总值计算，向供方偿付顺延交货的违约金，如果不能提供的按中途退货处理。

③自提产品未按供方通知的日期或合同规定的日期提货的，应比照中国人民银行有关延期付款的规定，按逾期提货部分货款总值计算，向供方偿付逾期提货的违约金，并承担供方实际支付的代为保管、保养的费用。

④逾期付款的应按中国人民银行有关延期付款的规定向供方偿付逾期付款的违约金。

⑤实行送货或代运的产品，需方违反合同规定拒绝接货的，应当承担由此造成的损失和运输部门的罚款。

⑥承担由于需方错填到货地点或接货人等所造成的损失，承担供方或运输部门因处理需方提出的错误原因而实际支付的一切费用，承担代供方保管的产品因需方保养不善而造成的损失。

（3）由于上级领导机关或业务主管机关的过错，以致不能履行或不能完全履行合同的，上级领导机关或业务主管机关应当承担违约责任，但应先由合同违约方按本条例的有关规定向对方偿还违约金、赔偿金，再由应当负责的上级领导机关或业务主管机关负责处理。

（4）当事人一方由于不可抗拒的原因不能履行合同时，应及时向对方通报不能履行或不能完全履行的理由，在取得有关主管机关证明以后，允许延期履行、部分延期或不履行合同，并根据情况可部分或全部免予承担违约责任。

（5）按合同规定应该偿付的违约金、赔偿金、保管保养费和各种经济损失，应当在明确责任后10天内，按中国人民银行规定的结算办法付清，否则按逾期付款处理，但任何一方不得自行用扣付货款来充抵。

（6）违约金、赔偿金的支付，对没有实行利改税的企业应分别在企业基金，利润留成或盈亏包干分成中支付，对实行利改税的企业，应在缴纳所得税后根据核定的企业留利中支付。以上支付的各项金额均不得计入成本（费用）和营业外支出，不得挤占应当上缴财政的收入。行政事业单位一律在单位的预算包干的结余经费和预算外资金中支付，不得挤入经费报销。对个人的罚款，一律不得用公款报销。

违约金和赔偿金收入，应用于弥补未能履行合同而蒙受的经济损失。

（7）工矿产品购销合同发生纠纷时，当事人双方应当及时协商解决，协商不成的，任何一方均可请业务主管机关调解或者向工商行政管理机关设立的经济合同仲裁委员会申请仲裁，也可以直接向人民法院起诉。

十、国际贸易合同知识

国际货物贸易合同的种类有：

（1）FOB 合同，也称"船上交货"或"离岸价格"。就是卖方必须承担把货物交到船上的义务并支付有关费用，此项业务履行完毕后，卖方的交货即告完成，货物的风险从越过船舷时起即转移于买方。

（2）CIF 合同，也称"成本加保险费、运费"或"到岸价格"。就是卖方负责货物装上船以前的一切费用和风险，并负责办理保险及支付保险费。向买方提供有关的装运单据，也就完成了交货义务，买方必须支付货款。它是一种货价包括成本、运费及运输中的保险费的合同。

（3）C&F 合同，也称"成本加运费"或"离岸加运费价"。这种合同在国际贸易中也是常见的，它与 CIF 合同的不同之处在于货价中不包括保险费，而是买方自负保险费。

（一）合同条款

合同条款是合同的内容的体现，具体包括下列内容。

1. 合同的事实性条款

事实性条款即不需要当事人协商的，只是对事实做如实记载的条款，这类条款对法律的适用有直接的影响，它包括：

（1）双方当事人的姓名、国籍、主营业务场所或住所、电话、电报、电传。

（2）合同编号。

（3）签约的日期、地点。

（4）双方当事人或其代理人的签字、印章。

2. 合同必备性条款

必备性条款即一项涉外经济合同必须具备的，若合同中缺少此类条款的一项或数项，或者这类条款不明确，合同就很难履行，甚至导致合同本身不能成立的条款。它包括：

（1）合同的类型及名称。

（2）合同标的物的条款。有标的物名称、种类、范围、生产地、制造厂家、规格品质、技术条件、包装和数量。

（3）合同价格条款与支付条款。有计价货币名称、计价单位、单位金额，标明离岸名称的价格术语、支付形式及时间。

（4）合同履行的期限、地点和方式条款。

（5）装运条款。有运输方式、装运时间、启运港口、目的港口、装运通知单证、装卸费用负担。

（6）商检条款。有商检时间、地点、机构、商检方法及标准，复验机构及时间地点、证书的取得等。

（7）索赔条款。有依据与期限、办法及金额等。

3. 合同的选用性条款

选用性条款即当事人双方根据不同类型的合同所要达到的目的和要求，在合法的前提下，选用一些条款，作为合同的基本条款。这部分条款是经双方当事人同意订入合同的，所以与合同的其他条款有同等的法律效力。它包括：

（1）关于合同能否转让及转让条件的条款。

（2）关于合同标的物的保险范围、种类及费用负担的条款。

（3）关于承担风险的责任的范围、界线的条款。

（4）关于争议解决及法律适用条款。

（5）关于变更合同的条件的条款。

（6）关于解除合同的条件的条款。

（7）关于担保条款。

（8）免责条款。

（9）违约金条款。

（10）一方违约造成损失赔偿的计算方法条款。

（11）迟延支付金额的利息计算方法条款。

（12）各国使用的文字及其效力的条款。

4. 法律条款

法律性的条款即依照法律规定，无论当事人在签订合同时是否订明，在履行合同时都必须遵守的条款。这是一种强制性条款，它不以当事人是否协商一致订入合同为依据，而是以法律为依据强制当事人遵守。

（二）进口商品的检验

1. 贸易合同中的商品检验条款和索赔条款

（1）商品检验条款。商品检验条款是外贸合同中的重要条款之一。商品检验条款一般规定应检验项目、检验时间与地点、检验机构、检验标准与方法、复验、检验费的负担、检验证书的法律效力等，其中最重要的是检验机构、检验时间与地点等有关检验权的规定。

对检验权的规定有多种，国际上一般采用的是买卖双方都能接受的检验权，就是以卖方装运港检验机构出具的商检证书作为付货的依据，货到目的港后买方享有复验权。

这种检验权是货物于装船前由装运港的检验机构进行检验，但检验证书只作为卖方办理议付货款的单据之一，而不能作为交货的最后依据。货物运抵目的港后，买方有权进行复验，如发现货物品质、重（数）量与合同规定不符，买方有权凭复验证书向卖方提出索赔。

（2）商品索赔条款。商品索赔往往与商品检验订入同一条款中。索赔问题中，最重要的是索赔的依据和索赔期限，买方对商品复验后必须提交卖方承认的商检机构出具的检验证书作为索赔依据。关于索赔期，可根据不同商品和国内调运、检验工作的繁简等实际情况做出不同规定。一般货物的索赔有效期为货到目的港后30至50天。对于机器设备的索赔期应长一些，一般为60天，但对于需要安装后才能测试其性能的，其索赔期应为一年或一年以上。成套设备分批交货的，其索赔期应以最后一批货物到达目的港后起算。

2. 检验内容

商品检验机构对进口商品实施检验的内容主要有：

（1）品质检验。主要检验商品的质量、规格、成分、性能及其他技术要求是否符合合同规定。

（2）数量或重量检验。指用一定的计量方式测定商品的个数、长度、面积、容积、体积、重量等的准确量。

（3）包装检验。主要检验商品的包装是否牢固、完整、干燥、清洁，是否能够保护商品，便于长途运输等。

（4）安全、卫生检验。主要检验某些商品的安全性和卫生性。

3. 办理进口商品的检验

进口商品分法定检验商品和非法定检验商品。法定检验进口商品是列入《种类表》及其他法律、法规规定必须经过商检机构或者国家商检局、商检机构指定的检验机构检验的进口商品。除此以外的进口商品为非法定检验商品。

这两类商品在办理报验手续上有所不同。法定检验进口商品到货后，收货人或其代理人必须向口岸或到达站商检机构办理进口商品登记手续，然后按商检机构规定的地点和期限向到货地商检机构办理进口商品报验。非法定检验进口商品到货后，由收、用货部门直接办理进口通关手续。提货后，可按合同的约定自行检验，若发现问题需凭商检证书索赔的，应向所在地商检机构办理进口商品报验。

法定检验进口商品登记：

（1）填写《种类表》内进口商品登记申请表，按下列要求逐项填写。

NO.：商检受理报验编号，由受理报验人员填写。

申请登记单位：填写申请登记单位全称并盖章。

登记日期：填写申请登记当天日期。

商品编号：填写 H.S 编码 8 位数字。

数（重）量：按实际到货数（重）量填写，并加附计量单位。

进口日期：按"进口货物到货通知单"所列进口日期填写。

合同号：买卖双方签订的外贸合同的号码。

合同金额：合同中所列商品的总价值，并加附货物名称。

贸易国别（或地区）：进口商品的出口国家（或地区）。

贸易方式：指"一般贸易"、"三来一补"、"边境贸易"或"其他"填写其中方式之一。

收用货单位：填写收（用）货单位全称。

（2）应提供的单据：一般应提供进口货物到货通知单、进口货物报关单、合同、发票、提单/运单等。

（3）商检机构经审核、登记后，在报关单上加盖"已接受登记"印章。海关凭盖有商检机构"已接受登记"印章的报关单验放货物。经验放的货物收（用）货部门应按有关规定及时向商检机构办理进口商品报验。

（三）进口商品的报验

（1）填写进口商品检验申请单，按下列要求填写申请单上的相应栏目，未做说明的按实际情况填写或打对号。

报验号：商检机构受理报验的编号，由受理报验人员填写。

报验单位盖章：填写报验单位全称，并加盖公章或报验专用章。

报验日期：填写报验当天的日期。

发货人：合同中的卖方。

受货人：合同中的买方。

品名规格：按合同、发票所列品名规格填写，如品名太多时，只填写主要品名即可。

合同号：买卖双方签订的合同编号。

发票号：所附国外发票编号。

H.S 编码：填写《商品分类及编码协调制度》中所列该商品的 8 位编码。

报验数量：填写申请检验的数量，并注明计量单位名称。

报验重量：填写申请检验的重量，并注明净重/毛重及商品计重单位名称。

商品总价值：按合同或国外发票列明的货值填写，并注明货币名称。

运输：填写运输工具及运输方式（海运、空运、陆运等）。如该批货物是海运，经转运港运载的，应将船名、装运港、转运港、卸货港及目的港均填写清楚。

进口日期：填写进口货物到货通知单所列进口日期。

卸货日期：指完成卸货的日期。

到厂日期：货物运至使用单位的日期。

索赔有效期：按合同规定的索赔期填写。

索赔有效期计算方法：是从合同规定的起始日即进口日期或卸毕日期（不含当天）起开始计算，到规定期限的最后一天止。如果截止日为国家法定假日时，则应顺延。例如，索赔期为3个月，进口日期为8月3日，索赔有效期就到11月3日止；如果索赔有效期为90天，索赔有效期就到11月1日止，因在此期间，有的月份为31天，计算时应注意。

质保期：即质量保证期，按合同规定日期填写。

包装情况：填写运输包装种类及包装情况是否完好。如有异状，应按实际情况填写。

标记及号码：按实际到货运输包装上所列标记（唛头）填写，如无标记则应填写"N/M"。

申请说明：申请人如有特殊要求应在此栏中加以说明。

（2）进口报验应提供的单据及资料。

报验项目不同，应提供的单据及资料也各异，具体情况介绍如下。

①品质、规格报验。应提供下列单据：

a. 贸易双方签订的合同，b. 国外发票，c. 提单或空运单等，d. 装箱单，e. 进口货物到货通知单，f. 国外品质证明，g. 使用说明书及有关标准与技术资料。

②残损鉴定报验。除提供①中的a、b、c、d、e外，如海运货物还应加附理货公司出具的理货残损单、海事报告、大副签证或保函，如铁路运输的货物应加附铁路部门出具的商务记录，如航空运输货物应加附空运部门出具的空运事故记录。

③数量、重量鉴定报验。除提供①中的a、b、c、d、e外，还应加附重量明细单或磅码单和理货清单。进口商品经收、用货部门验收或其他部门检验的，应加附有关货物的验收记录、重量明细单或检验结果报告单。

（四）进口商品报验的时间及地点

1. 报验时间的规定

（1）报验人应在合同中列明的索赔有效期前不少于1/3的时间，向货物所在地商检机构报验。

（2）索赔期已近，来不及完成检验出证的，报验人必须预先向国外办理延长索赔期手续。

2. 报验地点的规定

（1）外贸合同或运输契约规定进口商品检验地点的，应在规定的地点所在地商检机构报验。如合同规定凭卸货口岸商检机构出具的品质、重量检验证书作为计算价格、结算贷款的，就应向卸货口岸商检机构报验。

（2）大宗散装商品、易腐变质商品，如粮食、原糖、化肥、化工原料、农产品等进口商品，必须向卸货口岸或到达站商检机构报验。

（3）在卸货时，发现货物的外包装残损或短件的，必须向卸货口岸或到达站商检机构报验。

（4）由内地收货、用货的，货物在国内运输途中又不会发生变质、变量而包装又完好的进口商品可向到货地商检机构报验。

（5）需结合安装调试进行检验的成套设备、机电仪产品及在口岸开件检验难以恢复包装的商品，应向到货地商检机构报验。

（五）进口商品报验应注意的事项

（1）同一合同、同一发票、同一提单限填一份申请单，同一合同、不同发票或提单的，应分别填写申请单。

（2）对装船前已经过预检验、监造监制的进口法检商品到达口岸时，仍应按规定进行报验。以货到后商检机构的检验结果为最终结果，并对检验不合格的进口商品签发检验证书，按合同规定对外索赔。

（3）对列入《实施安全质量许可制度的进口商品目录》内的进口商品按法定检验商品办理报验，并加附进口质量许可证复件或提供许可证编号。

（4）报验人应按合同、发票、提单等项填写申请单，书写工整、清晰、准确，不得随意涂改。

第八节　计量、标准化及产品质量法知识

一、计量法知识

计量法就是调整国家对计量实行统一监督和管理而发生的社会关系的法律规范的总称。我国一直重视计量立法工作，1955年成立了国家计量局，1959年国务院发布了《关于统一全国计量制度的命令》，以后又颁布了一系列重要法规。1985年9月6日全国人大常委会通过并颁布了我国第一部计量基本法——《中华人民共和国计量法》，1987年2月1日国家计量局发布了《中华人民共和国计量法实施细则》，这表明我国计量法规体系已基本形成。

（一）有关计量基准器具、计量标准器具和计量检定的规定

（1）国务院计量行政部门负责建立各种计量基准器具，作为统一全国量值的最高依据。

（2）县级以上地方人民政府计量行政部门根据本地区的需要，建立社会公用计量标准器具经上级人民政府计量行政部门主持考核合格后使用。

（3）国务院有关主管部门和省、自治区、直辖市人民政府有关主管部门，根据本部门的特殊需要，可以建立本部门使用的计量标准器具，各项最高计量标准器具经同级人民政府计量行政部门主持考核后使用。

（4）企业、事业单位根据需要，可以建立本单位使用的计量标准器具，其各项最高计量标准器具经有关人民政府计量行政部门主持考核后使用。

（5）县级以上人民政府计量行政部门对社会公用计量标准器具、部门和企业、事业单位使用的最高计量标准器具，以及用于贸易结算、安全防护、医疗卫生、环境监测方面的列入强制检定目录的工作计量器具，实行强制检定。未按照规定申请检定或者检定不合格的不得使用。实行强制检定的工作计量器具的目录和管理办法，由国务院制定。

对前款规定以外的其他计量器具使用单位应当自行定期检定或送其他计量检定机构检

定，县级以上人民政府计量行政部门应当进行监督检查。

（6）计量检定必须按照国家计量检定系统表进行，国家计量检定系统表由国务院计量行政部门制定。计量检定必须执行计量检定规程，国家计量检定规程由国务院计量行政部门制定，没有国家计量检定规程的由国务院有关主管部门、省、自治区、直辖市人民政府制定计量检定规程，并向国务院计量行政部门备案。

（7）计量检定工作应当按照经济合同的原则，就地就近进行。

（二）有关计量器具管理的规定

（1）制造、修理计量器具的企业、事业单位，必须具有与所制造、修理的计量器具相匹配的设施、人员和检定仪器设备，经县级以上人民政府计量行政部门考核合格，取得《制造计量器具许可证》或者《修理计量器具许可证》。制造、修理计量器具的企业未取得《制造计量器具许可证》或者《修理计量器具许可证》的，工商行政管理部门不予办理营业执照。

（2）制造计量器具的企业、事业单位生产本单位未生产过的计量器具、新产品，必须经省级以上人民政府计量行政部门对其样品的计量性能进行考核，考核合格后方可投入使用。

（3）未经国务院计量行政部门批准，不得制造、销售和进口国务院规定废除的非法定计量单位的计量器具和国务院禁止使用的其他计量器具。

（4）制造、修理计量器具的企业、事业单位必须对制造修理的计量器具进行检定，保证产品计量性能合格并对合格产品出具产品合格证。

县级以上人民政府计量行政部门应当对制造、修理器具进行监督检查。

（5）进口的计量器具，必须经省级以上人民政府计量行政部门检定合格后，方可销售。

（6）使用计量器具不得破坏其准确度，损坏国家和消费者的利益。

（三）有关计量监督的规定

（1）县级以上人民政府计量行政部门，根据需要设置计量监督员。计量监督员管理办法，由国务院计量行政部门制定。

（2）县级以上人民政府计量行政部门可以根据需要设置计量检定机构，或者授权其他单位的计量检定机构，执行强制检定、测试任务。

执行前款规定的检定测试任务的人员，必须经考核合格。

（3）处理因计量器具准确度所引起的纠纷，以根据计量基准器具或者社会公用计量标准器具检定为准。

（4）为社会提供公证数据的产品质量检验机构，必须经省级以上人民政府计量行政部门对其计量检定、测试的能力和可靠性考核合格。

（四）有关法律责任的规定

（1）未取得《制造计量器具许可证》、《修理计量器具许可证》的制造者或者修理江轮起家的，责令停止生产、停止营业，没收违法所得，可以并处以罚款。

（2）制造、销售未经考核合格的计量器具新产品的，责令停止制造、销售该种新产品，没收违法所得，可以并处以罚款。

（3）制造、修理、销售的计量器具不合格的，没收违法所得，可以并处以罚款。

（4）属于强制检定范围的计量器具，未按照规定申请检定或检定不合格继续使用的责令停止使用，可以并处以罚款。

（5）使用不合格的计量器具或者破坏计量器具准确度，给国家和消费者造成损失的，责令赔偿损失，没收计量器具和违法所得，可以并处以罚款。

（6）制造、销售、使用以欺骗消费者为目的的计量器具的，没收计量器具和违法所得，处以罚款；情节严重的并对个人或者单位直接责任人按诈骗罪或者投机倒把罪追究刑事责任。

（7）违反本规定，制造、修理、销售的计量器具不合格，造成人身伤亡或重大财产损失的，依照我国有关刑法的规定，对个人或单位直接责任人追究刑事责任。

（8）计量监督人员违法失职，情节严重的，依照《中华人民共和国刑法》有关规定追究刑事责任，情节轻微的，给予行政处分。

（9）本法规定的行政处罚，由县级以上地方人民政府计量行政部门决定。

（10）当事人对行政处罚决定不服的，可以在接到处罚通知之日起 15 日内向人民法院起诉，对罚款、没收违法所得的行政处罚，定期满不起诉又不履行的，由作出行政处罚决定的机关申请人民法院强制执行。

二、标准化知识

标准化是指对科学、技术以及经济领域内重复性的事物作出统一规定，以获得规范的秩序和最佳的经济效益。

标准化是调整因制定、颁布、监督、实施标准而发生的社会关系的法律规范的总和。标准化在我国有悠久的历史，早在春秋时期的《考工记》中就有记载。

（一）标准制定的范围

（1）工业产品的品种、规格、质量、等级或者安全、卫生要求。

（2）工业产品的设计、生产、试验、检验、包装、储存、运输、使用的方法或者生产、储存、运输过程中的安全卫生要求。

（3）有关环境保护的各项技术要求和检验方法。

（4）建筑工程的设计、施工方法和安装方法。

（5）有关工业生产、工程建设和环境保护的技术术语、符号、代号和制图方法。

重要农业产品和其他需要制定标准的项目，由国务院规定。

（二）制定标准化法的原则

（1）制定标准应当有利于保障安全和人民的身体健康，保护消费者的利益，保护环境。

（2）制定标准应当有利于合理利用国家资源，推广科学技术成果，提高经济效益，并符合使用要求，有利于产品的通用互换，做到技术上先进，经济上合理。

（3）制定标准应当做到有关标准的协调配套。

（4）制定标准应当有利于促进对外经济技术合作和对外贸易的发展。

（三）标准制定的部门

依照标准化法的规定，国家标准由国务院标准化行政主管部门制定；行业标准由有关行政主管部门制定，并报国务院标准化行政主管部门备案；地方标准由省、自治区、直辖市标准化行政主管部门制定，并报国务院标准化行政主管部门和国务院有关行政主管部门备案；企业标准由企业制定，但须报当地政府标准化行政主管部门和有关行政主管部门备案。

（四）标准的类型

（1）国家标准。对需要在全国范围内统一的技术要求，应当制定国家标准。

（2）行业标准。对没有国家标准的而又需要在全国某个行业范围内统一的技术要求，可以制定行业标准。

国家标准、行业标准又可以分为强制性标准和推荐性标准。属于强制性标准的有药品标准、食品卫生标准、兽药标准，产品及产品生产、运输和使用中的安全、卫生标准，劳动安全卫生标准，运输安全标准，工程建设的质量、安全、卫生标准及国家需要控制的其他工程建设标准，环境保护的污染排放标准和环境标准，重要的通用技术术语、符号、代号和制图方法，通用的试验、检验方法标准，互换配合标准，国家需要控制的重要产品质量标准等。强制性的标准是必须执行的标准。强制性标准以外的为推荐性标准，即国家鼓励企业自愿采取的标准。

（3）地方标准。对没有国家标准和行业标准而又需要在省、自治区、直辖市范围内统一的工业产品的安全、卫生要求，可以根据各地的实际情况，制定一些地方标准。制定地方标准的项目，由省一级人民政府标准化行政主管部门确定，其中省级政府标准化行政主管部门制定的工业产品安全、卫生要求的地方标准，在该地区属于强制标准。地方标准在相应的国家标准或行业标准实施后，自行废止。

（4）企业标准。企业标准是指在某个企业、事业单位范围内统一的标准。

三、产品质量法知识

产品质量法是指调整产品质量监控管理机构和生产者、销售者之间，生产者、销售者和用户、消费者之间，因产品质量监督管理和侵权行为而发生的社会关系的法律规范的总称。

产品质量法是为加强对产品质量的监督管理，明确产品质量责任，保护用户、消费者的合法权益，维护社会经济秩序而制定的法律规范。

产品质量法中所称的产品是指经过加工、制作，用于销售的产品。

（一）有关产品质量监督的规定

（1）生产者、销售者依照本法规定承担产品质量责任。

（2）禁止伪造或者冒用认证标志、名优标志等质量标志，禁止伪造产品的产地，伪造或者冒用他人的厂名、厂址，禁止在生产、销售中掺杂、掺假，以假充真，以次充好。

（3）国家鼓励推行科学的质量管理方法，采用先进的科学技术，鼓励企业产品质量达到并超过行业标准、国家标准和国际标准。对产品质量管理先进和产品质量达到国际先进水平、成绩显著的单位和个人，给予奖励。

（4）国务院产品质量监督部门负责全国产品质量监督管理工作。国务院有关部门在各自的职责范围内负责产品的监督管理工作。

县级以上地方人民政府管理产品质量监督工作部门负责本行政区内的产品质量监督管理工作。县级以上地方人民政府有关部门在各自的职责范围内负责产品质量监督管理工作。

（5）产品质量应当检验合格，不得以不合格产品冒充合格产品。

（6）可能危及人体健康和人身、财产安全的工业产品，必须符合保障人体健康，人身、财产安全的国家标准、行业标准，未制定国家标准、行业标准的必须符合保障人体健康，人身、财产安全的要求。

（7）国家根据国际通用的质量管理标准，推行企业质量体系认证制度。企业根据自愿的原则可以向国务院产品质量监督管理部门或者国务院产品质量监督管理部门授权的部门认可的认证机构申请企业质量体系认证。经认证合格的由认证机构颁发企业质量体系认证书。

国家参照国际先进的产品标准和技术要求，推行产品质量认证制度。企业根据自愿的原则，可以向国务院产品质量监督管理部门授权的部门认可的认证机构申请产品质量认证证书。经认证合格的，由认证机构颁发质量认证证书，准许企业在产品或其包装上使用产品质量认证标志。

（8）国家对产品质量实行以抽查为主要方式的监督检查制度，对可能危及人体健康和人身、财产安全的产品，影响国计民生的重要工业产品以及用户、消费者、有关组织放映有质量问题的产品进行抽查。监督抽查工作由国务院产品质量监督部门规划和组织，县级以上地方人民政府管理产品质量监督工作的部门在本行政区域内也可以组织监督抽查，但是要防止重复抽查，产品质量抽查的结果应当公布。法律对产品质量的监督另有规定的，依照有关法律的规定执行。根据监督抽查的需要，可以对产品进行检验，但不得向企业收取检验费用。监督抽查所需检验费用按照国务院规定支付。

（9）产品质量检验机构必须具备相应的检测条件和能力，经省级以上人民政府产品监督管理部门或者其授权的部门考核合格后，方可承担产品质量检验工作。法律、行政法规对产品质量检验机构另有规定的，依照有关的法律、行政法规的规定执行。

（10）用户、消费者有权就产品质量问题，向产品的生产者、销售者查询，向产品质量监督管理部门、工商行政管理部门及有关部门申诉，有关部门应当负责处理。

（11）保护消费者权益的社会组织可以就消费者反映的产品质量问题建议有关部门处理，支持消费者对因产品质量造成的损害向人民法院起诉。

（二）有关生产者、销售者的产品质量责任和义务的规定

1. 生产者的产品质量责任和义务

（1）生产者应当对其生产的产品质量负责。产品质量应当符合下列要求：

①不存在危及人身、财产安全的不合理的危险，有保障人体健康，人身、财产安全的国家标准、行业标准的，应当符合该标准；

②具备产品应当具备的使用性能，但是，对产品存在使用性能的瑕疵作出说明的除外；

③符合在产品或者包装上注明采用的产品标准，符合以产品说明、实物样品等方式表明的质量状况。

（2）产品或者其包装上的标识应当符合下列要求：

①有产品质量检验合格证明；

②有中文标明的产品名称、生产厂厂名和地址；

③根据产品的特点和使用要求，需要标明产品规格、等级、所含主要成分的名称和含量的，应予以标明；

④限期使用的产品，标明生产日期和安全使用期或者失效日期；

⑤使用不当，容易造成本身损坏或者可能危及人身、财产安全的产品，有警示标志或者中文警示说明。

（3）剧毒、危险、易碎、储运中不能倒置以及有其他特殊要求的产品，其包装必须符合相应的要求，有警示标志或中文警示说明储运注意事项。

（4）生产者不得生产国家明令淘汰的产品。

（5）生产者不得伪造产地，或者不得伪造或冒用他人的厂名、厂址。

（6）生产者不得伪造或者冒用认证标志、名优标志等质量标志。

（7）生产者生产的产品，不得掺杂、掺假，不得以假充真，以次充好，不得以不合格产品冒充合格产品。

2. 销售者的产品质量责任和义务

（1）销售者应当执行进货检查验收制度，验明产品合格证明和其他标志。

（2）销售者应当采取措施，保持销售产品的质量。

（3）销售者不得销售失效、变质的产品。

（4）销售者销售的产品的标识应当符合本法生产者的产品质量责任和义务的第（2）款的规定。

（5）销售者不得伪造产地、不得伪造或者冒用他人的厂名、厂址。

（6）销售者不得伪造或冒用认证标志、名优标志等质量标志。

（7）销售者销售的产品，不得掺杂、掺假，不得以假充真，以次充好，不得以不合格产品冒充合格产品。

（三）有关损害赔偿的规定

（1）售出的产品有下列之一的，销售者应当负责修理、更换、退货，给购买产品的用户造成损失的，销售者应当赔偿损失。

①不具备产品应当具备的使用性能而事先未说明的。

②不符合在产品或者其包装上注明采用的产品标准的。

③不符合以产品说明、实物样品方式表明的质量状况的。

销售者依照前款规定负责修理、更换、退货或者赔偿损失后，属于生产者的责任或者属于向销售者提供产品的其他销售者（以下简称供货者）的责任的，销售者有权向生产者、供货者追偿。

销售者未按照第①款规定给予修理、更换、退货、赔偿损失的，由管理产品质量监督工作的部门或者工商行政管理部门责令改正。

生产者之间、销售者之间、生产者与销售者之间产品购销、加工承揽合同有不同的约定的，合同当事人按照合同约定执行。

（2）因产品存在缺陷造成人身、缺陷产品以外的其他财产（以下简称他人财产）的损害的，生产者应当承担赔偿责任。

生产者能够证明有下列情形之一的，不承担赔偿责任：

①未将产品投入流通的。

②产品投入流通时，引起损害的缺陷尚不存在的。

③将产品投入流通时的科学技术水平尚不能发现缺陷的存在的。

（3）由于销售者的过错使产品存在缺陷，造成人身、他人财产损害的，销售者应当承担赔偿责任。

销售者不能指明缺陷产品的生产者也不能指明缺陷产品的供货者，销售者应当承担赔偿责任。

（4）因产品存在缺陷造成人身、他人财产损害的，受害者可以向产品的生产者要求赔偿，也可向产品的销售者要求赔偿。属于产品的生产者的责任，产品的销售者有权向产品的生产者追偿。属于产品的销售者的责任，产品生产者有权向产品的销售者追偿。

（5）因产品的缺陷造成受害人人身伤害的，侵害人应当赔偿医疗费、因误工减少的收入、残疾者生活补助费等费用；造成受害人死亡的，应当支付丧葬费、抚恤费、死者生前抚养的人必要的生活费等费用。

因产品的缺陷造成受害人财产损失的，侵害人应当恢复原状或者折价赔偿。受害人因此遭受其他重大损失的，侵害人应当赔偿损失。

（6）因产品存在缺陷造成损害要求赔偿的诉讼时效期间为两年，自当事人知道或应当知道其权益受到损害时起计算。

因产品的缺陷造成损害要求赔偿的请求权，在造成损害的缺陷产品交付最初用户、消费者满十年丧失，但是，尚未超过明示的安全使用期的除外。

（7）本法所称缺陷，是指产品存在危及人身、他人财产安全的不合理的危险；产品已有保障人体健康，人身、财产安全的关键标准、行业标准的，是指不符合该标准。

（8）因产品质量发生民事纠纷时，当事人可以通过协商或调解解决。当事人不愿意通过协商、调解解决或协商、调解不成的，可以根据当事人各方的协议向仲裁机关申请仲裁，当事人各方没有达成仲裁协议的可以向人民法院起诉。

(四) 有关罚款的规定

（1）生产不符合保障人体健康，人身、财产安全的国家标准、行业标准的产品的，责令停止生产，没收违法生产的产品和违法所得，并处违法所得一倍以上五倍以下的罚款，可以吊销营业执照，构成犯罪的，依法追究刑事责任。

销售不符合保障人体健康，人身、财产安全的国家标准、行业标准的产品的，责令停止销售。销售明知是不符合保障人体健康，人身、财产安全的国家标准、行业标准的产品的，没收违法销售的产品和违法所得，并处违法所得一倍以上五倍以下的罚款，可以吊销营业执照，构成犯罪的，依法追究刑事责任。

（2）生产者、销售者自产品中掺杂、掺假，以假充真，以次充好，或者以不合格产品冒充合格产品的，责令停止生产、销售，没收违法所得，并处违法所得一倍以上五倍以下的罚款，可以吊销营业执照，构成犯罪的，依法追究刑事责任。

（3）生产国家明令淘汰的产品的，责令停止生产，没收违法生产的产品和违法所得，并处违法所得一倍以上五倍以下的罚款，可以吊销营业执照。

（4）销售失效、变质产品的，责令停止销售，没收违法销售的产品和违法所得并处违法所得一倍以上五倍以下的罚款，可以吊销营业执照，构成犯罪的，依法追究刑事责任。

（5）生产者、销售者伪造产品的产地的，伪造或者冒用他人的厂名、厂址的，伪造或冒用认证标志、名优标志等质量标志的，责令公开更正，没收违法所得，可以并处以罚款。

（6）以行贿、受贿或者其他非法手段推销、采购本法上述（1）~（4）中所列的产品，构成犯罪的，依法追究刑事责任。

（7）产品标识不符合本法规定的，责令改正。有包装的产品标识不符合本法规定的，情节严重的，可以责令停止生产、销售，并可以处以违法所得15%~20%的罚款。

（8）伪造检验数据或伪造检验结论的，责令更正，可以处以所收检验费一倍以上三倍以下的罚款，情节严重的，吊销营业执照，构成犯罪的，对直接责任人员依照《中华人民共和国刑法》第一百六十七条的规定追究刑事责任。

（9）本法规定的吊销营业执照的行政处罚由工商行政管理部门规定，全体行政部门处罚由管理产品质量监督工作部门或者工商行政管理部门按照国务院规定的职权范围决定。法律、行政法规对行使行政处罚的机关另有规定，依照有关法律、行政规定的规定执行。

（10）当事人对行政处罚的决定不服的，可以在接到处罚通知之日起15日内向作出处罚的机关的上一级机关申请复议，当事人也可以在接到处罚通知之日内直接向人民法院起诉。

复议机关应当在接到复议申请之日起 60 天内作出复议决定。当事人对复议决定不服的，可以在接到复议决定之日起 15 日内向人民法院起诉。复议机关逾期不作出复议决定的，当事人可以在复议期满之日起 15 日内向人民法院起诉。当事人逾期不申请复议也不向人民法院起诉，有不履行处罚决定的，作出处罚的机关可以申请人民法院强制执行。

（11）从事产品质量监督管理的国家工作人员滥用职权，玩忽职守，徇私舞弊，构成犯罪的，依法追究刑事责任；不构成犯罪的，给以行政处分。

（12）国家工作人员利用职务，对明知有违反本法规定对构成犯罪的兴旺的企业、事业单位或者个人故意包庇使其不受追诉的，依法追究刑事责任。

（13）以暴力、威胁方法阻碍从事产品质量监督管理的国家工作人员依法执行职务的，依照《中华人民共和国刑法》第一百五十七条的规定追究刑事责任；拒绝、阻碍从事产品质量鉴定管理的国家工作人员依法执行职务未使用暴力、威胁方法的，由公安机关依照治安管理处罚条例的规定处罚。

第二章 仓储管理知识

第一节 物资保管基础资料

物资保管基础资料是指从物资的接运、验收、保管保养,一直到出库的整个仓储作业过程中所建立的各种原始记录、单据、凭证、账册等。

一、物资保管基础资料的内容、作用及要求

(一) 物资保管基础资料的内容

(1) 物资出入库凭证。主要有物资入库验收单、调拨单、退料单等。

(2) 用于收、管、发中的问题处理凭证。主要有库存物资规格调整单、事故报告单、库存物资盈亏申请表、物资储(运)损耗单等。

(3) 用于信息传递单据。主要有物资查询单、不能验收报告单等。

(4) 反映库存情况资料。主要有物资明细账、物资盘点清册等。

(二) 物资保管基础资料的作用

物资保管基础资料是物资保管部门在物资仓储过程中各项活动情况的综合记载,是物资统计、财务核算、综合分析、信息处理的依据,是一项最基本的基础工作。因此,加强对物资保管基础资料的管理,对于进一步提高物资管理水平,有秩序地进行仓储管理活动,减少物资损失,避免收发差错,不断提高经济效益起着重要的促进作用。

(三) 物资保管基础资料的管理要求

物资保管基础资料是物资仓储活动中不可缺少的基本资料,加强对其资料的管理,是仓储管理工作的内容之一。

物资保管基础资料的管理一般有以下几点要求:

(1) 各种资料应按月装订成册。当年的资料可在本库(组)保管,跨年资料应移送档案室统一管理,以便随时查阅。

(2) 各种入档资料应按其资料的性质,分别建立档案号,如物资明细账、收发料单等。

(3) 入档的资料应按时间顺序进行管理。

(4) 建立健全档案管理制度,手续完备,入档有记录,借阅有登记。

(5) 各种资料的保存期限一般为 10~15 年,超过期限的资料可统一进行销毁。

二、物资保管资料的填制

(一) 物资到货记录

到货记录是保管方对到货情况进行综合记载的原始记录,是物资验收入库的凭证之一。由接货人依据到货物资本体及包装情况,按照到货记录规定的格式进行填写,并由接收人签字认可。

(二) 磅(尺)码单

磅(尺)码单是物资验收入库过程中,对物资采取检尺、换算等方式计量得出的数据的真实记载,是物资验收的基础资料。

(三) 验收记录

验收记录是物资验收入库时,对物资数量验收、质量检验等验收活动的综合记载。验收

记录可作为索赔依据和入库凭证。

（四）验收单

验收单是入库记账的凭证，也是财务部门冲减在途资金及报销的依据。验收单由保管员填写，按照验收单的格式内容将物资名称、规格、计量单位、计划单价、验收数量以及验收制单日期填写齐全，并由相关保管人员签字或盖章。验收单记入明细账的收入栏，结存栏增加。

物资验收单有两种形式：一种是由计划员根据供货单位寄达的承付托收及质量证明书等有关资料填写入库通知单，随有关资料交给仓库保管员，由保管员将实物验收情况填入入库验收单；另一种是当物资及有关资料已到库，且具备验收条件，经保管员对实物验收填写后，即意味着该批物资已经验收合格，可以正式入库保管，同时也标明采购、接运、验收工作的结束，保管工作的开始。

（五）物资明细账

物资明细账是反映库存动态情况，详细记载物资收、发、存的明细台账，是统计报表和对账的基础。

1. 物资明细账的建立

建立物资明细账应符合以下要求：

（1）认真填写名称、规格型号、计量单位、单价以及物资代码等内容。

（2）将前三年的收发数量填在账面上的动态表中。

（3）上年结转时间为1月1日，结转数量金额准确，并加盖上年结转章和稽核章。

（4）账页应按物资大类的顺序排列装订，账前应有目录和本账的收发存汇总表，每大类的第一本账前应设有大类收、发、存总汇总表，每本账封皮应标明大类号及账本号。

2. 记账

记账应坚持日清月结制度。正常记账应用蓝或黑墨水笔填写，要求账面整洁，字迹清楚端正。记账要以正式凭证为依据。

记错账时，正确的改正方式是在记错的数字及写错的文字上用红笔划一道横线，由记账人盖章，再用蓝笔在错处上方写上正确的数字或文字。各月份在当月的截至时间最后一天进行结账，在本月所记最后一笔账的下格作为月计栏，将当月的收、发、存数量金额记入月计栏内，在摘要栏加盖"月计"章，同时沿月计栏的下线从摘要栏到结存栏用红笔划一道红线，叫做月结线。

当账页用完后，应续接新账页，并进行结转。结转时应在前账页的最后一栏和新账页的第一栏的摘要栏分别加盖"过次页"和"承前页"章，并将本月初至结转时的收、发、存数量和金额记入过次页和承前页栏内。

3. 账面上出现红字时与各栏之间的关系

当凭退料单、冲销单、运损单、收料误差核销单（负差）以及应列栏金额小于原列栏金额（差额栏内出现"－"号）的收、发差价调整单记账时，账面将出现红字。

（1）收入栏的红字。

①冲销单的数量、金额用红笔记在收入栏内，结存栏减少。

②运损单及收料计量"－"差核销单的数量、金额用红笔记在收入栏内，结存栏减少。

③应列栏金额小于原列栏金额（差额栏内出现"－"号）的收料价差调整单，其金额用红笔记在收入栏内，结存栏金额减少。

（2）发出栏的红字。

①退料单的数量、金额用红笔记在发出栏内，结存栏增加。

②应列栏金额小于原列栏金额（差额栏出现"－"号）的发料价差调整单，用红笔记在发出栏内，结存栏金额增加。

（3）结存栏的红字。

①实存比账存数量多，库存盘盈没有及时处理，还继续出库，且发料单继续记账，使结存栏出现红字。其避免的措施是：经常进行盘点，确认的盈亏应及时得以处理。

②由于物资大批量到货，还没验收入账，就凭发料单出库，且发料单继续记账，使结存栏出现红字。避免的措施是：对大批量到货应组织力量集中验收入账，或随发随验，以发待收，发出一批，验收进账一批。

③发料单记错金额，其金额多于账面结存金额时，且发料单已记账，避免的措施是：及时稽核，避免差错。

（六）调拨单

调拨单是由调拨员开具的一种出库凭证。保管员依据调拨单所列的物资名称、规格、数量进行发货。调拨单记入明细账发出栏，结存栏减少。

（七）物资临时出库单

物资已经到库因验收条件不具备没有验收而生产又急需的，应以物资临时出库单作为出库凭证。当物资验收后应及时补办正式的出库手续。物资临时出库单由业务部门开出，经领导或相关管理部门批准方可生效。物资临时出库单只作为发料凭证，不记账，待补办正式调拨单后再记账。

（八）调度令

调度令是在特殊紧急情况下（如火灾、抢险等）无法办理出库手续时，作为物资出库的一种临时性凭证，可先发料后补办正式手续。是由生产值班调度开出，由其值班领导签发的。调度令不记账，待补办正式调拨单后方可记账。

三、问题处理单据的填制

（一）规格调整单

库存物资规格发生混串，在符合规格调整条件的情况下，将库存物资调成保管账与实物相符的一种凭证。

1. 填制

（1）盘亏项填入原列栏，做账面发出。

（2）盘盈项填入应列栏，做账面收入。

（3）差额栏内的金额是两项物资的差额，当应列金额大于原列金额时为"＋"号，反之为"－"号。

2. 记账

原列项物资记入发出栏内，结存栏减少；应列项物资记入收入栏内，结存栏增加。

差额栏内的金额不记入账面，摘要栏记"规格调整"，用蓝笔记账。

（二）物资运损单

物资在运输过程中发生的途耗和损失，凡在规定损耗标准内的，需按运损处理时所使用的凭证。运损单应随验收单一起传递，是财务部门报销或直接摊入采购成本的依据。

填制运损单时，要根据损耗标准，确定合理损耗数量，并填入损耗栏内，超过规定的损耗数量应填入超损耗栏内。

运损单记账时，应用红笔将数量金额记入账面的收入栏内，结存栏减少。

（三）物资储损单

库存物资在保管过程中发生的损失，凡在规定的损耗范围内的，需按储损处理时所使用的凭证。

储损单记账时应记入账面的发出栏内，结存栏减少。

（四）物资度量衡合理误差核销单

物资在收发过程中，因过磅检斤、检尺计量出现的计量差，凡在规定计量差标准范围内，按计量差核销的一种凭证。

1. 收料误差核销单

在收料时发生的计量差，应填制收料误差核销单。填制时根据规定标准核定误差数量，确定是盈余（盈差）还是短缺（亏差），然后按栏目要求逐一填写。

收料误差核销单记账时应记入账面收入栏内，盈差用蓝笔记账，结存栏增加；亏差用红笔记账，结存栏减少。

2. 发料误差核销单

在发料时发生的计量差，应填制发料误差核销单，填制方法与收料误差核销单相同。

发料误差核销单记账时，盈差记入账面的收入栏，结存栏增加；亏差记入账面的发出栏，结存栏减少。

（五）物资差价调整单

凡在收发料过程中记错单价、总价而发生的价差，用差价调整单予以调平所使用的一种凭证，也是记保管账的依据。

1. 收发差价调整单的填制

首先分清是收料价差，还是发料价差，然后按下列要求填制：

把记错的金额填入原列栏内，把正确的金额填入应列栏内。差额栏的金额应是原列栏与应列栏间的差额，应列金额大于原列金额时为"＋"，反之为"－"。

2. 收发差价调整单的记账

首先应依据差额栏内的"＋"或"－"号来确定记账的笔色，无论收入价差还是发料价差，"＋"号用蓝笔记账，"－"号用红笔记账。当是收入价差时，应将差额记入账面的收入栏，"＋"差时结存金额增加，"－"差时结存金额减少。如是发出价差时，应将差额记入账面的发出栏内，"＋"差时结存金额减少，"－"差时结存金额增加。

（六）物资事故报告单

事故报告单是库存物资因人为造成的损坏、损失以及丢失时，用于赔偿、核销和记保管账的凭证。

填制事故报告单时应分清责任性质，确定事故损失数量，并根据其残损程度确定损失金额。事故的详细情况和发生事故的经过应以事实为依据，真实可信，简明、清楚。

事故报告单应记在账面的发出栏内，结存栏减少。

（七）库存物资盈亏申请表

库存物资出现盘盈、盘亏时，应填报库存物资盈亏申请表，盈亏申请表是记保管账和财务核销的依据。

填制时应首先核对盈亏数量，确认无误后方可填报，盈亏原因必须真实。经业务主管部门核查批准后即可除账。盈亏申请表的记账：盘盈时记在账面的收入栏，结存栏增加；盘亏时，记在账面的发出栏，结存栏减少。

（八）物资查询报告单

由于供货单位责任造成的物资短少、溢余、损坏、质差、规格不符以及超过损耗标准或规定磅尺差标准，向供货商进行交涉时所使用的一种凭证。

查询报告单不记保管账，只记查询账。在物资验收完后应及时将查询报告单寄往供货单位。

（九）进库物资不能验收报告单

凡到库物资因无合同、超合同交货部分、整批质量不合格、部分质量不合格且无法挑选的物资以及积压、无动态物资又到货的，应填报进库物资不能验收报告单，上报业务部门及管理部门，待批示后按批示意见处理。进库物资不能验收报告单是保管部门报告和业务及管理部门审批用于信息传递的单据。

四、常用实务操作范例

例1. 某二级单位 2004 年 11 月 9 日从物资公司汽配库提 EQ140 汽缸垫 100 片，单价 11.50 元/片，随物技术资料齐全，提料员提回后交付给保管员进行验收。物资调拨单见表 1-2-1，保管员填制验收单见表 1-2-2，填制的验收记录见表 1-2-3，登物资明细账见表 1-2-4。

表 1-2-1　物资调拨单

用料单位：×××　　　　　　　　　　　　　　　　　　发料编号：11-1
开单编号：11-8　　　　　　开单日期 2004 年 11 月 9 日　　发料库：汽配库

物资编码	物资名称型号与规格	计量单位	数量		计划单价	金额	实售单价	金额
			请拨	实发				
	EQ140 汽缸垫	片	100	100	11.5	1150		
	合计							
结算证号	去向	内部合同号	包装物	数量	金额	税率	税额	收款金额
						%		
配拨：×××	发料：×××　11月9日		提料：×××　11月9日		收款：×××　11月9日		备注	收款章已盖

表 1-2-2　物资入库验收单

　　　　　　　　　　　　　　　　　　　　　　　　　　到货日期：2004 年 11 月 9 日
供货单位：物资公司　　　　　　　　　　　　　　　　　验收日期：2004 年 11 月 9 日
发站：　　　到站：　　　车号：　　　运单号：　　　　验收单编号：11-1

物资编码	物资名称及规格	计量单位	计划单价	应收		实收		备注
				数量	金额	数量	金额	
	EQ140 汽缸垫	片	11.5	100	1150.00	100	1150.00	
合同号	附质量证明书　份		查询号			制单日期	2004 年 11 月 9 日	公司料组

组长：×××　　　保管员：×××　　　稽核员：×××　　　制单：×××

表 1-2-3 验 收 记 录

2004 年 11 月

到货时间	供货单位	发站	调拨单号	合同号	物资名称及规格	计量单位	数量 应收	数量 实收	验收时间	验收单号	交料人	验收人	情况记载
9/11			11-8		EQ140 汽缸垫	片	100	100	9/11	11-1	×××	×××	

表 1-2-4 物 资 明 细 账

物资名称：<u>汽缸垫</u>
规　　格：<u>EQ140</u>
计量单位：<u>只</u>
计划单价：<u>11.5</u>

储备定额	最高				
	最低	年份	2001	2002	2003	2004
主要附机	名称	收入数量				
	规格	发出数量				

| 2004年 | | 凭证编号 | 摘要 | 收入 | | 发出 | | 结存 | | 稽核员章 | 备注 |
月	日			数量	金额	数量	金额	数量	金额		
11	9	11-1	物资公司	100	1150.00			100	1150.00	稽核章	
			过次页								

例 2. 2004 年 11 月 10 日由省汽配公司到汽配库 BJ2020 机型的活塞 100 箱（每箱一组），单价 135.00 元/组，活塞销 1 箱 100 只，单价 6.00 元/只，防雾灯 2 箱（每箱 20 只），单价 15.60 元/只。发站：哈尔滨，到站：大庆，车号：57483，运单号：46532，合同号：2004-11。保管员清点件数与货票相符，外包装无损，如数签收。11 月 11 日，保管员验收时发现，活塞销实收 95 只，少 5 只。上架过程中，防雾灯摔坏 3 只。以上验收及问题处理如下：

（1）上架过程中，因不慎造成防雾灯损坏 3 只，按事故处理（事故报告单经业务部门批准，于 11 月 15 日返回）。

（2）防雾灯应收 40 只，实收 40 只（含按事故处理的 3 只）。

（3）活塞销应收 100 只，实收 95 只，少 5 只，按查询处理。

（4）活塞应收 100 组，实收 100 组。

填制验收记录见表 1-2-5，验收单见表 1-2-6，填制查询申请表见表 1-2-7，填制事故报告单见表 1-2-8，登明细账见表 1-2-9、表 1-2-10、表 1-2-11。

表 1-2-5 验收记录

2004 年 11 月

到货时间	供货单位	发站	调拨单号	合同号	物资名称及规格	计量单位	数量 应收	数量 实收	验收时间	验收单号	交料人	验收人	情况记载
10/11	省汽配公司	哈站		2004-11	活塞 BJ2020	组	100	100	11/11	11-4	×××	×××	车号：57483 运单：46532
					防雾灯 BJ2020	只	40	40	11/11	11-4	×××	×××	按事故处理 3 只，事故单：11-1
					活塞销 BJ2020	只	100	95	11/11	11-4	×××	×××	缺少 5 只查询，查询单：11-1

表 1-2-6 物资入库验收单

到货日期：2004 年 11 月 10 日
验收日期：2004 年 11 月 11 日

供货单位：省汽配公司
发站：哈尔滨　　到站：大庆　　车号 57483　　运单号 46532　　验收单编号：11-12

物资编码	物资名称及规格	计量单位	计划单价	应收 数量	应收 金额	实收 数量	实收 金额	备注
	活塞 BJ2020	组	135	100	13500	100	13500	
	防雾灯 BJ2020	只	15.6	40	624	40	624	事故处理 3 只
	活塞销 BJ2020	只	6	100	600	95	570	查询 5 只缺少
合同号	2004-11	附质量证明书	份	查询号	11-1	制单日期	11 月 11 日	公司料组

组长：×××　　保管员：×××　　稽核员：×××　　制单：×××

表 1-2-7 仓库物资到货申请查询报告单

主管公司：省汽配公司　　2004 年 11 月 11 日　　第 11-1 号

发货单位	省汽配公司	运单号	46532	车号	57483	发站	哈尔滨	发运日期	
合同号	2004-11	验收单号	11-12	运次		货票件数		到站	大庆	到达日期	2004.11.10

物资名称规格	单位	数量 发运	数量 实到	数量 应收	数量 实收	查询数量 损坏	查询数量 缺少	查询数量 溢余	查询数量 质差	查询数量 规格不符	合计	金额 单价	金额 总价
活塞销 BJ2020	只	100	95	100	95		5				5	6	30

验收检查结果及处理意见：该批物资到库包装完好，件数相符，经开箱检验时发现活塞销 BJ2020 缺少 5 只，特向贵公司查询

2004 年 11 月 11 日

专业公司签复处理意见：

2004 年　月　日

仓库主管：×××　　库主任：×××　　组长：×××　　收料：×××　　制表：×××

表1-2-8 物资事故报告单

供货单位：省汽配公司　　　　　　　　　　　　　　　　　　　　　　　　事故单号：11-1
到货日期：2004.11.10　　　　　　　2004年11月11日　　　　　　　　　　车　号：57483
　　　　　　　　　　　　　　　　　　　　　　　　　　　　　　　　　　　运单号：46532

物资名称及规格	计量单位	原价值			损失金额
		数量	单价	总价	
防雾灯 BJ2020	只	3	15.6	46.8	46.8
物资损坏的详细情况和发生事故的经过		11月11日验收上架过程中，因不慎造成3只防雾灯掉在地上摔坏，按事故处理。			
事故责任者的单位处理意见		经核实同意按事故上报			
库（站）领导的批示		经查情况属实同意按事故上报			
业务主管部门批示		同意按事故处理			

事故责任者：×××　　　　　　　　　　　　　　　　　　　　　　　　　　制表：×××

表1-2-9 物资明细账

物资名称：活塞　　规　格：BJ2020　　计量单位：组　　计划单价：135.00

储备定额	最高		年份	2001	2002	2003	2004
	最低						
主要附机	名称		收入数量				
	规格		发出数量				

2004年		凭证编号	摘要	收入		发出		结存		稽核员章	备注
月	日			数量	金额	数量	金额	数量	金额		
11	11	11-12	省汽配公司	100	13500.00			100	13500.00	稽核章	
			过次页								

表1-2-10 物资明细账

物资名称：防雾灯　　规　格：BJ2020　　计量单位：只　　计划单价：15.6

储备定额	最高		年份	2001	2002	2003	2004
	最低						
主要附机	名称		收入数量				
	规格		发出数量				

2004年		凭证编号	摘要	收入		发出		结存		稽核员章	备注
月	日			数量	金额	数量	金额	数量	金额		
11	11	11-12	省汽配公司	40	624.00			40	624.00	稽核章	
11	15	11-1	事故			3	46.8	37	577.2	稽核章	
			过次页								

表 1-2-11 物 资 明 细 账

物资名称：活塞销
规格：BJ2020
计量单位：只
计划单价：6.00

储备定额		最高		年份	2001	2002	2003	2004				
		最低		收入数量								
主要附机		名称		收入数量								
		规格		发出数量								
2004年		凭证编号	摘要	收入		发出		结存		稽核员章	备注
月	日			数量	金额	数量	金额	数量	金额		
11	11	11-12	省汽配公司	95	570.00			95	570.00	稽核章	
			过次页								

例3. 某砂石组2004年元月15日收扎兰屯10~15mm碎石1380m³，单价13.00元/m³，验收单号为1-1，验收金额为17,740.00元。稽核员对单据稽核时，发现总价有差错，处理如下：

稽核员对验收单稽核时，发现验收总金额计算有差错，保管员应做价差调整单见表1-2-12。原列金额为17,740.00元，应列金额为17,940.00元，差额为"+200.00元"，应用蓝墨水笔将差额记入物资明细账的收入栏内，结存栏金额增加，见表1-2-13。

表 1-2-12 收发物资差价调整单

物资类别：　　　　库、料组：　　　　2004年1月15日　　　　编号：1-1

单位	料单编号	物资名称及规格型号	计量单位	数量	原列		应列		差额		调整原因
					单价	金额	单价	金额	增或减	金额	
扎兰屯砂石厂	1-1	碎石 10~15mm	m³	1380	13.00	17740.00	13.00	17940.00	+	200.00	计算差错
合　计									+	200	

主管：×××　　　　稽核：×××　　　　审核：×××　　　　制表：×××

表 1-2-13 物 资 明 细 账

物资名称：碎石
规　格：10~15mm
计量单位：m³
计划单价：13.00

储备定额		最高		年份	2001	2002	2003	2004				
		最低		收入数量								
主要附机		名称		收入数量								
		规格		发出数量								
2004年		凭证编号	摘要	收入		发出		结存		稽核员章	备注
月	日			数量	金额	数量	金额	数量	金额		
1	15	1-1	扎兰屯砂石厂	1380	17740.00			1380	17740.00	稽核章	
1	15	1-1	价差		200.00			1380	17940.00	稽核章	
			过次页								

例4. 2004年10月12日由天津物资公司发到某材料库管材组流体用 φ168mm×13mm 无缝钢管132t，入库验收手续齐全，但进行外观质量检验时发现该批管壁明显薄厚不均，超过规定标准偏差，最薄处为11mm，最厚处为15.2mm。账物处理如下：

由于是到库物资质量不合格，因此应上报《进库物资不能验收报告单》，见表1-2-14。

表1-2-14 进库物资不能验收报告单

单位及料组：管材组　　　　　　填报日期：2004年10月12日　　　　　　编号：10-1

到库日期	发站	供货单位	车号	运单号	物资名称规格	单位	数量	不能验收原因	处理意见
12/10	天津	天津物资公司			无缝钢管 φ168mm×13mm	t	132	质次，管壁薄厚不均，超过规定标准偏差，最薄处为11mm，最厚处为15.2mm	

仓库主任：×××　　　　　　　　料组长：×××　　　　　　　　制表：×××

例5. 2004年10月23日从河北唐山陶瓷厂发大庆洗面器1500件，发站：唐山，到站：大庆，车号：734510，运单号：37241，合同号：2004-4，单价：40元/只，订货数量：1500只。卸车后，保管员现场接料无问题，件数相符。经保管员详细验收发现损坏27只，账务处理如下：

（1）运损率为1%，该批物资合理损耗为：1500×1% = 15（只）；

（2）对超损耗的12只申请查询；

（3）所填制损耗报告单表1-2-15，填制的验收单见表1-2-16，查询报告单见表1-2-17，填制的验收记录见表1-2-18，登物资明细账见表1-2-19。

表1-2-15 物资（运）损耗报告单

供货单位：河北唐山陶瓷厂　　　　2004年10月23日　　　　合同号：2004-4

填报单位：建工组　　　车号：734510　　　运单：37241　　　（2004）损字第10-14号

材料名称及规格		计量单位	数量			金额	
			应收	实收	损耗	单价	总价
洗面器		只	1500	1473	15	40.00	600.00
规定损耗率	1%	按规定标准超损耗 数量	12	原因		路途损耗	
		按规定标准超损耗 金额	480.00				
审批意见							

主管领导：×××　　　管理：×××　　　组长：×××　　　保管员：×××

表 1-2-16 物资入库验收单

到货日期：2004 年 10 月 23 日
验收日期：2004 年 10 月 23 日

供货单位：河北唐山陶瓷厂
发站：唐山　　到站：大庆　　车号：734510　　运单号：37241　　验收单编号：10-12

物资编码	物资名称及规格	计量单位	计划单价	应收 数量	应收 金额	实收 数量	实收 金额	备注
	洗面器	只	40.00	1500	60000.00	1488	59520.00	合理运损 15 只
								查询 12 只
合同号	2004-4	附质量证明书　份		查询号	10-13	制单日期	10月23日	公司料组

组长：×××　　保管员：×××　　稽核员：×××　　制单：×××

表 1-2-17　仓库物资到货申请查询报告单

主管公司：建材公司　　　　2004 年 10 月 23 日　　　　(2004) 查字第 10-13 号

发货单位	河北唐山陶瓷厂	运单号	37241	车号	734510	发站	唐山	发运日期	
合同号	2004-4	验收单号	10-12	运次		货票件数	1500	到站	大庆	到达日期	2004 年 10 月 23 日

| 物资名称及规格 | 单位 | 数量 | | | | 查询数量 | | | | | 金额 | |
		发运	实到	应收	实收	损坏	缺少	溢余	质差	规格不符	合计	单价	总价
洗面器	只	1500	1500	1500	1488	12					12	40.00	480
验收检验结果及处理意见：该批料到库共计 1500 件，1500 只外包装完好，验收时发现破损 27 只（其中合理损耗 15 只超损耗 12 只），请向贵厂查询   （公章） 2004 年 10 月 23 日
专业公司签复处理意见：   （公章） 年　月　日

仓库主管：×××　　库主任：×××　　组长：×××　　收料：×××　　制表：×××

表 1-2-18　验 收 记 录

2004 年 11 月

到货时间	供货单位	发站	调拨单号	合同号	物资名称及规格	计量单位	数量 应收	数量 实收	验收时间	验收单号	交料人	验收人	情况记载
23/10	唐山陶瓷厂	唐山		2004-4	洗面器	只	1500	1488	23/10	10-12	×××	×××	质量不合格 27 只，其中：合理损耗 15 只，超损耗 12 只进行查询，查询单 10-13

表 1-2-19 物资明细账

物资名称：洗面器
规格：____
计量单位：只
计划单价：40.00

储备定额	最高		年份	2001	2002	2003	2004			
	最低		收入数量							
主要附机	名称									
	规格		发出数量							

2004年		凭证编号	摘要	收 入		发 出		结 存		稽核员章	备注
月	日			数量	金额	数量	金额	数量	金额		
10	23	10-12	唐山陶瓷厂	1488	59520.00			1488	59520.00	稽核章	
10	23	10-14	运损	15*	600.00*			1473	58920.00	稽核章	*为红字
			过次页								

例6. 建工库砂石组，2004年9月20日收到五常砂厂工程砂，应收数量为1100m³，实收数量为1081m³，工程砂单价为24元/m³，运损耗率标准为2%，账务处理如下：

（1）确定盈亏量。

盈亏量 = 实收数量 − 应收数量 = 1081 − 1100 = −19m³，负号代表实收数量小于应收数量，即亏量。

（2）确定合理运损量。

合理运损量 = 应收数量 × 运损耗率 = 1100 × 2% = 22（m³）

（3）由于亏量在合理运损标准之内，故只做运损处理。

（4）填制运损单见表1-2-20，填制验收单见表1-2-21，验收记录见表1-2-22，明细账见表1-2-23。

表 1-2-20 物资（运）损耗报告单

供货单位：五常砂厂　　　　　　2004年9月20日　　　　　　合同号：

填报单位：建工组　　　车号：　　　　运单：　　　　（2004）损字第9-11号

材料名称及规格	计量单位	数量			金额	
		应收	实收	损耗	单价	总价
工程砂	m³	1100	1081	19	24.00	456.00
规定损耗率	2%	按规定标准超损耗	数量		原因	路途损耗
			金额			
审批意见						

主管领导：×××　　　管理：×××　　　组长：×××　　　保管员：×××

表 1-2-21 物资入库验收单

到货日期：2004 年 9 月 20 日
供货单位：五常砂厂　　　　　　　　　　　　　　　　　　　　　　验收日期：2004 年 9 月 20 日
发站：五常　到站：大庆　　车号：　　　　运单号：　　　　验收单编号：9-15

物资编码	物资名称及规格	计量单位	计划单价	应收 数量	应收 金额	实收 数量	实收 金额	备注
	工程砂	m³	24.00	1100	26400.00	1100	26400.00	合理运损 19m³
合同号		附质量证明书　份		查询号		制单日期	9月20日	公司料组

组长：×××　　　　保管员：×××　　　　稽核员：×××　　　　制单：×××

表 1-2-22 验 收 记 录

2004 年 11 月

到货时间	供货单位	发站	调拨单号	合同号	物资名称及规格	计量单位	数量 应收	数量 实收	验收时间	验收单号	交料人	验收人	情况记载
20/9	五常砂厂	五常			工程砂	m³	1100	1081	20/9	9-15	×××	×××	合理损耗 19m³

表 1-2-23 物 资 明 细 账

物资名称：工程砂
规　格：＿＿＿
计量单位：m³
计划单价：24.00

储备定额	最高		年份	2001	2002	2003	2004
	最低						
主要附机	名称		收入数量				
	规格		发出数量				

2004年 月	2004年 日	凭证编号	摘要	收入 数量	收入 金额	发出 数量	发出 金额	结存 数量	结存 金额	稽核员章	备注
9	20	9-15	五常砂厂	1100	26400.00			1100	26400.00	稽核章	
9	20	9-11	运损	19*	456.00*			1081	25944.00	稽核章	*为红字
			过次页								

例7. 工具库保管员 2004 年 10 月 27 日检查盘点时发现，150mm 的活动扳手账存 57 只，单价：2.7 元/只，实存 57 只；200mm 的活动扳手账存 74 只，单价：3.4 元/只，实物清点发现混有 5 只 150mm 的活动扳手，处理情况如下：

经清点实物，在 200mm 的活动扳手中混有 5 只 150mm 的活动扳手，进行规格调整见表 1-2-24，下账见表 1-2-25、表 1-2-26。

表1－2－24 物资规格调整单

编号：11－1

库（组）别：工具组　　　　2004年10月27日　　　　类别：

列别	代码	物资名称	规格	单位	数量	单价	总价	差额	
原列 (作账面发出)		活动扳手	200mm	只	5	3.4	17.00	＋、－	金额
应列 (作账面收入)		活动扳手	150mm	只	5	2.7	13.50	－	3.5
调整原因	因工作不细造成规格混串								

主管：×××　　　　分库主任：×××　　　　组长：×××　　　　保管员：×××

表1－2－25 物 资 明 细 账

物资名称：活动扳手　规　格：150mm　计量单位：只　计划单价：2.7

储备定额		最高		年份	2001	2002	2003	2004
		最低						
主要附机		名称		收入数量				
		规格		发出数量				

2004年		凭证编号	摘要	收 入		发 出		结 存		稽核员章	备注
月	日			数量	金额	数量	金额	数量	金额		
10	25		承前页					57	153.9	稽核章	
10	25		月计					57	153.9	稽核章	
10	27	11-1	规格调整	5	13.5			62	167.4	稽核章	
			过次页								

表1－2－26 物 资 明 细 账

物资名称：活动扳手　规　格：200mm　计量单位：只　计划单价：3.4

储备定额		最高		年份	2001	2002	2003	2004
		最低						
主要附机		名称		收入数量				
		规格		发出数量				

2004年		凭证编号	摘要	收 入		发 出		结 存		稽核员章	备注
月	日			数量	金额	数量	金额	数量	金额		
10	25		承前页					74	251.6	稽核章	
10	25		月计					74	251.6	稽核章	
10	27	11-1	规格调整			5	17.00	69	234.6	稽核章	
			过次页								

例8. 水泥库2004年6月25日账存普通袋装水泥1000t（计2万袋），单价400.00元/t，二季度累计发出100t，26日经盘点发现：露天存放的普通袋装水泥因垛底返潮共有6.25t（计125袋）发生结块（普通袋装水泥储耗率为0.5%）。分析处理如下：

(1) 普通袋装水泥的储耗标准是 0.5%，那么合理储耗量 =（本期结存数量 + 本期发出数量）× 储耗率 =（1000 + 100）× 0.5% = 5.5t。

(2) 超储耗 0.75t 做盈亏处理。

(3) 储耗处理见表 1-2-27，超储耗按盘亏处理见表 1-2-28，下账见表 1-2-29。

表 1-2-27　器材（储）损耗报告单

供货单位：　　　　　　　　　2004 年 6 月 26 日　　　　　　　　合同号：

填报单位：水泥库　　　　车号：　　　运单：　　　（2004）损字第 7-1 号

材料名称及规格	计量单位	数量			金额	
		应存	实存	损耗	单价	总价
普通袋装水泥 425 号	t	1000	994.5	5.5	400.00	2200.00
规定损耗率	0.5%	按规定标准超损耗	数量	0.75	原因	因垛底返潮结块
			金额	300.00		
审批意见						

主管领导：×××　　　管理：×××　　　组长：×××　　　保管员：×××

表 1-2-28　库存物资盈亏申请表

填报单位：水泥库　　　　　　　2004 年 6 月 26 日　　　　　　　　编号：7-1

序号	物资编码	物资名称规格型号	单位	单价	账存		实存		盘盈		盘亏		盈亏原因
					数量	金额	数量	金额	数量	金额	数量	金额	
1		普通袋装水泥 425 号	t	400.00	994.5	397800	993.75	397500			0.75	300	因垛底返潮结块
	合计										0.75	300	

主管：×××　　　　　　审核：×××　　　　　　制表：×××

表 1-2-29　物 资 明 细 账

物资名称：普通袋装水泥　　规　格：425号　　计量单位：t　　计划单价：400.00

储备定额	最高		年份	2001	2002	2003	2004
	最低						
主要附机	名称		收入数量				
	规格		发出数量				

2004 年		凭证编号	摘要	收入		发出		结存		稽核员章	备注
月	日			数量	金额	数量	金额	数量	金额		
6	25		承前页			10	4000	1000	400000		
6	25		月计			10	4000	1000	400000		
6	26	7-1	储耗			5.5	2200	994.5	397800	稽核章	
6	26	7-1	盘亏			0.75	300	993.75	397500	稽核章	
			过次页								

五、实物操作有关计算公式

（一）验收及时率

$$验收及时率 = \frac{报告期内按规定时间完成验收物资项次（总量）}{报告期内验收的具备验收条件的物资项次（总量）} \times 100\%$$

规定物资验收时间：零星料 3 天验完，整车物资 7 天验完（砖、瓦、砂、石、灰等大宗物资 5 天验收完），整列到货 10 天验完（砖、瓦、砂、石、灰等物资 7 天验完）。

例 1. 某工具组某月共到货 160 项（均已具备验收条件），在规定的时间内验收 152 项，求该组该月的物资验收及时率。

解： $验收及时率 = \dfrac{报告期内按规定时间完成验收物资项次（总量）}{报告期内验收的具备验收条件的物资项次（总量）} \times 100\%$

$$= \frac{152}{160} \times 100\%$$

$$= 95\%$$

答： 该组该月物资验收及时率为 95%。

例 2. 某机电设备库，11 月 3 日到活动扳手 5 项 312 只，2 天验完，11 月 7 日到阀门 7 项 150 只，3 天验完，11 月 21 日到木柄螺丝刀 3 项 175 只，其中 50 只无合同，其余 2 天验完，11 月 21 日到电力电缆 3 项 1500m，4 天验完，电线 31 项 5200m，3 天验完，求该库验收及时率。

解： $验收及时率（只）= \dfrac{报告期内按规定时间完成验收物资的总量}{报告期内验收的具备验收条件的物资的总量} \times 100\%$

$$= \frac{312 + 150 + 125}{312 + 150 + 125} \times 100\% = 100\%$$

$$验收及时率（m）= \frac{5200}{1500 + 5200} \times 100\% = 77.6\%$$

$$该库验收及时率 = \frac{15}{49} \times 100\% + \frac{34}{49} \times 77.6\% = 84.6\%$$

答： 该库验收及时率为 84.6%。

（二）物资吞吐量（t 或元）

$$物资吞吐量 = 物资进货量 + 物资出库量 + 物资直拨量$$

例 3. 某建工库水泥组，全年进库物资量为 18.5×10^4 t，物资出库量为 12×10^4 t，物资直拨量为 2×10^4 t，求年吞吐量。

解： $物资吞吐量 = 物资进库量 + 物资出库量 + 物资直拨量$

$$= (18.5 + 12 + 2) \times 10^4 = 32.5 \times 10^4 \text{（t）}$$

答： 该库年物资吞吐量为 32.5×10^4 t。

（三）改错率

$$改错率 = \frac{改错笔数总和}{账册单据总笔数} \times 100\%$$

例 4. 某仓库全年共发生账册数字涂改 15 笔，文字涂改 7 笔，发生单据数字涂改 23 笔，文字涂改 13 笔。该库全年账册总笔数 5471 笔，单据总笔数为 3219 笔，计算该仓库的账册单据改错率是多少？

解： $改错率 = \dfrac{改错笔数总和}{账册单据总笔数} \times 100\%$

$$= \frac{15+7+23+13}{5471+3219} \times 100\% = 0.67\%$$

答：该仓库的改错率为 0.67%。

（四）计量差率

$$计量差率 = \frac{本季实际发生的计量差}{本季收入量 + 本季发出量} \times 100\%$$

例 5. 某库第一季度用称重计量方法共验收各种角钢 561t（无收料差），发出 419t，该季度末盘点时发现，各种角钢的实存比账存多 1.25t，求该库第一季度的计量差率是多少？

解：计量差率 $= \dfrac{本季实际发生的计量差}{本季收入量 + 本季发出量} \times 100\% = \dfrac{1.25}{561+419} \times 100\% = 0.13\%$

答：该库第一季度的计量差率为 0.13%。

（五）物资收发准确率

$$物资收发准确率 = \frac{报告期收发总项次 - 报告期收发差错项次}{报告期收发总项次} \times 100\%$$

例 6. 某库全年收入物资 7513 项，发生物资 8195 项，全年共发生错收 12 项，错发 13 项，求该库年收发准确率是多少？

解：根据公式

$$物资收发准确率 = \frac{报告期收发总项次 - 报告期收发差错项次}{报告期收发总项次} \times 100\%$$

$$= \frac{(7513+8195) - (12+13)}{7513+8195} \times 100\% = 99.84\%$$

答：该库的物资收发准确率为 99.84%。

（六）露天存放率

$$露天存放率 = \frac{露天存放物资总项数（指允许露天存放物资目录以外的物资）}{库存物资（指允许露天存放物资目录以外的物资）总项数} \times 100\%$$

例 7. 某库库房内存放各种配件 1354 项，副货位在库外露天存放有 6 项，计算该库房物资露天存放率是多少？

解：根据公式

$$露天存放率 = \frac{6}{1354+6} \times 100\% = 0.44\%$$

答：该库房物资露天存放率为 0.44%。

（七）运损率

$$运损率 = \frac{该批物资耗损量}{该批物资应收数量} \times 100\%$$

例 8. 某建工库到一车瓷砖 6000 箱共 30 万块，与监卸人员交接时，发现破损 3000 块，求该物资的运损率是多少？

解：根据公式

$$运损率 = \frac{3000}{300000} \times 100\% = 1\%$$

答：该批物资的运损率为 1%。

（八）事故损失率

$$事故损失率 = \frac{报告期物资事故损失总金额}{全年物资收发总金额} \times 1000‰$$

例 9. 某仓库年物资收入为 4250 万元，发出 4150 万元，该年库内因丢失损失 1500 元，损坏事故损失 420 元，过期变质事故 650 元，求该仓库的事故损失率是多少？

解：根据公式

$$事故损失率 = \frac{0.15 + 0.042 + 0.065}{4250 + 4150} \times 1000‰ = 0.031‰$$

答：该仓库的物资事故损失率为 0.031‰。

（九）周转次数

$$周转次数 = \frac{年物资消耗总额}{年平均库存 + 材料差价}$$

例 10. 某供应部门年物资消耗总额为 11250 万元，年平均库存为 1500 万元，全年发生材料差价为 10 万元，求该供应部门的物资周转次数？

解：根据公式

$$物资周转次数 = \frac{11250}{1500 + 10} = 7.45（次）$$

答：该供应部门的物资周转次数为 7.45 次。

（十）月平均库存

$$月平均库存 = \frac{月初库存 + 月末库存}{2}$$

例 11. 某库 2 月末结存金额为 1580 万元，3 月末库存金额为 1620 万元，求该库 3 月份平均库存是多少？

解：根据公式

$$3 月份平均库存 = \frac{1580 + 1620}{2} = 1600（万元）$$

答：该库 3 月份平均库存为 1600 万元。

（十一）周转天数

$$周转天数 = \frac{全年天数}{年周转次数}$$

例 12. 某供应部门年物资消耗总额为 7500 万元，年平均库存为 450 万元，求该供应部门的物资周转天数是多少？

解：根据公式

$$周转天数 = \frac{360}{16.7} = 21.6（天）$$

答：该供应部门的物资周转天数为 21.6 天。

（十二）煤块下限率

$$煤块下限率 = \frac{未达到规定粒度标准的重量}{煤的总重量} \times 100\%$$

例 13. 某煤场应检验的块煤总重量为 950t，经筛分后，未达到规定粒度标准的块煤重量为 171t，求煤块下限率为多少？

解：根据公式

$$煤块下限率 = \frac{171}{950} \times 100\% = 18\%$$

答：块煤下限率为 18%。

（十三）物资苫盖率

$$物资苫盖率 = \frac{报告期内已苫盖物资量}{报告期内应苫盖物资量} \times 100\%$$

例 14. 某仓库料组 3 月份需要苫盖物资计 1750t，因各种原因未加苫盖的有 200t，求该料组 3 月份苫盖率是多少？

解：根据公式

$$物资苫盖率 = \frac{1750 - 200}{1750} \times 100\% = 88.6\%$$

答：物资苫盖率为 88.6%。

（十四）仓容利用率

$$仓容利用率 = \frac{一定时期内仓库平均库存量}{最大库存量} \times 100\%$$

例 15. 某仓库最大储存量为 350t，年平均库存为 110t，求该仓库的仓容利用率？

解：根据公式

$$仓容利用率 = \frac{110}{350} \times 100\% = 31.4\%$$

答：该仓库的仓容利用率为 31.4%。

（十五）按保管规程存放率

$$按保管规程存放率 = \frac{按保管规程存放项数}{库存物资总项数} \times 100\%$$

例 16. 某仓库 6 月份库存物资为 325 项，其中没有按保管规程做好上盖下垫的有 25 项，求该仓库的按保管规程存放率是多少？

解：根据公式

$$按保管规程存放率 = \frac{325 - 25}{325} \times 100\% = 92.3\%$$

答：该仓库按保管规程存放率为 92.3%。

（十六）设备完好率

$$设备完好率 = \frac{设备达到完好标准的台数}{设备总台数} \times 100\%$$

例 17. 某仓库共有各种设备 1500 台，设备完好的有 1495 台，求该仓库的设备完好率是多少？

解：根据公式

$$设备完好率 = \frac{1495}{1500} \times 100\% = 99.7\%$$

答：该仓库的设备完好率为 99.7%。

（十七）吞吐每吨物资作业成本

$$吞吐每吨物资作业成本 = \frac{期内仓库费用总支出额}{同期内物资吞吐量}$$

例 18. 某仓库年物资吞吐量为 18.5×10^4t，总费用支出为 2150 万元，求吞吐每吨物资作业成本？

解：根据公式

$$\text{吞吐每吨物资作业成本} = \frac{21500000}{185000} = 116.2 \text{ 元/t}$$

答：该仓库吞吐每吨物资作业成本为 116.2 元/t。

（十八）平均验收时间

$$\text{平均验收时间} = \frac{\text{期内每批物资验收天数总和}}{\text{同期内验收批数}}$$

例 19. 某库钢材组一个月内到了 3 批 $\phi 1.68\text{mm} \times 13\text{mm}$ 的无缝管，共计 1100t，验收时间分别为 4 天、4 天、5 天，验完后又到了 2 批 $40\text{mm} \times 4\text{mm}$ 的角钢共计 615t，验收时间分别为 3 天、4 天，求平均验收时间？

解： 根据公式

$$\text{平均验收时间} = \frac{4+4+5+3+4}{3+2} = 4 \text{（天）}$$

答：平均验收时间为 4 天。

（十九）物资无动态率

$$\text{物资无动态率} = \frac{\text{进库一年及一年以上无发出物资总额}}{\text{年平均库存}} \times 100\%$$

例 20. 某仓库年终库存物资盘点中，一年以上无动态物资共计 700 万元，年平均库存为 21500 万元，求该仓库的物资无动态率是多少？

解： 根据公式

$$\text{物资无动态率} = \frac{700}{21500} \times 100\% = 3.3\%$$

答：该仓库的物资无动态率为 3.3%。

（二十）盈亏率

$$\text{盈亏率} = \frac{\text{报告期盘盈} + \text{盘亏绝对值}}{\text{报告期物资收发总额}} \times 1000‰$$

例 21. 某仓库某年 12 月 25 日前的年物资收入金额为 4.75 亿元，发出物资金额为 3.03 亿元，报告期盘盈 1215 元，盘亏 433.5 元，求该仓库的年盈亏率是多少？

解： 根据公式

$$\text{盈亏率} = \frac{1215 + 433.5}{(4.75 + 3.03) \times 100000000} \times 1000‰ = 0.0021‰$$

答：该仓库的年盈亏率 0.0021‰。

（二十一）质检率

$$\text{质检率} = \frac{\text{报告期进库已进行质检物资}}{\text{报告期内进库按规定应进行质检物资总量}} \times 100\%$$

例 22. 某仓库某进库物资的质检情况如下：进口套管 2 项，600t，当月实际质检 500t；瓷砖 2 项 3000 块，按规定每批抽样质检；质检量为 3000 块；水泥 3 项 600t，按规定每批抽样质检 600t。求该仓库该月质检率是多少？

解： 根据公式

$$\text{质检率（t）} = \frac{500 + 600}{600 + 600} \times 100\% = 91.7\%$$

$$质检率（块）= \frac{3000}{3000} \times 100\% = 100\%$$

$$质检率 = \frac{5}{7} \times 91.7\% + \frac{2}{7} \times 100\% = 94.07\%$$

答：该仓库该月质检率为 94.07%。

（二十二）物资堆码占地面积

$$物资堆码占地面积 = \frac{总件数}{可堆层数} \times 每件物资底面积$$

例23. 某料组到一批物资共计 1500 件，每件物资底面积为 $0.25m^2$，每垛可摆放 10 层，求该物资的占地面积？

解：根据公式

$$物资堆码占地面积 = \frac{1500}{10} \times 0.25 = 37.5 \ (m^2)$$

答：该物资的占地面积为 $37.5m^2$。

（二十三）梯形垛摆放层数

$$梯形垛摆放层数 = 最底层数 - 最上层数 + 1$$

例24. 某管材组有一垛按梯形堆码的无缝钢管，最上一层为 111 根，最下一层为 125 根，求该垛无缝管共有几层？

解：根据公式

$$摆放层数 = 125 - 111 + 1 = 15 \ (层)$$

答：该垛无缝管共有 15 层。

（二十四）储耗率

$$储耗率 = \frac{本期耗损量}{期末库存量 + 本期发出量} \times 100\%$$

例25. 某库砂石组一季度工程砂库存 $13120m^3$，本季度发出 $8910m^3$，储耗量为 $28m^3$，求一季度储耗率是多少？

解：根据公式

$$储耗率 = \frac{28}{13120 + 8910} \times 100\% = 0.13\%$$

答：该料组一季度储耗率为 0.13%。

（二十五）物资进库计量率

$$物资进库计量率 = \frac{进库物资实际计量总量}{进库物资总量} \times 100\%$$

例26. 某仓库到货计量情况如下：阀门 3 项 150 只，全部点数计量；轴承 10 项 300 副，全部点数计量；电缆 2 项 1500m，倒盘计量；电线 12 项 3000m，进货时按标签长度验收。求物资进库计量率是多少？

解：根据公式

$$物资进库计量率（只、副）= \frac{300 + 150}{300 + 150} \times 100\% = 100\%$$

$$物资进库计量率（只、副）= \frac{1500}{3000 + 1500} \times 100\% = 33.3\%$$

$$物资进库计量率（只、副）= \frac{13}{27} \times 100\% + \frac{14}{27} \times 33.3\% = 65.4\%$$

答：该库物资进库计量率为65.4%。

（二十六）年平均库存

$$年平均库存 = \frac{1 \sim 12 月各月平均库存之和}{12}$$

例27. 某仓库上年结转库存金额为1256.5万元，1月末库存金额为1295.7万元，2月末为1291.6万元，3月末为1303.4万元，4月末为1399.45万元，5月末为1468.9万元，6月末为1474.75万元，7月末为1595.1万元，8月末为1686.75万元，9月末为1718.2万元，10月末2689.45万元，11月末1577.5万元，12月末为1427.15万元，求年平均库存金额是多少？

解：根据公式

$$年平均库存 = \frac{1 \sim 12 月各月平均库存之和}{12}$$

$$月平均库存 = \frac{月初库存 + 月末库存}{2}$$

$$年平均库存 = \frac{18842.63}{12} = 1570.219（万元）$$

答：该仓库年平均库存为1570.219万元。

第二节 仓库技术经济指标

仓库技术经济指标是全面、系统地反映其工作过程中，各个方面经营效果及管理水平的一系列相互联系、相互依存、相互制约的数量指标和质量指标。这些指标构成一个完整的指标体系，建立这个体系的目的是为了系统地反映仓库在物资仓储过程中，物化劳动及活劳动的成果和水平，并定期对这些成果进行分析，通过分析了解仓库物资仓储工作的变化和发展的趋势，以便有针对性地提出对策，改进管理，增加效益。

一、仓库技术经济指标的内容及计算公式

由于物资的进、出库及保管作业虽具有生产的性质，但它又不生产产品，不创造价值，只是保持物资的原有价值。因此，仓库的技术经济指标不同于其他的生产企业，而具有一定的特殊性。

仓库技术经济指标的内容主要包括：全年物资吞吐量、物资周转次数、物资损耗率、进库物资平均验收时间、仓储成本、管理费用率、包装物回收率、仓储面积利用率、全员劳动生产率、物资盈亏率、物资事故损失率、机械装卸作业率、物资露天存放率等。

（1）全年物资吞吐量：

全年物资吞吐量 = 全年物资进库量 + 全年物资出库量 + 直达现场物资量（t或元）

（2）物资周转次数：

$$物资周转次数 = \frac{全年物资出库量}{全年物资平均出库量}$$

$$全年物资平均出库量 = \frac{\sum 全年各月物资平均出库量}{12}$$

$$各月物资平均出库量 = \frac{月初库存量 + 月末库存量}{2}$$

（3）物资损耗率：

$$物资损耗率 = \frac{全年各月物资损耗量之和}{全年物资进库量 + 全年物资出库量} \times 100\%$$

（4）进库物资平均验收时间：

$$进出库物资平均验收时间 = \frac{全年各批物资验收天数之和}{全年验收物资批数}（天）$$

（5）仓储成本：

$$仓储成本 = \frac{全年仓储费用支出总额}{全年各月平均库存量之和}（元/t）$$

（6）管理费用率：

$$管理费用率 = \frac{全年管理费用支出总额}{全年物资出库量总和} \times 100\%$$

（7）包装物回收率：

$$包装物回收率 = \frac{全年实际回收包装物金额}{全年计划回收包装物金额} \times 100\%$$

（8）仓储面积利用率：

$$仓储面积利用率 = \frac{全年库存物资储存平均占用面积}{仓库总面积} \times 100\%$$

（9）全员劳动生产率：

$$全员劳动生产率 = \frac{全年物资进库量 + 全年物资出库量}{全年仓库平均人数 \times 每人全年制度工时}\ [t／(人·h)]$$

二、对技术经济指标分析的目的和方法

（一）分析的目的

仓库管理人员通过对各项技术经济指标的实际统计和计算，一般都要定期进行综合分析工作。通过分析，达到以下目的：

（1）可以检查工作计划完成的情况，并找出影响计划完成的各种因素，以便寻找对策改进工作。

（2）可以检查在物资仓储过程中，投入的物力、财力及人力的效果，它们的使用情况是否合理，以增强仓库的经济核算工作。

（3）检查物资仓储各作业环节安排及衔接的合理性，为提高仓库管理水平提供数据依据。

（二）分析的方法

1. 对比法

（1）同期对比法。把不同年份、相同时间的相同指标统计结果进行比较分析。如将 2005 年上半年仓库的物资吞吐量与 2004 年上半年仓库的物资吞吐量进行对比。

（2）后期与前期对比法。把同一年中不同时期的相同指标的统计结果进行比较分析。如将 2005 年二季度仓库的物资吞吐量与 2005 年一季度仓库的物资吞吐量进行对比。

（3）不同单位间对比法。把不同单位同一时间的同一指标的统计结果进行比较分析。

2. 差额法

差额法是取一个时间的指标值为基数，将其他时间的实际统计结果与基数进行比较，求出它们之间的差值或比率。如将年初确定的指标为基数，用本年各季度末统计的实际完成数

与其进行比较，求出各季度完成计划指标的增减百分数。

3. 比率法

比率法是求出相关指标之间的相对数进行比较分析。如在分析仓库管理费用时，可求出各项费用支出，各占全部管理费用的百分数。

三、仓库技术经济指标体系的确定

仓库技术经济指标体系的确定是件比较复杂的工作，由于各个仓库自身的情况不同，每年的仓储任务随企业的生产建设计划而改变，因此，所确定的技术经济指标体系的内容可以有所不同。每年初，各仓库应根据本单位的管理水平及预计储存物资的品种、数量，结合上级下达的任务，在分析上一年技术经济指标实际完成情况的基础上，适当地确定本年度技术经济指标体系的内容及具体指标数。一般应包括有反映生产成果的指标、物化及活劳动消耗的指标、物化劳动占用、劳动效率及经济效益的指标。

四、提高仓库经济效益的途径

企业经营的目的，是在满足用户需要的同时获取最大的经济效益。石油企业物资供应部门的仓库，一般都是独立进行经济核算的单位，有些还是独立经营的实体。一方面它要保证完成石油天然气工业生产建设所需要物资的仓储任务，同时，也可对外开展经营活动。但是，保证石油天然气生产建设所需物资优质、及时供应，是石油企业物资供应部门仓库的首要任务。只有在这个前提下，才能对外开展其他的经营活动。仓库在考虑提高自身的经济效益时，应以企业整体经济效益的提高为出发点，从以下几方面工作入手。

（1）提高仓库容积利用率。要根据储存物资的品种，合理规划货位，提高仓容利用系数，使现有的仓库储存面积得以充分利用。

（2）保证进库物资质量优良。做好各类物资进库的计量和质量检验工作，保证进库物资质量，加快物资验收速度，使进库物资保证质量并及时供应用户。

（3）减少仓储过程中物资的各种损耗。要严格执行《物资技术保管规程》，使物资的破损、自然损耗、盈亏、报废及事故等损失降至最低。

（4）提高仓库各个业务岗位的劳动效率。仓库的生产调度部门合理组织和调配全仓库劳动力及机械设备，使各业务环节紧密衔接。物资进、出库做到快装、快卸、快运、快验、快发。提高机械设备的利用率。

（5）节约各项管理费用支出，降低仓库的管理费用率。

（6）做好物资包装物的回收及管理工作，尽量收回资金。

（7）逐步改变现有物资供应方式，使物资储存仓库逐渐发展成为企业的物资配送中心，同时在人力、物力、场地等条件充裕的情况下，仓库应积极对外开展代储业务，以提高全企业物资供应的整体效益。

五、物资仓储过程中的费用

为了使储存的物资保持它原有的价值，因此，在其保管过程中必须投入一定的人力、物力，这些人力、物力的货币表现形式，就是要花费一定的资金，发生各种费用。

（一）物资保管过程中费用的划分

（1）按仓储业务范围及程序分为进货费、保管保养费、出库费、综合管理费及其他费用。

①进货及出库费，即物资在进货及出库作业过程中，所需支出的费用。包括物资在进、

出库过程中的装、卸及搬运费，到货验收费，材料、燃料、动力、照明消耗费用，工人的工资及劳动保护费，物资出库包装费、事故赔偿费，固定资产折旧费，装卸、搬运设备的抬、搬费，设备租赁及修理费，低值易耗品购置费、分摊的管理费等。

②保管保养费。物资在储存过程中用于保管和维护保养工作所支付的费用。包括苫、垫物料费，倒垛费用，物资防腐、防锈及其他维护保养工作所消耗的材料、燃料、动力、照明消耗等费用，保管和维护保养工人的工资及劳动保护费，物资保险费，消防费用，低值易耗品的购置和修理费，分摊的管理费等。

③综合管理费。除进货、出库、保管保养三项业务费用外，其他仓储管理工作所支付的费用，如会议费、广告费、差旅费、管理人员工资、提取的职工福利基金及工会经费、办公费用、货物损耗等均计入此项。

④其他。包括税金、利息支出等。

（2）根据所发生的费用是否直接用于保持物资的价值，将其划分为以下三种：

①仓储费。物资在仓储过程中，直接用于保持其原有价值所花费的各种费用。包括装卸及搬运费、进货验收费、倒垛费、物资苫垫材料费，用于物资维护保养所消耗的材料、人工、动力、燃料、照明费，物资保管过程中的质量抽样检查费，物资分拣加工费，物资出库包装费等。

②管理费。物资在仓储过程中，间接用于保持其原有价值所花费的各种费用。主要包括固定资产折旧费及大修理费，设备租赁及修理费，低值易耗品购置费，会议费，广告费，差旅费，职工工资及劳动保护费，提取的职工福利基金及工会经费，办公费用，货物损耗费，物资保险费，上缴的管理费、水电费、油料费等。

③其他费用。除上述两项费用外，所发生的其他费用支出，如税金、利息等。

（二）费用率的计算

在实际工作中，一般是用费用率来表示各仓库的费用水平，其计算公式为：

（1）仓储费用率：

$$仓储费用率 = \frac{报告期仓库费用支出总额}{报告期物资出库总额} \times 100\%$$

（2）管理费用率：

$$管理费用率 = \frac{报告期管理费用支出总额}{报告期物资出库总额} \times 100\%$$

（三）费用的合理使用

从物资仓储过程所需要的投入费用的组成，我们可以看出仓储费用是直接用于保证物资进出库及储存的必要投入，因此，保管人员必须严格按照《物资技术保管规程》进行各项工作。为完成这些工作所需要的资金投入，应给予保证，不能为节省资金而随意削减应该进行的工作，可以通过采用先进技术，合理组织劳动及供应方式，减少装卸、搬运、倒垛次数，提高劳动效率等途径节约仓储费用。

管理费用是间接用于保持物资价值的费用支出。管理费用投入的多少，与仓库各项管理工作水平的高低有着直接的联系，管理水平高的仓库，其管理费用率低。所以，提高仓库各项工作的管理水平，是降低仓库管理费用率，减少费用支出，提高经济效益的途径和方向。为了使资金投入能够合理使用，仓库必须合理控制仓储费用与管理费用的投入比例，制定各项费用支出的定额，对业务班组（或岗位）实行经济核算等，在保证储存物资质量及服务质量优良的前提下，尽量节约管理费用。

物资保管人员要通过自身的工作节省各项费用支出，如合理规划货区及物资存放位置以减少装卸、倒垛次数，做好物资的保管和维护保养，减少物资的各种损耗，加强与其他作业班组配合与衔接，提高劳动效率及设备利用率，节水、节电、节省油料消耗，加强包装物品的回收和管理工作，减少其押金损失等。

第三节 物资保管劳动定额

物资劳动定额是为充分利用和节约劳动工时，缩短物资仓储作业周期，合理组织劳动力及保证各作业环节互相紧密衔接，对物资保管工作各作业过程规定的作业时间定额。目前，在石油企业物资部门执行的物资劳动定额，是由石油工业劳动定额专业标准化技术委员会组织制定的，1992年12月1日开始在石油天然气企业实施。它是一个推荐性的行业标准。

一、物资劳动定额的作用

（1）是编制仓库物资保管工作劳动定员的前提。仓库根据全年物资吞吐量及所保管物资的项数、数量，计算应配备的物资保管人员数。

（2）是仓库进行经济核算的依据。仓库根据每个保管人员劳动工时定额完成的情况，计算和分析人工费用。

（3）是仓库进行计划管理的基础。仓库根据劳动定额标准和全年的物资仓储计划制定各项经济指标，合理配置劳动组织及机械设备。

（4）是仓库调度和协调各业务工作进度的手段。仓库调度部门按照定额工时，协调安排进货、装卸、倒运等工作及机械设备的作业时间。

（5）推动劳动生产率的提高。由于物资保管劳动定额是根据以往的工作经验、工时统计及实际测定等相结合制定的，它是在现有生产技术条件下的平均水平的先进定额。因此，达不到定额规定的，则要求改进工作方法，采用先进手段，提高劳动生产效率，以达到定额规定。

（6）是定量考核每个物资保管人员完成工作数量的尺度。这为评定保管人员的工资、奖金提供了数据依据。

二、物资劳动定额标准的使用范围

本标准适用于石油天然气企业各级物资供应仓库及针线笃箩库的物资保管工作。对储存特种物资（火工产品、剧毒品、放射性元素、轻质油品）仓库的保管工作，不采用它进行考核。

三、物资劳动定额标准的主要内容

在仓库物资保管劳动定额标准中，规定了仓库收料、发料、管理及附加作业四部分劳动的工时定额。

（1）收料作业。包括火车、汽车运输的物资到库后的现场接料，核对资料，点数及计量验收，安排货位，拆复包装，分选整理，按规定倒料摆放，填写各种记录，建立料卡、料账，处理验收中发现的问题以及与收料作业有关的附加劳动等。

（2）发料作业。包括审查发料单据，发货单据编号，换算发货数量，进行实物发料，核对发出数量，开出库凭证，进行账物处理以及与发料作业有关的附加劳动等。

（3）管理作业。包括班前、班后会，巡回检查，打扫卫生，整库倒垛，库存物资盘点，盘点问题的处理，料账结算，物资的维护保养，单据传递，与业务科室核对账目，装订单据，统计及填写各种报表等。

（4）附加作业。包括收、发料及管理作业各项工作的准备，劳动定额工时的计算，填写，计量单位的换算等。

四、物资劳动定额工时的计算方法

物资保管人员执行劳动定额标准，主要是计算在一定时间内所完成的工时定额，或计算完成某项仓储作业所需要的定额时间。通过计算，定量地反映在一定时间内，完成物资保管工作量的多少。

（1）单项工时定额的计算：

$$单项工时定额 = 定额时间 \times 定额单位$$

（2）定额工时的计算：

$$定额工时 = 收料工时定额 + 发料工时定额 + 管理工时定额$$

第四节 仓库安全常识

一、仓库的安全管理

仓库安全管理是仓储管理的一项重要内容，它不仅关系到仓储物资的安全，机械设备的安全，也影响着人的健康和安全，同时还关系到生产能否顺利进行。因此，必须加强仓库的保卫和警卫等安全工作。

（一）仓库的保卫工作

仓库的保卫工作，是仓储管理工作的一个组成部分。仓库的保卫组织形式应根据仓库的规模大小及任务繁重来决定设立保卫组织、专职或兼职保卫干部。

保卫工作的主要任务是：做好防火、防盗、防灾害、防破坏工作，保卫要害部位，预防灾害性事故的发生，维护内部治安秩序，确保仓库安全。

（二）仓库的警卫工作

对危险品重点仓库和非危险品的国家重要物资仓库，应配备武装警卫执勤，保证仓库安全。

警卫工作的主要职责是：熟悉仓库及附近的地形，做好管辖区内巡逻检查工作；对外来人员应检查证件，严格值勤制度；严禁携带火种、易燃、易爆的危险品入库；发现火警时应严加戒备，坚守岗位，维持秩序，并立即报告上级。

二、仓库的防火知识

火灾危害性很大，在仓库里发生火灾，威胁着人的生命安全和物资安全。因此，仓库必须加强安全防火教育，普及安全防火知识，了解引起仓库火灾的潜在因素，分析仓库可能发生火灾的原因，增强安全防火意识，消除事故隐患，杜绝火灾的发生，做好安全防火工作。

发生燃烧必须具备三个条件，就是要有可燃物质，要有助燃物质，要有火源。三个条件必须同时具备，缺一不可，燃烧才能发生。

（一）可燃物质

无论固体、液体、气体，凡能与空气中的氧或其他氧化剂起剧烈反应的物质，叫做可燃物质，如库存中的各种木材、油料、化工材料，以及危险品仓库存放的大量可燃、易燃、易爆物资等。

（二）助燃物质

凡能帮助和支持燃烧的物质，叫做助燃物质，如氧、过氧化钠、氯酸钾、高锰酸钾等。

（三）火源

凡能引起可燃物质燃烧的热能源，叫做火源。引起火灾的火源很多，一般可分为直接火源和间接火源。

1. 直接火源

（1）明火。通常指生产、生活用的炉火、灯火、焊接火、香烟头火、火柴及打火机的火焰，撞击、摩擦产生的火星、烟筒的火星等。

（2）电火花。指电气开关、电动机等开启或切断及电气线路发生短路时产生的火花。此外，还有静电火花、电瓶车火花等。

（3）雷击。这是一种瞬间的高压自然放电现象，它能引起任何可燃物质的燃烧。

2. 间接火源

（1）加热自燃起火。由于外部热源作用，把可燃物质加热到燃烧温度而起火。例如：可燃物质间摩擦、撞击后发热起火，某些物质化学反应放热而使靠近它的可燃物起火。

（2）本身自燃起火。有的物质在既无明火，又无外来热源的条件下，其本身自行发热，导致燃烧起火。常见的有黄磷在常温下与空气剧烈反应自燃，金属中的钾、钠等与水接触时能自燃，浸有油的破布、棉纱、手套、废纸及煤炭的大量堆积，在夏天高温季节经长时间的日晒发热自燃起火等。

三、灭火常识

为贯彻"预防为主，防消结合"的消防工作方针，仓库员工必须懂得灭火原理和方法，正确选用灭火剂。

（一）灭火方法

由于燃烧的发生必须同时具备可燃物、助燃物及火源三个条件，所以只要使其中一个条件不具备，燃烧就会停止。这样就有三种基本灭火方法。

（1）隔离法。将燃烧物及其周围的可燃物隔离或移开，燃烧因缺少可燃物而停止。

（2）窒息法。阻止空气流入燃烧区域，使燃烧物缺少助燃物质而熄灭。

（3）冷却法。冷却燃烧区的温度，使其下降到可燃物质的燃点以下，燃烧就可停止。

（二）灭火剂

灭火剂应是灭火效能高、使用方便、成本低、对人和物均无害的物质。灭火物质按其形态不同有液体的（如水、各种盐溶液）、气体的（如二氧化碳气体、水蒸气）、泡沫状的（如空气泡沫）、固体（如干土、砂）。

1. 水

水是最常用的灭火物质。水具有显著的冷却作用，能使燃烧物质的温度降低至燃点以下，阻止燃烧，这是水的主要灭火性能。

水是最方便的灭火剂，不过水也有一定的灭火范围，并不是所有的火灾都能用水去扑灭。下列火灾不能用水去扑救：

（1）易燃液体，如汽油、苯、煤油等不能用水扑救。因为此类易燃液体的相对密度一般都比水小，又不溶于水，若用水去扑救，往往使这类液体浮到水面上继续燃烧，不能起到灭火作用。

（2）忌水物质，如电石、生石灰等火灾。这些物质能与水起强烈的化学反应，能产生大量的热或放出能自燃、助燃的气体，若用水扑救，火势会更加炽热，甚至发生爆炸。

（3）电器设备或带电系统的火灾。发生此类火灾时如果电源未切断，用于扑救会发生触电和爆炸事故。

（4）处于高温下的设备火灾不能用水扑救。因为水可使金属的机械强度受到影响，设备遭受损坏。

（5）贵重文物档案也不宜用水扑救。

（6）质轻易飞扬的金属粉末，也不宜用水扑救。因为水柱冲击，可使粉末飞扬，这些粉末状金属物质分散在空气中，遇明火容易引起燃烧和粉尘爆炸。如铝粉、镁粉等。

此外，精密的仪器、设备也不宜用水去扑救。

2. 化学泡沫灭火剂

化学泡沫灭火剂是用来扑灭易燃液体和油类火灾的有效灭火剂。它是由硫酸铝和碳酸氢钠与泡沫稳定剂相互作用形成的化学泡沫。泡沫比油类的比重轻，所以能形成厚厚的遮盖层，覆盖在液面上隔离空气，达到灭火的目的。

化学泡沫灭火剂也有它的局限性，对可以和水互溶的易燃液体，它的灭火作用就不显著。如果使用泡沫灭火剂扑救电器火灾时，应先切断电源，然后才可扑救，因为泡沫仍然导电。另外对忌水的化学物品发生的火灾，也不宜使用。

3. 二氧化碳灭火剂

灭火用的二氧化碳是以液态灌装在钢瓶内。瓶内压力在20℃时为60个大气压16MPa。液态二氧化碳极易挥发气体，这种气体要比原来的液态体积大760倍。当它从灭火机里喷出来的时候，气体的一部分成白色的雪花状物（又称干冰），温度约为$-78.5℃$，能冷却燃烧物和冲淡燃烧区空气中氧的含量，使燃烧停止。二氧化碳灭火剂对扑救电器、精密仪器、电子设备、某些忌水物质等的火灾最为适宜。用它来扑救，事后不留痕迹，没有腐蚀等损坏作用，是一种较优良的灭火剂。

4. 1211灭火剂

在常温、常压下，它是无色、无刺激味的气体，通过适当的加压压缩后，可变成液态储存。它的绝缘性能良好，可以用来扑救高压电气设备的火灾，特别适用于扑灭油类、有机溶剂、精密仪器等火灾。灭火效率比二氧化碳高四倍，灭火后不留痕迹，是一种高效、低毒、能够扑救各种类型火灾的优良灭火剂。

5. 干粉灭火剂

干粉属于固体灭火剂。化学干粉主要由碳酸氢钠等盐类物质加入适量的润滑剂和防腐剂，在灭火机中装有二氧化碳作为喷射的动力。由于喷出的干粉浓度密集，能够构成阻止燃烧的隔离层，而且通过受热还会分解出不燃性气体，所以可以稀释燃烧区域内的含氧量。同时干粉中还有中断燃烧连锁反应的作用，因此灭火速度快。干粉灭火剂综合了泡沫、二氧化碳灭火剂的优点，适用于扑救油类、可燃液体、气体、电气设备和遇水燃烧等物质的初起火灾。其粉末是无毒的，在一般情况下，不溶化、不分解，没有腐蚀作用，可长期保存。

四、常用的安全标志及安全色

安全标志是用以表达特定的安全信息的一种图形和文字构成的标志，目的是促使人们对威胁安全和健康的物体和环境尽快作出反应，以避免发生意外事故。

安全标志适用于工矿企业、建筑工地、厂内交通运输、仓库、车站、港口、机场、医院、剧场以及必要提醒人们注意安全的其他场所，但不适用于航空、海运、内河航运及道路交通所用。安全标志分禁止标志、警告标志、命令标志和提示标志四大类型。

（一）禁止标志

禁止标志的含义是禁止或制止人们想要做的某种动作。

禁止标志的基本形式是带斜杠的圆边框。其颜色为带斜杠的圆边框为红色，图像为黑色，背景为白色。禁止标志有28种。

（二）警告标志

警告标志的含义是促使人们提防可能发生的危险。

警告标志的基本形式是正三角形边框。其颜色是边框和图像为黑色，背景为黄色。警告标志有30种。

（三）命令标志

命令标志的含义是必须遵守的意思。

命令标志的基本形式是圆形，其颜色是图像为白色，背景为蓝色。命令标志有15种。

（四）提示标志

提示标志的含义是提供目标所在位置与方向的信息。

提示标志的基本形式是矩形，其颜色是图像和文字为白色，一般提示标志背景为绿色，消防设备提示标志背景为红色。

五、建立健全消防系统

（一）消防组织

仓库应根据本库的面积，储存物资的数量和性质，周围环境和人员等实际情况，配备专职消防人员和群众性的消防组织。

专职的消防人员是消防工作的骨干力量，平时一方面要做好消防的宣传工作，另一方面要熟悉消防技术，并和仓库保管员共同研究物资的性能和防火特点，消除和严格控制火灾因素，一旦发生火灾应带领群众履行职责，积极扑救。

群众性的消防组织是不脱产的消防队伍，能发挥人人防火，个个灭火的积极性。它是专职消防人员的辅助力量。在发生火灾时，能否发挥作用及时扑救，主要靠平时的思想教育，健全的组织，明确的分工和过硬的消防技术。

一般仓库里的消防组织应设有指挥部、宣传联络组、灭火组、救护组等。一旦发生火灾，就能临危不慌，各就各位，各行其责，紧张而有秩序地进行扑救工作。

（二）灭火给水系统

灭火的给水系统是仓库消防用水的保证。消防水道应布置于仓库全部区域，并应为环形系统。在消防管道系统上需装设室内、外消防水栓，其布置应当保证在每一个着火点上有不少于两个水头来进行灭火的可能性。库房外部消火栓应沿道路设置，并靠近十字路口，相互间的距离应不超过100m，离房屋墙壁不少于5m，但也不可超过25m，而离路边不超过2m，室内消火栓其相邻位置，应保证2m以上互相交叠的水流来熄灭房屋最远及最高部分的火灾。消火栓分地下式和地面式两种。地下式消火栓一般是装在比较寒冷的地区，其优点是冬季不至于冻结，亦不妨碍地面交通，缺点则是在夜间或积雪的冬季找寻不便。地面式消火栓的情况正好相反，一般设在气候比较温暖的地区。

在没有消防水道装置的区域，一般都设置蓄水池，通过水泵、水龙带、水枪或喷水消防车扑救火灾。

六、消防器材、设备的使用

(一) 消防器材、设备的配备

根据仓库的实际情况,合理地配置消防器材、设备,是对仓库初起火灾进行有效控制,不使其蔓延,直至彻底扑灭的重要保证。

仓库配置灭火机时,应按每 $100m^2$ 一个计算,每栋库房不得少于 2 个。灭火机应悬挂在仓库外面的墙上,离地面高度不超过 1.5m,并要远离取暖设备和防止日光直射。

消防水桶应做成尖底,漆以红色,并标明"消防专用"字样,按仓库面积每 $50m^2$ 至少配备一个,一般独立的库房至少配备 4 个,挂在出入口外墙的明显处。

无论有无消防水道,在每个仓库附近,要配备一定数量的大水桶。

在储存液体燃料的仓库,必须备有干燥和清洁的砂,用木箱或桶盛装。

所有消防用的斧、锹、钩、梯等均应漆成红色,安放在仓库附近固定地点。

仓库必须建立准确可靠的报警系统,重要的库房内应设有烟雾报警装置。仓库还应设有报警信号,一旦发生火灾就能将火警迅速报告消防队和全体职工,有领导、有组织地进行有效的扑救。

(二) 消防器材、设备的使用

仓库常用的消防器材、设备主要包括灭火机、给水装置和消防用的简单工具等。

1. 灭火机

灭火机是以各种不同化学灭火剂作为灭火物质的设备,是仓库消防工作中必备的消防器材。灭火机必须注意保养,定期更换灭火剂。在使用灭火机时必须严格按照灭火机的操作规程进行。

常用的灭火机有泡沫灭火机、二氧化碳灭火机、1211 灭火机和干粉灭火机等。

(1) 泡沫灭火机。适用扑救固体物质火灾或其他易燃液体的火灾,但不能扑救忌水物质和带电设备火灾。使用时打开开关,将灭火机倒过来,喷嘴对准火源,稍加摇动,泡沫即可喷出。

(2) 二氧化碳灭火机。适用扑救电器、精密仪器、油类和酸类火灾,不能扑救钾、镁、钠、铝等物质的火灾。使用时,一手拿着喇叭筒对准火源,另一只手打开开关,二氧化碳即可喷出。

(3) 1211 灭火机。适用于扑救油类、电气设备、化工化纤原料等的初期火灾。使用时将喷嘴对准火源,拔下铅封或横销用力压下压把即可喷出。

(4) 干粉灭火机。适用于扑救石油、石油产品、油漆、有机溶剂、天然气设备火灾。使用时将喷嘴对准火源,拔出插销,提起圈环,干粉即可喷出。

2. 灭火的给水装置

主要指能保证所需用水的给水系统。高压消防水道的工作压力,当用水量达最大时,水枪位置在最高处仍保证充实水柱不小于 10m;低压消防水道的工作压力,从地面算起保证水头不小于 10m。

在没有消防水道装置的区域,应设置蓄水池,通过水泵、水龙带、水枪或喷水消防车扑救火灾。

3. 消防用简单工具

消防用简单工具主要有斧、铁锹、砂箱、梯子、水带、水枪和各种运水工具。

七、仓库安全检查的方式及方法

开展安全检查,是宣传贯彻"安全第一,预防为主"的安全生产方针,发现和消除隐患,保证仓库安全的一项有效措施。

(1) 安全检查的内容主要包括查思想、查隐患、查制度。

查思想主要是检查安全教育是否经常,查仓库的领导及职工的安全生产意识是否增强,对安全生产的方针、政策、法规贯彻是否坚决,对仓库安全、消防工作是否做到经常抓、经常管等。

查隐患主要是查仓储条件是否达到物资保管的安全要求,各种机械设备、消防设备、电器设备是否完好,检查安全设施是否齐全、有效,检查仓储设施是否达到标准等。

查制度主要是检查各项制度是否建立健全,贯彻执行各项制度及操作规程是否严格,各级安全生产责任制是否贯彻落实,检查各种安全记录是否齐全完整等。

(2) 安全检查的方式及方法。

安全检查要根据本单位实际情况,做到领导、技术人员与群众相结合,检查与整改相结合,普查与专业性检查相结合,讲求实效,切实解决问题。

安全检查的主要方式及方法有定期性检查、经常性检查、专业性检查、季节性检查、临时性检查等。

①定期检查。

定期检查发现面广,参加的人数多,检查的时间长,查的效果好。

②经常性检查。

经常性检查可边查边改,比较灵活,是一种有效的方法,包括季查、月查、周查、日查等。

季(月)查,一般由仓库组织有关人员进行。主要检查安全制度贯彻执行情况,安全措施落实情况,重点物资管理情况,安全防火情况等。周查,一般由班组长或小组安全员每周组织检查。日查,是保管人员日常的工作内容之一,就是按照一定的路线进行巡回检查。主要检查库存物资有无丢失,代收代发是否准确,门窗是否安全可靠等。

③专业性检查。

专业性检查是组织有专业知识的人员参加,重点突出,专业性强,有其针对性,能发现隐患,并边查边改。如组织有关专业人员对易燃、易爆、有毒等危险物资进行的检查,组织有关人员对电气设施进行的检查,组织有关人员对仓储设施的检查等。

④季节性检查。

季节性检查主要根据季节特点,组织有关人员进行的检查,如冬季到来之前,对冬防保温情况的检查;梅雨季节到来之前,对库区排水系统及库房、料棚防漏情况的检查;春季到来之前,对春季防火安全情况的检查;夏季到来之前,对重点物资的防高温情况的检查等。这种检查其时间性强,能及时采取防范措施。

⑤临时性检查。

临时性检查是上级或本部门根据实际情况组织的临时性检查,如大风、暴雨、洪水、冰雹、大雪到来之前组织检查,积极采取预防措施。当遭受这些自然灾害袭击后组织检查,积极采取抢救措施,控制损失扩大等。

⑥综合性检查。

综合性检查是企业组织的对各级物资仓库的全面检查。综合性检查能引起各级领导及各职能部门的重视,整改及时彻底。

第三章 物资计量及包装

第一节 计量基础知识

计量工作是企业基础工作之一,是现代化企业科学管理的基础。

物资的计量是借助各种计量器具对进库物资的数量和质量今昔功能检查。通过检查获得准确数据,为拒付、退货、索赔提供可靠依据,为本企业的经济效益服务。因此物资的计量工作在物资供应管理工作中有着十分重要的作用。

物资计量工作的要求是:必要的量具及化验、分析仪器须配备齐全,完整无缺;保证量具和化验、分析仪器的质量稳定,示值准确,修复及时;根据不同情况,选择正确的测试计量方法,量值准确并组织传递。为此,必须抓好以下几个环节:

第一,建立计量组织机构和配备计量人员。

第二,建立健全的计量管理制度。

第三,保证计量器具及仪器的正确合理使用。

第四,定期进行计量器具的检定。

第五,改进计量工作和计量方法。

一、法定计量单位的使用及换算

法定计量单位是由国家以法令形式规定允许使用的计量单位,由国务院公布,在全国范围内使用。《中华人民共和国计量法》明确规定,我国采用国际单位制计量单位和国家选定的其他计量单位,为国家法定计量单位。

在物资接运、验收、保管以及发放过程中,物资保管人员要使用各种计量单位,根据《中华人民共和国计量法》规定,必须采用法定计量单位。

(一) 法定计量单位的使用

我国的法定计量单位(以下简称法定单位)包括:

(1) 国际单位制的基本单位(见表1-3-1);
(2) 国际单位制的辅助单位(见表1-3-2);
(3) 国际单位制中具有专门名称的导出单位(见表1-3-3);
(4) 国家选定的非国际单位制单位(见表1-3-4);
(5) 由以上单位所构成的组合形式的单位;
(6) 由词头和以上单位所构成的十进倍数和分数单位(见表1-3-5)。

表1-3-1 国际单位制的基本单位

量 的 名 称	单 位 名 称	单 位 符 号
长度	米	m
质量	千克(公斤)	kg
时间	秒	s
电流	安[培]	A

续表

量 的 名 称	单 位 名 称	单 位 符 号
热力学温度	开[尔文]	K
物质的量	摩[尔]	mol
发光强度	坎[德拉]	cd

表1-3-2 国际单位制的辅助单位

量 的 名 称	单 位 名 称	单 位 符 号
[平面]角	弧度	rad
立体角	球面度	sr

表1-3-3 国际单位制中具有专门名称的导出单位

量 的 名 称	单 位 名 称	单 位 符 号	其他表示示例
频率	赫[兹]	Hz	s^{-1}
力	牛[顿]	N	$kg \cdot m/s^2$
压力,压强;应力	帕[斯卡]	Pa	N/m^2
能[量];功;热量	焦[耳]	J	$N \cdot m$
功率;辐[射能]通量	瓦[特]	W	J/s
电荷[量]	库[仑]	C	$A \cdot s$
电位;电压;电动势	伏[特]	V	W/A
电容	法[拉]	F	C/V
电阻	欧[姆]	Ω	V/A
磁通[量]	韦[伯]	Wb	$V \cdot s$
磁通[量]密度,磁感应强度	特[斯拉]	T	Wb/m^2
电感	亨[利]	H	Wb/A
摄氏温度	摄氏度	℃	
光通量	流[明]	lm	$cd \cdot sr$
[光]照度	勒[克斯]	lx	lm/m^2
[放射性]活度	贝可[勒尔]	Bq	s^{-1}
吸收剂量	戈[瑞]	Gy	J/kg
剂量当量	希[沃特]	Sv	J/kg

表1-3-4 国家选定的非国际单位制单位

量 的 名 称	单 位 名 称	单 位 符 号	换算关系及说明
时间	分	min	1min=60s
	[小]时	h	1=60min=3600s
	日,(天)	d	1d=24h=86400s
[平面]角	[角]秒	″	$1'' = (1/60)' = (\pi/648000)$ rad
	[角]分	′	$1' = (1/60)° = (\pi/10800)$ rad
	度	°	$1° = (\pi/180)$ rad

续表

量 的 名 称	单 位 名 称	单 位 符 号	换 算 关 系 及 说 明
旋转速度	转每分	r/min	1r/min＝(1/60) s^{-1}
长度	海里	n mile	1n mile＝1852m（只用于航行）
速度	节	kn	1kn＝1n mile/h＝(1852/3600) m/s（只用于航行）
质量	吨 原子质量单位	t u	1t＝10^{3}kg 1u≈1.660540×10^{-27}kg
体积	升	L, (l)	1L＝1dm^3＝10^{-3}m^3
能	电子伏	eV	1eV≈1.602177×10^{-19}J
级差	分贝	dB	
线密度	特［克斯］	tex	1tex＝10^{-6}kg/km

表1-3-5 用于构成十进倍数和分数单位的词头

所表示的因数	词头名称	词头符号
10^{24}	尧［它］	Y
10^{21}	泽［它］	Z
10^{18}	艾［可萨］	E
10^{15}	拍［它］	P
10^{12}	太［拉］	T
10^9	吉［咖］	G
10^6	兆	M
10^3	千	k
10^2	百	h
10^1	十	da
10^{-1}	分	d
10^{-2}	厘	c
10^{-3}	毫	m
10^{-6}	微	μ
10^{-9}	纳［诺］	n
10^{-12}	皮［可］	p
10^{-15}	飞［母托］	f
10^{-18}	阿［托］	a
10^{-21}	仄［普托］	z
10^{-24}	幺［科托］	y

（二）常用计量单位的换算

(1) 常用的长度单位及换算（见表1-3-6）；

(2) 常用的重量单位及换算（见表1-3-7）；

(3) 常用的容量单位及换算（见表1-3-8）；

(4) 常用的面积单位及换算（见表1-3-9）；

(5) 常用的体积单位及换算（见表1-3-10）；
(6) 常用的时间单位及换算（见表1-3-11）；
(7) 常用的压力单位及换算（见表1-3-12）；
(8) 常用的功率单位及换算（见表1-3-13）；
(9) 温度单位及换算（见表1-3-14）。

表1-3-6　常用的长度单位及换算

单位名称	单位符号	与主单位的换算
毫米	mm	1mm = 0.001m
厘米	cm	1cm = 0.01m
米	m	主单位
百米	hm	1hm = 100m
千米	km	1km = 1000m

表1-3-7　常用的重量单位及换算

单位名称	单位符号	与主单位的换算
毫克	mg	1mg = 0.000001kg
克	g	1g = 0.001kg
百克	hg	1hg = 0.1kg
公斤	kg	主单位
吨	t	1t = 1000kg

表1-3-8　常用的容量单位及换算

单位名称	单位符号	与主单位的换算
毫升	mL	1mL = 0.001L
升	L	主单位
千升	kL	1kL = 1000L

表1-3-9　常用的面积单位及换算

单位名称	单位符号	与主单位的换算
平方毫米	mm^2	$1mm^2 = 0.000001m^2$
平方厘米	cm^2	$1cm^2 = 0.0001m^2$
平方米	m^2	主单位
平方千米	km^2	$1km^2 = 1000000m^2$

表1-3-10　常用的体积单位及换算

单位名称	单位符号	与主单位的换算
立方毫米	mm^3	$1mm^3 = 0.000000001m^3$
立方厘米	cm^3	$1cm^3 = 0.000001m^3$
立方分米	dm^3	$1dm^3 = 0.001m^3$
立方米	m^3	主单位

表1-3-11 常用的时间单位及换算

单位名称	单位符号	与主单位的换算
天（日）	d	1d = 86400s
[小]时	h	1h = 3600s
分	min	1min = 60s
秒	s	主单位

表1-3-12 常用的压力单位及换算

单位名称	单位符号	与主单位的换算
兆帕	MPa	1MPa = 1000000Pa
千帕	kPa	1kPa = 1000Pa
百帕	hPa	1hPa = 100Pa
帕斯卡	Pa	主单位

表1-3-13 常用的功率单位及换算

单位名称	单位符号	与主单位的换算
兆瓦	MW	1MW = 1000000W
千瓦	kW	1kW = 1000W
瓦	W	主单位
毫瓦	mW	1mW = 0.001W

表1-3-14 温度单位及换算

摄氏	华氏	摄氏	华氏
-10	14.0	7	42.8
-9	15.8	8	46.4
-8	17.6	9	48.2
-7	19.4	10	50.0
-6	21.2	11	51.8
-5	23.0	12	53.6
-4	24.8	13	55.4
-3	26.6	14	57.2
-2	28.4	15	59.0
-1	30.2	16	60.8
1	32.0	17	62.6
2	33.8	18	64.4
3	35.6	19	66.2
4	37.4	20	68
5	39.2	21	69.8
6	41.0	22	71.6

续表

摄 氏	华 氏	摄 氏	华 氏
23	73.4	33	91.4
24	75.2	34	93.2
25	77	35	95
26	78.8	36	96.8
27	80.6	37	98.6
28	82.4	38	100.4
29	84.2	39	102.2
30	86	40	104
31	87.8	41	105.8
32	89.6		

二、计量器具的配备及使用

物资在储运过程中，从物资入库、保管，到物资出库，从物资的数量计量、质量检验以及规格认可，都需要各种计量器具来完成。

（一）计量器具的配备

物资储运部门应根据实际情况，合理配备计量器具。计量器具的配备应满足物资收、发、存的需要和保证仓库安全生产及环境保护的需要。在满足物资管理的前提下，必须经济合理，技术先进，保证使用的准确性、可靠性和安全性。各级仓库应根据全年物资的吞吐量及高峰期的进出库量、物资的运输方式、计量点多少等实际情况进行具体配备。

仓库所配备的计量器具应有专人管理，建立计量器具台账，建立健全计量器具使用管理制度，定期对计量器具进行检定，保证计量器具的示值准确。

（二）计量器具的使用

计量器具的使用应严格执行计量法。任何单位和个人均不得使用无检定合格印、证或超过检定周期以及经检定不合格的计量器具，不得使用残次零配件组装和修理计量器具。

计量器具的使用还应具备一定的条件，即经计量检定合格，具有正常的工作所需的环境条件，具有称职的保存、维护、使用人员，具有完善的管理制度。

常用的计量器具主要包括衡器和量具。

1. 衡器

衡器泛指除天平以外的各种秤，是专门称量物资质量（重量）的器具。

（1）电子轨道衡。

电子轨道衡是一种大型的有轨式地衡，用于对行进中的铁路货车进行不停车称重。它是由承重装置、传力机械系统、称量传感器和二次仪表等组成。轨道衡有单台面和双台面之分。单台面用于固体物资的称重，双台面用于液体物资和固体物资的称重，因此双台面成本较高。电子轨道衡一般对以时速 7~10km 匀速通过其台面的整列货车，进行分货车单体称重，通过计算机进行数据处理，自动显示、记录并打印称重结果，但其值是货车的毛重减去车皮自重后即可得出物资净重，主要用于整车大宗物资的计量。

电子轨道衡在使用时，列车应匀速通过其台面，不能在计量过程中加速和减速，以免加大其计量误差。

(2) 电子汽车衡。

电子汽车衡是一种对行进中的汽车进行不停车称重的电子秤。它是由称重传感器作为变换元件，将被称物资的重量按一定比例关系转换成与其相适应的电信号，用电子仪表进行测量和显示的称重装置。动态电子汽车衡一般对以时速 5~7km 匀速通过其台面的车辆进行不停车称重，通过计算机进行数据处理、自动显示和记录称重结果，并打印称重单。

电子汽车衡在使用时，应经常打扫其台面，将其散落在台面上的杂物清理干净。被称重的车辆应匀速通过，不可在其台面上刹车、起步、加减速等，以保证其称重的准确性。

(3) 电子钓钩秤。

电子钓钩秤是采用高精度称重传感器，集微型计算机、微电子及无线电等技术有机结合的高科技产品。它能与各种吊车配合，在装卸作业的同时，对物资进行称重计量，使装卸、称重及上下垛一次完成。电子钓钩秤具有遥控显示称重结果及打印功能，操作方便、称重迅速、分辨率高，是理想的现代化称重设备。

电子钓钩秤在使用时，起吊货物应平稳，不可起吊过猛，下滑溜放也应平稳，溜放时不可过急刹车，以免损坏钓钩秤，造成称重失误。每次称重结束后，应将钓钩秤从吊车大钩上取下，存放库内保管。

(4) 地中衡。

地中衡也称地磅，是一种大型的机械秤。它安装在地下固定的基坑里，承重台面与地面平齐，其精度一般为 1/1000~1/3000，极限称量一般为 5~30t。

地中衡在使用时，应注意台面的清洁，及时清理散落在台面上的落物。被称重车辆驶入台面前应先行减速，不可在台面上急刹车，在台面上起步应平稳，以免损坏其机械系统。

(5) 台秤。

台秤也称磅秤，是可移动的机械秤。它是根据杠杆原理制造的，由安装机构、杠杆系统、承重装置和读数装置所组成的可移动的机械秤。

台秤是常用的衡器，在使用时应先检查四角着实，校准台秤，不允许利用两台秤"搭接"进行称重检斤。

(6) 案秤。

案秤是在柜台或案板上使用的小型机械秤。其结构紧凑、体积小、重量轻、便于移动。案秤的使用参照台秤。

2. 量具

量具是以固定形式复现量值长度的计量器具。

(1) 直尺。也称钢板尺，有 150mm、300mm、500mm、1000mm 等。

直尺在使用时应注意不要使其尺面与硬质物品相互摩擦，也不能使尺的起始端面与硬质物品碰撞，以免损坏而造成刻度不清或量数不准。使用完后应擦拭干净，挂起保管，不应直立于地上，以免造成弯曲或损坏。

(2) 钢卷尺。钢卷尺是常用的计量器具之一，具有携带方便的特点，主要用于金属材料和木材的检尺计量。

钢卷尺使用时应注意拉紧,不可下垂,以免造成检尺误差大。使用中不要在地上拖拉,以免损坏。使用完后应擦拭干净并用油纸棉纱再擦拭一遍后再卷起,以防锈蚀。

(3) 游标卡尺。游标卡尺是高精度的测量器具,多用于规格鉴别时测量。

游标卡尺在使用时应小心操作,避免因使用不当造成损坏,在使用后擦拭干净,并用油纸软布再擦拭一遍,以防锈蚀,然后装入盒内保管。

(4) 内外径千分尺。内外径千分尺是高精度量具,主要用于精度及高光洁度尺寸规格的鉴别测量。

使用时应先用标准杆校对其准确度,使用中操作应平稳,不可扭力过大,用后擦拭干净,装入盒内妥善保管。

三、有关计量基准器具和计量标准器具的规定

(1) 计量基准器具(简称计量基准,下同)的使用必须具备下列条件:

①经国家鉴定合格;

②具有正常工作所需要的环境条件;

③具有称职的保存、维护、使用人员;

④具有完善的管理制度。

符合上述条件的,经国务院计量行政部门审批并颁发计量基准证书后,方可使用。

(2) 非经国务院计量行政部门批准,任何单位和个人不得拆卸、改装计量基准,或者自行中断其计量检定工作。

(3) 计量基准的量值应当与国际上的量值保持一致。国务院计量行政部门有权废除技术水平落后或者工作状况不适应需要的计量基准。

(4) 计量标准器具(简称计量标准,下同)的使用,必须具备下列条件:

①经计量检定合格;

②具有正常工作所需要的环境条件;

③具有称职的保存、维护、使用人员;

④具有完善的管理制度。

(5) 社会公用计量标准对社会上实施计量监督具有公证作用。县级以上地方人民政府计量行政部门建立的本行政区域内最高等级的社会公用计量标准,需向上一级人民政府计量行政部门申请考核;其他等级的,由当地人民政府计量行政部门主持考核。经考核符合规定条件并取得考核合格证的,由当地县级以上人民政府计量行政部门审批颁发社会公用计量标准证书后,方可使用。

(6) 国务院有关主管部门和省、自治区、直辖市人民政府有关主管部门建立的本部门各项最高计量标准,经同级人民政府计量行政部门考核,符合规定条件并取得考核合格证的,由有关主管部门批准使用。

(7) 企业、事业单位建立本单位各项最高计量标准,需向与其主管部门同级的人民政府计量行政部门申请考核;乡镇企业向当地县级人民政府计量行政部门申请考核。经考核符合规定条件并取得考核合格证的,企业、事业单位方可使用,并向其主管部门备案。

四、有关计量检定的规定

(1) 使用实行强制检定的计量标准的单位和个人,应当向主持考核该项计量标准的有

关人民政府计量行政部门申请周期检定。

（2）使用实行强制检定的工作计量器具的单位和个人，应当向当地县（市）级人民政府计量行政部门指定的计量检定机构申请周期检定；当地不能检定的，向上一级人民政府计量行政部门指定的计量检定机构申请周期检定。

（3）企业、事业单位应当配备与生产、科研、经营管理相适应的计量检测设施，制定具体的检定管理办法和规章制度，规定本单位管理的计量器具明细目录及相应的检定周期，保证使用的非强制检定的计量器具定期检定。

（4）计量检定工作应当符合经济合理、就地就近的原则，不受行政区划和部门管辖的限制。

五、计量器具的制造和修理

（1）企业、事业单位申请办理《制造计量器具许可证》，由与其主管部门同级的人民政府计量行政部门进行考核；乡镇企业由当地县级人民政府计量行政部门进行考核。经考核合格，取得《制造计量器具许可证》的，准予使用国家统一的标志，有关主管部门方可批准生产。

（2）对社会开展经营性修理计量器具的企业、事业单位，办理《修理计量器具许可证》，可直接向当地县（市）级人民政府计量行政部门申请考核；当地不能考核的，可以向上一级地方人民政府计量行政部门申请考核。经考核合格取得《修理计量器具许可证》的，方可准予使用国家统一规定的标志和批准营业。

（3）制造、修理计量器具的个体工商户，须在固定的场所从事经营。申请《制造计量器具许可证》或者《修理计量器具许可证》，按照规定的程序办理。凡异地经营的，需经所到地方的人民政府计量行政部门验证核准后方可申请办理营业执照。

（4）对申请《制造计量器具许可证》和《修理计量器具许可证》的企业、事业单位和个体工商户进行考核的内容为：
①生产设施；
②出厂检定条件；
③人员的技术状况；
④有关技术文件和计量规章制度。

（5）凡制造在全国范围内从未生产过的计量器具新产品，必须经过定型鉴定。定型鉴定合格后，应当履行型式批准手续，颁发证书。在全国范围内已经定型，而本单位未生产过的计量器具新产品，应当进行样机试验。样机试验合格后，发给合格证书。凡未经型式批准或者未取得样机试验合格证书的计量器具，不准生产。

（6）计量器具新产品定型鉴定，由国务院计量行政部门授权的技术机构进行；样机试验由所在地方的省级人民政府计量行政部门授权的技术机构进行。

（7）计量器具新产品的型式由当地省级人民政府计量行政部门批准。省级人民政府计量行政部门批准的型式，经国务院计量行政部门审核同意后，作为全国通用型式。

（8）申请计量器具新产品定型鉴定和样机试验的单位，应当提供新产品样机及有关技术文件、资料。负责计量器具新产品定型鉴定和样机试验的单位，对申请单位提供的样机和技术文件、资料必须保密。

（9）对企业、事业单位制造、修理计量器具的质量，各有关主管部门应当加强管理，县级以上人民政府计量行政部门有权进行监督检查，包括抽检和监督试验。凡无产品合格印、证，或者经检定不合格的计量器具，不准出厂。

六、计量器具的销售和使用

（1）县级以上地方人民政府计量行政部门对当地销售的计量器具实施监督检查。凡没有产品合格印、证和《制造计量器具许可证》标志的计量器具不得销售。

（2）任何单位和个人不得经营销售残次计量器具零配件，不得使用残次零配件组装和修理计量器具。

（3）任何单位和个人不准在工作岗位上使用无检定合格印、证或者超过检定周期以及经检定不合格的计量器具。在教学示范中使用计量器具不受此限。

七、计量监督规定

（1）国务院计量行政部门和县级以上地方人民政府计量行政部门监督和贯彻实施计量法律、法规的职责是：

①贯彻执行国家计量工作的方针、政策和规章制度，推行国家法定计量单位；

②制定和协调计量事业的发展规划，建立计量基准和社会公用计量标准，组织量值传递；

③对制造、修理、销售、使用计量器具实施监督；

④进行计量认证，组织仲裁检定，调解计量纠纷；

⑤监督检查计量法律、法规的实施情况，对违反计量法律、法规的行为，按照有关规定进行处理。

（2）县级以上人民政府计量行政部门的计量管理人员，负责执行计量监督、管理任务；计量监督员负责在规定的区域、场所巡回检查，并可根据不同情况在规定的权限内对违反计量法律、法规的行为，进行现场处理，执行行政处罚。

（3）计量监督员必须经考核合格后，由县级以上人民政府计量行政部门任命并颁发监督员证件。

（4）县级以上人民政府计量行政部门依法设置的计量检定机构，为国家法定计量检定机构。其职责是：负责研究建立计量基准，社会公用计量标准，进行量值传递，执行强制检定和法律规定的其他检定、测试任务，起草技术规范，为实施计量监督提供技术保证，并承办有关计量监督工作。

（5）国家法定计量检定机构的计量检定人员，必须经县级以上人民政府计量行政部门考核合格，并取得计量检定证件。其他单位的计量检定人员，由其主管部门考核发证。无计量检定证件的，不得从事计量检定工作。计量检定人员的技术职务系列，由国务院计量行政部门会同有关主管部门制定。

（6）县级以上人民政府计量行政部门可以根据需要，采取以下形式授权其他单位的计量检定机构和技术机构，在规定的范围内执行强制检定和其他检定、测试任务：

①授权专业性或区域性计量检定机构作为法定计量检定机构；

②授权建立社会公用的计量标准；

③授权某一部门或某一单位的计量检定机构，对其内部使用的强制检定计量器具执行强制检定；

④授权有关技术机构，承担法律规定的其他检定、测试任务。

（7）根据有关规定被授权的单位，应当遵守下列规定：

①被授权单位执行检定、测试任务的人员，必须经授权单位考核合格；

②被授权单位的相应计量标准，必须接受计量基准或者社会公用计量标准的检定；

③被授权单位承担授权的检定、测试工作，须接受授权单位的监督；

④被授权单位成为计量纠纷中当事人一方时，在双方协商不能自行解决的情况下，由县级以上有关人民政府计量行政部门进行调解和仲裁检定。

八、有关法律责任的规定

（1）违反本规定，使用非法定计量单位的，责令其改正；属出版物的，责令其停止销售，可并处一千元以下的罚款。

（2）违反《中华人民共和国计量法》规定，制造、销售和进口国务院规定废除的非法定计量单位的计量器具和国务院禁止使用的其他计量器具的，责令其停止制造、销售和进口，没收计量器具和全部违法所得，可并处相当其违法所得百分之十至百分之五十的罚款。

（3）部门和企业、事业单位的各项最高计量标准，未经有关人民政府计量行政部门考核合格而开展计量检定的，责令其停止使用，可并处一千元以下的罚款。

（4）属于强制检定范围的计量器具，未按照规定申请检定和属于非强制检定范围的计量器具未自行定期检定或者送其他计量检定机构定期检定的，以及经检定不合格继续使用的，责令其停止使用，可并处一千元以下的罚款。

（5）未取得《制造计量器具许可证》或者《修理计量器具许可证》制造、修理计量器具的，责令其停止生产、停止营业，封存制造、修理的计量器具，没收全部违法所得，可并处相当其违法所得百分之十至百分之五十的罚款。

（6）制造、销售未经型式批准或样机试验合格的计量器具新产品的，责令其停止制造、销售，封存该种新产品，没收全部违法所得，可并处三千元以下的罚款。

（7）制造、修理的计量器具未经出厂检定或者经检定不合格而出厂的，责令其停止出厂，没收全部违法所得；情节严重的，可并处三千元以下的罚款。

（8）进口计量器具，未经省级以上人民政府计量行政部门检定合格而销售的，责令其停止销售，封存计量器具，没收全部违法所得，可并处其销售额百分之十至百分之五十的罚款。

（9）使用不合格计量器具或者破坏计量器具准确度和伪造数据，给国家和消费者造成损失的，责令其赔偿损失，没收计量器具和全部违法所得，可并处两千元以下的罚款。

（10）经营销售残次计量器具零配件的，责令其停止经营销售，没收残次计量器具零配件和全部违法所得，可并处两千元以下的罚款；情节严重的，由工商行政管理部门吊销其营业执照。

（11）制造、销售、使用以欺骗消费者为目的的计量器具的单位和个人，没收其计量器具和全部违法所得，可并处两千元以下的罚款；构成犯罪的，对个人或者单位直接责任人员，依法追究刑事责任。

（12）个体工商户制造、修理国家规定范围以外的计量器具或者不按照规定场所从事经营活动的，责令其停止制造、修理，没收全部违法所得，可并处以五百元以下的罚款。

（13）未取得计量认证合格证书的产品质量检验机构，为社会提供公证数据的，责令其停止检验，可并处一千元以下的罚款。

（14）伪造、盗用、倒卖强制检定印、证的，没收其非法检定印、证和全部违法所得，可并处两千元以下的罚款；构成犯罪的，依法追究刑事责任。

（15）计量监督管理人员违法失职，徇私舞弊，情节轻微的，给予行政处分；构成犯罪的，依法追究刑事责任。

（16）负责计量器具新产品定型鉴定、样机试验的单位，违反规定的，应当按照国家有关规定，赔偿申请单位的损失，并给予直接责任人员行政处分；构成犯罪的，依法追究刑事责任。

（17）计量检定人员有下列行为之一的，给予行政处分；构成犯罪的，依法追究刑事责任：

①伪造检定数据的；
②出具错误数据，给送检一方造成损失的；
③违反计量检定规程进行计量检定的；
④使用未经考核合格的计量标准开展检定的；
⑤未取得计量检定证件执行计量检定的。

（18）行政处罚由县级以上地方人民政府计量行政部门决定。罚款一万元以上的，应当报省级人民政府计量行政部门决定。没收的违法所得及罚款一律上缴国库。

九、计量器具的保养

计量器具必须由使用人定期进行保养，经常保持清洁。注意防尘、防潮、防撞，存放在安全位置，计量器具严禁与其他工具、杂物堆放。较长时间不用的仪表要定期通电去潮，防止霉变。计量器具在使用中发生故障应停止使用，并送相关部门进行修理，严禁计量器具带病工作。非专业修理人员不得自行拆修计量器具，违者要对造成的后果负责。

第二节 包 装

一、包装的概念

在我国《包装通用术语》的国家标准中，对包装下了明确的定义：为在流通过程中保护产品，方便储运，促进销售，按一定技术方法采用的容器、材料及辅助物体的总称。

它还指为了达到上述目的而采用容器、材料和辅助物过程中，施用一定技术方法的操作活动。

二、包装的重要意义

产品种类繁多，性质特点和形状各异，因而它们对包装的要求也各不相同，除少数产品难以包装，不值得包装或根本没有包装的必要，而采取裸装或散装的形式外，其他绝大多数产品都需要有适当的包装。产品包装是生产的继续，凡需要包装的产品，只有通过包装，才算完成生产过程，产品才能进入流通领域和消费领域，才能实现产品的使用价值和价值。这是因为，包装是保护产品在流通过程中完好和数量完整的重要措施，有些产品甚至根本离不开包装，它与包装成为不可分割的统一整体。经过适当包装的产品，便于运输、装卸、搬运、储存、保管、清点、携带，为各方面提供了便利。在当前国际市场竞争十分激烈的情况下，许多国家都把改进包装作为加强对外销售的重要手段之一，因为良好的包装，不仅可以保护产品，而且还能宣传美化产品，提高产品身价，吸引顾客，扩大销路，增加售价，并在一定程度上显示出口国家的科学、文化、艺术水平。鉴于包装如此重要，所以生产企业和销售部门应共同搞好包装工作，使我国出口产品的包装符合科学、经济、牢固、美观、适销和多创汇的要求。

三、包装的作用

产品包装是为保护产品数量与质量的完整性而必需的一道工序。由于产品的包装直接影响到产品的价值与销路,因而对绝大多数的产品来说,包装是产品运输、储存、销售不可缺少的必要条件。

(1)保护产品,这是包装的主要目的和重要功能。产品在从出厂到用户的整个流通过程中,都必须进行运输和储存,即使到了用户手中,从开始使用到使用完毕,也还有存放的问题。产品在运输中会遇到振动、挤压、碰撞、冲击以及风吹、日晒、雨淋等损害,在储存时也会受到温度、湿度、虫蛀、鼠咬、尘埃损害和污染。合理的包装就能保护产品在流通过程中不受自然环境和外力的影响,从而保护产品的使用价值,使产品实体不至损坏、散失、变质和变形。

(2)提高产品储运效率。包装对小件产品起着集中的作用。包装袋或包装纸上有有关产品的鲜明标记,便于装卸、搬运和堆码,利于简化产品的交接手续,从而使工作效率明显地提高。外包装的体积、长、宽、高尺寸、重量与运输工具的标重、容积相匹配,对于提高运输工具利用率,以及节约动力和运费,都具有重要作用。

(3)便于使用。适当的包装还可以起到便于使用和指导消费的作用。包装上的使用说明、注意事项等,对消费者或用户使用、保养、保存产品,具有重要作用。

(4)促进产品销售。产品包装还具有识别和促销的作用。良好的包装,往往能为广大消费者或用户所瞩目,从而激发其购买欲望,成为产品推销的一种主要工具和有力的竞争手段。包装还能收到广告宣传的效果。有时,同种产品的质量可能不相上下,这样,包装就往往会成为消费者或用户选购产品的主要考虑因素。由于包装的改进,可以使一项旧产品给人带来一种新的印象。由此可见,包装能够有效地帮助产品上市行销,维持或扩大市场占有率。实现产品包装化,有利于提高产品质量,丰富产品品种,还可方便销售,有助于推广自动售货和自我服务售货。

(5)促进企业收入的增加。优良、精美的包装,不仅可以使好的产品与好的包装相得益彰,避免"一等产品,二等包装,三等价格"的现象,而且,还能够抬高产品的身价,使消费者或用户愿意出较高的价格购买,从而使企业增加销售收入。此外,包装产品的存货控制,也比较简单易行。实现产品包装化,还可使产品损耗率降低,提高运输、储存、销售各环节的劳动效率。这些都可使企业增加利润。

四、包装的分类

包装的分类方法很多,通常人们习惯把包装分为两大类:运输包装和销售包装。

运输包装是以运输、储存为主要目的的包装。它具有保护产品安全,方便装卸储运,加速交接检查等作用。

销售包装是以销售为主要目的,与产品一起到达用户与消费者手中的包装。它具有保护产品,美化、宣传产品,促进销售的作用。

专业分类有以下几种方法:

(1)以包装容器形状可分为箱、桶、袋、包、筐、捆、坛、罐、缸、瓶等。

(2)以包装材料可分为木制品、纸制品、金属制品、玻璃制品、陶瓷制品和塑料制品包装等。

(3)以包装货物种类可分为食品、医药、轻工产品、针棉织品、家用电器、机电产品和果菜包装等。

（4）以安全为目的可分为一般货物包装和危险货物包装等。

五、包装类型代码

包装类型代码见表1-3-15。

表1-3-15 包装类型代码表

代　　码	包装种类中文名称	包装种类简称
190	其他桶	桶
1A1	钢制不可拆装桶顶圆桶	闭口钢桶
1A2	钢制可拆装桶顶圆桶	开口钢桶
1A3	镀锌闭口钢桶	镀锌闭口钢桶
1A4	镀锌开口钢桶	镀锌开口钢桶
1B1	铝制不可拆装桶顶圆桶	闭口铝桶
1B2	铝制可拆装桶顶圆桶	开口铝桶
1C	木圆桶	木圆桶
1D	胶合板圆桶	胶板圆桶
1G	纤维圆桶	纤维圆桶
1H1	塑料不可拆装桶顶圆桶	闭口塑料圆桶
1H2	塑料可拆装桶顶圆桶	开口塑料圆桶
2C1	塞式木琵琶桶	木琵琶桶
2C2	非水密型木琵琶桶	木琵琶桶
390	其他罐	罐
3A1	钢制不可拆装罐顶罐	闭口钢罐
3A2	钢制可拆装罐顶罐	开口钢罐
3B1	铝制不可拆装罐顶罐	闭口铝罐
3B2	铝制可拆装罐顶罐	开口铝罐
3H1	塑料制不可拆装罐顶罐	闭口塑料罐
3H2	塑料制可拆装罐顶罐	开口塑料罐
490	其他箱	箱
4A	钢箱	钢箱
4B	铝箱	铝箱
4C11	大木箱	大木箱
4C12	中木箱	中木箱
4C13	小木箱	小木箱
4C2	箱壁防侧漏木箱	防漏木箱
4D	胶合板箱	胶合板箱
4F	再生木木箱	再生木木箱
4G	纤维板箱	纤维板箱
4H1	膨胀的塑料箱	塑料箱

续表

代 码	包装种类中文名称	包装种类简称
4H2	硬质的塑料箱	塑料箱
4M	纸箱	纸箱
4M1	单瓦楞纸箱	单瓦楞纸箱
4M2	双瓦楞纸箱	双瓦楞纸箱
590	其他袋	袋
5991	麻袋	麻袋
5992	布袋/包	布袋/包
5H1	塑料编织无内衬或涂层的袋	塑料编织袋
5H2	塑料编织防侧漏的袋	塑料编织袋
5H3	塑料编织防水的袋	塑料编织袋
5H4	塑料薄膜袋	塑料薄膜袋
5H5	无涂层或内衬的编织集装袋	编织集装袋
5H6	带涂层的编织塑料集装袋	编织集装袋
5H7	带内衬的编织塑料集装袋	编织集装袋
5H8	带涂层和内衬的编织集装袋	编织集装袋
5L1	纺织品无内衬或涂层的袋	布袋
5L2	纺织品防侧漏的袋	布袋
5L3	纺织品防水的袋	布袋
5M1	多层的纸袋	纸袋
5M2	多层防水纸袋	纸袋
5M91	纸袋	纸袋
6HA1	塑料容器在钢桶内复合包装	钢桶塑料复包
6HA2	塑料容器在钢条或钢皮箱内复合包装	钢皮箱塑料复包
6HB1	塑料容器在铝桶内复合包装	铝桶塑料复包
6HB2	塑料容器在铝条或铝皮箱内复合包装	铝皮箱塑料复包
6HC	塑料容器在木箱内复合包装	木箱塑料复包
6HD1	塑料容器在胶合板桶内复合包装	胶板桶塑料复包
6HD2	塑料容器在胶合板箱内复合包装	胶板箱塑料复包
6HG1	塑料容器在纤维桶内复合包装	纤维桶塑料复包
6HG2	塑料容器在纤维板箱内复合包装	纤维板箱塑料复包
6HH1	塑料容器在塑料桶内复合包装	塑料桶塑料复包
6HH2	塑料容器在硬塑料箱内复合包装	硬塑料箱复包
6PA1	玻璃、陶瓷、粗陶器在钢桶内复合包装	玻璃钢桶复包
6PA2	玻璃、陶瓷、粗陶器在钢条或钢皮箱内复合包装	玻璃陶瓷钢皮箱复包
6PB1	玻璃、陶瓷、粗陶器在铝桶内复合包装	玻璃陶瓷铝桶复包
6PB2	玻璃、陶瓷、粗陶器在铝条或铝皮箱内复合包装	玻璃陶瓷铝皮箱复包
6PC	玻璃、陶瓷、粗陶器在木箱内复合包装	玻璃陶瓷木箱复包

续表

代 码	包装种类中文名称	包装种类简称
6PD1	玻璃、陶瓷、粗陶器在胶合板内复合包装	玻璃陶瓷胶板复包
6PD2	玻璃、陶瓷、粗陶器在柳条筐内复合包装	玻璃陶瓷柳条筐复包
6PG1	玻璃、陶瓷、粗陶器在纤维桶内复合包装	玻璃陶瓷纤维桶复包
6PG2	玻璃、陶瓷、粗陶器在纤维板箱内复合包装	玻璃陶瓷纤维板复包
6PH1	玻璃、陶瓷、粗陶器在膨胀塑料包装内复合包装	玻璃陶瓷膨塑复包
6PH2	玻璃、陶瓷、粗陶器在硬塑料包装内复合包装	玻璃陶瓷硬塑复包
9990	竹箩	竹箩
9991	竹笼	竹笼
9992	植物性铺垫材料	植物铺垫材料
9993	散装	散装
9994	裸装	裸装
9995	挂装	挂装
9996	铺席	铺席
9997	捆装	捆装
9999	其他	其他
9A91	铁托	铁托
9A92	铁笼	铁笼
9A93	铁皮	铁皮
9C91	天然木托	天然木托
9F91	再生木托	再生木托

六、包装的一般规定要求

（1）包装应坚固、完好，在运输过程中能防止包装破裂、内物漏出、散失；防止因码放、摩擦、振荡或因气压、气温变化而引起货物损坏或变质；防止伤害操作人员或污染飞机、地面设备及其他物品。

（2）包装除应适合货物的性质、状态和重量外，还要便于搬运、装卸和码放；包装外表面不能有突出的钉、钩、刺等；包装要整洁、干燥、没有异味和油渍。

（3）包装内的垫付材料（如木屑、纸屑）不能外漏。除纸袋包装的货物（如文件、资料等），托运货物都应使用包装带捆。严禁使用草袋包装或草绳捆扎货物。

（4）捆扎货物所用的包装带应能承受该货物的全部重量，并保证提起货物时不至断开。

七、部分货物的特殊包装要求

（1）液体货物。容器内部必须留有5%~10%的空隙，封盖必须平密，不得溢漏。用玻璃容器盛装的液体，每一容器的容量不得超过500mL。单件货物毛重以不超过25kg为宜。箱内应使用衬垫和吸附材料填实，防止晃动或液体渗出。

（2）粉状货物。用袋盛装的，最外层应使用塑料涂膜编织袋作外包装，保证粉末不至漏出，单件货物毛重不得超过50kg；用硬纸桶、木桶、胶合板桶盛装的，要求桶身不破，接缝严密，桶盖密封，桶箍坚固结实；用玻璃装的，每瓶内装物的重量不得超过1kg；用铁制或木制材料作外包装，箱内用衬垫材料填实。单件货物毛重以不超过25kg为宜。

（3）精密易损，质脆易碎货物。单件货物毛重以不超过25kg为宜，可以采用以下方法包装。

①多层次包装：即货物衬垫材料（内包装）和运输包装（外包装）。

②悬吊式包装：即用几根弹簧或绳索，从箱内各个方向把货物悬置在箱子中间。

③防倒置包装：即底盘大、有手提把环或屋脊式箱盖的包装。不宜平放的玻璃板，挡风玻璃等必须使用此类包装。

④玻璃器皿的包装：应使用足够厚度的泡沫塑料及其他衬垫材料围裹严实，外加坚固的瓦楞纸箱或木箱，箱内物品不得晃动。

（4）裸装货物、不怕碰压的货物。可以不用包装，如轮胎等；不易清点件数，形状不规则，外形与运输设备相似或容易损坏飞机的货物，应使用绳、麻布包扎或外加包装。

（5）大型货物。体积或重量较大的货物底部应有便于叉车操作的枕木或底托。

八、特殊产品的包装要求

（1）所谓特殊产品，是指可能在运输、储存过程中易发生损坏和造成人体健康损害的产品。主要指：

①易碎物品。这类物品一般指玻璃、陶瓷等制品，在运输、储存过程中易破碎，而一旦破碎，则失去使用价值。

②易燃物品。是指燃点低、极易燃烧的物品，在运输、储存过程中极易发生燃烧，造成其他人身、财产的损害。

③易爆物品。是指产品本身受外界因素影响而极易发生爆炸的物品，与易燃物品一样，一旦发生爆炸，造成的损失难以估计。

④有毒物品。是指含有对人体或其他生物引起中毒造成肌体损害的物品，这种物品在运输、储存过程中一旦泄漏，会引起严重的后果。

⑤有腐蚀性的物品。是指会导致化学或电化学反应而造成破坏的物品。

⑥有放射性物品。是指因原子核的不稳定性而产生辐射线的物品，其危害性极大，对人体健康损害极大。

⑦储运中不能倒置的物品。是指在运输、储存过程中如果将其倒置，可能损坏或者影响其使用性的物品。

（2）特殊产品的包装要求。

对于特殊产品，应对其包装有特殊的规定。《中华人民共和国产品质量法》规定对特殊产品的包装，应当符合相应的要求，确保在运输、储存过程中产品的安全。该法规定："易碎、易燃、易爆、有毒、有腐蚀性、有放射性等危险物品以及储运中不能倒置和有其他特殊要求的产品，其包装质量必须符合相应要求，依照国家有关规定作出警示标志或者中文警示说明，标明储运注意事项"。

九、包装类型的要求

（1）纸箱。应能承受同类包装货物码放3m或4层的总重量。

（2）木箱。厚度及结构要适合货物安全运输的需要，盛装贵重物品、精密仪器、易碎物品的木箱，不得有腐蚀、虫蛀、裂缝等缺陷。

（3）条筐、竹篓。编制紧密、整齐、牢固、不断条、不劈条，外形尺寸以不超过50cm×50cm×60cm为宜，单件毛重以不超过40kg为宜，内装货物及衬垫材料不得漏出，应能承受同类货物码放3层高的总重量。

(4) 铁桶。铁皮的厚度应与内装货物重量相对应。单件毛重 25～100kg 的中小型铁桶，应使用 0.6～1.0mm 的铁皮制作，单件毛重在 101～180kg 的大型铁桶，应使用 1.25～1.5mm 的铁皮制作。

十、包装技术分类

（一）防震保护技术

防震包装又称缓冲包装，在各种包装方法中占有重要的地位。为了防止产品遭受损坏，就要设法减小外力的影响。所谓防震包装就是指为减缓内装物受到冲击和振动，保护其免受损坏所采取的一定防护措施的包装。防震包装主要有以下三种方法：

（1）全面防震包装方法。全面防震包装方法是指内装物和外包装之间全部用防震材料填满进行防震的包装方法。

（2）部分防震包装方法。对于整体性好的产品和有内装容器的产品，仅在产品或内包装的拐角或局部地方使用防震材料进行衬垫即可。所用包装材料主要有泡沫塑料防震垫、充气型塑料薄膜防震垫和橡胶弹簧等。

（3）悬浮式防震包装方法。对于某些贵重易损的物品，为了有效地保证在流通过程中不被损坏，外包装容器比较坚固，然后用绳、带、弹簧等将被装物悬吊在包装容器内，在物流中，无论是什么操作环节，内装物都被稳定悬吊而不与包装容器发生碰撞，从而减少损坏。

（二）防破损保护技术

缓冲包装有较强的防破损能力，因而是防破损包装技术中有效的一类。此外还可以采取以下几种防破损保护技术：

（1）捆扎及裹紧技术。捆扎及裹紧技术的作用，是使杂货、散货形成一个牢固整体，以增加整体性，便于处理及防止散堆来减少破损。

（2）集装技术。利用集装，减少与货体的接触，从而防止破损。

（3）选择高强保护材料。通过外包装材料的高强度来防止内装物受外力作用破损。

（三）防锈包装技术

（1）防锈油防锈蚀包装技术。大气锈蚀是空气中的氧、水蒸气及其他有害气体等作用于金属表面引起电化学作用的结果。如果使金属表面与引起大气锈蚀的各种因素隔绝（即将金属表面保护起来），就可以达到防止金属大气锈蚀的目的。

防锈油包装技术就是根据这一原理将金属涂封防止锈蚀的。用防锈油封装金属制品，要求油层要有一定厚度，油层的连续性好，涂层完整。不同类型的防锈油要采用不同的方法进行涂复。

（2）气相防锈包装技术。气相防锈包装技术就是用气相缓蚀剂（挥发性缓蚀剂），在密封包装容器中对金属制品进行防锈处理的技术。

气相缓蚀剂是一种能减慢或完全停止金属在侵蚀性介质中的破坏过程的物质，它在常温下即具有挥发性，它在密封包装容器中，在很短的时间内挥发或升华出的缓蚀气体就能充满整个包装容器内的每个角落和缝隙，同时吸附在金属制品的表面上，从而起到抑制大气对金属锈蚀的作用。

（四）防霉腐包装技术

在运输包装内装运食品和其他有机碳水化合物货物时，货物表面可能生长霉菌，在流通过程中如遇潮湿，霉菌生长繁殖极快，甚至伸延至货物内部，使其腐烂、发霉、变质，因此要采取特别防护措施。

包装防霉烂变质的措施，通常是采用冷冻包装、真空包装或高温灭菌方法。冷冻包装的原理是减慢细菌活动和化学变化的过程，以延长储存期，但不能完全消除食品的变质。高温杀菌法可消灭引起食品腐烂的微生物，可在包装过程中用高温处理防霉。有些经干燥处理的食品包装，应防止水汽浸入以防霉腐，可选择防水汽和气密性好的包装材料，采取真空和充气包装。

真空包装法也称减压包装法或排气包装法。这种包装可阻挡外界的水汽进入包装容器内，也可防止在密闭着的防潮包装内部存有潮湿空气，在气温下降时结露。采用真空包装法，要注意避免过高的真空度，以防损伤包装材料。

防止运输包装内货物发霉，还可使用防霉剂，防霉剂的种类甚多，用于食品的必须选用无毒防霉剂。

机电产品的大型封闭箱，可酌情开设通风孔或通风窗等相应的防霉措施。

（五）防虫包装技术

防虫包装技术，常用的是驱虫剂，即在包装中放入有一定毒性和嗅味的药物，利用药物在包装中挥发气体杀灭和驱除各种害虫。常用驱虫剂有萘、对位二氯化苯、樟脑精等。也可采用真空包装、充气包装、脱氧包装等技术，使害虫无生存环境，从而防止虫害。

（六）危险品包装技术

危险品有上千种，按其危险性质，交通运输及公安消防部门规定分为十大类，即爆炸性物品、氧化剂、压缩气体和液化气体、自燃物品、遇水燃烧物品、易燃液体、易燃固体、毒害品、腐蚀性物品、放射性物品等，有些物品同时具有两种以上危险性能。

（1）对有毒商品的包装要明显地标明有毒的标志。防毒的主要措施是包装严密不漏、不透气。对有机农药一类的商品，应装入沥青麻袋，缝口严密不漏。如用塑料袋或沥青纸袋包装的，外面应再用麻袋或布袋包装。用作杀鼠剂的磷化锌有剧毒，应用塑料袋严封后再装入木箱中，箱内用两层牛皮纸、防潮纸或塑料薄膜衬垫，使其与外界隔绝。

（2）对有腐蚀性的商品，要注意商品和包装容器的材质发生化学变化。金属类的包装容器，要在容器壁涂上涂料，防止腐蚀性商品对容器的腐蚀。例如包装合成脂肪酸的铁桶内壁要涂有耐酸保护层，防止铁桶被商品腐蚀，从而商品也随之变质。再如氢氟酸是无机酸性腐蚀物品，有剧毒，能腐蚀玻璃，不能用玻璃瓶作包装容器，应装入金属桶或塑料桶，然后再装入木箱。甲酸易挥发，其气体有腐蚀性，应装入良好的耐酸坛、玻璃瓶或塑料桶中，严密封口，再装入坚固的木箱或金属桶中。

（3）对黄磷等易自燃商品的包装。宜将其装入壁厚不少于1mm的铁桶中，桶内壁需涂耐酸保护层，桶内盛水，并使水面浸没商品，桶口严密封闭，每桶净重不超过50kg。再如通水引起燃烧的物品如碳化钙，遇水即分解并产生易燃乙炔气，对其应用坚固的铁桶包装，桶内充入氮气，如果桶内不充氮气，则应装置放气活塞。

（4）对于易燃、易爆商品，例如有强烈氧化性的，遇有微量不纯物或受热即急剧分解引起爆炸的产品。防爆炸包装的有效方法是采用塑料桶包装，然后将塑料桶装入铁桶或木箱中，每件净重不超过50kg，并应有自动放气的安全阀，当桶内达到一定气体压力时，能自动放气。

（七）特种包装技术

（1）充气包装。充气包装是采用二氧化碳气体或氮气等不活泼气体置换包装容器中的空气的一种包装技术方法，因此也称为气体置换包装。这种包装方法是根据好氧性微生物需氧代谢的特性，在密封的包装容器中改变气体的组成成分，降低氧气的浓度，抑制微生物的生理活动、酶的活性和鲜活商品的呼吸强度，达到防霉、防腐和保鲜的目的。

（2）真空包装。真空包装是将物品装入气密性容器后，在容器封口之前抽真空，使密封后的容器内基本没有空气的一种包装方法。

一般的肉类商品、谷物加工商品以及某些容易氧化变质的商品都可以采用真空包装。真空包装不但可以避免或减少脂肪氧化，而且抑制了某些霉菌和细菌的生长，同时在对其进行加热杀菌时，由于容器内部气体已排除，因此加速了热量的传导，提高了高温杀菌效率，也避免了加热杀菌时，由于气体的膨胀而使包装容器破裂。

（3）收缩包装。收缩包装就是用收缩薄膜裹包物品（或内包装件），然后对薄膜进行适当加热处理，使薄膜收缩而紧贴于物品（或内包装件）的包装技术方法。

收缩薄膜是一种经过特殊拉伸和冷却处理的聚乙烯薄膜，由于薄膜在定向拉伸时产生残余收缩应力，这种应力受到一定热量后便会消除，从而使其横向和纵向均发生急剧收缩，同时使薄膜的厚度增加，收缩率通常为30%～70%，收缩力在冷却阶段达到最大值，并能长期保持。

（4）拉伸包装。拉伸包装是20世纪70年代开始采用的一种新包装技术，它是由收缩包装发展而来的，拉伸包装是依靠机械装置在常温下将弹性薄膜围绕被包装件拉伸、紧裹，并在其末端进行封合的一种包装方法。由于拉伸包装不需进行加热，所以消耗的能源只有收缩包装的二十分之一。拉伸包装可以捆包单件物品，也可用于托盘包装之类的集合包装。

（5）脱氧包装。脱氧包装是继真空包装和充气包装之后出现的一种新型除氧包装方法。脱氧包装是在密封的包装容器中，使用能与氧气起化学作用的脱氧剂与之反应，从而除去包装容器中的氧气，以达到保护内装物的目的。脱氧包装方法适用于某些对氧气特别敏感的物品，适用于那些即使有微量氧气也会促使品质变坏的食品包装中。

十一、包装标准化

包装标准化是指对同一类产品包装的类型、容积、器材、质量、技法、检验等作出统一规定并强制执行的技术措施。它包括统一器材、统一规格、统一造型、统一容量、统一标志、统一技法、统一检验标准等。

包装标准化是现代化产品生产和流通的必要条件，是对包装行业实行科学管理的重要组成部分，对整个国民经济将起巨大的作用，其重要作用如下：

（1）能显著提高经济效益。

包装标准化，使包装型号规格统一，可以节约原材料，降低包装成本，如实行统一箱型后，可节约包装用纸5%～20%。另外，由于包装容器划一，如箱型整齐，有利于包装物的合理排列，可大大提高仓容量和运载量，减少流通费用。

（2）能保证包装质量。

包装标准中对包装的各项质量指标都作了明确的规定，使之有法可循，并按统一标准进行检验，有利于提高和保证包装质量，使产品在流通中少受损失。

（3）能有效地提高包装管理水平。

包装标准化，需要制订一系列技术标准、工作标准和管理标准等，这样可以促使企业围绕这些标准进行设计、生产、检验等管理活动，有利于提高包装管理水平。

（4）有利于机械化连续生产。

包装标准化，简化了包装的规格型号，一种包装能适应多种需要，适应于大规模工业化生产，提高了劳动生产率，降低了生产成本，也保证了质量。

（5）可以缩短生产周期。

一个新包装的生产，包括市场调研、设计、生产准备和正式投产等一系列生产过程。由于包装标准化，使包装产品有各种标准可循，简化了生产过程，同时节约了原材料和减少了劳动消耗。

（6）有利于提高出口能力。

包装标准化，并不是我国自行制订标准，而是要求与国际包装标准接轨，尽量采用国际标准包装系列，这样，我国的出口产品便易于为国际上接受。如采用集装箱的集合包装，若不采用国际标准，则出口大受限制，难以加入国际经济大循环，难以冲破贸易壁垒。

（7）可保证产品的流通安全。

包装标准的制订，来源于生产实践，并经受了生产实践的考验，能有效地保护产品。另外，由于包装规格尺寸一致，极大的方便于储运，便于码垛整齐，为安全流通提供了良好的条件，最大限度地减小了流通过程中的产品损失。

十二、包装标志

（一）包装标志的类型

包装标志是为了便于货物交接、防止错发错运，便于识别，便于运输、仓储和海关等有关部门进行查验等工作，也便于收货人提取货物，在货物的外包装上标明记号。包装标志有以下类型：

（1）运输标志。即唛头，这是贸易合同、发货单据中有关标志事项的基本部分。它一般由一个简单的几何图形以及字母、数字等组成。唛头的内容包括目的地名称或代号，收货人或发货人的代用简字或代号、件号（即每件标明该批货物的总件数）、体积（长×宽×高）、重量（毛重、净重、皮重）以及生产国家或地区等。

（2）指示性标志。按商品的特点，对于易碎、需防湿、防颠倒等商品，在包装上用醒目图形或文字，标明"易碎物品"、"防潮湿"、"此端向上"等等。

（3）警告性标志。对于危险物品，例如易燃品、有毒品或易爆炸物品等，在外包装上必须醒目标明，以示警告。

（二）包装标志的演变

第二次世界大战后，随着世界经济的复苏和全球贸易的发展，包装标志日益变得重要起来。1947年10月30日，世界"关贸总协定"（GATT）正式签署，1948年1月1日生效后，国际贸易日增，包装标志亦正式登上了舞台。到了20世纪60年代，美国、日本、西欧各国等开始制订包装标志标准，如日本的JISZ0150等，自此包装标志拉开了标准化的帷幕。

随着包装货物的储藏、运输、装卸的现代化步伐迈进，包装标志的国际标准化也成了重要议题。1968年，国际标准化组织（ISO）制订了《包装——货物储运图示标志》国际标准（Packaging—Pictorial marking for handling of goods），1985年又进行了修订，这就是著名的 ISO 780—1985 国际标准，该标准有13种包装图形标志（日本有18种，中国有12种）。社会在发展，科学在进步，随着包装功能的增多，包装标志亦在向多功能领域进军。除了13种储运标志外，又增添了许多新品种，诸如防静电标志、防电磁标志、辐照食品标志、绿色环保标志、安全认证标志、电磁兼容标志、品质认证标志、环境认证标志等等先后出现在大众面前，显示出新的功用与魅力。

据我国的最新调查表明，在我国超级市场中，有62.6%的顾客是在"闲逛"中受包装装潢与标志的吸引而额外购物的,营销学家称之为"无意注意"购买心理。在我国这种"无意消费"的购买人群超过50%。这种消费心理的变化值得我们的包装企业和包装设计者思考。

随着包装标志的日渐深入人心,包装标志的魅力亦吸引了企业和政府的注意。在欧美发达国家,电子仪器的包装标志图形多达十余种(而我国一般为三四种),各种塑料包装普遍具有绿色环保标志,并制定了相应奖惩政策。例如韩国出台的包装奖惩政策主要有三大措施:一是检查包装,二是奖励标示,三是罚款从重。凡按照标准进行包装标志标注的厂商将受到政府奖励。政府一旦查出违标(准)包装(如过度包装、缺少标志等),第一次限期3个月内改善,第二次从重处罚最高达300万韩元,如果包装厂商拒送检验,亦将被处以最高300万韩元的罚款。此等举措使包装在产销厂商和亿万民众心中的分量大为增加,亦促进并提高了对科学包装、环保包装的喜爱。

(三) 我国产品包装标志的标准化

随着我国市场经济的发展,广大民众消费意识的不断提高,产品包装标志已经成为广大消费者了解产品品质,选购产品的重要依据。《中华人民共和国产品质量法》、《中华人民共和国标准化法》、《中华人民共和国计量法》等法律、法规相继对产品包装标志作出了原则规定。为了进一步规范产品包装标志,1997年11月7日,我国颁布了《产品(包装)标志标注规定》,对生产企业正确合理地标注产品包装标志和商家销售产品的包装标志作出了具体的规定。这是企业建立自律机制,国家规范市场经济秩序,政府保护企业和消费者合法权益的一个重要法规。主要内容如下:

(1) 在通常情况下,产品包装必须具有标志,该标志与实物样品等一起对产品质量作出明示承诺和保证。裸装食品和其他难以标志的裸装产品,如饭菜、油条、纽扣、棉线等可以不加。

(2) 除产品使用说明书外,产品包装标志应标在产品或者产品的销售包装上。小商品只标注产品名称、生产者名称,限期使用的产品,在产品包装上还应当标注生产日期和安全使用期或失效日期。

(3) 产品包装标志所用文字应为规范中文。

(4) 产品包装标志应当清晰、牢固,易于识别。应防止在运输过程中脱落或部分脱落。产品包装标志不得由零售商店自己粘贴,生产日期不得补贴和涂改。

(5) 产品包装标志应当有产品名称、生产者的名称和地址(注册名称和地址)。进口产品可以不标原产者的名称、地址,但应当标明原产地(国家)以及代理商、进口商或销售商在中国注册的名称和地址。

(6) 国产合格产品应当附有产品质量检验合格证明,也可以使用合格标签,还可以在产品包装或产品说明书上打上"合格"二字,以示质量合格承诺。

(7) 国产并在国内销售的产品,应当标明所执行的国家标准或行业标准、地方标准、企业标准的编号。

(8) 产品包装标志使用的计量单位,应当是标准法定计量单位,如××克或××千克,不能标为××斤。

(9) 根据产品包装的特点和使用要求,需要标明产品的规格、等级、数量、净含量、所含主要成分的名称和含量以及其他技术要求的,应当相应予以标明。

(10) 若使用不当,容易造成产品本身损坏或者可能危及人体健康和人身、财产安全的产品，产品包装应当有警示标志或者警示说明（中文）。尤其是剧毒、放射性、危险、易碎、怕压、需要防潮、不能倒置以及其他特殊要求的产品，其包装应当符合法律、法规、合同规定的要求，应当有警示标志或者中文警示说明，并标明储运注意事项。

（11）获得国际国内认证的产品，可以在认证有效期内生产的该种产品包装上标注认证标志（如质量认证、环境认证等）。

（12）获得国家认可的名优称号或者名优标志的产品包装，可以标注名优称号或者名优标志，但应标明获得时间和有效期。

（13）产品包装标志标注的产品条形码，应当是有效的产品条形码。

综上所述，产品包装标志的标准化既有利于厂商公司，亦有利于消费者和广大民众，既有利于我国包装业的进步，亦有利于人类社会的发展。

十三、我国包装标准的发展现状

随着我国加入WTO，技术标准已成为世界各国发展贸易、保护民族产业、规范市场秩序、推动技术进步和实现高新技术产业化的重要手段，在经济和社会发展中发挥着越来越重要的作用。为此，世界主要发达国家以提高本国技术标准水平为目的，纷纷研究和制定了一系列对本国利益密切相关的重要技术标准和相关的技术性贸易措施，以保持在激烈的市场竞争中的优势地位。

为适应国际贸易新形势的需要，改变我国包装标准既不配套、不完善，又繁杂无序，难以保护我国民族工业利益的现状，使得我国包装标准既能与国际接轨、符合国际惯例，又能与我国的具体情况相适应，利用包装标准这个武器有效地保护我国经济利益、冲破贸易技术壁垒，是摆在我们面前非常紧迫的课题。

（一）我国包装标准体系

我国目前的包装标准体系分为三层：

（1）包装基础标准。包括工作导则、包装标志、包装尺寸、包装术语、包装件环境条件、运输包培育件试验方法、包装技术与方法、包装设计、包装质量保证、包装管理、包装回收利用等。由于运载工具如叉车尺寸等方面的标准与包装关系密切，作为包装标准体系的相关标准也列入第一层。第一层的标准适用于整个包装行业。

（2）包装专业标准。包括包装材料、包装容器、集装容器、包装装潢印刷、包装机械、包装设备。这一层标准只适用于包装行业的某一专业。

（3）产品包装标准。原则上按产品分类，结合我国当时的体制情况，分为机械、电子、轻工、邮电、纺织、化工、建材、医药、食品、水产、农业、冶金、交通、铁道、商业、能源、兵器、航空航天、物资、危险品二十大类。

该体系在当时对于编制包装标准制修订规划和计划、分析研究包装标准项目和组织协调，以及包装标准化工作的科学管理起到了重要的指导作用。但是随着我国经济体制、市场和贸易的发展和变化，原有的标准体系已不能满足现阶段国民经济的需求，原有的包装标准体系主要目的是从生产和技术角度对有关包装技术、试验、工艺、管理等提出要求，比较适合计划经济体制，但对于目前我国的市场经济环境，尤其是加入WTO，参与国际贸易竞争，该体系就显得软弱无力，尤其是在贸易方面和市场方面，几乎无所作为。因此说我国现存的包装标准体系失去了对市场经济环境下的指导意义，尽快修改包装标准体系，使之更加合理和完善是一项亟待解决的问题。

(二) 包装国家标准的现状及特点

我国现有各类包装国家标准约 500 项左右，其中包装标准化工作导则 2 项、包装术语标准约 12 项、包装尺寸标准约 11 项、包装标志标准约 11 项、包装技术与管理标准约 19 项、包装材料标准约 74 项、运输包装件基本试验标准约 28 项、包装材料试验方法标准约 169 项、包装容器标准约 74 项、包装机械标准约 21 项、包装装潢标准约 6 项、产品包装及其标志、运输与储存标准约 152 项、其他相关标准约 21 项。

这些标准构成了包装标准体系的基本框架，从这些标准的覆盖面来看，基本满足了包装及相关行业对标准的需求，形成了比较完善的标准化体系。从标准的水平来看，一些标准达到了国际先进水平，但是大部分标准与发达国家标准还有相当的差距，标准老化，可操作性差，相关标准不配套，不能完全适应市场的需求。

从包装标准的采标率来看，采标率约为 50% 左右，与一些行业相比还有相当的差距。从采标类别来看，试验方法标准采标率最高，达到 85% 左右，基础标准采标率达到 55% 左右，产品标准采标率最低，仅为 40% 左右。可以看出，试验方法标准由于更为通用，试验手段更易与国际接轨，标准编写人员综合素质较高，所以采标率较高；而产品标准由于国际标准没有完全对应的产品标准，对发达国家标准缺乏查询检索手段，标准编写人员往往不知道国外标准的情况，所以采标率相对较低，除了一些涉及危险货物包装的产品和钢桶、木箱等产品采标率和采标程度较高外，其他包装产品采标率都较低。

(三) 包装行业标准的现状及特点

包装是一个特殊的行业，几乎 90% 以上的产品都需要包装，只要有产品，基本上就需要包装。由于包装行业的特点，包装标准几乎渗透到了各个行业中，在各部门的行业标准中都有涉及包装的。从全国包装标准化技术委员会成立至今的 10 年中，先后制定的包装行业标准（代号为 BB）共 25 项，基本是一些行业急需的产品标准，从标准的文本水平来看，都是按照国家标准的编写要求制定，并不低于国家标准。由于主管部门经费投入有限，因此绝大多数包装行业标准的经费都是起草单位自筹的，在一定程度上也制约了一些标准的制定和标准的质量。

(四) 其他主要行业包装标准的现状及特点

对于包装行业影响较大的主要是轻工和机械行业，这两个行业的行业标准中涉及包装的也最多，轻工行业标准（QB）中与包装有关的约 100 项，机械行业标准（JB）中涉及包装机械的约 30 项。在 2002 年以前，行业标准都是由各部门批准发布，由于部门间没有协调，往往出现同一标准在不同的部门都立项，名称大同小异，内容、要求不完全一致甚至矛盾的现象，给使用者带来很大的不便。

(五) 我国包装标准存在的主要问题及原因

仅从包装标准数量上看，我国包装标准具有一定的数量，且涵盖了各个行业，但就包装标准质量而言，还存在一定的问题。

(1) 标准内容不尽合理和完善。

在我国包装标准中，有些标准存在内容重复、技术要求不尽合理的现象。尤其是在引用标准方面，甚至是不完全理解被引用标准的内容，如在一些包装容器标准中，常常对一些尺寸系列进行规定。引用尺寸系列标准是必要的，但应根据具体情况而引用，不应为引用而引用。对于一些数量、体积不确定或可调整的产品来讲，应尽可能按尺寸系列标准规定，以便于储运和节约空间。但对于产品尺寸固定、较大型包装件，因为产品尺寸已经确定，如果包装容器按尺寸标准制造，不可能缩小产品，只能加大容器，造成不必要的浪费和麻烦。

（2）标准之间协调不够、缺乏系统性。

由于我国包装行业的特殊性，各个部门都起草包装标准，常常是互不通气，造成标准之间协调性差；或者只从本部门利益出发制定有关包装标准，使得包装国家标准整体缺乏系统性，如国家有木箱国家标准，原机械部也有相应的机械行业木箱标准，两种标准不仅在箱型结构上不尽相同，即使在基本包装要求上也有不一致和矛盾的地方，给标准使用者和企业带来很大麻烦和混乱。

（3）重形式、轻内涵、可操作性差。

包装标准的制定，往往需要相应产品或技术的成熟，一些标准为了形式上或其他需要，只是为了编标准而编标准。在不具备一定的条件时盲目起草，最后只能是言之无物，如在我国包装标准中常出现"按有关标准规定"或"符合有关技术要求"等模棱两可的不确切用语，使得标准者摸不着头脑，无法准确使用，也就无法指导实践。

（4）缺乏深入研究，照搬照抄现象严重。

标准的起草过程，是一个非常严谨的科研活动。不但需要较高的理论水平，大量的实践经验和试验，还需要深入的调查研究。标准的先进性一方面是其技术指标较高，但更应合理，适合国情和行情。我们在强调采标时，常常忘记如何使其更能符合我国生产实际。

十四、纸制品包装技术的创新

当今，在包装领域四大包装材料中，纸制品包装所占比重最大，也是目前最有前途的绿色包装材料。

纸箱发展轻质高强的三层、五层、七层的轻型和重型瓦楞纸箱的生产技术和成套设备，满足生产机电、家电等中、重型产品的外包装需要。当前，细瓦楞的多元化应用，细瓦楞纸箱、精细纸盒已经大量替代了烟酒、食品、家庭用品、医药、计算机、服装、化妆品、洗涤剂等产品使用的原始包装纸箱、纸盒。它具有价格低廉、坚固平整、材料轻薄等优点，已开始迅速占领国内外市场，在我国每年的增长速度已超过8％。细瓦楞价格低，在使用需求相同的情况下，其成本降低30％左右，大大节省了纸张的投入；细瓦楞坚固、平整、美观，印刷性能好，节约原纸30％左右，纸盒加工机和滚筒模切机不需要更换，如广东肇庆嘉隆包装机械集团有限公司率先在国内推出假七层、假九层多功能瓦楞纸板生产线，就是将"细瓦楞"糅合在传统的三、五、七层瓦楞板生产线中，可以自由地组合成除A、B、C、E、BC、BAC三、五、七层瓦楞纸板以外的（A、E）、（B、E）、（C、E）、（BC、E）四层、五层瓦楞纸板。在设备的生产操作中增强了单面瓦楞纸三、五、七层瓦楞纸板可同步生产的兼容性，为包装供应商节约了能源，降低了成本。它替代了传统纸箱、纸盒板，是一项重大革新。目前假七层、假九层多功能瓦楞纸板生产线，已在华东、中原、东北及华南地区得到良好的应用与发展。

同时，发展涂布白牛皮纸低成本柔性彩版印刷工艺和相应的水性油墨，提高产品的档次，发展优质粘合纸箱生产所需的设备与辅料，取代传统的卡钉连接，改善纸箱的整体质量。开发能保鲜、耐水、抗菌、防霉的价廉果蔬包装箱和瓦楞纸托盘，开发高速度真空吸附式瓦楞辊，提高纸箱机械的运行稳定性和效率，发展机电一体化技术和模块技术，实现部件通用化，逐步替代进口。

纸容器发展细瓦楞纸盒生产技术，开发适合小批量、多品种生产需要的纸盒系统。开发适应环境要求的低成本袋、盒、杯、碗、管、桶等食品小包装纸容器生产技术，开发真空喷铝转移卡纸，代替传统金卡纸的生产工艺和成套设备。研制高速、高效、高精度模切设备及其配套的模具系统，特别是圆压圆模切系统。

蜂窝纸板开发研制适合我国国情的高效、高精度、高性能的高柔性蜂窝纸板生产线，冲破当前影响蜂窝纸板大面积推广的"瓶颈"，开发研制适合我国国情的高效、高精度、高性能的高柔性蜂窝纸制品生产设备，开发研制低成本的防潮、阻燃、防静电、防伪的蜂窝纸板制品生产工艺和相应的各种辅料。其开发研制中特别要注意防伪包装材料的安全卫生。采用的蜂窝纸板制品材料必须安全、卫生，尤其是与商品直接接触的材料，更要符合相关的卫生标准。

纸浆模塑开发研制提高纸浆模塑生产合格率和可靠性的新工艺，使得生产成本接近目前大量使用的 EPS，开发研制适应小批量、多品种生产需要的纸浆模塑制品生产线及其模具的系统，开发研制直接利用秸秆等天然植物纤维材料生产缓冲包装制品的技术，加速生物菌化、蛋白变性和胶粘热压等工艺的实用化进程，开发研制纸浆模塑制品设计的标准化和模块化系统，这样能大大降低制品的生产成本，提高产品档次，形成纸制品包装新的增长点。

十五、塑料包装材料的发展趋势

随着包装工业的快速发展，塑料包装材料及制品产量快速增长，新材料、新工艺、新技术、新产品不断涌现。权威人士认为，世界塑料包装的发展呈现下列四大发展趋势。

（1）新型"全降解"塑料包装材料受到关注。随着环境标准 ISO 14000 系列的实施，新型全降解塑料备受关注。其中，德国巴斯夫公司 BASF 推出了品牌为 ECOH EXD 的脂肪族二醇与芳香二羧酸聚合的全降解聚酯树脂，可用于包装薄膜生产。美国自然能源研究院推出全降解"完美塑料"，可制瓶子和袋子。

（2）新型"聚酯"包装材料独领风骚。其中最引人注目的是聚萘二甲酸乙二醇酯（PEN）的应用。这是一种新型聚酯包装材料，具有优秀的阻气性、机械性能、防紫外线性和耐热性。欧洲市场分析人士预计，不久的将来 PEN 将会以最大的规模进入包装领域。

（3）茂金属塑料备受企业欢迎。茂金属聚合物具有诸多优点，如加工性好、高强度、高刚性及透明性好等，受到极大关注，并因此推出了许多新品种，如 mHDPE、mLLDPE 等，适用于食品包装、医药包装、收缩薄膜及卫生用品包装等方面。茂金属塑料将直接冲击 PP、HDPE、LLDPE、弹性体塑料市场，mLLDPE 现已占了 LLDPE 的 15%。世界"巨无霸"BASELL 走在前列。

（4）零污染发泡塑料走向高层。在这一方面，意大利 AMUT 公司研制成功的挤出发泡 PP 片材是泡沫塑料产品的最新发展。它使用高粘度树脂、高熔点聚丙烯（HMSPP）、PP 均聚物与低 ODP 化学发泡剂配合，生产出具有细小微孔而且均匀分布的发泡聚丙烯片材（EPP），发泡 PP 所用 HMSPP 仅占 12.5%，具有很好的经济效益和社会意义。与同类产品相比，这种发泡塑料产品密度低，可节约 20% 的原材料，也大大减少了包装材料的废弃。

第三节 物资包装

一、物资包装的概念

物资包装是指盛装物资的容器和容器外的包装物。包装工作是采用不同包装物对产品进行包装、捆扎和组合的活动，它是仓储管理的一个重要组成部分。

物资在储运过程中，经过多次的装卸、搬运、倒垛，物资的包装物难免破损。所以，在物资保管中，往往需要对物资的包装加以整理、加固，同时，为了适应各种不同的需要和运输安全，仓库还需要进行分装、换装、拼装、捆装、打包等工作，以减少或避免物资损失。

二、物资包装的作用

（1）物资包装能保证物资的数量准确、质量完好。

（2）物资包装便于运输和储存。严密的包装，能避免物资在运输过程中发生短缺、损坏、渗漏、丢失等事故。合理的包装便于物资的堆码和摆放，充分利用了仓容，有利于提高仓库利用率，减少苫垫物，节约仓储费用，加速收发速度。

（3）有利于计量和点检。合理的包装，特别是定量包装，便于计量和点检，这样可缩短物资验收、盘点、发放速度，加快物资周转。

因此，良好的物资包装对提高仓库科学管理水平有一定的作用。

三、物资包装的分类

（一）按包装制造的材料分类

（1）木制包装。主要有木箱、木桶、木制夹板等，合格的木制包装，抗压力较强，便于运输和堆码。

（2）纺织品制成的包装。主要有麻、棉及其他纤维纺织品等制成的袋等，一般用于盛装粉状、粒状或小块状的产品。这类包装轻便，成本低，也适用于运输需要，利于回收利用。

（3）纸制品的包装。例如纸箱、纸盒、纸袋、纸桶等。这类包装成本低，刷上涂料后具有较好的防潮性能，具有一定的弹性和抗压能力且可密封，比较轻便，便于机械化生产，常用于化工、电工产品的包装。

（4）金属制品包装。有黑铁皮、镀锌铁皮和马口铁皮等制成的桶、罐等。这类包装多用于盛装液体、糊状或粉状物资。

（5）玻璃、陶瓷制成的包装。例如瓶、坛等，一般用来盛装有腐蚀性的液体，如酸类化工液体物等。这类包装物抗酸、耐碱性强、容易密封、隔潮，易于清洗，可多次使用。其缺点是容易破碎，所以还必须外加竹木保护包装。

（6）竹、藤制成的包装。例如篓、筐这类包装，节约木材，价格便宜。

（7）草类编结的包装。常见的有稻草、芦苇、蒲草等编织的袋形包装物，用以盛装低值块状物资，可以就地取材且价格低廉。

（8）塑料包装。这类包装物可分内包装和外包装。内包装如塑料膜袋，防潮性好；外包装如塑料编织袋、塑料桶等。塑料包装物耐腐蚀，质地轻、软，较清洁，不易污染。

（二）按包装使用次数划分

（1）一次性包装。只作一次使用的包装，如小纸袋、小纸盒、小塑料袋、塑料盒等。

（2）循环性包装。能供多次重复使用的包装。如木箱、铁桶、塑料桶、麻袋等。

四、物资包装的要求

（1）物资包装必须适应物资的性能。物资包装需要使用的材料及装量，要根据物资的自然属性确定。

（2）物资包装必须牢固、安全。这是减少物资损耗，保护物资的使用价值和保证物资储存、运输安全的重要条件。

(3) 物资包装要标准化、通用化。要不断地研究改进包装的箱型、体积、容积、质量等，便于物资运输、保管和销售。

(4) 质量完好，标志清楚。物资包装的质量要求是：包装材料适宜完好，包装内部垫实，外部牢固，装入的物资数量准确、质量完好，包装外部标志清楚。包装外部标志一般有收货地点、收货单位、箱号、物资名称规格、供货单位等。此外，还要根据物资的性质，标明装卸搬运的注意标记（包括图案和文字），标志应完整、清楚、规范化。

(5) 经济耐用，易加工制作。要简化包装规格，推行固定周转包装箱，提高包装物的利用率，努力节省包装材料，降低包装费用，同时，包装物应易制作，用后易处理。

五、常用的物资包装储运图示标志

包装储运图示标志是用图形及符号来指示物资在运输、装卸及保管作业中要注意的事项，以保证物资的安全。

(1) 常用的物资包装储运图示标志有易碎物品、禁用手钩、向上、怕晒、怕辐射、怕雨、重心、禁止翻滚、此面禁用手推车、禁用叉车、由此夹起、此处不能卡夹、堆码重量极限、堆码层数极限、禁止堆码、由此吊起和温度极限 17 种（见表 1-3-16 包装储运标志名称和图形）。

表 1-3-16　包装储运标志名称和图形

序号	标志名称	标志图形	含义	备注/示例
1	易碎物品		运输包装件内装易碎品，因此搬运时应小心轻放	使用示例：
2	禁用手钩		搬运运输包装件时禁用手钩	
3	向上		表明运输包装件的正确位置是竖直向上	使用示例：(a) (b) (c)
4	怕晒		表明运输包装件不能直接照晒	

续表

序号	标志名称	标志图形	含义	备注/示例
5	怕辐射		包装物品一旦受辐射便会完全变质或损坏	
6	怕雨		包装件怕雨淋	
7	重心		表明一个单元货物的重心	使用示例： 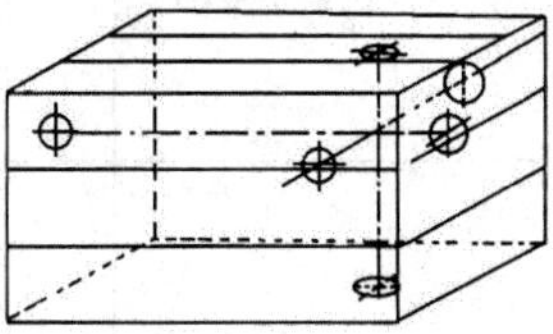 本标志应标在实际的重心位置上
8	禁止翻滚		不能翻滚运输包装	
9	此面禁用手推车		搬运货物时此面禁放手推车	
10	禁用叉车		不能用升降叉车搬运的包装件	
11	由此夹起	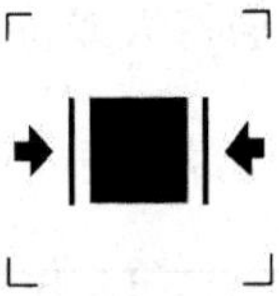	表明装运货物时夹钳放置的位置	
12	此处不能卡夹		表明装卸货物时此处不能用夹钳夹持	

— 141 —

续表

序 号	标志名称	标志图形	含 义	备注/示例
13	堆码重量极限	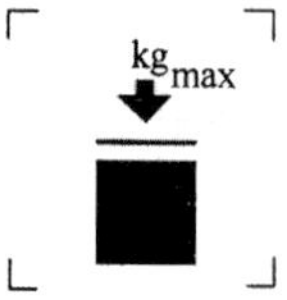	表明该运输包装件所能承受的最大重量极限	
14	堆码层数极限	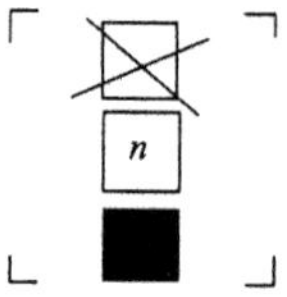	相同包装的最大堆码层数，n 表示层数极限	
15	禁止堆码	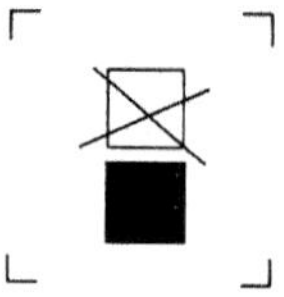	该包装件不能堆码并且其上也不能放置其他负载	
16	由此吊起	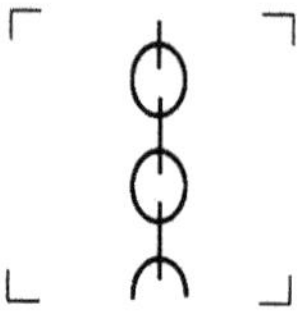	起吊货物时挂链条的位置	使用示例： 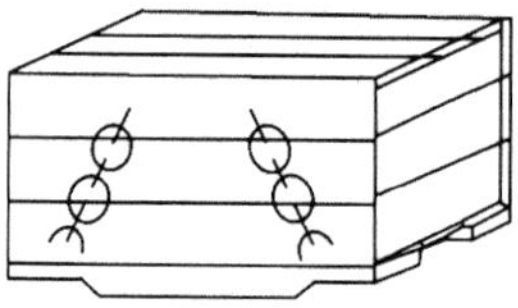 本标志应标在实际的起吊位置上
17	温度极限	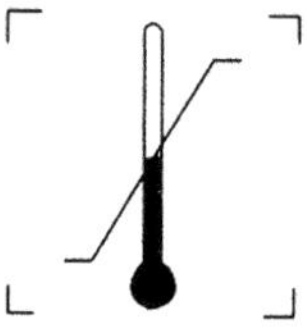	表明运输包装件应该保持的温度极限	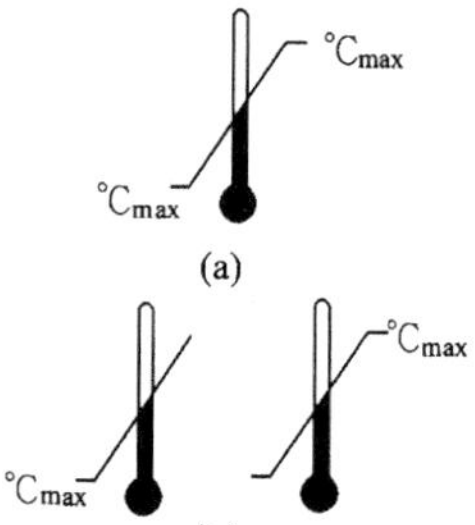 (a) (b)

（2）物资包装储运标志的尺寸和颜色。

①标志的尺寸一般分为4种（见表1-3-17）。如遇特大或特小的运输包装件，标志的尺寸可以比表1-3-17的规定适当扩大或缩小。

表1-3-17 标志尺寸

序 号	尺 寸	长，mm	宽，mm
1		70	50
2		140	100
3		210	150
4		280	200

②标志的颜色应为黑色。如果包装的颜色使得黑色标志显得不清晰，则应在印刷面上用适当的对比色，最好以白色作为图示标志的底色。

应避免采用易于同危险品标志相混淆的颜色，除非另有规定，一般应避免采用红色、橙色或黄色。

(3) 物资包装储运标志的使用方法。

①标志的打印。可采用印刷、粘贴、拴挂、钉附及喷涂等方法打印标志。印刷时，外框线及标志名称都要印上，喷涂时，外框线及标志名称可以省略。

②标志的数目和位置。

a. 一个包装件上使用相同标志的数目，应根据包装件的尺寸和形状决定。

b. 标志在各种包装件上的粘贴位置：箱类包装位于包装端面或侧面，袋类包装位于包装明显处，桶类包装位于桶身或桶盖，集装单元货物应位于4个侧面。

六、危险货物包装标志

危险货物包装标志是用来指示该种物资的化学物理性质及其危险程度，为在运输、装卸、搬运、堆码及储存作业中注意操作，以保证装卸人员和物资的安全。

根据国家标准 GB 6944—1986《危险货物分类和品名编号》的规定，凡具有爆炸、易燃、毒害、腐蚀、放射性等性质，在运输、装卸和储存保管过程中，容易造成人身伤亡和财产损毁而需要特别防护的货物，均属危险货物。该标准将危险货物分为九类：

第一类为爆炸品；

第二类为压缩气体和液化气体；

第三类为易燃液体；

第四类为易燃固体、自燃物品和遇湿易燃物品；

第五类为氧化剂和有机过氧化物；

第六类为毒害品和感染性物品；

第七类为放射性物品；

第八类为腐蚀品；

第九类为杂类。

根据国家标准 GB 190—1990《危险货物包装标志》的规定，危险货物包装标志共有21种，19个名称。

(一) 爆炸品

爆炸品是指在外界作用下（如受热、撞击等），能发生剧烈的化学反应，瞬时产生大量的气体和热量，使周围压力急剧上升，发生爆炸，对周围环境造成破坏的物品，也包括无整体爆炸危险，但具有燃烧、抛射及较小爆炸危险，或仅产生热、光或烟雾等一种或几种作用的烟火物品。爆炸品标志见图 1-3-1。

爆炸品按危险性分为五项：

第一项具有整体爆炸危险的物质和物品。

第二项具有抛射危险，但无整体爆炸危险的物质和物品。

第三项具有燃烧危险和较小爆炸或较小抛射危险，或两者兼有，但无整体爆炸危险的物质和物品。

第四项无重大危险的爆炸物质和物品，其危险性较小，万一被点燃或引爆，其危险作用大部分局限在包装件内部，而对包装件外部无重大危险。

第五项非常不敏感的爆炸物质，其性质比较稳定，在着火试验中不会爆炸。

对标有"爆炸品"标志的货物，在装卸、搬运、堆码作业中，要轻拿轻放，避免摔、撞、踩、压、摩擦、冲击等，作业现场要防止明火及热源。爆炸品的储存，必须按其性质严格分类管理，分别专库存放，不得和与之有抵触的物质同存于一起。

（二）压缩气体和液化气体

本类货物是指压缩、液化或加压溶解的气体，并应符合下述两种情况之一：

（1）临界温度低于50℃时，其蒸气压力大于294kPa的压力或液化气体。

（2）温度在21.1℃时，气体的绝对压力大于275kPa；或在54.4℃时，气体的绝对压力大于715kPa的压缩气体；或在37.8℃时，雷德蒸气压大于275kPa的液体气体或加压溶解的气体。

此类有三种标志：易燃气体标志（见图1-3-2）、不燃气体标志（见图1-3-3）和有毒气体标志（见图1-3-4）。

装卸搬运作业时，要防止相互撞击，必须由两人抬起，不得肩扛背负或裸体滚动，不得拖拉容器，注意轻拿轻放。储存时，应注意通风，要防热源、防日晒，要分类存放在阴凉通风处。

图1-3-1 爆炸品标志

图1-3-2 易燃气体标志　　　　　图1-3-3 不燃气体标志

（三）易燃液体

本类货物是指易燃的液体、液体混合物或含有固体物质的液体，但不包括由于其危险特性已列入其他类别的液体，其闭杯试验闪点等于或低于61℃，但不同运输方式可确定本运输方式适用的闪点,而不得低于45℃。易燃液体标志见图1-3-5。

装卸作业过程中,要远离火源、热源,避免包装破损渗漏。储存时,应分类存放在阴凉通风处,要防热源、火源,防日晒,库内应注意通风。

(四) 易燃固体、自燃物品和遇湿易燃物品

(1) 易燃固体,是指燃点低,对热、撞击、摩擦敏感,易被外部火源点燃,燃烧迅速,并可发出有毒烟雾或有毒的气体,但不包括已列入爆炸品的物资。易燃固体标志见图1-3-6。

装卸作业过程中要避免撞击、摩擦、推拉,应轻搬轻放。储存时,应远离热源、火源,应存放在阴凉通风处,避免日晒,严格控制库内温度。

(2) 自燃物品,是指自燃点低,在空气中易于发生氧化反应,放出热量,而自行燃烧的物品。自燃物品标志见图1-3-7。

在装卸搬运作业中,不能和爆炸品、氧化剂、腐蚀、易燃等物品混装、混运、混存。作业时要轻拿轻放、防止碰撞,作业现场不得有火源和热源。储存时,要分类堆码存放。应经常进行检查,浸没在油、水介质中的自燃物品,还应经常检查容器的液面高度。该类物资应存放在有防热措施,通风、阴凉的库内。

(3) 遇湿易燃物品,是指遇水或受潮时,发生剧烈化学反应,放出大量的易燃气体和热量的物品,有些不需要明火即可燃烧或爆炸。遇湿易燃物品标志见图1-3-8。

图1-3-4 有毒气体标志　　图1-3-5 易燃液体标志　　图1-3-6 易燃固体标志

图1-3-7 自燃物品标志　　　　　　　图1-3-8 遇湿易燃物品标志

在装卸搬运作业中,要避免与水接触,要防水、防潮,避免雨、雪天库外露天作业。该类物资应存放在地势较高、干燥、通风,便于控制温度的库内,不能露天

存放。

（五）氧化剂和有机过氧化物

（1）氧化剂，是指处于高氧化态，具有强氧化性，易分解并放出氧和热的物资，包括含有过氧基的无机物，其本身不一定可燃，但能导致可燃物的燃烧，与松软的粉末状可燃物能组成爆炸性混合物，对热、振动或摩擦较敏感。氧化剂标志见图1-3-9。

（2）有机过氧化物，是指分子组成中含有过氧基的有机物，其本身易燃易爆，极易分解，对热振动或摩擦极为敏感。有机过氧化物标志见图1-3-10。

在装卸搬运作业时，应避免冲击、振动、摩擦，避免与热源接触。此类物资在储存时，应分区分类存放在阴凉通风的库内。

图1-3-9　氧化剂标志　　　　　　　图1-3-10　有机过氧化物标志

（六）毒害品和感染性物品

（1）毒害品，是指进入肌体后，累计达到一定的量，能使体液或组织发生生物化学作用或生物物理学变化，扰乱或破坏肌体的正常生理功能，引起暂时性或持久性的病理状态，甚至有生命危险的物品。毒害品标志见图1-3-11。

图1-3-11　毒害品标志

（2）感染性物品，是指含有致命的微生物，能引起病态，甚至死亡的物质。感染性物品标志见图1-3-12。

在装卸搬运作业中，应根据其特性，做好人身的防护措施，如戴口罩、护目镜、防护手套或防毒面具等，避免人体与其直接接触，避免包装破损、物品外溢，避免粉尘飞扬，不能与食品一起作业，作业完后应立即洗漱。此类物资应存放在专用的毒品库内，并有专人保管。

（七）放射性物品

放射性物品是指放射性比活度大于 $7.4 \times 10 Bq/kg$ 的物品。放射性物品标志见图 1-3-13。

由于这类物品能自发地不断地放射出人眼看不见的 α、β、γ 等射线，对人体的过量照射，会引起放射性疾病，严重的甚至死亡。

在装卸作业时，不要肩扛、背负或抱揽，应尽量减少人体与物品包装的接触。作业时必须穿戴必要的防护用品，并

图 1-3-12 感染性物品标志

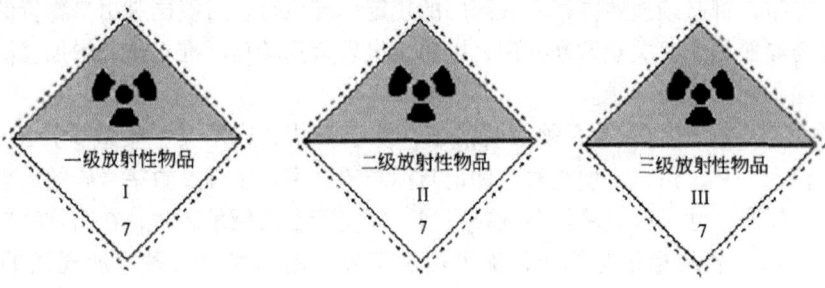

图 1-3-13 放射性物品标志

采取有效的防护措施。

该类物资应储存在有防护措施的专用库房，由专人保管，用后的包装容器因有放射性污染，应及时回收，妥善保管，专门进行处理。

（八）腐蚀品

腐蚀品是指能灼伤人体组织并对金属等物品造成破坏的固体或液体，与皮肤接触在 4h 内出现可见坏死现象，或温度在 55℃ 时，对 20 号钢的表面均匀腐蚀率超过 6.25mm/a 的固体或液体。腐蚀品标志见图 1-3-14。

在装卸搬运作业中，首先应检查包装容器底部是否被腐蚀，以防搬运中发生脱落危险。搬运中，不准倾斜或倒置，严禁背负或搂抱，应轻搬轻放。

储存时，应根据该类物资的特性分类存放，对一些怕冻腐蚀品，应采取保温措施。对容易吸潮的应存放在通风干燥处，并应远离金属物品。

（九）杂类

杂类项货物是指在运输过程中呈现的危险性质，不包括在上述八类危险性中的物品。杂类标志见图 1-3-15。

图 1-3-14 腐蚀品标志

图 1-3-15 杂类标志

该项货物分为两项：

第一项磁性物品，系指航空时，其包装件表面任何一点距 2.1m 处的磁场强度不小于 0.159A/m。

第二项另行规定的物品，系指具有麻醉、毒害或其他类似性质，能造成飞行机组人员情绪烦躁或不适，以致影响飞行任务的正确执行，危及飞行安全的物品。

七、物资包装标记和标志的要求

（1）物资包装标记和标志必须严格按照国家有关部门的规定办理。我国对物资包装的标记和标志所使用的文字、符号图形以及使用方法，都有统一规定标准，因此在使用物资包装标记和标志时，都必须按照国家有关部门的规定标准执行。对我国进出口物资的包装标记和标志，还需参照国家有关规章来办理，以防止出现货到港口不准靠岸、增加移泊、改港绕航、影响我国国际信誉等问题。

（2）物资包装标记和标志必须简明清晰，易于辨认。选用文字要最少，图案要清晰，易于制作，使人一目了然，方便查对。标记与标志的文字、字母及数字号码的大小，应和包装件的标记与标志尺寸相称，笔画粗细要适当，以便于在机械吊装时，在离货物较远处也可辨认。出口货物包装的标记与标志，除了用汉字外，还须用进口国家所通用的文字加以标明。

（3）涂刷、拴挂或粘贴标记与标志的部位要适当。所有标记与标志，都应位于搬运时容易看得见的地方。例如：箱装包装，应使标记与标志位于箱的四周，而不应在上盖或底面上，筒形包装应使标记与标志位于明显的一面，尽可能在同一包件上作两个相同的标记或标志，便于当一个标记或标志在运输途中被抹掉或看不清时，还有另一个可以辨认。

（4）要选用明显的颜色作标记与标志。制作标记与标志的颜色，都应具有耐酸、耐晒、耐摩擦的性能，不致发生退色、脱落。用在酸性、碱性、氧化物及其他腐蚀物的包装标记与标志的材料，应当选用具有抗腐蚀性能的，不致因受包装内物品的腐蚀而退色的材料。

八、物资包装物的回收与管理

（一）物资包装物的回收

随着物资流通的发展，物资包装材料的需要量也在相应的增加。对能够重复使用的包装材料尽量回收利用，是充分利用资源的一条重要途径，这对于物资企业降低包装费用，提高经济效益具有重要意义。

包装物的回收有以下两种办法：

（1）生产厂家回收复用。生产厂对其能够循环复用的包装物要求回收，主要措施是在供货时，对包装物收取押金，待包装物返回厂后再将押金退回。这部分包装物返厂后经过刷、洗或简单的整理即可复用，如盛装液体的金属桶、容器、麻袋、电缆盘、大型机械设备底座以及固定周转箱等。

（2）各企业回收利用。各企业根据本企业具体情况，自行制定包装物的回收办法，对回收后的物资，需返厂的返厂，不需返厂的加以改制利用。

（二）物资包装物的管理

（1）要根据各种包装材料本身性质、用途和损耗程度的不同，分类存放，对回收的包装物料应分类进行整理捆扎。

（2）保持包装物干净和干燥，箱、包如有潮湿，都要晾晒干后保管。

（3）保管包装物料的场所，要注意防火和清洁卫生。露天存放的包装物料，应加强苫垫，妥善堆码，以利存取。

（4）凡能复用的包装，需细心检查，如有破损要及时修补。

（5）对大宗的包装物料，需有专人负责过数、记账，严禁挪用、弃置、变卖、烧用等现象的发生。应该返回供货单位的，应按合同规定，及时返还。

第二部分 专业知识

第四章 物资计划及统计

第一节 物资管理总论

一、物资管理的概念

物资是指来自工业生产的，进入流通领域以货币为媒介进行交换的生产资料商品。它包括生产资料和生活资料。管理是伴随着人们创造物质资料的集体生产劳动而产生和发展的，它具有计划、组织、指挥、协调和监督等功能。物资管理是物资分配和流通过程中计划、组织、指挥、协调和监督工作的总称。它担负着组织生产资料分配、交换和供应的工作，不断地完成生产资料形态的变化，实现着由生产到消费的运动过程，为社会再生产提供着必要的物资条件。

工业企业物资供应，是指工业企业在生产经营、设备维修、技术组织措施、劳动保护以及基本建设等方面所需要的各种原材料、材料、燃料、机械设备和配套件等生产资料所进行的计划、申请、采购、运输、验收、储存保管和发放，以及促使合理使用、物资节约等各项工作。

工业企业物资供应管理过程可分为两个阶段：一是计划阶段、二是执行阶段。

在计划阶段，从查明企业计划期需要量和资源量开始，经过对物资的综合平衡，确定在计划期中需要什么物资，需要多少，什么时间需要，从哪里能取得这些物资。执行阶段的要求：一是组织，即通过组织系统，把各方面力量组织起来，发挥整个集体的作用，分工合作完成采购、运输、验收、保管和发放任务；二是指挥，即各级主管人员在其职责范围内，指导下级、沟通思想，使工作能有效地进行；三是协调，即各部门通力合作，协调一致，为共同目标而努力。

二、物资的分类和石油物资的分类

详细内容见石油工业出版社2000年出版的《石油工业物资分类与代码》。

第二节 物资消耗定额管理

一、物资消耗定额管理的概念

物资消耗是指在生产过程中劳动对象的消耗和使用。物资消耗定额是指在特定条件下，生产单位产品或完成单位工作量，合理消耗物资的标准数量。物资消耗定额管理是研究社会生产过程中物资消耗的规律性，即用最少的物资消耗取得最大的经济效果，以达到增加生产、扩大积累的目的。

二、影响物资消耗定额的主要因素

（1）人的因素。物资消耗定额是人制定的，劳动者是物资消耗过程的直接参与者，他们对正确制定物资消耗定额，及对物资消耗定额管理，起到重要作用。

（2）经济管理水平，尤其是物资管理、生产的计划及组织状况。如生产的批量与原材料是否适应，供应的物资与生产需要的物资品种规格是否适应，废旧物资回收利用工作搞得怎样，节约工作搞得如何，物资消耗定额的管理水平高低等。

（3）生产技术条件。主要指生产技术水平，包括设备状况、生产工艺是否先进、产品设计水平等。

（4）物资的质量状况。生产同一产品，采用不同性能的材料，其消耗定额水平也会不同。

（5）自然条件。自然条件对一些物资的消耗定额也有直接的影响。

还应当指出的是，影响物资消耗定额的各种因素不仅是客观存在的，而且是不断变化的。在物资消耗定额的管理过程中，只有对影响物资消耗定额的主要因素进行细致的分析，才能制定切实可行的物资消耗定额，并进行严格的、科学的物资消耗定额管理。

三、物资消耗的规律

物资消耗规律是物资消耗现象之间内在的、必然的联系。物资消耗规律发生作用的具体体现，主要表现在下述两方面：

（1）物资消耗规律在客观上决定了在一定条件下，生产单位产品或完成单位工作量，有一个消耗物资最科学、最合理的量，这个量是在该条件下物资消耗规律的数量体现。

（2）物资消耗规律的作用，是通过在物资消耗中，物资消耗定额围绕着体现物资消耗规律的那个量上下波动来实现的。

四、物资消耗定额的构成

有效消耗是指构成产品实体的有效消耗部分，即生产单位产品或完成单位工作量的原材料纯消耗量。

工艺性损耗是指在加工准备过程中不可避免的技术加工损耗。它包括从投料开始到制成成品过程中的损耗。

非工艺性损耗是指在整个生产过程中，一些非必要的或技术上难以避免的物资损耗，如运输装卸、出入库等。

物资消耗工艺定额基本公式可以表示为：

$$H_e = G_o + \sum g_i$$

式中　H_e——单位产品材料消耗工艺定额；

　　　G_o——单位产品的净重；

　　　$\sum g_i$——指从毛坯加工成产品的各种合理的不可回收的工艺性损耗之和。

五、物资消耗定额制定的基本方法

（1）经验统计法。

经验统计法是制定物资消耗定额的一种基本方法的统称，一般有三种方法：经验估计法、统计法、统计分析法。

(2) 写实查定法。

写实查定法也称为现场测定法，它是根据现场物资消耗的条件，在对物资消耗进行实际查定的基础上制定出物资消耗定额的方法。

(3) 技术计算法。

技术计算法是根据产品设计、工艺过程、管理水平等因素，通过精确计算得出物资消耗定额的方法。它也可分为三种方法：计算法、下料法、实验法。

六、常用物资消耗定额的计算

(一) 车辆耗油定额的计算

1. 车辆百千米耗油定额的计算

$$Q_s = \frac{G_r}{100v} \text{ 或 } Q = \frac{g_e \cdot N_e}{100v}$$

式中　Q_s——车辆每百千米耗油量，L/100km；
　　　G_r——发动机每小时耗油量，L/h；
　　　v——平均速度，km/h；
　　　Q——车辆每百千米耗油量，kg/100km；
　　　g_e——发动机燃料的有效功率，kg/(kW·h)；
　　　N_e——发动机有效功率，kW。

2. 载重汽车单位运输量消耗定额的计算

$$H_e = Q_s / (100 G_e \cdot \eta_{载} \cdot \eta_{行})$$

式中　H_e——车辆耗油定额，L/(t·km)；
　　　Q_s——车辆百千米耗油量，L/100km；
　　　G_e——汽车载重量，t；
　　　$\eta_{载}$——载重利用系数；
　　　$\eta_{行}$——行程利用系数。

例1. 某型载重汽车，载重量10t，车辆百千米耗油定额为25L/(t·km)，载重利用系数为0.95，行程利用系数为0.65，计算该车单位运输量耗油定额为多少个？

解：
$$H_e = Q_s / (100 G_e \cdot \eta_{载} \cdot \eta_{行})$$
$$= 25 \div (100 \times 10 \times 0.95 \times 0.65)$$
$$= 0.0405 \, [L/(t \cdot km)]$$

答：该车单位运输量耗油定额为0.045L/(t·km)。

(二) 钻井工程材料消耗定额查定

1. 油田钻井工程水泥消耗定额 H_e(kg/m) 的查定

$$H_e = \frac{\sum 水泥单位耗量 \times 权数}{\sum 权数}$$

例2. 某单位近年统计钻井工程水泥消耗情况如表,2005年实耗权数为3,2004年实耗权数为2,2003年实耗权数为1。试查定2005年水泥消耗定额是多少?

单位耗量 品 种	单位进尺水泥消耗量,kg/m		
	2003年	2004年	2005年
油井水泥	90.2	92.2	91.1
普通水泥	27.1	24.1	28.2
合计	117.3	116.3	119.3

解:$H_{e油} = \dfrac{\sum 油井水泥单位耗量 \times 权数}{\sum 权数} = \dfrac{90.2 \times 1 + 92.2 \times 2 + 91.1 \times 3}{1 + 2 + 3}$

$= 91.32(kg/m)$

$H_{e普} = \dfrac{\sum 油井水泥单位耗量 \times 权数}{\sum 权数} = \dfrac{27.1 \times 1 + 24.1 \times 2 + 28.2 \times 3}{1 + 2 + 3}$

$= 26.65(kg/m)$

$H_e = H_{e油} + H_{e普}$

$= 91.32 + 26.65 = 117.97(kg/m)$

答:2005年水泥消耗定额是117.97kg/m。

2. 钻井钢丝绳消耗定额 H_e(kg/m)的查定

$$H_e = \dfrac{\sum 单位进尺钢丝绳消耗量 \times 权数}{\sum 权数}$$

例3. 某油田钻井钢丝绳单位进尺消耗统计为:2003年2.66kg/m,2004年2.00kg/m,2005年1.98kg/m,2005年实耗权数为3,2004年实耗权数为2,2003年实耗权数为1,计算2005年钻井钢丝绳消耗多少?

解:$H_e = \dfrac{\sum 单位进尺钢丝绳消耗量 \times 权数}{\sum 权数}$

$H_e = \dfrac{2.66 \times 1 + 2.00 \times 2 + 1.98 \times 3}{1 + 2 + 3} = 2.1(kg/m)$

答:2005年钻井钢丝绳消耗2.1kg/m。

第三节 物资储备定额管理

物资储备是指生产资料在社会生产总过程中,处于流通领域和生产领域各个环节上的暂时储存。

一、物资储备的分类

(一)按储备物资停留的领域分类

(1)生产储备。

生产储备指处于领域内尚未进入生产过程,为了保证生产企业不间断地进行生产所必须建立的物资储备。

生产储备又包括经常储备、保险储备、季节储备。经常储备是在正常情况下，为保证进货间隔期间内供应生产需要而建立的储备，在企业内也称周转储备；保险储备是为保证进货间隔期内发生意外情况，不能按期到货时，还能组织正常生产的需要而建立的储备；季节储备是为适应进料的季节性或用料的季节需要而在一定的时间里建立的储备。

（2）流通储备。

流通储备也称商品储备。指物资脱离了生产领域，而处于流通领域，为了保证不间断供应而建立的物资储备。流通储备又包括生产企业的成品储备和流通企业储备两种。

生产企业的成品储备是指生产企业制成的产品准备销售而形成的储备，成品储备不是供货企业本身生产所必需的而是供货和运输的要求形成的。

流通企业储备是指物资供销机构为保证不间断供应而建立的储备。

（二）按物资停留的位置分类

（1）库存储备：指已验收入库的所有物资储备。

（2）在途储备：指处于物资运输和结算过程中的物资储备。

（三）按物资储备的控制单位分类

（1）企业储备。

（2）国家储备。

二、物资储备定额

物资储备定额是指在一定的条件下，为保证社会生产的正常进行，合理储存物资的标准数量。

（一）按物资储备定额计量单位分类

（1）时间储备定额（相对储备定额）。指以库存周转天数为计量单位的储备定额。它表明在一定的生产条件下，为保证不间断生产应当保有多少天数的物资储备。

（2）实物储备定额（绝对储备定额）。指以实物为计量单位的储备定额。它表明在一定的生产和供应条件下，保证不间断生产应当保存多少数量的物资储备。

（3）资金储备定额（货币储备定额）。指把物资按计划单价折算成以货币表示的储备定额。它是以实物储备为计算基础的，是企业流动资金的重要组成部分。

（二）按物资储备定额的综合程度分类

（1）个别储备定额。指按物资的具体品种、规格而制定的定额。它主要用来编制明细的物资供应计划和对物资储备进行具体的监督和管理。

（2）类别储备定额。指按照物资在大类、品种或组别而制定的定额。它主要用来编制大类品种的物资申请计划、供应计划，确定仓库建筑面积和储备量并进行财务监督。

（3）综合储备定额。由类别储备定额加以综合，是综合程度更大一些的定额。它主要用来编制企业的生产财务计划，核定流动资金和对物资储备进行财务监督。

（三）按物资储备定额的使用期限分类

（1）季节储备定额；

（2）年度储备定额；

（3）长期储备定额。

（四）按物资的使用方向分类

（1）生产储备定额；

（2）基本建设物资储备定额；

(3) 专用基金库存物资储备定额；

(4) 单机配套物资储备定额。

（五）按物资在生产中的作用分类

(1) 主要材料储备定额；

(2) 辅助材料储备定额。

三、物资储备定额的作用

(1) 物资储备定额是加强企业计划管理，编制物资计划的基础。企业的生产计划、财务计划、基建计划、成本计划和物资计划等都与物资储备定额有着密切关系。只有当物资需要量和储备量等指标确定后，才能进一步确定物资申请、分配和供应计划的其他指标。

(2) 物资储备定额是正确组织物资供应，合理控制物资储备量的依据。企业制定科学的物资储备定额，就能经常掌握和监督物资库存动态，正确组织物资的订货、采购、调剂，使库存保持合理水平。

(3) 物资储备定额是核定企业流动资金定额的重要依据。企业储备资金一般在企业流动资金中占有很大的比重，因此，储备定额的正确与否，对于流动资金定额的正确性，常常具有决定性意义。

(4) 物资储备定额是确定仓库面积和有关保管设备的主要依据。物资保管数量的多少，决定了仓库面积的大小。而物资保管数量则主要是根据物资储备定额来确定的。

四、储备定额的查定

（一）周转储备天数的查定

周转储备天数即进货间隔期，它是指某种物资再次入库之间的相隔天数。这里主要介绍根据订货限额或发货限额进行计算的方法。

$$T_z = \frac{Q_d}{P}$$

式中 T_z——周转储备天数；

Q_d——订（发）货限额；

P——平均一日需用量。

例1．某钢厂规定小型型钢每种规格最低订货量为 10t，由钢厂向一个到站一次发货的整车数量不少于 25t，每车最多只允许装运两种规格。如某厂的日均消耗情况是：∠45mm×5mmA3 角钢 100kg，ϕ36mm 16Mn 的圆钢 150kg，试计算进货最低间隔天数为多少天？

解：$P = 100 + 150 = 250$（kg）

订货限额 $Q_d = 10t$，发货限额 $Q_d = 25t$，先按发货限额计算

$$T_z = \frac{Q_d}{P} = \frac{25 \times 1000}{250} = 100 \text{（d）}$$

验证每个品种是否达到订货起点：

∠45mm×5mm A3 角钢　　　$100 \times 100 = 10000$（kg）$= 10$（t）

ϕ36mm 16Mn 的圆钢　　　$150 \times 100 = 15000$（kg）$= 15$（t）

因均满足订货起点要求，因此进货间隔期可订为 100d，每次分别订 10t 和 15t。

答：进货最低间隔天数为 100 天。

例2．某火工产品日消耗 25kg，用载重 2t 汽车运输，每件产品毛重 50kg，净重 45kg，

求进货间隔天数为多少天？

解：2t 车满载量可视为发货限额，则每次装运的该种火工产品的净重为：

$$Q_d = \frac{净重 \times 装运量}{毛量} = \frac{45 \times 2000}{50} = 1800 \text{（kg）}$$

$$T_z = \frac{Q_d}{P} = \frac{1800}{25} = 72 \text{（d）}$$

答：进货间隔天数为 72 天。

（二）物资周转次数的查定

这种计算方法计算的平均库存周转期，在应用时必须结合企业的生产、技术和供应条件进行分析，确定适合于企业的各类物资的储备定额。

$$N = \frac{\sum Q}{Q} \qquad T = \frac{360}{N}$$

式中　$\sum Q$——全年物资消耗量；

　　　Q——物资平均库存量；

　　　N——物资周转次数；

　　　T——物资平均库存周转天数。

例 3. 某油田种类水泥年消耗 36000t，平均库存量为 5000t，求物资平均库存周转天数为多少天？

解：

$$N = \frac{\sum Q}{Q} = \frac{36000}{5000} = 7.2 \text{（次）}$$

$$T = \frac{360}{N} = \frac{360}{7.2} = 50 \text{（天）}$$

答：物资平均库存周围天数为 50 天。

五、影响物资储备定额的因素

由于企业生产建设所需要的物资品种既多且杂，影响物资供应的因素又较多，所以确定物资储备定额是一件比较复杂的工作。影响物资储备定额的因素主要有：

（1）本企业生产和物资消耗的特点。指均衡性还是集中性，是周期性还是一次性，主要消耗的物资品种有哪些等。

（2）本企业生产和物资计划的管理水平。管理水平高的企业，生产过程与物资供应互相协调，衔接严密，这样，物资储备定额则可大幅度降低。

（3）物资的供应方式及供货条件。一般物资集中储备中转供应，比分散储备于生产现场可减少物资储备。

由于物资定购合同所规定的物资交货时间、供货地点是影响物资选货间隔时间最直接的因素，因此，在计算物资储备定额时，首先要确定最经济、合理的物资供应间隔时间，尽量做到均衡到货，就近选择供货单位。

（4）供货单位的生产批量与供货特点。供货单位的生产批量影响着供货周期的长短和发货的起点限额。供货周期短，发运起点限额低时，物资储备定额可降低。

（5）物资的运输、装卸状况。减少物资的不合理运输（迂回运输、过远运输、对流运输、重复运输），加快物资装卸速度，就可缩短物资的供货间隔时间，减少储备。

六、物资储备定额与物资保管工作的关系

物资储备的中心环节是物资保管工作，物资保管人员不但是物资储备定额的执行、监督和管理者，而且是库存物资储备情况的信息反馈者。物资保管人员主要通过以下的工作对物资储备定额实行管理与监督：

（1）及时预报物资库存情况，若库存量已经达到或低于最低储备定额时，应及时将信息反馈给物资计划和采购人员，提醒他们迅速组织货源补充库存，以保证生产不中断。

（2）当某项物资的库存量超过最高储备定额时，物资保管人员有权拒绝新进货的物资验收入库，若有特殊情况必须入库时，应经主管领导审批。

（3）定期清仓查库，清理出库存中的积压物资，并向领导和有关人员反映，以便尽快进行处理，调整库存结构，使物资储备结构合理化。

（4）定期按品种或大类对照储备定额，对库存物资进行数量、质量分析，认真做好物资到货、出库等各项原始记录，为修订储备定额积累和提供依据。

第四节 物资供应计划概述

物资计划是指在物资流通过程中所编制的各种宏观和微观计划的总称，它是人们在认识物资流通客观规律的基础上，对未来的物资流通活动所作的预见性安排。

一、物资供应计划的分类

（一）按资金来源和物资的使用方向分类

（1）生产需用物资计划。生产需用物资计划包括产品生产需用物资计划、辅助生产需用物资计划、维修需用物资计划。

（2）基本建设需用物资计划。在石油工业企业具体可分为：地质勘探需用物资计划、钻井需用物资计划、试采需用物资计划、油田地面建设需用物资计划、石油炼制和化工装置建设需用物资计划、其他建设需用物资计划。

（3）专项基金物资计划。专项基金物资计划包括大修理需用物资计划和更新改造需用物资计划。

（4）新产品试制需用物资计划。指包括新产品试制、中间试验和重要科学研究三部分。

（二）按物资在生产中的作用分类

（1）主要材料计划；

（2）辅助材料计划；

（3）燃料计划；

（4）设备计划；

（5）工具计划。

（三）按物资供应计划的程序分类

（1）物资需用计划；

（2）物资申请和进货计划；

（3）物资分配计划。

二、物资计划的具体要求

科学编制企业物资供应计划，必须做到系统性、全面性、准确性、及时性、连续性和协调性。

（1）系统性。在编制物资供应计划时，必须把与物资供应工作有关的各个部门，各个环节，从上到下看成一个完整的体系。通过深入的调查研究，掌握物资消耗规律，最后进行严格的核算和综合平衡。

（2）全面性。企业物资供应工作既要在物资上保证企业生产建设需要，又要实现企业财务计划对它的降低采购成本、降低物资流通费用和节约物资储备资金占用的要求，同时，还要考虑企业外部的资源可能和运输条件。

（3）准确性。物资供应计划是具体指导物资供应活动的行动纲领，要求供应计划必须正确无误。

（4）及时性。物资供应计划是直接指导企业日常供应活动的行动纲领，它的及时编制，上报和下达，对于发挥计划的作用有直接的影响。

（5）连续性和协调性。编制物资计划要处理好计划期和计划后期的关系，避免计划期前后不协调和发生脱节现象，保证计划的连续性和协调性。

三、计划期物资需要量的核算

（一）生产用原料、材料、包装材料需要量的计算

$$Q_x = H_e G$$

式中　Q_x——生产消耗量；

　　　H_e——单位产品物资消耗定额；

　　　G——生产量（工作量）。

如果物资消耗定额没有包括企业生产技术条件下不可避免的废品损失，则其计算公式为：

$$Q_x = \frac{H_e \cdot G}{(1-废品率)}$$

例1．某厂年生产 3PN－900 泥浆泵拉杆 3000 根，如消耗定额为 80kg/根，生产技术条件下允许的废品率为 1.8%，求年需要量是多少？

解：$Q_x = \dfrac{H_e \cdot G}{(1-废品率)} = 3000 \times 80 / (1-1.8\%)$

　　　　　$= 244399$（kg）

　　　　　$= 244.399$（t）

答：年需要量是 244.399t。

例2．某矿区年钻井进尺计划为 $500 \times 10^3 \mathrm{m}$，钻井泥浆材料中烧碱的综合消耗量为 2.4t/km，求烧碱的年需要量是多少？

解：$Q_x = H_e \cdot G = 2.4 \times 500 = 1200$（t）

答：烧碱的年需要量是 1200t。

例3．某勘探队有同类钻机 12 台，平均每月工作时间为 0.9 钻机月，柴油消耗定额为 50t/钻机月，如每年按十个月时间计算，求该队钻井年需柴油多少吨？

解：$Q_x = 50 \times 12 \times 0.9 \times 10 = 5400$（t）

答：该队钻井年需柴油 5400t。

（二）保管损耗量（库耗量）的计算

物资在仓库、料场保管过程中，由于受温度等自然因素（指正常情况）的影响，使某些物资的数量有所减少，对于这部分损耗量称为保管损耗量或库耗量。其计算公式为：

$$保管损耗量 = \frac{计划期储备量 \times 对比期库耗率 \times 计划期保管天数}{对比期保管天数}$$

$$对比期库耗率 = 1 - \frac{(出库量 + 期末库存量)}{入库量 + 期初库存量} \times 100\%$$

或

$$对比期库耗率 = \frac{对比期保管损耗量}{对比期入库量} \times 100\%$$

如果不考虑期初和期末库存量

$$入库量 = \frac{出库量}{1 - 库耗率}$$

例 1. 某企业计划年需汽油 120t，储备日期数为 24d，计划前期汽油消耗量为 100t，保管损耗为 1t，储备天数为 30d，求计划期汽油保管损失量是多少？

解： 对比期库耗率 $= \frac{对比期保管损耗量}{对比期入库量} \times 100\% = \frac{1}{100+1} \times 100\% = 1\%$

由于汽油保管过程中的挥发数量是与保管时间的长短成正比例关系，因此

计划期保管损耗量 $= \frac{120 \times 1\% \times 24}{30} = 0.96$（t）

答：计划期汽油保管员失量是 0.96t。

（三）运输损耗量的计算

物资在运输过程中，由于受到自然条件和运输工具（指正常情况）的影响，使某些物资的数量有所减少，对于这部分损耗叫运输损耗。其公式为：

$$运输损耗量 = 计划期运输量 \times 对比期途耗率$$

$$途耗率 = 1 - \frac{验收入库量}{来货发货数量} \times 100\%$$

$$发货数量 = \frac{入库量}{1 - 途耗率}$$

例 2. 如上题企业计划前期运输实际损耗量为 2t，计划期汽油需要量仍为 120t，求计划期汽油运输损耗量是多少？

解： 由上题知，该企业计划前期实际入库汽油量为（100+1）t，由题意知，此期运输损耗为 2t，因此来货发货量应为（100+1+2）t。

途耗率 $= 1 - \frac{100+1}{100+1+2} \times 100\% = 1.94\%$

来货发货量 $= \frac{120 + 0.96}{1 - 1.94\%} = 123.35$（t）

汽油运输损耗量 $= 123.35 \times 1.94\% = 2.39$（t）

答：计划期汽油运输损耗量是 2.39t。

第五节 物资统计

一、统计中的几个基本概念

（一）标志和指标

标志是说明总体单位共同具有的特征的名称。例如：每个油田、石油管理局的原油产量、职工人数、物资库存量等，它们都会从某一方面说明石油企业的具体情况。标志按其表明总体单位特征的区别，又分为品质标志和数量标志。品质标志是表明事物的质的特征，如

油田、管理水平等；数量标志的具体表现是数值，这个数值称为标志值，如某油田原油产量为 $2200 \times 10^4 t$，原油产量是标志名称，而 $2200 \times 10^4 t$ 则是标志值。

指标是指反映实际存在的一定社会总体现象的数量概念和具体数值，它包括指标名称和指标数值两部分。如大庆油田 1999 年原油产量为 $5520 \times 10^4 t$。原油产量是指标的名称，$5520 \times 10^4 t$ 是指标的数值。

（二）指标与标志的区别

指标与标志即有明显的区别，又有密切的联系。两者的主要区别是：

（1）指标是说明总体特征的，而标志则是说明总体单位特征的。

（2）标志有不能用数值表示的品质标志和能用数值表示的数量标志两种，而统计指标都是用数值来表示的。

（三）指标与标志的主要联系

（1）有许多指标的数值是从总体单位数量标志值汇总而来的，如全体职工的工资额 11520 元，就是由总体单位（每个职工）月工资额加总而来。

（2）指标与标志之间存在着变换关系。由于研究目的不同，原来统计总体如果变成了总体单位，则相应的统计指标也就变成了标志。

二、统计指标与指标体系

（1）统计指标。统计指标是指反映实际存在的一定社会总体现象的数量概念和具体数值，包括指标的名称和指标的数值两部分，但有时对某些尚未取得具体数值的数量概念，也可称为统计指标。

（2）统计指标具有三个特点：

①数量性。统计指标是客观社会经济现象的数量反映，具有十分具体的经济内容，因此其数量性是具体的数量，而不是抽象的数。

②综合性。统计指标是反映总体特征的综合指标，主要说明许多单位所构成的总体现象，而不是个别的情况。

③客观性。统计指标是客观存在的实际发生的事实的数量反映。

（3）统计指标的分类和统计指标体系。

①统计指标的分类。统计指标按其作用的不同，可分为数量指标和质量指标；按其表现形式不同，可分为总体指标、相对指标和平均指标。

a. 数量指标。数量指标是反映总体数量的多少，规模范围大小的统计指标，它是用来说明事物的广度的，一般用绝对数表示。例如：职工人数、物资供应额等。

b. 质量指标。质量指标是反映事物的属性的量，它是用来说明事物深度的，一般用相对数或平均数表示。质量指标的数值大小与总体范围的大小或时期的长短没有直接联系。

②统计指标体系。在统计研究中，把一系列相互联系的统计指标所组成的整体称为统计指标体系。它将有关统计指标结合在一起，从多方面反映了经济现象的特征，从而有利于人们更全面、更深刻地认识事物现象的本质及规律性。

三、统计调查

（一）统计调查的概念

统计调查就是按照统计所研究的预定目的和要求，采用科学的方法，有组织、有计划地搜集各种统计资料的工作过程。统计调查是统计工作的第一阶段，它在很大程度上决定着统计工作的质量。

统计调查作为直接占有原始资料和接触实际情况的过程来看，属于感性认识阶段。统计分析则是在调查材料经过系统的整理和汇总的基础上进行分析研究，揭示事物的本质和特征，得出有规律的结论，属于理性认识阶段。

（二）统计调查的分类

1. 统计调查按组织形式不同分类

统计调查按组织形式的不同可分为统计报表制度和专门组织的调查。

（1）统计报表制度是采用统计报表的形式，以原始记录为依据，采用经常性的定期调查，按照一定表式、时间和程序，自下而上地向各级领导部门提供基本的统计资料的一种统计调查方式。

（2）专门调查是为一定目的对某种情况或某项问题而专门组织的调查。

2. 统计调查按调查单位的范围不同分类

统计调查按调查单位的范围不同，可分为全面调查和非全面调查。

（1）全面调查是在调查过程中，对调查对象中的所有单位全部加以调查的一种方式。如物资库存普查、人口普查等。

（2）非全面调查是在调查过程中，仅对调查对象中的一部分单位进行调查。如：重点调查、典型调查等。

全面调查得到的总体资料，是反映全部调查单位的情况，非全面调查它最终的目的也是为了反映总体情况或者反映总体的基本情况。

3. 统计调查按调查的时间连续不同分类

统计调查按调查的时间连续不同可分为经常性调查和一次性调查。

（1）经常性调查是随着被研究对象在时间上的产业化发展进行连续不断的登记，以取得这一现象在这一时间内的发展、过程及结果。

（2）一次性调查是不连续调查，它又分为定期调查和不定期调查两种。

四、物资动态原始记录及物资统计台账

（一）物资原始记录

1. 物资原始记录的概念和作用

（1）物资原始记录的概念。

物资原始记录是通过一定的表格或文字，对企业各项物资供应活动的最初记录，它是物资流通活动的客观反映，是未经加工整理的第一手资料。

（2）物资原始记录的作用。

①它是取得物资统计基本资料和填报物资统计报表的基础。各种物资统计基本资料和物资统计报表，都是以原始记录作为最基本的依据逐级汇总编制的。因此，原始记录准确与否，直接关系到物资统计基本资料和统计报表的质量。

②它是会计核算的依据，是基层单位进行经济核算的基础。

③它是对物资供应进行科学管理的工具。

2. 统计相对数

（1）统计相对数的概念。

统计相对数又叫相对指标，它是社会经济现象两个互相有联系的指标之比，用来表明现象之间固有的数量对比关系。相对指标一般用无名数表示，最常用的是百分比，也有用成数或系数表示。

(2) 统计相对数的作用。

统计相对指标在统计分析中有着广泛的用途,具有很重要的作用。

①它能将社会现象的发生、发展过程和程度以及现象间的数量对比关系程度鲜明地反映出来。

②它能将现象从绝对数值的具体差异中抽象出来,加以综合概括,使原来无法直接对比的东西可以加以比较,从而清晰地认识到现象间的关系。

(二) 相对指标的种类及计算方法

1. 计划完成程度相对指标

为了检查、监督计划执行情况,需要计算计划完成程度相对指标,该指标表明了某时期计划完成的程度。

计划完成程度相对指标,通常以一定时期内的实际完成数与同期计划数进行对比计算。基本公式为:

$$计划完成程度相对指标 = 实际完成数/计划数 \times 100\%$$

但是,在实际工作中,由于检查计划执行情况的形式不同,因而上述基本公式在应用时就略有变动,有如下两种情形:

(1) 检查整个计划期计划执行情况,即实际完成数和计划数都是同一时期的,在整个计划结束以后计算。其公式为:

$$计划完成程度相对指标 = \frac{计划全期实际完成数}{计划全期计划数} \times 100\%$$

(2) 检查计划进度情况,即实际完成数和计划数不属于同一时期的,而是在计划执行了一段时间,为了观察计划执行的进度而计算的计划执行进度相对数,其计算公式为:

$$计划执行进度相对指标 = \frac{自期初起累计实际完成数}{计划全期计划数} \times 100\%$$

例1. 某仓库2005年计划购进钢材 10×10^4 t,实际全年购进钢材 11×10^4 t,则该仓库钢材购进计划完成程度指标为多少?若该仓库第一、二、三季度分别购进钢材为 2×10^4 t、3×10^4 t、3.5×10^4 t,则该仓库钢材购进计划执行进度相对指标为多少?

解: $钢材购进计划完成程度指标 = \frac{计划全期实际完成数}{计划全期计划数} \times 100\% = \frac{11}{10} \times 100\% = 110\%$

$钢材购进计划执行进度相对指标 = \frac{自期初起累计实际完成数}{计划全期计划数} \times 100\%$

$$= \frac{(2+3+3.5)}{10} \times 100\% = 85\%$$

答:该仓库钢材购进计划执行进度相对指标为85%。

2. 结构相对指标

结构相对指标是表明在一个总体中各部分所占比重的相对数。它是总体的各部分与总体的对比。

$$结构相对指标 = 构成总体的某部分数值/总体的总数值 \times 100\%$$

3. 比较相对指标

它是同类时期内,地区与地区、部门与部门、单位与单位的比较,能表明某种现象在同一时期内,不同地区、不同部门、不同单位发展的不平衡程度。其计算公式为:

比较相对指标 = 某期某种现象在某地区（部门、单位）的数值/同期同种现象在另一地区（部门、单位）的数值 × 100%

例2. 某年，我国的大庆油田原油产量为 2300×10^4 t，胜利油田的原油产量为 1020×10^4 t，则大庆油田与胜利油田产量对比，其比较相对指标为多少？

解： 比较相对指标 = $\frac{2300}{1020} \times 100\% \approx 225.5\%$

答：其比较相对指标为 225.5%。

4. 强度相对指标

它是同一时期两个性质不同，但又有密切联系的总量指标之比，用来说明现象的强度、密度、普遍程度或利用程度。其公式为：

强度相对数 = $\frac{某一事物（总体）的数值}{有联系事物（总体）的数值} \times 100\%$

5. 动态相对指标

它是同一现象的总量指标在不同时间上的对比，用来说明现象在不同时间上发展变化的程度。其公式为：

动态相对指标 = $\frac{报告期数值}{基期数值} \times 100\%$

例3. 我国1976年原油产量为 8716×10^4 t，1987年为 11461×10^4 t，两者对比，其动态相对指标为多少？

解： 动态相对指标 = $\frac{报告期数值}{基期数值} \times 100\% = \frac{11461}{8716} \approx 131.5\%$

答：其动态相对指标为 131.5%。

（三）运用相对指标应遵循的原则

（1）可比性原则。这是计算相对指标必须遵守的基本原则。所谓"可比性"是指用对比的母项与子项在指标含义、总体范围、时间、计算方法、计算单位等是否一致，是否可比。只有分子、分母两个对比指标具备可比性，才能在对比中显示出现象的特征，比得的结果才能确切说明所要研究的问题。否则就会歪曲事实真相，作出错误的结论。

（2）相对指标与其所依据的总量指标相结合进行分析的原则。因为相对指标虽然可以将现象之间数量对比关系明确反映出来，说明总量指标不能说明的问题，但是，另一方面，却把现象的绝对水平具体差异抽象化了，掩盖了现象之间绝对数上的差别。因此，在利用相对指标进行分析时，必须注意绝对水平，把两者结合起来运用，才能比较全面地说明问题。

（3）把各种相对指标结合起来运用的原则。在实际工作中，应根据不同的研究目的结合起来运用，以便于对事物作出全面的、正确的分析。

（4）当绝对数的数值很小时，不宜计算相对数。

五、统计平均数

（一）统计平均数的概念和作用

1. 统计平均数的概念

统计平均数又叫平均指标，它是同质总体内各单位某一数量标志在一定时间、地点、条件下的一般水平或代表水平，如某种材料的购进平均价格，平均库存量等。材料在某时期的平均价格，不是该时期内哪一次材料的购进价格，而是将这一时期内所有各次材料购进价格之间的差异互相抵消，加以抽象，而得出的一般水平或代表水平。所以，平均指标有两个显著特点：一是用一个数值来说明总体各单位某一数量标志的一般的水平，二是把总体各单位标志值的变异抽象掉了。

2. 平均指标的主要作用

（1）利用平均指标，可以对同类现象在不同地区，不同单位之间进行对比分析。例如：研究某企业的职工工资水平，既不能用个别职工的工资额为代表，也不能用全部职工的工资总额为代表，同样，也不能用个别月份的工资额为代表，只能用企业每一职工的年平均工资收入来进行分析，这样才能正确地反映企业职工收入上存在的差别。

（2）利用平均指标可以对不同时期的同一现象进行比较，反映该现象在时间上的变化，说明其发展趋势。

（3）利用平均指标可以作数量上的估计推算。

（二）平均指标的种类

常用的平均指标有两种，即简单算术平均数和加权算术平均数。

1. 简单算术平均数

简单算术平均数是总体各单位标志值的总和除以总体单位数。其公式为：

$$X = \frac{\sum X}{n}$$

式中　X——表示平均数；

$\sum X$——表示各单位标志之和；

n——表示总体单位数。

2. 加权算术平均数

统计资料经过统计分组后，当只掌握各组的代表标志值和各组的单位数，而未直接掌握各组的标志总量时，就需用加权算术平均数的方法计算平均数，即先求得每组的标志总量，并加起来求得总体的标志总量，然后除以总体单位，得到的平均数就是加权算术平均数。其公式为：

$$X = \frac{\sum Xf}{\sum f}$$

（三）运用平均指标应遵循的原则

（1）平均指标只适用于同类现象。所谓同类现象是指总体各单位必须是同质的，即主要性质相同。

（2）需要用组平均数来补充说明总平均数。在许多情况下，只在同类现象中计算一个总平均数是不够的，还需要以组平均数和个别典型事例作补充说明。做到既反映事物的一般情况，又反映一般中的个别情况。

（3）运用平均指标要结合典型事例进行分析，平均数只能反映现象的一般水平，不能说明总体内的个别情况，特别是先进和后进两端的差异。因此，运用平均数还必须与典型事例结合起来研究，做到点面结合，具体分析先进水平和先进经验，揭示后进单位存在的问题，从而推广先进，鼓励后进，带动一般。

六、动态数列

（一）动态数列的概念

动态数列又叫时间数列，是把表明某一现象发展变化情况的数量指标按时间先后顺序排列所组成的数列。运用动态数列进行分析研究的方法，叫动态分析法。

动态数列有两个基本要素：一个是现象所属的时间，另一个是现象在各个时期所达到的发展水平。

编制和分析动态数列的作用：

（1）通过编制和分析动态数列，可以从事物的量变过程中把握事物发展的趋势，及时提出建议，指明奋斗目标，还有助于集中地反映和分析事物由量变到质变的过程及其规律性，为制定政策，编制计划和指导实际工作提供数据。

（2）结合有联系的动态数列进行分析，可以反映现象间的依存关系。

（3）动态数列的编制，可以作为整理和积累资料的方法和手段。

（二）动态数列的分类

动态数列按其所排列的指标不同，可分为绝对数动态数列、相对数动态数列和平均数动态数列三种。其中绝对数动态数列是基本的数列，其余数列都是绝对数动态数列进一步加工计算而得到的派生数列。

动态数列中的各项指标都是绝对数，这种动态数列就是绝对数动态数列。绝对数动态数列可分为时期数列和时点数列两种。

在动态数列中，各个指标都是平均数，这种数列就叫平均数动态数列。

（三）动态数列的编制原则

（1）经济内容必须相同。动态数列各项指标的经济内容应当前后一致，只有同质的现象才能进行动态对比，才能表明现象发展变化的趋势。

（2）总体范围应该一致。动态数列各项指标的总体范围必须前后一致。例如：研究一个生产企业的钢材消费量变化情况，历年的消费指标应包括生产消费、经营维修消费和更改措施消费。生产消费中应包括加工来料消费，绝不能某一年包括这些指标，而另一年不包括某一项指标。

（3）时间长短应该一致。在时期数列中，各个指标数值大小与时间长短直接相关，时期长数字就大，反之就小。所以，时期数列各项指标所属时期应该一致。至于时点数列，指标数值大小与时间间隔长短无直接关系，即使时间间隔不一致，仍可比较，但是，为了明显反映现象变化规律，时间间隔宜尽可能一致。

（4）计算方法应该一致。动态数列各项指标的计算方法，计算单位都应该相同。

七、指数

（一）指数的概念和作用

从广义上讲，统计指数是反映社会经济现象动态的一种相对数。例如：1987年我国的原油产量是 1.34×10^8 t，1984年是 1.14×10^8 t，1987年为1984年的117.54%，这个动态相对数，就是一个指数。但是，从狭义上讲，不是任何动态相对数都是指数，指数是专指那些不能直接相加，不能直接对比的多要素组成的社会经济现象综合变动的一种相对数。例如：研究石油部门物资总消耗量的变动情况，由于各种物资的使用价值不同，计量单位不同，不能直接相加，也就不能把两个时期的各种物资总消耗量直接进行对比，也就无法说明各种物资消费量的总动态。为此，需要用一种特殊的指标来进行计算，这种指标就是指数。利用指数来分析社会经济现象的方法，在统计上称为指数分析法。

统计指数在统计工作实践中广为运用，其主要作用是：

（1）指数能综合反映不能直接相加不能直接对比的社会现象的总变动。动态相对数只能说明个别社会现象（如钢材收入量、木材库存量）的动态，而那些不能直接相加的现象（物资的价格、单位产品成本）的总动态，必须利用指数来反映。

（2）利用指数分析现象总体的变动中各有关因素的影响及影响程度。例如：物资库存金额是由库存量和价格决定的，其中任一因素变动都会引起它的变动，因此，可以用指数法分别测定库存量和单价对库存金额的不同影响。

（3）指数可用来分析、测定总平均指标的变动中各因素的变动及影响程度。

由上可见，统计指数是社会经济统计分析的一种重要工具和方法。它不仅可用来分析社会经济现象的综合变动，而且可用以分析计划完成情况。

（二）指数的种类

（1）指数按其研究的对象范围不同可分为：

①个体指数。它是说明个别经济现象变动的相对数。例如：反映某种物资的个体消费指数、个体库存量指数、个体价格指数等。其计算公式为：

$$个体指数 = \frac{报告期水平（Q_1）}{基期水平（Q_0）} \times 100\%$$

②总指数。它是综合反映全部社会经济现象变动的相对数。例如：反映全国或一个地区、一个部门的物资销售量指数、物资价格指数等。

③类（组）指数。它是反映全部社会现象中的部分现象变动的相对数。例如：全部生产资料可分为燃料、金属材料、建筑材料、电工材料等，用指数法来分析各部分材料的变动情况，而分别计算出的各种指数都是类（组）指数。

（2）指数按所反映的特征不同可分为：

①数量指标指数。它是反映总体现象总的规模和水平变动情况的指数。因为它是说明社会经济现象数量的多少，故称数量指标指数。例如：物资消耗量指数、拨出量指数、库存量指数等。

②质量指标指数。它是反映社会经济现象质量变动情况的指数。例如：单位产品物资消耗量指数、劳动生产率指数、物资价格指数等。

（三）综合指数

1. 综合指数的概念和原理

计算总指数有综合指数和平均数指数两种，其中综合指数是基本方法，平均数指数是其变形，计算结果与综合指数相同。

综合指数是由两个总量指标对比而成的指数，它是将报告期与基期两个不能同度量现象的数值，来说明现象总变动的相对数。例如：钢材、木材、水泥是三种不同的物资，不仅使用价值不一样，而且计量单位也有所不同，是不同度量现象，不能直接对比。如何解决这一问题呢？我们知道，任何物资商品都是人类劳动的结晶，都有价值，而价值是可以相加对比的。因此，可通过价格、成本、消耗量等媒介因素，将物资使用价值形态转化为价值形态，这样，不能同度量现象就转化成了可相加的总体，就可以进行不同时期的对比分析了。可见，确定媒介因素即同度量因素使不同度量现象转化为可以相加的总体是计算综合指数的关键之一。

此外，社会经济现象受多因素变动的影响，例如：物资消费额就是由消费量和价格两个因素共同变动的结果。因此，在编制综合指数时，在同度量因素确定后，为了使指数能正确地反映其他因素而不包括同度量因素对现象总动态的影响，必须依据经济理论，并从实际出发，将同度量因素固定下来，即将同度量因素固定在同一基期或报告期。

由上可见，综合指数有两个特点：一个是从现象的联系分析中，来确定与研究现象相联系的同度量因素；另一个是在复杂现象总体所包括的两个因素中，固定其中的一个因素（同度量因素），来测定另一个因素（指数化指标）的变动。

2. 编制综合指数的方法

综合指数，由于所说明的变动因素不同，又分为数量指标指数和质量指标指数两种。下面分别介绍其编制方法。

1）数量指标指数的编制方法

数量指标指数的计算必须以质量指标作为同度量因素。以物资供应量为例，则必须以物资计划价格作为同度量因素，把不同的物资供应量转化为供应额。

但是，物资供应额的变动受价格和供应量变动两个因素的影响，要研究供应量变动的情况，就必须排除价格变动的影响，因而，就要把价格固定在基期。因为以基期价格作为同度量因素，在研究物资供应额的变动中，只包括物资供应量的变动因素，而不包括价格的变动因素。所以，在编制供应量指数时，把基期计划价格作为同度量因素。

数量指标指数的计算公式为：

$$K = \frac{\sum Q_1 P_0}{\sum Q_0 P_0} \times 100\%$$

式中　K——物资供应量指数；

　　　Q_1——报告期物资供应量；

　　　Q_0——基期物资供应量；

　　　P_0——基期物资供应价格。

例：某石油物资供应部门 2005 年第一季度三种物资供应量资料如下：

物资名称	计量单位	供应量		计划价格		报告期物资供应额 $Q_1 P_1$	按基期价格计算的供应额	
		基期 Q_0	报告期 Q_1	基期 P_0	报告期 P_1		基期 $Q_0 P_0$	报告期 $Q_1 P_0$
甲	件	1000	1000	25	30	30000	25000	25000
乙	kg	2000	2200	50	45	99000	100000	110000
丙	m	1000	1200	10	12	14400	10000	12000
合计						143400	135000	147000

根据上表资料，三种物资供应量个体指数为：

$$K = \frac{Q_1}{Q_0} \times 100\%$$

甲物资供应量指数 = 1000/1000 × 100% = 100%

乙物资供应量指数 = 2200/2000 × 100% = 110%

丙物资供应量指数 = 1200/1000 × 100% = 120%

从个体指数看，除甲物资供应量与基期持平外，其余物资供应量都比基期分别增加了 10% 和 20%。

要知道三种物资供应量总的变动情况，就需要计算物资供应量综合指数。

$$物资供应量综合指数 = \frac{\sum Q_1 P_0}{\sum Q_0 P_0} \times 100\%$$

$$= \frac{147000}{135000} \times 100\% \approx 109\%$$

$$增加的供应额 = \sum Q_1 P_0 - \sum Q_0 P_0 = 147000 - 135000 = 12000(元)$$

计算结果表明：三种物资供应量报告期为基期的 109%，比基期增长了 9%；由于三种物资供应量增长，使供应额增加了 12000 元。

2) 质量指标指数的编制方法

质量指标指数的计算必须以数量指标作为同度量因素。以物资供应计划价格指数为例，则必须以物资供应量作为同度量因素，把不同的物资供应计划价格乘上物资供应量变为供应额，从而把不同时期的物资供应额加以对比，观察其变动情况。

由于物资供应额的变动受物资供应计划价格和供应量两个因素变动的共同影响，要研究价格变动对供应额变动的影响，就必须排除物资供应量变动的影响，因而必须把物资供应量固定在某一个时期，通常是将物资供应量固定在报告期。因为价格变动发生在报告期，只有以报告期物资供应量作为同度量因素，才能正确计算企业单位因报告期供应计划价格变动而受到的影响程度。

需要指出，编制质量指标指数，都是以报告期数量指标作为同度量因素。质量指标指数的计算公式为：

$$K = \frac{\sum Q_1 P_1}{\sum Q_1 P_0} \times 100\%$$

式中　K——物资供应计划价指数；

　　　P_1——各种物资的报告期供应计划价格；

　　　P_0——各种物资的基期供应计划价格；

　　　Q_1——各种物资的报告期供应量；

　　　$\sum$——总和符号。

下面以前例说明质量指数的计算方法，根据上题资料，三种物资供应计划价指数为：

$$K = \frac{P_1}{P_0} \times 100\%$$

甲物资供应计划价指数 = 30/25 × 100% = 120%

乙物资供应计划价指数 = 45/50 × 100% = 90%

丙物资供应计划价指数 = 12/10 × 100% = 120%

从个体指数看，甲、丙两种物资的供应计划价都比基期提高了 20%，乙物资供应计划价比基期下降了 10%。

要反映三种物资供应计划价格综合变动情况，就需要计算供应计划价综合指数。

$$K = \frac{\sum Q_1 P_1}{\sum Q_1 P_0} \times 100\%$$

物资供应计划价综合指数 $= \frac{143400}{147000} \approx 98\%$

减少的供应额 $= \sum Q_1 P_1 - \sum Q_1 P_0 = 143400 - 147000 = -3600$（元）

计算结果表明：三种物资的供应计划价报告期为基期的98%，比基期下降了2%；由于三种物资供应价格的下降，使供应额减少了3600元。

（四）指数体系

1. 指数体系的概念

社会经济现象是错综复杂的，各种现象之间存在着多方面的联系和影响，反映在统计数量上也存在这种关系，许多指数由于数量上的联系和影响，形成一个整体，叫做指数体系。

例如：

物资供应额 = 物资供应计划价格 × 物资供应量

物资消费量 = 产品产量 × 单位产品消耗量

工业总产值 = 产品单价 × 产品产量

这些公式反映了社会经济现象之间客观的联系，这种联系在应用指数法进行动态时，表现为一定的指数体系：

物资供应额指数 = 物资供应计划价指数 × 物资供应量指数

物资消费量指数 = 产量指数 × 单位产品消耗量指数

工业总产值指数 = 产品价格指数 × 产量指数

2. 指数体系的作用

指数体系广泛用于社会经济统计分析中，具有很重要的作用。主要表现为：

（1）利用指数体系的联系，可以对复杂的社会经济现象的变动情况进行全面分析，测定其中各个因素的变动情况和影响程度。

（2）根据指数体系中各个指数之间的联系，可以进行指数之间的换算和相互推算。

3. 编制指数体系的基本原则和方法

（1）编制指数体系的基本原则。

编制指数体系时，应以综合指数的一般原理为依据。分析时，采用固定的某些因素，使其不变，只测定其中某一因素的变动和影响程度，分别确定现象总变动中各种因素的影响。在测定质量指标的变动影响时，应将数量指标固定在报告期；测定数量指标的变动影响时，应将质量指标固定在基期。

（2）编制指数体系的方法及因素分析。

物资供应指数 = 物资供应价格指数 × 物资供应量指数，即：

$$\frac{\sum Q_1 P_1}{\sum Q_0 P_0} = \frac{\sum Q_1 P_1}{\sum Q_1 P_0} \cdot \frac{\sum Q_1 P_0}{\sum Q_0 P_0}$$

将上面表中的有关数据代入公式，得：

$$\frac{143400}{135000} = \frac{143400}{147000} \times \frac{147000}{135000}$$

即：$106\% = 97.5\% \times 108.9\%$

上述三个指数在绝对值上的联系为：

①供应额增加值 $= \sum Q_1 P_1 - \sum Q_0 P_0$
$\qquad = 143400 - 135000$
$\qquad = 8400$（元）

②由于供应计划价格下降了 2.5%，而减少了供应额。那么，减少的供应额

$= \sum Q_1 P_1 - \sum Q_1 P_0$
$= 143400 - 147000$
$= -3600$（元）

③由于供应量增加了 8.9%，而增加了供应额。那么，

增加的供应额 $= \sum Q_1 P_0 - \sum Q_0 P_0$
$\qquad = 147000 - 135000$
$\qquad = 12000$（元）

④供应计划和供应量两种因素变动对供应额变动的影响的绝对值

$= (\sum Q_1 P_1 - \sum Q_1 P_0) + (\sum Q_1 P_0 - \sum Q_0 P_0)$
$= (143400 - 147000) + (147000 - 135000)$
$= -3600 + 12000$
$= 8400$（元）

从上面计算结果说明，利用指数体系，不仅可以分析各种因素对经济现象变化的影响程度，并且还能从绝对值方面分析增减量的多少，直接说明经济效益。

第五章 金属材料

自然界中的物质是由各种不同的化学元素组成的。在人类已经发现的107种元素中,有80%以上的元素具有不同程度的导热性、导电性、可塑性和金属光泽等特点,这些元素称为金属元素,如铁、锡、铅、铜、铝、铬、锰、银、金、锌。不具有上述特点的元素,统称为非金属元素,如碳、硫、磷、碘。只有一种金属元素的物质,称为纯金属。提取纯金属的难度很大,一般只能接近于100%,因为其中总会含有极为少量的杂质。

有两种或两种以上的金属元素,或者金属元素与非金属元素所组成的具有金属特性的物质,称为合金。如钢是铁和碳的合金,即铁碳合金;黄铜是铜和锌的合金,即铜锌合金。由于合金的实用性能好,因此,在工业生产中应用范围要比纯金属广泛得多。

所谓金属材料,即指纯金属或合金经过熔炼和各种加工后而制成的原材料,俗称金属。

按金属材料的性质特点,通常把金属材料分为黑色金属材料和有色金属材料两大类。黑色金属材料是由黑色金属(包括铁、铬、锰及其合金)制成的原材料,主要包括钢、铁与铁合金材料等。有色金属材料则由有色金属(即除铁、铬、锰及其合金以外的所有金属)制成的原材料,包括各种有色纯金属及合金材料。

在物资管理中,根据材料的加工程度不同,金属材料又分为金属冶炼产品和金属加工产品两大类。冶炼产品是指经冶炼、浇铸而成的金属产品,如生铁、铁合金和各种有色纯金属锭块,它们大多不能直接使用,而是用于配制合金或作为进一步加工的原料,故又分别称为黑色原料和有色原料。加工产品是金属冶炼产品的再加工制品,即是金属锭块经各种压力加工制成的金属材料。加工产品包括各种钢材、有色纯金属及合金材、有色合金锭块,如各种型材、板材、带材、箔材、线材、棒材、管材。加工产品可直接用于各种产品的制造。在实际物资工作中,冶炼产品通常指有色纯金属锭块,而加工产品专指有色金属成材。

在现代各种材料中,金属材料不仅是国民经济各部门和人民生活中不可缺少的物质基础,而且是现代工业的物质基础。石油工业生产建设中,同样需要和使用大量的金属材料。从高大的井架、各种类型的钻机、石油钻采专用管材、井口采油装置、分布中横的输油(气)管线及闸阀,直到炼油厂中的炼油塔、加热炉、换热器等无一能离开金属材料。可见了解和掌握金属材料的分类、性能、牌号的划分和用途,达到在石油工业生产建设中正确合理的存储、调配、使用金属材料是物资供应管理人员所必需的。

第一节 生铁及铁合金

黑色金属材料是指铁(密度是$7.86g/cm^3$)、锰、铬及它们的合金(如钢、生铁、铁合金、铸铁),因其外观多呈深黑色或灰黑色,故而有黑色金属材料之称。黑色金属材料通常又称为钢铁材料,由于其性能可以适应多方面的要求,因而在现代工业中应用最广。常用的黑色金属材料有钢、生铁、铁合金和铸铁。国产黑色金属的允许磅差规定为3‰。磅差的出现不仅是由于物资在运输途中损耗所造成的,且有衡器及其他多种因素的影响。常用黑色金属材料中,灰口铸铁的铸造性能好,铸钢的铸造性能差。

一、生铁

生铁是以铁矿石、熔剂(石灰石、萤石)、燃料(焦炭)为主要原料,由高炉冶炼出来的。它是以铁为基础，以碳为主要添加元素，含碳量大于 2.11% 的铁碳合金。常用的生铁含碳量一般为 2.5% ~ 4.5%。此外还含有少量的硅、锰、硫、磷等杂质。生铁是炼钢和生产铸铁件的原料。优点是熔点较低，熔化后流动性好。具有良好的铸造性，脆性大，几乎没有塑性变形能力。不能通过锻造、拉拔等方法加工成型。生铁按用途的不同分为炼钢生铁、铸造生铁（铸造用生铁又称铸铁）两大类。

（一）炼钢用生铁

1. 特性及用途

炼钢生铁含硅量较低（一般不大于 1.25%），含硫量较高（不大于 0.07%），生铁中的碳以化合物的形式（Fe_3C）存在，断口呈银白色，也叫白口铁；性质脆而硬（硬度 HB > 450），塑性、韧性极差，而耐磨性很好，所以不适于压力加工，也不易进行切削加工。主要用作炼钢原料。另外，可根据性能特点制造一般高耐磨性的机件和工具，如轧辊、研磨机的铁球、犁、铧。

2. 牌号及化学成分

GB/T 717—1998《炼钢用生铁》规定，炼钢用生铁按平均含硅量的不同划分为三个牌号。各牌号又按含锰量的不同分为三组，按含磷量的不同分为三级，按含硫量的不同分为四类。随组、级、类序号数字的增大，其锰、磷、硫的含量也相应增加。炼钢生铁以块状供应。小块的每块质量 2 ~ 7kg，大块的每块质量不大于 45kg，并有两个凹口，凹口处厚度不大于 45mm。牌号用"炼"字的汉语拼音字头"L"及平均含硅量千分之几的数字表示，如 L04、L08、L10 三个牌号，分别表示平均含硅 0.4%、0.8%、1.0% 的炼钢生铁。生铁"Q16"表示含硅量为 1.6%。

（二）铸造生铁

铸造生铁是用于生产铸铁的原料。铸造生铁含硅较多，按用途不同分（普通）铸造用生铁、球墨铸铁用生铁、铸造用磷铜钛低合金耐磨生铁等；按断口颜色不同可分为灰口铸铁（符号 HT）、白口铸铁和麻口铸铁；按化学成分不同，可分为普通铸铁和合金铸铁两大类。

1. 铸造用生铁（灰口铁）

铸造用生铁含硅量较高，为 1.25% ~ 3.60%，它促进了碳的石墨化，故碳在铁中主要以石墨状态存在，断口呈暗灰色，故又称灰口铁。其硬度低于炼钢生铁，适宜于切削加工，但脆性很大，不能压力加工成型。铸造生铁熔点低，富流动性，有良好的铸造性、耐磨性和消震性。广泛用作生产各种铸造件的原料。GB/T 718—1982 规定，铸造用生铁共有六个牌号，各牌号之间硅含量的级差为 0.4%。各牌号又按含锰、磷、硫量的不同分为若干组、级、类。随组、级、类的序号数字的增大，相应的杂质含量就越多。在订货合同中除应注明铁号外，还需注明所要求的组、级、类。因同一铁号的生铁，不同的组、级、类其质量、规格和使用均有区别，在运输保管中应注意不可混淆。牌号分别用汉语拼音字母 Z（铸）、Q（球）、NMZ（耐磨铸）及平均含硅量千分之几的数字表示。如 Z30 表示平均含硅量为 3.0% 的铸造用生铁。铸造用生铁牌号为铸 34、铸 30、铸 26、铸 22、铸 18、铸 14，代号为 Z34、Z30、Z26、Z22、Z18、Z14。铸造用 3 级生铁的含磷量为大于 0.10% ~ 0.20%。

2. 球墨铸铁用生铁

此类生铁专门用于生产球墨铸铁件。在铸造过程中加入球化剂（镁、稀土或稀土镁、稀土硅铁镁合金）和墨化剂，使生铁组织中石墨呈球化状一类的铸铁。球墨铸铁具有良好的铸造性能、切削加工性能和很高的强度、冲击任性、耐磨性，可热处理强化。用于制造承受载荷较大的复杂的重要铸件，如汽车和拖拉机上的曲轴、连杆、凸轮轴零件。球墨铸铁用生铁，各牌号生铁均应铸成2~7kg小块，而大于7kg与小于2kg的铁块之和，每批中应不超过总质量的10%。根据需方要求，供方可供应质量不大于40kg的铁块。

(1) 球墨铸造用生铁的运输应符合下列要求：

①每一车厢只准装载同一炉次的生铁，为补足车厢载重时，可装其他炉次生铁且必须是同牌号、同组、同级、同类的生铁。

②生铁块经水运联运时，转运港埠必须以车为单位进行装卸，车与车不得相混。

(2) 铸造用生铁的检验规则和质量证明书应包含下列内容：

①生铁的质量检验和验收，由供方技术监督部门负责进行。

②每批交货的生铁，必须随运单附有证明生铁符合订货合同和标准要求的质量证明书。证明书中应注明：a. 订货合同号，b. 铁号，c. 生产日期、炉次、组级和重量，d. 化学成分分析结果；e. 标准编号。可锻铸铁的符号是"KT"。

同一铁号的生铁放在一起储运是不允许的，不利于分门别类验收，应按组、级、类的不同分别储运。在生铁的订货合同中，除应注明生铁的铁号外，还必须注明所要求的组、级分类。生铁在验收时，外观检查要求用铸铁机铸造的铁块，表面不允许有炉渣和砂粒，但允许附有石灰和石墨。

(3) 生铁的质量指标主要是化学成分及硅、锰、磷、硫的含量。质量技术要求可查有关标准。生铁的验收内容包括：

①到货验收时，应该对货运单、订货合同与产品质量证明书是否相符。严格分清铁种、牌号，按组、级、类交货的，应按组、级、类的不同分别验收。产品质量证明书上应注明：订货合同号、铁种、牌号、块度、炉次、组、级、类和数量、生产日期、化学成分分析结果、标准牌号。

②生产数量的验收均应全部称重计量。生铁的磅差允许±5‰。

③生铁的块重及形状，按不同铁种的规定验收。

④外观检查。用铸铁机铸成的铁块，应具有洁净的表面，但允许附有石灰和石墨；在铸床铸成的铁块表面不允许有炉渣和砂粒，但允许附有石灰和石墨。

二、铁合金

铁合金是铁与碳以外的金属或非金属元素组成的合金的总称，也称合金生铁。铁合金是一种熔炼混合物，合金中各元素多是以游离状态存在的。铁合金的种类很多，它是按照所含主元素的种类不同进行命名的，如硅铁、锰铁、铬铁、钒铁、钼铁、钨铁、钛铁、磷铁、硼铁等许多种。实际工作中，还把作为钢铁冶炼及铸造炉料用的中间合金（如硅钙合金等）、某些纯金属（如金属锰）和氧化物添加剂也包括在铁合金内，这是为管理的方便。铁合金一般呈脆性，不能作为金属材料使用。主要用作炼钢的脱氧剂、除气剂、合金剂、铸铁的孕育剂，生产其他铁合金和有色金属的还原剂，生产有色合金的合金添加剂，少量用于化学工业和其他工业。

(一) 硅铁

1. 硅铁的成分及用途

硅铁是铁和硅组成的铁合金，由焦炭、钢屑、石英（或硅石）为原料，用电炉冶炼而成。冶炼硅铁的主要原料是石英或硅石（又名矽石）。低硅硅铁（含硅10%~15%）可在高炉中用铁矿石配加硅石冶炼。高硅硅铁在还原电炉中冶炼，采用硅石、钢屑（或铁鳞）、焦炭为原料。硅铁呈亮灰色，带孔洞。含硅较少的硅铁、灰色深并略带黄色，孔洞较多；含硅多的硅铁，灰色浅并略带蓝色，孔洞少。由于硅的密度比铁小，因此硅铁含硅量越多，密度越小。掌握硅铁的这一特点，在实际工作中，可不通过化学分析而大致判断硅铁的含硅量。

硅铁是一种良好的脱氧剂，硅铁的消耗量（折算成45%硅铁）是钢产量的0.65%～0.70%。硅铁降低硅钢的铁损，增加电阻，提高在较弱磁场下的磁感应强度，在电工用硅钢中含硅0.8%～4.8%。硅作为合金元素在低合金高强度钢、合金结构钢、弹簧钢、轴承钢、工具钢、不锈钢、耐热钢等钢中通过固溶强化，提高钢的强度和弹性，还能提高钢的淬透性、回火稳定性、抗氧化性。硅铁还大量用作冶炼低碳铁合金的还原剂，生产含硅的有机化合物，制造电焊条以及用于其他工业部门。金属硅用于生产硅铝合金、硅青铜和许多其他中间合金，也可经提纯后制备单晶硅。

2. 包装、储运、标志和质量证明书

（1）包装。硅铁根据需方要求，可采用散装、集装箱、袋装等形式发货。采用袋装或集装箱包装时，包装外面应有明显的标志。

（2）储运。硅铁在储运过程中易于粉化，这是因为含硅34%左右和含硅50%～60%的$FeSi$和$FeSi_2$的相变引起体积膨胀所造成的。杂质中的硫、磷、钙、铝以及潮湿的大气会促使硅铁粉化，硅铁锭缓冷时由于偏析也易导致粉化。硅铁粉化时放出氢气、磷化氢和砷化氢等气体，可引起爆炸，后两种气体有毒，所以硅铁储运必须通风良好、防止受潮，不宜长期存放。此外，硅铁也是冶炼各种硅钢（如电工硅钢及含硅的低合金结构钢、合金结构钢、弹簧钢、轴承钢、耐热钢）和合金铸铁、有色金属的合金剂。它在钢铁生产中用量很大，其产量在铁合金总量中占三分之一左右。一般保管期限为一年到一年半，硅铁具有吸水性，在遭雨淋或受潮后，易发生分解而粉化，同时放出磷化氢（PH_3）和砷化氢（AsH_3）等有毒气体。硅铁遇碱液能产生氢气，有爆炸燃烧的危险，因此生铁在保管过程中不能和碱液混放。牌号为：FeSi90Al1.5、FeSi90Al3、FeSi75Al0.5-A、FeSi75-A、FeSi45等。

（3）标志和质量证明书。产品的标志和质量证明书应符合有关规定的要求。

（二）锰铁

1. 锰铁的成分及用途

锰铁是锰和铁组成的铁合金。以锰矿石（含锰40%～50%）为原料，在高炉或电炉中熔炼而成。密度较大，外表有一层黑皮，断面为银白色，并带有金黄闪光彩色，脆性和硬度都很大。由于锰和氧的亲和力很大，故锰铁是炼钢生产中钢液的脱氧剂。锰和硫能生成不溶于钢液的硫化锰，故它可做除硫剂，以消除或降低硫在钢中的有害作用，提高钢的硬度、耐磨性、延展性和韧性。锰铁密度与铁相近，外观呈深灰色并带有蓝黄闪光彩色。电炉锰铁按含碳量多少，分为低碳、中碳、高碳锰铁三类，有13个牌号。一般保管期限为：南方或温度较高地区小于一年，北方小于一年半。

在炼钢中，锰铁是用量最多的铁合金。大量用作脱氧剂，以脱氧去硫，减少氧对钢的危害及硫的热脆性。作为合金剂，锰能起到固溶强化，提高钢的淬透性，细化珠光体层片，增加珠光体的数量等作用，在不影响钢的塑性、韧性的条件下，提高钢的强度，在结构钢、弹簧钢、轴承钢、工具钢中获得广泛的应用。锰还用以代镍，在不锈钢、耐热钢中获得奥氏体组织。在高锰耐磨钢中，含锰达12%～14%，由于有很好的耐冲击和加工硬化能力，广泛用于制造挖掘机的泥斗齿，破碎机锷板，铁道路岔等。锰和锰铁的消费量，约占钢产量的1%，用于钢铁工业的锰占世界锰矿总开采量的95%以上。许多铜、铝等有色金属合金也含有锰，但多以金属锰的形式加入。含锰高的锰铁，在潮湿大气中也易粉化，保管中应注意防潮。

2. 包装、储运、标志和质量证明书

（1）包装。中、低碳锰铁应采用桶装、集装箱包装，包装箱外面应有明显的标志。高碳锰铁可采用散装、袋装和集装箱，采用袋装、集装箱包装时，包装物外面应有明显的标志。

（2）储运、标志和质量证明书。产品的储运、标志和质量证明书应符合有关规定的要求。

（三）铬铁

1. 铬铁的成分及用途

铬铁是铬与铁组成的合金。铬铁按不同含碳量分为高碳铬铁（包括装料级铬铁）、中碳铬铁、低碳铬铁、微碳铬铁等。微碳铬铁是用于不锈钢、耐酸钢、耐热钢以及各种电热元件的重要材料。低、中碳铬铁用于生产合金结构钢。铬能提高钢的淬透性，在渗碳时可使表面硬度增高。高碳铬铁通常用于要求含碳量高的钢，如滚珠轴承钢和工具钢，它可以提高其硬度。铬铁主要用作炼钢的合金添加剂，一般保管期限为小于两年。常用的还有氮化铬铁、硅铬合金和金属铬等。在结构钢中，铬通过提高钢的淬透性和回火稳定性，在较少降低钢的塑性、韧性的条件下提高钢的强度、硬度和耐磨性，在渗碳钢中有利于提高渗碳层厚度，在滚动轴承钢中还有利于使碳化物细化并使之分布均匀，在工具钢中能有效地增加碳化物的数量，提高钢的强度和耐磨性，并改善钢的淬火、回火性能。铬是不锈钢中最基本的元素，不锈钢中含铬量一般都在13%以上。铬还有利于提高耐热钢高温抗氧化温度，钢中含铬量越多，抗氧化工作温度越高。在高温合金、精密合金中也大量使用铬。铬铁在炼钢中的消耗量约占开采量的60%左右，此外，铬铁还用于铸铁及有色金属合金的生产中。

2. 物理状态

（1）铬铁应呈块状，每块重量不得大于15kg，尺寸小于20mm×20mm铬铁块的重量不超过铬铁总重量的5%。

（2）需方对粒度有特殊要求时，由供需双方另行商定。

（3）铁的内部及其表面不得有肉眼显见的非金属夹杂物，但铸锭表面涂料不净时，允许其少量存在。

3. 包装、储运、标志和质量证明书

产品的包装、储运、标志和质量证明书应符合有关规定的要求。

（四）钼铁

1. 钼铁的成分及用途

钼铁是钼和铁组成的铁合金，含钼55%～75%。在炼钢和铸铁生产中，作为钼元素添加剂的还有氧化钼块，含钼48%～55%。钼在钢中能提高钢的淬透性、回火稳定性，在结构钢中可消除钢的回火脆性，在高速工具钢中具有二次硬化和提高红硬性的作用，并能代替钨。钼还有利于提高钢的再结晶温度、耐热性和高温强度，提高不锈耐酸钢对含氯离子的介质及其他强腐蚀性介质的耐蚀性，提高磁钢的剩磁及矫顽力。主要用于生产结构钢、弹簧钢、工具钢、不锈钢、耐热钢和磁钢。钼添加到有色金属中提高其耐热性和耐蚀性，是镍、钴和钛合金的重要添加成分。在炼钢生产中作为氧化剂。按钼及杂质含量的不同分为九个牌号。

2. 物理状态

（1）产品以块状交货，块度范围为10～15mm，10mm×10mm以下粒度不得超过该批总重量的5%，允许少量块度在一个方向最大尺寸为180mm。

（2）如用户有要求，可提供10～100mm，10～50mm，10mm以下不同粒度的产品。每种粒度范围所允许的上、下限的质量分数，由供需双方商定。

3. 包装、储运、标志和质量证明书

（1）包装。产品采用铁桶包装，每桶净重100kg，如需方对包装有特殊要求，可由供需双方协商解决。

（2）储运。包装后的产品应存放于库房内，发运时要用篷车，如露天存放或敞车发运时，需用篷布盖好，严防件内渗水或混入杂质，在储运过程中不得混批混号。

（3）标志。产品包装上应涂有明显的标志，包装件内应附有成品标签，标志和标签的内容应符合GB/T 3650—1995的要求。

（4）质量证明书。发货同时，供方应开具产品质量证明书。证明书的内容应符合有关规定的要求。

（五）磷铁

1. 磷铁的成分及作用

磷铁是一种含磷的合金生铁，按含磷量不同，分FeP24、FeP21、FeP18、FeP16四个牌号。磷铁应成块状供货，最大块重不应超过30kg。在炼钢和铸造中用作磷元素加入剂。产品的包装、标志、储运和质量证明书应符合GB/T 3650—1995的要求。用作炼钢和铸造作磷元素加入剂。磷可引用钢的冷脆性，在一般钢中被视为有害元素。在含碳量较低的钢中，磷的冷脆性倾向较小，可以利用磷的固溶强化作用提高钢的强度，此外，磷还可提高钢抗大气腐蚀能力，改善钢的切削加工性能。常在低合金高强度钢、轻轨用钢、易切削钢中使用。由于磷的冷脆性，还可用于生产炮弹钢，以提高炮弹的杀伤力。

2. 物理状态

（1）磷应成块状供货，最大块重应不超过30kg，小于20mm×20mm的块度，其数量不得超过该批量总重量的10%。

（2）需方如对物理状态有特殊要求，可与供方商定。

（六）钒铁

钒铁是钒与铁组成的铁合金。主要用于冶炼合金钢，在炼钢或合金材料中作为钒元素加入剂用。钒铁以块状供货，最大块重不得超过8kg，钒铁块交货中10mm×10mm以下的碎块不得超过该批总重量的3%。钒铁用铁桶包装，每桶净重分50kg和100kg两种。

（七）硼铁

1. 硼铁的成分及用途

硼铁是硼与铁组成的铁合金，按硼、碳及杂质含量的不同，分为七个牌号，低碳的含硼较多，为9.0%～25.0%；中碳的含硼较少，为4.0%～19.0%。用于炼刚、铸铁和其他用途作硼元素加入剂。微量的硼（0.001%～0.005%）加入钢中，可使钢的晶粒细化，提高淬透性，并强化晶界提高钢的高温强度。微量的硼（0.001%～0.003%）加到可锻铸铁中，可缩短热处理的时间，使石墨细化，分布均匀，从而改善可锻铸铁的性能。硼铁是一种含硼的合金生铁，作为炼钢和铸铁的硼元素加入剂，硼铁交货时，每块最大尺寸为100mm×100mm，小于10mm×10mm，大于5mm×5mm的碎块的数量，不得超过该批总重量的10%，5mm×5mm以下的粒度不得装入桶中。硼铁内部及其表面不得带有明显非金属杂物。

2. 物理状态

硼铁应成块状交货，每块最大尺寸为100mm×100mm，小于10mm×10mm，大于5mm×5mm碎块的数量不得超过该批总重的10%，5mm×5mm以下的粒度不得装入桶中。硼铁块的表面和断面处不得有肉眼可见的炉渣和非金属夹杂物。如需方对物理状态有特殊要求，由供需双方另行商定。

3. 包装、储运、标志和质量证明书

（1）包装。产品采用铁桶包装，每桶净重50kg。需方对包装如有特殊要求，可由供需双方协议商定。

（2）储运。产品应存放库房内，发运时要用篷车，如露天存放或敞车发运时，需用毡布盖好，严防包件内渗水或混入杂物，储运过程中不得混批混号。

（3）标志。产品包装件上应涂有明显的标志，包装件内应附有成品标签，标志和标签的内容应符合有关规定的要求。

（4）质量证明书。发货同时，供方应开具产品质量说明书。证明书内容应符合有关规定的要求。

（八）钛铁

钛铁是钛与铁的铁合金。按含钛量及杂质的不同，钛铁分为FeTi30－A，FeTi30－B，FeTi40－A，FeTi40－B四个牌号。钛铁主要用作炼钢的脱氧剂、除气剂及合金添加剂。钛与溶解在钢水中的氮结合成稳定的氮化钛，可以消除氮对钢水的不良影响。钛铁采用铁桶、乳胶袋、木箱包装，分50kg和100kg两种。

（九）钨铁

1. 钨铁的成分及用途

钨铁是钨和铁的铁合金。按钨及杂质含量的不同分FeW80-A、FeW80-B、FeW80-C、FeW75四个牌号。用作炼钢和铸造的合金添加剂。钨是高速工具钢中重要的合金元素，最高可达17.5%～19.0%，在钢中形成钨的碳化物，能阻止淬火加热时晶粒长大，提高钢的淬火加热温度，并通过提高回火稳定性和二次硬化，提高钢的红硬性，钨的碳化物还能提高钢的耐磨性。在结构钢中，钨能提高钢的淬透性、回火稳定性并消除钢的回火脆性。在不锈耐热钢中有利于提高钢的再结晶温度、耐热性和高温强度，提高抗氢腐蚀能力。在炼钢和铸造中作为钨元素加入剂用，钨是生产特殊钢的最重要合金元素之一。

2. 包装、储运、标志和质量证明书

（1）包装。产品采用铁桶包装，每桶净重100kg；需方对包装如有特殊要求，可由供需双方协议商定。

（2）储运。产品应存放库房内，发运时要用篷车，如露天存放或敞车发运时，需用篷布盖好，严防包件内渗水或混入杂物。

(3) 标志。产品包装件上应涂有明显的标志,包装件内应附有成品标签,标志和标签的内容应符合有关规定的要求。

(4) 质量证明书。发货同时,供方应开具产品质量说明书。证明书内容应符合国标的规定。

铁合金的质量指标主要是化学成分、块度、粒度等物理形态。铁合金质量的优劣将影响到钢的质量,所以对化学成分要求铁合金的主要元素含量越高越好,而其他杂质元素特别是硫、磷的含量越低越好。铁合金一般以块状交货,其块状大小应符合规定(个别的,如铁钛也可以粉状交货)。

(十) 钒铝合金

钒铝合金是适用于金属热法还原钒氧化物制得的,作为钛合金、高温合金及某些特殊合金添加剂用的。

1. 外观质量

合金要严格精整,其表面不得含有肉眼可见的氧化膜和非金属杂物。

2. 包装、标志、储运和质量证明书

包装、标志、储运和质量证明书应符合国家的有关规定。

(十一) 五氧化二钒

1. 物理状态

冶金用五氧化二钒以片状交货,片径不大于 $55mm \times 55mm$,厚度不大于 $5mm$,化工用五氧化二钒以分解后自然粉状交货。

2. 包装、标志、储运和质量证明书

(1) 包装。产品采用铁桶包装、桶内壁须刷一层防护漆。每桶净重一般不大于 $250kg$,或由供需双方商定。

(2) 标志、储运和质量证明书。产品标志、储运和质量证明书应符合《铁合金验收、包装、储运、标志和质量证明书的一般规定》的要求。

(十二) 钒渣

1. 物理状态

钒渣以块状或粉状交货,块状钒渣的粒度不得大于 $200mm \times 200mm$,粉状钒渣的粒度由供需双方商定。

2. 交货要求

交货钒渣不得混入明显的片状金属铁。

3. 包装、运输和质量证明书

(1) 块状钒渣为散状,敞车运输,如需方要求,可用篷车或简易篷车装运。

(2) 粉状钒渣的包装和运输由供需双方协商确定。

(3) 交货钒渣应按批附副样和质量证明书进行交货。质量证明书中应注明:钒渣牌号、组、级、类、化学成分和金属铁含量测定结果,重量及基准量,车号及交货日期,供方名称及检查员代号,本标准编号。

(十三) 铌铁

铌铁是铌和铁组成的铁合金。按铌和杂质含量的不同分 FeNb70、FeNb60-A、FeNb60-B、FeNb50-A、FeNb50-B 五个牌号。供炼钢、铸造作添加剂和电焊条合金剂用。用于生产低合金高强度结构钢、不锈钢、耐热钢以及镍基、铁基、钴基高温合金等。为了降低生产成本，目前还广泛采用以含铌中贫铁矿及含铌平炉钢渣为原料，经炭热法冶炼可供炼钢和铸铁作为添加剂的铌锰合金。

1. 物理状态

（1）铌铁以块状或粉状供货。块状铌铁最大块重不得超过8kg，小于20mm×20mm碎块的重量不得超过总重量的5%，粉状铌铁以40目供货，其中160目不得超过总重量的30%。

（2）需方对粒度如有特殊要求，可由供需双方共同商定。

（3）铌铁块表面和断面以及铌铁粉内不得有肉眼可见的明显夹杂物。

2. 包装、储运、标志和质量证明书

（1）包装。块状铌铁用木箱或铁桶包装。每桶净重50kg，每批余量允许有一桶不足50kg交货。粉状铌铁用双层塑材袋包装，并放入铁桶中，每桶净重50kg。

（2）储运、标志和质量证明书应符合《铁合金验收、包装、储运、标志和质量证明书的一般规定》的要求。

（十四）铌磷半钢

1. 物理状态

铌磷半钢呈深灰色，块重范围为2~7kg，大于7kg与小于2kg的块重之和，每批中不应超过总重量的10%。

2. 包装、标志和质量证明书

包装、标志应符合有关规定的要求。质量证明书中应注明：供方名称、产品名称、订货合同号、数量、化学成分、本标准编号、出厂日期。

（十五）铌锰铁合金

1. 物理状态

铌锰铁合金呈暗灰色的块状，其粒度不小于15~60mm。允许有3~15mm的碎块，但不得超过总重量的5%。铌锰铁合金表面应光洁，表面及断面不得有明显的非金属夹杂。

2. 包装、储运、标志和质量证明书

（1）包装。产品装入干净的密封铁桶内，经供需双方协商也可装入内衬塑料袋的编织袋中，包装件重量不大于50kg。

（2）储运、标志和质量证明书。产品储运、标志和质量证明书应符合有关规定的要求。

（十六）硅钙合金

硅钙合金是硅和钙的合金。一般以硅石、石灰、焦炭、木炭、煤为原料，用电热法生产。钙易于和硫、氮、氢、碳、硅等许多金属进行反应，在高温下，能把大部分金属氧化物还原成金属，但由于钙的成本高，保存十分困难，限制了在工业上的大量应用。硅钙合金要便宜得多，在常温下非常稳定，并能发挥硅与钙的复合脱氧作用，脱氧产物呈球形，颗粒也较大，容易上浮，用硅钙合金脱氧的钢，钢质比较纯净。钙和硫形成CaS，不溶于水，还有脱硫作用。常用作冶炼优质钢、特种合金的复合脱氧剂，在铸铁生产中作孕育剂，以脱氧、脱硫和去气，调整钢中非金属夹杂，使铸铁组织细化，改善性能并有利于石墨化。在硅钙合金的基础上加铁得到的硅钙铁三元合金。由于其密度大，钙容易被钢液吸收，使用效果可进一步提高。

1. 技术要求

（1）硅钙合金按钙、硅及杂质含量不同，分为三个牌号，其化学成分应符合规定。

（2）根据需方要求，经双方协议可生产对元素含量有特殊要求的产品。

2. 物理状态

（1）硅钙合金应呈块状，最大块重不得超过10kg，小于15mm×15mm的碎块，其重量不得超过该批总重量的10%。

（2）需方对供货粒度有特殊要求时，与供方协商，可提供各种粒度的硅钙和粉剂。

3. 包装、标志、储运和质量证明书

硅钙合金的包装、标志、储运和质量证明书应符合有关规定的要求，或用集装箱供应，在储运过程中应防潮。

（十七）硅铬合金

1. 牌号和化学成分

（1）硅铬合金按硅、铬及其杂质含量的不同，分为五个牌号。

（2）需方对化学成分有特殊要求，由供需双方另行商定。

2. 物理状态

（1）硅铬合金应呈块状或粒状在供方场地交货，其交货粒度范围应符合规定。

（2）需方对粒度有特殊要求，由需方同供方共同商定。

3. 包装、储运、标志和质量证明书

产品的包装、储运、标志和质量证明书应符合有关规定的要求。

（十八）稀土硅铁合金

1. 技术要求

（1）牌号和化学成分。

稀土硅铁合金按稀土、硅及杂质含量不同分为9个牌号，其化学成分应符合规定。

（2）物理状态。

稀土硅铁合金断面应呈银灰色，粒度范围为5~50mm，小于5mm和大于50mm的均不应超过总重量的5%。

（3）需方对化学成分和粒度等有特殊要求，由供需双方另行协商。

2. 包装、储运、标志和质量证明书

（1）包装。产品采用铁桶包装，每桶合金净重50kg或100kg。

（2）储运、标志和质量证明书。产品的储运、标志和质量证明书应符合有关规定的要求。

（十九）稀土镁硅合金

1. 技术要求

（1）牌号及化学成分。稀土镁硅合金按稀土镁、硅及钙的含量不同分为10个牌号，其化学成分应符合规定。

（2）物理状态。稀土镁硅合金断面应呈银灰色，稀土镁硅合金粒度范围为5~30mm，小于5mm和大于30mm均不应超过总重量的5%，需方对化学成分和粒度如有特殊要求，可由供需双方另行协商。

2. 包装、储运、标志和质量证明书

（1）包装。产品应采用铁桶或内衬塑料袋的编织包装。

（2）储运、标志和质量证明书。产品的储运、标志和质量证明书应符合有关的规定要求。

（二十）工业硅技术条件

1. 技术要求

（1）化学成分。工业硅各品级的化学成分应符合规定。如有特殊要求，可由供需双方另行协商。

（2）粒度。通用粒度为 6~200mm，其中 6~20mm 不超过 20%。经供需双方协商，可供应其他规格的粒度。

（3）其他。产品不允许有夹渣、泥土、粉状硅粘结及其他非冶炼过程所带异物。

2. 标志、包装、运输和储运

（1）每件包装物均应有下列标志：供方名称、品级、批号、净重、防雨标志。

（2）每批产品均应附质量证明书，其中注明：供方名称、批号、品级、分析结果（铁、铝、钙）、产品件数、重量及出厂日期。

（3）产品应包装在封闭严密的坚固包装物内，包装物可用：铁桶（铁箱）、铝桶、木箱（木桶）、特制塑料袋。

（4）每桶（箱、袋）净重一般不超过 100kg，如有特殊要求，可由供需双方另行协商。

（5）产品在运输和储运过程中应防止雨淋。

（二十一）铁合金的验收

铁合金以篷车装运，如遇敞车装运又未加苫盖者，接卸前应检查货物是否雨淋受潮。如发现受雨，需取得铁路记录。若有严重质变应及时反映给有关部门，并按有关部门的意见处理。若无质变也不宜长期存放，先发为宜。

验收前应详细核对产品质量证明书、订货合同、货运单与实物是否相符，并分车、分批、按牌号分别验收，不得混淆。不同品种的铁合金，其外观情况差异较大，易于鉴别，但同一品种、不同牌号的铁合金，外观差异就小，很难区别，一旦混淆，不易挑选，会给炼钢生产造成困难。按有关规定，铁合金的堆装发运，必须随车皮在明显处有质量证明书。不同牌号合金装在同一车皮发运时，必须设法隔开，保证不发生混淆。因此，有隔离物隔开的不同牌号的铁合金，要分别卸放、验收，不得混淆。遇有未加隔离物而混装的，则先不卸车，应及时反映给有关部门，按有关部门的意见处理。

有的铁合金经雨淋受潮分解出有毒气体，如硅铁会因雨淋受潮分解出磷化氢、砷化氢等有毒气体，故篷车卸车前应先打开车门通风。硅铁粉尘长期吸入人体能引起硅肺病，操作时应注意保护。

铁合金验收时均应全部称重计量。

铁合金的化学成分必须符合标准的规定。表面及断面均不能带有非金属夹杂，应作严格精整，但个别实在精整不掉的少量夹杂及锭模涂料允许存在。各种铁合金呈规则或不规则的块状或粒状，其规格大小、块重、供货粒度规定等指标，都应按照铁合金各自标准进行验收。

三、铸铁管

（一）铸铁管的分类、特性及用途

铸铁管又称生铁管，是用普通铸铁生铁浇铸而成的。铸铁管制造简便，成本低廉，又具有良好的防腐蚀性能，所以在给水及排水等工程方面应用广泛。

铸铁管按制造方法的不同可分为砂型铸造管、连续铸造管和离心铸造管；按耐压能力的不同分为高压管、普压管、低压管，一般都供应普压管；按其管端接头处形状的不同分为承插式和盘式两种。承插式又分承插管、双承管、双插管等几种。承插管通常即指承插直管。直管一端为平口（即插口），另一端为喇叭形套口（即承口），使用时将一根管子的平口管端插入另一根管子的套口管端，平口管端的外表面与套口管端的内表面形成环形空隙，并保持均等的宽度，以便充填接口密封材料。盘式管在管端铸成突出的边缘（称为法兰盘），以便用螺栓进行连接。

以上两种铸铁管中，因承插铸铁管生产简便、成本低、施工要求不高，目前生产和应用的铸铁管绝大部分是承插式铸铁管。盘式管生产工艺较复杂，施工要求高，但拆卸方便，多用于泵房等需要经常检修的场所。

铸铁管的规格以公称直径（mm）表示，公称口径即是内径的近似值。目前国内生产的铸铁管，公称直径为 75～1200mm。铸铁直管按定尺长度供应，其有效长度为 3m，4m，5m，6m。所谓有效长度，是指其在管路中能用于输送流体的实际长度，承插直管的有效长度等于铸铁管全长减去承口部分的长度。法兰盘式直管的有效长度等于其全长。

铸铁管虽有较好的耐腐蚀性能，但铸铁管较硬脆，表面粗糙，内部组织不甚致密，容易发生渗漏或破裂，因此不能承受较高的压力。为了保证铸铁管使用性能的可靠性，必须逐根进行水压试验。工程应用中应按工作压力进行选择。铸铁管在实际使用工作中，由于关闭截门或其他原因使管路突然受堵，在水流惯性作用下，将使管道所受的压力增高，压力将像锤头一样来回冲击管壁，这种附加压力通常称为"水锤"。故在考虑管道工作压力时，必须包括"水锤"的压力，并有一定的安全系数。

高压管、普压管和低压管主要用于外部给水（上水）管道及煤气输送管道。专门用于污水输送（下水）的排水的铸铁管的管壁较薄，一般都只起污水自流作用而不承受其他（如水锤）压力。目前，外部下水道已大量采用混凝土管、钢筋混凝土管和陶土管。因此，排水铸铁管主要用于室内或院内下水管道。承插式排水铸铁管的规格为：公称直径 50～200mm，有效长度 1.5m。

（二）铸铁管的质量、验收和保管要求

1. 铸铁管的质量技术要求

GB/T 3421—1982 和 GB/T 3422—1982 规定，适宜于输送水及煤气用的铸铁管均为灰口铸铁，组织致密，易于切削及钻孔。化学成分要求磷含量应不大于 0.30%，硫含量应不大于 0.10%，连续铸铁管的表面硬度不得大于 HB210。水压试验必须逐根进行。P 级内径不大于 450mm 的砂型离心铸铁管的试验压力是 2.0MPa。按耐压能力的不同，铸铁管分为高压管（耐压能力不大于 0.98MPa）、普压管（耐压能力不大于 0.74MPa）、低压管（耐压能力不大于 0.4MPa）。

砂型离心铸铁管按其壁厚分为 P 级和 G 级两个级别。其水压试验应符合有关规定。要求表面不得有裂缝，管内面不应有严重龟纹，不得有影响使用或制造方法可以避免的缺陷。其次是承口内插口外粘砂必须铲净，局部突起必须铲平，其他部分粘砂不得超过 2mm，局部凸起高度不得超过 5mm。

连续铸铁管按其壁厚分 LA，A 和 B 三级。其水压试验应符合有关规定。表面质量要求铸铁管内表面不允许有冷隔、裂缝、错位等妨碍使用的明显缺陷。凡是使壁厚减薄的各种局部缺陷，其深度不得超过（2 + 0.05 × 壁厚）mm。若经需方同意局部修补，修补后的铸铁管必须重新按标准规定进行水压试验。

铸铁管用于煤气管道时，如需做气密性试验，试验方法由供需双方协商确定。铸铁管的涂覆，管体内外表面可涂沥青或其他防腐材料。涂覆材料应不溶于水，不得与水接触时产生臭和味，有害杂质应符合中华人民共和国卫生部有关饮用水的规定。涂覆前，内外表面应光洁并无铁锈、铁片；涂覆后，内外表面要光洁，涂层均匀，粘附牢固，并不因气候冷热而发生异常。

2. 铸铁管的验收

（1）重量验收。

铸铁管有点件验收和检重验收两种。点件验收由于其每根的尺寸和重量固定基本一致，则可以采取定量码垛查清根数，然后以单根重量乘以根数得出总重量。非定尺（乱尺）铸铁管则按不同规格分别点数计重验收。

（2）外观验收。

铸铁管的尺寸测量。铸铁管出厂时均要进行尺寸测量，仓库验收时只是为了核实出厂尺寸。抽测比例可为一批的1%～2%，或每捆中抽测1～2根。

铸铁管的表面质量和涂覆质量按标准规定用肉眼进行检查。

（3）标志、包装和质量证明书的验收。

铸铁管用在承扣处铸出制造厂名称或商标、出厂日期及厚度级符号。

公称口径等于或大于200mm的铸铁管应在插口端紧缠草绳，草绳宽度不小于100mm，高度不小于12mm。公称口径小于200mm的铸铁管，也可成捆包装，每捆不超过3t。

车船联运或长途运输、装卸次数多时，应在插口端套上胶圈或塑料圈，宽度不小于50mm，高度不小于15mm。

每批铸铁管应附有质量证明书。其内容包括：制造厂名称、产品名称、规格、厚度、级别、试水压力、每批数量、标准编号及标准要求的各项检验结果。

3. 铸铁管的保管要求

铸铁管可以露天存放，地面应松软平坦，硬地面应下垫垫木或垫石，小口径的可以分层纵横交互堆垛，承插口可两头颠倒交错平放。小量的或较大口径的可以分层顺码，每层间加横垫。管垛高度为1.5～3m，垛旁设支柱或防护装置，以防止管子滚动。法兰盘式铸铁管应注意不要碰损盘口。铸铁管性质较脆，在进行搬运、倒垛等操作过程中，应特别注意不要磕碰、冲撞、摔损。

第二节　钢　与　钢　材

一、钢的分类

钢是含碳量为0.04%～2.11%的铁碳合金，钢中除含铁、碳两种元素外，还含有少量原料和冶炼过程本身带入的硅、硫、磷、锰、氧、氢、氮等杂质元素（也称常存元素）。合金钢除含有上述元素外，为获得所要的组织和性能，还特意添加一定种类和数量的合金元素。钢是生产和应用最多的金属材料。它具有比生铁更为优良的机械性能和加工性能，能承受变形加工制成各种型材。

（一）按化学成分分类

钢的化学成分是极为重要的方面，各种钢在性能上的差别，化学成分是决定性的因素。按钢的化学成分不同，通常将钢分为碳素钢和合金钢两大类。按含碳量的不同，碳素钢又可分为低碳钢（C＜0.25%）、中碳钢（C＝0.25%～0.60%）、高碳钢（C＞0.60%）三类。

按钢中合金元素总含量的多少,合金钢又分低合金钢(合金元素总含量小于5%)、中合金钢(合金元素总含量在5%~10%之间)和高合金钢(合金元素总含量大于10%)三类。

(二)按用途分类

钢的用途分类见图2-5-1。

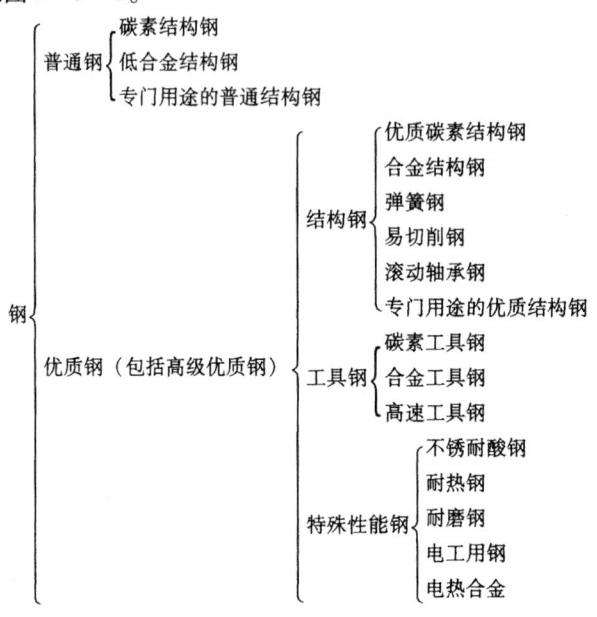

图2-5-1 钢的用途分类

(三)冶炼方法分类

按照冶炼方法和设备的不同,钢可以分为平炉钢、转炉钢和电炉钢三大类;按照冶炼时脱氧程度的不同,钢又可分为沸腾钢、镇静钢、半镇静钢。铁炼成钢后仍含有硅、锰、硫、磷等有害杂质。

(四)用途分类

根据钢的用途不同,可将钢分为结构钢、工具钢、特殊性能钢三类。

1. 结构钢

结构钢又分为建筑及工程用的结构钢和机械制造用的结构钢两类。建筑及工程用的结构钢主要用于桥梁、船舶、车辆、锅炉、压力容器、厂房等建筑及工程构件。它包括碳素结构钢、低合金结构钢,以及多种微合金化高强度低碳结构钢。机械制造用的结构钢主要用于制造各种机器的零部件,如轴、齿轮、连杆、弹簧、轴承。它包括优质碳素结构钢、合金结构钢、弹簧钢、滚动轴承钢、易切削钢等。

2. 工具钢

工具钢是制造各种工具,如切削刀具、量具、模具及其他工具的钢。工具钢为优质钢或高级优质钢。按化学成分不同分为碳素工具钢、合金工具钢和高速工具钢。

3. 特殊性能钢

特殊性能钢是指具备某些特殊物理性能和化学性能的钢。包括不锈耐酸钢、耐热钢、耐磨钢、低温用钢及电工用硅钢。

二、化学元素对钢性能的影响

钢中除含铁、碳外,尚含有其他一些元素,这些元素可划分为常存元素和合金元素两大类。常存元素是由原料、燃料及冶炼过程本身带入的，如硫、磷、硅、锰、氮、氢、氧，这类元素在钢中的数量较少，它们的存在虽然有时也起到一些有益的作用，但大多数将产生不利的影响。合金元素则是为保持获得所要求的组织和性能而特别添加到钢中的元素，根据不同的要求和目的，各种钢中添加合金元素的种类和数量各不相同，这种钢称为合金钢。

(一) 常存元素对钢性能的影响

1. 氧（O）

钢中的氧对钢的力学性能有不利的影响，是作为有害元素来看待的，但氧在冶炼过程中和炼制沸腾钢和半镇静钢时对炼钢和钢材有一定的有利作用。

2. 硫（S）

一般认为钢中的硫是残存的有害元素之一。它能降低钢的延展性和韧性，损害钢的抗蚀性，且有热脆性，对焊接也有不利的影响。所以在优质钢中，其含量控制在 0.045% 以下，就是在普通钢中也不得大于 0.055%（在侧吹碱性转炉钢中，放宽为不大于 0.065%）。它对钢性能唯一有利的影响是可以改善其切削性能，如在含硫易切削钢中，提高其硫和锰的含量，使其形成较多的硫化锰微粒，以改善钢的切削性能。

3. 磷（P）

磷在钢中能全部溶于铁素体中，虽然其固溶强化效果好，可以显著提高钢的强度和硬度，但与此同时也会显著降低钢的塑性和韧性，并使其脆性转变，温度升高，从而导致钢在低温下变脆，此现象称为冷脆。而由于磷在钢的结晶过程中产生偏析，从而形成局部富磷区，这种冷脆现象就更为严重。冷脆将大大恶化钢的冷压力加工性能和焊接性能。因此，对大多数钢来说，磷和硫一样同属于有害元素，必须严格控制其含量。

4. 硅（Si）

硅是钢中常见元素之一。在炼钢过程中作还原剂和脱氧剂，所以钢中常含有 0.2%～0.3% 的硅。如钢中含硅量超过 0.50%～0.60% 时，硅即为特殊的合金元素，这种钢被称为硅钢。硅在钢中大部分溶入铁素体，通过固溶强化作用而提高钢的强度、硬度、弹性。故可广泛用于制造高载荷的弹簧钢。在调质结构钢中，硅不仅能增加钢的淬透性，而且还能增加钢淬火后的抗回火性。因此，它常被用作调质结构钢的合金元素，并可用于制造承受重载荷的较大截面零件的无镍铬高强度、高韧性的高级调质钢。硅与其他合金元素如钼、钨、铬等结合，有提高钢抗腐蚀和抗高温氧化的作用，可以制造无镍低铬的不锈耐热钢。含硅 1%～4.5% 的低碳和超低碳钢具有极高的磁导率，可作电器制造业的硅钢片。硅在热处理时易于石墨化，产生脱碳现象，故在弹簧钢中，常加入钨、钒、铬等元素来加以防止，也可以制造耐磨的石墨或模具钢，但钢中含硅量增加，也降低钢的焊接性能，增加镀锌时锌对铁的破坏作用。

5. 锰（Mn）

锰是良好的脱氧剂和脱硫剂。因此钢中常含有 0.03%～0.50% 的锰。锰在钢中亦大部溶入铁素体，使铁素体强化，从而提高钢的硬度。由于锰与硫的亲和力较大，因此，它能优先于铁而与硫形成 MnS 减弱硫在钢中的危害。锰还能增加组织中的珠光体的相对含量，并有轻微细化晶粒的作用，这样它在提高钢的强度和硬度时，能使其塑性与韧性不至于降低，但锰能使钢的抗腐蚀能力减弱，对于钢的焊接性能也有不利影响。

6. 氮（N）

钢中的氮主要来自炼钢时的炉料和炉气。氮在钢中的影响，主要为：

(1) 固溶强化及时效沉淀强化；

(2) 形成和稳定奥式体组织；

(3) 改善高铬和高铬镍钢的宏观组织，使之致密坚实，并提高其强度；

(4) 借渗入方法与钢表面层中的铬、铝等合金元素化合形成氮化物，增加钢表面层的硬度、强度、耐磨性、抗腐蚀性。

但氮在钢中也有不利的影响，如低碳钢，由于氮化铁（FeN）的析出，导致时效和蓝脆等现象；含量超过一定限度时，易在钢中形成气泡使钢疏松，并与钢中的钛、铝等元素形成棱角而性脆的夹杂群等。

7. 氢（H）

氢在钢中含量一般很少，但其危害很大。氢对钢的强度影响不大，却能显著降低钢的塑性和韧性，引起氢脆，且钢的强度越高，这种氢脆的敏感性就越大。此外，当固溶于钢中的氢由于溶解度降低而以分子态析出时，将产生极大压力，使钢内部形成许多细微的呈发丝状裂纹，在钢材纵向断口上表现为银白色斑点，这种缺陷称为白点。白点严重恶化钢的塑性、韧性，并易导致淬火开裂和在使用时发生突然断裂。所以一般把它看作是一种有害的元素。

（二）合金元素对钢性能的影响

1. 钼（Mo）

钼在钢中能提高淬透性和热强性，防止回火脆性，增加剩磁和矫顽力以及在某些介质中（如硫化氢、氨、一氧化碳、水等介质）的抗蚀性和防止点蚀倾向等。故在结构钢、弹簧钢、轴承钢、工具钢、不锈耐酸钢、耐热钢、磁钢等一系列的钢中，得到广泛的应用。由于钼增加钢的热强性，所以钼含量较高时，会增加锻轧热加工的困难。

2. 钒（V）

钒与碳、氮、氧有极强的亲和力，与之形成相应的稳定化合物。钒在钢中主要以碳化物的形态存在。少量的不到0.5%的钒，能细化钢的组织和晶粒，提高钢的强度、屈服比和低温韧性，改善钢的性能，增加钢的热强性和对蠕变的抗力，此外钒对碳的固定作用，还可以提高钢在高温高压下的抗氢侵蚀。但是，钒总是和其他合金元素如锰、铬、钨、钼等配合使用的。常用于制造低温用钢、高级优质弹簧钢、合金工具钢、耐热钢等，但钒含量不宜过高，过高则降低钢的韧性，不利于钢的蠕变性能。

3. 铬（Cr）

铬加入钢中能显著提高钢的抗氧化性能，增加钢的抗腐蚀能力，如抗硫化氢、氨、二氧化碳、水、氧化性酸（硝酸）、高温高压氢腐蚀及大气腐蚀能力（但不能增强钢抗碱腐蚀能力，也不能抗氯化物和硝酸盐溶液的腐蚀——形成孔状腐蚀），并能提高钢的强度和耐磨性。由于铬加入钢中能改善钢的机械性能及物理和化学性能，因此，在多种用途的合金钢中普遍含有数量不同的铬。

4. 镍（Ni）

镍能使钢强化，改善钢的低温性能，特别是韧性，还可以提高钢的淬透性。镍的抗透性也很强，具有较高的对酸、碱和海水的耐腐蚀能力，但在高温高压下对氢介质的抗腐蚀能力无明显效果，反而会造成脱碳，促使钢腐蚀破裂，一般国产低合金钢中不加入镍。镍在高含量时，可显著改变钢和合金的一些物理性能。

5. 铝（Al）

铝主要用来脱氧和细化晶粒。在渗氮钢中促使形成坚硬耐蚀的渗氮层。铝能抑制低碳钢的时效，提高钢在低温下的韧性。含量高时能提高钢的抗氧化性及在氧化性酸和 H_2S 气体中的耐蚀性，能改善钢的电、磁性能。铝在钢中固溶强化作用大，提高渗碳钢的耐磨性、疲劳强度及芯部力学性能，但铝会影响钢的热加工性能、焊接性能和切削加工性能。

6. 铜（Cu）

铜在钢中能改善普通低合金钢的抗大气腐蚀性能，特别是和磷配合使用时。加入铜还能提高钢的强度和屈服化，但对焊接性稍有不利的影响。含铜 0.20%~0.50% 的钢轨钢（U—Cu），除耐磨外，其耐蚀寿命为一般碳素钢钢轨的 2~5 倍。

7. 钨（W）

钨在钢中的主要用途是增加回火稳定性、红硬性、热强性以及由于形成碳化物而增加的耐磨性。因此它主要用于工具钢，如高速钢、热锻模具钢等。而只在个别特殊情况下才用于机械制造用的渗碳和调质结构钢中去，但这时必须和其他元素如硅、锰、钼、铝、钒、铬、镍等同时加入。单一含钨的结构钢在力学性能上与碳素钢相比得不到多少改善，故很少采用。

8. 钛（Ti）

钛与氮、氧、碳都有极强的亲和力。因此，钛也是一种良好的脱氧去气剂和固定氮和碳的有效元素。钛能使钢的内部组织致密，提高钢的强度。钛还能提高钢在高温高压下抗氢、氮、氨腐蚀的能力。与其他元素配合使用能提高钢的抗大气、海水及抗硫化氢的腐蚀能力。此外，一定量的钛加入铬 18 镍 9 型奥氏体不锈钢中，可完全避免晶间腐蚀，从而被广泛的应用。

9. 铌（Nb）和钽（Ta）

铌和钽均是难熔的稀有元素，价格昂贵，在钢中的作用和钒、钛、锆类似，与碳、氮、氧都有极强的亲和力，与之形成相应的极为稳定的化合物。铌和钽均能细化钢的晶粒，提高晶粒粗化温度，降低钢的过热敏感性和回火脆性，在一定的存在状态下，也能提高钢的强度和韧性及对蠕变的抗力等。在低碳普通合金钢中加铌既能提高钢的抗大气、海水腐蚀的能力，及在高温高压下抗氢、氮、氨腐蚀的能力，也能提高钢的屈服强度和冲击韧性，降低其脆性转变温度，改善其焊接性；在高铬耐热不锈钢中加铌，可以降低钢的空冷硬化性，提高钢的热强性，避免回火脆性，提高其蠕变强度，改善钢的高温不起皮性，在奥氏体如 18—8 型（即含铬 18%，镍 8%）不锈耐热钢中加铌，可以防止不锈钢晶间腐蚀现象的发生，但这类钢冷变成形比较困难，焊接性能也较差。

10. 锆（Zr）

锆是强碳化物形成元素。在炼钢过程中，锆是强有力的脱氧和脱氮的元素。锆能细化钢的奥氏体晶粒，它与硫化合成硫化锆，能防止钢的热脆性。锆还能改善钢的蓝脆现象，降低钢的回火脆性，在低合金钢中改善钢的低温韧性作用比钒好，但由于锆在钢中溶解度很小，且价格昂贵，因此很少在一般钢中应用，而多用于特殊用途。

11. 钴（Co）

钴多用于特殊的合金钢中，含钴高速钢有很高的高温硬度。钴加入镍（18%~25%）的马氏体时效钢中可以获得很高的强度和良好的综合力学性能。此外，钴在热强钢和磁性材料中也是重要的合金元素。

12. 稀土元素

稀土元素是指元素周期表中原子序数从第57号至第71号的15个镧系元素。广义地说，稀土元素应包括周期表ⅢB族中所有的元素，即除镧系元素外，还包括第39号元素钇、第21号元素钪和第89至第103号的15个锕系元素等共32个元素。这些元素都是金属，由于它们的氧化物颇像土，所以习惯上便沿称为稀土。稀土元素能提高锻轧钢材的塑性和冲击韧性，特别是在铸钢中尤为显著，提高耐热钢、电热合金和高温合金的抗蠕变性能，提高钢的抗氧化性和耐蚀性。抗氧化性的效果超过硅、铝、钛等元素。它能改善钢的流动性，减少非金属夹杂，使钢组织致密、纯净。普通低合金钢中加入适量的稀土元素有良好的脱氧、去硫作用，可以提高冲击韧性（特别是低温韧性），改善各向异性性能。它在铁铝合金中能增加合金的抗氧能力，在高温下保持钢的细晶粒，提高高温强度，因而使电热合金的寿命得到显著的提高。

13. 铍（Be）

铍是稀有轻金属之一，与氧、硫都有极强的亲和力，是一种理想的脱氧去硫剂。钢中加铍，能增加钢的淬透性，也可以使钢具有较高的高温高强度及蠕变性能。

三、钢的表示方法、性能及用途

（一）钢的表示方法

通过钢的牌号可以了解其类别、平均含碳量、合金元素及其大致含量、冶炼质量等。钢中含碳量的多少，不仅会影响钢的机械性能，而且会影响钢的工艺性能。

1. 碳素工具钢

用字母T和平均含碳量的数字表示碳素工具钢，含锰量较高的，钢号后面加Mn；高级优质的加A。例如T9，T8Mn，T12A。较高含锰量碳素工具钢"T8Mn"中，其含锰量为0.4%～0.6%；碳素工具钢"T45A"中，其钢的含碳量为4.5%。碳素钢中焊接性能最好的是低碳钢。碳素工具钢含碳量在0.65%～1.35%之间，常存的其他元素含量有较严格的限制。T7号钢中的"7"表示钢的含量是0.65%～0.74%的碳素工具钢。钢号GCr15中"15"表示钢中含铬为1.5%。

2. 电工硅钢

电工硅钢的钢号以汉语拼音字母及数字表示。汉语拼音字母表示产品名称：DR代表电工用热杂硅钢，电工用硅钢牌号为JDR540-50是家用电器用热轧硅钢，电工用硅钢牌号为DW360-50中数字"50"表示厚度。电工用硅钢牌号尾部加符号"G"者，表示在高频率下检验的。DW360-50中表示最大单位铁损为3.60W/kg。

（二）钢的性能及用途

钢的品质主要按硫、磷含量成分的多少来决定，优质钢的硫、磷含量分别为0.025%、0.035%。中国国家有关标准中的45号钢与美国UNS10400的1045钢性能相同，美国的SAE和ASTM金属与合金统一数字代号体系简称UNS体系。30号钢与日本JIS的S30C钢性能相同，日本钢产品牌号标准为JIS。55号钢与原苏联ГOCT的55号钢性能相同。金属材料硬度为150～250HB范围内切削加工性能最佳。

1. 优质碳素结构钢

优质碳素结构钢通常简称碳结钢。阿拉伯数字表示平均含碳量的万分之几。GB/T 699—1999将优质碳素结构钢分为31个牌号。碳结钢新的国家标准，钢号Q215-A级钢相当于GB/T 700号—1988标准的甲类钢钢号A2。按热处理状态的不同，碳结钢分为渗碳钢和调质钢两种。含碳量是决定碳结钢性能的最主要因素。碳素钢分为低、中、高碳钢。低碳钢含碳量为0.2%，中碳钢含碳量为0.25%~0.6%，45号钢是中碳优质碳素结构钢。高碳钢含碳量大于0.7%。低、中、高碳碳结钢的性能区别在于含碳量越高的，其强度、硬度越高，耐磨性越好，塑性、韧性则越差。08，08F号钢含碳量低，塑性高、冲击性能好，是常用的冲压用钢。40，40Mn，45，50，50Mn等钢号是调质钢。合金调质钢由于合金元素的加入，提高了淬透性，故调质钢具有良好的综合机械性能。优质碳素结构钢出厂时必须同时保证化学成分和力学性能。碳结钢的用途是用于制作各种机械零部件，一般工程结构和工程用热轧钢板、钢带、型钢、盘条等，可供焊接、铆接、栓接构件用。

2. 合金结构钢

合金结构钢是在优质碳素结构钢的基础上，适当加有一种或数种合金元素制成的结构钢，简称合结钢。广泛用于制造机械零件和工程结构。由于其含有一定种类及数量的合金元素，故比碳结钢强度高，塑、韧性好，更能耐磨。特别是淬透性和回火性较高。按其含碳量，合金结构钢属于低碳钢（含碳量为0.12%~0.25%）和中碳钢（含碳量为0.30%~0.50%）。前者经渗碳、淬火及低温回火后，获得"表硬里韧"的性能，称为合金渗碳钢；后者经淬火及高温回火后，获得很高的综合机械性能，称为合金调质钢。合金工具钢主要用来制造具有较高切削速度及形状复杂的刀具，不能制造铣刀、铰刀。

3. 易切削结构钢（简称易切钢）

易切削结构钢（简称易切钢），是含有少量易切削元素而具有良好被切削加工性能的钢种。可以用来改善切削加工性能的元素有硫、铅、钙、硒、磷等，由于这些元素的加入，可以延长刀具使用寿命，降低切削抗力及加工工件表面粗糙度，有利于提高加工效率，因而获得良好的被切削加工性能，适于自动金属切削机床进行高度切削，加工批量大的，对性能要求不很高的零件，如手表、照相机零件等。由于具有易切削性能，不能用于制作切削刀具。

4. 高速工具钢

高速工具钢简称高工钢或高速钢，俗称风钢或锋钢，是一种适于高速切削的高碳高合金工具钢。高工钢性能特点是具有很高的热硬性，当刀具韧部温度高达600度左右时其硬度仍能保持为HRC60。所以高速工具钢刀具能保证高速切削连续进行。按用途和成分不同，高工钢可分为钨系、钨钼系、超硬性高工钢等几类。W6Mo5Cr4V2Ai是超硬型高工钢。

5. 不锈耐酸钢

不锈耐酸钢是不锈钢和耐酸钢的总称。能抵抗大气及弱腐蚀性介质腐蚀（如水、水蒸气）的钢称为不锈钢，能抵抗强腐蚀性介质腐蚀（如酸、碱、盐溶液）的钢称为耐酸钢。耐酸钢都具有不锈的特点，但不锈钢不一定耐酸。

常用不锈钢，按其所含合金元素不同分为铬不锈钢、铬镍不锈钢、铬锰氮不锈钢及铬镍锰氮不锈钢等；按其金相组织分为铁素体不锈钢、奥氏体不锈钢、马氏体不锈钢、奥氏体—铁素体不锈钢和沉淀硬化型不锈钢等；按性能及用途分为不锈钢和耐酸钢。

GB/T 1220—1992规定，不锈钢共列有55个牌号。

1）铬不锈钢

常用铬不锈钢有1Cr13、2Cr13、3Cr13等钢号。这些钢的特点是淬透性好，在油中淬火，甚至在空气中冷却都可得到马氏体组织，故称马氏体不锈钢。1Cr13，2Cr13主要用于制造韧性好、承受冲击载荷的零件，如汽轮机叶片、水压机阀、标准件；3Cr13 主要用于制造耐腐蚀的弹簧、轴承、医疗器械。1Cr17 钢也属于铬不锈钢。钢的特点是含碳量低，含铬量高，组织为单相铁素体，称为铁素体不锈钢。能耐硝酸等氧化性介质的腐蚀，常用于硝酸、化肥、人造纤维等化学工业及食品工业，也可用作制造燃气轮机等高温条件下工作的零件。

2）铬镍不锈钢

常用铬镍不锈钢有 0Cr19Ni9，1Cr18Ni0（典型的 18 - 8 型铬镍不锈钢），0Cr18Ni11Ti，1Cr18Ni19Ti；0Cr18Ni12Mo2Ti 等。这些钢的金相组织是单一的奥氏体，所以又称奥氏体不锈钢。它们的特点是耐腐蚀性、耐热性、塑性、韧性及焊接性都很好，常用作耐酸容器与输送管道、抗酸仪表、医疗器械、铬镍不锈钢焊条的焊芯。

3）铬锰氮及铬锰镍氮不锈钢

铬锰氮及铬锰镍氮不锈钢均属节镍不锈钢。镍是稀缺的贵重金属。含镍不锈钢价格昂贵，为了节约镍，研制出一些不含镍或含镍量低的不锈钢，如 1Cr14Mn14Ni，1Cr18Mn8Ni5N，2Cr13Mn9Ni4 等，以其代替 1Cr18Ni9Ti 不锈钢使用，可节镍 50% ~ 80%。2Cr15Mn15Ni2N 是低磁钢，可代替 1Cr18Ni9Ti 作低磁零件，节镍在 70% 以上。

6. 耐热钢

耐热钢是抗氧化钢，在高温下有良好的热稳定性的钢（即能抵抗高温气体氧化与锈蚀），称为抗氧化钢。钢号表示方法与不锈钢完全相同，如 1Cr13Mo，0Cr19Ni19，0Cr12。钢在高温下与室温时不同，一是处于高温更易氧化，二是其强度会随温度的升高和载荷作用时间的延长而逐渐降低，这样将导致工件会在远低于材料抗拉强度的应力作用下过早破断。因此，高温条件下工作的钢必须具有良好的抗氧化性（系指其抵抗高温气体氧化和介质侵蚀的能力，通常也称热稳定性或高温化学稳定性）和足够的高温强度（系指随温度升高，钢的强度下降的趋势和程度）。耐热钢是在高温下保持足够强度和抗氧化性的钢。

1）耐热钢的分类

耐热钢按金相组织分有铁素体型、奥氏体型、马氏体型和沉淀硬化体型四类，按使用性能分有抗氧化钢和热强钢。GB/T 1221—1992 规定，耐热钢共有 39 个牌号。

2）耐热钢的性能及用途

（1）抗氧化钢。在高温下有良好热稳定性的钢（即能抵抗高温气体氧化与侵蚀）称为抗氧化钢。抗氧化钢分铁素体型和奥氏体型两类。

铁素体型抗氧化钢是在铁素体不锈钢的基础上发展起来的，具有单相铁素体组织，表面易获得完整的保护性氧化膜，其抗氧化性好，并能抵抗含硫气氛的腐蚀，但因无相变，有晶粒长大倾向，高温强度较低，同时塑性、韧性较差。它适于制造不受冲击和载荷不大的炉用构件，如加热设备的支架或吊架、退火炉罩、热交换器、喷嘴等。

通常使用的奥氏体抗氧化钢，是在奥氏体不锈钢基础上进一步进行抗氧化、合金化而形成的钢种。与铁素体型抗氧化钢比较，奥氏体型抗氧化钢不仅抗氧化好，且有一定的强度和良好的塑性、韧性，室温下加工性能好，但一般含镍量都高，故晶间腐蚀倾向较大。此外，在含硫气氛中热稳定性较差（3Cr18Mn12Si2N，2Cr20Mn9Ni2Si2N 等不含或少含镍的钢种例外），奥氏体抗氧化钢宜做承受力的各种炉用构件。

（2）热强钢。在高温下既有一定抗氧化性，又有足够高温强度的钢，称为热强钢。按金相组织，热强钢又分为马氏体型、沉淀硬化型等。

马氏体型热强钢在高温下的组织为奥氏体，空冷后获得马氏体，经调质处理有较好的综合力学性能，如 1Cr13、1Cr12WMoV 等，有较高的热强性、耐蚀性及良好的减振性，是较好的叶片用钢，多用于汽轮机叶片制造。4Cr10Si2Mo 的碳、硅含量较高，有更高的强度和耐磨性，主要用作内燃机的进气、排气阀，故称为马氏体气阀钢。

目前正式列入国家标准的沉淀硬化型耐热钢只有 0Cr17Ni4Cu5Nb 和 0Cr17Ni7A1 两个牌号，它们的含碳量都很低，但经固溶和时效处理后，由于沉淀硬化作用而具有很高的强度。

7. 圆钢和方钢

圆钢分热轧、锻制和冷拉三种。圆钢直径为 10mm，它的理论质量为 0.617kg/m。用 40Cr 钢轧成的直径为 50mm，允许偏差为 2 组的圆钢，其标记为：

圆钢 $\dfrac{50-2-\text{GB/T }702\text{—}2004}{40\text{Cr}-\text{GB/T }3077\text{—}1999}$

普通圆钢直径大于 25mm 时通常长度为 3~9m。方钢边长为 20mm 的理论质量为 3.14kg/m。

8. 扁钢

扁钢分为热轧和锻制两种。可以作焊接钢管的坯料和叠轧薄板的板坯。宽度为 50mm，厚度为 5mm 的热轧扁钢其理论质量为 1.96kg/m。热轧扁钢的规格范围为 3mm×10mm ~ 60mm×150mm。用 45 号钢轧制的 10mm×30mm 扁钢的标记为：

扁钢 $\dfrac{10\times30-\text{GB/T }704\text{—}1988}{45-\text{GB/T }699\text{—}1999}$

9. 工字钢

工字钢分普通工字钢和轻型工字钢两种。型号为 10 的热轧工字钢它的 $h\times b\times d$ 的尺寸为 100mm×68mm×4.5mm。型号为 10~18 的工字钢其通常长度应符合在 5~19m。普通热轧工字钢捆扎包装，齐尺捆两端整齐，非齐尺捆钢材长度差不得超过 1m。普通热轧工字钢的牌号、力学性能和工艺性能应符合国家有关的标准。

10. 热轧 H 型钢

热轧 H 型钢分宽翼缘 H 型钢、窄翼缘 H 型钢（用符号 HK 表示）和 H 型钢桩三类。型号为 HU200 的热轧 H 型钢截面尺寸 $H\times B\times t_1$ 是 200mm×204mm×12mm。H 型钢通常长度为 6~15m。H 型钢的优点是截面形状经济合理，力学性能好，轧制时截面上各点延伸较均匀，内应力小，与普通工字钢相比，具有截面系数大、重量轻、节省金属等优点。用途是可使建筑结构减轻 30%~40%，又因其腿内外侧平行，腿端是直角，拼装组合成构件，可节约焊接、铆接工作量达 25%；常用与要求承载能力大、截面稳定性好的大型建筑以及桥梁、船舶、起重运输机械、机械基础、支架、基础桩等。热轧 H 型钢的特点是两腿平行，腿的内侧没有斜度。

11. 槽钢

槽钢分为普通槽钢和轻型槽钢两种，热轧普通槽钢的规格范围是 5 号~40 号，型号是 16 号的槽钢其尺寸 $h\times b\times d$ 为 160mm×65mm×8.5mm。车辆底盘、机械结构的框架多采用 16 号以下的槽钢。5~8 号的槽钢通常长度应符合 5~12m。中型型钢的工字钢和槽钢的高度小于 160mm。

12. 角钢

角钢俗称角铁，是两边互相垂直成角形的长条钢材。在合同等单据上应将角钢的边宽、边厚尺寸填写齐全。角钢可按结构的不同需要组成各种不同的受力构件，也可作构件之间的连接件，有等边角钢和不等边角钢之分。等边角钢的两个边宽相等，其规格以边宽×边宽×边厚的毫米数表示。25mm×25mm×3mm 的 1Cr18N₉ 角钢其理论质量为 1.13kg/m。热轧等边角钢的规格范围为 2 号～20 号，按 GB/T 9787—1988 标准，4.5 号角钢的边厚有 3mm、4mm、5mm、6mm 四种。型号 3.0 号角钢尺寸 $b×d×r$ 为 30mm×4mm×4.5mm 的理论质量是 1.786kg/m。不锈钢热轧等边角钢是由奥氏体型不锈钢和铁素体型不锈钢热轧制成的等边角钢，按组织特征分为两类，共 8 个牌号。型号 20mm×20mm 的不锈钢热轧角钢其边厚度为 3mm。不锈钢热轧等边角钢交货时，经需方同意，角钢可不进行热处理。

例 1. 计算边宽 125mm、边厚 10mm、等边角钢 100m 的质量？（钢材密度为 7800kg/m³）

解：公式：　　质量 = 7800 ×（边宽 + 边宽 − 边厚）× 边厚 × 长度

　　　代入公式：质量 = 7800 ×（0.125 + 0.125 − 0.010）× 0.010 × 100

　　　结果：　　质量 = 1872（kg）

答：质量为 1872kg。

13. 冷弯型钢

采用普通碳素钢钢板或钢带经一定的冷弯成型制成的型钢，称为冷弯型钢。冷弯型钢是制作轻型结构钢的主要材料。冷弯型钢的生产工艺比较简单，它不仅能制成薄壁的，且可生产许多用轧制无法生产的各种异型型钢，以其代替普通热轧型钢制成的钢结构，具有经济合理（据建筑部门统计，可节约钢材近 40%）和轻便灵活的特点。对一些受力不太大的钢结构，积极采用冷弯型钢在节约金属材料、降低成本及减轻结构自重方面无疑均具有重要意义。对盘条质量的工艺性能要求保证 180°冷弯试验合格。

14. CrMn 钢

CrMn 钢的主要用途是制造量规、环规等量具。

15. 滚动轴承钢

滚动轴承钢是制造轴承套圈、滚珠、滚柱的专用钢，还可以制造其他零件或工具。

16. 电工硅钢

电工硅钢是含硅量在 0.80%～4.80% 的低碳合金钢，是磁率高、矫顽力小、铁损小的软磁性材料，用于制造发电机、电动机、电力变压器、电信器材及电工仪表等。通常讲的磁钢片就是用电工硅钢轧制而成的电工用薄钢板。

1）电工硅钢的性能

（1）有高的磁导率和磁感应强度。即在较小的磁场作用下，能产生较大的磁感应强度，这有利于减小电机的重量和体积。

（2）单位铁损小和有高的电阻系数。铁损小有利于降低电机的发热和热耗，电阻系数高，则可减少磁化而引起的感应电流（即减少涡流损失）。

2）分类及用途

电工硅钢按含硅量不同分高硅钢和低硅钢两类。含硅量高于 2.80% 的称为高硅钢。因其含硅量高，故电磁性能好，但塑性、韧性较差。一般多用于制造不受振动的变压器铁心，所以通常又将高硅钢称为变压器硅钢。含硅量低于 2.80% 的硅钢称为低硅钢。其电磁性能不及高硅钢好，但塑性、韧性优于高硅钢，这类硅钢多用作承受一定振动的电机铁心，因此习惯上也称为电机硅钢。上述两类硅钢在实际应用上并无严格界限，目前甚至某些大型电机的铁心也用变压器硅钢制造。

四、钢材

钢锭（或钢坯）应加热到 1150~1300℃ 进行轧制。钢材是由炼钢炉冶炼出来的钢水浇注成钢锭或钢坯，再经轧制、锻造、拉拔、挤压等加工制成的具有一定形状和尺寸的黑色金属材料。在钢材的压力加工中，根据加工温度是高于还是低于钢的再结晶温度而分为热加工和冷加工两种方法。钢的热加工温度一般在 1000℃ 以上。通过热处理可以改善钢的切削加工性能。钢材的弯曲程度是指条材、管材的弯曲程度。

（一）钢材的尺寸检验

钢材经检验后，其尺寸偏差、形状缺陷和表面缺陷如不超过标准规定，则判定其外观质量为合格。检尺验收是按理论换算重量进行验收。

1. 圆钢

圆钢（钢材订货目录中，直径为 10~37mm 型型材）直径在距端部 500mm 处，互相垂直的方向上各测一次。

2. 扁钢

扁钢在距端部 500mm 处的同一断面上，测其相邻两边的宽度。对按定尺交货的钢材，如钢板、钢管、大型型钢，生产厂常采用检尺计量交货。如果发生实收数大于发货数的情况，应向对方退回多发的材料或补（增）付货款。此外按理论换算计重的材料，其重量应以实际计算结果为准，不存在磅差问题。

（二）钢材的分类及用途

1. 型材

型材是具有一定断面（包括规律性可变断面）、形状和尺寸的条形钢材的总称，通常也称型钢。优质型钢使用时，大多数需经热处理后才使用。

型钢按断面形状不同可分为简单断面和复杂断面型钢两种。型钢按钢的冶炼质量不同分为普通型钢和优质型钢。中型型钢的工字钢和槽钢的高度为小于 180mm。普通型钢主要用于制造各种钢结构，如各种工程建筑结构及桥梁、车辆、船舶、起重运输机械、矿山机械、建筑机械、农业机械的结构件。

用做钢筋混凝土骨架的小型型钢和线材称为钢筋。按生产加工方法不同，钢筋可分为热轧钢筋、热处理钢筋、预应力钢丝和预应力钢筋混凝土用钢绞线。

预应力钢筋混凝土用钢绞线，公称直径有 9mm、12mm 和 15mm 三种。钢筋表面质量要求主要是表面不能有裂纹、结疤和折叠。钢筋表面凸块和其他缺陷的深度和高度不得大于所在部位的允许偏差。牌号为 Q3251 级钢筋内部质量要求：化学成分，碳含量在 0.14%~0.22% 之间；锰含量在 0.30%~0.65% 之间；磷含量不大于 0.45%；硫含量不大于 0.05%。力学要求：屈服点不小于 235MPa，伸长率不小于 25%。钢筋按直条交货时，其通常长度为 3.5~12m，其中长度为 3.5m 到小于 6m 之间的钢筋不得超过批重量的 3%。公称直径 14~20mm 的钢筋，交货时实际重量与公称重量的偏差为 ±5%。热轧直条圆钢筋级别为 I 级，强度等级代号为 R235。GB 13013—1991 标准推荐的钢筋公称直径有 5 种。公称直径为 10mm 的钢筋公称重量为 0.617kg/m。在混凝土中加入钢筋做骨架，就可以提高混凝土的抗拉强度。螺纹钢筋因表面带有螺纹，与混凝土的粘结能力优于圆钢筋。

钢筋混凝土用热轧带肋钢筋的国家标准是 GB 1499—1998，横肋外形分螺旋形、人字形和月牙形三种，公称直径为 8~50mm 的热轧带肋钢筋，推荐采用的直径为 8 种。

热轧带肋钢筋的级别分为Ⅱ、Ⅲ、Ⅳ级。强度代号分别为 RL335、RL400、RL540、RL590，其中 R 为热轧的汉语拼音字头。热轧带肋钢筋的表面肋的作用是和混凝土有较大的粘结能力，能更好地承受外力的作用。带肋钢筋的表面标志应符合下列规定：带肋钢筋应在其表面轧上钢筋级别标志，依次还可轧上厂名（或商标）和直径毫米数字。Ⅳ级钢筋采用高等肋时表面可不加标志。钢筋的强度级别标志以阿拉伯数字表示，厂名以汉语拼音字头表示，直径毫米数字以阿拉伯数字表示。标志应清晰明了，标志的尺寸由供方按钢筋直径大小做适当规定，与标志相交的横肋可以取消。

2. 钢板和钢带

钢板和钢带是一种表面积和断面宽厚比较大，具有很大覆盖和包容能力且使用非常灵活的钢材。厚钢板是指厚度在 4mm 以上的钢板，在实际工作中，常将厚度 4～20mm 的钢板称为中板，薄钢板厚度小于或等于 4mm。镀层薄钢板包括镀锌薄板（俗称镀锌铁皮或白铁皮，它用碳素结构钢薄钢板经酸洗后镀锌制成）、镀铅薄板（按表面质量分高质量表面Ⅰ组、较高质量表面Ⅱ组和一般质量表面Ⅲ组共三组，其中Ⅰ组表面质量最好，Ⅱ组次之，Ⅲ组不适用于制造汽车油箱）、镀锡薄板。电镀锡和彩色涂层钢板的包装要求：是用气相防锈纸、塑料薄膜、波纹纸包裹严密，内外圈有薄板封闭包装，端部加内外护角钢圈，钢板护圈或塑料护圈，圆周、径向捆扎各不少于三道。钢板按理论质量计算时，碳钢的密度为 $7.85g/cm^3$。用 16Mn 钢轧制的 10mm×1800mm×1200mm 的钢板标记为：

钢板 $\dfrac{10 \times 1800 \times 1200 - GB/T—709—1988}{16Mn - GB/T\ 912—1989}$

宽度比较小、长度很长的钢板称为钢带，钢带是指成卷交货，宽度大于或等于 600mm 的宽带。

按镀锌方法不同，镀锌薄板有热度和电镀两种；按表面质量的高低分为Ⅰ、Ⅱ、Ⅲ三组。镀铅薄板的镀层中，铅起到提高钢板的耐蚀作用。

热轧钢板按边缘状态分切边和不切边两种，分别用符号 Q 和 BQ 表示；按轧制精度分较高精度和普通精度两种，分别用符号 A 和 B 表示。

公称厚度为 0.6mm 的钢板，按标准它的最大宽度为 2000mm。钢板厚度尺寸测量应在距离边部不小于 40mm 处测量。公称厚度 1.10～1.20mm 的钢板和钢带其宽度允许偏差为 ±1.10mm。

优质碳素结构钢冷轧薄钢板和钢带的尺寸、外形及允许偏差应符合 GB/T 708—1988 的规定。按表面质量分Ⅰ、Ⅱ、Ⅲ三组，按拉延级别分 3 组。型号为 45 号优质碳素结构钢冷轧薄钢板和钢带，其抗拉强度应为 530～685MPa。

合金结构热轧厚钢板（4～30mm）的尺寸外形及允许偏差应符合 GB/T 709—1988 的规定，牌号和化学成分应符合 GB/T 3077—1999 的规定，允许缺陷深度不大于钢板厚度公差之半，且应保证钢板的最小厚度。型号为 45Mn2 的合金结构钢热轧厚钢板（4～30mm）其抗拉强度为 600～850MPa。厚度大于 20mm 的合金结构钢热轧钢板，厚度每增加 1mm 其伸长率绝对值允许在标准值不降低 0.04%。

不锈钢耐酸耐热钢厚钢板（4～25mm）的不平度每米不得大于 15mm，0Cr13、1Cr13、2Cr13、3Cr13、4Cr13 的硅含量不大于 0.8，不锈钢耐酸耐热钢厚钢板（4～25mm）的化学成分和成品钢板的化学成分允许偏差应符合 GB/T 1220—1992 和 GB/T 1221—1992 的规定。

1Cr18Ni12Mo3Ti 的含钼量为 3.00% ~ 4.00%，厚度为 4 ~ 5.5mm，其允许缺陷深度不大于 0.3mm。

不锈钢冷轧钢板按组织特征分为奥氏体型、奥氏体—铁素体型、铁素体型、马氏体型和沉淀硬化型 5 类，按不同冷作硬化状态分为低作硬化、半冷作硬化、冷作硬化、特别冷作硬化 4 种状态，并分别用符号 DY、BY、Y、TY 表示，它的不平度每米不大于 10mm。

钢板和钢带的验收原则是钢板和钢带的质量由供方技术监督部门进行检查验收。供方必须保证交货的钢板和钢带符合有关标准的规定，需方有权按相应标准的规定进行复查。钢板和钢带应成批验收，组批规则按相应标准的规定。试验用试样数量、取样规则及试验方法按相应标准规定。钢板的锈蚀面积计算方法是两面锈蚀在相对的部位，按锈蚀面积较重的一面计算。

3. 硅钢片

硅钢片即电工用硅钢薄板，它是用含硅 0.80% ~ 4.80% 的电工硅钢经热轧或冷轧制成的厚度不超过 1mm 的薄钢板，在钢材分类中是板带材类中的一个独立品种。硅钢薄板电磁性能优良，大量用于制造电机和变压器的铁心，以及其他电器（如继电器、互感器）与电工仪表。一般成叠使用，与热轧硅钢薄板比较，由于冷轧硅钢片表面平整光滑，厚度均匀，充填系数高（一叠钢板的理论厚度与实际厚度之比值称为充填系数），因而其铁损小，磁感高，具有更好的电磁性能。目前已渐渐取代热轧硅钢薄板。

4. 钢丝绳和钢绞线

钢丝绳可分为光面钢丝绳、镀锌钢丝绳和其他钢丝绳三类。钢丝绳的规格用其公称直径表示。按横截面的不同，钢丝分为圆形和异形两类。生产和使用最多的是圆形钢丝。填充式钢丝绳是在股层间粗钢丝的缝隙中，加填细钢丝而制成的钢丝绳。优质钢丝是专指用优质钢拉制而成的钢丝。预应力钢丝是用 60 号以上的优质碳素结构钢冷拉而成的专门用于预应力混凝土结构的钢筋。测量钢丝绳和钢绞线时，在距端部 500 ~ 1500mm 处之间的任何一位置上，测量不少于两处。镀锌钢绞线直径在 5 ~ 21mm 之间，预应力钢筋混凝土用钢绞线，公称直径有 9mm、12mm、15mm 三种。

5. 无缝钢管

无缝钢管分为热轧（挤压、扩）和冷拔两种，通常长度为 3 ~ 12m。圆形无缝钢管的规格用外径×壁厚（mm）表示。热轧无缝钢管外径为 60mm、壁厚为 5mm，它的钢管理论质量为 6.78kg/m。

用不锈耐酸钢通过旋压或冷轧（拔）加工的壁厚不大于 0.6mm 的钢管称为不锈耐酸钢极薄壁。无缝钢管不锈耐酸钢极薄壁无缝钢管（壁厚为 0.6mm）芯棒直径为 10 ~ 250mm 时，芯棒直径允许偏差应符合（高级）±0.05mm；外径不大于 60mm，壁厚为 0.5mm，其壁厚允许偏差（普通级）为 ±0.06mm，它的每米弯曲度不大于 0.5mm。

锅炉用无缝管用于制造使用温度不超过 450° 的锅炉。高压锅炉用无缝钢管应逐根进行水压试验，试验压力最大为 200atm，稳压时间不少于 10s。作压扁试验后试样裂缝深度（冷拔管）不大于 0.2mm，允许交付长度不短于 3m 的钢管，但数量不得超过该批交货钢管总重量的 5%。标记举例：用 12Cr1MoV 钢制造的外径为 76mm，壁厚为 6.5mm，标记为，钢管 12Cr1MoV－76×6.5×6000 倍—GB 5310—1995，其中数字"76"是表示钢管的外径。它的理论重量公式为 $W = 0.02466s(D-s)$，其中 D 表示钢管的外径，s 表示公称壁厚。壁厚不大于 15mm 的无缝钢管，它的弯曲度不得大于 1.5mm/m。对于厚度大于 30mm 及外径大于或等于325mm的热扩管，其弯曲度不得大于3.0mm/m。

例1. 已知不锈钢管外径为180mm，壁厚10mm，其密度为$8.00g/cm^3$（$\pi=3.1416$），求该不锈钢管的理论质量是多少？（保留两位小数）

解：公式： $W = (\pi/1000) \times \rho s (D-s)$
代入公式： $W = (3.1416/1000) \times 8 \times 10 \times (180-10)$
结果： $W = 42.73 kg/m$

答：该不锈钢无缝管的理论质量为42.73kg/m。

例2. 已知不锈钢无缝钢管壁厚为5mm，其密度为$8.00g/cm^3$，钢管的理论质量为16.97kg/m（$\pi=3.1416$，保留两位小数），求该不锈钢无缝钢管的外径是多少？

解：公式： $W = (\pi/1000) \times \rho s (D-s)$
$D = 1000W/(\pi\rho s) + s$
带入公式： $D = 1000 \times 16.97/(3.1416 \times 8 \times 5) + 5$
$D = 140.04 \text{（mm）}$

答：该不锈钢无缝钢管的外径为140.04mm。

例3. 已知热轧钢管外径为140mm，壁厚为5mm，钢的密度为$7.85g/cm^3$，试计算该钢管每米的理论质量是多少？（保留两位小数）

解：公式： $W = (\pi/1000) \times \rho s (D-s)$
代入公式： $W = (13.1416/1000) \times 7.85 \times 5 \times (140-5)$
结果： $W = 16.65 \text{（kg/m）}$

答：该钢管每米理论质量为16.65kg/m。

例4. 已知热轧钢管的壁厚为10mm，钢的密度为$7.85kg/cm^3$，钢管的每米理论质量为34.52kg/m，试求该钢管的外径是多少？（保留两位小数）

解：公式： $W = (\pi/1000) \times \rho s (D-s)$

$$D = \frac{1000W}{\pi\rho s} + s$$

带入公式： $$D = \frac{1000 \times 34.52}{3.1416 \times 7.85 \times 10} + 10$$

结果： $D = 149.97 \text{（mm）}$

答：该钢管的外径为149.97mm。

6. 焊接管

焊接管按焊接方法不同可分为高频或低频电阻焊管、气焊管、炉焊管和电弧焊管。

（三）库存钢材的保管要求

在钢材入库验收中既要做外观质量检验也要做内部质量检验。钢材的质量只有两种计量方法，相应的也有两种数量的验收方法，即检斤验收和检尺验收。作为储存物资而存放在储备库之中的钢材，可以采用密封（按箱密封、整架密封、整垛密封等）的办法使其与外界空气隔绝，但是，如果能根据库房内外温湿度情况通风、降潮，就能使库内的相对湿度比库外低10%~15%，从而起到很好的缓蚀作用。钢材的各种防腐措施，只能起到缓蚀作用，因此，保管应有一定的期限，并应贯彻"先进先发，发陈储新"的原则。输送油气焊管的堆放定额应视钢管的壁厚、弯曲度而定。一般每平方米堆放不超过8t。在钢材保管时，如能将钢材周围的相对湿度保持在钢材的临界湿度以下就能基本上达到防止锈蚀的作用。对钢材质量证书原件或供货单位提供的抄件必须妥善保管。石油专用管材堆垛用管架应符合下列要求：管架顶面离地面50cm以外，管架应有三条以上架墩并在同一水平面上，墩角结实。套管应按锈蚀情况分类堆放管理。

(四) 钢材锈蚀等级的规定及防锈、除锈方法

金属的锈蚀主要是由于电化学腐蚀而引起的。鉴别钢材的锈蚀程度，通常是通过对钢材锈蚀面积的大小，锈蚀产物的形状、色泽以及锈蚀深度等来判断。钢材锈蚀等级共分为一、二、三级，它们以锈蚀分布面积的百分比来划分。厚度大于4mm的钢板，其一级浮锈面积大于20%；马口铁皮一级水渍锈分布面积不大于10%；厚度为4mm的锅炉板一级迹锈分布面积是5%，不大于30%；硅钢片一级浮锈面积不大于15%；镀锌钢板一级粉末锈的分布面积不大于10%。

钢材的防锈方法就是根据金属锈蚀的原因，采取相应的措施，防止或减缓金属的锈蚀。人工除锈方法是靠人工使用细丝刷、钢丝刷、砂纸、砂布等打磨锈蚀物表面除掉锈层的方法。金属材料常用的缓蚀防护层有防锈油脂、气相缓蚀剂、可剥性塑料。金属除锈方法可分为物理方法和化学方法。化学方法除锈主要是利用酸溶液与金属表面锈蚀产物发生化学反应，使不溶性的锈蚀产物变成可溶性物质，脱离金属表面溶入溶液中，达到除锈的目的。酸洗除锈时应注意掌握酸液的浓度和酸洗时的温度，严格按酸洗工艺过程进行，对涂有防锈油脂的金属，酸洗前应进行脱脂处理。气相防锈方法简单，效果良好，有效期长，但必须保持密封状态，否则气体外溢，会影响防锈效果，缩短有效时间。磷酸酸洗后在金属表面会生成具有一定防护作用的钝化薄膜，而且，磷酸性质较为缓和，对金属的腐蚀较弱，因此，也是一种较为有效的化学除锈方法，但成本较高，实际中使用较少。涂油防锈是在金属表面喷涂一层具有缓蚀作用的防锈油脂。喷砂除锈的内容是用压缩空气将石英砂或钢砂喷射到金属表面，靠冲击摩擦除锈。

(五) 钢材理论质量 (重量) 的计算及涂色标记

钢材理论质量计算公式见表2-5-1。

表2-5-1 各类截面钢材理论质量计算公式表

序号	钢材类别	计算公式	代号说明
1	圆钢	$F = 0.7854d^2$ (mm²) $W = 0.0061654d^2$ (kg/m)	F (断面积, mm²) d (直径, mm) W (理论单位长度质量, kg/m)
2	方钢	$F = a^2$ (mm²) $W = 0.00785a^2$ (kg/m)	a (边宽, mm)
3	六角钢	$F = 0.866a^2 = 2.598S^2$ (mm²) $W = 0.0203943S^2 = 0.0067983a^2$ (kg/m)	a (对边距离, mm) S (边宽, mm)
4	八角钢	$F = 0.8284a^2 = 4.8284S^2$ (mm²) $W = 0.0379S^2 = 0.006503a^2$ (kg/m)	
5	钢板、变钢、钢带	$F = a \times \delta$ (mm²) $W = 0.00785a\delta$ (kg/m)	a (边宽, mm) δ (厚, mm)

续表

序号	钢材类别	计算公式	代号说明
6	等边角钢	$F = d(2b-d) + 0.2146(r^2 - 2r_1)$ (mm²) $W = 0.00785[d(2b-d) + 0.2146(r^2 - 2r_1)]$ $\approx 0.00795d(2b-d)$ (kg/m)	d（边厚，mm），b（边宽，mm） r（内弧半径，mm） r_1（端弧半径，mm）
7	不等边角钢	$F = d(B+b-d) + 0.2146(r^2 - 2r_1)$ (mm²) $W = 0.00785[d(B+b-d) + 0.2146(r^2 - 2r_1)]$ $\approx 0.00795d(B+b-d)$ (kg/m)	d（边厚，mm）B（长边宽，mm） b（短边宽，mm），r（内弧半径，mm） r_1（端弧半径，mm）
8	工字钢	$F = hd + 2t(b-d) + 0.8584(r^2 - r_1)$ (mm²) $W = 0.00785[hd + 2t(b-d) + 0.8584(r^2 - r_1)]$ (kg/m)	h（高度，mm） b（腿宽，mm） d（腰宽，mm）
9	槽钢	$F = hd + 2t(b-d) + 0.4292(r^2 - r_1)$ (mm²) $W = 0.00785[hd + 2t(b-d) + 0.4292(r^2 - r_1)]$ (kg/m)	t（平均腿厚，mm） r（内弧半径，mm） r_1（端弧半径，mm）
10	钢管	$F = 3.1416(D-s)s$ (mm²) $W = 0.02466(D-s)s$ (kg/m)	D（外径，mm） s（壁厚，mm）
11	镀锌钢绞线	$W \approx 6.7Nd^2$ (kg/km)	N（绞线股数） D（每股直径，mm）

钢材的涂色标记见表 2-5-2。

表 2-5-2 钢材的涂色标记表

钢材种类		端面涂色标记
普通碳素钢	1 号钢	蓝
	2 号钢	黄（特类钢还应加涂铝白色一条）
	3 号钢	红
	4 号钢	黑
	5 号钢	绿
	6 号钢	白 + 黑
	7 号钢	红 + 棕
优质碳素钢	05 ~ 15	白
	20 ~ 25	棕 + 绿
	30 ~ 40	白 + 蓝
	45 ~ 85	白 + 棕
	15Mn ~ 40Mn	白二条
	45Mn ~ 70Mn	棕 + 绿

（六）石油专用管材

石油专用管材是石油钻探和开发油、气田的一种主要材料，用量大，质量要求高，是从钻井到采油之间的各个工序都离不开的专用钢管（也可称石油钻采用钢管）。按照主要用途，石油专用管材可以分为钻具、套管和油管三类。钻具是由备有接头的钻杆所组成的钻柱和其他附件，其主具是方钻杆、钻杆（壁厚为8.38mm）和钻铤（螺纹的螺距为每英寸4或5扣，两端螺纹为三角形或者梯形，锥度为1:4或1:6）三种，用于传动钻头旋转。方钻杆外观质量要求，弯曲度每米不超过0.5mm。方钻杆接头螺纹类型：IF为内平型，REG为正规型。根据有关标准，钢级中E-75用于制造钻杆。钻杆接头螺纹左旋代号为LH，右旋代号为RH，在正常钻进时，使用右旋螺纹钻杆，在处理井下事故时，常用左旋螺纹钻杆。钻杆的加厚方式有内加厚式、外加厚式和内外加厚式三种。按API标准规定钻杆长度分为5.49~6.71m，8.23~9.14m，11.58~13.72m三类。API钻杆标记由接头制造厂打印在外螺纹接头根部，标明公司商标、接头对焊年份和月份，以及钻杆制造厂商的代号及钻杆钢级等。套管是油、气井固井专用的钢管。在钻探和开采过程中固定井壁，用于封隔油、气、水层保护井壁，防止井壁倒塌。按照用途分为表层套管、中间套管和油层套管。对套管库存，一般按6个月为一个检查周期。长圆螺纹套管的代号为"L"，"S"是短圆螺纹型套管螺纹的代号。套管偏梯形螺纹代号为"B"。带螺纹和接箍的管子，螺纹外露端和接箍应拧上螺帽。油管用于由井内采取石油及天然气，在使用中主要承受管柱本身的重量，以及采油和技术作业时管内油（气）、水、酸的内压力。

钻具其上端为左旋内螺纹接头，与水龙头的接头连接；下端为右旋外螺纹接头，与钻杆接头连接。钻柱的作用是利用钻柱完成起下钻头，传递扭力，循环钻井液并对钻头施压等工作。钻柱是指水龙头以下，钻头以上的全部钻具。

钻铤的特点是直径粗、壁厚重，所以钻铤的壁厚为钻杆壁厚的4~6倍。钻铤两端的螺纹为三角形，也有梯形螺纹。中间钻铤两端的螺纹是一端为外螺纹，一端为内螺纹。在重钻井液钻井中，使用螺旋钻铤可以减少钻铤同井壁间的接触面积，一般比常规钻铤减少40%，从而也就减少了压差卡钻的可能性。钻铤验收时，每根钻铤应附有出厂质量合格证书，以及标准要求的全部检验结果。钻铤全长直度公差等于全长尺寸乘以0.55mm/m，常用的钻铤有5（3/4）in、6（1/4）in、7in、8in等。钻杆要抽取2%或一定比例数量成品进行质量和综合检查。钻铤在钻井中的作用是可加强钻柱强度，使钻头获得较大钻压而提高钻速。

60.3mm（$2\frac{3}{8}$in）油管有4.24mm、4.83mm、6.45mm和7.49mm四种壁厚。按API标准规定，第一类油管的长度为6.10~7.32m，第二类油管的长度为8.53~9.25m。油管的结构形式主要有管端加厚、管端不加厚和特殊螺纹无接头油管。油管按有关标准，管体用H-40、J-55、C-75、N-80和P-110钢制造。常用油管的规格有2（3/8）in、2（7/8）in、3（1/2）in、4in、4（1/2）in。套管、油管体内外表面如有缺陷允许清除，但清除深度不得超过公称壁厚的12.5%。套管油管的破坏性检验包括化学成分、抗拉强度、屈服强度、硬度、延伸率、冲击韧性、压扁试验等。

我国国产石油专用管材完全等效采用美国API标准，例如通常所说的方钻杆，是指方钻杆驱动部分为正方形或六边形的对边距而言，弯曲度每米不超过0.5mm，全长扭曲角度不得超过10°，方钻杆下部右旋外螺纹接头螺纹型式一般为IF。石油钻杆接头螺纹类型代号，贯眼型为FH，内平型为IF。API标准规定套管的长度范围分为三类，第一类为4.88~7.62m，第二类为7.62~10.30m，第三类为10.30~14.63m。套管螺纹类型代号P——平端、S——短圆螺纹、L——长圆螺纹、B——偏梯形螺纹、E——直连型。套管要按不同腐蚀情况分类堆放、分类管理。

流体输送管道用的钢管堆放定额应视钢管壁厚、弯曲度及圆度不变形而定。一般每平方米堆放 0.8~6t。保管期限不超过一年半为宜。

石油专用管材的入库验收。石油专用管材归属于钢材类，由于石油工业勘探开发的特点，质量要求严格，需用量大，但其入库验收及保管与钢材一般规定相同，如验收依据、验收内容等。故在这里着重介绍石油专用管材入库外观质量技术要求。

1. 套管、油管

常规检验项目。套管、油管常规检验项目分破坏性理化性能检验和非破坏性外观检验两部分。破坏性检验包括化学成分、抗拉强度、屈服强度、硬度、延伸率、冲击韧性、压扁试验、金相组织晶粒度和非金属夹杂物等项内容。非破坏性检验包括管体、接箍、螺纹、外观几何尺寸测量、测壁厚、测长度、称重、表面标记、防腐涂层、无损探伤和静水压试验等项内容。套管、油管入库验收属于此类检验。

套管、油管尺寸和重量公差及长度范围应对照标准相关规定要求。

套管、油管管体的内外表面不得有折叠、发纹、离层、裂纹、轧折和结疤存在。如有缺陷，允许清除，但清除深度不得超过公称壁厚的 12.5%，凡未超过壁厚负偏差的，其他缺陷允许存在。

接箍外表面不得有折叠、发纹、离层、裂纹、轧折和结疤等缺陷。

除有特殊规定外，所有套管接箍和标准油管接箍均应拧紧到管体上。接箍拧紧前，应在接箍或管子螺纹的整个咬合表面上涂上高级螺纹脂。

带螺纹和接箍的管子，螺纹外露端和接箍应拧上内外螺纹保护帽（护丝）。外螺纹保护帽应覆盖螺纹全长，内螺纹保护帽（护丝）应覆盖与内螺纹长度相等的管子螺纹。螺纹帽的材料和强度应能保护螺纹和管纹。

套管、油管端部内外倒角都不应有毛刺。接箍承载面的内外边棱应是圆角或倒角。同时接箍的两端面应与轴线垂直。

套管、油管及其接箍外表面应有一层透明、光滑、致密、防锈的涂层。

管端螺纹不得有损伤、撕破、断螺纹以及影响螺纹连续性的其他缺陷存在。

管体、接箍不得有碰伤变形，管体弯曲。

从靠近接箍的管体表面查漆印、钢印，识别钢级，查壁厚。

2. 钻杆

入库钻杆指的是成品钻杆（即钻杆管体与接头对焊而成）。对钻杆验收，除与套管、油管验收内容相同外，另增对钻杆接头螺纹类型，螺纹升角方向标记，管端加厚形式，螺纹镀铜或磷化和钻杆重量标记等内容。

（1）对焊成品钻杆检查项目：有焊缝超声波探伤，对焊接头与管体轴线、错位、弯头，接头螺纹紧密距、螺距、锥度检查，接头台肩面与螺纹设计轴线垂直度检查，管体弯曲度检查，对焊部位外径检查。钻杆管体尺寸、重量公差及长度范围可对照有关技术标准的规定要求。

（2）对未焊接头的钻杆光管加厚部位应用肉眼外观检查，从表面测出的最大允许缺陷深度如下：

①外表面。从管子端部到距离端部等于规定最小尺寸 L_{eu}（外加厚部位）的某一平面应满足不改变 D_{eu}（外加厚外径）的要求，从上述规定的平面至加厚消失处规定管体壁厚的 12.5%。

②内表面。从管子端部到距离端部等于规定最小尺寸 L_{iu}（内加厚部分）的某一平面，应满足不改变 d_{ou}（内加厚内径）的要求，从上述规定的平面至加厚消失处规定管体壁厚的12.5%。

内外加厚消失区的最小壁厚不应小于规定管体壁厚的87.5%。所有加厚钻杆的内加厚过渡段结构应平整，不允许有直台肩、褶皱，表面凹凸面无尖角或截面突变。

3. 钻铤（圆钻铤）

钻铤的验收内容与套管、油管相同，但钻铤有它本身的技术验收要求，应符合标准规定。其外观质量验收包括：

（1）尺寸公差。尺寸公差检查应注意壁厚差应小于或等于公差壁厚的12%，包括规定允许的表面修磨量。壁厚差指在管体同一截面上，最大壁厚与最小壁厚之差。

（2）钻铤螺纹。钻纹检查应注意螺纹牙型尺寸、实测紧密距、螺纹螺距、锥度的极限偏差、螺纹表面、外螺纹台肩面及内螺纹端面应符合有关标准规定。

合格的钻铤螺纹，表面应镀铜或磷化处理，螺纹根部可冷滚压。

钻铤螺纹必须涂以中性防锈油，戴上足以保护螺纹的保护帽（护丝），如钢质保护帽，并加上台肩面软垫。

（3）外观质量验收及标志。钻铤管体内外表面不得有裂纹、分层和结疤等缺陷，若有缺陷应修磨消除。修磨处与钻铤表面成圆弧过渡，钻铤表面的任何部位不允许焊补。钻铤内孔应用通径规进行全长检查，通径规的最小直径等于公称内径减 3.2mm，长度等于3000mm。"热轧、机械加工"钻铤的外部表面，应具有典型的热轧棒材加工表面光洁度。标志检查，在距内螺纹端面600mm处，用黄色油漆标明型号，在钻铤中部表面检查钢字印记。每根钻铤应附有出厂质量合格证书，其内容包括合同号、钢号、炼钢炉号、批号、规格、长度、质量、出厂日期、厂名以及标准要求的全部检查结果。按合同或标准要求逐根检查或抽查。

4. 方钻杆

方钻杆外观质量验收包括：方钻杆的驱动部位尺寸应符合标准规定与合同的要求，方部和圆角要光洁平整。方钻杆的内径应使用最小长度为 3.05mm，最小直径等于该方钻杆规定的内径减去 3.195mm 的通径规检测。内外表面不得有裂缝、折叠、轧折、离层和结疤存在，任何部位不允许焊补，上下端接头螺纹不得有损伤、撕破、断螺纹以及影响螺纹连续性的其他缺陷存在。管端的螺纹应涂防锈油并应配带内外螺纹保护帽。为防止弯曲变形，方钻杆应装入两端封闭、尺寸合适的钢质套管内。

例1. 某井用表层套管（339.7×7.38）mm，156mm（名义质量71.5kg/m），技术套管（244.5×8.94）mm，2500mm（名义质量53.62kg/m），油层套管（139.7×9.17）mm，3750m（名义质量29.79kg/m），求该井共用套管的质量？

解： 公式：　　　套管质量 = 套管长度 × 名义质量

　　　　　　套管总质量 = 表层套管质量 + 技术套管质量 + 油层套管质量

　　代入公式：　表层套管质量 = 156 × 71.5 = 11154（kg）= 11.154（t）

　　　　　　技术套管质量 = 2500 × 53.62 = 134050（kg）= 134.05（t）

　　　　　　油层套管质量 = 3750 × 29.79 = 111712.5（kg）= 111.71（t）

　　　　　　套管总质量 = 11.15 + 134.05 + 111.71 = 256.91（t）

答： 该井共用套管质量为 256.91t。

例2. 甲油田用100t φ339.7mm×9.65mm 套管向乙油田换100t φ219.7mm×8.94mm 套管。求①甲油田用多少米套管？②换回乙油田多少米套管？

已知：　　φ339.7mm×9.65mm，单位质量为81.18kg/m

　　　　　φ219.7mm×8.94mm，单位质量为47.76kg/m

解：公式：总长度 = 总质量÷单位质量

　　　　甲油田套管长度 = 100000÷81.18 = 1231.83（m）

　　　　乙油田套管长度 = 100000÷47.67 = 2097.76（m）

答：甲油田用1231.83m套管，换回2097.76m套管。

第三节　有色金属材料

除铁、锰、铬属于黑色金属外，其他金属习惯上都称为有色金属。实际应用中，有色金属分为稀有金属和普通有色金属。有色金属共有80多种，我国列为常用的10种有色金属是铜、铝、铅、锌、锡、镍、钼、钨、锑、汞。国产有色金属允许磅差规定为1‰。世界各国列为10种常用的有色金属是：铜、铝、铅、锌、锡、镍、镁、钴、锑、汞。进口有色金属允许磅差规定为2‰。它们都有不同的颜色，例如铜是紫红色，锌是淡灰色，铅是青灰色，铝、锡、镍是银白色。在工业上，有色金属及其合金应用十分广泛，人们的日常生活中也离不开有色金属。有色金属的化学除锈常用硝酸、草酸。有色金属成材有棒材、线材、板材、管材、条材、箔材等。

一、铜和铜合金

固态纯铜呈玫瑰红色，在空气中氧化形成氧化膜后，外观呈紫红色，故习惯上称为紫铜。铜的导电性好，广泛用于各种电线、电缆、电刷、各种电信器材及机器制造、配制合金等。铜的导热性好，广泛用于各种散热器、冷凝器和热交换器。铜是逆磁性金属，故又用于制造不受磁性干扰的各种仪器、仪表，如罗盘、经纬仪、航空仪表、炮兵瞄准器。纯铜还大量用于配制铜合金，加工各种铜合金材。纯铜冶炼产品有铜锭、铜线锭、电解铜。牌号为HSn90-1是锡黄铜，牌号为QcdI是镉青铜，牌号为BZn15-20是锌白铜，黄铜是以锌为主要添加元素的铜基合金。铝白铜BAL13-3不仅有良好的机械性能和耐腐蚀性，而且有良好的弹性和耐低温性能（在 -183℃下机械性能不下降），主要用于制造低温下工作的弹簧和高强度耐蚀零件。铝青铜表面能生成铜和铝的氧化物致密薄膜，对大气、海水、碳酸及大多数有机酸有较好的抗腐蚀性，并具有耐磨、耐低温及冲击时不产生火花等特点。铍青铜主要用于制造各种精密仪器仪表中的弹簧及弹性元件、钟表齿轮及航海仪表中的零件、电焊机电极、电接触器及高温、高压、高速条件下工作的轴承与轴套等。

（一）铜线材

纯铜及铜合金的压力加工产品称为铜材。铜线材的直径一般为0.02~6mm。铜线材主要用于电力工业作导线、漆包线、铜焊条等。表示白铜加工产品牌号的汉语拼音字母是B，在普通白铜的基础上加有锰、铁、锌、铝等元素的多元白铜称为复杂白铜。表示黄铜加工产品牌号的汉语拼音字母是H，用平均含铜量的百分数表示。表示青铜加工产品牌号的汉语拼音字母是Q。

热交换用白铜管Bfe30-1-1，其抗拉强度为$50kg/mm^2$。热交换用白铜管材应进行液压试验，保持10s，不应渗漏和破裂。供应长度及其允许偏差是倍尺长度应加入锯切分段时的锯切量，每一锯切量为5mm。管材端部应锯切平整，切口在不使管材长度超出允许偏差的条件下，许可有 2mm 的倾斜。它的椭圆度不应超出外径允许偏差。

（二）铜板、铜条

以单张片状形式交货的铜材称为板条材，通常又将宽而短的称为铜板，长而窄的称为铜条。热轧板的厚度为 5~25mm，冷轧板的厚度为 0.2~10mm；厚度大于或等于 5mm 的称为厚板，厚度小于 5mm 的称为薄板。

（三）带材及箔材

厚度为 0.05~2mm，宽度为 18~300mm，成卷供应的铜材，称为铜带；厚度为 0.005~0.2mm 的成卷供应的铜材称为铜箔。铜带都是冷轧的，分软、硬、半硬三种状态交货，主要用于电气工业、汽车工业、仪器仪表及印刷制版等。铜箔也都是冷轧的，以硬状态供应，主要用于电子工业、无线电、电讯工程及仪表。

（四）铜及铜合金的外观验收

电解铜外观验收：电解铜用于熔铸铜线锭、铜锭，铸造铜合金。电解铜表面应洁净，必须充分洗净电解液，在验收时注意电解铜表面的绿色附着物所占面积的总和应不大于单面面积的 5%。验收的全部电解铜应检斤过磅，掉下来的颗粒应计在质量之内。电解铜表面及边缘不得有呈花瓣状或树枝状的结粒，电解铜应致密不脆，碰撞时，不得有距边缘三分之一以上的板面断裂现象。电解铜可于露天存放保管，单位有效面积存放量每平方米 5t 左右。按品号和批号分别堆放，垫底不低于 300mm。电解铜保管期限不超过两年。

板（条、带）材外观验收：铜管等验收时，若总量少于 100kg 时，应抽验 20 根以上。铜材等验收时如抽验，其抽验量应为 20%。冷轧板（条、带）应平直，许可有轻微的波浪，厚度大于 1.5mm 的板（条、带）材长度方向的挠度每米不超过 20mm，厚度等于和小于 1.5mm 的板（条、带）材不超过 50mm。铜管要选择干燥的普通库房保管，严格掌握库房温度及湿度，尽可能使库内相对湿度控制在 70% 以下。

二、铝及铝合金

铝材按其成分的不同可分为纯铝材和铝合金材两类，按生产方法不同可分为热挤材和热轧材，按强化处理方式的不同可分为不可用热处理强化的铝材和可用热处理强化的铝材。工业纯铝三级的牌号是 A198.0，铝板的厚度为 0.3~80mm，宽度为 400~2000mm，长度为 2000~4000mm；带材较窄，宽度不大于 500mm，厚度不超过 2mm，成卷供应。铝板适于制造较大的制件，多用于建筑、轻工、交通、航空和国防等工业部门。带材较窄、较长，适于制造小型零件或连续生产的零件。铝箔主要用于电容器、食品包装、商品包装。铝板长期存放表面要涂油或用纸覆盖。受潮铝板不宜擦，只宜日光晒除潮。

铝锭呈银白色，表面应整洁，无飞边、夹杂和较严重的气孔。每块铝锭重量为 15~22kg。铝锭不得与酸、碱、盐类物品混放。牌号为特一号铝锭的代号为 AL-100，三号铝锭的标记为三道红色。

铝线锭表面应整洁光滑，无夹杂、裂纹、气孔，表面皱纹不大于 1.5mm。表面渣子和棱部皱纹允许修整，其修痕的深度不允许超过 2.0mm，修痕边缘应呈斜坡状。铝线锭的棱角半径为 15~20mm，铝线锭应入库房内存放，纵横平码起高，每平方米堆放 3~4t，堆垛高度加上垫底不超过 2.5m。按批号、牌号分别堆放。避免与酸、碱、盐类物质接触，避免受雨。存放期一般不超过两年。

铝排又称铝母线，以纯铝 L1，L2，L3 制成。厚度为 3~25mm，宽度为 20~240mm。主要做电机、电器、配电设备、导体及其他电工材料。铝排锈蚀后，可用棉纱头或清洁布除锈。铝管主要用作工业上输酸、输油管及散热器。因变形铝合金的塑性变性能力好，故可制成各种铝合金材。制造飞机起落架和大梁等承载零件可选用超硬铝。锻铝由于热塑好，故适合进行锻造加工，以制成零件或零件毛坯。

三、锡及锡合金

锡是低熔点金属，熔点为231.96℃，纯锡为银白色而略带蓝色有光泽的金属。锡的化学性质很稳定，长期与潮湿空气接触，表面能形成一层密致的氧化保护膜，防止内部被继续氧化。

锡的强度和硬度都很低，延展性好，可以压延成0.04mm以下的锡箔，在常温下加工不会产生加工硬化现象。

锡有三种同素异形体：在161～232℃时具有正方晶格结构，性质较脆，称为脆锡；在13.2～161℃之间的锡具有体心立方晶格，称为白锡；低于13.2℃时为金刚石晶格，称为灰锡。由白锡转变成灰锡时体积膨胀（约增大27%），使锡变成白色粉末，此现象称"锡疫"。"锡疫"是由白锡受潮引起或受温度变化引起的。锡箔材外观质量要求表面光滑、清洁，不应有刻印、压折和磨痕。允许有轻微的氧化色、油迹和暗斑。锡锭保管期在一个月以上的，应选择保温库房保管，库房温度不低于12℃。

（一）锡合金

锡的合金用于机械、军事工业、宇航工业及其他尖端技术，锡合金主要有锡青铜、锡黄铜、锡焊料、锡轴承合金及印刷合金。常用锡合金牌号有2.5锡锑合金、13.5～2.5锡铅合金、各号锡铅焊料。

（二）锡材

锡材的主要品种有锡阳极板、箔、锡铅锑焊料、锡银焊料、锡金焊料、锡铅焊料、锡粉、锡合金片。

（三）锡和锡合金的外观验收和保管要求

1. 锡锭

1）外观质量验收

锡锭表面应洁净、无腐蚀、无锡疫、无毛刺和外来夹杂物。锡锭每块质量为（25±1.5）kg。

2）保管要求

保管锡锭应选择适当的库房。保管期在一个月以内者，库房温度应不低于-20℃；若长期保管（保管期在一个月以上的）则应选择保温库房保管，库房温度应不低于12℃。锡锭应按品号和批号分别堆放保管（每块锡锭上印有供方缩写名称、批号、锡品号和年度）。单位面积存放量视地坪耐压强度而定，一般每平方米堆放4～5t。保管过程中每季度检查一次锡锭的外观情况，如发现锡锭有腐蚀迹象时，应将好的锡锭与腐蚀的锡锭分开堆放，并报有关部门研究处理。在保温库房里保管的锡锭，保管期限不超过一年半。

2. 锡材（锡、铅及其合金箔）

1）外观质量验收

锡箔材表面应光滑、清洁，不应印有刻印、压折和磨痕。允许有轻微的氧化色、油迹和暗斑。锡箔材表面不应有超出厚度允许偏差的缺陷。厚度等于或小于0.03mm的箔材，对光用肉眼观察时，允许有个别的，但不形成条状和局部聚集的小针眼。

2）保管要求

锡箔及锡合金箔必须在保温库房内保管，库房内的最低温度应不低于12℃。其他保管要求，可参照纯铜箔的规定。

锡的耐腐蚀性好，其化合物又无毒，因此大量用于镀覆，生产镀锡薄板和镀锡带，广泛用于罐头、瓶盖及其他食品和非食品包装。镀锡占锡总用量的40%左右。

四、铅材

铅材包括铅材及铅合金材。应用较广泛的是铅板、铅管和铅丝三个品种。四号铅即 Pb-4 中铅的含量不小于99.95%。常用的铅合金有铅锑合金、硬铅合金、特硬铅锑合金、铅银合金、铅铜合金、铅锡合金、保险铅丝。保险用的铅丝是用铅锑合金（Pb≥98%，Sb0.3%~1.5%，杂质总量不大于1.5%）制造的，分为圆形和扁形两种。铅丝主要用作电路、仪表的熔断材料。铅板材的外观质量要求板材端部和边部应整齐、无裂边，但距边部20mm内允许有轻微损伤。厚度大于12mm的板材允许不切边、不切头供货。铅板材遇潮或二氧化碳而生成氧化膜，可用抹布擦除，并涂油保养。铅锭的涂色标记为红色一条则表示为二号铅。测量铅锑合金板材厚度时，应距端部不小于100mm和距边部不小于20mm处测量。铅锑合金板材厚度不大于15mm时一般成卷供应。铅锭可以露天存放，锑锭应入库保管。

保管要求：

（1）铅板材应尽量入库存放，平放压缝起高码垛，不宜重叠挤压，垫底要平整，每平方米堆放3~4t。遇潮或二氧化碳而生成的氧化膜，可用抹布擦除，不宜涂油。铅虽能耐硫酸腐蚀，但不耐碱及其他酸类腐蚀。存放期一般为两年。

（2）铅管。成盘的铅管材平放起高码垛，条状铅管用木板垫底平放压缝起高码垛，但铅管质软易压扁，码垛不宜过高。要勤检查垛位，发现问题及时处理。存放期一般不超过两年。

五、镍及电解镍

（一）镍

镍是银白色金属，抛光后能长期保持美丽的光泽，密度为8.9g/cm³，熔点为1455℃，在温度低于360℃时有磁性。镍还有良好的电真空性能，在高温真空中挥发很小。镍的高温抗氧化性很好，加热到700~800℃时其氧化膜仍具有良好的保护性。镍不仅在空气中，即使在淡水、海水、各种碱性溶液以及许多无机盐和有机酸中，均有耐腐蚀性。镍有较高的强度和塑性，在温度降低到零度以下时，强度和塑性并不降低。

纯镍的冶炼产品主要是电解镍。电解镍分四个牌号。纯镍主要用于炼制合金钢及配制白铜、镍基合金等，制成板、带、管、线等成材。

（二）镍合金

常用镍合金有镍硅合金、镍镁合金、镍锰合金、镍铁合金、镍铜合金。含少量硅和镁的镍合金，如 NiSi0.19，NiMg0.1 等性能与纯镍相近，常制成线、带、棒材用于电子管和电真空管仪器。镍锰合金（如 NiMn5，NiMn3）耐热和耐腐蚀性高，主要用作汽车、拖拉机的火花塞电极。镍铬合金，如 NiCr9 和 NiCr10 含铬较少，抗氧化性较差，但电动势大。因此可与 NiMn2-2-1 配制合金用作热电偶，其1000℃的热电动势为铂铑热电偶的两倍。镍铜合金，是著名的蒙乃尔合金。其强度高，塑性好，在大气、盐或碱的水溶液及蒸汽和有机物中的抗腐蚀性很强，在高温气体中的抗腐蚀性也很好，适用于电气工业、真空管、化学工业、医疗器械制造业及航海造船业。

（三）镍材

镍的加工产品有阳极镍和板、带、管、线等纯镍材。由于镍有优良的抗腐蚀性和抛光性，所以常用于电镀工业，阳极镍就是供电镀用的纯镍板；由于镍的抗腐蚀性和机械性能好，所以镍板、镍管等常用于制造耐腐蚀的坩埚、管子、仪器；由于镍具有良好的铁磁性及电真空性等特殊的物理性能，所以镍丝、镍带等是电真空仪器、通信仪器的重要材料。

（四）镍及镍合金的外观验收和保管要求

1. 电解镍

（1）各品号镍应洗净板面及夹层内的电解液。零号、一号镍板平均厚度不应小于3mm。

（2）零号镍及一号镍应切除镍板边缘的树状结粒及密集气孔。

（3）零号镍及一号镍板面不得有直径大于2mm的密集气孔，直径为0.5~2mm的密集气孔区总面积不得超过镍板单面面积的10%。

（4）零号镍不得有高度大于2mm的密集结粒，一号镍大于2mm的密集结粒区总面积不得超过镍板单面面积的10%。

注：25mm×25mm面积上有五个以上气孔或结粒，称为密集气孔区或密集结粒区。

（5）镍应于库房中保管，按品号和批号分别堆放保管。

（6）单位面积存放量视库房地坪的耐压强度而定。散装镍板每平方米堆放3~4t，箱装剪切镍，以不压坏包装箱为原则，尽可能提高单位面积存放效率。

（7）保管过程中经常检查垛位情况，如有歪垛、压坏包装等情况应及时整复。

（8）镍的保管限期为两年。

2. 镍材（以板、管为例）

镍及镍合金板外观质量验收及保管要求：

（1）热轧板的表面应清洁，不应有裂缝、起皮、压折和夹杂。板材不应有分层。许可有轻微的、局部的、不使板材厚度超过其允许偏差的斑点、凹坑、压入物、皱纹、粗糙的辊印等缺陷。热轧板不经酸洗供应，软（M）状态板材可经酸洗后供应。

（2）冷轧板的表面应光滑、清洁，不应有裂缝、起皮、气泡、起刺、压折和夹杂。板材不应有分层，许可有轻微的、局部的、不使板材厚度超过其允许偏差的划伤、斑点、凹坑、压入物和辊印等缺陷，允许有轻微的氧化色、发红、发暗和轻微的、局部的油迹和水迹。

（3）板材应平直，许可有轻微的波浪。厚度大于1.0mm的板材，其长度方向的挠度每米不超过30mm。

（4）板材的边应切直，无裂边、卷边，允许有轻微的毛刺，切斜不使板材宽度和长度超出其允许偏差。

（5）保管要求：

①板材的包装规定是：厚度为0.2~1.0mm的冷轧板材，用格子木箱包装，厚度大于1.0mm的冷轧和热轧板材，用草席包轧。进库保管时应保持原包装，拆装抽验的部分应恢复原包装保管。

②板材选择干燥的库房，按同一牌号、规格、制造方法和材料状态分别堆放保管，并适当通风防潮。

③单位面积堆放量可视库房地坪的耐压强度而定，一般每平方米堆放5t左右，少量的可放在货架上保管。

④每半年抽查材料表面质量情况，做好质量检查记录。

3. 镍及镍合金无缝薄壁管

（1）外观质量验收。管材的内外表面应光滑、清洁，不应有裂纹、针孔、起皮、气泡、粗拉道、夹杂、分层和绿锈等缺陷。对于较高级精度的管材，许可有轻微的、局部的、不使管材外径和壁厚超出允许偏差之半的划伤、凹坑、斑点、细拉痕和轧痕等缺陷。对于普通级精度的管材，许可有轻微的、局部的、不使管材外径和壁厚超出允许偏差之半的划伤、凹坑、斑点、细拉痕和轧痕等缺陷，允许有轻微的氧化色和局部的、轻微的水痕。管材端部应锯切平整，允许有轻微的毛刺。切口在不使管材长度超出允许偏差的条件下，许可有2mm的倾斜。管材应为直状，其弯曲度：外径在3mm以下者，每米不大于4mm；外径在3.1mm以上者，每米不大于5mm。软态交货的管材不做弯曲规定。管材不圆度不应超出外径的允许偏差。软态交货的管材不作规定。管材用防潮纸包好后装入塑料管内，再装入木箱，箱内应有松软填料。

（2）保管要求。可参照铜管的要求。

4. 镍阳极板

镍阳极板分为NY1，NY2，NY3三种牌号。

（1）外观质量验收。板材不经酸洗供应，表面不允许有气泡、起皮和夹杂。表面允许有轻微的、不使板材厚度超出其允许偏差的凸点、凹坑和辊印等缺陷。NY1和NY3板的表面不允许有裂纹，但其切口处允许有剪切时产生的轻微的分层现象。NY2板的表面允许有轻微的、不使板材厚度超出其允许偏差的小裂纹。板材外形应平直，其长度方向的不平度每米不超过50mm。厚度小于和等于14mm的NY1、NY3板的边应切直，无裂边；允许有轻微的毛刺；切斜不应使板材宽度和长度超出其允许偏差。NY2板的边部和头部不经剪切供应，在宽度及长度允许偏差范围内，边部允许有裂口。

（2）验收规则。不带包装的板材全部检斤称重，带包装的板材抽检实重，抽检比率不小于一批的20%。

（3）保管要求。可参照镍材的要求。

六、汞的保管要求

（一）汞的性质及用途

汞的熔点低（-38.87℃），是常温下唯一的液态金属，其外观呈银白色，俗称水银。常温下汞易挥发产生有毒的汞蒸气，为此，保管时应保持良好的封闭包装。受热时能迅速膨胀，常用作温度计。

汞的应用十分广泛，冶金工业常利用汞能溶解其他金属形成合金的特性来提取金、银等金属。化学工业上，汞作电极电解食盐，可制取高纯度烧碱和氯气。硫化汞常用作颜料与涂料。在电气与仪表工业上，广泛用作汞弧整流器、水银灯、太阳灯、电器开关、汞电池、水银真空泵及测温和测压仪表。在国防、原子能工业上，汞与酒精、浓硝酸溶液制成的雷汞是一种重要起爆剂，用于制造雷管。汞又可用于原子反应堆的冷却剂和防原子辐射材料。在医疗卫生方面，汞的氧化物还用于眼科、皮肤科医疗。

（二）汞的验收和保管要求

（1）验收前核对产品质量证明书和实物包装标记，核对产品牌号及化学成分。

（2）应逐件检查包装情况。

①高纯汞装在容积为100mL或容积为400mL的玻璃瓶或聚乙烯瓶里充入氮气，瓶口用

软聚乙烯塑料内塞,外用螺纹塞加盖,火漆密封后,再用塑料袋套封,成型钙塑料固定,装在坚固的木箱中,木箱用铁皮加钉。1kg装的10瓶为一箱,5kg装的4瓶为一箱。

②零号汞和一号汞装在内衬搪瓷的钢罐或聚乙烯罐中,单重为25kg和34.5kg两种。钢罐口用带垫圈的金属螺纹塞旋紧,螺杆上缠裹丝绵,聚乙烯罐口加内塞。汞罐装在坚固的木箱中,每箱一罐,木箱再用铁皮钉封加固。

③应检查部分毛重加以对比,重量差别比较突出的应开箱检查封口处及钢罐是否有渗漏、裂缝等现象,遇有上述情况及时采取加封、换装等措施。单重误差分别为(1 ± 0.002)kg,(5 ± 0.005)kg,(25 ± 0.025)kg,(34.5 ± 0.030)kg。

④汞应分批验收,同一品号的汞为一批。

⑤装卸运输过程中必须严格注意轻拿轻放,严禁卧放或倒置。卸车前进行车上检查,遇有包装破损、汞罐渗漏等情况时,除迅速进行处理外,还应取得铁路部门的记录。

⑥所有品级的汞均具有银白色光泽,不含机械夹杂(灰渣)等。零号汞应具有明显的镜面,高纯汞表面不应有任何薄膜。

(3)汞要在普通库房内选择安全地带,专区保管。

(4)汞的品级有高纯汞、零号汞、一号汞。代号依次为Hg-00、Hg-0、Hg-1。所有品级的汞均应储存在温度不高于400℃的室内。高纯汞在使用时方许开启瓶盖,以免氮气逸出,造成表面氧化。

(5)保管过程中经常检查垛位和包装情况,发现问题及时解决。

(6)标准规定,生产厂对产品保留的仲裁式样期限仅一年,因此在仓库的保管期限也不超过一年。

(7)汞的密度大,因而每件体积小,重量大,又属液态金属,一旦包装破碎将造成严重后果。为了保证安全,减少损失,堆放高度不得超过三层,码垛后用铁线加固,以防倒塌。

七、锌

(一)锌的性能及用途

锌是白色略带浅蓝光泽的金属,在空气中易氧化成灰色。锌的密度为$7.14g/cm^3$,熔点为419.5℃,电阻系数为$5.75\Omega \cdot cm$,导热系数为$0.392W/(m \cdot K)$。四号锌即Zn-4中的锌含量不小于99.50%。锌锭的涂色标记为黑色二条时表示为二号锌。锌阳极板厚度为10mm,它的厚度允许偏差为0.35mm;锌阳极板材的长度和宽度允许偏差为±5mm,锌阳极板材厚度的测量,应在距顶角不小于100mm和距边部不小于10mm处。锌的抗拉强度为147MPa,伸长率为20%,断面收缩率为7%,硬度HB≈30。锌的电极电位很低,在潮湿的空气表面易形成一种碱或碳酸锌薄膜,能保护其里层的锌不继续被腐蚀,因此,锌在大气及海水中抗腐蚀性好。锌在常温下很脆,加热到100~150℃时,塑性很好,可以进行压力加工。

锌主要用于镀覆其他金属材料及零件,如生产镀锌钢板、镀锌钢管、镀锌铁丝。部分机械零件也常镀锌,以提高其耐腐蚀能力。干电池的阳极也用锌制造。

(二)锌合金

用锌配制合金用于机械、国防、印刷等工业。硫化锌用于陶瓷、医药,氧化锌用于颜料、橡胶和医药,氯化锌用于木材防腐。

（三）锌材

锌材加工产品主要有板、饼、丝、粉，如电池锌板、锌阳极板、电池锌饼、照相制版用微晶锌板。

电池锌板适用于电池工业制造锌—锰干电池负极用锌板。锌阳极板适用于电镀用锌。

（四）锌及锌合金的外观检验和保管

1. 锌锭

锌锭表面不允许有熔洞、夹层、浮渣及外来夹杂物，但允许有自然氧化膜。锌锭底面有两条凹沟，将锌锭分为三等份。锌锭允许有铸造腿，便于集装，单重为 20～25kg。保管要求锌锭可在露天（加毡垫）、料棚和库房内存放。纵横平码起高，堆放 6～7t/m²。锌易溶于酸和碱，遇有机酸发生腐蚀，故不宜与酸、碱、湿木材混存。不同品号分别码放，若用钢铁支垫时应用油毡间隔，以防与钢铁接触受潮而发生电化学腐蚀。锌在常温时质硬而脆，搬运时切勿抛掷。锌锭必须按品号、牌号分别存放，存放期限一般不超过两年。

2. 锌材、锌阳极板

锌材表面应平滑、清洁、无裂纹、气泡、氧化物和严重鳞印。不允许有超出板材厚度允许偏差的划伤、凹坑、压入物和辊印，板材的两边应切齐、无裂边和卷边，允许有轻微毛刺，剪切斜度不应使板材的宽度和长度超出其允许偏差。板材在长度方向上的不平度每米不超过 10mm。保管要求可参照镍材的要求。

八、镁

（一）镁的性质和用途

镁的密度为 1.47g/cm³，约为铝的 2/3，是工业中常用金属中最轻的一种。镁呈银白色，熔点为 650℃。镁的化学性质很活泼，与氧的亲和力很强，它在空气中极易氧化，生成一层氧化膜，色泽发暗，但此膜薄而脆，不如铝的氧化膜有保护作用，因此，镁和镁合金的抗腐蚀性都较低。镁在石油和碱中较稳定，而所有的酸和盐溶液都能强烈腐蚀它，在高温时更易氧化。镁粉在空气中易自燃发出白炽的光。

镁的主要用途是配制镁合金，其次用于化学工业和制造照明弹、燃烧弹、烟火以及作为合金元素和球墨铸铁的球化剂等。

镁材加工产品主要有板、片、带、箔、棒、线、型材及粉。

（二）镁的验收和保管

（1）镁的验收要求。

①验收前核对产品质量证明书中的化学成分和实物的牌号。

②镁锭按产品牌号和熔炼批号分别验收，并按生产日期分别堆放，详细记载验收记录。

③验收镁锭时按 20% 的比例抽检实重，以判定一批镁锭发货重量是否正确。必要时扩大抽检比率和全部检取毛重，根据抽检的皮重进行回皮判定。

④外观质量。镁锭的重量为 (2.5±0.2) kg 或 (9±0.5) kg 两种。镁锭表面应平整洁净，不许有残留溶剂、渣子、铁磷、毛刺、硫黄及氧化黑孔等存在，但允许有加工过的痕迹。镁锭包装是将镁锭进行表面处理后酸洗，涂油，并用蜡纸包裹，然后用铝桶、木箱或草袋包装。验收时要进行检查，特别要检查镁锭的油封情况。镁锭用篷车运送，卸车前检查铅封和车内情况，是否受潮和包装破损等，遇有上述情况应索取铁路部门的记录。镁锭在装卸运输过程中应注意轻拿轻放，以保证包装完整和内部蜡纸、油封无损，严防划伤镁锭表面和

淋雨受潮。

（2）镁的保管要求。

镁锭的特性是，在空气中极易氧化生成氧化膜。受潮及受酸、碱、盐类即向深部腐蚀，发展甚快。高纯度镁在空气中遇火能引起燃烧。根据上述特性，镁的保管要求包括：储量少时可选择干燥的普通库房保管，储量大时应选择干燥的、消防条件好的库房，实行专库保管。镁锭较轻，码垛可稍高，视库房高度，垛高可在 2～3m 之间，有效面积存放量为 $2t/m^2$，垫底不低于 15cm。保管过程中经常检查垛位牢固情况，包装是否压坏，库房是否漏雨，如有上述情况发生，应立即设法解决。

定期抽检质量变化情况。

①油封的油质是否干燥失效等；

②是否产生氧化膜和腐蚀斑等；

③抽检的周期和比例；

④箱装的每三个月抽检 1%～3%；

⑤草袋包装的每两个月抽检 3%～5%；

⑥铝桶包装的：完全包装（即焊接密封）的，可不做检查；一般密封且便于开启的，每半年抽检 1%～2%；

⑦抽检结果应做出记录，如有油封失效、产生氧化膜或出现腐蚀斑点等情况时，应及时做出保养或处理。

（3）镁锭的保养方法：先将镁锭放入热碱水及重铬酸盐溶液中，将腐蚀氧化物清洗干净，然后涂工业用凡士林或石蜡、防腐油，用蜡纸包装。镁锭发现腐蚀后不经过防腐处理不能继续保管。镁锭不能裸体存放，并需远离火源和酸、碱、盐类化学物质。

（4）保管期限：密封桶装的可保管一年半，箱装的保管不超过一年，草袋包装的保管不超过六个月。

九、锑

（一）锑的性质及用途

锑是银白色金属，由于杂质的影响，略带蓝色，杂质越多，蓝色越深。纯净的锑在浇注时如有溶渣保护，则缓慢冷却后锑表面有星状花纹，所以纯锑又称星锑。锑很脆，无延展性，所以不单独使用。锑比铅硬（HB≈30），密度为 $6.7g/cm^3$，熔点为 630℃，凝固时不但不收缩，而且略有膨胀，因此，锑主要用于与铅锡等配制合金，如硬铅、印刷合金、轴承合金、保险铅丝、蓄电池铅板。凡是用铅的地方，几乎都用锑，在这些合金中，锑的作用主要是增加强度，减少凝固时的收缩。

（二）锑的验收和保管

（1）验收要求。

①产品牌号及化学成分应符合 GB/T 1599—2002 的规定。

②锑锭应按产品牌号和熔炼批号分批验收，按 20% 的比率抽检实重。

③各品号锑以锭状或水淬粒状产出，锭状锑为截角锥六面体，锭重不大于 25kg；粒锑无定型，不应含有外来夹杂物。

④锭状锑表面呈现星状花纹，并应平整无熔渣。

⑤锑的包装：锭状锑用木箱包装，加打包铁皮。每箱净重 100kg，也可用麻袋包装，每袋装一锭。水淬粒状锑用双层麻袋包装，每袋净重 100kg。

(2) 保管要求。

①锑锭应入库保管，按产品牌号和熔炼批号分别堆码。

②码垛以不损坏包装箱为原则，视库房地坪耐压强度而定，一般储存量为 3~4t/m³。

③经常检查垛位情况，如有压坏包装或有塌垛危险时，应及时倒码整复。

④保管期限可为一年半。

十、高纯金属及其验收

高纯金属品种有多种，石油工业科研部门用高纯金属较多，但用量不大。

(一) 高纯金属的种类

(1) 高纯铜（Cu-05）的主成分为 Cu99.999%，相对原子质量为 63.54，熔点为 1083℃，沸点为 2580℃。质软，有延展性，电热性能好，空气中易氧化，超低温有良好的非磁性，用于电器、电信工业材料，特种高级合金原料，优质氧化铜整流器元件原料，大型电子管封焊材料，超微型变压器绕组，金属研究样标。

(2) 高纯铅（Pb-05）的主成分为 Pb99.999%，相对原子质量为 207.21，熔点为 327.3℃，沸点为 1750℃。性质柔软，可塑性大，超低温下是优良的超导体，用于高效能温差电偶元件、半导体化合物，无线电和晶体管焊料。

(3) 高纯锌（Zn-05）的主成分为 Zn99.999%，相对原子质量为 65.38，熔点为 419.5℃，沸点为 907℃。蓝白色金属，室温下质脆，空气中表面氧化呈致密的氧化膜，起保护作用，用做半导体化合物、还原剂、合金、汽车工业中精密铸件做原料。

(4) 高纯锡（Sn-05）的主成分为 Sn99.999%，相对原子质量为 118.7，熔点为 231.91℃，沸点为 2690℃。呈银灰色光泽，有良好的延展性。它有三种变体。在 100kGs 磁场下是良好的超导体。晶体管基极渗透扩散性质较强，用作电子管、晶体管及精密仪器作焊料、半导体合金、原子反应堆重的包套材料。

(5) 高纯金（Au-05）的主成分为 Au99.999%，相对原子质量为 197.0，熔点为 1063℃，沸点为 2965℃。呈金黄色，富有延展性，电热良导体，高温下也不易氧化，不受腐蚀，用作合金的接点，电温计，微波反射材料，半导体合金等。

(6) 高纯银（Ag-05）的主成分为 Ag99.999%，相对原子质量为 107.88，熔点为 960.8℃，沸点为 2210℃。质软，延展性好，是金属中最佳的电导体，用作半导体合金、电子管、晶体管焊接材料，精密仪器，仪表接点材料，光电转换元件，银化合物原料，计测研究用的温标。

(7) 高纯锑（Sb-05）的主成分为 Sb99.999%，相对原子质量为 121.76，熔点为 630.5℃，沸点为 1440℃，呈银白色光泽，质脆而硬，常温下不易氧化，锑粉有毒，用作Ⅲ-Ⅴ族化合物半导体，硅、锗单晶掺杂剂，电子制冷元件，半导体合金等。

(8) 高纯钴（Co-05）的主成分为 Co99.999%，相对原子质量为 58.94，熔点为 1492℃，沸点为 2870℃。熔点高，硬度大，有金属光泽，用于合金和机械制造方面。

(二) 高纯金属的验收及保管

(1) 高纯金属的验收要求。高纯金属的特点是纯度高，怕灰尘污染，怕氧化，密封包装，因此一般不做拆封验收，按原包装验收保管。验收过程中应详细核对产品批号、重量，做好验收记录。在包装完好的情况下不做重量检测，如包装上标有毛重，则应逐件检测毛重。化工危险品库内除了可安装报警装置外不得安装其他照明、电器设备。验收过程中应详细检查包装的密封情况，遇有包装开封或包装破损情况时，在做好详细检查记录的同时，对一般用塑料袋封装的金属要进行热合密封。对下列情况采取相应措施：

①对一些贵重、稀有金属，如高纯金等，遇有包装破损时，则应检测实重。检测实重应在严格无灰尘的条件下进行，使用以克为单位的准确天平，操作时需带白手套，以防材料受污染，检测完后立刻密封包装。

②对一些有毒物质，如高纯锑粉、高纯铊（既有毒又易氧化，在玻璃管内用蒸馏水封装）、高纯砷（真空密封在玻璃管内）等，如有包装破损，应送回生产厂重新处理。操作时要戴口罩和橡皮手套，以防中毒。

③对一些易燃物质，如高纯硫、高纯磷等，遇有包装破损，应采取防火措施，特别是高纯磷具有自燃性质，应特别注意。

④凡包装破损，内部物资遭受尘埃、污物污染的，不得验收入库，与主管部门取得联系，送回生产厂处理。

（2）高纯金属的保管。高纯金属的保管要求主要是适宜的温度，防止尘埃污染，防止氧化等。因此，保管高纯金属的仓库应具备密闭防尘性能好、相对湿度低的保温库房。其中高纯镓的熔点（29.8℃）低，超过这个温度变成液态金属，故应储存于低温处。高纯金属应储存在玻璃柜式的货架上，质量大的放在底层，质量轻的放在中、上层。在玻璃容器中严密封装的有毒、易燃易氧化材料应采取相应的安全保管措施。保管高纯金属的库房应有专人负责，非责任者不应随意进出，以防带进灰尘和防止意外事故发生。保管过程中经常检查物资包装情况，发现有开封情况时，及时做好热合密封。不具备条件的仓库不易保管高纯金属，在具备条件的仓库内保管期限不超过两年。

（3）高纯金属验收保管过程中的操作。

①高纯金属的装卸操作，要严格注意包装安全，以防材料被尘埃等污染。

②对于需要拆装测重或分割发货的高纯金属，需在无灰尘的房间内进行，操作完后应及时密封包装。不具备条件时可与生产厂协商送生产厂分割。

③用玻璃容器密封包装的高纯金属不得拆装。

十一、硬质合金及其制品

（一）硬质合金

硬质合金是一种硬高度，耐磨性、红硬性好，并具有一定抗弯强度的硬质材料。是用难熔硬质金属的碳化物（碳化钨、碳化钛、碳化铬、碳化铌等）作基体，以铁族金属（常用的是钴或铁、镍）作粘结剂，加压成型后，经烧结而成。由于它具有上述许多特性，因此，在国民经济中特别是在金属切削加工、地质勘探、矿山采掘以及金属成型等方面应用广泛。硬质合金按其成分和性能的不同分为钨钴类、钨钴钛类、通用合金类等。

1. 钨钴类

钨钴类硬质合金，符号：YG，主要成分为碳化钨和钴。相对密度为13.4~15.3，抗弯和抗压强度、冲击韧性及弹性模数均较高，膨胀系数较低。碳化钨粒度分粗、中细和超细晶粒，适合加工铸铁。石油钻井用刮刀钻头常用这类合金。

2. 钨钴钛类

钨钴钛类硬质合金，符号：YT，主要成分为碳化钨、碳化钛和钴。相对密度较钨钴类轻，为9.35~13.2，硬度（红硬性）、耐磨性、抗氧化性及抗腐蚀性等均较钨钴类高，但抗弯强度、抗压强度及导热性等则有所降低。高速切削时刀具寿命强，故适合加工钢材。

3. 通用合金类

通用合金类硬质合金，符号：YW，主要成分为碳化钨、碳化钛、碳化锶（或碳化铌）和钴。是在钨钴钛类合金中，以 TaC（NbC）取代一部分 TiC 而成，TaC（NbC）取代 TiC 越多，在硬度不变的情况下，提高抗弯强度也越多。通用合金硬质合金，相对密度与钨钴钛类相近，为 12.4~13.3，红硬性较好，能承受一定的冲击负荷，抗氧化性及抗热震性也较 YT 好，刀具寿命长，适于耐热钢、高锰钢、不锈钢等难加工钢材及普通钢和铸铁加工。与 YG 相比，加工钢材时，耐磨性好，加工铸铁时，效率降低不多。

4. 碳化钛基类

碳化钛基类硬质合金，符号：YN，主要成分为碳化钛、镍、钼或碳化二钼。相对密度为 5.56~6.3，硬度与 YT30 合金相当，抗弯强度则较高，适合钢材加工，刀具使用寿命长。

5. 钢结硬质合金

钢结硬质合金，符号：YE，是一种新型硬质合金，以 TiC 或 WC 为硬质相，而以碳钢、铬钼钢或高速工具钢、镍铬不锈钢为粘结相，用粉末冶金方法制成的一种新工具材料。相对密度：YE65 为 6.4~6.6，YE50 为 10.3~10.6。具有硬质合金的高硬度、高耐磨性和耐腐蚀性，又有钢的可加工性、可锻性、可焊性及可热处理性，适合用于各种冷冲模、冷墩模、拉伸模、整体刀具及耐磨零件等。

6. 铸造碳化钨硬质合金

铸造碳化钨（YZ）是以金属钨粉和碳化钨粉为原料，按一定比例配成混合料，装入石墨舟皿中，在温度 3000℃ 左右熔炼，钨被碳化并形成 WC 和 W_2C 的共晶。在熔化状态下，保持 3~4min，冷却后即成为块状铸造碳化钨。然后破碎、分级过筛，即成为粒度不同的铸造碳化钨颗粒。按其形状不同，可分如下三种：

（1）管装粒状铸造碳化钨。即将不同大小粒度的碳化钨分别装入不同直径的低碳钢钢管中，使其成为管装粒状铸造碳化钨焊条，主要用于镶焊破碎式牙轮钻头的牙轮和齿面，及其他不精密的易磨损零件。

（2）粗颗粒铸造碳化钨。将铸造碳化钨块破碎为形状不规则的颗粒，即 6~0.076mm，相当于 3~200 目。

（3）球形颗粒制造碳化钨，即 0.5~5mm 的球状。

以上（2）、（3）两种铸造碳化钨主要用于镶嵌油井钻井用的切削式刮刀钻头。

（二）硬质合金制品

1. 硬质合金切削刀片

硬质合金切削刀片一般用于切削加工。用来镶装切削工具的硬质合金，种类很多，共分 A，B，C，D，E，F 六类。每类又各分 3~5 个型号，如 A 类又分 A_1，A_2 等四个型号，而每个型号又按形状分多种不同尺寸和左、右向（或 a，b 型）。例如，A_1 型分有 a 型 19 种，b 型 17 种尺寸号数，型号表示为 A101－A138，A_1 后的两位数代表尺寸大小，一般单数指 a 型，双数指 b 型。同一型号的 a 型尺寸与下一型号的 b 型尺寸相同，但形状稍有差异，如 A113（a 型）与 A114（b 型）的尺寸相同但形状稍差。又方向性的刀片，分左、右向。在表示尺寸的两位数中，单数指右向，双数指左向。右向型号尺寸与下一号的左向型号尺寸相同，但方向相反，如 A407（右向）与 A408（左向）尺寸相同方向相反。合金刀片的主要用途如下：

A_1—A_4 型　制造直头与弯头外圆车刀、镗刀、切超槽刀、深孔镗刀和平面切刀等；

B_1—B_4 型　制造内、外圆，倒角，环形等成型车刀；

C_1—C_4 型　制造精车刀和各种螺纹车刀、切刀和切槽刀等；

D_1—D_4 型　制造各种铣刀、滚齿刀等；

E_1—E_5 型　制造各种钻头及铰刀等；

F_1—F_3 型　制造耐磨零件及可卸镗刀等。

2. 硬质合金矿山、地质工具制品

硬质合金矿山及地质工具制品一般用于矿山、煤炭、油田、地质勘探及采掘工具等。采矿工业中岩石开凿和巷道掘进所用的钎头属矿山工具，地质勘探和石油钻井所用的钻头及煤炭采掘机械需用的钻头、切齿等工具，都必须坚硬耐磨。因此这些工具大多镶有各种各样的硬质合金。矿山工具常用合金牌号为 YG11C，YG15，刀片型号为 K0，K12，K13，K14 四种，分别各有 17，8，1 三种规格尺寸。地质工具常用合金牌号为 YG8，YG6。在保证使用强度的条件下，用含钴量较低的合金镶制钻头，可大大提高其使用寿命。近几年仿制成功的 YG4C，YG6C，强度与 YG8 相仿，耐磨比 YG8 高，是镶制钻头的优良材料。刀片型号为 K23，K34，K35，K41，K51，K52，K53，K56，K57 等多种，并各有多种不同尺寸。用量较大的一种是 K41 型的 K413，K414 两个呈立方体的型号，供焊制钻井工程刮刀钻头用。

3. 硬质合金拉伸模毛坯

硬质合金拉伸模毛坯一般用于制造金属拉伸模。硬质合金拉伸模产品型号分 0～5 六类，14 种型号。0 类为盲孔模有 01，02 两种型号并各有两种尺寸，主要用于拉拔黑色、有色金属丝，可供选用的合金牌号为 YG3，YG3X，YG6。1 类为圆孔模有 10，11，12，13 四种型号并各有多种尺寸，主要用于拉拔黑色、有色金属线、棒材，可供选用的合金牌号为 YG3，YG3X，YG6，YG8，YG15。2 类也为圆孔模由 20，21，22，23 四种型号并各有多种尺寸，主要用于拉拔黑色、有色金属管材减径或减壁，可供选用的合金牌号为 YG8，YG15。

（三）硬质合金及制品的验收

（1）硬质合金均须全部开箱点盒数，并在每箱中抽出 10% 开盒检查包装情况、涂色标记、合格证与实物型号、形状、制品号是否相符，并以天平称重，经检查如有一盒有问题，则该批产品应全部开盒检查。

（2）硬质合金是压制和烧结而成的，所以易产生分层、裂纹、弯曲、起皮、欠烧、过烧、脱炭、起泡、黑心等缺陷，但这些缺陷在出厂时已经检验。产品用纸盒包装。验收时应着重检查一盒内必须为同一牌号和型号，每盒均需附有与实物相符的合格证，合格证上需分别注明：牌号、批号、型号、净重、生产日期，同时检查盒内包装的刀片，不得有碰伤、氧化、脱炭及粘污现象。

（四）硬质合金的保管

仓库应良好通风，防潮、防尘，以防合金氧化、粘结。小批量应置于密封料架。堆码不能太高，运输注意轻拿轻放，因合金脆性大，易撞损、掉边、缺角。应严格按照牌号分开，按规格顺序存放，否则品种多，再加有时标记不明，易造成混乱。

第六章 化工产品

第一节 工业化工产品的概念、性质、分类

一、工业化工产品的概念

工业生产中所使用的各类化工产品称为工业化工产品。物资流通领域习惯上把工业化工产品称为化工原材料。化工原材料又分为化工原料和化工材料两大类：

（1）化工原料是指工业生产中所使用的化学原料。例如：各类酸、碱、盐等。

（2）化工材料是指橡胶、塑料、纤维及其制品等。

二、化工产品的性质

化工产品的种类繁多，各种类型的化工产品的性质也各不相同，但无论哪个种类的化工产品都可以概括为物理性质和化学性质两个方面。

（一）化工产品的物理性质

物理性质是物质不需要发生化学变化就能表现出来的性质。例如：密度、颜色、状态、气味、熔点、沸点及是否具有挥发性等。

（1）颜色：是指物质发射、反射或透过的光波通过视觉所产生的印象。例如：水在常温、常压下是无色无味纯净的透明液体；二氧化碳是无色无味气体；不含杂质的无水碳酸钠是白色粉末或细粒等。

（2）状态：一般是指物质在常温、常压下表现出来的形态。一般的物质在常温、常压下都只呈现出一种状态，但在温度和压强变化时化工产品都有三种状态，即：气态、液态和固态。

（3）气味：是鼻子可以闻到的味儿。

（4）沸点：液体表面和内部同时发生汽化现象时的最低温度我们称为沸点。在压强一定的情况下一般物质的沸点是一定的。

（5）密度：是指常温、常压下单位体积物质的质量，一般用 g/cm^3 表示。

了解不同化工产品的不同物理性质，对判定化工产品的质量及验收、保管化工产品会有极大的帮助。

（二）化学性质

化学变化是一种物质的分子在变化过程中，由于原子的重新组合而生成的其他物质的分子。物质在化学变化中所表现出来的性质称为化学性质。如：碳在氧气中燃烧生成二氧化碳。

严格地讲，每一种化工产品都具有不同的化学性质和物理性质，而每一类化工产品又具有大致相同的化学性质和物理性质。由于各类化工产品的性质不同，就对验收、保管、发放等各个环节提出了不同的要求。例如：在保管化工产品时，我们可以把物理性质和化学性质相近的物资分在相同的环境下保管。

三、工业化工产品的分类

（一）按自然属性分类

1. 无机化工产品

分子中不含碳元素的化工产品，称为无机化工产品。例如：硫酸（H_2SO_4）、硝酸

（HNO_3）、氧化锌（ZnO）、盐酸（HCl）、氯化钾（KCl）、亚硝酸钠（$NaNO_2$）等。但也有少数含碳元素的化合物，如：二氧化碳、碳酸盐等，它们分子中虽也含碳元素，但习惯上仍将其划入无机化工产品。

2. 有机化工产品

分子中含碳元素或碳氢元素及衍生物的物质称为有机物，由有机物组成的化工产品称为有机化工产品。如：甲烷（CH_4）、乙醇（C_2H_5OH）、乙烯（C_2H_4）等。

有机化工产品与无机化工产品相比一般具有如下特点：

（1）有机化工产品一般可以燃烧，而大多数无机化工产品则不易燃烧。

（2）有机化合物的熔点较低，一般不超过400℃，而无机化合物一般熔点较高，难于熔化。

（3）有机化工产品大多数难溶于水，易溶于非极性或极性小的有机溶剂中。然而，也有一些有机化工产品在水中有较大的溶解度。

（4）有机化工产品反应速度较慢，通常要加热，或加催化剂，副反应也较多，而很多无机化工产品溶解及反应在瞬间即告完成。

3. 高分子类化工产品

普通无机物和有机物的相对分子质量都很小，小的几十或几百，一千到两千都很少见。而高分子化合物的相对分子质量可以达到几万甚至几千万。这类相对分子质量非常巨大的化工产品称为高分子类化工产品。如：天然橡胶、塑料、合成纤维等，都属高分子类化工产品。高分子类化工产品实际上是有机化工产品的一个类别。

4. 工业气体化工产品

气体都是可以压缩的，在工业生产中，把所需用的气体在一定压力下压入钢瓶中，成为压缩气体或液化气体，我们把这类化工产品称为工业气体化工产品。它包括无机物气体、有机物气体及混合气体。如：氧气、液化石油气等。

（二）按储运过程中的危险性分类

按储运过程中的危险性分为两类，即分为化工危险品和非危险品。化工危险品按国家标准分为九类。

1. 爆炸品

爆炸品是指在外界作用下，能发生剧烈的化学反应，瞬时产生大量的气体和热量，使周围压力急剧上升，发生爆炸，对周围环境造成破坏的物品，也包括烟花爆竹等无整体爆炸危险的烟火物品。如：爆破用雷管、硝酸铵等。

2. 压缩气体和液化气体

压缩气体和液化气体指压缩、液化或加压溶解的气体。按常用压缩气体和液化气体性质分为：易燃气体、不燃气体和有毒气体。压缩气体和液化气体一般具有爆炸性、易燃性、毒害性、窒息性和腐蚀性等危险性。

3. 易燃液体

易燃液体包括易燃的液体、液体的混合物或含有固体物质的液体，但不包括由其危险特性已列入其他类别的液体。如：汽油、酒精等。

4. 易燃固体、自燃物品和遇潮易燃品

易燃固体指燃点低，对热、摩擦、撞击敏感，当受热遇火或与氧化剂、强酸等接触，能引起迅速燃烧的物品，但不包括已列入爆炸品的物质。如：红磷、硫黄等。

自燃物品指自燃点较低，在空气中易于发生反应，放出热量，而自行燃烧的物品。如：黄磷、白磷等。

遇潮易燃物品是指遇水或受潮时，能发生剧烈化学反应并放出大量易燃的气体和热量的物品。例如：金属钠、钾、镁粉等。

5. 氧化剂和有机过氧化物

氧化剂是氧化还原反应里得到电子或有电子对偏向的物质。我们这里说的氧化剂指处于高氧化状态，具有强氧化性，易分解并放出氧和热量的物质。包括含有过氧基的无机物，其本身不一定可燃，但能导致可燃物的燃烧；与松软的粉末状可燃物能组成爆炸性混合物，对热、摩擦或振动较敏感。如：过氧化钠、亚硝酸钡、氧化银等。

有机过氧化物是指分子组成中含有过氧基的有机物，其本身易燃、易爆、易分解，对热、摩擦及振动敏感。如：过甲酸。

6. 毒害品和感染性物品

毒害品指进入肌体后，累积达一定的量时，能与体液和组织发生生物化学作用或破坏肌体的正常生理功能，引起暂时性或持久性的病理状态，甚至危及生命的物品。如：氰化钾、氰化钠、三氧化二砷等。

感染性物品指含有致病的微生物，能引起生物病变、甚至死亡的物质。

7. 放射性物品

放射性物品是指能放射穿透力极强，人的感觉器官无法感知的射线的物品。如：铯、镭、铀等放射性元素。

8. 腐蚀性物品

腐蚀性物品是指能灼伤人体组织并能对金属物品造成破坏的固体或液体。如：硫酸、盐酸、硝酸、烧碱、氢氧化钾等。

9. 杂类

杂类指在运输过程中呈现的危险性质，不包括在上述八类危险品中的物品。如：具有麻醉、毒害、磁性物品、接收或发出干扰信号的物品。

铁道部将化工危险品分为十类，分别为：爆炸品、氧化剂、压缩气体和液化气体、自燃物品、遇水燃烧物品、易燃液体、易燃固体、毒害品、腐蚀性物品和放射性物品。化工危险品的品名、编号是由英文字母和五位阿拉伯数字组成。

（三）化工危险品的储运

1. 化工危险品的运输

（1）爆炸品、剧毒品、放射性物品、强氧化剂等运输前，需向用户所在地公安机关办理《危险品运输证》。运输时要有武装人员押运。运输化工危险货物的汽车要符合安全规定，车上要用小三角红旗作警告标记。

（2）化工危险品的包装要严密、坚固，包装要符合有关包装标准。少量爆炸品可用《爆炸品保险箱》运输。包装外面要贴上或印上危险货物包装标志和包装储运图示标志。

（3）化工危险品的性质相抵触，灭火方法不同的化工危险品，不准同时同地进行装卸作业，不能同车、船运输，更不能搭载旅客或其他物品。

（4）严禁个人随身携带爆炸品和其他化工危险品搭乘公共交通工具，严禁托运或在托运的物品中夹带化工危险品。

(5) 在公路上运输化工危险品时，车辆必须限速行驶。运输爆炸物品、氧化剂的前后车辆应当保持在殉爆距离外，并严禁烟火。不准进入城市人口密集区和重要建筑附近。途中停车时，要远离建筑物和人口稠密的地方。

(6) 起爆器材不可以同易燃固体配装在同一车厢或船舱内。

(7) 化工危险品的运输应按下列有关法规执行：

①《中华人民共和国民用爆炸物品管理条例》。

②公安部1984年颁发的《统配民用爆破器材购销管理规定》。

③中华人民共和国铁道部发布的《危险货物运输规定》。

④《汽车危险货物运输规则》。

⑤《汽车危险货物运输、装卸作业规程》。

⑥《石油射孔和井壁取心爆炸物品的储运、运输和使用规定》。

2. 化工危险品储存保管的要求

1) 化工危险品的装卸及搬运

(1) 在装卸搬运化工危险品前，要做好准备工作，掌握有关化工危险品的性质，检查装卸搬运机械工具是否符合要求，以保证安全操作。

(2) 选择合适的防护用具，穿戴防护服装，特别是对剧毒品、强腐蚀性物品、放射性物品更应注意。爆炸品装卸搬运时不得穿带铁钉的鞋，不能使用铁制工具，防止产生火花引起爆炸。

(3) 作业时要轻拿轻放。特别是搬运装卸放射性物品时，更要轻拿轻放，防止摔破包装造成重大危害。不得肩扛、背负或揽抱。

(4) 装卸搬运强腐蚀性物品时，作业前要先检查桶底、箱底、坛体，防止掉底、漏失发生危险。严禁肩扛、背负或揽抱，只能挑、抬或用车子搬运。现场要准备清水、苏打水或醋酸等，以备急救用。

(5) 装卸爆炸品、一级易燃品和氧化剂时，不得使用铁轮车、电瓶车及其他无防爆装置的运输机械。禁止滚桶，不得踩踏爆炸品、氧化剂及其包装。装卸搬运宜在白天进行，但要尽量避免曝晒。在高温季节作业时，应安排在早晚时间。

(6) 放射性物品搬运装卸时，要轻拿轻放，防止摔破包装造成重大危害。不得肩扛、背负或揽抱，尽量减少人体与包装物的接触和缩短作业时间。作业完后，要洗澡、更换衣服，将防护用具、工具彻底清洗，清除污染。放射性废水应引入深沟或进行处理，废物要深埋。

2) 化工危险品仓库的合理布局

(1) 制定合理的仓储规划。根据各类化工危险品的危险性、库存储备定额和对灭火方法的不同要求，制定科学合理的仓储规划。

(2) 化工危险品要实行专库专储的原则。爆炸品和放射性物品，要在郊外单独设库储存，并有安全保卫人员值勤，爆炸品库房与库房间距离要大于殉爆距离。

(3) 化工危险品库房、料棚、料场要规划作业通道并检查通道。

(4) 储存化工危险品的库房要有明显的标记。库房、料场、料棚应按有关规定编号。应对消防设施、应急出口、安全通道、报警开关等做出明显的标记，以便应急用。

3) 化工危险品的储存保管

(1) 氧化剂、剧毒品、易燃品，在库内要划定各自单独的储存仓间，不得与非危险品混存；虽属同类化工危险品，但性能互相抵触的也不可混存。

（2）储存装有可燃气体瓶的库房，要放置可靠的避雷装置。剧毒气体与氧化剂不可以同库存放。压缩气体和液化气瓶库房的照明和换气装置必须采用防爆电气设备，开关和熔断器应安装在室外。

（3）压缩气体储存库与民用住宅之间的最小安全距离为50m，而与其他库房的最小安全距离为30m。储存压缩和液化气体的库房，要设置两个或两个以上安全出口，并设置防止阳光直射装置。库内存放瓶装气体时，如库内用密闭防火墙隔成单室，则每室存放可燃、有毒气体瓶不得超过500只，存放不燃无毒气体瓶不应超过1000只。不燃压缩液化气体与氧化剂可以同储，但必须留有2m以上间距。

（4）按化工危险品储存规定，各种氧化剂、自燃物品，各种炸药、起爆药及其他爆炸品不可以同储。

（5）爆炸品、剧毒品、放射性物品实行双人双锁保管，收发时单据手续齐全，否则拒绝收发。

（6）进入爆炸品和氧化剂库房，穿防止产生静电的服装。

（7）爆炸品、一级易燃品、一级氧化剂码垛时，不宜使用水泥条、块石等衬垫。要使用方木条等衬垫。

（8）按照化工危险品储存规定，各种炸药与点火器材不可以同储。射孔弹与雷管、胶质炸药，导爆索、导火索不可以同库存放。

（9）碱类物品与有机物、引火物接触可能引起火灾，因此不可以同储。碱与酸可以发生化学反应，因此碱类物品与酸类物品不可以同库存放。

（10）化工产品用车、船运输，因装卸、换装、拆包检查以及其他自然因素等造成的损耗，在标准范围内的部分可以报运耗。

四、工业化工产品储存期的安全管理和工业卫生

（一）安全管理

化工库房的安全管理工作包括人身安全、物资安全和设施安全三个方面。要强化安全教育，提高安全意识，建立健全安全组织，完善安全检查制度，认真做好消防管理和化工危险品安全管理工作。

1. 消防管理

（1）工业化工产品库的照明、电气设备均采用防爆型，线路、开关均要按防爆原则安装。危险品库内除了可安装报警装置外，不得安装其他照明、电气设备。库区要安装避雷设施。一年检查一次避雷设施，其接地电阻不应大于10Ω，电气设备要经常检查，下班前要关好门窗，并切断电源，加锁后方可离开。

（2）为了防止火灾的发生，根据所储存化工产品的理化特性，设置各种相应的灭火器材。化工产品消防用灭火器材见表2-6-1。

表2-6-1　化工产品消防用灭火器材表

序号	名称	消防使用的灭火器材
1	梯恩梯炸药	用水灭火，不可用砂土等物
2	亚硝酸钠（钾）	水、砂土
3	一氧化二氮	水、砂土

续表

序号	名称	消防使用的灭火器材
4	碳化钙	干砂、干石粉、二氧化碳,切不可用水、泡沫
5	汽油	砂土、泡沫、二氧化碳
6	甲苯	干粉、干砂、泡沫、二氧化碳
7	氰化钠(钾)等	水、砂土。发生火灾时防止产生氰化氢气体,不可用酸碱、泡沫灭火器,并要穿戴防护用具
8	硝酸	砂土、二氧化碳。不得用加压水,灭火时戴防毒面具
9	硫酸	干砂、二氧化碳。注意防止酸液飞溅
10	氢氟酸	干砂、二氧化碳。灭火时戴防毒面具
11	氢氧化钠(钾)	用水冲射,或砂土扑救
12	甲醇、乙醇	可用喷射水、干粉、抗醇泡沫或二氧化碳灭火

(3) 垛位布置不能混乱,不能靠墙太近。垛位要用纵横线做出明显标记,留出作业通道、检查通道、通风道。作业通道留 2.5~3.0m,墙距、检查道留 0.5~1.0m,通风道视情况而定。

2. 化工危险品的安全管理

(1) 化工危险品库内除了可安装报警装置外,不得安装其他照明、电气设备。

(2) 化工危险品安全管理主要内容是库房温、湿度的控制;坚持一日三查制度;每年按不同季节组织安全、消防、保卫等部门进行检查等。

(3) 温、湿度控制。在库房内外适当地点设置温、湿度计,随时观察记录。根据气候规律,采取调控措施。降低库内温度可以采取:自然通风法;密闭门窗法;屋顶装置雾状水设备;刷白门窗法;安装空调等办法。降低库内相对湿度可以采取:自然通风法;密闭门窗阻止潮气浸入法;密封货垛,使用吸潮剂等办法。冬季为了防冻,有的库房需要安装暖气。

(4) 降低化工危险品库内相对湿度可以采用的主要方法有:自然通风法;密闭门窗阻止潮气侵入法;密封货垛法;使用吸潮剂等办法。

(5) 坚持一日三查制度。即上班查、中午查、下班查。查码垛牢固,查包装渗漏,查库房内有无异味。对低沸点液体,查挥发损耗;对低熔点产品,查熔融粘结;对易吸潮物资,查潮解深化;对含结晶水的化合物,查风化变质;对遇水燃烧的物质,查雨雪天气是否有遇水的可能;对怕热的物资,在夏季要查是否鼓气,防止胀破容器等。应严格做到勤检查、勤联系、勤处理。对特殊物资或遇特殊气候时,更要注意检查。

(6) 每年按不同季节组织安全、消防、保卫等部门进行检查。检查内容包括:防爆、防火、防盗、防暑、防冻、防腐蚀、防霉变、防虫蛀等。

(二) 工业卫生

工业卫生是指工矿企业所进行的卫生保健工作,它包括研究劳动条件中各种有害因素对劳动者及环境居民健康的影响;从卫生学的观点角度出发,提出完善劳动条件,预防职业病发生的综合性措施。

1. 职业性有害因素

在工业化工危险品的储存期间,主要职业性有害因素是化学因素。它是目前引起职业病最为多见的生产性有害因素，包括生产性毒物和生产性粉尘。在化工危险品库房内，最直接的有害因素是生产性毒物。

2. 中毒的途径及预防处理方法

毒物可以通过多种途径对人体产生危害。如有毒气体、蒸气、水溶性毒物的雾状物是通过呼吸器官进入人体的。皮肤吸收是毒物通过毛囊与皮肤腺或汗腺、完整皮肤（表皮屏障）进入人体的。

因此，在装卸搬运毒品时要加强个人防护。皮肤破损致伤者不得从事有毒作业。如果被毒物沾染，应及时更换服装，清洗、消毒。在作业区不允许吸烟、饮食。未经防护，不得作业。消除污染时应穿戴防护服装、靴、罩等。常年接触毒害品的工作人员要定期检查，以便对中毒症状早期发现，及时治疗。对急性中毒者要立即抢救。

（三）环境污染及处理

由于操作不慎，造成环境污染时，要立即采取消毒措施。常见的毒害品污染的药物消毒方法因毒害品不同而不同。

（1）氰化钾（钠）及其他氰化物污染的药物消毒方法。

除现场通风外，即用硫代硫酸钠水溶液洒在污染处，再用热水及常温水冲洗。用硫酸亚铁、高锰酸钾或次氯酸钠代替硫代硫酸钠亦可。

（2）"一六〇五"（对硫磷）及其他有机磷污染的药物消毒方法。

这是一类有机磷剧毒农药，如苯硫磷、敌死通、"一〇五九"等。首先用生石灰吸干撒落的毒害品，再用碱水浸湿污染处，随后用热水、常温水反复冲洗。有机磷剧毒农药属磷酸酯类或硫代、氟代磷酸酯类，在酸性及中性溶液中稳定，在碱性溶液中分解失去毒性。但敌百虫也是有机磷农药，撒落后不能用碱性溶液洗刷，因敌百虫易溶于水及乙醇、乙醚、丙酮等有机溶剂，它在碱性溶液中分解很快，大部分变成毒性更大的敌敌畏。故敌百虫撒落后，只能用大量清水冲洗。

（3）硫酸二四酯污染的药物消毒方法。

硫酸二四酯是酸性毒品，有强烈腐蚀性，刺激性气味很浓，刺激眼睛，污染物不易清除，但在水中随水温上升可加快分解。撒落后先用氨水或漂白粉加五倍水，浸湿污染处，再用碱水浸湿，最后用热水或水冲洗。

（4）甲醛污染的药物消毒方法。

甲醛有强还原作用，除通风外，用漂白粉加五倍水浸湿污染处，半小时后再用水冲洗。

（5）芳香族氨基或硝基化合物污染的药物消毒方法。

如：苯胺、硝基苯，可用稀盐酸溶液浸湿污染处，再用水冲洗。

（6）汞及其化合物污染的药物消毒方法。

如：氯化汞、氧化汞等。汞与稀盐酸、碱均不起作用。撒落后先收集，再用硫黄粉覆盖，然后清除、冲洗。

（7）磷及无机磷化物污染的药物消毒方法。

如：磷化锌、磷化铝等。白磷极毒，接触空气即着火。撒落的白磷，禁止用手直接接触，只能用镊子将白磷放于盛有水的容器内，再用石灰乳浸湿撒落处，生成磷酸钙后，再用大量水冲洗。五硫化二磷等有毒，有较强吸湿性，遇水和湿气能放出硫化氢和磷酸，接触火焰或摩擦容易起火。防止容器破损散失，不可受水湿雨淋，发现包装不良或损坏，应另行堆放，及时修理。操作人员应戴口罩，防止中毒。

(8) 砷化物污染的药物消毒方法。

如：二氧化二砷等，可用碱水消毒，再用水冲洗。

(9) 有机氯粉剂、乳剂、农药污染的药物消毒方法。

撒落后，先收集残物，再用碱水浸湿污染处，最后用热水冲洗。

(10) 溴污染的药物消毒方法。

溴遇热极易挥发，蒸气有毒，撒落时应打开门窗通风，场地污染处洒氨水，以与溴素生成铵盐，最后用大量水冲洗。

第二节　石油工业常用无机化工产品

一、无机化工产品的分类和特性

（一）按化学性质分类

无机化工产品可分为纯净物构成的化工产品和混合物构成的化工产品两大类。纯净物构成的化工产品又可分为单质和化合物两大类。由一种元素原子组成的物质叫单质，由不同种元素组成的纯净物叫做化合物。由两种元素组成的化合物中，如果其中一种是氧元素，这种化合物叫做氧化物。例如，氧化镁、氧化汞、二氧化碳等都是氧化物。物质分类结构见图2-6-1。

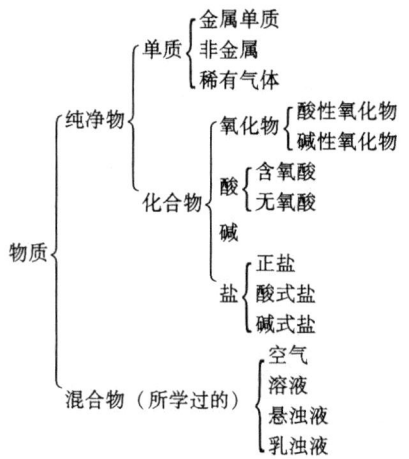

图2-6-1　物质分类结构图

各类物质的概念及代表物见表2-6-2。

表2-6-2　各类物质的概念及代表物

名称 \ 项目	定　义	代　表　物
混合物	由两种或两种以上物质混合而成（宏观）。由不同种分子构成的物质（微观）	空气、石油
纯净物	由一种物质组成的是纯净物（宏观），由同种分子构成的是纯净物（微观）	氧气、铁、食盐
单质	由同种元素组成的纯净物质叫做单质	金刚石、氧气、硫粉、铜
化合物	由不同种元素组成的纯净物叫做化合物	氯酸钾、氨气、水
氧化物	由两种元素组成的，其中一种是氧元素的化合物叫氧化物	氧化铁、二氧化碳

续表

名称 \ 项目	定　义	代　表　物
酸	电解质电离时所生成的阳离子全部是氢离子的化合物叫做酸	硫酸、盐酸、硝酸、醋酸
碱	电解质电离时所生成的阴离子全部是氢氧根离子的化合物叫碱	氢氧化钙、氢氧化钡、氢氧化铜
酸性氧化物	凡能跟碱起反应，生成盐和水的氧化物叫做酸性氧化物	三氧化硫、二氧化碳
碱性氧化物	凡能跟酸起反应，生成盐和水的氧化物叫做碱性氧化物	氧化钠、氧化镁
正盐	酸跟碱完全中和的产物	氯化钠
酸式盐	酸中的氢离子部分被中和的产物	碳酸氢钠、磷酸二氢钠
碱式盐	碱中的氢氧根离子部分被中和的产物	碱式碳酸铜

（二）按在石油工业中的用途分类

按无机化工产品在石油工业中的用途，可分为：

(1) 钻井液用无机化工产品。如：烧碱、纯碱等。

(2) 采油用化学剂。如：盐酸、磷酸三钠、结晶氯化铝等。

(3) 酸化压裂液添加剂。如：氢氟酸、重铬酸钠等。

(4) 炼油用无机化工产品。浓硫酸、烧碱等。

(5) 生产维修用无机化工产品。如：氧气、铁、铜等。

(6) 其他用无机化工产品。如：甲酸、甲醇等。

二、石油工业常用无机化工产品

（一）氧化物类

1. 氧化物的定义

由氧和另一种元素组成的二元化合物叫氧化物。氧化物又可分为成盐氧化物和不成盐氧化物两类。成盐氧化物又可分为酸性氧化物和碱性氧化物两种。如 SO_2、CaO、ZnO 等。在成盐氧化物有对应的含氧酸，碱性氧化物有对应的碱。此外还有可作强氧化剂的过氧化物，如 Na_2O_2，既溶于酸又溶于碱，均能成盐的两性氧化物，如三氧化二铝（Al_2O_3）和氧化锌（ZnO）等。

2. 石油工业常用的几种氧化物

1) 铬酸酐（CrO_3）

(1) 性质：暗红色针状或柱状结晶。易潮解，易溶于水；溶于醇、醚、硝酸和硫酸。与有机物接触能引起燃烧。强热时，生成红色蒸气。有强氧化性，有毒，有腐蚀性。

(2) 用途：铬酸盐多用于制造业和电镀业。

(3) 验收方法：工业铬酸酐用铁桶密封包装，每桶净重一般为50kg或100kg。数量验收可抽检单桶重量或用汽车地中衡计量。每批产品应有生产厂提供的质量证明书。

(4) 保管要求：储运时应注意防潮、防热、防撞击、远离易燃物。不可与有机物、乙醇、乙酸、苯及酸类、双氧水共储、共运。在符合上述保管条件下，储存期为1年。粉尘能严重灼伤体内组织，并能致癌，与眼部接触能致盲，眼部受刺激须用水冲洗。

2）氧化锌（ZnO）

（1）性质：白色或浅黄色粉末。在空气中易吸收二氧化碳，为两性氧化物，溶于稀酸、浓碱溶液、氨水和氨盐溶液；不溶于乙醇。受阳光照射发磷光，在阴极线和阳极线上，能发出绿色和紫色等光。

（2）用途：在橡胶工业中主要用作天然胶、合成胶及胶乳的硫化活性剂和着色剂，亦可用作氯丁胶硫化剂及增加导热性能的配合剂。本品还可用作油漆着色剂等。

（3）验收方法：氧化锌用塑料编织袋内衬塑料薄膜或防水纸袋包装，每袋净重25kg或50kg。验收时可抽检每袋重量或用汽车地中衡计量。每批产品应附有生产厂的质量证明书。

（4）保管要求：氧化锌应储存于干燥通风处，严禁与酸碱物品接触，按上述储存条件，自生产日期起，未拆封的有效储存期为半年。

3）氧化镁（MgO）

（1）性质：白色细微粉末。露置空气中易吸收水分和二氧化碳，逐渐成为碱式碳酸镁。

（2）用途：多用于助熔剂、制药工业、橡胶、塑料、电线、电缆、染料、油脂等工业。

（3）验收方法：工业氧化镁应用内衬塑料袋、外套塑料编织袋双层包装或用塑料覆膜袋单层包装。每袋净重一般为5kg、15kg或20kg。

（4）保管要求：存放在有顶篷的库房里并下垫好，防潮密封。避免破损、受潮、污染和酸接触。

（二）酸类

1. 酸的定义

在水溶液中电离生成的阳离子全部是氢离子的化合物叫做酸。酸一般都具有不同程度的腐蚀性，特别是硫酸、盐酸、硝酸、氢氟酸等具有极强的腐蚀性，在包装外面应有腐蚀性物品标志，在保管和搬运过程中要特别注意。酸的电离过程可用文字表示为：

$$酸 \longrightarrow 氢离子（阳离子）+ 酸根离子（阴离子）$$

2. 酸的通性

（1）酸都具有不同程度的腐蚀性。

（2）酸和碱反应生成盐和水。

（3）酸能和活泼金属锌、铝、铁等起置换反应，放出氢气并生成盐类。但有些酸类如硝酸有所不同。

（4）酸能和某些盐类发生复分解反应，生成新酸和新盐。

（5）酸能和金属氧化物起复分解反应，生成盐和水。

3. 石油工业常用的几种酸

1）硫酸

硫酸分子式为H_2SO_4，为无色至暗褐色的油状液体，具有较强的腐蚀性；易溶于水并放出大量的热。

验收硫酸时要按国家有关标准进行验收，合格后方可入库收料。硫酸是一级无机酸性腐蚀性物品，可储存在瓷坛内运输。储罐一般放在露天，但北方地区冬季气温低，需要采取外部保温或在罐底基础间采暖加热，严寒地区需要把储罐设在库房内，置于室内只要室内采暖即可。多雨地区还要做好防雨工作，以防进入雨水，引起腐蚀。92%的硫酸可放在室外，冬季不需采取保温措施。坛装硫酸可储于石棉瓦顶的货棚内，严密封口后可放露天场地，但要用陶钵反扣覆盖坛口，防止雨水侵入。硫酸具有强氧化性，能与多种金属及其氧化物和碱反应生成硫酸盐。硫酸具有强氧化性和酸性，遇有机物能发生燃烧，与大部分金属接触能放出氢气。因此，硫酸储存与运输都应与碱类、有机物、金属粉末、易燃物、氧化物、电石等物品隔离。搬运或包装硫酸时，必须戴橡胶手套，风镜和穿橡胶长靴、围裙等。硫酸的用途十分广泛，硫酸在石油炼制中能除去石油产品中的硫化物和不饱和烃，以精制石油产品。硫酸还可以作电解液充装酸性蓄电池。

2）盐酸

盐酸的分子式为HCl，盐酸是氯化氢的水溶液。纯净盐酸是无色液体，工业上用的盐酸因含有杂质而显黄色。盐酸是一种挥发性酸，刺激性强，具有腐蚀性，常温下易挥发。与铜、铁、锌等金属反应可以放出氢气，对植物纤维的腐蚀性极强。俗称的"王水"就是由三份盐酸和一份硝酸混合而成的。"王水"的溶解能力极强，可溶解金、铂等金属。

搬运盐酸时要轻搬轻放，搬时一定要配有木箱，内衬充实，坛口密封，无摇晃摇出，并要穿戴防护用品。盐酸不可与硫酸、硝酸混放，不可与碱类、金属粉末、氧化剂、氰化物及遇水易燃物品等混储共运。不宜存放于室内和水泥地面上，宜存放在室外阴凉通风良好的砂石地面。

工业上用于除去钢材等金属表面上的锈及锅炉除垢，水质处理等；石油工业上用于配制油井酸化液。

3）硝酸

硝酸分子式为HNO_3，为无色或淡黄色透明液体。在空气中猛烈发烟并吸收水分，它是强氧化剂，能强烈腐蚀、灼烧皮肤，可以使植物氧化而引起燃烧。浓硝酸应装在铝制容器或陶瓷坛中。在运输中，各类储运容器应防止烈日曝晒和猛烈撞击，并经常检查，确保容器严密不漏。硝酸应存放在阴凉、通风良好，不受阳光照射的地方。在炎热季节，露天库场应在上部搭石棉瓦凉棚遮蔽阳光，严禁与木屑稻草、纸张、木材等物品接触。硝酸是一种基本的化工原料，广泛用于制造化肥和炸药。

4）氢氟酸

氢氟酸的分子式为HF，为无色透明液体，气味剧臭，在空气中发烟。有强烈的腐蚀性和毒性，能侵蚀金属和玻璃，故而采用耐腐蚀衬里的钢制容器或塑料容器包装。氢氟酸具有强酸性，能烧伤人体皮肤并有渗透至骨骼的危险。剧毒，若吸入其蒸气可以致死。可用于玻璃工艺品的制造和金属电抛光等，石油工业中用于配制油井酸化液。

（三）碱类

1. 碱的定义

化学上把在电离时生成的阴离子全部是氢氧根离子的化合物称为碱。碱都具有不同程度的腐蚀性，都能与酸及部分酸性氧化物反应生成盐和水，可溶性碱能与盐反应生成新盐和新碱，不溶性的碱一般都不稳定，受热易分解生成金属氧化物和水。碱的电离过程可用文字表示为：

$$碱 \longrightarrow 金属离子（阳离子）+ 氢氧根离子（阴离子）$$

2. 碱类的通性

（1）碱都具有不同程度的腐蚀性。

（2）碱与酸反应生成盐和水。

（3）碱类能与某些氧化物（主要是非金属的氧化物）反应，生成盐和水。

（4）可溶性碱能与盐反应，生成另一种新盐和新碱。

（5）不溶性碱大都是不稳定的，受热容易分解，生成金属氧化物和水。

3. 石油工业常用的几种碱

1）氢氧化钾

氢氧化钾的分子式为 KOH，为白色半透明晶体，有片状、块状和粒状。极易从空气中吸收水分和二氧化碳生成碳酸钾。氢氧化钾溶于水时发出大量热量。氢氧化钾采用严密不漏的铁桶装运，桶盖应密封牢固。每桶净重有 50kg、100kg、150kg、200kg 四种。氢氧化钾属无机碱性腐蚀物品，宜储放在通风干燥货棚下，与酸类隔离。氢氧化钾腐蚀性极强，操作时防止触及眼睛和皮肤。如不慎接触时，一般用大量清水冲洗，然后请医生治疗。

2）氢氧化钠

氢氧化钠的分子式为 NaOH，为白色不透明的固体，呈块状、片状或粒状。吸湿性强，在空气中能吸收水分和二氧化碳生成碳酸钠。氢氧化钠是基本的化工原料之一，石油工业常用的碱，俗称烧碱、火碱、苛性钠。属一级无机碱性腐蚀物品，对皮肤、织物、纸张有强腐蚀性。烧碱遇水发热，与有机物、引火物（刨花、稻草、纸张等）接触可能引起火灾，储存时应防止潮湿。

工业用氢氧化钠包装容器一定要有明显牢固的标志，其内容包括：生产厂名、产品名称、商标、标准号、等级、生产日期、批号和净重，并有"腐蚀性物品"的标志。固体氢氧化钠应用铁桶或其他密闭容器包装。工业用的氢氧化钠应存放于干燥的仓库内，避免破损、污染、受潮及与酸接触。运输时防止撞击。

3）氢氧化铵

氢氧化铵（俗称氨水）分子式为 NH_4OH，为无色透明或带微黄色的液体，有较强的刺激性臭味，呈碱性，具有腐蚀性。氢氧化铵应储存于阴凉的仓库中，要求包装密封，以防挥发损失或烧伤人体。氢氧化铵储存需与酸类隔离堆放，并远离热源，防止日光直射而引起变质和爆桶。

（四）盐类

1. 盐类的定义

我们把电离时生成的金属离子和酸根离子的化合物叫做盐。盐的电离过程可用文字表示为：盐——金属离子（阳离子）+酸根离子（阴离子）。

2. 盐的一般化学性质

（1）盐和酸起复分解反应生成新盐和新酸。

（2）盐和碱起复分解反应生成新盐和新碱。

（3）盐在一定条件下，还能和另一种盐起复分解反应生成两种新盐。

（4）盐和金属的置换反应。盐分子里的金属原子能够被化学性质比它更加活泼的金属原子所置换，生成新盐和新的金属。

石油工业常用的盐有碳酸钠、磷酸三钠、氰化钠、亚硝酸钠、氯化钠、氯化钾、无水氯化钙、碳化钙、三氯化铝、七水硫酸亚铁等。

3. 石油工业常用的几种盐

1）碳酸盐

碳酸钠（俗称纯碱、碱面、苏打）的分子式为 Na_2CO_3，为白色粉末或细粒，易溶于水呈强碱性。粉末或细粒吸湿性强，因吸湿而结成硬块，它对人的皮肤有腐蚀作用。纯碱应储存于通风、干燥的库房，严防受潮或淋湿，并应与酸、铵类以及有毒物品隔离存放。

碳酸钙（俗称石灰石粉）的分子式为 $CaCO_3$，白色粉末，在空气中受潮成块。常用于油基钻井液或完井液中作加重剂以减轻对油层的损害。

2）盐酸盐

氯化钾分子式为 KCl，它是无色立方晶体，常呈长柱状，易溶于水。氯化钾用于合成、制药工业，石油工业中用作配制钻井液、油井压裂液等。在储运过程中均应防止受潮和包装袋的破损。

氯化钠（俗称工业用盐、普通盐、原盐）分子式为 $NaCl$，为白色立方晶体或细小的结晶粉末，味咸，溶于水。氯化钠存放于库内，不可与其他有毒、易污染的物品及液体化工产品共储共运，防止受潮结块或潮解，保持库内通风干燥。

结晶氧化铝分子式为 $AlCl_3 \cdot 6H_2O$，外观为橙黄色或浅色晶体，易潮解。禁止与有毒有害物共储共运。

氯化钙分子式为 $CaCl_2$，为白色立方结晶，吸湿性极强，应储存在阴凉干燥库房中，容器必须密闭，与潮解性物品要分开堆放。

氯化钡分子式为 $BaCl_2$，油田用的工业氯化钡应储存在清洁、阴凉通风处，不得与其他物品混存。储存和运输过程中防止受潮和散失，不得与其他物品混存。装卸、搬运等作业时应穿戴防护用具，不要直接触及，工作完后要清洗手脸，因为氯化钡有毒，吸入其粉尘后会使人发生肺尘沉积病、急性肺炎和支气管炎。

3）其他几种常见的无机化工产品

（1）亚硝酸钠。分子式为 $NaNO_2$，为黄色斜方晶体，在空气中易潮解。应储存于阴凉、干燥的库房。在石油工业中用于制造石油磺酸钠添加剂，还可作金属热处理剂、电镀缓蚀剂、水泥速凝剂等。着火时，用水、雾状水和砂土扑救。注意防止水溶液流到易燃物处，救火时须戴好自给氧呼吸器防止中毒；皮肤、粘膜受到污染后，迅速用大量清水冲洗。

（2）硅酸钠。由于配料的不同，无固定的分子式，因类似玻璃又称水玻璃。因其能腐蚀玻璃，所以对玻璃有较好的粘结性。应储存于干燥、无腐蚀的地方。搬运过程中应轻装轻卸，防止容器的破损。由于硅酸钠密度大，检查验收时要注意包装有无破损、渗漏。发现漏失，要在验收时查明，向承运方和供方索赔。

（3）氰化钠。分子式为 $NaCN$，白色结晶和粉末，有剧毒，易溶于水、水溶液，呈强碱性。在空气中潮解放出氨气。应储存于干燥、通风的库房，并双人双锁保管，发放时，用料方应有剧毒品购买证等手续。在收发氰化物时不可喝水、吸烟，皮肤有伤口不可接触氰化物。氰化钠及其他氰化物造成环境污染时，进行现场通风，随即用硫代硫酸钠液洒在污染处，再用热水及常温水冲洗。

（4）高锰酸钾。分子式为 $KMnO_4$，紫色晶体且有金属光泽。高锰酸钾储运时严禁与其他物资混放。

（5）过硫酸铵。分子式为 $(NH_4)_2S_2O_8$，是一种白色、无味晶体，常作强氧化剂使用，也可用作单体聚合引发剂。保管时要避免与易燃、易爆和还原性物资混存、共运。

第三节 石油工业常用有机化工产品

有机物即有机化合物，是含碳化合物（一氧化碳、二氧化碳、碳酸盐等少数简单含碳化合物除外）或碳氢化合物及其衍生物的总称。多数有机化合物主要含有碳、氢两种元素，此外也常含有氧、氮、硫等。部分有机物来自植物界，但绝大多数是以石油、天然气、煤等作为原料，通过人工合成的方法制得。和无机物相比，有机物数目众多，可达几百万种。一般具有较大的挥发性、较低熔点和沸点、能燃烧、反应缓慢且复杂等特性。

一、有机化工产品的分类和特性

（1）按碳链结构的不同可以将有机化工产品分为三大类：开链化合物、碳环化合物和杂环化合物。

（2）按在石油化工中的用途可将其分为四大类，分别为钻井液用有机化工产品、油田化学处理用有机化工产品、炼油用有机化工产品、生产维修用有机化工产品。

（3）有机化工产品的特性

有机化工产品与无机化工产品之间并无截然不同的界线，现将有机化工产品的共同特性总结如下：

①可以燃烧。

②熔点较低，一般不超过400℃。

③大多数难溶于水，易溶于非极性或极性小的有机溶剂中。然而也有一些有机化合物在水中有较大的溶解度。

④反应速度较慢，通常要加热，或加催化剂，副反应也较多。

⑤大多数为非电解质，不易导电。

⑥特性与它的分子结构有密切关系。

必须指出，上述有机化合物的共同性质是指大多数的有机化合物来说的，不是绝对的。

二、石油工业常用的有机化工原料

（一）烃类

1. 烃的概念及分类

烃又称为碳氢化合物，指仅由碳和氢两种元素组成的一大类化合物。主要来源于天然气、石油和煤的加工产物。分子中含碳元素或碳氢元素及其衍生物的化工产品称为有机化工产品。烃的分类见图2-6-2所示

$$\text{烃}\begin{cases}\text{链烃（又称为脂肪烃）}\begin{cases}\text{饱和链烃：烷烃}\\\text{不饱和链烃：烯烃、二烯烃、炔烃等}\end{cases}\\\text{环烃}\begin{cases}\text{脂环烃：环烷烃、环烯烃、环炔烃等}\\\text{芳香烃：苯的同系物、稠环芳烃、联苯等}\end{cases}\end{cases}$$

图2-6-2 烃的分类图

2. 石油工业常用的有机化工产品

1）石油苯

石油苯（C_6H_6）是无色、透明液体，有芳香味，易挥发。石油苯有麻醉性及毒性，易燃，其蒸气与空气能形成爆炸性混合物。装石油苯的容器，桶口要严密不漏，禁止滚桶，不能使用能产生火花的工具开闭容器。石油苯属易燃液体，应储存于阴凉、通风低温库房，防止日光照射。石油苯着火时，用水灭火无效。灭火时可用干粉、泡沫、二氧化碳及沙子等。

工业苯可作塑料的增塑剂、医药上的消毒剂，也可作树脂、溶剂等原料。工业苯在石油工业上用作制造石油产品添加剂的原料。因其极易挥发，不宜久存，储存期为六个月。按《危险货物运输规则》，石油苯被列为一级易燃液体。

2）石油甲苯

石油甲苯（$C_6H_6CH_3$）是无色透明液体，有芳香味，易燃，有毒，易挥发，其挥发的蒸气能与空气形成爆炸性混合气体。甲苯着火时应用干粉、干砂、泡沫和二氧化碳扑救。石油甲苯按《危险货物运输规则》被列为易燃液体。石油甲苯属易燃液体，储存容器必须洁净、无油渍、无水杂、无铁锈。

3）工业萘

工业萘（$C_{10}H_8$）是白色固体，液体工业萘颜色不固定。有特殊气味，不溶于水。在常温下易升华，能燃烧、能防蛀。储存于阴凉、干燥的库房，不可日光直射。要密封保存，库内萘蒸气浓度高时，可适当通风。

3. 烃的衍生物类

烃的衍生物可以看成是烃分子中的一个或几个氢原子，被其他元素的原子或原子团所取代后的生成物。

(1) 三氯甲烷（$CHCl_3$）为无色透明易挥发液体，略带甜味，有麻醉性，不易燃烧。按照《危险货物运输规则》三氯甲烷属有机毒品。在光的作用下，三氯甲烷能与空气中的氧反应生成剧毒的"光气"。储存于阴凉、干燥、通风的库房，要隔绝热源，库温在28℃以上为宜，不可以与食品、酸、碱等物共存。三氯甲烷加入稳定剂，储存期自出厂日起为3个月。

(2) 甲醇（CH_3OH）为无色透明液体，具有乙醇气味。易挥发、易燃，有剧毒，不可饮用。甲醇应储存于阴凉、通风的库房中，远离火种、热源。不可与氧化剂等共储，储运期不宜超过6个月。

(3) 乙醇（C_2H_5OH）为无色透明液体，易燃、易挥发，且有特殊香味。乙醇有毒，易燃烧，易挥发。按《危险货物运输规则》被列为一级易燃液体。乙醇俗称酒精，分为食用的、医用的、工业用的、工业合成的。后三个品种的乙醇含有甲醇，人饮用引起失明或中毒、死亡。工业酒精中含有甲醇，可引起失明或中毒死亡，不可饮用。甲醇、乙醇着火时，可选用水、干粉、抗醇泡沫或二氧化碳灭火。

(4) 正丁醇（$C_4H_{10}O$）为无色透明液体，有芳香味，能溶于水。正丁醇应储存在干燥、通风、防火、防爆的仓库内，不可与自燃物、酸类、氧化剂共储运。防止日晒雨淋。消防可用泡沫、二氧化碳及砂土等。

(5) 甲醛（$HCHO$）常温下为无色有毒气体，甲醛中毒时，可用含5%的二氧化碳的氧气帮助呼吸，防止呕吐，保持温暖或给予热茶。在石油工业中用作钻井液的防腐剂，它的水溶液又称作福尔马林。

(6) 丙酮（CH_3COCH）为无色透明液体，有毒，有麻醉性；极易挥发、易燃，其蒸气与空气可形成爆炸性混合物。丙酮着火时，用水灭火是无效的，只能用以冷却火场容器。

(7) 乙酸（$C_2H_4O_2$）为无色透明液体，有刺激性的酸味，具有腐蚀性。储存期限为6～12个月，与氧化剂不能共同储运。乙酸接触皮肤后用大量清水冲洗，或用小苏打溶液洗涤。灭火时用水、二氧化碳、四氯化碳灭火机或黄沙扑救。

(8) 苯酚（C_6H_5OH）为白色针状结晶。储存温度不高于35℃的干燥通风的库房内，隔绝热源与火种。与氧化剂要隔离储存，搬运时防止猛烈碰撞，避免桶皮焊口破裂。

(9) 硝基苯（$C_6H_5NO_2$）为无色透明油状液体，有毒、易燃，遇明火、高热能引起燃烧爆炸，与空气能形成爆炸性混合物。储存于阴凉、干燥、通风的库房中。严防与热源、火种接近，避免日光曝晒，严禁与氧化物混储。搬运时应轻装轻卸，严防破损。

(10) 苯胺（C_6H_7N）为无色油状透明液体，具有特殊臭味，属有机毒品。应存放于阴凉通风处，切忌与明火、皮肤接触。储运中要防水、防潮、防晒。

(11) 糠醛（$C_5H_4O_2$）为无色至琥珀色的透明油状液体，易燃，暴露在空气中为深棕色。应储存于阴凉、干燥、通风处，严禁烟火。不得暴露于空气中及日光下，避光、防热、防晒、防雨淋。

第四节 压缩气体和液化气体

一、压缩气体和液化气体的分类、运输和保管

（一）压缩气体和液化气体的分类

按照气体的组分，可将压缩气体和液化气体分为两组，即工业纯气和工业混合气。

1. 工业纯气

工业纯气按其物理性质和瓶内状态，以临界温度为基准分为四类。

（1）永久气体。临界温度小于-10℃的气体。这类气体在充装和在规定的工作温度下储存和使用时，其全过程均为气态。例如：氧气、氢气、氮气等。永久气体按危险性又可分为不燃气体和不燃有毒气体、可燃气体和可燃有毒气体。

（2）高压液化气体。临界温度大于或等于-10℃，而小于70℃的气体，在充装时为液体。在允许的工作温度下储存和使用时，气体在瓶内的状态会随着环境温度的变化而变化，即低于或等于临界温度时，瓶内介质为气、液两态共存，高于临界温度时为气态。例如：二氧化碳、三氯甲烷、氯化氢等。

高压液化气体又可分为：不燃气体和不燃有毒气体；可燃气体和可燃有毒气体；化学不稳定性气体。

（3）低压液化气体。临界温度大于70℃的气体。这类气体在充装、储存和使用过程中，瓶内气体为气、液两相共存状态，液体密度随环境温度而变。蒸气压力服从于饱和蒸气压曲线。例如：二氯二氟甲烷、氯、氟化氢等。低压液化气体又可分为：不燃气体和可燃有毒气体；化学性质稳定的可燃有毒气体；化学性质不稳定气体。

（4）溶解乙炔。由于气态乙炔性质不稳定，必须采用气态乙炔加压溶解溶剂，使其均匀分散在多孔物质中，类似液化的储存方法。保证安全充装、储存和使用。基于溶解乙炔的上述特性，因此单独划分为一类。

2. 工业混合气

工业混合气包括自然合成和人工配制的混合气。按其瓶内的状态分为气态混合气体和液态混合气体两类。按其性质可分为：①不燃混合气体，其中包括制冷剂，以及环氧乙烷和氟氯烷的混合气体；②可燃混合气体，其中包括液化石油气以及丙烷、丁烷、丙烯、丁烯的混合气体。

（二）压缩气体和液化气体的危险性

（1）爆炸性。压缩气体和液化气体都是用一定压力，将气体压入钢瓶储存的，所以钢瓶内的压力很大。如液氮钢瓶的工作压力达22MPa，氧气钢瓶的工作压力达15MPa以上。易燃剧毒气体的钢瓶工作压力也有3.6MPa以上的。由于钢瓶内气体压力大，气体分子之间

密度很高，距离小，当钢瓶受到高热、撞击、振动时，分子的运动加剧，产生的压力增大，如果超过钢瓶承受的压力，就要发生爆炸。储存易燃、剧毒气体等的钢瓶在爆炸的同时，还可能引起燃烧、中毒等现象。

（2）易燃性。压缩气体及液化气体中的易燃气体，或剧毒气体中的某些气体极易燃烧。

（3）压缩气体及液化气体中的剧毒气体，对人体的毒害性很大，吸入少量即可引起中毒，甚至死亡。

（4）窒息性。若压缩气体及液化气体阀门或钢瓶漏气时，钢瓶中的大量二氧化碳、氮气等扩散到空气中，会使空气中的含氧量大大减少，使人因缺氧而窒息或死亡。

（5）腐蚀性。瓶装气体多属于非腐蚀介质，但由于瓶装工业气体往往不纯，结果本来属于非腐蚀性的气体变成了腐蚀性的气体，甚至是强腐蚀性的气体。

（三）压缩气体和液化气体的储运和保管

1. 气体钢瓶和铝合金气瓶的安全管理

（1）气瓶保管人员，应经理论考试和实际操作考核合格，持证上岗。不准无证上岗。

（2）盛装气体的钢瓶应符合原劳动部颁发的《气瓶安全监察规程》和其他有关规定，经有关部门的检验合格后，方可投入使用。

（3）坚持专瓶专用。不同种类的气体，使用的钢瓶不同，因此不能用于充装其他气体。

（4）溶解乙炔瓶不仅要专瓶专用，而且用完要退回原充装气体单位，不能退回其他单位使用。

（5）气瓶瓶身要套上一个或多个橡胶圈（数量应依据瓶身的长短而定），防止运输和装卸时损坏钢瓶发生危险。

（6）保管中的气瓶发生泄漏或附件损坏等故障时，必须送回充装单位或气瓶检定单位，绝不能自行更换、维修。

（7）气瓶颜色标记在 GB 7144—1999《气瓶颜色标志》中有明确规定。使用中若瓶体涂色、标记脱落，应交气瓶检定单位涂装。常见的气瓶颜色标记见表 2-6-3。

表 2-6-3 常见气体钢瓶、铝合金瓶颜色标记表

序号	气体名称	分子式	瓶色	字样	字色	色环
1	氢	H_2	淡绿	氢	大红	$p=20$MPa 淡黄色环一道 $p=30$MPa 淡黄色环两道
2	氧	O_2	淡蓝	氧	黑	$p=20$MPa 白色环一道 $p=30$MPa 白色环两道
3	氨	NH_3	淡黄	氨	黑	—
4	氯	Cl_2	深绿	氯	白	—
5	氮	N_2	黑	淡黄	淡黄	$p=20$MPa 白色环一道 $p=30$MPa 白色环两道
6	溶解乙炔	C_2H_2	白	乙炔不可近火	大红	—
7	丙烷	C_3H_8	棕	液化丙烷	白	—
8	一氧化二氮	N_2O	银灰	液化一氧化二氮	黑	$p=15$MPa 深绿色环一道

续表

序号	气体名称	分子式	瓶色	字样	字色	色环
9	二氧化碳	CO_2	铝白	液化二氧化碳	黑	—
10	二氯二氟甲烷	CF_2Cl_2	铝白	液化氟氯烷-12	黑	—
11	甲烷	CH_4	棕	甲烷	白	$p=20MPa$ 淡黄色环一道 $p=30MPa$ 淡黄色环两道
12	氩	Ar	银灰	氩	深绿	—

2. 对储存压缩和液化气体库房的要求

（1）瓶装气体库房的建设必须经环保、公安消防和当地劳动安全监察部门批准。

（2）库房的建筑必须按国家有关标准、规范的要求进行。其中瓶装气体库房的耐火等级层数和面积，应严格执行《建筑设计防火规范》的有关规定。库房必须是单层建筑，高度不应低于4m。

（3）库房要设置两个或两个以上安全出口。并设置防阳光直射装置。

（4）库内的照明和换气违章罚款必须采用防爆电气设备。开头和熔断器应安装在室外。

（5）储存装有可燃气体瓶的库房，要设置可靠的避雷装置。

（6）库内温度一般应在5～35℃之间。低于上述温度，要供暖；高于上述温度要降温。但取暖设施不可使用火炉、煤炉、电热器类明火取暖设施。例如：丙烷钢瓶应远离火种、热源，防止阳光直射，避免撞击，应与氧气、压缩空气分开堆放。

（7）库内存放瓶装气体时，不得超过3000只，如库内用密闭防火墙成单室，则每室存放可燃、有毒气体瓶不得超过500只；存放不燃气体不应超过1000只。

（8）气瓶库的设置与其他建筑物必须保持一定的安全距离，详见表2-6-4。

表2-6-4 气瓶库与相邻建筑物的安全间距表

瓶库最大储存量	相邻建筑物的性质	最小安全距离，m
500只以下	气瓶库房	20
500～1500只	生产厂房	25
1501～3000只	其他库房	50
与储存量无关	民用住宅 公共场所	50 100

3. 压缩气体和液化气体的库房管理

（1）保管人员必须持证上岗，同时要进行有关瓶装气体方面的安全技术学习，具备必要的管理知识及安全搬运、验收、保管技能。

（2）瓶装气体入库时，要核对单据和所到实物是否相符，气瓶的颜色、字样、字色、色环是否符合该种气体规定的颜色标记，瓶体是否完好无损，附件是否齐全，瓶内气体有无泄漏。发现问题应及时解决。

（3）入库时按气体性质、公称工作压力及空瓶、实瓶分类存放。最好直立于划定的栅栏里。性能相抵触的、不能共同储存的气体瓶应分隔存放。防止火灾、爆炸、中毒等现象的发生。

(4) 坚持"先进先出,后进后出"的原则。为做到这点,应将同一个时间进的气体瓶放在一起,做上标记。

(5) 限期储存的,均应注明期限。例如光气(三个月)、溴甲烷和二氧化硫(六个月)等。限期储存的气体,到期后必须及时处理。

(6) 库内各处不得有油污,瓶体和阀口均不得沾油污,防止发生危险。

(7) 储存期间,每天定时测量库内的温度和湿度,并做记录。发现超出温度、湿度时,要进行处理和解决。

(8) 坚持日查、勤查气瓶有无渗漏情况。检查库房时,要先开换气设备。

(9) 装卸搬运气瓶时,应使用抬架或搬运车,不要让瓶阀部位对准人身。防止碰撞、摔落。不能采用拖位、滑坡或滚动等方法搬运。

(10) 发现钢瓶漏气时,先迅速打开库门通风,并将钢瓶移至安全场所。对于有毒气体或危险气体钢瓶,工作人员要穿戴防护服和面具,拧紧钢瓶阀门;于其他气体钢瓶,可立即拧紧瓶阀或采取其他方法处置。

(11) 失火时,应视火势,将钢瓶先移出火场后灭火降温。消防时,人员要站在上风处扑救。注意及时报警,防止危险灾害扩大。

4. 压缩和液化气体的安全运输

(1) 运输车辆上应有明显的警告标志。

(2) 必须佩戴好瓶帽和防护罩。

(3) 吊装时,严禁使用电磁起重机的链绳。

(4) 相互接触能引起燃烧、爆炸,产生毒气、毒物的气瓶,不得同车(厢)运输。

(5) 易燃、易爆、腐蚀性物品或与瓶内气体起化学反应的物品,不得与气瓶一起运输。

(6) 装在车上的气瓶,应妥善固定。横放时,头部应朝向一方,高度不得超过车厢,且不超过5层;立放时,车厢高应超过瓶高三分之二以上。

(7) 夏季运输应有遮阳设施。城市繁华区避免白天运输。

(8) 运输气体车辆、船只,不得在人口密集区、机关附近停靠。在其他地方停靠时,司机和押运人员不得离开。

(9) 装有液化石油气的气瓶,不能长途运输。

二、石油工业常用气体

石油工业常用气体包括氧气、乙炔气、二氧化碳、氮气、液氨、液氯、氟利昂等。

(一) 氧气(O_2)

(1) 性质:氧气是无色、无味、透明的气体,液态氧是淡蓝色液体,在高温下,能和几乎所有的单质(包括金属和非金属)化合生成氧化物,能支持燃烧。

(2) 用途:工业上将氧气作为助燃剂,乙炔作为可燃剂,产生氧炔焰切割或焊接金属。此外,氧气还用于炼钢工业及供病人、飞行人员、潜水员等呼吸用。

(3) 验收方法:气态氧的包装和标志如下:

①工业用气态氧应装入按《气瓶安全监察规程》检查合格的钢瓶中。

②钢瓶中氧气的压力在20℃时应为15MPa。

③钢瓶中氧气温度升高时,只允许压力增至16.5MPa。

④钢瓶与钢瓶阀螺纹连接处，气阀出口及气阀杆间隙处不得泄漏。

⑤氧气钢瓶的钢印标记应符合《气瓶安全监察规程》的规定。

⑥氧气钢瓶的漆色与标志应符合《气瓶安全监察规程》的规定。

验收时，先按上述要求检查气瓶涂色和标志是否符合上述要求，然后检查阀门及连接处和瓶体是否漏气。每瓶应附有生产厂提供的质量证明书。

（4）保管要求：氧气属助燃气体，不可与油类、易燃气体、易燃物混存。由于氧气属强氧化剂，能助燃，与可燃气体按一定比例混合后容易爆炸。压缩氧气与油脂接触，温度超过燃点时可发生自燃，因此还应注意：氧气在室内聚集，其体积浓度超过23%时，有发生火灾的危险。在氧浓度有可能增加的地方，应设有通风装置，并对氧气浓度进行监测；应随时保持钢瓶内外清洁，不得沾染油脂和其他污物；操作者在刚刚离开富氧环境后，不允许立即使用明火或走近火源。

（二）乙炔

（1）性质：纯净的乙炔是无色、无臭的气体。但用电石在一般情况下制取的乙炔，常带有一种令人极不愉快的恶臭，这是由于在电石中含有少量硫化钙、砷化钙、磷化钙等杂质的缘故。当这些杂质与水作用时，生成了带有特殊臭味的硫化氢、砷化氢和磷化氢气体。

$$CaS + 2H_2O \longrightarrow Ca(OH)_2 + H_2S \uparrow$$

$$Ca_3As_2 + 6H_2O \longrightarrow 3Ca(OH)_2 + 2AsH_3 \uparrow$$

$$Ca_3P_2 + 6H_2O \longrightarrow 3Ca(OH)_2 + 2PH_3 \uparrow$$

将用电石制取的乙炔气体通入盛有重铬酸钾的浓硫酸溶液，或氯化汞的稀盐酸溶液，或碱溶液的洗气瓶，都可以除去这些带有臭味的气体，得到较纯净的乙炔。乙炔与空气能形成爆炸性的混合物。乙炔在空气中的爆炸极限是3%~81%（体积分数）。从乙炔的爆炸极限中可以看出，乙炔构成的爆炸混合物的组成范围比其他烃类要大得多。乙炔不仅能与空气形成爆炸混合物，在受到外界的压力时也不稳定。液态乙炔受到振动时就会分解，发生爆炸，并放出大量的热。

$$CH \equiv CH \rightarrow 2C + H_2 \quad \Delta H = -214.4 kJ/mol$$

（2）用途：乙炔在燃烧时发出明亮的火焰，这是由于在燃烧时有一部分碳氢化合物裂化成细微分散的炭颗粒，这些微小的炭粒受到灼热而发出光。所以，乙炔曾作为照明气使用。乙炔在纯氧里燃烧时，火焰温度可达3000℃左右，称氧炔焰，可以用来焊接或切割金属。故在工业上用途很广泛。

（3）验收方法：钢瓶灌装，包装上应有明显的"易燃压缩气体标志"。验收时，先检查瓶体涂色标记和名称等是否符合要求。数量验收时，采用抽查单瓶重量的办法，毛重去掉皮重及瓶内填充物和溶剂重量后，才是净重。每瓶产品应附有生产厂提供的质量证明书。

（4）保管要求：属易燃气体，应储存于温度不高于30℃的通风良好的库内，远离火源、热源，避免阳光直射。应与氧气、压缩空气分开存放。搬运时轻装轻卸，严禁直接用金属器材敲击钢瓶，使用时应检查验收日期。另外，电石在运输与装卸中应轻搬轻放避开桶的两端，运输必须有防雨防水设备。

（三）二氧化碳（CO_2）

（1）性质：二氧化碳是无色、无味、无毒的溶于水的气体，具有酸性氧化物的性质。易液化，常温下，6MPa的压力就能使其变成无色液体。不可燃也不助燃。

（2）用途：用于制造碳酸钠、碳酸氢钠等化工产品。石油工业常用作灭火剂，广泛用于扑救石油、汽油、煤油等火灾。

(3) 验收方法：数量验收可计量单瓶重量。每瓶应附有生产厂提供的质量证明书。检查钢瓶是否符合使用期限，有无漏气处。

(4) 保管要求：存放于干燥、通风库房。发现漏气要立即旋紧阀门，如需修理，需移到库外通风进行。防止大量气体溢出使人窒息。不可靠近热源和火源。

(四) 氮气（N_2）

(1) 性质：氮气是空气的主要成分，约占空气体积的 78%，是无色、无味、难溶于水的不燃气体。

(2) 用途：工业上用氮气作保管气；用于检查管线、容器的渗漏处；用于消防中灭火。

(3) 验收方法：

①工业用气态氮应装入按《气瓶安全监察规程》检查合格的钢瓶中。

②钢瓶中的氮气的压力在 20℃时应为 15MPa。

③钢瓶与钢瓶螺纹连接处、气阀出口及气阀阀杆间隙处不得泄漏。

④氮气钢瓶的钢印标记应符合《气瓶安全监察规程》的规定。

⑤氮气钢瓶的漆色与标志应符合《气瓶安全监察规程》的规定。

⑥每瓶应附有生产厂提供的质量证明书。

(4) 保管要求：

①空气中的氮含量增高时，人会因缺氧而窒息。工作场所的空气中氧的体积浓度不应小于 19%。

②为了避免库内氮浓度增大，不允许氮气排放于库内。在有大量氮气存在的场所工作时，应戴氧气呼吸器。

③检修充氮设备、容器、管道和氮气钢瓶时，需用空气置换，分析氧含量合格后方允许工作。

(五) 液氨（NH_3）

(1) 性质：无色液体，易挥发，具有极强的刺激性臭味。刺激眼、鼻粘膜，使人流泪。易溶于水，水溶液呈碱性。在氧气中易燃烧，火焰呈绿色，遇火星可引起燃烧爆炸，有油类存在时更会增加燃烧的危险性。气态氨与空气混合物的爆炸极限为 15.7%～27.4%（体积比）。有毒，空气中最高允许浓度为 30mg/m³。

(2) 用途：制造硝酸、氯化铵、硫酸铵等原料。液氨是一种化肥，可直接施用。还可以用于合成氨的其他化工产品。

(3) 验收方法：可用耐压钢瓶包装，钢瓶应耐压 3～3.5MPa，并附有安全装置和试压证明。可用槽罐车，也可用钢瓶运送，槽罐车也需作耐压试验。每批产品应附有生产厂提供的质量证明书。入库时检查钢瓶是否符合使用期限，是否严重腐蚀。旋开安全帽检查螺丝封口是否完好，钢瓶是否漏气。

(4) 保管要求：剧毒气体，储存于阴凉、通风、干燥的库内。宜专车专用，不可接近热源及火源。与氯、溴、碘及易燃物、酸类隔离。工作人员应戴滤毒口罩。中毒会发生流泪、恶心、头痛、发汗等现象。中毒严重者，触及眼睛可失明，吸入可使人窒息。溅入眼内时需用大量水冲洗，中毒者应立即移至新鲜空气处，重者送医院抢救。当液氨发生火灾时，应用大量雾状水扑救。

（六）液氯（Cl_2）

（1）性质：黄绿色剧毒气体，液化后成油状液体。可和大多数元素和化合物起反应，在阳光下与易燃气体混合时会燃烧爆炸，有助燃性。易溶于水和碱溶液。

（2）用途：在造纸、纺织工业作漂白剂用。是农药和有机合成工业的原料；石油工业中用于精炼石油；生活用水的消毒剂。

（3）验收方法：

①液氯包装标志，除按《气瓶安全监察规程》执行外，生产厂还应用标签（或标牌）标明：生产厂名称、生产日期、批号、净重等。槽罐车及钢瓶应有明显的"液氯"、"有毒"字样，并注明车号或瓶号、实际皮重及允许包装之净重。

②液氯用槽罐车和钢瓶包装。液氯包装量：钢瓶不得大于1.25kg/L；槽罐车不得大于1.2kg/L。

③数量验收时，可用秤计量单瓶重量。

④每瓶产品应附有生产厂提供的质量证明书。

⑤入库时应逐瓶查看有无安全帽和防震圈，查看钢瓶是否已超过使用期限。可旋开安全帽以肥皂水涂阀门，观察有无气泡。如有气泡出现，证明有氯气漏出，应及时处理。

（4）保管要求：氯气属剧毒气体，应储存于干燥、通风的库房，库温不超过35℃。防止日光照射。不可与液氨共储，不可与易燃气体、有机物、金属粉末及自燃物共储。库内要保持通风良好状态，平时常查是否漏气，如发生漏气，应立即旋紧阀门螺丝，如无效，可将钢瓶移出库房，浸入石灰乳中，防止中毒。火警时，可用水扑救，向钢瓶上大量浇水冷却。扑救人员要戴防毒面具。

（七）二氟二氯甲烷（F12）（氟里昂–12 CCl_2F_2）

（1）性质：无色、无味、无毒、不燃压缩气体。在没有湿气存在时，化学性质不活泼。沸点–29.8℃。由于其沸点低，冷冻效能高，因此广泛用作制冷剂。

（2）用途：其优级品、一级品用作制冷剂，合格品用作发泡剂、喷雾剂等。

（3）验收方法：用钢瓶包装，钢瓶涂以铝白色油漆，打上钢印号并用黑色油漆标明产品名称、皮重。钢瓶的包装定标标准及定期检验，按《气瓶安全监察规程》规定进行，充装系数不大于1.14kg/L。数量验收可计量单瓶重量。每批产品应附有生产厂提供的质量证明书。

（4）保管要求：属不燃气体，应储存在阴凉干燥的地方，不得靠近热源，严禁日晒雨淋。

（5）运输搬运：钢瓶在装卸运输过程中严禁撞击、拖拉、摔落和直接曝晒。并应符合《中华人民共和国铁路、公路对危险货物运输》的有关规定。必须确保包装容器内的干燥与清洁，无其他不纯气体并保持正压。

F12虽不会燃烧，但着火时温度升高，钢瓶会发生爆炸并分解放出有毒气体。当发生火灾时，应将钢瓶移出库房到安全处，并用大量水浇钢瓶降温灭火。

（八）二氟一氯甲烷（F22）（氟里昂–22 $CHClF_2$）

（1）性质：为无色液体，具有十分微弱发甜的臭味。性质和F12大致相同，但沸点为–40.8℃。适用于低温冰箱及冷冻、空调设备。

（2）用途：主要用作四氟乙烯及三氟氯乙烯等树脂的原料。其优级品、一级品用作制冷剂，合格品用作高效灭火剂、喷射剂等。

(3) 验收方法：用钢瓶包装，钢瓶涂以铝白色油漆，打上钢印号并用黑色油漆标明产品名称、皮重。钢瓶的包装定量标准及定期检验，按《气瓶安全监察规程》的规定进行，充装系数不大于1.02kg/L。

(4) 保管要求及其他同二氟二氯甲烷（F12）。

第五节 橡胶及其制品

橡胶是一种有机高分子材料。它在很宽的温度范围内具有极好的弹性，在较小的负荷作用下能产生弹性变形。橡胶还有良好的扯断强力、定伸力、撕裂强力和耐疲劳力，保证其在多次弯曲、拉伸、压缩等过程中不受到损坏，并且具有不透水、不透气、耐酸碱和绝缘等性能。在工业生产中，具有广泛的应用。

一、橡胶

（一）橡胶的分类、表示方法及特性

橡胶按来源分为天然橡胶和合成橡胶两大类。天然橡胶取之于橡胶树等。

1. 天然橡胶的分类及其特性

1）天然橡胶的分类

天然橡胶是从三叶橡胶树上采集的胶乳，经过凝固、干燥等加工工序而制成的弹性固状物。按加工方法和橡胶品质的不同，可分为：烟片胶、皱皮胶、白皱片、褐皱片及风干胶片和标准胶等。

2）天然橡胶的特性

天然橡胶具有良好的弹性和良好的电气绝缘性能。被日光、空气、氧、臭氧侵蚀后会老化、龟裂，小量的金属铜、锰、钴或它们的化合物等混入，能加速龟裂和变质。

天然橡胶有较好的耐碱性，但怕强酸、油类及某些溶剂的侵蚀，水能引起其霉变。

3）天然橡胶的用途

烟片胶是橡胶工作的基本原料，广泛用于各种橡胶制品，如轮胎、胶带、胶管、电缆、胶鞋、手套和雨衣等。白皱片颜色较浅适用于制造白色、浅色或彩色的橡胶制品，可代替烟片使用。褐皱片颜色较深、质量不稳定，仅宜作一般橡胶制品。风干胶片和标准橡胶可代替烟片胶使用，尤其是标准橡胶可不用塑炼，使用较方便。

2. 合成橡胶的分类、表示方法及特性

（1）合成橡胶按用途分为通用橡胶和特种橡胶两大类。主要品种及用途见表2-6-5。

表2-6-5 合成橡胶类别、品种及用途表

名称	合成橡胶	
类别	通用橡胶	特种橡胶
主要品种	丁苯橡胶、顺丁橡胶、异戊橡胶、氯丁橡胶、乙丙橡胶	丁腈胶、硅橡胶、氟橡胶、聚氨酯橡胶
主要用途	主要用来生产各种工业用品和日常生活用品及医疗卫生用品。如：运输带、传动带、胶管、垫片、胶辊、密封装置、潜水服、宇航员密封衣等	主要用来生产在高温、低温、酸、碱、油、辐射等特殊条件下使用的橡胶制品。石油工业中大量使用丁腈橡胶制造钻采配件和橡胶密封件等

(2) 合成橡胶牌号的表示方法。

合成橡胶牌号按 GB 5577—1985 的规定用橡胶品种代号和四位阿拉伯数字组成。

①橡胶品种代号+四位阿拉伯数字（××××）。

②阿拉伯数字的含义。

四位阿拉伯数字的前两位数字表示橡胶品种的主要特征，主要特征可分别以单体类型、结构含量、结合单体量、催化体系以及加工方式等表示；门尼粘度或相对分子质量以第四位数表示，按低、中、高顺序排序号。

③合成橡胶牌号表示方法举例如下。

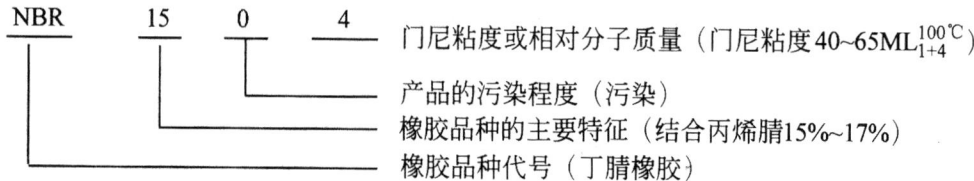

常用 R 类合成橡胶代号及名称对照见表 2-6-6。

表 2-6-6 常用 R 类合成橡胶代号及名称对照表

橡胶代号	橡胶名称	橡胶代号	橡胶名称
SBR	丁苯橡胶	BR	丁二烯橡胶
CR	氯丁橡胶（合成）	NBR	丁腈橡胶
IR	异戊橡胶	ABR	丙烯酸-丁二烯橡胶

3. 合成橡胶的特性

合成橡胶除具有天然橡胶良好弹性和优良的电气绝缘性以及耐碱性的特点以外，各类合成橡胶分别具有耐磨、耐高温、耐低温、耐老化、耐油、耐光、耐臭氧、耐酸、耐溶剂、耐燃烧、耐曲挠性能。合成橡胶在物理机械性能上也优于天然橡胶。

(二) 石油工业常用橡胶

1. 天然橡胶

(1) 天然橡胶的质量标准。

烟胶片应符合 GB/T 8089—1987 标准的要求。

①一级烟胶片（No. 1 RSS）：

每个胶包在包装时必须无霉，但允许在交货时发现包皮上或者在包皮与胶包表面连接处有极轻微的霉痕迹，但未渗入到胶包内部。不允许有氧化斑点或条痕、弱胶、过热胶、熏烟不透胶、熏烟过度胶、不透明和烧焦胶片。所有交货必须是干燥、清洁、强韧、坚实的橡胶，而且没有缺陷、树脂状物质（胶锈）、火泡、沙砾、污秽包装和任何其他外来物质，但允许有实物标准样本所示程度的轻微分散的屑点和分散的针头大小的小气泡。

②二级烟胶片（No. 2 RSS）：

允许在交货时发现有轻微的胶锈，以及在包皮上、胶包表面和内部胶片有少量的干霉。如胶包上出现有显著程度的胶锈或干霉者，不允许超过抽取大样胶包数的 5%。允许有实物标准样本所示程度的针头大小的小气泡和微小的树皮屑点。

不允许有氧化斑点或条痕、弱胶、过热胶、熏烟不透胶、熏烟过度胶、不透明和烧焦胶片。

所交货物必须是干燥、清洁、强韧、坚实的橡胶，而且没有缺陷、火泡、沙砾、污秽包装和上述规定允许之外的任何其他外来物质。

③三级烟胶片（No.3 RSS）：

允许在交货时发现有轻微的胶锈，以及在包皮上、胶包表面的内部胶片有少量的霉。如胶包上出现有明显程度的胶锈或干霉者，不允许超过抽取大样胶包数的10%。允许有实物标准样本所示程度的轻微色泽深浅的差异、小气泡和小树皮屑点。

不允许有氧化斑点或条痕、弱胶、过热胶、熏烟不透胶、熏烟过度胶、不透明和烧焦胶片。

所交货物必须是干燥、强韧的橡胶，而且没有缺陷、火泡、沙砾、污秽包装和上述规定允许之外的其他外来物质。

（2）验收方法：

①核对品名、来源、生产厂、规格、批号、数量是否与实物相符合。

②外观质量检查：检验时，必须以实物标准样本中的单张胶片和从小样胶包内剥出的单张胶片的外观，根据烟胶片的质量标准，进行互相比较。如果小样胶包无单张胶片，在不存在变色现象的情况下，应予以考虑橡胶在压紧后具有较深的色泽。检验时，应有明亮的光源，以便透视胶片内部。

③数量的验收：烟胶片的每个胶包连包皮胶净重50kg，白皱胶片和浅色皱胶片的胶包用聚乙烯薄膜袋和聚丙烯编织袋双层包装，每包净重50kg。验收数量时用单重乘以总件数，胶包的单重是否准确要按规定抽查总件数的5%～15%。

（3）运输及保管要求：

①运输工具必须干燥清洁。

②储存橡胶的库房应干燥，通风。库温一般在 $-10\sim30℃$ 之间。

③在潮湿气候的梅雨季节，注意橡胶表面是否发霉，如果产生霉斑，应用干布揩擦干净，并撒上滑石粉。防止受潮，避免日光照射，如果经受日晒、受潮，橡胶会逐渐老化变质，失去弹性，色暗而硬化。

④南方地区不可储存在露天。在北方干燥地区，限于仓位紧张，部分橡胶也可码在露天，但必须妥善苫盖和垫高（下垫至少30cm，上面四周遮盖苇席、油毡或苫布），注意防潮、防水、防日晒雨淋，并要加强检查。在炎热气候和潮湿季节，更要注意是否发生霉斑或发热，如果垛内发热，应及时倒垛散热。

⑤胶包堆叠不应超过六包。

⑥仓库内不得同时存放橡胶溶剂、油类和对橡胶有损害的化工原料。胶包要避免与铜、锰、铁等有害金属接触。

⑦储存期以两年为宜。

⑧消防可用光洁泡沫灭火机，也可用水。如用黄沙扑救会影响橡胶质量。

2. 合成橡胶

1）丁苯橡胶

特性：丁苯橡胶是以丁二烯和苯乙烯为单体的共聚物，还有添加第三单体改性的品种。

外观：SBR1500为污染型块状胶，外观为黄色至黄褐色。不含有焦化颗粒、泥沙和机械杂质等。

包装：SBR1500用内衬聚乙烯薄膜的复合袋或聚丙烯编织袋包装。

验收方法：依照产品标准检查外观，包装应完好、无破损、无异状。内装物应纯洁、不发生粘结现象，无可见杂质。如需要检查内在质量，应委托质检部门按标准检查。

保管要求：SBR1500存放时，应成垛成行堆放整齐，保持一定行距；堆放高度不大于10块胶。应存放在常温、通风、清洁、干燥的仓库中，严禁露天堆放和日光直接照射。不得雨淋和污染，不得与易燃品共储混运，储存期一般不超过两年。运输时应注意防潮、防雨、防晒。SRB1500丁苯橡胶主要质量指标见表2-6-7。

表2-6-7 SRB1500丁苯橡胶主要质量指标

项　　目	优级品	一级品	合格品
结合苯乙烯，%	22.5~24.5	22.5~24.5	22.5~24.5
300%定伸应力，MPa 25min 35min 50min	7.1~11.6 11.3~15.8 13.2~17.7	5.9~11.8 10.3~16.2 12.3~18.1	9.8~16.7
拉伸强度，MPa（35min）不小于	22.1	21.1	21.1
扯断伸长率，%（35min）不小于	480	480	480

2) 丁腈橡胶

特性：丁腈橡胶外观为黄褐色或浅黄色带状或碎块胶。是丁二烯和丙烯腈的共聚物，也包括添加第三单体的改性品种。

包装：丁腈胶以内贴聚乙烯薄膜的聚丙烯编织袋包装，单包净重一般为40kg或50kg。

验收方法：包装必须完好无损，开袋验看有无龟裂、霉点、粘结或受压变形现象。

保管要求：丁腈橡胶储存于阴凉、干燥、清洁、通风的库房。库温25℃左右为宜，库内相对湿度为50%~80%。要经常检查霉变情况，若发生霉点，应揩擦干净并撒滑石粉、并要掌握相对湿度，开库房门、窗进行通风。勿于易燃物、氧化剂、强酸、粉末飞扬的物资及金属屑共储。如发现有异状，应及时倒垛检查。

3) 丁二烯橡胶BR9000（顺丁橡胶）

特性：丁二烯橡胶是以丁二烯为单体的聚合物，也包括添加其他单体的改良品种。

验收方法：包装应完好、无破损、无异状。内装物应纯洁、不发生粘结现象，无可见杂质。如需要检查内在质量，应委托质检部门按标准检查。

保管要求：顺丁胶应储于通风、干燥、防潮、清洁的仓库中，严禁露天存放和日光直接照射，应在常温下保存。存放时应整齐成垛、成行、行与行之间要保持一定的间隙，堆放高度不大于10块。

在运输过程中应采取防护措施，防止雨淋、水泡，不得与易燃物共储运。储存期为两年。

二、轮胎

(一) 轮胎的分类

轮胎分充气轮胎和实心轮胎两种基本类型。充气轮胎分类见表2-6-8。

表2-6-8　充气轮胎分类表

按用途分	按胎面花纹分	按结构分
载重车轮胎	普通花纹	普通结构轮胎
乘用车轮胎	混合花纹	子午线轮胎
拖拉机轮胎	越野花纹	带束斜交轮胎
摩托车轮胎		
特种车轮胎		
人力车轮胎		

（二）充气轮胎的组成

充气轮胎是由外胎、内胎和垫带组成。

1. 外胎

外胎是由胎面、胎侧、缓冲层、帘布层、胎圈等部分组织，它是轮胎的主体。作用是将整套轮胎固装在轮辋上，限制内胎过分膨胀和承担内胎中空气压力，防止内胎遭受机械损伤，保证轮胎能够良好地接触地面。此外，外胎还缓冲汽车所受的部分振动和冲击，从而保证车辆的正常运行。

2. 内胎

内胎是一个环形胶筒，当装入外胎，充进压缩空气后，整个轮胎就具有弹性、缓冲性能和载荷能力。在内胎上有一个金属气门嘴，供轮胎充气或放气用。内胎应有良好的气密性。

3. 垫带

垫带是一个环形的橡胶带。中间有一个让气嘴穿出的洞孔。垫带套在轮辋上保护内胎不受磨损。

（三）轮胎的特性

（1）忌油。轮胎如接触油类，尤其是矿物油，容易为其溶解侵蚀，从而发生膨胀现象，失去弹性、耐拉力、耐压力、抗胀性、抗撕性等物理性能。大大降低使用价值，甚至报废。

（2）怕湿。轮胎遇水或潮气后，外胎的帘布层很容易吸收水分，由于帘布层中的棉线有毛细管作用，又将水分吸入里帘布层，使用时轮胎因不断运动而发高热，使水分变为气体。这种气体在帘布层里到处乱窜，结果就造成帘布与橡胶的脱离，使外胎发生肿胀起泡，使用时就易破裂。

（3）怕风。轮胎储存在通风处，就会使橡胶老化、发生龟裂、皱纹等现象。

（4）怕日光。日光中含有大量的紫外线和热量，它们会促使表面发生氧化，使轮胎橡胶逐渐硬化、起裂纹，甚至胶皮失去弹性与抗拉力。另外，轮胎经日光照射后，表面色泽即由暗淡无光，变为陈旧状态。

（5）怕热怕冷。轮胎温度在34℃以上保持一定时间后，橡胶就会起反硫化的分解作用，变得软粘，影响弹力与硬度，缩短使用年限。太冷也会使橡胶失去弹性而易于撕裂。

（6）忌重压。轮胎遇到重压过久后会变形，影响轮胎的寿命，很易产生爆裂现象，给汽车的安全行驶带来隐患。

(7) 易燃烧。轮胎是用橡胶、硫黄、炭黑等原料制成的，遇火极易燃烧。

(8) 轮胎不可与铜、锰接触，以免加速橡胶的老化；更不可与酸、碱、盐等物资放在一起。

（四）轮胎的表示方法

1. 普通轮胎

轮胎规格，一般以 D 表示外胎直径，以 B 表示断面宽，以 H 表示断面高，以 d 表示轮辋直径。轮胎规格尺寸表示方法见表 2-6-9。

表 2-6-9 轮胎规格尺寸表示方法

轮胎类型	代号	举例
载重车轮胎	$B-d$	9.00—20
乘用车轮胎	$B-d$	8.90—15
拖拉机轮胎	$B-d$	11.00—38
摩托车轮胎	$B-d$	3.50—19

注：表中尺寸通常以英寸为单位。

我国轮胎帘布类型以 M、N、R 和 G 分别代表棉、尼龙、人造丝和钢丝帘线，且通常置于生产编号前。例如：

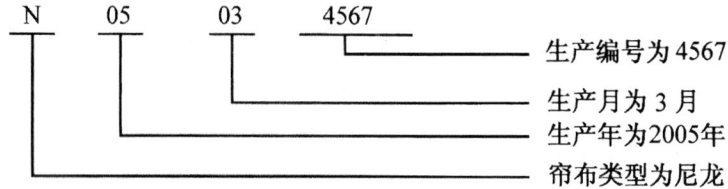

内胎和垫带的规格表示方法与外胎相同。

2. 子午线轮胎

普通轮胎帘布层的帘线，是以同胎面中心线实际上形成小于 90°夹角排列的，各层帘线之间互相交叉。而子午胎帘布层帘线，则以同胎中心线呈 90°或近 90°线是互相平行的。帘线这样排列，很像地球上的子午线，故称为子午胎。子午胎具有行驶里程高、节约燃料、减振性能好、胎面耐穿刺、抓着性能好、越野性能高、行驶温度低、散热快等优越性，故子午胎得到广泛的应用。

子午胎的标记是以英文字母 R 来标记。其轮胎规格表示方法如下。

(1) 载重汽车子午线轮胎表示方法：

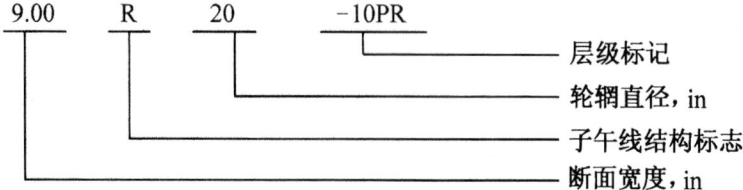

(2) 子午轮胎表示方法：

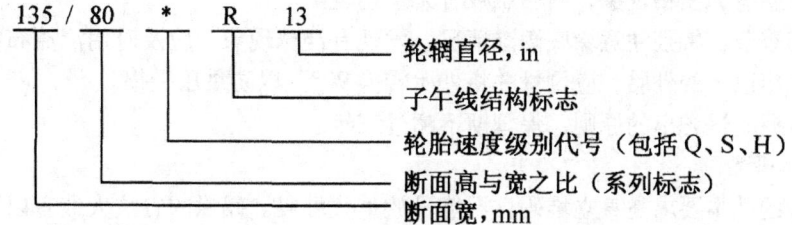

轿车子午轮胎最高行驶速度应符合子午线轮胎最高行驶速度,见表2-6-10。

表2-6-10　轿车子午轮胎最高行驶速度应符合子午线轮胎最高行驶速度表

速度级别	不同轮辋名义直径标记轮胎的最高速度,km/h	
	12	不小于13
Q	145	160
S	165	180
H	195	210

(五)轮胎的验收、储存及堆码

1. 轮胎的入库验收

(1) 一般检查注意事项：

①根据入库单据核对规格型号、数量是否与实物相符。

②橡胶有无发硬、发粘、起泡、脱皮、裂纹等现象。

③轮胎是否受潮、水湿雨淋及沾染泥土等物。

查出问题时,应另行堆放。对受潮水湿的轮胎用布擦净,阴干,切忌风吹日晒;对有草绳捆扎的外胎,应予拆掉,以免受潮后发霉。

(2) 抽验时注意事项：

①注意外胎胎面、胎边的橡胶是否有发硬、发粘、起泡、脱皮、裂纹等现象,有无修补的痕迹,胎面中间突出的橡胶层及两边的胶刺是否完整；

②注意气门芯等零件是否齐全,有无生锈脱镍现象；

③查出一般性问题,及时通知购货单位,并作出记录,以备今后查考。如问题严重,应立即会同货主作出有关处理决定。

2. 轮胎的储存保管

(1) 轮胎应存放于干燥的库房内,避免阳光直射,不宜经常通风,平日除酌情开启部分窗户进行短时间通风,调节库内的空气外,应将门窗关闭。

(2) 库房温度,一般应保持在0~25℃之间,最高不宜超过32℃,最低不宜低于-10℃。相对湿度以50%~80%为宜。

(3) 库房不应接近有发电设备或其他可能产生臭氧的地方,以防轮胎加速老化。

(4) 轮胎切忌接触各种油类、水分、易燃物及有腐蚀性化学药品,并隔绝热源与火种。宜专库专用。

(5) 保管期间应定期进行检查,每半个月检查一次。其内容为：

①检查轮胎花纹内左右有无龟裂,表面是否有裂纹,如有龟裂就说明橡胶已硬化。

②检查硬度用手捏或用木棒敲击听其声音。

③检查有无反白、反硫和发霉现象。

④内、外胎有无发粘现象,内胎压板有无生锈现象。
⑤在霉潮季节,特别注意垛底潮湿情况,发现有汗珠现象,应及时用清洁布擦干。
⑥堆码半年以上的外胎,应倒垛并将外胎转换90°,以防重压受损。
⑦严格掌握先进先出的原则,保管期不超过三年。

3. 轮胎的码垛

轮胎码垛的基本要求是直立堆码,不能平放重叠堆码。码垛的方法大致有以下三种:

(1) 货架堆码。轮胎货架可用木材制作,也有用角钢焊制,各层放木板。货架适于码放小型轮胎、内胎、垫带、手推车胎等。

(2) 用麻绳将轮胎各捆扎5个,立放置于码垛的行列两端,中间将轮胎填充码入,可码2~3层,底下楞木斜放。

(3) 将码成行列的轮胎用8号和10号铁丝从中间直穿,并在轮胎两端用竹竿、小木板和铁丝打标固定,可码3~5层,底下楞木斜放。

4. 内胎、垫带堆码方法

(1) 有纸盒包装的内胎,可以堆放在货架上或装在木箱内保管;无纸盒包装的内胎,应将内胎折叠处开,平放在货架上(无货架,可放在由楞木搭成的平台上)并撒上滑石粉。但堆码不能过高,防止重压受损。

(2) 如果内胎是放在外胎里边存放时,则在内胎的外面与外胎的里面,均需撒上滑石粉,将内胎略充气,以免受潮、热而发粘。

(3) 垫带如果是成捆的,则应10条一捆成弓形,然后侧放在货架上,但不应堆码过高。

三、传动胶带和运输胶带

(一) 普通平带(俗称传动胶带)

普通平带是由多层覆胶帆布粘合在一起经硫化而得的柔软胶带,适用于一般机械传递动力。

1. 普通平带(以下简称平带)的分类与结构

普通平带以帆布为抗拉体。按结构可分为切边式和包边式两种形式。

(1) 切边式。切边式平带的各层帆布不包叠,侧面为切割而形成的平面。切边式平带见图2-6-3。

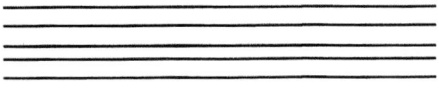

图2-6-3 切边式平带图

(2) 包边式。包边式平带的最外一层由数层帆布包叠,侧面为弧形面。包边式平带见图2-6-4。

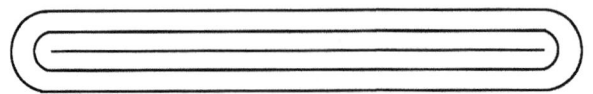

图2-6-4 包边式平带图

2. 平带规格型号的表示方法

平带的规格按纵向拉伸强度和宽度区分。如为环形平带还应按内周长度区分。型号又分为有端平带和环形平带两种。有端平带是指不呈环形（有两个带端）的平端。

（1）端平带的型号按拉伸强度规格、宽度规格为顺序排列，分为两部分。拉伸强度以千牛顿（kN）为单位，宽度以毫米（mm）为单位。例如：

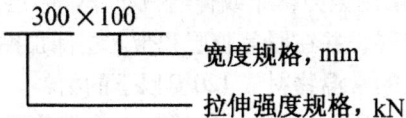

（2）环形平带的型号除包括拉伸强度规格、宽度规格外，还应增加内周长度规格。例如：

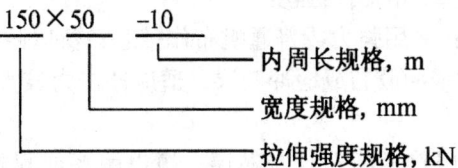

3. 平带的质量标准

普通平带的外观质量标准见表2－6－11。

表2－6－11　普通平带的外观质量标准

缺陷名称	质 量 要 求
封口胶歪斜	平带宽度小于50mm者，歪斜量不得超过3mm；大于50mm者，不得超过4mm
包边不紧	不允许有
封口胶不满	深度为1mm以上的沟，累计长度不得超过带长的0.5%
外层布破损	不允许有
布层间起泡	不允许有

4. 平带的验收和保管

（1）验收方法：核对入库单据的规格、型号、数量是否与实物相符；注意有无裂缝（老化），有无沾染泥土、油腻或产生粘结现象。如有上述情况应予以处理。如有沾染潮湿应及时用干布揩擦干净并晾干，不使其产生霉变。如发现有老化的平带应做好记录，将老化品另外存放并通知有关部门处理。

（2）储存保管的要求。

①平带在运输和储存中应保持清洁，避免阳光直射，雨雪浸淋。防止与酸、碱、油类和有机溶剂等影响橡胶质量的物质接触。

②储存时，平带应离开热源1m以上，库房内温度应为－18～40℃，相对湿度保持在50%～80%之间。

③储存期间平带应成卷平放并每季翻动一次，堆放高度不得超过2m，宽度尺寸小的可上货架。储存期间每季应翻动一次。

④从制造日期起储存期为一年。

（二）运输带

运输胶带是由多层胶布粘结在一起并覆盖胶层，经成型硫化而制成的橡胶制品。适用于运输块状、粒状、粉末状物料和成件物品等。

1. 分类与结构

运输胶带按用途分，可分为强力型、普通型和耐热型三种。按结构分，可分为以下四种。

第一种（带芯中梯式）：采用强力帆布或普通帆布作带芯层，带芯层作成一段或几段阶梯形，覆以耐磨或耐热覆盖胶层，并在覆盖胶层和带芯层间加贴缓冲胶布层或缓冲胶层，以适应运输摩擦力大、冲击力大的常温物料或120℃以下的物料。

第二种（带芯边梯式）：采用强力帆布或普通帆布作带芯层，带芯层的非工作面边部作成一段或几段阶梯，覆以耐磨覆盖胶层，或在边胶层和带芯层间加贴缓冲胶布层，以增强边部底面耐磨性和增强边胶与带芯的粘结强度。

第三种（缓冲补强式）：采用强力或普通帆布作带芯，覆以耐磨或耐热覆盖胶层，在覆盖胶层和带芯层之间，加贴缓冲胶布或缓冲胶层，适应冲击力较大的中块常温物料或120℃以下物料的运输。

第四种（普通式）：采用普通帆布作带芯层，覆以耐磨或耐热覆盖胶层，用以运输小块、粒状、粉末状物料、成件物品或120℃以下物料。

2. 规格的表示方法

规格的表示方法：宽度×布层数×（上胶层+下胶厚）×长度。其中宽度、上胶层、下胶层以mm为单位，长度以m为单位。例如：

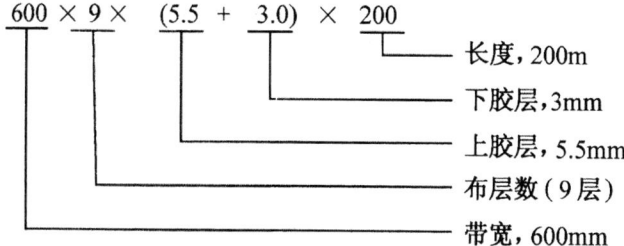

3. 运输带的外观质量标准

运输带的外观质量应符合规定。

（1）明疤：带表面上的明疤深度大于1mm时，应一次修理完善（深度不大于1mm时不修理）。

（2）夹沟与裂口：每卷带长上，夹沟与裂口总累计长度不得超过带长的5%，单个长度不得大于1m，并应一次修理完善（深度不大于1.5mm时不修理，但计入累计长度）。

（3）带侧凸出：该缺陷应一次修理完善。

（4）覆盖层脱层：每100m²输送带上，脱层总面积不得超过1600cm²，并应一次修理完善。

（5）布层脱层：每100m²覆盖层上，脱层总面积不得超过1200cm²，并应一次修理完善（修理层数不得超过布层总数的50%）。

（6）覆盖层重皮：该缺陷应一次修理完善。

（7）带侧露布：该缺陷累计长度不得超过带长的3%，并应一次修理完善。

（8）边胶海绵与扯掉边胶：带两侧该缺陷累计长度不得超过带长的8%，并应一次修理完善。

（9）布层横波浪：每100m输送带上波浪深度不大于1.5mm者，不得超过四处，一处不得超过四个峰。纵向波浪按明疤处理。

(10) 带面露布纹：每 100m² 带面上，该缺陷总面积不得超过 50cm²，低于带平面者应一次修理完善。

(11) 压上熟胶边：每 100m 输送带上，该缺陷不得超过五处，并应一次修理完善（深度不大于 1mm 时不修理，也不计累计处数）。

4. 运输带的验收及保管

(1) 验收方法：

核对入库单据的规格、数量是否与实物相符；注意有无裂缝（老化），有无沾染泥土、油腻或产生粘结现象。如有上述情况应予以整理除去，如沾染潮湿应及时用干布揩擦干净并晾干，以免霉变。苫垫码垛时应成卷放置。下垫楞木或木板 15～30cm。

(2) 储存保管的要求：

①运输带在运输和储存中，应避免阳光直射，雨雪浸淋；应保持清洁，禁止与酸、碱、油类和有机溶剂等物质相接触，并应距离热源 1m 以外。

②储存时，库房内的温度应保持在 -5～40℃ 之间，相对湿度应保持在 50%～80% 之间。

③储存期间不应堆码过高，须成卷码放。不得折叠，在储存期间每季翻动一次。

④运输带自制造之日起储存期为一年。

(三) 普通 V 带（三角传动胶带）

普通 V 带是一种横截面为梯形，高与节宽之比约为 0.7，楔角为 40° 的环形传动带。

1. 普通 V 带的分类、结构

普通 V 带是由包布、顶胶、抗拉体、底胶等部件构成。按抗拉体的结构分为绳芯 V 带和帘布芯 V 带两种类型。

2. 普通 V 带规格的表示方法

普通 V 带的表示方法是以截型、基准长度、标准号为顺序来表示的。例如：

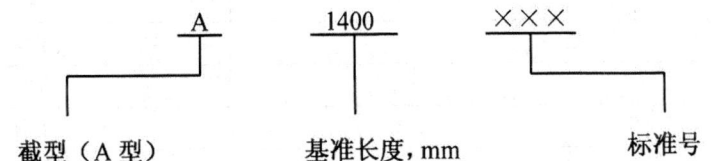

3. 普通 V 带的特性

普通 V 带具有安装简易，占地面积小，传动效率高，速比大和噪音小等特性，被广泛用于动力传递。

4. 验收方法和保管要求

(1) 验收方法：

核对入库单据的规格、数量是否与实物相符；查看有无裂缝（老化），有无沾染泥土、油腻或发粘现象，如有上述情况应予整理除去。如粘染潮湿应及时用干布揩擦干净并晾干，以免产生霉变。

(2) 储存保管：

①V 带在运输和储存中，应避免阳光直射，雨雪浸淋；应保持清洁，禁止与酸、碱、油类和有机溶剂等影响橡胶质量的物质相接触，并应距离热源 1m 以外。

②V 带应捆扎整齐平放，下垫楞木或木板 15～30cm，可码垛 1m 高。最好码在货架上，可以提高仓库仓容的利用率。

③储存时库内的温度，应保持在-15℃~40℃之间，相对湿度在50%~80%之间。
④在储存期间每季应翻动一次。
⑤自出厂之日起保管期为一年。

(四) 标准计量单位的计算

1. 普通平带及运输带

普通平带及运输带的计量单位为 m^2。

(1) 普通平带的计算：

$$普通平带平方米数 = 带宽（m） \times 布层数 \times 长度（m）$$

例：平带宽100mm，4层，长100m，其平方米数为：$0.1 \times 4 \times 100 = 40 m^2$

(2) 普通运输带的计算：

普通运输带平方米数 = 带宽（m） × {布层数 + [上胶厚（mm） + 下胶厚（mm）]／1.5} × 长度（m）

例：一条宽1000mm，布层数7层，上胶3mm，下胶1.5mm，长100m的运输带，其平方米数为：$1 \times [7 + (3 + 1.5) \div 1.5] \times 100 = 1000$（$m^2$）

2. 普通V带

普通V带的计量单位为"A米"。即将各截型V带的长度按下列公式换算为"A米"长。

A型以外其他型的米数 = 内周长 × 条数（m）

折合成的A米 = A型以外其他型的米数 × 换算系数（A米）

各截型V带的"A米"换算系数见表2-6-12。

表2-6-12　各截型V带的"A米"换算系数表

截型	长度，m	折合A米换算系数，A米
A	1	1
Z	1	0.58
B	1	1.7
C	1	2.84
D	1	5.88
E	1	8.54

普通V带可以用10A米质量为1kg的定额估算其质量，其计算公式如下：A带质量≈（A米数／10A米）×1（kg）。

四、胶管

(一) 胶管的结构

各种胶管除全胶管外，大体都由三部分组成，即内胶层、强力层和外胶层。

内胶层是胶管的主要工作面，直接与输送介质接触，长期受输送介质浸泡、腐蚀和冲击，同时也起着保管强力层的作用，因而要求内胶层具有一定的抵抗输送介质的侵蚀性和密封性。

强力层（也叫骨架层或增强层）是胶管的骨架，是胶管承受压力的部位，因而要求具有一定的强度和刚度。胶管的强力层是用各种纤维材料或金属材料制成的，压力较低的一般使用各种纤维材料；压力门市的通常使用金属材料。

外胶层是胶管的外保护层，用以保护强力层和内胶层在使用时不受外界的损伤和侵蚀，因而要求外胶层要具有一定的耆靡性和耐日光老化等性能。

（二）胶管的分类

胶管按结构分为全胶管、夹布胶管、吸引胶管、编织胶管、缠绕胶管和针织胶管六大类。

（1）全胶管：是全部用橡胶制成的胶管，多用于小规格及不超过 0.1MPa 的压力下作用。

（2）夹布胶管：是应用比较广泛的一种普通胶管，它的强力层是由挂胶平纹帆布一层一层卷绕在内层上，然后包上外胶层而成。夹布胶管耐压强低，只适于压力不太高的条件下使用。

（3）吸引胶管：是在负压下进行工作的，因而除了需用夹布做骨架并增加管壁厚度外，还在管体夹布层内增加一层或两层金属螺旋线，以增大管壁强度，避免因大气压作用而压扁。吸引胶管又分露线式和埋线式两种。

（4）编织胶管：是以纤维或钢丝直接编织在管坯上作为强力层的一种胶管。编织胶管可分为棉纤维和钢丝编织两种。

（5）缠绕胶管：是用单线、合股线、线绳或钢丝、钢丝绳按理想的角度呈螺旋状缠绕在管坯上作为强力层的一种胶管。

（6）针织胶管：强力层为针织结构，采用针织机在胶管成型过程中直接织在管坯上，目前针织胶管采用的针织组织有平织、锁织、钻石和吊线四种。

（三）胶管的名称及表示方法

1. 胶管的名称

产品全称：材料＋工艺（结构）＋用途＋胶管，例如：钢丝编织液压胶管。

2. 胶管规格表示方法

在胶管的名称类型确定之后，一般以直径（mm）、增强层层数（夹布以 P 表示，棉线编织以 C/B 表示，钢丝以 W/B 表示，缠绕以 S 表示）、长度（m）、耐压程度（有的也不注明压力）等来表示。例如：

夹布输水胶管：

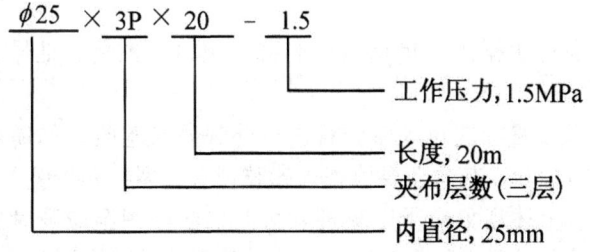

（四）胶管的质量标准

输水胶管、空气胶管、输稀酸胶管、输稀碱胶管、吸水胶管、氧气胶管、乙炔胶管等胶管的外观质量检查方法如下：

（1）胶管不允许有扭劲、脱层、内胶层海绵和裂口以及起泡等缺陷。

（2）吸水胶管不允许有缠绳乱接现象。

（3）胶层或布层搭连处相应的胶层厚度，允许减薄其搭接层的厚度。

(4) 外观缺陷超出二级品标准者为不合格品，没有使用价值者为废品。

胶管外观质量标准见表 2-6-13。

表 2-6-13　胶管外观质量标准表

序号	缺陷名称	一级品	二级品
1	外表面杂质	深度不大于 0.5mm	深度不大于 0.8mm，超过者需经一次修理完善
2	外胶层搭缝痕迹和裂口	痕迹累计长度不超过胶管全长的 3%，但无裂口	痕迹累计长度不超过胶管全长的 30%，裂口累计长度不超过胶管全长的 5%，但需经一次修理完善
3	外胶层起泡、碰破、露布（线）	不允许有	按胶管全长计算平均每 5m 内允许一处，但需经一次修理完善
4	放置痕迹、凹痕	放置痕迹不超过外周长的 8%，凹痕不允许有	放置痕迹不超过外周长的 12%，凹痕按胶管全长计算平均每 5m 内允许一处，深度不大于 1.0mm
5	布胶层水波纹及折叠	不允许有	吸水胶管允许有，其他胶管不允许有
6	水包布皱褶痕迹	轴向累计长度皱褶不超过胶管全长的 3%	轴向累计长度皱褶不超过胶管全长的 10%
7	水包布破损造成胶管局部凸起	不允许有	有胶布层（线层）不变形的情况下允许一次修理完善
8	不圆率	不大于 20%	不大于 25%
9	内胶厚度不均匀度	不均匀度不大于 0.5mm（搭头部位除外）	不均匀度不大于 0.8mm（搭头部位除外）

（五）钻井水龙带

水龙带是石油钻井工程中用于钻机水龙头与立管弯头的连接、输送钻井液、传递水力动力的专用胶管。吸振胶管钻井泵出口至高压管汇之间连接的专用胶管，用于输送钻井液均是用橡胶、金属网及帆布压制而成，胶质优良，具有很好的耐稀酸、碱溶液、耐油和抗磨耗、抗老化性能。水龙带能承受极高的压力，高压下管体几何形状变化小，并具较好的挠曲使用性能。钻井水龙带，进行压力试验时的压力应大于工作压力。

（六）胶管的验收及储存保管

1. 验收方法

（1）在入库之前首先根据入库单据核对名称、规格、数量、批号、生产厂是否与实物相符。

（2）根据胶管外观质量标准对入库胶管进行外观质量验收。如需检查胶管的物理机械性能则请专业部门进行检验。其次还要检查入库胶管有无裂缝和折叠，有无粘染泥土、油腻或发生粘结现象，如有上述现象应予以整理除去。如沾染潮湿应及时用干布揩擦干净并晾干，以免发生霉变。验收过程中如发现胶管老化，胶管应单独存放并报有关部门处理。

2. 储存与保管

（1）胶管应平放或卷盘平放，下垫方木或木板，垛高不超过 1m，底层胶管不得重压变形，小口径的胶管可以上货架，既防止重压又可提高仓库利用率。

（2）胶管在运输和储存过程中，应避免阳光直射和雨雪浸淋；应保持清洁，禁止与酸、碱、油类和有机溶剂等影响橡胶质量的物质相接触，并应距离热源 1m 以上。

（3）储存胶管库房内的温度应保持在 -15~40℃ 之间，相对湿度宜在 50%~80% 之间。

（4）储存期内每三个月倒垛一次。

（5）胶管的储存期为一年。库存产品周转必须遵守"先进先出"的原则，如果长期储存，则应在使用前对产品进行性能检验。

（七）胶管的计量表示方法

胶管的计量是以内径（cm）×长度（m）来表示。

第六节　塑料及其制品

一、塑料的分类、特性及用途

（一）塑料的分类

塑料的分类是以高分子合成树脂为主要成分，或加有其他添加剂，在一定温度和压力条件下，塑制成一定形状，并且在常温下保持形状不变的材料。

1. 按受热后性能表现的不同分类

按受热后性能表现的不同分类可分为热塑性塑料和热固性塑料。

（1）热塑性塑料：这一类塑料的特点是受热时软化或熔化，冷却变硬。这一过程可反复进行多次，树脂的化学结构不变。常用的热塑性塑料有聚乙烯、聚丙烯、聚氯乙烯、聚苯乙烯、有机玻璃、聚甲醛等。这类塑料的优点是加工成型简便，具有较高的机械性能；缺点是耐热性和刚性比较低。

（2）热固性塑料：这一类塑料的特点是在一定温度下容易变成粘流状态，但经过一定时间的加热，由于化学变化的结果，转变为不溶不熔的固态。这一过程不能反复出现，如再继续加热不再软化，不再具有可塑性。主要热固性塑料有酚醛塑料、氨基塑料、有机硅塑料等。这类塑料具有耐热性高，受压不易变形等优点；缺点是机械强度一般。

2. 按应用范围分类

塑料按应用范围分类，可分为通用塑料、工程塑料和特种塑料。

通用塑料是指产量大、用途广、价格低的塑料。主要包括六大品种，即：聚乙烯、聚丙烯、聚氯乙烯、聚苯乙烯、酚醛塑料和氨基塑料。这类塑料虽然只有六个品种，但它们的产量占总产量的四分之三以上，构成了塑料工业的主体。

工程塑料是指机械强度好，能做工程材料和代替金属制造各种机械设备或零件的塑料。主要品种有聚碳酸酯、尼龙1010、聚甲醛和ABS树脂等。

特种塑料是指具有特种性能和特种用途的塑料。如氟塑料、有机硅树脂、环氧树脂、有机玻璃等。

（二）塑料的组成

塑料的组成分为单组分和多组分两类。

单组分的塑料，基本上是由合成树脂本身组成，仅加入少量的辅助材料，如着色剂、润滑剂等。属于这一类的有聚乙烯、聚苯乙烯、有机玻璃等。

多组分的塑料，它是由多种组分组成，除了主要成分合成树脂外，还含有各种添加剂，如填充剂、增塑剂、稳定剂、着色剂、润滑剂等。属于这一类的有聚氯乙烯、酚醛树脂等。

（1）合成树脂：是塑料的主要成分，起着胶粘剂的作用。能将塑料其他组分粘结成一个整体。

（2）填充剂（称填料）：是塑料中的另一个重要组成部分。加入填充剂能改善塑料性能。

（3）增塑剂：为了使树脂易于塑化和赋予制品以柔韧性，一般需要在树脂中加入增塑剂。增塑剂通常是液体或低熔点的固体化合物。

（4）稳定剂：为了防止树脂在加工和使用过程中因受热和光的作用而使性能变坏，需要加入稳定剂。

（5）着色剂：为了使塑料具有美观的色彩和适合使用的要求，常在塑料中加入着色剂。

（6）润滑剂：加入润滑剂，能防止塑料在成型过程中粘在模具或其他设备上，并使制品表面光滑。常用的润滑剂有硬脂酸和硬脂酸盐。

总之，根据不同的使用要求，可加入各种类型的添加剂。

（三）塑料的特性

（1）质轻：塑料一般都比较轻，除了各种光洁塑料外，一般相对密度在 0.9~2.3 之间，聚乙烯、聚丙烯比水还轻，就是最重的聚四氟乙烯也比金属铝轻。

（2）可调性好：为了满足使用要求，塑料的各种性能可以通过不同途径来调整和改性。

（3）电绝缘性好：大多数塑料都具有优良的电绝缘性能。它的介电常数小，介电损耗低，耐电弧优良，可与陶瓷、橡胶等相媲美。

（4）耐腐蚀性好：一般塑料对酸、碱等普通化学药品有抗腐蚀能力。在塑料中，化学稳定性最好的是聚四氟乙烯。

（5）易加工成型：塑料的加工成型比较容易，方法比较简单，速度也较快，不像金属加工那样需要复杂的车、铣、刨等工序。塑料的成型方法主要有：模压、注射、浇注、层压、吹塑、挤出、烧结、涂层、机械加工。

（6）优良的消声和隔热作用：塑料具有优良的消声和隔热作用。在机器上装用塑料齿轮和轴承，可以减少噪声，提高运转速度。光洁塑料可用来作隔音、隔热或保温材料。

（7）优良的耐磨性和良好的自润滑性：塑料的摩擦系数很小，用它制造的摩擦零件可以在无润滑剂的情况下有效地工作。

塑料也有不足之处。塑料由于受到大气中的氧、臭氧、热、光的影响及机械作用而逐渐老化，性能变坏，甚至不能继续使用。与金属相比耐热性差。在外力长期作用下容易产生变形。

（四）塑料的用途

塑料具有广泛的用途。可用于制造各种滑动轴承、无声齿轮、压缩机的叶片以及其他机械零件等。由于塑料密度小，可使机械产品的重量大大减轻。可做电线、电缆的绝缘层以及各种绝缘零件，对改进电器产品性能、质量等具有重要作用。在石油工业中，可制作各种防腐化学设备、衬里、管道、阀门等，其产品性能不逊于有色金属和特种合金钢材。在国防尖端产品中，塑料可制成耐高温、抗辐射的产品。光洁塑料可制作石油管道的防腐保温材料。塑料在建筑工程、光学仪器、无线电、航空、医疗卫生及农业等方面的应用也很普遍。

二、石油工业常用塑料及制品

石油工业常用的塑料制品，按其主要合成树脂不同可分为聚乙烯、聚丙烯、聚氯乙烯、酚醛塑料、有机玻璃等。按制品的外形和性质可分为板材、管材、薄膜、泡沫塑料等。

（一）硬聚氯乙烯树脂及制品

1. 性能

聚氯乙烯树脂（代号 PVC）是由乙炔与氯化氢合成氯乙烯单体，再聚合而成的热塑性塑料。其主要性能有：

（1）聚氯乙烯树脂是一种无毒、无味的白色粉末，相对密度为 1.35~1.46（20℃时）。

（2）聚氯乙烯具有较好的机械强度，而它的机械强度又与相对分子质量及加入增塑剂的多少有关。因此硬质聚氯乙烯的机械强度比软质聚氯乙烯好。

（3）聚氯乙烯的化学稳定性较好。在常温下，能耐任何浓度的盐酸、90%以下的硫酸、50%以下的硝酸及20%以下的烧碱溶液。对盐类相当稳定。不溶于水、酒精及汽油，但在酮类及芳香烃溶剂中，能溶胀和溶解。

（4）由于聚氯乙烯分子中含有大量的氯，使其具有很好的难燃性，但往往由于增塑剂的引入，降低了它的难燃性。

（5）聚氯乙烯具有良好的电绝缘性能，它对电的绝缘能力，可与硬橡胶媲美。

（6）聚氯乙烯的缺点是耐热性差，一般使用温度不超过60℃；耐寒性也不好，在0℃左右就发硬，在零下16℃变脆。此外，其韧性、抗冲击性能不够理想。硬聚乙烯制品是以聚氯乙烯树脂加入稳定剂等辅料而制成。其机械强度较高，化学稳定性和电绝缘性较好，耐油性和抗老化性尚可，吸水性小，耐磨。但在高热或低温条件下，尚有一定缺陷，怕激烈撞击。因此，必须根据其特性妥善保管。

2. 用途

硬聚氯乙烯硬管主要用作输水管和石油化学工业上用的各种管道。聚氯乙烯硬板广泛用作石油化学工业上各种储槽的衬里以及建筑物的瓦楞板、门窗结构、墙壁装饰等建筑用材。

3. 验收与保管要求

（1）验收：

根据入库通知单或发货单与实物的品种、规格核对是否相符，并验收数量。检查包装是否完好，有没有破坏、磨损、刮伤、油污、受热、老化等现象。产品应附有出厂检验合格证和技术证件。

硬聚氯乙烯板材一般为灰色，允许有轻微色差、斑点。板材表面应光滑平整，无裂纹，无气泡，无明显杂质及未分散辅料。板材四边应成直线，四角应成直角。板边偏离真正直角边的距离，在距角顶1m处不得超过10mm。板边缘不得有深度大于5mm的缺口。

硬聚氯乙烯管材颜色一般为灰色。长度一般为（4±0.5）m或（6±0.5）m。外壁应光滑、平整；内壁应平整，不允许有气泡、裂口及明显的波纹、凹陷、杂质、颜色不匀、分解变色线等。

（2）保管要求：

①应储存于阴凉、干燥的库房内，一般不得露天存放。库内窗玻璃应涂白色，以防日光直晒，加速塑料老化，引起有色制品变色。

②应保持适当的库温，以15~40℃为宜。过热会使制品加速老化；过冷则发脆，易造成机械损伤。特别是骤冷骤热更易加速老化。距离库内热源在1m以上。

③应保持库内干燥，一般相对湿度为50%~80%，注意防潮、防水、防雨淋。

④远离明火和火源。

⑤避免接触有机溶剂（特别是含有卤素的有机溶剂）、矿物油类以及浓度在50%以上的硝酸。

⑥温度在0℃或0℃以下时，严禁摔撞和重压硬质聚氯乙烯制品。

（二）软聚氯乙烯制品

1. 性能

软聚氯乙烯制品是以聚氯乙烯树脂加入较多量的增塑剂制成。它的机械强度和电性能降低较多，另外大部分增塑剂都不耐腐蚀和有机溶剂，又容易挥发，因而其耐腐蚀性能和耐老化性能很差。

2. 用途

（1）制作塑料薄膜（片）和人造革。

（2）制作软聚氯乙烯地毡。

（3）制作聚氯乙烯软管，主要用于电器套管和石油工业用及其他用液体输送管。

3. 验收与保管要求

（1）验收：

检查是否附有出厂检验合格证以及应附的技术证件；核对产品名称、品种、型号、牌号、规格、数量是否相符；检查包装是否完整，有无破坏、磨损、刮伤、油污、受热、老化等现象。

软聚氯乙烯压延薄膜外观应色泽均匀，无死皱折，不应有穿孔和分散不良造成的色点，不应有0.8mm以上的黑点和杂质。0.3～0.8mm的黑点和杂质的许可量及分散度应符合要求。

软聚氯乙烯塑料板的外观应光滑、洁净、平直，四周边应剪切整齐，表面应无裂痕、斑点，色泽均匀。

软聚氯乙烯管材内外壁要光滑、均匀，不允许有气泡、未塑化的物质和1mm以上的杂质；1mm以下的杂质，在1m内不得超过10个，不能堆积成群。

（2）保管要求：

①应存于阴凉、干燥的库房内，库温一般以 -10～32℃为宜，不要超过40℃。应防止日晒。

②软聚氯乙烯管可以盘放，盘状直径不宜小于管径的24倍，最小盘状直径不得小于400mm。

③软聚氯乙烯制品不可重压，码垛高不要超过1.5m，避免造成管、板制品变形。

④要防止虫蛀、鼠咬。

⑤注意塑料制品的储存期限，一般以半年至一年为宜。

⑥要注意防潮。因制品中某些添加剂是微生物的养料，因此会发生霉变。

⑦要远离火源，禁止明火。制品在库内距离热源至少1m以上远。

⑧避免接触有溶剂、矿物油类，以及浓度在50%以上的硝酸。

（三）聚丙烯树脂及制品

1. 性能

聚丙烯树脂（代号PP）是丙烯在20～100℃、0.1～4MPa和催化剂作用下聚合而成。其主要性能有：

（1）聚丙烯树脂是无色、无味、无毒的固体。相对密度为0.90～0.91，是树脂中最轻的一种。

（2）聚丙烯具有良好的化学稳定性。在常温下几乎不溶于任何溶剂，吸水率也极低。

（3）聚丙烯具有优良的电绝缘性能。介电常数很低，在2.25左右。

（4）耐热性好，熔点为164～170℃，使用温度可高于100℃。

（5）具有良好的机械性能。

（6）聚丙烯的缺点是耐寒性差，最低使用温度为 -20～-15℃。在低温下抗冲击性能不好，易脆、易老化。

2. 用途

(1) 制作编织袋和打包绳带。广泛应用于产品的捆扎与包装。

(2) 制作塑料管。

(3) 制作塑料薄膜。

(4) 聚丙烯也可用于制作电器外壳、机械零件、电线电缆的包皮、石油化工的管道防腐材料以及包装箱等制品。

3. 验收与保管要求

(1) 验收：

入库检查包装是否完好，有无破损、刮伤受热、老化等现象。检查是否附有出厂检查合格证，核对产品名称、品种、规格、数量是否相符。

聚丙烯编织袋不允许有稀档、断丝、粘连现象。聚丙烯薄膜不允许有折皱、颗粒、暴筋、气泡、端面划痕、杂质污染等现象。0.03mm以下厚度的薄膜，允许有轻微纵向条纹，薄膜宽度允许误差为±2mm。

(2) 保管要求：

聚丙烯制品应保存在整洁、干燥的库房内，库温一般在 -10~30℃ 之间，不要超过40℃，不能受强光直射。要远离火源，制品距离热源大于2m。储存期限从生产日期起不应超过半年，避免与有机溶剂、矿物油类同库存放。运输时应小心轻放，防止机器碰撞和日晒雨淋。

(四) 聚乙烯树脂及制品

1. 性能

聚乙烯树脂（代号PE）是由单体乙烯在一定的条件下，经聚合反应而制得的热塑性塑料。其聚合方法有高压法、中压法和低压法三种。高压法就是在催化剂的存在下，采用高压（100~300MPa）将单体乙烯聚合成聚乙烯。由于其相对密度低，仅为0.91~0.94，所以又称低密度聚乙烯（代号LDPE）；低压法生产聚乙烯，是在催化剂的存在下，在较低温度和常压或略加压的情况下，将单体乙烯聚合成聚乙烯。相对密度为0.94~0.96，故又称高密度聚乙烯（代号HDPE）；中压法的反应压力介于前两者之间，产品的密度也介于两者之间（代号为MDPE）。

聚乙烯制品是以聚乙烯树脂为主要原料制成的塑料制品。

(1) 聚乙烯树脂为白色、无臭、无味、无毒的半透明固体。高压法和低压法生产的聚乙烯，其性能略有不同。

(2) 聚乙烯具有优良的化学稳定性。在室温下几乎不溶于任何有机溶剂，在一般情况下，聚乙烯能耐酸、碱、盐的腐蚀。

(3) 聚乙烯具有突出的电绝缘性能。介电常数只有2.30左右，介电损耗也很低。

(4) 聚乙烯的耐寒性好，它的脆化温度为 -60℃ ~ -110℃，因此，它可以在很低的温度下使用而不发脆，这是很多塑料也不及的。

(5) 聚乙烯具有水蒸气透率低的优点。它的薄膜几乎不透水蒸气，但 O_2、N_2、CO_2 的透气性则较大。这个性质对于制造聚乙烯薄膜非常重要，用它来包装防潮、防水蒸气散失的物品非常合适，但不宜用以包装需保持香味的物品。此外，聚乙烯还具有吸水性小、韧性强、耐冲击等优点；其缺点是机械强度不高，不能承受较大的负荷（但在这方面低压聚乙烯好于高压聚乙烯），耐热性差，在110℃以上就变得很软，因此使用温度一般不超过100℃。

2. 用途

聚乙烯由于其性能优越，成本低廉，因此用途十分广泛。

（1）制作塑料薄膜。

（2）用于制作电线电缆的绝缘材料。

（3）用于制造各种管道。

（4）高密度聚乙烯还用于制造机械零件等物品。

（5）用于制造单丝。

3. 验收与保管要求

（1）验收要求：

检查包装是否完好；核对产品名称、品种、型号、规格、数量是否与实物相符；产品应有出厂检验的质量合格证；聚乙烯薄膜的厚度应均匀、平整，无穿孔、突起、破裂、粗糙条纹、分解线和挂料线等；允许有轻微水纹和少量黑点杂质；聚乙烯板应塑化均匀，表面平整光滑，无裂纹、无气泡；颜色为乳白色。允许有下列缺陷：

①允许有少量不明显的点状杂质，对直径大于0.5mm，小于2mm的非金属杂质每平方米不多于10个，不允许有金属杂质。

②板边20mm内允许存在少量气泡及轻度的皱纹。

③由于收缩而引起的板材边缘的凹凸不超过0.5mm。

④板材表面允许有轻微波纹及由脱模剂造成的轻微斑痕。

聚乙烯棒应为乳白色，表面光滑，无气泡和破裂现象。聚乙烯管内、外壁应光滑，不允许有气泡、裂口、分解变色线及显著的沟纹、凹陷、杂质等。颜色一般为原料本色。

（2）保管要求：

聚乙烯制品应保存于整洁、阴凉、干燥的库房内，应堆放整齐，不得使制品挤压变形或损伤；距热源不少于1m；储存期限从生产日期起不得超过一年；制品在运输过程中要轻拿轻放，保证包装完好，防止机械碰撞及日晒雨淋。

（五）酚醛塑料

以酚类化合物与醛类化合物缩聚而得的树脂统称为酚醛树脂。其中以苯酚与甲醛缩聚而得的酚醛树脂最为重要，以"PF"表示。

1. 性能

酚醛塑料粉是以酚醛树脂或其改性树脂为基材，加入填料及其他添加剂制成的热固性塑料粉。酚醛塑料粉价格低廉，工艺性好，一般采用压缩模塑及注射法成型。制品耐热性及电绝缘性较好，坚硬耐磨，尺寸基本稳定，能耐大多数化学品。可加入各种填料、添加剂。采用苯胺、聚氯乙烯、聚酰胺等改性树脂，可制备成具有不同性能的酚醛塑料粉。主要分为日用、电气、绝缘、高频、高电压、无氨、耐酸、湿热、耐热及冲击等。

2. 用途

酚醛塑料粉主要适于模塑机电、仪器仪表零件，尤其适于形状复杂、表面光泽好的绝缘制品。如：壳体、手柄等。

3. 验收与保管要求

（1）验收要求：检查包装是否完好，有无受潮粘结或变色迹象。酚醛塑料粉为干燥粒状或粉末，外观表面应平整，无气泡和裂纹，允许有少量深浅色斑。

（2）保管要求：酚醛塑料粉有吸水性，怕热；受潮后容易粘结成块状；受热受压后会变质。因此应储存于通风、干燥的库房内，温度不超过35℃，不得靠近火源、暖气和受阳光直射，特别要注意防潮和防止受热。装卸搬运时，要轻拿轻放，不可重摔，防止包装破漏，不可受水湿雨淋。

（六）有机玻璃

有机玻璃，学名聚甲基丙烯酸甲酯，是由单体甲基丙烯酸甲酯聚合而成的热塑性塑料。

1. 性能

（1）有机玻璃具有优良的光学性能和高度的透光率，是目前最优良的有机透明材料。

（2）有机玻璃质轻，只有同体积普通玻璃的一半，但抗碎裂的能力却超过普通玻璃的十倍。

（3）有机玻璃具有优良的耐气候性。

（4）有机玻璃易于成型加工。可以进行车、锯、刨、钻等机械加工。

此外，它还具有良好的介电性能而且能抵抗许多稀酸、弱碱的腐蚀。有机玻璃的缺点是表面硬度低，耐磨性差，容易被硬物擦伤、划痕而发毛。它的耐热性较差，使用时要注意防热，温度不可超过100℃，不能用沸水洗涤。

2. 用途

有机玻璃可以用于制作仪器、仪表零件、飞机、车船的透明配件和电气绝缘材料、建筑材料、光学镜片及各种生产用品等。

3. 验收与保管要求

（1）有机玻璃的验收要求：验收时检查包装是否完好，有无磨损、破坏、刮伤、受热等现象；产品应附有出厂检验的合格证书和技术证件；注意检查胶纸糊层是否完整，不允许有擦气、空穴、裂纹和银色细粒，允许有少量的内部气泡。

（2）有机玻璃的保管要求：有机玻璃表面用纸包装，装在四周有衬垫物的板条或层板箱内；应储存在干燥、通风、没有有机溶剂的库房；温度不超过35℃；不能靠近火源；装卸时，要轻拿轻放，不可重摔，防止碰撞和日晒雨淋。

（七）管道防腐保温塑料

1. 可发性聚苯乙烯泡沫塑料

（1）可发性聚苯乙烯泡沫塑料的性质。

可发性聚苯乙烯泡沫塑料是以聚苯乙烯树脂为基材，用沸点低的烃类发泡剂浸渍后成为可发性珠粒，此珠粒受热至90～110℃，经模型再发泡而制成。具有隔音、隔热、防震、耐水、耐酸、耐碱、柔软性和弹性好等特征。密度可做得极小，泡沫体内含有98%左右的空气，所以导热能力低，是一种很好的缓冲和绝缘防腐材料。

（2）可发性聚苯乙烯泡沫塑料的用途。

可通过工艺控制制得不同密度的发泡制品，用作绝热、防震、包装、漂浮和隔音材料。其预发泡体可用作生产用水过滤介质及轻质混凝土的原料。石油工业中大量用于管道防腐保温材料。

（3）可发性聚苯乙烯泡沫塑料的验收与保管要求。

验收时，检查包装是否完好，有无破损、受潮、雨淋、污染等现象。本品为颗粒状的白色或无色透明珠粒。运输时应避免受潮、受污染和直接光照。应储存在干燥阴凉的仓库内，勿于易燃物品和腐蚀性物品放在一起，应远离火源。

2. 硬质聚醚型聚氨酯泡沫塑料

(1) 硬质聚醚型聚氨酯泡沫塑料的性能。

硬质聚醚型聚氨酯泡沫塑料为浅黄色、无臭、闭孔结构热固性硬泡沫塑料。其交联点间的链段相对分子质量为 300~800，性能随使用原料和配方的不同有较大的差异。它不为无机酸、碱、盐溶液及弱氧化剂所侵蚀，在脂肪烃与芳烃中微溶胀，在氯仿中溶胀，能部分溶于丙酮中。具有隔热、隔音、耐酸碱、防漏等特征。

(2) 硬质聚醚型聚氨酯泡沫塑料的用途。

在石油工业中，广泛用于各种管道和容器等的保温绝热材料、保温和隔音结构材料、防漏材料等。

(3) 硬质聚醚型聚氨酯泡沫塑料的验收与保管要求。

组合料用铁桶装，泡沫塑料用塑料袋装。产品应附有出厂检验的质量合格证及产品使用证明书。验收时检查包装是否完好，有无破损、受潮、污染等现象。应储存在通风干燥的库房内，不得近火源，储存期不宜过久。由于是双组分按比例配合使用，因此要注意按配套量收发。

第七节 油田化学试剂

一、钻井液材料

配制各种钻井液所用的物质称为钻井液材料。钻井液材料包括原材料及处理剂。钻井液原材料是指那些组成钻井液的基本组分。包括水、油、造浆材料和加重材料等。

钻井液处理剂是指用来调整钻井液性能的物质，是钻井液中的关键成分。包括氧化物、硫酸盐、碱料、CMC 等。

（一）钻井液材料的分类

钻井液材料按功能和用途的不同可分为 18 类，见表 2-6-14。

表 2-6-14 钻井液材料按功能和用途分类表

类　别	名　称	品种举例
1	碱度调节剂	烧碱、纯碱
2	杀菌剂	甲醛
3	除钙剂	纯碱
4	腐蚀抑制剂	碱式碳酸锌
5	消泡剂	甘油聚醚
6	乳化剂	ABSN
7	滤失量降低剂	CMC、铬腐殖酸、SMP-1
8	絮凝剂	PAM
9	起泡剂	ABSN、十二烷基硫酸钠
10	堵漏剂	水玻璃、石灰石、核桃壳
11	润滑剂	RH-3
12	页岩抑制剂	氯化钾、PAC 系列产品、FT1

续表

类别	名称	品种举例
13	表面活性剂	ABSN
14	降粘剂	铁铬木质素磺酸盐、碱化拷胶
15	增粘剂	80A51
16	加重剂	重晶石粉、氧化铁粉
17	解卡剂	OP-10、磺化妥尔油、SR301
18	高温稳定剂	SMOP-1-2, SPH

（二）钻井液材料的作用

为了调整和控制钻井液性能，单纯使用水稀释或用机械设备处理钻井液是不够的，必须使用化学处理剂进行钻井液的化学处理，改变钻井液的物理、化学性质和胶体状态。其作用主要有：（1）调节pH值；（2）离子交换作用；（3）分散作用；（4）控制絮凝作用；（5）沉淀作用；（6）络合作用；（7）调节密度作用；（8）降低滤失量作用；（9）降粘作用；（10）乳化作用。此外，还有增粘作用、消泡作用、减磨、防粘卡和解卡作用。

（三）钻井液材料的质量指标

钻井液材料质量分为理化指标和钻井液性能指标两类。理化指标是检验钻井液材料自身性能的指标。包括外观、有效成分含量、密度、细度、pH值等。钻井液性能指标是在实验室内按标准配制成基浆后，加入钻井液材料，在一定温度、压力、搅拌速度、时间等条件下，测定出的钻井液性能指标。包括滤失量、表观粘度、塑性粘度、pH值。

（1）有效成分含量：钻井液材料中，固体的常含有少量水分、杂质、水不溶物或改性剂等，液体的常加有稀释剂、溶剂等，其有效成分含量常达不到百分之百。有效成分的含量占全部钻井液材料的百分比，称为有效成分含量，用百分数表示。

（2）细度：固体颗粒的大小称为细度。用"目"或"mm"表示。

（3）粘度：流动物质内部阻力的量度叫做粘度，粘度值随温度的升高而降低。

（4）塑性粘度：钻井液在层流时，钻井液中固体颗粒与固体颗粒之间、固体颗粒与液体分子之间、液体分子与液体分子之间的内摩擦力的总和，就是塑性粘度。

（5）表观粘度：一定体积的钻井液流过规定尺寸的小孔所需要的时间，用 mPa·s 表示。

（6）滤失量：在井内钻井液中的部分水分因受压差的作用而渗透到地层中去，这种现象叫失水过程，失水的多少叫滤失量，用 mL 表示。

（7）pH值：溶液中的氢离子或氢氧根离子的浓度，用pH表示，故称pH值。钻井液材料一般要求pH值大于或等于7，即中性或碱性。

（四）常用钻井液材料

1. 造浆材料

1）钻井液用膨润土

（1）性能：膨润土是一种土状矿物，主要成分是蒙脱石，为乳白色至橄榄绿色，相对密度为2.4~2.8。有强烈的吸水性，能吸收相当于本身体积8倍的水，而体积会膨胀到其干体积的10~30倍。加水成胶溶液后，几乎能永远处悬浮状态。烘干后，可加水再膨胀。

往复处理，并不影响其性能。

（2）用途：在钻井液中，加入造浆率高的膨润土，可以增加钻井液的粘度和动切力，从而提高悬浮钻屑的能力。使用膨润土还能降低钻井液的滤失量，这是因为地层中的粘土颗粒较多，故可以改善钻井液的滤失性能。

（3）包装：膨润土粉的包装袋应具有足够的强度，最少应有两层。外层为涂乳胶编织袋或聚丙烯编织袋，内层为高强度聚乙烯薄膜袋，以达到防水和不易破损的要求。每袋净重25kg，允许误差为±5%。

（4）验收方法：对于袋装的膨润土，应先检查内外层包装袋是否符合要求，包装外的品名、生产厂名、出厂批号、商标、净重等是否标记清晰、齐全。开包检查有无受潮、结块现象。每批产品应附有生产厂提供的质量证明书，其证书批号是否与实物相符。

袋装的膨润土到货后，数量检验时应在每批产品中抽检50袋，每袋平均值不少于25kg。

（5）保管要求：应存放于阴凉、通风、干燥的库房或料棚中，下垫，防止受潮结块，防止包装破损。

2）凹凸棒抗盐土

（1）特性：凹凸棒石矿经特殊的机械加工成细度适宜的粉末，外观为灰白色或灰绿色，在淡水、咸水、海水、饱和盐水中都能分散，耐温性强。

（2）用途：多用于咸水和饱和盐水钻井液的配浆材料。它能改善水基钻井液在环空中的流型，提高携带钻屑的能力。

（3）验收方法：外层为聚丙烯编织袋，内层为塑料薄膜袋，每袋重25kg。对于袋装凹凸棒抗盐土，应先检查内外层包装袋是否符合要求，包装外的品名、生产厂名、出厂批号、商标、净重等是否标记清晰、齐全。开包检查有无受潮、结块现象。每批产品应附有生产厂提供的质量证明书，其证书批号是否与实物相符。

袋装的凹凸棒抗盐土到货后，数量检验时应在每批产品中抽检50袋，每袋平均值不少于25kg。

（4）保管要求：应存放于通风、干燥的库房或料棚中，免受潮、雨淋。

2. 加重材料

1）钻井液用重晶石粉

（1）特性：重晶石的主要成分为硫酸钡（$BaSO_4$），呈白色或灰色，有时带天蓝色、粉红色、黄色或褐色。斜方晶系，呈粗粒致密的块状或完整的极状晶体。相对密度为4.2~4.6，摩氏硬度为2.5~3.5，性脆，不溶于酸，进入油层后不易解堵。钻井液用重晶石粉是重晶石矿经分选、粉碎、过筛后的粉状物，有轻微毒性。

（2）用途：加入钻井液中，以悬浮状态增加钻井液的密度。可将钻井液密度调到$2.00g/cm^3$以上。

（3）验收方法：对于袋装的钻井液用重晶石粉，应先检查内外层包装袋是否符合要求，包装外的品名、生产厂名、出厂批号、商标、净重等是否标记清晰、齐全。开包检查有无受潮、结块现象。每批产品应附有生产厂提供的质量证明书，其证书批号是否与实物相符。

袋装的钻井液用重晶石粉到货后，数量检验时应在每批产品中抽检50袋，每袋平均值不少于25kg。

（4）保管要求：应存放于阴凉、通风、干燥的库房或料棚中，下垫，防止受潮结块，防止包装破损。

2）钻井液用氧化铁粉

（1）特性：将铁矿石经分选、粉碎、过筛加工成为粉状。其特点是能和盐酸反应，堵塞油层后可用酸化解堵。加入钻井液中作加重剂。其硬度较高，易磨损钻具、阀门、钻井泵缸套及钻头水眼。

（2）验收方法：对于袋装的钻井液用氧化铁粉，应先检查内外层包装袋是否符合要求，包装外的品名、生产厂名、出厂批号、商标、净重等是否标记清晰、齐全。开包检查有无受潮、结块现象。每批产品应附有生产厂提供的质量证明书，其证书批号是否与实物相符。

袋装的钻井液用氧化铁粉到货后，数量检验时应在每批产品中抽检50袋，每袋平均值不少于25kg。

（3）保管要求：应存放于阴凉、通风、干燥的库房或料棚中，下垫，防止受潮结块，防止包装破损。

3）钻井液用钒钛铁矿粉

（1）特性：钒钛铁矿机械加工成为细度适宜的粉末。颜色为褐色。具有密度大、耐研磨、不溶于水，部分能和盐酸发生反应。不易吸水，但受潮后易结块。

（2）用途：加入钻井液中作加重材料。

（3）验收方法：包装应有足够的强度，外层为聚丙烯编织袋，内层为高强度聚乙烯薄膜袋。每袋重25kg±5%。验收时应在每批产品中任意抽检50袋，每袋平均值不少于25kg。

（4）保管要求：应存放在通风、干燥的库房内，避免潮湿和雨淋。

3. 增粘剂和降粘剂

1）钻井液用增粘剂80A51

（1）特性：钻井液用增粘剂80A51是丙烯酰胺、丙烯酸盐高分子聚合物。外观为白色或微黄色粉末状。

（2）用途：加入钻井液中作增粘剂。

（3）验收方法：先检查包装袋有无破损，包装上的产品名称、净重、厂名、出厂日期等是否醒目齐全。打开包装，目测其是否为白色或微黄色粉末状，有无受潮、结块、变质迹象，有无质量证明书等。数量验收可抽查每袋重量（净重）。用每袋净重乘以到货袋数，即可计算出总到货数量。

保管保养及运输同钻井液用膨润土。

2）钻井液用降粘剂XB40

（1）特性：该产品主要成分为丙烯酸盐和丙烯磺酸盐。外观为淡蓝色颗粒或白色粉末。

（2）用途：用作钻井液的降粘剂。

（3）验收方法：外层为编织袋，内层为高强度塑膜袋，以达到防水和不易破损的要求，每袋净重25kg±5%。先检查包装是否符合标准的要求，有无破损、漏失。包装上的标志和标记是否醒目齐全。打开包装后检查其外观是否为淡蓝色颗粒或白色粉末状，有无受潮、结块、污染现象。数量验收可采取在每批产品中任意抽检40袋，每袋平均值应不少于25kg，否则用户可按实收量付款。

（4）保管要求：同钻井液用膨润土。

4. 其他处理剂

1）钻井液用羧甲基纤维素钠盐（CMC）

（1）特性：白色纤维状强颗粒状粉末、无臭、无味，有吸湿性，其吸湿性随羧基的酯化度而异。易溶于水，在碱性溶液内形成透明粘胶体，水溶液的粘度随 pH 值、聚合度而异，不溶于乙醇、乙醚、丙酮等有机溶剂。羧甲基纤维素钠的水溶液对热不稳定，其粘度随温度的升高而降低。CMC 分高粘度（HV – CMC）、中粘度（MV – CMC）、低粘度（LV – CMC）三种。

（2）用途：CMC 在钻井液中主要用作滤失量降低剂。CMC 除了能降滤失量外，由于能与多个粘土细颗粒吸附，还能增大泥饼的胶结性。因此，它还有抑制页岩水化膨胀，巩固井壁的作用，高粘 CMC 还是一种常用的增粘剂。

（3）验收方法：包装量至少应有两层，外层为三合一复合包装，内层为薄膜袋，每袋净重 25kg ± 2%。先检查包装有无破损、漏失、受潮现象或进水现象，包装上的标志和标记是否醒目、齐全。发现问题时应做好验收记录，分情况向承运方或供应方提出索赔、换货、退货等要求。

打开包装检查其是否为自由流动的粉末状，进一步检查有无受潮、有无污染、变质。产品质量证明书上的批号是否与实物相符。

检查数量时，在每批产品中任意抽检 50 袋，每袋平均值不少于 25kg 即为到货单重合格。

（4）保管及运输：防止储存运输过程中受潮发粘、变质。发现进水受潮时，均要清理出来。

2）钻井液用磺甲基酚醛树脂（SMP – 1）

（1）特性：外观为棕红色粘稠状液体。以酚醛树脂为主体，经过磺化或引入其他官能团或与其他聚合物进行共聚或接枝而成。

热稳定性好，高温下不会引起钻井液严重增稠，高温下无副作用。亲水性强，抗钙能力强，较低的 pH 值不影响其亲水能力。能与很多高价阳离子配合使用，提高其效能，但其吸附能力受高温影响较大，是一种抗高温（可达 200～220℃）滤失量降低剂。其在高温下有部分的降解产物出现，对钻具有腐蚀性，可配合除硫剂，避免管材受损害。

（2）用途：加入钻井液中作为高温降滤失剂用。

（3）验收方法：采用铁桶包装，每桶重量为 200kg。先检查包装桶是否有变形、破裂、膨胀、漏失现象。再检查包装外的标志和标记是否清楚、齐全。发现问题时应做好验收记录，并分情况处理。打开包装桶盖，搅拌后目测其是否为棕红色粘稠液体，有无沉淀、结块等现象。核对其产品质量证明书上的批号是否与实物相符。

数量检验采取抽检单重，每批产品不少于 20%。发现短少可提出索赔要求。

（4）运输及保管：应存放于阴凉干燥处，储存期限为一年（从生产之日起计算）。若超过储存期，需重新检验，合格后方可使用。运输中应注意防止碰坏包装造成损失，装卸时应轻拿轻放，不得摔坏包装。

二、油井水泥外加剂

在固井时，任何一种油井水泥，要完全满足固井的各项要求是比较困难的，因此经常加入各种化学处理剂来调节水泥的凝固时间以及改善其他性能（如水泥浆的流动度、失水量、强度等），使之满足不同条件下的固井要求，这类化学处理剂称为油井水泥外加剂。

(一) 油井水泥外加剂的分类和作用

1. 缓凝剂

缓凝剂是指能够延长水泥凝固时间的物质,称为水泥缓凝剂。在井眼深、井温高、注水泥时间长的井内,为防止水泥浆在注入途中凝结,必须加入缓凝剂,以保证固井工程的顺利进行。这类材料有硫酸铁、铁铬木质素磺酸盐、丹宁酸、酒石酸等。

2. 速凝剂

速凝剂是指能够缩短水泥凝固时间的物质,称为水泥的速凝剂。在封堵高压油、气、水层或裂缝性漏失层时,要求注入的水泥浆能迅速凝固;在表层套管、技术套管中或中深井油层套管的注水泥工作中,要在水泥浆内加入一定数量的速凝剂,以缩短凝结时间,加快工程进度。这类材料有氯化钙、氯化钡、水玻璃等。

3. 其他油井水泥外加剂

为了调整水泥浆性能,还可加入降失水剂、稀释剂、除泡剂和减阻剂等。

(二) 常用油井水泥外加剂

1. 单宁酸（$C_{76}H_{52}O_{46}$）

(1) 特性:外观为淡黄色或黄色粉末,有涩味,是一种有机弱酸,pH 值为5~6之间。可溶于水,含水乙醇、丙酮、乙酸乙酯、甘油等,但不溶于无水乙醇、苯及液态烷烃等。可以水解生成双没食子酸和葡萄糖。

(2) 用途:用于油气井固井时油井水泥的缓凝剂。也可以作钻井液材料。

(3) 验收方法:工业单宁酸用塑料袋作内包装,外包装为麻袋或编织袋。每袋规定重量25kg或50kg。验收方法同钻井液用膨润土。

(4) 保管要求:由于其易受光的作用,易吸潮结块,故在保管时应储存于避光、干燥的库房中。

2. 油井水泥用空心微珠

(1) 特性:外观为白色或浅灰色有流态的颗粒。其堆积密度很小,在 $0.35~0.45g/cm^3$ 之间,相对密度在 $0.60~0.70$ 之间。

(2) 用途:加入油井水泥中作减重剂,用于降低油井水泥浆密度,保护低压油层。

(3) 验收方法:内衬塑料袋,外罩尼龙编织袋,每袋净重20kg。打开包装检验其外观是否为白色或浅色具有流态的颗粒,产品中有无受潮现象。其他参考钻井液用膨润土。

(4) 运输及保管:运输途中注意防潮,防包装破损。储存于干燥处。

三、采油用化学剂

在油田开发过程中,砂、蜡、水、稠是油田开发和原油输送的四大害。为了保证油田开发方案的实施和输送合格的原油,就要采取各种工艺和方法清砂防砂、清蜡防蜡、脱水堵水、降低原油粘度。在这些工艺过程中,需使用各种采油用化学剂。

(一) 采油用化学剂的分类

采油用化学剂按其用途可分为:

(1) 原油破乳剂。如:SP-169、AP113、BP2040等。

(2) 反相破乳剂。如:CW-01等。

(3) 水处理剂。如:杀菌剂、絮凝剂等。

(4)其他采油用化学剂。如:原油降凝剂、降粘凝剂等。

(二)采油用化学剂的作用

1. 原油破乳剂

各油田采出的原油一般都含水。由于构造位置、投产时间的不同,含水量的差别很大,新采油区原油含水有的只有百分之几,老采油区有的则高达80%以上。国家要求油田输出的原油含水量不超过5%,这就要进行原油脱水。破乳剂就是用来脱去原油中的水分的。

原油中的水,大多呈油包水型乳化状态存在,即水是内相,油是外相。常用热化学脱水或电化学脱水,两者都需要在含水原油中加破乳剂。我国目前使用的破乳剂多为非离子型表面活性剂,具有亲水基团或憎水基团,能选择吸附于乳液界面,使界面张力下降,这时乳化液内悬浮相(即内相液滴)的分散液珠将聚集成小滴(称絮凝时期),小滴再进一步汇集成大液滴下沉(称聚合时期)而与油相分离,完成脱水工艺。

2. 反相破乳剂

反相破乳剂是阳离子型高分子聚合物,在含油污水处理时,较常用的非离子型破乳剂效能高,用量少。该类破乳剂适用于水包油型乳化液的破乳,故称反相破乳剂。

3. 水处理剂

水处理剂加入工业用水、生活用水或油田污水中,使污染水变成清水,达到各类水的应用标准,也可以减少油田注入水对设备的腐蚀。

4. 杀菌剂

油田水中的硫酸盐还原菌和腐生菌能产生腐蚀产物,引起油田设备和管线腐蚀,腐蚀产物还能堵塞水处理系统的过滤器和油层。在利用聚合物进行压裂改造油层,以及三次采油中,细菌会引起聚合物溶液变质。采用杀菌剂用于杀死这类细菌,控制油田水及其他工业水中的细菌生长繁殖。

氧化性杀菌剂有氯气、次氯酸钠、臭氧、过醋酸等。由于这类杀菌剂对设备和管道有腐蚀性,已很少用。现主要使用非氧化性杀菌剂,如:胺、季铵盐、有机硫、酚和醛类等。

(三)常用采油化学剂

1. 原油破乳剂

1) SP-169型破乳剂

(1)特性:SP-169型破乳剂是SP型破乳剂的代表,其理论结构式为:$C_{18}H_{37}O-M$。

(2)用途:适用于油田和炼厂的原油破乳脱水。

(3)验收方法:SP-169型破乳剂用100L或200L清洁、干燥、密封无泄漏的铁桶包装。每桶净重90kg或180kg。其验收时的技术要求如下:

①在规定的破乳脱水条件下,试样脱水量不低于标准脱水量的90%。

②试样脱出的含油污水含油量低于100mg/L时,可不考虑与标样的相对差值;若高于100mg/L时,则试样做出的含油污水含量不得超过标样的30%。

③检验中试样与标样中间层状况应相近。

(4)保管要求:运输、储存和使用时应注意防火、防爆。

2) POI-2420型原油破乳剂

(1)特性:由聚氧丙烯聚氯乙烯二醇醚交连而成。外观为浅棕黄色均匀透明液体,无机械杂质。

(2) 用途：用于油田和炼厂原油脱水。

(3) 验收方法：用清洁、干燥、密封、容量为 200L 或 100L 的铁桶包装，每桶净重分别为 180kg 或 90kg。其他验收方法按 SP-169 型破乳剂的验收方法执行。

(4) 保管要求：储存于阴凉通风处，防止进水，注意防火，远离热源。储存期为两年。运输时，应防止摔碰、曝晒、雨淋。

2. 反相破乳剂

CW-01 反相破乳剂

(1) 特性：外观为棕红色透明液体，易溶于水，中性偏碱，基本无毒，无腐蚀性。破乳速度快、效能高、用量少。具有一定的杀菌、絮凝作用。

(2) 用途：能与表面带负电荷的 O/W 乳化液发挥良好的中和电荷、破乳、桥联和絮凝作用，用于油田含油污水处理。

(3) 验收方法：参考 SP-169 型破乳剂的验收方法。

(4) 保管方法：参考 SP-169 型破乳剂的保管方法。

3. 水处理剂

1) 结晶氯化铝（$AlCl_3 \cdot 6H_2O$）

(1) 特性：外观为橙黄色或浅色晶体，微有盐酸气味。易潮解，溶于水、醇和醚，水溶液呈碱性。熔点 100℃（分解）。

(2) 用途：主要用于饮用水和工业水的处理，在水处理时作为絮凝剂使用。

(3) 验收方法：采用复合塑料编织袋或内衬聚乙烯塑料袋的塑料编织袋包装。每袋净重 40kg。

先检查包装是否破损，是否受潮。发现问题时应做好验收记录，分情况处理。再检查包装上的标志和标记：生产厂名称、产品名称、等级、净重、批号或生产日期、商标和"怕湿标志"是否清晰、齐全。

开包装检查是否为橙黄色或浅色晶体。有无受潮后变质迹象。随产品的质量证明书批号和实物是否相符。对内在质量要由质检部门检验后方可决定是否接收。数量检验可抽检每袋净重，并计算出到货总量。

(4) 运输及保管：易潮解，储运时要防雨、防潮，保持包装完整。禁止与有毒有害物共储共运。

2) 杀菌剂 SQ-8

(1) 特性：是以有机硫和季铵盐为主体，再辅以分散剂及溶剂复配而成的一种高效广谱杀菌剂。

(2) 用途：用于油田注水及压裂添加剂中，除具有杀菌效果外，还具有缓蚀及粘土膨胀效果。

(3) 验收方法：采用 25kg 塑料桶包装。先检查包装是否完好，包装上标记是否齐全，重量是否与装箱单相符。质量检查证书是否齐全。杀菌剂在到货后应由质量检验部门检验合格后方可收料。

杀菌剂 SQ-8 的质量标准：

①外观为橙红色液体；

②二硫氰基甲烷含量为 10%；

③1227 含量为 20%；

④溶剂及助剂为70%；
⑤密度为1.10~1.20g/cm³；
⑥pH值为2.5~3.5。

(4) 保管要求：储存于阴凉干燥的库房中，避免过热及曝晒。由于对皮肤有一定刺激性，不得入口。适用于中性水中，在高pH值水中容易降解，不得和阴离子表面活性剂混合使用。

3) 杀菌剂CT10-1

(1) 特性：它是一种有机胺型杀菌剂，主要用于抑制硫酸盐还原菌和腐生菌生长造成的腐蚀与堵塞，与1227轮换使用可防止细菌产生抗药性。使用时可连续或间歇加药，与有机膦阻垢剂、水溶性缓蚀剂配合性能良好。

(2) 用途：用于油田污水处理中抑制细菌生长。

(3) 验收方法：用25kg塑料桶包装。其他同杀菌剂SQ-8。

(4) 保管要求：储存于阴凉干燥处，密闭保存，保存期为180天。

四、酸化压裂液添加剂

油层酸化是利用配制好的酸化液注入油气层，改变地层结构，增加油气井产量和注水井的注水量。配制各类酸化液的材料称为酸化液添加剂。如：盐酸、氢氟酸、甲醛、烷基磺酸钠、匀染剂、缓蚀剂等。

油层水力压裂是凭借由地面向井内泵送液体的能量，使油层破裂，形成并保持裂缝。配制各类压裂液的材料称为压裂液添加剂。如：田菁粉、胍尔胶、过硫酸铵、硼砂、淀粉酶、高锰酸钾等。

(一) 酸化压裂液添加剂的分类

酸化压裂液添加剂的分类见表2-6-15。

表2-6-15 酸化压裂液添加剂的分类

序号	名称	典型代表物
1	稠化剂	改性田菁粉、胍尔胶、羟乙基纤维素
2	交联剂	硼砂、氯化钡、TA系列钛酸酯交联剂
3	压裂支撑剂	陶粒、石英砂、核桃壳等
4	助排剂	助排剂JM-3、AL-302等
5	粘土稳定剂	聚季胺FTA、防膨剂P106等
6	酸化缓蚀剂	缓蚀剂CT1-2、HN-1
7	酸化其他助剂	浓缩酸、胶束酸、解堵剂

(二) 酸化压裂液添加剂的作用

(1) 稠化剂（又称增粘剂）：加入压裂液中，用以提高液体的粘度，增强携砂能力。

(2) 压裂支撑剂：在压裂过程中，随压裂液进入油层裂缝，起支撑作用，使裂缝不闭合，提高油层渗透率。

(3) 助排剂：以水为介质酸化液，注入油气层后，其表面张力很大，其中的水返排不出来，对油气层产生危害，堵塞地层；助排剂加入后，可以降低表面张力，有利于液体的返排，达到护油气层的目的。

（4）交联剂：将压裂液中单个分散的植物高分子连接起来，形成网状结构。

（三）常用酸化压裂液添加剂

1. 稠化剂

胍尔胶

（1）特性：是由胍尔豆植物加工后的产品。

（2）用途：配制油层压裂的主要原料，作增粘剂用。

（3）验收方法：三合一包装，其内层为塑料袋，中层为牛皮纸，外层为塑料编织袋。每袋重量一般为25kg或50kg两种，到货后，要严格检查包装及标记等，外观应符合标准要求，注意检查产品有无受潮、进水、污染等，生产厂提供的质量证明书是否与实物批号相符，然后由质检部门抽检，合格后方可入库收料。否则视情况提出退货索赔。

（4）保管要求：应防止受潮进水而变质。库存期以生产之日起不超过六个月为宜。

2. 交联剂

1）硼砂（$Na_2B_4O_7 \cdot 10H_2O$）

（1）特性：无色半透明的晶体，稍溶于水，较易溶于热水，水溶液呈碱性，加热至320℃可完全失去结晶水，常温下在空气中可风化，熔化时成玻璃状。

（2）用途：配制压裂液时作交联剂。

（3）验收方法：包装于内衬塑料袋的编织袋中，每袋净重50kg。袋内应附有生产厂的质量证明书。验收时先检查包装及标志，打开包装后检查外观色泽，有无杂物，有无风化或受潮迹象，有无质量证明书等。

（4）运输及保管要求：储存于干燥清洁的仓库内。运输时应有遮盖物，以免雨淋或受潮。并不应与潮湿物和其他有色物料混合运输。运输工具必须干燥清洁。

2）氯化钡（$BaCl_2 \cdot 2H_2O$）

（1）特性：属无机毒品。有苦味及咸凉味，易溶于水。有毒性，吸入能引起呕吐，对人畜均有害。相对密度为3.097，熔点860℃。微溶于盐酸和硝酸。当热至113℃时会失去水分变成白色粉末。

（2）用途：石油工业上配制油层压裂液时作交联剂。

（3）验收方法：用塑料编织袋内衬塑料薄膜袋包装。每袋净重一般为25kg和50kg两种。

（4）运输及保管要求：应储存于清洁、阴凉、通风处。在储存和运输过程中应防止受潮和散失，不得与其他物品混存。由于氯化钡有毒，其粉尘吸入后会使人发生肺尘埃沉积病、急性肺炎和支气管炎。故操作时应穿戴防护用具，不要直接接触。工作完成后要清洗手脸部。

3. 其他添加剂

1）破胶剂

（1）高锰酸钾（$KMnO_4$）。

①特性：是一级无机氧化剂。外观为深紫色，有金属光泽的粒状成针状结晶，味甜而涩。溶于水，呈紫色溶液。相对密度为2.70。加热至240℃时开始分解而放出氧气，遇乙醇易分解。与易燃物质一并加热或撞击、摩擦，会发火爆炸。其氧化力在酸性溶液中最强。

②用途：石油工业中配制油层压裂液作为破胶剂。

③验收方法：高锰酸钾装于铁桶内（铁皮厚0.5~0.7mm，桶高43~46mm），每桶净重

75kg。

④运输及保管要求：高锰酸钾属于强氧化剂。应储存于干燥、通风、温度较低的场所，防止日晒、雨淋。储运时严禁与其他物资混放，运输过程中轻拿轻放，仔细检查包装是否完整无损。发现包装破损，应立即更换包装，防止发生危险。

（2）过硫酸铵 [$(NH_4)_2S_2O_6$]。

①特性：是二机无机氧化剂，外观为白色结晶固体。在水中溶解后即行分解，冲击或高热会爆炸，相对密度为1.98。

②用途：石油工业中配制压裂液时作破胶剂。

③验收方法：包装于内衬塑料袋或两层牛皮纸袋的钢桶或木箱内，或装于内衬塑料袋的复合塑料编织袋内。单包装净重为25kg或50kg。

④运输及保管要求：要避免与易燃、易爆和还原性物质混存、共运。运输和储存时，应有遮盖物，防止受潮。

2）活性剂

（1）烷基苯磺酸钠。

①特性：白色或淡黄色粉状或片状固体，溶于水，成半透明浆状液体。对碱、稀酸、硬水稳定。抗钙抗盐性能较强，在淡水中起泡性很强。属阴离子型表面活性剂。

②用途：加入钻井液中，用作起泡剂，也可作为酸化液的活性剂。与司苯-80等配合可用作盐水泥浆的乳化剂，不易起泡。

③验收方法：以铁桶或内衬塑料薄膜袋包装，每桶净重200kg，或以内衬塑料袋外套编织袋包装，每袋净重50kg。检查包装桶或袋是否完好，包装上的标志和标记是否醒目齐全。发现问题做好记录，分不同情况处理。开包装后验收外观，固态的应是白色或淡黄色粉状或片状固体。有无结块、受潮、变质；液体的应是乳白色液体。看有无结块、变色现象。

④运输及保管要求：装运时轻装轻卸，防止包装破损外漏。应储存在阴凉、通风、干燥的库内，远离火种、热源，严格防潮、防水。

（2）匀染剂102（平平加）。

①特性：以混合型高级脂肪醇为原料，在碱性条件下与环氧缩合即得成品。该产品呈乳白色硬膏状，易溶于水，具有优良的匀染、扩散、渗透、乳化、润湿性能。

②用途：石油工业中配制酸化液的活性剂。

③验收方法：以内衬塑料袋的洁净铁桶包装，每桶净重50kg。

④保管要求：储存于阴凉干燥的仓库中。

3）络合剂

乙二胺四乙酸二钠（络合剂EDTA二钠盐）：

（1）特性：以乙二胺四乙酸为原料，在其悬浮液中加入纯碱溶液即得乙二胺四乙酸二钠，经浓缩、结晶、离心脱水即得成品。外观为白色结晶。溶于水，不溶于乙醇、乙醚等有机溶剂，其2%水溶液的pH值为5~6。与碱金属、碱土金属及某些贵金属均能络合生成较稳定的盐类。

（2）用途：重要的络合剂之一。用作医药解毒剂、净水剂、pH值调节剂、螯合剂及阻凝剂等，还可用于贵金属的分离与提纯。石油工业中用于配制酸化液的络合剂。

（3）验收方法：以内衬塑料袋的聚丙烯编织袋包装，每袋净重25kg。袋内应附有生产厂的质量证明书。验收时先检查包装及标志，打开包装后检查外观色泽，有无杂物，有无风化或受潮迹象,有无质量证明书等。

(4) 保管要求:应储存在通风干燥的库房内,远离火种。可按一般化学品规定储运。

4. 酸类

甲酸（HCOOH）：

(1) 特性:甲酸又称蚁酸,是一级无机酸性腐蚀性物品。无色液体,呈强酸性,有辛辣的刺激味,能与水、醇、醚和甘油任意混溶。强还原剂。热至160℃以上时,分解为二氧化碳和氢气,与浓硫酸加热产生一氧化碳。相对密度为1.22,熔点为8.4℃,沸点为100.6℃,折射率为1.3714。有毒、有强腐蚀性,触及皮肤会产生水泡。

(2) 用途:石油工业中用于配制油气井酸化液。

(3) 验收方法:采用塑料桶或玻璃瓶包装,每桶净重25kg。数量验收可用火车轨道衡或汽车轨道衡计量,也可抽检单桶重量。

(4) 保管要求:避免曝晒、雨淋,搬运人员应穿戴防护用具。储存于阴凉通风的库房内,不可受日光直射,容器必须密封。与氧化剂、碱类隔离储存。它能燃烧,其蒸气与空气混合会引起爆炸。储存期为6~12个月。

第七章 煤、焦炭及油品

第一节 煤 炭

煤是黑色或褐色具有可燃性的固体矿物，燃烧时可以放出大量的热量，有暗淡的金属光泽，含碳量一般为46%~97%，密度为1~1.8g/cm³。

一、煤的成分

（一）煤中的有机成分

煤中的有机质主要由碳、氢、氧、氮和有机硫五种元素组成。其中，碳、氢、氧占有机质的95%以上。此外，还有极少量的磷和其他元素。煤中有机质的元素组成，随煤化程度的变化而有规律地变化。一般来讲，煤化程度越深，碳的含量越高，氢和氧的含量越低，氮的含量也稍有降低，唯硫的含量则与煤的成因类型有关。含硫多的煤在燃烧时生成硫化物气体，不仅腐蚀金属设备，与空气中的水反应形成酸雨，污染环境，危害植物生产，而且将含有硫和磷的煤用作冶金炼焦时，煤中的硫和磷大部分转入焦炭中，冶炼时又转入钢铁中，严重影响焦炭和钢铁质量，不利于钢铁的铸造和机械加工。

（二）煤中的无机成分

煤中的无机质主要是水分和矿物质，它们的存在降低了煤的质量和利用价值，其中绝大多数是煤中的有害成分。另外，还有一些稀有、分散和放射性元素，如锗、镓、铟、钍、钒、钛、铀……它们分别以有机或无机化合物的形态存于煤中，其中某些元素的含量，一旦达到工业品位或可综合利用时，就是重要的矿产资源。

通过元素分析可以了解煤的化学组成及其含量，通过工业分析可以初步了解煤的性质，大致判断煤的种类和用途。煤的工业分析包括对水分、灰分、挥发分的测定和固定碳的计算四项内容。

1. 水分

水分指单位重量的煤中水的含量。煤中的水分有外在水分、内在水分和结晶水三种存在状态。一般以煤的内在水分作为评定煤质的指标。煤化程度越低，煤的内部表面积越大，水分含量越高。水分对煤的加工利用是有害物质。在煤的储存过程中，它能加速风化、破裂，甚至自燃；在运输时，会增加运量，浪费运力，增加运费；炼焦时，消耗热量，降低炉温，延长炼焦时间，降低生产效率；燃烧时，降低有效发热量；在高寒地区的冬季，还会使煤冻结，造成装卸困难。只有在压制煤砖和煤球时，需要适量的水分才能成型。

2. 灰分

灰分是指煤在规定条件下完全燃烧后剩下的固体残渣。它是煤中的矿物质经过氧化、分解而来。灰分对煤的加工利用极为不利，灰分越高，热效率越低，燃烧时，熔化的灰分还会在炉内结成炉渣，影响煤的气化和燃烧，同时造成排渣困难；炼焦时，全部转入焦炭，降低了焦炭的强度，严重影响焦炭质量。煤灰成分十分复杂，成分不同直接影响到灰分的熔点。灰熔点低的煤，燃烧和气化时，会给生产操作带来许多困难。为此，在评价煤的工业用途时，必须分析灰成分，测定灰熔点。

3. 挥发分

挥发分指煤中的有机物质受热分解产生的可燃性气体。它是对煤进行分类的主要指标，并被用来初步确定煤的加工利用性质。煤的挥发分产率与煤化程度有密切关系，煤化程度越低，挥发分越高，随着煤化程度加深，挥发分逐渐降低。

4. 固定炭

固定炭指测定煤的挥发分时，剩下的不挥发物称为焦砟，焦砟减去灰分称为固定碳。它是煤中不挥发的固体可燃物，可以用计算方法算出。焦砟的外观与煤中有机质的性质有密切关系，因此，根据焦砟的外观特征，可以定性地判断煤的粘结性和工业用途。

二、煤的物理性质

煤的物理性质是煤的一定化学组成和分子结构的外部表现。它是由成煤的原始物质及其聚积条件、转化过程、煤化程度和风、氧化程度等因素所决定。包括颜色、光泽、粉色、密度、硬度、脆度、断口及导电性等。其中，除了比重和导电性需要在实验室测定外，其他根据肉眼观察就可以确定。煤的物理性质可以作为初步评价煤质的依据，并用以研究煤的成因、变质机理和解决煤层对比等地质问题。

（一）颜色

颜色是指新鲜煤表面的自然色彩，是煤对不同波长的光波吸收的结果。呈褐色—黑色，一般随煤化程度的提高而逐渐加深。

（二）光泽

光泽是指煤的表面在普通光下的反光能力。一般呈沥青、玻璃和金刚光泽。煤化程度越高，光泽越强；矿物质含量越多，光泽越暗；风、氧化程度越深，光泽越暗，直到完全消失。

（三）粉色

粉色指将煤研成粉末的颜色或煤在抹上釉的瓷板上刻划时留下的痕迹，所以又称为条痕色，呈浅棕色—黑色。一般是煤化程度越高，粉色越深。

（四）密度

煤的密度指单位体积煤的质量。密度大的煤，往往结晶成方块或粒状，质量较好，如烟煤；密度小的煤，往往结晶成片状或芝麻粒状，质量较差，如褐煤。

（五）硬度

硬度是指煤抵抗外来机械作用的能力。根据外来机械力作用方式的不同，可进一步将煤的硬度分为刻划硬度、压痕硬度和抗磨硬度三类。煤的硬度与煤化程度有关，褐煤和焦煤的硬度最小，约 $2\sim2.5$；无烟煤的硬度最大，接近 4。

（六）脆度

脆度是煤受外力作用而破碎的程度。成煤的原始物质、煤岩成分、煤化程度等都对煤的脆度有影响。在不同变质程度的煤中，长焰煤和气煤的脆度较小，肥煤、焦煤和瘦煤的脆度最大，无烟煤的脆度最小。

（七）断口

断口是指煤受外力打击后形成的断面的形状。在煤中常见的断口有贝壳状断口、参差状断口等。煤的原始物质组成和煤化程度不同，断口形状各异。

（八）导电性

导电性是指煤传导电流的能力，通常用电阻率来表示。褐煤的电阻率低，褐煤向烟煤过渡时，电阻率剧增。烟煤是不良导体，随着煤化程度增高，电阻率减小，至无烟煤时急剧下降，而具良好的导电性。

三、煤的化学性质

煤的化学性质是多方面的，我们主要介绍煤的氧化、燃烧与保管过程中有关风化、自燃等性质。

煤的氧化是指煤和氧的化学反应。煤在露天存放时，与空气接触后便吸附了空气中的一定的氧逐渐形成煤的有机质与氧的不稳定化合物。这种不稳定化合物由于受到外界的光和热的影响，使煤开始粉碎、分解，产生水、一氧化碳和二氧化碳等。煤的氧化速度与氧化时的温度成正比。温度为30~100℃时，每增高10℃，氧化速度就提高2.2倍，当煤堆中的温度达到70~80℃时，煤的氧化速度猛增，很快就达到了自燃的温度。

1. 煤的风化与自燃

煤的风化与自燃是煤的一项重要性质，防止煤炭的风化与煤的自燃，是做好煤炭保管工作的主要措施。

煤的风化是由氧化作用引起的。煤储存在空气中，不断进行氧化，日久天长，使煤的外表、质量、成分、发热量和粘结性等都会发生变化，这种现象就叫煤的风化。

煤与空气接触发生氧化，所积蓄的热无法向四周扩散而留在煤堆中不断氧化，使温度升高到该种煤的燃点时，就会产生自燃。

煤炭发生风化和自燃的原因大体有以下几点：

（1）空气氧化。

（2）黄铁矿的氧化作用。煤炭中含黄铁矿多的煤易氧化，放出大量的热量，使煤堆温度升高，块煤膨胀粉碎，扩大氧化面，加速氧化作用，最后造成自燃。

（3）煤的粒度。块煤与空气的接触面积小，容易通风散热，风化、自燃的可能性就小；而粉末煤与空气的接触面积较大，容易氧化，而且不易通风散热，所以风化和自燃的可能性较大。

（4）煤的水分较大。

（5）气候的影响。气候干燥，煤中的水分容易蒸发，积热容易散发出去，煤堆就不易风化。天气闷热时，空气中湿度大，煤中水蒸气不易蒸发出去，煤堆的温度高，积热很难散发出去，就会加速煤的氧化；冬、春季节因地气上升，煤堆内热量增加，也容易自燃；在雷雨时空气中常有臭氧，它有强烈的氧化作用，也会加速煤堆的氧化。

煤自燃的因素很多，因此在保管煤的过程中，为了防止煤的自燃就必须采取相应的措施，如使煤堆和氧气隔绝等办法。

2. 自燃的倾向和特征

煤炭自燃的倾向和特征包括以下几个方面：

（1）自燃的倾向。各种煤炭自燃的能力是不一样的，有的很容易自燃，如褐煤；有的可以自燃，如长焰煤；有的比较难以自燃，如肥煤、气煤等；有的就不会自燃，如贫煤、无烟煤等。

（2）自燃的潜伏期。煤炭的自燃，不是在煤变松和强烈的空气注入以后即发生的，它是要经过一个聚热的潜伏期才会发生，这种潜伏期较长，通常90天以内。

（3）自燃的季节。产地不同、品种不同的煤自燃的季节及温度也不相同。大部分煤在夏季高温时易自燃，也有在春秋季节，特别是连绵雨天，空气中湿度大，煤堆的热量不易散发出去，也容易自燃。甚至还有些煤种冬天下雪天更易自燃，煤中焦炭在低温下易吸附氧气氧化。大同煤焦炭含量高，雪是很好的保温物质，因此在下雪季节，要注意大同煤的自燃。

(4) 自燃的征兆。因为煤炭在自燃前,要经过发热阶段。冬季,在煤炭发热的地方,可以发现许多新雪斑或由煤堆发热地方会出现"渗出物"的潮湿点。在白天,特别是经过日光晒以后,潮湿点消失,残留一层白色矿物或黄色凝结物。如果煤堆的温度超过80℃,有的煤就会在1~2天内自燃起火。

四、煤的分类

(一) 按炭化程度分类

按炭化程度可分为泥煤、褐煤、烟煤和无烟煤四大类,含碳量分别为59%、69%、82%和95%。

(二) 按工业用途分类

以炼焦煤为主的工业分类法所用指标主要是可燃体挥发分率和胶质厚度,用以代表煤的结焦性。共分为十大类和二十四小类。十大类是褐煤、长焰煤、不粘结煤、弱粘结煤、气煤、肥煤、焦煤、瘦煤、贫烟和无烟煤。

(三) 按质量规格分类

按用途、加工方法和质量规格共分为五大类27个品种。五大类是精煤、粒级煤、洗选煤、原煤和低质煤。

(四) 各煤类的主要特征和用途

1. 褐煤

褐煤是煤化程度最低的煤。其特点是水分高,密度小,挥发分高,不粘结,化学反应性强,热稳定性差,发热量低,含有不同数量的腐殖酸。多被用作燃料、气化或低温干馏的原料,也可用来提取褐煤蜡、腐殖酸,制造磺化煤或活性炭。一号褐煤还可以作农田、果园的有机肥料。

2. 长焰煤

长焰煤的挥发分含量很高,没有或只有很小的粘结性,胶质层厚度不超过5mm,易燃烧,燃烧时有很长的火焰,故得名长焰煤。可作为气化和低温干馏的原料,也可作民用和动力燃料。

3. 不粘煤

不粘煤的水分大,没有粘结性,加热时基本上不产生胶质体,燃烧时发热量较小,含有一定的次生腐殖酸。主要用作制造煤气和民用或动力燃料。

4. 弱粘煤

弱粘煤水分大,粘结性较弱,挥发分较高,加热时能产生较少的胶质体,能单独结焦,但结成的焦块小而易碎,粉焦率高。这种煤主要用作气化原料和动力燃料。

5. 1/2 中粘煤

1/2 中粘煤具有中等粘结性和中高挥发分。可以作为配煤炼焦的原料,也可以作为气化用煤和动力燃料。

6. 气煤

气煤的挥发分高,胶质层较厚,热稳定性差,能单独结焦,但炼出的焦炭细长易碎,收缩率大,且纵裂纹多,抗碎和耐磨性较差。故只能用作配煤炼焦,还可用来炼油、制造煤气、生产氮肥或作动力燃料。

7. 气肥煤

气肥煤的挥发分和粘结性都很高,结焦性介于气煤和肥煤之间,单独炼焦时能产生大量的气体和液体化学物质,最适合高温干馏制造煤气,更是配煤炼焦的好原料。

8. 肥煤

肥煤具有很好的粘结性和中等及中高等挥发分,加热时能产生大量的胶质体,形成大于25mm的胶质层,结焦性最强。用这种煤来炼焦,可以炼出熔融性和耐磨性都很好的焦炭,但这种焦炭横裂纹多,且焦根部分常有蜂焦,易碎成小块。由于粘结性强,因此,它是配煤炼焦中的主要成分。

9. 1/3 焦煤

1/3 焦煤是介于焦煤、肥煤和气煤之间的过渡煤,具有很强的粘结性和中高等挥发分,单独用来炼焦时,可以形成熔融性良好、强度较大的焦炭。因此,它是良好的配煤炼焦的基础煤。

10. 焦煤

焦煤具有中低等挥发分和中高等粘结性,加热时可形成稳定性很好的胶质体,单独用来炼焦,能形成结构致密、块度大、强度高、耐磨性好、裂纹少、不易破碎的焦炭,但因其膨胀压力大,易造成推焦困难,损坏炉体,故一般都作为炼焦配煤使用。

11. 瘦煤

瘦煤具有较低挥发分和中等粘结性。单独炼焦时,能形成块度大、裂纹少、抗碎强度较好,但耐磨性较差的焦炭。因此,用它加入配煤炼焦,可以增加焦炭的块度和强度。

12. 贫瘦煤

贫瘦煤挥发分低,粘结性较弱,结焦性较差。单独炼焦时,生成的焦粉很多,但它能起到瘦化剂的作用,故可作炼焦配煤使用,同时,也是民用和动力的好燃料。

13. 贫煤

贫煤具有一定的挥发分,加热时不产生胶质体,没有粘结性或只有微弱的粘结性,燃烧火焰短,炼焦时不结焦,主要用于动力和民用燃料。在缺乏瘦料的地区,也可充当配煤炼焦的瘦化剂。

14. 无烟煤

无烟煤是煤化程度最高的煤。挥发分低、密度大、硬度高,燃烧时烟少火苗短、火力强,通常作民用和动力燃料。质量好的无烟煤可作气化原料、高炉喷吹和烧结铁矿石的燃料,以及制造电石、电极和碳素材料等。

五、煤的验收

煤炭进货验收,包括规格质量和数量两个方面。

(一) 煤炭的质量验收

煤的规格、质量检验,应以国家规定的质量标准和合同规定为依据,煤炭的规格标准,反映煤炭的外在形态,主要指粒度大小,这是划分煤炭品种的主要指标;质量标准,反映的内在成分,主要指灰分、全水分、块煤限下率、全硫分,它是决定煤质好坏的主要因素。

(二) 煤的数量验收

1. 火车运输验收

火车运输验收有两种方法,一种是用衡器,另一种是用检尺计量。目前煤炭经营部门大都采用轨道衡及汽车衡计量,但遇停电、机械故障或没有轨道衡时也采用检尺计量。检尺计量就是用检尺代替衡器进行计量的一种方法，以煤的密度作为验收的重要依据。在装车地点测定的叫发站密度（也称装车密度）；到站密度是经过运输中振动，体积正常下沉，密度加大之后的单位容积的装煤重量。

（1）装车时的检尺测量。装车时的检尺测量要求做到"两准、一足"（密度准、划线准、装车足）。密度准，指测定密度的煤必须有代表性，操作方法要符合要求；划线准，指要正确测量车厢容积的长、宽和计算好装煤的高度，按规定部位划线，装煤高度可按下列公式计算：装煤高度（m）＝应装煤质量÷（车厢内长×车厢内宽×发站密度）；装车足，指要求煤面必须扒平，与高度线下沿取齐，无凹处、无缺角。

测定发站密度的方法：一般是装车前先选择标准车厢，沿车底测量出车厢的长和宽，然后装煤、平车，再沿煤面测量车厢的长和宽，取两次的平均值，再测出实际装煤高度，计算出实际装煤体积，然后卸车过磅，得出净重，用重量除以体积，求出密度。发站密度的计算公式是：

发站密度（t/m^3）＝实际过磅重量÷（车厢内长×车厢内宽×装煤高度）

（2）到站时的检尺测量。煤车到站后，验收人员首先要查看车体和煤面状态是否完好，煤炭有无损失。如有问题，应立即同车站有关人员共同查看，测出标记状态变化部分的体积，然后乘上该煤炭的容积密度，所得的积就是短少重量，并做好商务记录。短少重量，按规定铁路部门赔偿。对无变化的，可采取目测、检尺或抽查过磅的办法验收。

为了正确计算装车煤重量，收货单位每一季度对列入铁路运输计划的各煤种，普遍测定一次到站密度。方法是：按每个煤种，选择两个不同容量的普遍车厢，通过实际检尺测量，计算出两个车厢的实际装煤总体积，然后卸车就地实际过磅进行测定，计算公式是：

实际装煤体积＝车厢内长×车厢内宽×到站时装煤高度发站密度（t/m^3）

＝两个车厢煤的实际过磅总重量÷两个车厢实际装煤总体积

经过测定到站密度，以后所到煤车只要测量其长、宽和装煤高度，求出体积，乘以密度，即计算出装煤重量。如发现重量不足，首先要复核煤矿计算装煤体积有无错误。如无错误，即卸车就地过磅，短少的重量超过煤矿原发重量2%的部分，即为煤矿亏吨的数量。

复核煤矿计算装煤体积有无错误的办法：一是按货物运单记载的长、宽、高和发站密度进行复核，二是卸车后，检查车厢的实际长、宽和煤矿所划装车高度线与运单记载是否相符，计算有无错误。如发现错误，而且上下相差超过0.2t时，应按照多退少补的原则，向发货方办理退补或索赔手续。

（3）用轨道衡抽查。有条件的用煤单位，可采用轨道衡抽查。所用的轨道衡，必须有半年以内的检衡合格证。车皮重量以标记重量为准，量出到站重量与原发重量（收煤款的重量）相比，到站重量多于原发重量，即为溢吨；到站重量比原发重量少的重量，超过原发重量的1.2%的部分，即为亏吨。亏吨由煤矿补发煤炭或退还价款和运费，溢吨的由用煤单位向煤矿补交价款，并向车站补交运费。

2. 汽车运输验收

汽车运输煤炭验收有过磅法和检尺计量法两种。

（1）过磅验收。一般采用发煤过磅装车，汽车到达后用煤单位会同煤矿（或承运部门）共同过磅，求出到站验收重量，再加上运输损耗，引用煤炭运输损耗率与运单量相比，两者的差额即为溢吨或亏吨，并做好商务记录，作为双方备查、索赔、补偿料款的依据。

（2）检尺计量验收。汽车检尺测量办法与火车检尺测量方法基本相同。

3. 船只运输的验收

船只运输煤炭,其数量验收有过磅计量和水尺计量两种方法。

(1) 过磅计量验收。用船装运煤炭,在发煤时由煤炭经营部门和承运部门共同检验水分、过磅。收煤时检验水分,过磅验收。到港验收重量比原发重量少的数量超过原发重量1%的部分为亏吨重量。亏吨重量按下列公式计算:

亏吨重量 = (原装总重量 − 规定运输损耗) − (到达秤检总重量 − 超过水分折成的煤炭重量)

水分超过折合煤炭的重量按下列公式计算:

原装煤吨数 × [1 − (100% − 到站水分含量%) ÷ (100% − 发站水分含量%)]

亏吨的重量由承运部门负责赔偿煤价款和运费。

此外,船还可以在发煤时封仓打灰记,收煤时,看灰记状态验收。

(2) 水尺计量验收。装煤的船只,大体有海轮、拖驳、水驳等三种。船只大小不一、构造各异,但对以上各种船只的装载量,都可以用水尺计量方法求得。所以,煤炭经营单位可向航运部门索取有关装煤船只的水尺表(吃水表),并按照船只水尺表上水尺高低所核定的装载重量进行验收。

水尺计量的步骤:

把船的净载重量设为 W,其计算公式为:

$$W = D_2 - D_1 - G$$

式中　D_2——装货后总排水量(按实际观察水尺测定);

　　　D_1——装货前总排水量(按实际观察水尺测定);

　　　G——装货或卸货过程中船内燃料、淡水、压仓水、供应品等增减量(按实际记录确定)。

4. 水陆联运验收

水陆联运验收主要观察标记状态是否发生变化。

(1) 标记状态发生变化。煤车到达第一个换装港口的车站后,站港双方共同派人逐车进行检查,检查结果由车站编制商务记录,随同货物运单交给用煤单位,向到达站要求赔偿。

(2) 标记状态没有发生变化。用煤单位抽查车数以总车数的10%为限。抽查结果,每月由港口编制一次记录,分别寄交用煤单位和煤矿。重量减少的煤车,由矿方退还亏吨的煤款,并负担抽查费;重量超过的煤车,由用户向矿方补交煤款。

煤炭每换装一次的损耗定为1%,煤炭在水路运输过程中,自然减量标准定为1.5%;水陆联运经过两次铁路或两次水路运输的,其运输自然减量标准仍按一次计算。

5. 驻矿验收

在煤矿货物交货,要实行过磅交接。没有衡器的,可以测定矿车装载密度,逐车验收。

六、煤的储存与保管

(一) 储煤场地

储存煤炭的仓库(场地),通称煤场。一般要求煤场地势比较高,地面干燥、平坦,地基坚实,地下水位较低,周围排水良好。如果地面松软而又不平,做煤场时一定要垫平夯实,以免泥沙混入煤中,降低煤炭质量。在存煤前,要把地面上的石块瓦砾、树枝杂草以及纸片、席子、油毡、棉纱等易燃物品彻底清除,以利于保管、安全、方便中转、装卸、运输、节约费用,以及便于机械作业等。标明堆存地点、吨重、品种等对货区合理布局。

场内要留出车行道路，一般在4m以上。垛位间隔1~1.5m，堆垛要离开建筑物2m，距围墙1m以上，防止堆垛混乱，妨碍通行。

（二）煤炭的堆垛

1. 堆垛原则

（1）首先根据到货多少和场地大小，结合煤种和煤质情况，制成煤堆草图，标明堆存地点、吨量、品种、堆存日期等，以免发生混乱。

（2）要依据煤种不同，分别堆存。在堆上标明进货日期、品名、吨量等以便查考。

（3）新到煤炭，不要堆到已发热的煤堆上。煤堆方向要注意南北长、东西短，以减少日晒面积。对容易发热的煤炭，如挥发分和含硫高，年代浅的褐煤和烟煤等，应该尽量堆存在较干燥的地点，煤垛体积和高度不要太大，以免影响散热。如估计堆存时间较长，最好压实。

（4）堆与堆之间也应相隔一定的距离。在烟道、蒸汽管旁不要储煤以免增加煤的热度。

（5）煤堆堆成后，应将煤表面填平，并将煤堆四周斜坡，用木板等工具拍实，以防大风吹散。在煤堆四周应特别注意疏通出水道，以免积水，最好是在堆底四周掘一条水沟，水沟留一出口与出水道相通。要经常注意清堆清垛，防止混堆混垛。

2. 堆垛要求

1）垛的形状

由于热空气比较轻，因此，在煤垛温度升高时，热空气向上散发，换进冷空气，可以起到调节煤垛温度的作用，这就是通常所说的自然通风。自然通风一般在距离煤垛1m的位置能实现，如果煤垛过大，在煤垛深处的热量，超过自然通风的散热能力时，就容易发生高温或自燃。因此根据自然通风的原理，煤垛的形状应成长方形，煤垛的长度和宽度相差越大，自然通风散热的效果就越好。

对煤垛的形状，要求上下、前后、左右的长度、宽度和坡度都应相互对称，做到线条端直，边角整齐，四棱见方，斜面平整。顶面一般可采取平顶或成畦田状，这样便于采取打眼、压实等措施。

2）垛的高度和大小

对容易发生高温的煤种堆垛，如果没有采取打眼、压实的办法，而是利用自然通风的，堆垛高度以不超过2m为宜；采取打眼散热的煤垛，高度可达3m。对不容易发生高温的煤种，或使用机械堆垛的，则可因地制宜，适当加高，以提高储存能力。

煤垛的大小应按照便于清理煤垛和保障安全的原则，结合煤炭品种、性能、仓容和储存方法等因素来决定。对含硫多、挥发分高、容易发生高温自燃的煤炭，堆垛应小些；对含硫少、挥发分低、不易发生高温自燃的煤炭，堆垛可大些，以不超过3000t为宜。小的煤垛一般为1000t。对易燃煤种的堆垛还可小些，但不小于500t。对于大、中块煤堆不宜过高，一般在1.5m以下，防止因摆放不牢，发生倒塌造成事故。

3）堆垛方法

首先要按照场地规划垛位，用白灰标出边线，以使煤炭进场时，按照划线堆放。对进货数量大，煤种又多的大、中型煤场，为节约人力和防止错垛混堆，可采用"对旗归垛"，即用不同颜色小旗，代表不同煤种，一根插在场内货位上，一根插在铁路专用线上，事先对搬运工人交代清楚，按照同样颜色小旗进行上垛。对于使用机动车辆运煤入库又是采用压实的煤垛，可在煤垛上留出车道，利用车辆上垛卸煤。

为衡量垛高是否合乎标准，可立放竹竿或铁竿标尺。其作法是在竹竿上以不同颜色涂成花节，代表尺寸。将标尺放在货位线上，可根据不同煤种和不同要求，按标尺的指示进行堆垛，以达到煤垛设置标准，同时在上垛过程中，要随着堆垛高度的增长，不断拍实，把煤炭中的柴草、杂物等易燃物清除干净。堆垛边角的煤炭要收净，做到四边线直、棱角整齐，并在垛位背面一角处修整成阶梯形，以便于保管吊垛及对煤炭进行检查。注意检查煤中是否混有雷管、炸药等残留物。

（三）煤炭的保管养护

在工作中要贯彻"以防为主，防治结合"的原则，认真做好三防工作。

1. 防高温自燃

煤炭发生高温、自燃，主要是由煤的氧化作用引起的。一般经过三个阶段：即潜伏阶段、升温阶段、自燃阶段。

防高温和自燃的方法有两个：一是尽量使空气和煤炭隔绝，抑制其氧化；二是使空气流通，利用空气把煤炭氧化的热量带出煤垛，以防止温度逐步上升。还有比较节约和简便易行的办法，如打眼、压实和灌水等几种办法

（1）压实保管法。压实保管法主要是减少煤与空气接触的机会，防止煤的氧化，它还可以起到防止自燃的作用，而且对保持煤的质量也有好处。

（2）灌水法。有水源和使用皮带输送机堆垛的地方，还可采用灌水法进行压实。它的原理是使煤垛内的空隙经常保持一定水分，借以隔绝和减少空气，抑制氧化发热。

它的方法是，煤垛建成以后，在顶面上并列挖出小方坑若干个，面积可大可小，40cm深，向坑内灌水，使徐徐渗下，均匀地布满煤层缝隙，下至底部有水渗出，但仍需测量煤垛温度，如发现局部地方温度升高，应向升温部位再灌水，直到垛内温度恢复正常为止。

在采用此法时，应注意以下几点：水源必须充足，灌水量约占煤炭重量的20%；块、末要均匀，便于水分充分渗透，否则无水的地方，易发生氧化；煤中含末至少需在70%以上，否则水分不易保持；对于已经准备出库的煤垛，最好不再灌水，以方便使用。

（3）煤层覆盖防燃防风法。这是科学试验在防风（煤还有防燃作用）方面的一项成果。在首钢等一些企业为防止铁矿的风吹损失曾用过"白灰浆"覆盖于粉矿堆表面，大量地减少了风吹损失。

（4）水下储煤法。如果煤炭一时不能发放使用，需要长时间储存，可以把煤放在湖泊、池塘的底部或不易被海水冲走的海湾里。由于与空气隔绝，存放几年，煤不会变质和自燃，这种储煤方法是一种较好的保管方法，但使用前必须加以脱水。

（5）建立测温制度。严格执行测温制度，这是防止煤垛发生高温和自燃的一个重要方面，尤其对数量较大，存煤时间较长的煤垛，通过经常测温，可以及时掌握煤垛温度的变化，并检验各种防高温措施的效果。

当煤垛温度达到60℃时，应立即采取降温措施。一般采取的办法有：

①挖沟。在煤垛高温区域，挖出一条或几条纵横的沟道，以散发堆内热量。采用这种方法，收效较快，费用也低。

②松垛。将煤垛高度降低，或分成若干小垛，加强自然通风，使温度下降。

③倒垛。通过搬运，将煤全部或局部转移使热量及时散发。这种办法效果最好，但费用大。

④灌水。在高温部位的堆顶上，挖若干浅坑，然后大量浇水，使水将堆内热量带出，以

降低温度，但应防止因水量不足，反而使煤垛内热量蔓延而助长自燃。

2. 防变质

煤炭变质主要是指煤的风化和破碎。

3. 防损耗

煤炭在保存过程中，除防氧化自燃、防变质外，还必须防止各项煤炭的损耗，如防雨汛、防风耗、防丢失等。

第二节 焦 炭

一、焦炭的分类

由煤干馏后所得的产品通称为焦炭。焦炭呈块状，黑灰色，有金属光泽，富于气孔性，敲击能发生声音，具有坚硬、耐磨、耐压等性能。

（一）焦炭的组成

焦炭主要组成元素为碳、氢、氧、氮和硫等，其结构为高分子有机质和无机化合物的不规则混合。基本结构单元由缩合的基核、烷烃侧链和多种官能团组成。

（二）焦炭的构造

用肉眼观察任一焦炭都可看到纵、横裂纹，沿裂纹掰开，即得焦块。焦块内含有微裂纹，将焦块沿微裂纹分开，则得焦体。焦体由气孔和气孔壁构成。气孔壁又称焦质，其主要成分是碳和矿物质。所以焦炭是以碳为主要成分的含有裂纹和缺陷的规则多孔体。焦炭的裂纹多少直接影响焦炭的粒度和抗碎强度。焦块裂纹多少和焦体的孔泡结构通常用气孔率、气孔平均值、径孔分布、气孔壁厚度和比表面积等参数表示。

（三）焦炭的规格

焦炭一般分为四类：一类为粒度大于40mm，二类为粒度大于25mm，三类粒度为25～40mm，四类粒度为10～25mm。特殊需要时，可将60mm以上的粒度另列一种规格，称为特殊规格，不列于产品规格内。

二、几种焦炭的质量标准

（一）冶金用焦炭

固定碳必须大于80%，挥发分小于2.0%，水分一定要小于4.0%，灰分小于12%，硫分小于0.1%，磷小于0.04%，并要求具有一定强度，如坠落实验为70%～80%等。

（二）石油焦

石油焦是由减压渣油在490～550℃高温下分解、缩合、焦炭化后生成的固体焦炭，是延迟焦化的产物。由焦化装置直接生产得到的焦炭称为原焦或生焦，只能用于高炉冶炼、金属铸造，制造碳化硅和碳化钙的原料。生焦经过1300℃以上的高温煅烧，脱除挥发分并进行脱氢碳化反应，成为质地坚硬致密的煅烧焦，可作为制作冶金电极的原料。

三、焦炭的储存、保管

（一）焦炭的验收要求

入库时要核对品种、粒度、牌号等是否与入库凭证相符，然后检查粒度是否符合要求，不得含有可见杂质。色泽应均匀一致，如发现黑白不均或颜色过黑，应取样送有关部门化验。

（二）焦炭的储存与保管

储存的场所地势要高而平坦，要有良好的排水系统，防止雨水冲涮流失。进料按不同粒度分别堆放，每堆高度不超过5m，保管期限以一年为限。

第三节 油 品

石油产品一般是指石油经过炼油厂加工所获得的各种产品，大致可分为四大类：（1）燃料。品种有汽油、喷汽燃料、柴油、煤油和燃料油，主要作为发动机燃料、锅炉燃料等，占石油产品的90%以上。（2）润滑剂（润滑油和润滑脂）。主要用作减少机件之间的摩擦，保护机件。这类产品占石油产品的5%左右，数量虽不大，但品种繁多，用途极广。（3）蜡、沥青、石油焦。是生产燃料和润滑油的副产品，约占所加工原油的百分之几。（4）石油化工产品。是有机合成工业的重要基本原料和中间体。

一、燃料油

（一）汽油

90号、93号、97号是三种标号的无铅汽油（现在的汽油早已告别了有铅的时代），此外还有95号，100号等。不同的标号指的是此标号汽油辛烷值的大小，如93号汽油，指汽油的辛烷值是93，而辛烷值又表示此标号汽油的抗爆性，汽油的标号越高，辛烷值含量越高，越不容易发生爆燃，也就是说燃烧时发动机的抗爆性越好。应根据发动机的压缩比选用汽油，压缩比高的车辆应该选用高标号汽油，从而保证在发动机不发生爆燃的情况下动力输出最佳，成本最低。

压缩比是指发动机汽缸的总容积（即工作容积+燃烧室容积）与燃烧室容积之比（压缩比=汽缸的总容积/燃烧室容积）。压缩比是发动机的一个非常重要的结构参数，它表示活塞在下止点压缩开始时的气体体积与活塞在上止点压缩终了时的气体体积之比。从动力性和经济性方面来说，压缩比应该越大越好。压缩比高，动力性好，热效率高，车辆加速性、最高车速等会相应提高，但是受汽缸材料性能以及汽油燃烧爆震的制约，汽油发动机的压缩比又不能太大。

通常，压缩比在7.5~8.0应选用90号车用汽油，压缩比在8.0~8.5应选用90~93号车用汽油，压缩比在8.5~9.5应选用93~95号车用汽油，压缩比在9.5~10应选用95~97号车用汽油。一般可以在汽车说明书中查到压缩比，除说明书以外，有的车辆生产厂也会在油箱盖内侧标注推荐使用的燃油标号。车主应严格按发动机不同的压缩比，选用相应标号的车用汽油，才能使发动机发挥出最佳的效能。

如使用比规定要求低号数的无铅汽油，发动机将出现爆震现象，一般在急加速及爬坡时出现爆震现象。如果由于汽油标号低，使发动机长期出现爆震，将会损坏发动机，甚至打坏活塞、缸体等。但是选择汽油也不是标号越高越好，汽油标号选择的主要依据是发动机的压缩比。压缩比、点火提前角等参数已经在发动机电脑中设置，车主只要严格按照使用说明的要求选择汽油就没有问题。盲目使用高标号汽油，其高抗爆性的优势无法发挥出来，也会造成金钱的浪费。

（二）柴油

轻柴油按质量分为优质品、一级品和合格品三个等级，按凝点分为10号、0号、-10号、-20号、-35号和-50号六个牌号，10号轻柴油表示其凝点不高于10℃，其余类推。

轻柴油用作柴油汽车、拖拉机和各种高速（1000r/min 以上）柴油机的燃料。根据不同气温、地区和季节，选用不同牌号的轻柴油。气温低，选用凝点较低的轻柴油，反之，则选用凝点较高的轻柴油。重柴油是中、低速（1000r/min 以下）柴油机的燃料，一般按凝点分为10 号、20 号和 30 号三个牌号，转速越低，选用的重柴油凝点越高。

（三）燃料油

燃料油的牌号主要是以运动粘度为依据来划分的，常用的运动粘度的单位为 mm^2/s，如燃料油的运动粘度为 $180mm^2/s$，我们就称它为 180 号燃料油。根据含硫量的高低，可以把燃料油分为高硫燃料油和低硫燃料油。我国燃料油消费主要用途集中在发电、交通运输、冶金、化工、轻工等行业。根据国家统计局统计，其中电力行业的用量最大，占消费总量的 32%；其次是石化行业，主要用于化肥原料和石化企业的燃料，占消费总量的 25%；再次是交通运输行业，主要是船舶燃料，占消费总量的 22%；近年来需求增加最多的是建材和轻工行业（包括平板玻璃、玻璃器皿、建筑及生活陶瓷等制造企业），占消费总量的 14%。

（四）煤油

煤油旧称灯油，因为煤油一开始主要用于照明。煤油按质量分为优质品、一级品和合格品三个等级，主要用于点灯照明、各种喷灯、汽灯、汽化炉和煤油炉等的燃料，也可用作机械零部件的洗涤剂、橡胶和制药工业溶剂、油墨稀释剂、有机化工裂解原料、玻璃陶瓷工业、铝板辗轧、金属表面化学热处理等工艺用油。航空煤油则主要用作喷气式发动机燃料，目前大型客机均使用航空煤油。航空煤油分为 1 号、2 号、3 号三个等级，只有 3 号航煤被广泛使用。

（五）燃料油的管理

汽油、柴油、喷气燃料等都是液体燃料油品，它们都具有易燃、易爆、易生静电和易蒸发的特点。对人体也有一定的危害。

1. 燃料油品的简易识别方法

正确识别各种不同的燃料油品，是燃料油品管理工作的基本要求。掌握燃料油品的简易识别方法，对于错发错用以及混装油料事故的发生等具有重要意义。简易识别燃料油品的方法有看、闻、摇和摸。

（1）看：一般来说，不同种类的油品有不同的颜色。颜色浅是馏出油和精制深的油品，颜色深是残渣油和精制程度不高的油品。在识别颜色时，装油的容器要一样，否则对颜色有很大的影响。

（2）闻：油品有无气味。油品的气味一般分为汽油味、柴油味、煤油味、酸味、香味、酒精味等，但是加入添加剂的油品具有一定的酸味。气味只能限于区别各大类油品。

（3）摇：把油品装在玻璃瓶内摇动，并观察油膜挂瓶情况和气泡情况。粘度小的油，气泡产生多，直径小，上升速度快；油的粘度大，气泡产生情况也随之变化。特别是高凝点的油，温度较低时粘度大，但经过剧烈摇动后，粘度明显变小。

（4）摸：用手摸油品的光滑感，精制好的油品光滑感强，精制不好的油品光滑感差。

燃料油品的简易识别方法见表 2-7-1。

表 2-7-1　燃料油品的简易识别方法对照表

油品名称	看	闻	摇	摸
汽油	黄色、浅红色、橙黄色，透明	强烈汽油味	气泡随产生，随消失	发涩有凉感
重柴油	棕褐色，不透明	稍带柴油味发臭	气泡带黄色消失	
轻柴油	萦黄色、表面发蓝，半透明	柴油味	气泡小，消失快	稍光滑，挥发慢

2. 燃料油品的储运管理

燃料油品从生产到使用要经过五个环节，即产、运、储、销和用。任何一个环节稍不注意，就会造成油品的污染和变质。因此要特别注意管理，才能确保油品的质量和安全。

1）运输上对油料质量的维护

在运输过程中，常常由于运油容器清洗不干净，造成污染和混油、串油，给油品质量带来不同程度的影响。对运油的容器必须彻底清洗，清洗不干净的运油容器不应装运油品。

2）接卸、储存、保管、分配上对油料质量的管理和维护

（1）油品在接卸、储存、保管、发运过程中，应该严格维护质量，密切注意油料质量在各个环节上的变化，防止不合格的油料入库，防止储存不良，保管不好，分配不当造成的油料变质。为了保证质量，必须加强这方面的管理工作。坚决避免因水分、杂质污染、混油、串油而造成油料质量的损失。油品中含有水溶性酸碱能腐蚀机体设备和储油设施，也会造成巨大损失。

（2）接卸上首先要把好入库验收关。油料的交货验收必须认真按标准规定采样，化验合格后才能验收入库。要做到不符合规格标准不收，没有交货合格证不收。

（3）接卸粘油使用电加温或蒸汽加温时，应保证水蒸气不浸入油料，所用工具必须清洁，不得将装油容器内带入人为的水分、杂质。接卸粘油，严禁用轻油稀释。

（4）储存和保管中的质量管理问题，最主要的是防止不同牌号、不同季节使用的油料混存和防止风吹雨淋，防止浸入水分杂质。在油罐、油桶不足而接卸任务紧急时，必须混存或并罐、倒罐的情况下，也应注意允许相同牌号不同来源的油料混存，否则不能混存。

（5）油料的保管养护是很重要的一个环节。桶装油料应用油漆喷刷上明显标志。桶装油一般不要露天存放，特别是夏、冬两季。过热或过冷都极易造成油料的变质。

（6）油桶储存汽油与油罐储存汽油相比，油桶储存消耗较大，变质较快，所以应提前发放使用。露天存放的桶装汽油不要超过半年，并要放在阴凉处避免日光曝晒。装桶时，要留7%的空间，如装得太满，油受热膨胀后，会溢出或胀裂油桶；装得太少，则不但不能充分利用容器，增大蒸发损失，还会加速汽油氧化生胶。若客观条件下允许，尽量用油罐储存，以减少蒸发损失。

（7）轻柴油应按不同凝固点分存。天然油必须与页岩油分存。

（8）在存放保管过程中，对库存油料要进行定期检查、定期化验，发现质量问题，应及时解决处理。

（9）发运前应对油料严格检查，避免变质、污染、混油的油品发出。

（10）发运分配中，对于自备容器的使用单位，容器必须清洁，否则不准发料出库。

3. 预防油料变质的措施

油料在储存保管中，因受外界影响，其质量变化范围很大。因此，加强预防措施，减少

质量损失,是十分必要的。

(1) 防止轻质成分蒸发和氧化变质。

①降低温度,减少温差。温度高时蒸发量大,氧化速度加快。

②装至安全容量,减少气体空间。

③减少不必要的倒装。

④各种金属特别是铜,能促使油料氧化变质,因此储油容器内不要用铜制零件。

⑤减少与空气接触,尽量密封储存油品,以降低蒸发损失,保证油品清洁,延缓氧化变质,减轻容器锈蚀等。密封储存容器,对柴油、润滑油最为适宜,对蒸发性较大的汽油要根据罐形、罐位、罐的质量、储存品种等具体条件,采取相应的措施,以保证安全。

(2) 防止混入水、杂质,以免乳化变质。

(3) 防止混油或容器污染变质。

4. 燃料油品储运、保管中的安全常识

在保管和储运燃料油品过程中,均需特别注意防火、防毒、防止产生静电,以保证安全。为了做好预防工作,我们就必须从理论上了解油品为什么容易爆炸和燃烧,然后采取相应的预防措施。

1) 燃料油品易蒸发的原理与预防措施

(1) 燃料油品的易蒸发性。

燃料油品的损耗可分为漏油损耗、混油损耗和蒸发损耗三种。

蒸发损耗是油品损耗中直接与储存方法有关系的最常见的一种损耗,它不仅造成油品数量的损失,还会因轻馏分挥发而使油品质量下降,如一瓶高汽油,如果不盖盖,过几天你会发现,汽油明显减少了,这就是挥发。立式金属罐储存汽油,在 C 类地区储存损耗率为 0.03% 。

(2) 防止油品蒸发损耗的措施。

①密闭储存。将油品密封于油罐内,使其气体空间完全与大气隔绝,如同密封汽油瓶一样。

②减小或消灭蒸发表面和气体的空间。

③采取降温或绝热等措施。

2) 油品的易燃、易爆性能以及防护措施

(1) 燃料油品的易燃、易爆性。

由于石油易蒸发的特点,其蒸气常常在作业场所或储存场地弥漫,当处与爆炸极限的范围时,遇火星就会发生爆炸。这些特性是危险的,它给石油的开采、炼制、储存、运输、装卸和使用等,都带来了一定的困难,稍有不慎可能就会引起火灾,甚至造成巨大的灾难。

(2) 防护措施。

根据燃料油品的易燃、易爆性,而采取的防护措施有以下几点:

①控制可燃物。杜绝油品的渗漏,周密地、妥善地处理漏、洒在地面上的油品。油罐、库房、泵房等建筑物的周围应清除一切易燃物,如树叶、干草等。用过的沾油棉纱、棉布等应及时妥善处理掉。

②断绝火源。严格执行出入库和作业区的规定。禁止穿带铁钉的鞋子攀登油罐;不准带引火物,如火柴、打火机等进入油区、库房,并禁止铁轮车入库。总之要杜绝一切可能产生火灾的因素存在。

未经洗刷的油桶严禁焊补。洗刷后的油桶在焊补时，要将桶盖打开，以免发生爆炸。汽油着火时除采用砂土、泡沫灭火外，还可以采用干粉扑救。

3）燃料油品易生静电的特性与防止措施

（1）静电的产生。

一般用摩擦的方法使物体带电叫做摩擦起电，也叫静电。油品在收发、运输过程中，油品分子之间和油品与其他分子之间、油品与其他物质之间的摩擦，都会产生静电。其电压随摩擦的加剧而增高，如不能很快导走，当电压增高到一定程度时，就会在两带电体之间放电而引起油品着火。电压越高，就越容易放电。这种放电的火花对聚有大量石油蒸气的场所具有很大的火灾危险性。

（2）防止静电放电的方法。

一起用于储存、输转油品的油罐、管线、装卸设备，都必须有良好的接地装置，把静电导入地下，并应经常检查导电情况和接地电阻。油库各项设备的接地电阻不应大于 10Ω（包括静电及安全接地）。

油罐、油罐汽车、铁路罐车装油时，输油管必须插入油面以下或接近罐底，以减少油品的冲击和与空气的摩擦。

在空气特别干燥，温度较高的季节，特别应注意检查接地设备，适当放慢灌油速度，必要时可在作业场地和导静电接地极四周浇水。一般在装油开始和装到容器的四分之三之后，最容易发生静电事故。所以，在装油开始和接近结束时，应适当控制流速。

（3）接地装置的设置。

①接地线：接地线必须有良好的导电性能、适当的电流截面积和足够的强度。油罐、管线、装卸设备的接地线，常用厚度不小于4mm，截面积不小于$48mm^2$的扁钢，油罐汽车和油轮可用直径不小于6mm的钢丝绳。

②接地极：接地极应采用直径为50mm，长为2.5m，管壁厚度不小于3mm的钢管，除去管子表面的铁锈和污物（不能防腐处理），挖一深约0.5m的坑，把接地极垂直打入坑底土中。接地极应尽量埋在湿度大、地下水位高的地方。接地极与接地线间的所有接点应焊接，部分情况下可以栓接和卡接。

4）防毒

油品具有一定程度的毒性，它的毒性因化学结构、蒸发速度和含添加剂性质的不同而不同。其毒性主要是通过呼吸道、消化道和皮肤侵入人体，造成人身中毒。因此，要严格遵守操作规程，避免中毒事故的发生。

（1）防止油品的油蒸气渗漏。油罐、油桶、管线及油泵等设备应经常保持严密不漏，如发现渗漏，应及时检修，并把渗漏的油品认真地收集起来。如洒在地面上难以收集的，要用砂土掩盖，及时清除。

（2）罐车和容器的清扫。清扫油罐余油时，应采取有效安全措施。

（3）进入轻油罐内操作时，必须事先打开入孔通风，并有防毒装备，防毒面具应有送风装置，佩上保险带和信号绳。

（4）不要用嘴吸取油品。

（5）操作人员在工作完成以后，在饮食、吸烟前要洗手。

二、溶剂油

溶剂油以原油的直馏馏分或催化重整抽余油为原料，经精制、分馏、切割出一定的馏分等方法而制成。

溶剂油外观为无色透明液体，不溶于水，易挥发，易燃。根据其沸程不同，分别对油脂、橡胶、油漆等物质具有很好的溶解能力。因溶剂油主要由 C_5—C_{15} 的烷烃组成，不含烯烃，故具有很好的化学稳定性和热稳定性，其成分中不含四乙基铅。

溶剂油按馏程分为六个牌号：70号、90号、120号、190号200号和260号。

（一）溶剂油的用途

(1) 70号溶剂油用于香花香料及油脂工业作抽提溶剂，别名香花溶剂油。

(2) 90号溶剂油用作化学试剂、医药溶剂等，别名90号石油醚。

(3) 120号溶剂油用于橡胶工业作溶剂，别名橡胶溶剂油。

(4) 190号溶剂油用于机械零件洗涤和工农业生产作溶剂。

(5) 200号溶剂油用作油漆工业溶剂油和稀释剂。

(6) 260号溶剂油用作煤油型特种溶剂。

（二）溶剂油的储运、保管和安全要求

溶剂油易燃、易爆，要求盛装容器符合安全规定，洁净，防止污染。容器内要留出必要的安全空间，防止日晒雨淋，应存于阴凉通风、远离火源、有防火措施的地方。溶剂油在空气中的浓度应严格控制，当浓度达到 5~10mg/L 时，可致人头痛；当浓度达到30~40mg/L，时间过长会导致人神经麻痹或错乱，甚至瘫痪以至死亡。因此工作场所应注意安全防护，溶剂油在空气中的浓度不得超过 0.3mg/L。

三、润滑油

润滑剂是一类很重要的石油产品，可以说所有带有运动部件的机器都需要润滑剂，否则，就无法正常进行。虽润滑剂的产量仅占原油加工量的 2% 左右，因其使用条件千差万别，润滑剂的品种多达数百种，并且对其质量的要求非常严格，其加工工艺较复杂。润滑剂包括润滑油和润滑脂。

（一）润滑油的分类

由于各种机械的使用条件相差很大，它们对所需润滑油的要求也不一样，因此，润滑油按其使用的场合和条件的不同，分为很多种类。各类润滑油的性质各异，均有其特定的用途，切不可随意使用，不然会影响机器的正常运转，甚至导致机件的烧损。

润滑油按其使用场合分为下列几类：

(1) 内燃机润滑油包括汽油机油、柴油机油等。这是需要最多的一类润滑油，约占润滑油总量的一半，其质量要求较高。

(2) 齿轮油是在齿轮传动装置上使用的润滑油，其特点是它在机件之间受的压力可高达 600~4000MPa。

(3) 电器用油这类油在使用中并不起润滑作用，而是起绝缘作用，习惯上也归入润滑油范畴。

(4) 液压油是在传动、制动装置及减震器中用来传递能量的液体介质，它同时也起润滑油及冷却作用。

(5) 机械油指在条件不太苛刻的一般机械上使用的润滑油，其数量仅次于发动机润滑油。

(6) 工艺用油包括各种金属切削液、热处理液及成型液等。

除此之外，还有汽轮机油、冷冻机油、汽缸油、压缩机油、仪表油、真空泵油等具有特定用途的润滑油。

润滑油视使用条件苛刻的程度分为轻级、中级和重级，高速和低速，高温和低温等级别。

（二）润滑油的基础油

目前世界各国采取将石油馏分或减压渣油制成一系列符合一定规格的、粘度不同的基础油的方法来生产润滑油。厂商可以根据市场需要将不同牌号的若干种基础油进行调和，并加入适量的添加剂，便可制得符合各种规格的润滑油商品。

我国参照国外的标准于1983年制定出基础油的规格。按其原油类别的不同分为：粘度指数大于95的以大庆石蜡基原油为代表的低硫石蜡基基础油系列，粘度指数大于60的以新疆中间基原油为代表的中间基基础油系列，以环烷基原油生产的环烷基基础油系列。

石蜡基基础油我国共有8种，包括馏分油75SN、100SN、150SN、200SN、350SN、500SN及650SN七个牌号和残渣150BS一个牌号。

中间基基础油共有13种，包括馏分油60ZN、75ZN、100ZN、150ZN、200ZN、300ZN、500ZN、600ZN、750ZN和900ZN十个牌号及残渣油90ZNZ、125/140ZNZ、200/220ZNZ三个牌号。

环烷基基础油共有11种，包括馏分油60DN、75DN、100DN、150DN、200DN、300DN、500DN、750DN、900DN和1200DN十个牌号及残渣油90DNZ一个牌号。

上述牌号中的数字，对于馏分油是指该基础油在40℃时的赛氏通用粘度秒数（SUS）的大约值，而对于残渣油则是指在100℃时的赛氏通用粘度秒数的大约值。国外把从减压馏分制取的低粘度及中等粘度的润滑油基础油称为中性油（neutral oil），把从减压渣油制取的高粘度的润滑油基础油称为光亮油（bright stock）。

1996年我国开始实行新的分类方法，把润滑油通用基础油分为超高粘度指数（UHVI）、很高粘度指数（VHVI）、高粘度指数（HVI）、中粘度指数（MVI）及低粘度指数（LVI）这五个档次，它们的粘度指数相应为不小于140、不小于120、不小于90、不小于40和小于40。

矿物油是目前生产各种润滑油的主要原料，但是，矿物油有时还不具备航空、航天和国防等特殊场合所要求的耐低温、耐高温、高真空、抗燃、抗辐射等性能。因此，还需要通过合成的途径制取一些具有特殊性能的合成润滑油。合成润滑油包括聚α-烯烃、硅油类、聚乙二醇、双酯类、膦酸酯类、硅酸酯类、全氟烃类、氟氯碳油类、聚醚类等。

（三）内燃机润滑油

内燃机润滑油也称发动机油或曲轴箱油。内燃机润滑油不仅对机器中各个部件起润滑作用，还在发动机内部起冷却、清净、密封等作用。因此，内燃机润滑油的质量，不仅影响发动机的润滑状态，还影响发动机的功率、安全运行、使用寿命以及燃料消耗量等。

1. 内燃机润滑油的质量要求

（1）粘度。其值随机械工作时的温度、负荷、转速等条件来决定。一般来说，负荷小，工作温度低，机械转速快时应选用粘度较小的润滑油。内燃机润滑油因其负荷较大，工作温度较高，所以选用粘度较大的润滑油，其100℃运动粘度在$6\sim 22\text{mm}^2/\text{s}$之间。

（2）粘温性质。内燃机在正常运转时，有些部位的温度可高达300℃，而在启动时温度又比较低。内燃机油的粘温性质不好，在高温时太稀，不能保持必要厚度的油膜，将使机械的磨损加大，而在低温时太稠，不仅会造成启动困难，同时也会导致磨损。

（3）抗氧化安定性。内燃机润滑油不仅使用的温度高，而且是循环使用，不断与含氧的气体接触，所以很容易被氧化而变质。因此，需要设法提高润滑油的氧化安定性，以延长其使用寿命。

(4) 清净分散性。内燃机润滑油还要具有能把在使用过程中因老化、衰败生成的各种沉积物从金属表面上洗涤下来并分散于润滑油中的功能。

(5) 低温流动性。良好的低温流动性是润滑油低温泵送性能的保障。

(6) 抗磨性。由于在汽缸壁上油膜很难维持，所以，汽缸壁与活塞之间经常处于边界润滑或混合润滑状态，同时，在主轴承和连杆轴承上的负荷也比较大，这要求内燃机润滑油具有良好的抗磨性能。

上述内燃机润滑油的性能要求中，主要取决于基础油的化学组成结构以及馏分组成，但清净分散性和抗磨性能一般靠加入相应的添加剂来改善。

2. 内燃机润滑油的分类

我国内燃机油的分类采用了国际上通用的 SAE-J300（Society of Automotive Engineers）发动机粘度分类和 SAE–J183—1984 使用分类。

(1) 按粘度分类：

①单级油 20、30、40、50；

②多级油 5W/20、5W/30、10W/30、10W/40、15W/40、20W/40；

(2) 按性能分类：

①汽油机油 QA、QB、QC、QD、QE、QF（与 SAE-J183 使用分类 SA、SB、SC、SD、SE、SF 对应）；

②柴油机油 CA、CB、CC、CD；

③船用柴油机油 ZA、ZB、ZC、ZD。

目前，分类的等级还在提高，如汽油机油又出现了更高级别的 SF 油，柴油机油的 CE、CF 油也已问世。通用油 SF/CD 是能在汽油机和柴油机同时使用的油。内燃机油按粘度分类的油品规格见表 2-7-2。

表 2-7-2 内燃机润滑油的粘度分类表

分类	低温粘度		泵送极限最高温度，℃	100℃运动粘度，mm^2/s	
	温度，℃	粘度，MPa·s		不小于	不大于
0W	-30	3250	-35	3.5	—
5W	-25	3500	-30	3.8	—
10W	-20	3500	-25	4.1	—
15W	-15	3500	-20	5.6	—
20W	-10	4500	-15	5.6	—
25W	-5	6000	-10	9.3	—
20	—	—	—	5.6	9.3
30	—	—	—	9.3	12.5
40	—	—	—	12.5	16.3
50	—	—	—	16.3	21.9
60	—	—	—	21.9	26.1

注：表中从 0W 号到 60 号共 11 个粘度等级的油称为单级油，其中有 W 者表示冬用，无 W 表示夏用或非寒用。而多级油（multigrade oil）是指 100℃粘度是在某一非 W 粘度等级范围内，而同时其低温粘度和边界泵送温度又能满足某一 W 粘度等级的指标，即所谓冬夏两用油。

（四）润滑油的验收方法与保管要求

1. 验收方法

（1）根据入库通知单或发货单与实物的品种、规格、牌号核对，并点数验收。

（2）润滑油的包装容器为大小白铁桶、小玻璃瓶、小塑料桶。查看有无包装破损、遗漏等现象。

为了节约包装，规定一切石油产品包装容器尽可能回收使用。重复使用时，应按产品质量要求和容器清洁程度，进行不同程度的刷洗修理。

（3）各种润滑油应按品种、牌号分别存放，勿使牌号混淆，并要有明显标志。存放方式要便于执行"先进先出"的原则。

（4）装油容器要根据油温变化，除留出必要的膨胀空间外，应尽可能装满。对储存期较长且装油量不满的容器中的油料，要适当合并。零星发油时，发完一个容器再发下一个容器。取油的工具要保持干净、清洁，勿使用铜质零件的取油器。

（5）严格密封储存，保存包装容器完好，防止水、杂物、砂、尘侵入油中。桶盖上要加垫片拧紧，经常检查容器有无渗漏。

（6）防止火灾。擦过油脂的碎布头、纸不要乱扔，勿将火种带入库内，并应设置必要的消防器材。

（7）消防时不宜用高压柱状水，可用砂土、酸碱、泡沫干粉、1211号等灭火器扑救。

（8）不可与氧气、氯气等混存或共运。

（9）尽量避免在风沙、雨雪天气或空气尘埃较多的情况下进行露天作业。如必须进行时，应做好遮盖防护工作。

（10）用敞车运输应加苫布，以防烈日照射或雨雪、土的侵入。

（11）搬运时应注意轻拿轻放，防止碰撞，铁桶勿在地上滚动。重包装最好使用机械装卸。

（12）装卸禁止烟火。

2. 保管要求

（1）润滑油、润滑脂都应存放在库房或料棚内。若库、棚短缺，可按以下顺序优先入库、入棚。

①首先运进各种润滑脂、刹车油、变压器油、电容器油、电缆油。

②其次运进导轨油、柴油机油、汽油机油、硫化切削油、皂化溶解油、双曲线齿轮油、凡士林油。

③运进真空泵油、仪表油、汽轮机油、液压油、压缩机油。

④运进专用锭子油、冷冻机油、12号低凝机械油、轧钢机油。

⑤运进机械油、齿轮油、汽缸油、车轴油、低速柴油机油。

（2）露天放置油料，应用防雨材料，对桶装油料一定要配齐胶圈，拧紧桶盖。要尽量采取卧放，并下垫仓木。如果立放不宜直立，应下垫仓木，下垫仓木微倾斜。双口桶桶口应保持在同一水平线上，单口桶桶口应在最上部。雨雪后应及时清扫桶面的积水和积雪。

四、润滑脂

（一）润滑脂的分类

润滑脂品种复杂，牌号繁多，分类工作十分重要。原先采用的按稠化剂进行分类的 GB 501—1965 已不能适应润滑脂发展及使用的要求，已于 1988 年 4 月 1 日宣布废止。GB

7631.8—1990 规定了按使用要求对润滑脂进行分类的体系，这个分类体系等效地采用了 ISO 的分类方法，已代替了 GB 501—1965。但目前生产销售与使用的润滑脂尚未完全纳入新的分类体系之中，因而，为了说明新旧分类体系的具体不同，有必要对新旧分类体系进行比较对照。

1. 旧分类 GB 501—1965

GB 501—1965 是按稠化剂组成分类的，即分为皂基脂、烃基脂、无机脂与有机脂四类。皂基按所含皂类不同又分为单一皂基，如钙基、钠基、锂基、铝基、钡基、铅基和其他基；混含皂基，如钙钠基、钙铝基、铅钡基、铝钡基；复合皂基，如复合钙基、复合铝基等若干小组。同组的各种润滑脂按用途或使用又分为工业、船用……若干小组。

旧分类中润滑脂的命名按下列顺序进行：

牌号—尾注—组别或级别名称—类别

例：1号 合成 钙基 润滑脂（代号为 ZG–lH）。

其中：1号——牌号（锥入度系列号）；

合成——尾注（合成脂肪酸）；

钙基——组别（稠化剂）；

润滑脂——类别（润滑脂）。

润滑脂的代号按以下排列顺序表示：

类号–组号–级号–牌号–尾注号

例：ZJ-4S（4号石墨烃基润滑脂）。

其中：Z——类号（固定代号）；

J——组号（稠化剂为烃基）；

4——牌号（锥入度系列号）；

S——尾注号（含有石墨填充料）。

2. 新分类 GB 7631.8—1990

（1）适用范围。

这个分类标准适用于润滑各种设备、机械部件、车辆等所有种类的润滑脂，不适用于特殊用途的润滑脂。也就是说，只对起润滑作用的润滑脂适用，对起密封、防护等作用的专用脂均不适用。在这个标准的分类体系中，一种润滑脂只享有一个代号，这个代号与该润滑脂在应用中最严格的操作条件（温度、水污染和负荷条件等）相对应。实际上，GB 7631.8—1990 仅仅是提供润滑脂按操作条件分组的一个代号，而这个代号是由 5 个大写英文字母组成的。

（2）所用代号说明。

① L 为润滑剂和有关产品的类别代号。

② 每一种润滑脂用一组（5个）大写英文字母组成的代号来表示，每个字母都有其特定含义。

③ 润滑脂的分类。

④ 补充说明——水污染的表示。

⑤ 举例说明。

通用锂基润滑脂，根据其标准中规定可知：

使用温度：$-20 \sim 120℃$。

水污染：水淋流失量不大于10%，说明能经受水洗；防腐性为1级，即在淡水条件下能防锈。

极压：指标中没有规定极压性能指标，即不具有极压性。

从以上内容可知：

字母1为润滑脂固定代号，代号为X；

最低操作温度：-20℃，字母2为B；

最高操作温度：120℃，字母3为C；

环境条件：经水洗条件下的防锈性，字母4为H；

负荷条件：非极压型，字母5为A；

稠度等级：1号、2号、3号。

故通用锂基润滑脂分类代号为：L-XBCHA1，2，3。

3. 两种分类标准的对比

这两种分类标准本无对比性，但是GB 501—1965由于使用时间很长，加之目前润滑脂的生产销售尚未完全纳入新体系之中。为了能更加清楚地说明问题及加深对新标准体系的认识，现作简单对比。

（1）分类原则：

GB 501—1965是按稠化剂来分类的，并用皂基脂的拼音字母头一个字母作为符号分组。

GB 7631.8—1990是按润滑脂应用时的操作条件进行分类的。

（2）命名与代号：

GB 501—1965的命名与代号规定得很详细，从命名可以知道润滑脂稠化剂的类型，但专用润滑脂类有时看不出稠化剂类型。代号中也可以反映出稠化剂类型和牌号。

GB 7631.8—1990只反映了润滑脂的代号。它是用5个英文字母组成，从代号中看不出稠化剂类型，但能反映出稠度牌号。

（3）适用范围。

GB 501—1965可以适用于所有润滑脂，不管是润滑，还是密封、防护等用途。一个润滑脂按此命名、代号、分类，原则上就可以给出一个分组、命名和代号。因此，用GB 501—1965分组、命名和代号的润滑脂越多，用户越难选用。

GB 7631.8—1990只适用于以润滑为主的润滑脂，其他用途的润滑脂不适用于此标准。

（4）选用效果：

GB 501—1965命名的润滑脂品种繁多，有一个润滑脂就有一个命名，使用者从命名、代号中看不出使用条件，如果仅知道使用条件未选用润滑脂就很困难，必须看润滑脂的标准和根据经验才能确定。

GB 7631.8—1990是以润滑脂使用的操作条件进行分类的，只要记住分类表，根据分类就可以选用润滑脂，同时，使用者可以根据实际需要进行选择。因为符合该使用条件的润滑脂有好几个，不同稠化剂制成的润滑脂只要符合这个操作条件都归入该分类，供使用者充分选择。

（5）简化品种命名：

GB 501—1965不能简化品种命名，而且只会越来越多。

GB 7631.8—1990能简化品种命名，润滑脂按使用条件分类，可以将属于此类的品种归纳到一个分类号里。

(二) 润滑脂的使用特点

润滑脂与润滑油相比具有以下优点：

(1) 在金属表面具有良好的粘附性，不易流失。在不易密封的部位使用，可简化润滑系统的结构。

(2) 抗碾压，在高负荷及冲击负荷作用下，仍有良好的润滑能力。

(3) 润滑周期长，不需经常补充、更换，而且对金属部件具有一定的防锈性，相对地降低了维护费用。

(4) 适用的温度范围较宽，适用的工作条件也较宽。

因此，车辆上不适合采用液体润滑剂的部位均可使用润滑脂。

另外，润滑脂的粘滞性较大，运转时阻力大，功率损失就大。润滑脂的流动性也差，基本上不具有液体润滑剂的冷却与清洗作用，固体杂质混入后不易清除。此外，润滑脂在某些使用部位的加脂、换脂比较困难。所以，使用润滑脂的部位受到一定的限制。

(三) 润滑脂的基本组成

润滑脂主要是由稠化剂、基础油、添加剂三部分组成。一般润滑脂中稠化剂含量为10%~20%，基础油含量为75%~90%，添加剂及填料的含量在5%以下。

1. 基础油

基础油是润滑脂分散体系中的分散介质，它对润滑脂的性能有较大影响。一般润滑脂多采用中等粘度及高粘度的石油润滑油作为基础油，也有一些为适应在苛刻条件下工作的机械润滑及密封的需要，采用合成润滑油作为基础油，如酯类油、硅油、聚 α - 烯烃油等。

2. 稠化剂

稠化剂是润滑脂的重要组分，稠化剂分散在基础油中并形成润滑脂的结构骨架，使基础油被吸附和固定在结构骨架中。润滑脂的抗水性及耐热性主要由稠化剂所决定。用于制备润滑脂的稠化剂有两大类，皂基稠化剂（即脂肪酸金属盐）和非皂基稠化剂（烃类、无机类和有机类）。

皂基稠化剂分为单皂基（如钙基脂）、混合皂基（如钙钠基脂）和复合皂基（如复合钙基脂）三种。90%的润滑脂是用皂基稠化剂制成的。

3. 添加剂与填料

一类添加剂是润滑脂所特有的，叫胶溶剂，它使油皂结合更加稳定，如甘油与水等。钙基润滑脂中一旦失去水，其结构就完全被破坏，不能成脂，如甘油在钠基润滑脂中可以调节脂的稠度。另一类添加剂和润滑油中的一样，如抗氧、抗磨和防锈剂等，但用量一般较润滑油中的多。有时，为了提高润滑脂抵抗流失和增强润滑的能力，常添加一些石墨、二硫化钼和炭黑等作为填料。

(四) 润滑脂的性能及其评定指标

润滑脂的使用范围很广，工作条件差异也很大，不同的机械设备对润滑脂的性能要求很不相同。润滑脂性能是润滑脂组成及其制备工艺的综合体现。润滑脂性能的评价，不但在生产上和研究工作上有决定性的意义，而且在使用部门对润滑脂的选择和检验上也是必不可少的。根据汽车及工程机械用脂部位的具体情况，对润滑脂的基本要求是：适当的稠度，良好的高低温性能，良好的极压、抗磨性，良好的抗水、防腐、防锈和安定性等。

(五) 验收方法与保管要求

验收方法与保管要求与润滑油的要求相同。

第四节　石蜡及其他工艺用品

石蜡与油之间的主要区别是熔点不同，在常温下，前者是固体，后者是液体。石油中的蜡按其化学组成和结晶形状不同可分为石蜡和地蜡两种。石蜡主要由大分子正构烷烃组成，呈片状结晶；地蜡主要由带长侧链的环烷或芳烃类组成，其结晶呈微小针状。从柴油、煤油、润滑油馏分中提取的含油蜡经发汗或溶剂脱油后，再脱色、精制，即可得到相当纯洁的块状蜡。

一、石蜡的分类、特性、用途

石蜡按其生产精制程度分为半精炼石蜡、全精炼石蜡、粗石蜡、提纯地蜡、食品用石蜡和凡士林等。

（一）半精炼石蜡（白石蜡）

半精炼石蜡是以含油蜡为原料，经发汗或溶剂脱油，再经白土或加氢精制所得到的半精炼石蜡。按其熔点分为52、54、56、68、60、62六个牌号。适用于蜡烛、蜡笔、蜡纸以及各种电信器材和化工工业原料。

（二）全精炼石蜡（精白蜡）

全精炼石蜡是以含油蜡原料，经发汗或溶剂脱油，再经白土或加氢精制所得到的全精炼石蜡。这种石蜡含油极少（不大于0.5%），熔点较高，颜色很白，按其熔点分为52、54、56、58、60、62、64、66、68、70十个牌号。全精炼石蜡的基本性能与半精炼石蜡相同，因其加工深度较深，故具有色度洁白、含油量低、无杂质、无气味、防潮绝缘及可塑性好、安定性好等特点，适用复写纸、精密铸造、化妆品、电器防潮和绝缘等。

（三）粗石蜡（黄石蜡）

粗石蜡是以含油蜡为原料，经发汗或溶剂脱油，不经精制脱色所得到的粗石蜡。这种石蜡含油量及杂质较多，呈淡黄色，略有臭味，在一定温度下呈现较好的可塑性和韧性。按其熔点分为50、52、54、56、58、60六个牌号。可用于橡胶制品、防锈材料、木材制品、篷帆布、火柴、蜡烛等。

（四）提纯地蜡（微晶蜡）

微晶蜡是以减压渣油为原料，经丙烷脱沥青、溶剂精制、溶剂脱蜡、脱油加氢精制和石蜡成型而制得。具有滴点高、针入度小、酸值、灰分含量低等特点。国产地蜡按其滴点不同分为80、75、67三个牌号。用于绝缘、防潮等。

（五）食品用石蜡

食品用石蜡是以含油蜡为原料，经发汗或溶剂脱油，再经白土或氢精制所得到的食品用蜡。按精制深度分为食品石蜡和食品包装石蜡两级，其中按熔点分食品石蜡有52、54、56、58、60五个牌号，食品包装石蜡有52、54、56、58、60五个牌号。食品石蜡适用于食品和药物组分等直接接触食品和药物的用蜡，食品包装石蜡适用于与食品接触的容器、包装材料以及药物封口和涂敷用蜡。

（六）凡士林

由润滑油组分中提出的蜡膏，经酸洗和白土精制，再加入一定比例的其他油，即可得到膏状的凡士林。国产凡士林按其用途和性能不同分为四个品种。

（1）医药凡士林：按精制深度分医药白凡士林和医药黄凡士林两种，适用于配制医药的药膏及皮肤保护油膏用的原料。

（2）工业凡士林：适用于作金属零件、机器的防锈和橡胶软化剂使用，同时在机械的温度不高和负荷不大时，也可以当作减摩润滑脂使用。

（3）普通凡士林：分普通白凡士林和普通黄凡士林两种。适用于润滑橡胶制品的软化剂等。

（4）电容器凡士林：适用于浸渍和浇铸电容器。

（七）氯化石蜡

氯化石蜡是石蜡烃的氯化衍生物，具有低挥发性、阻燃、电绝缘性良好、价廉等优点，可用作阻燃剂和聚氯乙烯助增塑剂。广泛用于生产电缆料、地板料、软管、人造革、橡胶等制品，以及应用于涂料、润滑油等的添加剂。在我国增塑剂系列中，氯化石蜡是仅次于DOP，DBP，产量占第三位的品种，如液化氯化石蜡的含氯量在40%左右，可作橡胶、纤维蜡、乙烯类树脂的增韧剂。氯化石蜡用内套薄膜的聚丙烯编织袋包装，袋口用机针缝严，每袋净重25kg。搬运要轻拿轻放，勿使包装破损。

二、石蜡的包装与验收

固体蜡类产品一般应铸成块状或喷雾成粒状，装在纸盒、铁盒、塑料袋或麻袋等容器中。每件重量一般不超过60kg。

石蜡到货交接验收时必须由交接双方按石油产品取样规定采留样品。交接双方均按规定采留样品，如一方因故未能参加采样，另一方的采样、封样同样有效。固体石油产品类包括沥青、石蜡、地蜡、石油焦等，保存期均为三个月。

第八章 建筑材料

第一节 木材

一、木材的一般知识

(一) 木材的分类

木材的分类方法很多,为了合理利用和科学管理木材,通常有三种分类方法。

(1) 按树种分类：可分为针叶树和阔叶树两类。针叶树有红松、白松、落叶松、樟子松、马尾松、杉木、冷杉、铁杉、柏木等。阔叶树有水曲柳、榆木、桦木、柞木、杨木、樟木、核桃楸等。

(2) 按用途分类：可分为原条、原木和锯材三类。原条包括杉条、脚手杆等。原木包括直接使用原木、加工用原木等。锯材包括普通锯材、枕木等。

(3) 按材质分类：根据木材的缺陷及不同用途对缺陷的允许程度,分为若干等级,如杉条分为两个等级,加工用原木分为三个等级,普通锯材分为两个等级,枕木分为两个等级等。

在木材的经营和管理中,通常将几种分类方法综合使用,对一根或一批木材,不但要说明它的树种和材种,而且还要说明其等级和适用范围,并注明木材的规格。

(二) 木材的性能

1. 性能

(1) 质轻、密度小（绝大部分木材的密度都小于 $1g/cm^3$）。

(2) 强度高,顺纹抗压强度为 $31\sim71MPa$,顺纹抗拉强度为 $63\sim196MPa$（与钢同样断面的白桦,其强度相当于钢的 $1/5\sim1/4$,而振动和冲击的抵抗性好）。

(3) 有一定韧性,对振动和冲击的抵抗性好。

(4) 易于加工。

(5) 耐腐蚀性能好,对酸、盐类及其他腐蚀物质的化学抵抗力大。

(6) 耐热、隔声及电绝缘性好。

(7) 可以胶合或用螺钉及嵌接器结合。

(8) 价廉。

2. 缺点

除有以上的优良性能外,但也存在以下的缺点：

(1) 吸水性强,因而会改变其尺寸、形状和性质。

(2) 具有各向导性。

(3) 质地比较软弱,不适于高强度和重荷载的工程用途。

(4) 导热系数小,易燃烧,使用温度不能高于 $120\sim130℃$。

(5) 具有天然的缺陷,如节疤、裂纹、弯曲等。

(6) 各个树种的力学性质差别很大。

(7) 树木的成长较慢,故资源利用受到一定的限制。

(三) 木材的用途

木材广泛地应用在机械制造、航空、铁路、建筑、车辆、造船、化学纤维和其他工业、农业部门。例如：

(1) 针叶树类。材质轻软，易于加工，有较高的强度，纹理直，干燥性能好，耐久性强，结构中等。主要用于建筑、枕木、桥梁、车辆、家具、造纸、包装箱、文具等。石油工业中广泛用于油田工程建设和民用建筑中。

(2) 阔叶树类。材质重而坚硬，强度大，加工难，胀缩开裂现象较显著。有美观的纹理，结构细致，切面光滑。油漆和胶接性能好。主要用于家具、航空器材、运动器材、车船内部装饰、雕刻、乐器、胶合板等。

二、原条和原木

原条是指树木伐倒后，仅砍去枝杈，但未经截断的带梢林或去梢木，包括杉原条和脚手杆。杉原条是经修枝、剥皮，没有加工造材的杉木伐倒木。脚手杆为建筑上搭接脚手架用的横杆和立杆。要求不允许有腐朽和漏节，弯曲的不得超过3%。原条进一步按规格截成的圆形木段，称为原木。

凡是在使用过程中，保持原木圆形段的形状，不再经过纵锯或旋刨等进一步加工而直接应用于各经济部门中的要材，称之为直接使用原木。这类原木主要有坑木、电杆、桩木等。

凡是需经过进一步加工才能使用的圆形木段，称之为加工用原木，按其用途分为车辆材、造船材、胶合板材、一般用材以及化学加工用材。

(一) 原条、原木的尺寸检量及材积换算

1. 原条的尺寸检量

1) 长度检量

原条（杉原条）的长度起点在标准中规定为5m。其长度应从根部锯口（或斧口）量起至梢径6cm处，其长度足5m，即认为合乎原条规格，如果长度小于5m时按原木处理。原条的长度进位，根据木材标准的规定，以1m进位，不足1m者舍去，如7.9m的原条也按7m计。

原条的梢端已折断，如直径超过6cm时，其材长与梢头直径的比是100:1者为原条，否则按原木处理。

原条梢端劈裂，劈裂后梢径超过6cm的，不论是否脱落，材长均应量至劈裂终点处为止，即凡是劈裂部分扣除。

原条大头劈裂，未脱落者，如果其劈裂后的短径不小于原条检尺径的，可以不计算；小于检尺径时，应将小于部分的长度舍去，舍去小于检尺径部分的长度后，重新检量长度。

原条根部已削成圆兜或打有水眼者，其长度均自圆兜或水眼内侧向梢端方向量起，不应把圆兜或水眼部分计算在长度以内。

2) 直径的检量

检量原条的直径是检量其检尺长的中央部位直径（简称中径），以2cm为单位，不足2cm时，凡满1cm者进位，不足1cm者舍去尾数。例如，量得原条中央断面直径为17cm，根据上述规定，其检尺径为18cm；量得直径为18.9cm时则应按18cm计。

原条中央部位直径以其最短者为准，带皮者应去其皮厚部分。如检量直径的部位有树瘤节疤或特别肥大的情况，则应量其上方（靠梢端）正常部位。

2. 原木尺寸检量

1) 长度检量

原木的长度检量（包括干形弯曲和断面偏斜者），应自大头断面至小头断面拉成一直线检量。

原木两端带有水眼（在运输中的人为加工），应以两端水眼之间的长度为准。

大头带有斧口，除去斧口后，量得的断面最短径不小于检尺径的原木，长度仍自大头断面量起；若除去砍口后，断面短径小于检尺径，材长需扣除小于检尺径部分的长度。

量出原木的实际长度后，要按进级规定进行取或舍。原木长度进级，直接使用原木是按0.2m进级。加工用原木的材长进级是按0.2m进位，同时有2.5m长级。

原木的实际长度如大于原木标准规定的长度，而又不是较大一级的规定尺寸时，其多余部分不计，如实际长度为6.7m，而原木标准规定的长度为6.5m和7.0m，则原木长度按6.5m计算。

每一种材种标准都规定有长度允许公差，所以在检量过程中还要考虑允许公差。加工用原木长度的允许公差为6cm，-2cm。

检查各原木的材长时，必须考虑到长度进位和长度的允许公差等规定，即先量原木的实际长度，再按规定的进位尺寸和公差值进行进舍，进舍后的尺寸为长级或检尺长。例如量得一根加工用原木实际长度为2.47m，若只考虑进位尺寸，就得检尺长为2.4m，而应再考虑公差值，得正确的检尺尺寸应为2.4m。又如量得直接使用原木的实际长度为4.93m，同时考虑进级和允许公差，其材长应为4.80m。

2）直径检量

原木的直径检量部位在原木小头断面，以通过小头断面中心的最小直径为检尺径（带皮的去掉树皮厚度部分），以2cm为一个进级单位，满1cm者进位，不足1cm者舍去。实际量得的尺寸经过进舍后得出的直径才称为检尺径。这样原木的检尺径只有偶数，如6cm，8cm，10cm，12cm……

小头断面如果呈椭圆形，应按长短径（实际长度）的平均数为小头断面的实际直径，长短径平均数算到mm，不足1mm者舍去不计，如果一椭圆材料长径为32.5cm、短径为25.1cm，其平均值为28.8cm，检尺径应为28cm，而不是32+26进行平均，怎样才算椭圆形材呢？短径不足26cm，而检尺断面和长径超过短径2cm的，以及短径在26cm以上，而检尺断面的长径超过4cm的均按椭圆形材计算。

检尺时为了求得长径和短径，应该先量短径，再在小头断面中心垂直得长径。如果小头断面的长短径的平均值大于大头断面最小直径，应按双心材处理。

双心材、三心材及呈中间细两端粗的喇叭形，应在正常部位（最细处）进行检尺。

剖开材（由于运输需要而剖开的近于半圆形的原木），以小头断面底边的一半长，加底边中心垂直高作为检尺径。

原木小头和材身都呈不规则形，无法去量取正常部位时，可在小头断面检量其平均直径。

对于劈裂材，直径的量法有如下几种：

（1）小头劈裂未落，如检尺径必须通过裂缝，可将检量所得的直径减去其裂缝宽度，即为小头实际直径，经进舍后作为检尺径。

（2）小头有两块以上未脱落的劈裂，各块劈裂厚度均未超过小头面直径的10%，不予计算；已脱落则应检量其长短径，平均后经进舍得尺径。

（3）大头劈裂已脱落的，劈裂后的长短径平均数小于检尺径时，应以此平均数进舍后作为检尺径；如长短径平均数不小于检尺径时，则仍以小头检尺径为准。

（4）大小同时劈裂，应按严重的一头计算。

3. 原条、原木的材积计算

（1）原条（杉原条）材积计算表是按中央断面积公式展开计算编制出来的。

①检尺径自10cm以上的杉原条材积公式：

$$V = 0.39 \times (3.50 + D)^2 \times (0.48 + L) \div 10000$$

②检尺径为8cm的杉原条材积公式：

$$V = 0.4902L \div 10000$$

式中　V——材积，m^3；

　　　L——检尺长，m；

　　　D——检尺径（中央断面直径），cm。

原条材积都保留三位小数。

（2）原木。

①检尺长2～10m，检尺径自4～12cm的小径原木材积公式：

$$V = 0.7854L \times (D + 0.45L + 0.2)^2 \div 10000$$

②检尺长2～10m，检尺径自14cm以上的原木材积公式：

$$V = 0.7854L \times [D + 0.5L + 0.005L^2 + 0.000125L \times (14 - L)^2 \times (D - 10)]^2 \div 10000$$

③检尺长超出原木材料积表所列范围而又不符合原条标准的特殊用途圆木，其材积公式：

$$V = 0.8L \times (D + 0.5L)^2 \div 10000$$

式中　V——材积，m^3；

　　　L——检尺长，m；

　　　D——检尺径，cm。

检尺径4～6cm的原木材积数字小数点后保留四位，检尺径自8cm以上的原木材积数字，小数点后保留三位。

原木（杉原条）均以材积计量，单位为立方米（m^3）。在检量原木的中央直径和材长后，通过查阅有关材积表，则可求得材积。

（二）原条、原木的质量标准

1. 原条的质量标准

原条的材质标准见表2-8-1。

表2-8-1　杉原木材质标准

缺陷名称	检验方法	限度	
		一等	二等
漏节	在全材长范围内的个数不得超过	不许有	2个
边材腐朽	厚度不得超过检尺径的	不许有	15%
心材腐朽	面积不得超过检尺径断面面积的	不许有	16%

续表

缺 陷 名 称	检 验 方 法	限　　度	
		一等	二等
虫眼	在检尺长范围内的虫眼个数不得超过	不许有	不限
外夹皮	深度不得超过检尺径的	15%	40%
弯曲	最大拱高不得超过该弯曲内曲水平长的	2%	6%
外伤、偏估	深度不得超过检尺径的	15%	40%

注：上表未列缺陷不计。

2. 原木的质量标准

原木材质评定按照国家标准的规定进行。在评定时，据原木的缺陷大小、多少可评出等级。原木缺陷有：

（1）外部腐。分布在树干的外围，在横切面上呈环状或弧状。

（2）内腐。分布在树干内部，在横切面上呈圆形或不规则的块状，通常是腐朽菌经过树干的枯枝、腐朽节、外伤等侵入木材内部所形成。

（3）虫害。木材遭受昆虫幼虫蛀蚀而造成的损害。

（4）裂纹。在树木生长期间或倒伐后，由于受到外力或温度和湿度变化的影响，致使木材纤维之间发生脱离的现象。

（5）弯曲。树干的轴线不在一直线上，而向左右前后凸出的现象。

（6）扭转纹。木材由于纤维排列的不正常而出现的倾斜纹理，在圆材中斜纹呈现螺旋状的扭转，称为扭转纹。

（7）漏节。这种节子不但本身木质构造已大部分破坏，且已深入树干内部，和树干的内部腐朽相连。

（8）活节。节子材质坚硬，构造正常，与周围木材全部紧密相连。

（9）死节。由树干的枯枝所形成，它周围的木材部分脱离。

直接使用原木的材质标准见表 2-8-2，加工用原木的材质标准见表 2-8-3。

表 2-8-2　直接使用原木的材质标准

缺 陷 名 称	检 量 方 法	限　度
漏节	在全材长范围内	不许有
边材腐朽	在全材长范围内	不许有
心材腐朽	面积不得超过检尺径断面面积的 （1）采掘坑木用料 （2）房建檩条用料（小头不许有，大头允许）	不许有 4%
虫眼	在检尺长范围内	不许有
弯曲	最大拱高不得超过该弯曲内曲水平长的 （1）检尺长自 3.2m 以下的采掘坑木用料 （2）检尺长 4m，5m，6m 的采掘坑木用料 （3）房建檩条用料	3% 5% 4%
外伤、偏枯	深度不得超过检尺径的	20%

注：上表以外除风折、炸裂不许有，其他缺陷不计。

表 2-8-3 针叶树加工用原木的材质标准

缺陷名称	检量方法	限度 一等	限度 二等	限度 三等
活节	最大尺寸不得超过检尺径的	15%	40%	不限
死节	任意材长1m范围内的个数不得超过	5个	10个	不限
漏节	在全材长范围内的个数不得超过	不许有	1个	2个
边材腐朽	厚度不得超过检尺径的	不许有	10%	20%
心材腐朽	面积不得超过检尺径断面面积的	大头允许1%，小头不许有	16%	36%
虫眼	任意材长1m范围内的个数不得超过	不许有	20个	不限
纵裂	杉木长度不得超过检尺长的	20%	40%	不限
外夹皮	其他针叶长度不得超过检尺长的	10%	40%	不限
弯曲	最大拱高不得超过该弯曲内曲水平长的	1.5%	3%	6%
扭转纹	小头1m长范围内的纹理倾斜高（宽度）不得超过检尺径的	20%	50%	不限
外伤、偏枯	深度不得超过检尺径的	20%	40%	不限

（三）原条、原木的验收方法

（1）根据入库通知单和供方发货明细表进行验收。保管员还应准备有关技术标准，以备有疑问时查找依据。

（2）原条、原木的质量以木材缺陷的种类和多少来衡量，并以此作为等级的依据。因此，原条、原木的质量应符合对木材缺陷的限制规定。

原木的等级由生产单位在原木两端断面或两端侧面以号印作出标志，其符号为一等"△"，二等"⊖"等。

此外，还应当核对树种是否与入库单、供方发货明细表一致。

（3）规格、尺寸检验：原木的长级是以墨色蜡笔用阿拉伯数字写在小头断面上（直径在14cm以下的原木写在大头断面上）。原木的径级是用符号表示的，其径级代表符号为：10，20，30……用符号"0"表示；12，22，32……用符号"2"表示；14，24，34……用符号"4"表示；16，26，36……用符号"6"表示；8，18，28，38……用符号"8"表示。

（4）数量检验：原条、原木均以材积计量，单位为立方米（m³）。在检量原木的中央直径和材长后，通过查阅有关材积表，则可得到材积。

（四）原木、原条保管要求

（1）原木均存放在露天料场保管。

（2）堆垛时应按不同树种、材种、等级、材长、剥皮与不剥皮分别存放。

（3）料场应选择地势高、通风好的地方。场地应平整，排水良好，不可杂草丛生。

（4）木垛应悬挂标志鲜明的料牌，上面注明进库日期、树种、材种、等级、长级、径级内容。木垛的长向应顺夏季的主风向，以利自然通风。

（5）原条、原木的保管方法。木材保管期间主要易发生菌虫蛀蚀和变形开裂两种损坏变质现象。避免的方法有两个：其一，使木材保持高度的含水率（高于纤维饱和点）；其二，将木材含水降低到20%以下，高的含水率或低的含水率都不适于菌、虫的生长，同时能防止木材开裂。

①干存法：根据树种、气候特点和地理条件，可分别采用下述三种堆垛形式。采用干存法，如有条件可将干燥的原木剥去树皮存放，能防止虫害。

a. 实堆楞：将原木在垫木上顺码压缝上垛，大小头的方向一致。这种垛形应用最为广泛。

b. 干燥楞：将原木分层顺码，每层间以垫木隔开，注意每层垫在一条直线上，防止受压不均而引起变形。最上一层可密排并保持一定坡度，以防雨和日光直射。

c. 方格楞：上一层与下一层原木长向垂直码放多层。每层中相邻两根原木大小头颠倒放置，以保持每层平稳。最上一层密排并保持一定的坡度，以利防雨、防日晒。

②湿存法：选择避风或风力较小的场地，将含水率很高的原木堆成连接的紧密大楞，遮盖各个堆垛及其间隙。经常采用喷水措施，两端面涂防腐涂料。垛形可采用实堆楞。湿存法主要用于保存阔叶树种（桦木除外）。

③水存法：水存法也称水浸保管法。将原木浸泡在江、河、湖泊、水塘中。

在流水中应用多层木排沉没法或漂浮法。木排应用绳索等固定，免被流水及风浪冲散丢失。在静水中，可以采用有规则的堆沉没，也可采用无规则的沉没。

应用此法保存原木，应注意定期清除沉底的树皮、杂草和淤泥。在水中沉没原木时，应用总材积的 10%~30% 的薪材（作燃料使用的较次树木）或劣材作为水上的压木层，以使保存的原木能浸入水中。水存原木剥皮与否均可，但未浸入水中的部分则应剥皮。水存原木一般应在冰冻前取出。因为冰冻后取出不便，而且水结成冰体积膨胀，易破坏木材的组织。

（6）杉原条方顺垛。所保管的原条，大小头交叉、平行、分层归放。每隔 50~70cm（垂直高）用垫木垂直隔开。垛的两侧，用归垛的原条作立柱，并在垫木处以铁线加固。立柱的道数，视长而定，但不宜少于 4 道，垛的宽度一般为 4~5m，高 4m。

（7）原条散堆。散堆着的原条，要求平行归放，梢头向垛的一端。

（五）木材的防护

为了防止木材腐朽、虫蚀和开裂，除了采用物理方法（干存法、湿存法、水存法、合理堆垛等）外，可采用化学方法，用防腐、防虫药剂处理木材，使之能抵抗菌虫侵害，称之为木材防腐处理。凡用化学涂料涂抹木材表面或用其他物理方法处理木材，减少或制止木材开裂，称为木材防裂。滞火处理则可以增强木材的耐火性。

1. 木材防腐

1）木材的化学保管

木材在保管阶段，对于过夏或保管期较长的，除了合理地堆垛之外，需要进行喷洒防腐药剂。

（1）防腐剂种类。

防腐处理所用的防腐剂可分为油类防腐剂、水溶性防腐剂和其他防腐剂等。

①油类防腐剂。是以煤和木材干馏而得到的产品，如杂酚油、煤焦油、绿油和蒽油以及木焦油等。

②水溶性防腐剂。包括氟化钠、矽氟化钠、氯化锌、三联剂、塞尔克里盐剂、卜立顿盐剂等。这类防腐剂的优点是溶于水，不污染木材，毒性较大，易透入木材，防腐处理较为简单容易。缺点是水溶性大、易于潮解，在露天日久存放便逐渐失效，且多半对铁制品具有一定的腐蚀性。

③其他防腐剂。有五氯酚、萘酸铜等。纯五氯酚为白色针状结晶,工业用品颜色较深。五氯酚是油溶性的有机化合物,易溶于中性煤焦油、稀醇及其他有机溶剂中,但几乎不溶于水。这种防腐剂稳定性大,挥发性小,毒性持久,处理木材后仍可油漆,杀菌效能高,且可防止白蚁侵蚀。五氯酚对真菌、白蚁、海生软体动物及其他生物都有强烈毒性,对人体和牲畜也有剧毒。应用中常使用其钠盐,即五氯酚钠。

萘酸铜通常称烷酸铜,深绿色,粘稠胶状,具有特殊气味,易溶于有机溶剂中,一般使用时溶于煤油或煤焦油内。稳定性高,吸附能力强,持久性强,不易挥发,对各种真菌及白蚁都有较高的抵制力。一般用0.5%浓度的溶液,其效果就很好。萘酸铜对人体和皮肤均无毒害,一般的浓缩液可以安全搬运。

2)复合药剂配方。

中国林科院木材研究所和福建林科所等单位对木材防腐均作过试验,认为采用按一定配比所配制的复合药剂效果较好。其中效果最好的几种药剂配方如下:

①五氯酚钠4.0% + 硼砂1.6% + 氟化钠2.4% + 水92%;
②五氯酚钠4.8% + 硼砂3.2% + 水92%;
③五氯酚钠6.4% + 氟化钠1.6% + 水92%;
④硼砂4.8% + 氟化钠3.2% + 水92%;
⑤五氯酚钠4.1% + 氟硅酸钠1.2% + 碳酸钠1.7% + 水93%。

以上配方对南方马尾松原木和枕木防腐效果很好。北方的气温和相对湿度与南方不同,在木材防腐处理时,可适当设计防腐药剂的配方,如对前苏联进口松原木的试验所采取的防腐剂配方如下:

①氯化钠3% + 硼砂1%～1.5% + 硼酸1%～1.5% + 水94%～95%;
②氯化钠3% + 五氯酚钠1%～1.5% + 硼酸1%～1.5% + 水94%～95%;
③氯化钠2%～3% + 五氯酚钠1% + 硼酸1% + 硼砂1% + 水94%～95%。

上述方法适用于在储存保管阶段使用。对于一些特殊用材,如电杆、枕木等,要求在使用期具有长期的防腐效果,就需要进行专门的防腐处理。当然,如能对大部分木材实行防腐处理,延长其使用寿命,将可节约大量木材。

2)防腐处理法

木材的防腐处理法可分为加压处理法和无压处理法两大类。

(1)加压处理法:是将木材置于密闭筒中,施以相当大的压力,使防腐剂进入木材组织中。加压处理法可分为满细胞法、半空细胞法和空细胞法。

(2)无压处理法:不施压力的普通处理法,包括涂刷、喷射、浸渍、冷浴、热冷槽法、扩散法等。它的特点是操作简便、设备费用及成本均低,但透入度和吸收量不如加压处理法,防腐效果亦较差。

热冷槽法是除加压防腐法外最好的一种方法,可用于电杆、坑木、成材和构件的防腐。此法是先将木材放入热槽中,木材内部的空气即因热膨胀而部分逸出,此时移入冷槽,木材表层细胞腔中的空气突然冷却,出现减压,由于细胞内空气稀薄就使防腐剂被吸入木材深处,如是反复,防腐剂进入则逐渐加深。冷热两槽的温度差异越大,木材内外层气压差亦越大,效果也最好。用本法的防腐剂较多,凡油剂、水溶性盐和油溶毒性药物均可适用。处理时间因树种、材种和防腐剂而异,盐类水溶防腐剂的温度不宜过高,否则易沉渍。用油剂处理最后需在热槽中取出木材,以排除多余防腐剂,减少浪费。

综合两类防腐处理方法，以加压处理法最适于专门防腐工厂对枕木、矿柱、电杆以及重要用途的成材进行防腐处理。而无压处理适于一般成材的防止青变发霉处理以及建设部门、木材加工部门对于一般工业用材、建筑用材和家具用材的防腐处理。

2. 木材防裂

保管中的木材因干缩不均而开裂，其端面更容易顺着射线或沿年轮发生开裂。为了防止开裂，可采取以下方法。

（1）水存法是最好的防裂方法。

（2）剥皮的原木容易开裂，因此对易开裂的木材在干存期内尽可能使树皮完整，或剥去外皮，留下韧皮，也可采取条状或环状剥皮。

（3）把原木归成大楞，能有效地减轻垛内木材的开裂。

（4）比较珍贵的木材，为防端裂，可涂化学防裂涂料，如沥青、桐油、石蜡、聚酯酸乙烯酯（乳液）。用石油沥青等胶结剂涂刷木材，其防腐效果也很好。

（5）原木端裂，还可采用铁线捆扎端头的方法或在原木端头打入"S"或"C"形防裂器。

3. 木材防火及滞火处理

木材是易燃物质。储木场必须设置防火设施，配备必要的防火器具，要有专门的人员负责这项工作，建立群众性的消防队伍。场地应保持清洁，经常清除树皮、碎木片、垃圾、锯末等，以减少火险。

滞火处理木材主要是增强木材耐火性。浸注木材所采用的具有耐火性质的化学物质，称为耐火剂。这种耐火剂遇热即熔化，并在木材表面形成隔火层，可以封阻氧气进入木材的进路，或分解出大量不燃烧气体，以排挤木材表面的空气，并冲淡由木材分解出的可燃性气体。木材的耐火性，在浸注耐火剂后可以提高 2~3 倍，这对房屋建筑、船舶的防火更为重要。

常用的耐火药剂配方有：

（1）硫酸铵 20%，硼酸 5%，水 75%。

（2）硫酸铵 23%，氯化钠 2%，水 75%。

（3）铬氯化锌（氯化锌 77.5% 以上，重铬酸钠 17.5% 以上）80%，硫酸铵 10%，硼酸 10%。

（4）磷酸二铵 10%，硫酸铵 60%，四硼酸钠 10%，硼酸 20%。

（5）氯化锌 35% 以上，硫酸铵 35% 以上，硼酸 20% 以上，重铬酸钠（结晶）5% 以上。

耐火剂浸注木材，可用浸渍法、冷热槽法或加压法等。为防止木材着火，所需的干燥耐火剂量应为所处理木材重量的 5%~8%。

4. 木材保管时的注意事项

保管期间，一旦发现菌虫害应立即采取措施灭杀，并将已染菌虫的原木与"健康"原木隔离。在白蚁活动地区，如果发现白蚁，可用氯化汞（升汞）50%、亚砷酸 35%、水杨酸 10%、三氧化二砷（红砒）5% 配成药粉，用喷射器喷入白蚁巢穴，喷药后在蚁穴出入孔道塞上棉花或泥土，虫和卵都可杀死。

（六）搬运码垛的要求

（1）卸车时不得抛掷，注意吊卸机具的安全可靠，可搭数根斜立楞木于车侧，将原木从车上沿楞木缓缓滑下。

(2) 卸车时，在拔掉车立柱时，车身两侧 10m 内禁止有人停留；大车解绳时，禁止有人留在车身 5m 以内。

(3) 卸车或拆垛时，应使用搬钩，要站在原木两端操作，不得立在正面。

(4) 码垛时，跳板必须牢固，以防滚垛事故发生。

(5) 严禁烟火，不得携带火种进入储存场。

三、锯材

锯材是将加工用原木进行纵横锯割后的产品。

(一) 锯材的分类

根据用途可把锯材分为普通锯材和枕木两大类。

(1) 普通锯材包括板材和方材。

(2) 枕木包括标准轨枕木、宽轨枕木和窄轨枕木。

①标准轨枕木包括普通枕木（Ⅰ、Ⅱ、Ⅲ型）、道岔枕木和桥梁枕木。

②宽轨枕木包括普通枕木、道岔枕木和桥梁枕木。

③窄轨枕木包括普通枕木、道岔枕木和桥梁枕木。

(二) 锯材的质量标准

锯材的材质评定，是依据国家标准规定进行的。

(1) 锯材除有原木的九种缺陷外，还有木材加工缺陷。包括：

①钝棱。成材边棱欠缺。

②弯曲。由于成材堆积不良及因干燥不均所致。按弯曲方向不同，分为顺弯、横弯和翘弯三种。

③夹皮。树木受伤后，由于树木继续生长将受伤部分包入树干，即形成夹皮。

④腐朽。木材受真菌侵蚀后，不但颜色有所改变，结构也有显著变化，变得松软，易碎，最后变成一种干的或湿的软块，呈筛孔状、粉末状等现象。

(2) 普通锯材的材质分为两个等级。

锯材是已经剖开的板方材，各种缺陷全部暴露在材面上。查定缺陷，基本上以材面为主。因宽材面是使用时的主要材面，故缺陷对锯材材质的影响，主要看宽材面。在同一种锯材上有两种以上缺陷的，应以降等最低的一种缺陷为准。如有一块板材，宽材面上有节子评为一等材，按腐朽评为二等材，根据上述规定，这块板材应评为二等材。

(3) 枕木的材质要求非常严格。按优劣分为两个等级，各个等级对每种缺陷的允许限度不得超过规定。枕木铺在铁路路基上，近地面干湿不定，风吹雨淋，如果腐朽，极易蔓延发展，不但大大缩短使用年限，而且影响行车安全。所以一等和二等都不允许有腐朽和漏节。在评定等级中以最严重缺陷为准。

(4) 数量检验：

①板方材以体积计量（单位为 m^3）。材积可通过"板方材材积表"查定，也可临时计算。计算公式为：

材积 = 长 × 宽 × 厚

通过上式计算出一块（根）的材积，再乘以须计算材积的块（根）数，即得到这一批板方材的材积。

②枕木中普通枕木是按根计量，桥梁枕木和道岔枕木是按材积计量（单位为 m^3）。材积的计算方法与板材相同，也可通过"锯材积表"查定。

（三）保管要求

（1）板方材和枕木应存放在干燥、通风、平坦、排水良好的露天料场。

（2）应按不同树种、材种、尺寸、等级分别堆垛存放。

（3）垛基应稳固，离地面一定高度。垫木的疏密程度以保证板方材不变形为原则，垫木应为干燥无菌的锯材，垛的高度为3m左右。

（4）为防止发生端裂，堆垛时端面要避开主风向，端面如能涂一层防裂涂料则更好。为避免日光曝晒，可在垛顶覆盖遮阴。垛顶最上一层保持适当坡度，以利排水。如再铺一层油毡则既能防雨又能防日晒，适合于较长期保管采用。

（5）堆垛方式。

①板方材。

a. 交叉式纵横码垛法：将板方材在垛基上纵一层横一层交叉上垛，形成与板方材长度相同的方形垛。根据木材干燥迅速的需要，可通过同层板方材的疏密来调整，间隔一般为10～15cm。

b. 气干垛：这种垛层间隔热较少，只保证板方材不变形即可，同一层相邻板方材的疏密可根据木材的干燥程度而定。放置时，靠木髓线一面朝下，对防止收缩变形有一定好处。为防止端裂，可用边材遮盖面防日光直接照晒，或涂防裂剂。垛底每边出檐40～70cm，垛层间隔垫一定要与垛基垫木相垂直。这种垛形通风良好，有利于木材干裂。

c. 平立式和抽屉式码垛法：平立式垛的容量大，省工，易于检查，但由于间隙小，通风差，容易引起变色。所以这种垛适用于干燥的板方材。抽屉式垛通风好，但容易发生翘曲。

d. 人字架堆法：先用干燥木桩支好架，予以固定，然后将板材对称斜侧立成"人"字形。这种堆用于急于自然干燥的板材，但长翘曲，变形大。

②枕木。枕木有纵横交叉码、平码和斜码三种垛形。

（6）板方材保管期不宜过长，保管期较长的应定期倒垛。

（7）保管期间如发现变色、腐朽现象，应立即与未染菌虫的木材隔离。已发生变色、腐朽的木材不宜继续保管，应尽快调出使用。

（四）搬运要求

（1）运输时应按树种、材种、等级、尺寸分别装卸。如为混装，必须设立标志，以免混淆。

（2）装卸时不得摔扔，以免摔裂。

（3）特大方搬运、装卸要采用适当机具。人力抬运时，注意动作协调。

（4）作业时戴好手套、垫肩等防护用具，抬运工具应事先检查是否牢固。

四、人造板材

（一）胶合板

胶合板是由原木旋切成单板或木刀刨切成薄木，再经胶合而成三层或三层以上的板材。

1. 胶合板的分类

根据结构不同，胶合板可分为等厚单板结构胶合板、厚芯结构胶合板等。

按胶合板的用途分普通胶合板和特种胶合板。普通胶合板又可分为三合板、五合板、七合板、九合板等，特种胶合板主要指航空胶合板和船舶胶合板。

按材质和加工工艺质量，胶合板分为"Ⅰ、Ⅱ、Ⅲ、Ⅳ"类。

Ⅰ类（NQF）——耐气候、耐沸水胶合板；

Ⅱ类（NS）——耐水胶合板；

Ⅲ类（NC）——耐潮胶合板；

Ⅳ类（BNC）——不耐潮胶合板。

2. 胶合板的性能和用途

（1）胶合板的特性。

①质轻又具有一定的强度。

②弹性及强度比木材均匀，各方向的强度大致相等（在抗拉力、抗剪力方面最显著）。

③收缩性小，克服了木材开裂、翘曲等缺点。

④可以利用小料，并且用材广泛，各种软硬木料都可使用，因此，胶合板是节约木材及开拓木材来源与用途的最好办法。

（2）用途。

由于上述优点，所以目前胶合板的应用范围很广，如建筑工程用作门、平顶、隔墙、家具，以及其他工业部门制汽车、电车、火车、船舶等隔板；用防水胶粘制的胶合板，可用作混凝土的模型板。

（二）纤维板

纤维板是以植物为主要原料，经过纤维分离、成形、干燥和热压等工艺制成的一种人造板材。

1. 纤维板的分类

纤维板的分类可按制造方法、纤维板密度、原料、结构以及用途等进行分类。

（1）按制造方法分为湿法生产纤维板、干法生产纤维板、半干法生产纤维板。

（2）按密度分为硬质纤维板、软质纤维板和半硬质纤维板。

（3）按原料分为木质纤维板和非木质纤维板。

2. 纤维板的性能和用途

（1）软质纤维板：密度较低，具有绝缘性及一定的刚度和强度。用于建筑部门作墙板和间壁板，使建筑物获得绝缘、保温、吸音的效果。

（2）硬质纤维板：强度高，耐水性好且易加工。广泛用于建筑、车辆、船舶、家具、包装等方面。

（三）刨花板

刨花板是利用木材或木材生产中的各种剩余物做原料，加工成刨花、碎料，加入一定量的胶合剂，在一定的温度和压力下压制而成的一种人造板材。

1. 刨花板的分类

刨花板按密度、结构和加压方法分类。

（1）按密度分为轻级、中级、重级。

轻级（低密度）刨花板。密度在 $0.25 \sim 0.45 g/cm^3$ 之间；

中级（中密度）刨花板。密度在 $0.55 \sim 0.70 g/cm^3$ 之间；

重级（高密度）刨花板。密度在 $0.75 \sim 1.3 g/cm^3$ 之间。

（2）按结构分类：

①单层刨花板；

②三层刨花板；

③多层刨花板；

④渐变结构刨花板；

⑤空心结构刨花板。

（3）按加压方法分类：

①平压法刨花板；

②挤压法刨花板；

③辊压法刨花板。

2. 刨花板的特性及用途

刨花板根据使用要求不同，其物理和力学性能指标主要有五个：密度、吸水率、吸水厚度膨胀率、静曲强度、垂直平面拉力。

刨花板主要用于家具和建筑，也用于车辆、船舶的内部装修，以及用作某些机器的附板和台板，也有室外用的刨花板，如水泥模板等。利用刨花板作印刷的模板和衣箱效果也很好。

（四）验收方法

（1）入库的人造板必须具有入库通知单、供方发货明细单和质量证明书。保管员还应准备有关技术标准资料。

人造板均为打包供应，每一包上用标签或印章形式，注明制造厂名称、厂标、尺寸、等级、树种、类别、胶种、张数、批号等内容中的若干项。胶合板在每张背后右下角盖有说明类别、等级、生产年月、生产厂代号的印章。这些内容均为验收时核对的依据。

（2）核对入库通知单和质量证明书上所列有关质量方面的内容是否一致，然后与实物上的标志相核对，应相符合，最后检验实物。

（3）规格、尺寸检验。

①检量部位：硬质纤维板的长度应在板宽中部检量，宽度应在板长中部检量，准确至1mm；厚度在板四边中点距20mm处检量，准确至0.1mm。

胶合板和刨花板的检量部位没有规定。

②阔叶树材胶合板的尺寸及允许公差：长、宽为8mm，负偏差不许有。

③针叶树材胶合板的尺寸及允许公差：长、宽为8mm，负偏差不许有。

④硬质纤维板尺寸及允许公差：长、宽为10mm，负偏差不许有。

（4）数量及质量检验。

①人造板应按下述规定进行数量验收：

胶合板、刨花板按材积计量，单位为 m^3，允许公差不得计算在内；硬质纤维板按质量计量，单位为 t。

测算单张胶合板时，可精确到 $0.00001m^3$。计算成批胶合板时，可精确到 $0.001m^3$。

测算刨花板的材积时，精确到 $0.001m^3$。

胶合板在验收时应根据分等规定，检验其等级和粘结强度。一般应注意表面的光洁度，胶合的完整情况以及有无脱胶，有无开裂、腐朽和缺角等缺点，同时检验每张胶合板背面右下角的纵边是否加盖有胶合板的类别、等级、生产年月、生产厂代号和检验员代号等号印。

胶合板的数量一般是以立方米或标准张计。标准张尺寸为 915mm×1830mm×3mm。

在每批交货的胶合板中，每批任意抽出不小于3%（不得少于3张）的样板进行逐张检验。

②胶合板材积与张数折算见表2-8-4。

表2-8-4　胶合板材积与张数折算表

幅面尺寸 mm×mm	面积 m²	每立方米折合张数 厚度，mm								
		2.5	3	3.5	4	5	6	7	8	9	10
915×915	0.83722	477	398	345	303	239	199	172	149	135	119
915×1830	1.67445	234	199	171	149	119	100	85	74	67	59
915×2135	1.95352	204	171	147	128	102	85	73	63	56	51
1220×1220	1.48840	268	223	191	167	134	111	95	83	74	67
1220×1830	2.23260	179	149	128	112	90	75	64	55	50	42
1220×2135	2.60470	154	128	109	96	77	64	55	47	43	38
1220×2440	2.97680	134	112	96	84	67	56	48	41	37	33
1525×1525	2.32562	171	143	122	107	85	71	61	53	47	42
1525×1830	2.79075	143	119	102	90	72	60	51	44	40	34
1525×2440	3.72100	107	90	76	66	53	45	38	33	30	26

（五）保管要求

（1）人造板必须存放在库房内保管，并应严格按不同品种、规格、等级分别堆垛。

（2）垛底应保证平整。可用适当垫木，上面铺以平整的木板。垛底高度应距地面30cm。垛的长宽与板的规格相适应。垛间留出适当运输、通风及检查通道。

（3）垛层采用顺码式交叉叠码，散装的每5张或10张错一次头，以便计数。垛顶均衡压以沙袋，防止翘曲变形。垛高1.5~2m为宜。

（4）在保管期间，人造板应避免受潮而发霉、开胶，避免日光曝晒而变形。为此，库房应经常保持干燥通风，库房玻璃可涂上白色油漆。

（5）坚持永续盘点，随时保持账、卡、物三对口。

（六）搬运要求

（1）搬运装卸不得摔扔，以免破坏包装，引起折断、掉角、钝棱等损坏。

（2）运输时应有防雨措施，并不要造成板面污损。

第二节　水　　泥

一、水泥的一般知识

水泥是一种水硬性胶凝材料，可以和砂、石、钢筋等胶结成牢固的整体，制备砂浆和各种混凝土，在国民经济中占有重要的地位，是基本建设三大材料之一，广泛用于石油、建筑、水利、道路、桥梁、电力架线和国防等工程。

（一）水泥的特点

（1）水泥不但能在空气中硬化，而且能在水中硬化，并能产生很高的强度。

（2）使用方便，具有良好的可塑性，可根据工程需要模制成各种复杂的制品和构件而不需进行机械加工。

（3）牢固性、耐久性好，用水泥制成的某些制品、构件可使用上百年。

（二）水泥的分类

1. 按用途及性能分类

（1）通用水泥：指产量较大，适用领域较广，用于一般土木建筑工程的水泥。主要包括以下四种。

①硅酸盐水泥；

②普通硅酸盐水泥；

③掺混合材料的硅酸盐水泥（矿渣、火山灰、粉煤灰等）；

④无熟料及少熟料水泥：包括石膏矿渣、石灰矿渣、石灰火山灰、赤泥硫酸盐水泥等。

（2）专用水泥：具有专门用途的水泥，主要包括以下四种。

①油井水泥：油井水泥主要用于石油固井工程。

②大坝水泥：有硅酸盐大坝水泥、普通硅酸盐大坝水泥、矿渣硅酸盐大坝水泥等品种，主要用于大坝及大体积混凝土水利工程。

③砌筑水泥：主要用于砌筑的各种低标号水泥。

④装饰水泥：装饰工程用的水泥，包括白水泥、彩色水泥等。

（3）特种水泥：具有某种突出性能的水泥，常用的主要有以下八种。

①快硬高强度水泥：包括快硬硅酸盐水泥、特快硬硅酸盐水泥、矾土水泥、硫铝酸盐水泥、氟铝酸盐水泥等早期强度及总强度较高的水泥。

②低热型水泥：指各种水化放热较低且合散的水泥。

③膨胀水泥：指水化过程中体积发生膨胀，能补偿收缩的各种水泥，包括硅酸盐型、铝酸盐型和硫铝酸盐型膨胀水泥。

④自应力水泥：指水化过程中发生强膨胀并产生预应的水泥。

⑤耐火水泥：指具有一定耐火特性的水泥。

⑥耐酸水泥：指具有抵抗酸腐蚀性的水泥。

⑦耐硫酸盐水泥：指具有抵抗硫酸盐溶液腐蚀性能的水泥。

⑧速凝水泥：指能在短时间迅速凝结的水泥。

2. 按照水泥中主要矿物的化学成分分类

（1）硅酸盐水泥：以硅酸盐为主要矿物组成的各种水泥。

（2）铝酸盐水泥：以铝酸钙为主要矿物组成的各种水泥。

（3）硫酸盐水泥：以硫酸盐或硫铝酸盐为主要矿物组成的各种水泥。

（4）磷酸盐水泥：以磷酸盐为主要矿物组成的各种胶凝材料。

（三）水泥的矿物组成

其矿物组成主要有以下四种。

硅酸三钙：$3CaO \cdot SiO_2$，简写 C_3S；

硅酸二钙：$2CaO \cdot SiO_2$，简写 C_2S；

铝酸三钙：$3CaO \cdot Al_2O_3$，简写 C_3A；

铁铝酸四钙：$4CaO \cdot Al_2O_3 \cdot Fe_2O_3$，简写 C_4AF。

二、水泥的验收

水泥分为散装和袋装两种。散装水泥以吨（t）为计量单位，袋装水泥以 t 或袋为计量单位。

水泥到货后要做如下工作。

（一）核对证件

根据供货单位的发货明细表或入库通知单及质量合格证明书，分别核对水泥包装上所注明的工厂名称、水泥标号、混合材名称、包装年月、试样编号等是否相符。

（二）数量验收

散装水泥按过磅计量验收，袋装水泥按袋计数验收。袋重是否合格，一般采取抽验方法，国家标准规定，水泥每袋重量为（50±1）kg，且20袋总重量不得少于1000kg。如发现不符合规定要求，应做好记录，通知供货单位进行处理。

（三）外观质量验收

外观质量验收主要是检查受潮变质的情况。

（1）棚车到货的水泥，验收时应仔细打开车门，注意不要刮破纸袋，检查车内有无漏雨情况。敞车到货的水泥，应检查有无受潮现象，如有，应将受潮水泥单独堆放，并做好记录。

（2）火车装运散装水泥到货时，以量尺寸检查水泥是否到规定高度，或用轨道衡检量，如数量不符，应及时通知承运部门共同做好记录，分清责任，并通知供货单位。汽车装运时，则用地中衡检量验收。卸车后应检查车内有无未卸完的水泥。

（3）托盘装运的袋装水泥，应按托盘计数验收，每袋水泥的重量可采取从每一托盘上取一至两袋水泥称重，或每10托盘中抽取一盘连盘称重，扣除盘重即为水泥重量，再除以盘上袋数则求得每袋平均重量。

（4）观察水泥是否受潮，应首先检查纸袋是否因受潮而变色、发霉，然后用手按压纸袋，凭手感判断袋内水泥是否结硬结块。

（5）验收时如发现水泥包装已破，除做好记录外应重新包装。

（6）散装水泥到货先检查车、船的密封效果，以便判断是否受潮。

（7）中转仓库应妥善保管水泥质量证明文件以备用户查用。

三、水泥的保管

（一）仓库条件

库房要求干燥，库房地面高出室外地面30cm。如果地面没有良好的防潮层并以水泥敷面，应用木板铺设地面，高出地面至少20cm。

在露天临时储存袋装水泥，应选择地势高，排水良好的场地，并应认真上盖下垫。

散装水泥应储存在密封良好，能保证上进下出的罐体中。如采用简易仓库则必须严格防潮。

（二）运输及保管要求

（1）袋装水泥堆垛不宜过高，以10层为宜，如保管时间短，纸袋质量好，为提高库容也可以加高，但不得超过15层。临时性储存可用各种简易储存库，但地面应高于周围地面30cm以上，并铺垫木板，木板上铺设油毡纸隔潮。

（2）袋装水泥垛与墙壁及窗户保持适当距离，一般需在30cm以上。堆垛时应按不同厂、不同品种、标号、批号分垛堆放，严禁混杂，并设立标示牌，注明厂名、品种、标号、出厂日期、进库日期等。

（3）散装水泥应储存于密封的料仓内或罐体中，并有严格的防潮措施。

（4）运输散装水泥一律使用专用密封车船，如专用散装水泥火车、散装水泥专用汽车、散装水泥船、集装箱等。

（5）要严格掌握先进先出的原则，尽量缩短储存期，保管期视水泥不同而异。硅酸盐水泥、普通硅酸盐水泥、矿渣硅酸盐水泥、火山灰硅酸盐水泥、粉煤灰硅酸盐水泥、复合硅酸盐水泥不宜超过3个月，快硬水泥、高级水泥不宜超过1个月，矾土水泥不宜超过2个月。在干燥无雨季节，储存期可适当延长，在散装罐中储存的水泥，储存期可适当延长。

过期水泥必须重新检定标号，按实测标号使用。水泥垛用塑料薄膜封装，可适当延长储存期。

四、水泥受潮程度的鉴别与处理

水泥受潮的程度有轻有重，受潮较轻的水泥只结成松散颗粒，一经搅拌便可使其分离，不影响使用。当受潮较重时，结成块状或硬块，不易打碎，对使用有严重影响。根据受潮程度不同选用不同的处理方法。

（1）水泥毫无结块、结粒的情况，用简单方法测定其烧失量小于5%，这说明水泥尚未受潮，则可按原标号使用。

（2）水泥集合成小粒，但用手捏又成粉末状，并无捏不散的粒状，其烧失量为4%～6%。这说明水泥已开始受潮，但情况不严重，强度损失不大，约损失一个标号，则用各种方法将水泥压成粉末或增加搅拌时间，如不进行强度检验，则只能用到强度要求比原来小15%～20%的部位。

（3）水泥已部分结成硬块，或外部结成硬块内部尚有粉末状，其水泥烧失量为6%～8%。这表明水泥受潮程度已很严重，强度丧失已达一半以上，使用时则用筛子筛除硬块，对可压碎成粉末状的则设法打碎，重新测定标号。如不测定则只能用到受力很小的部位，如用在墙体抹面等耐磨要求低的地方。

（4）硬块坚硬如石，看不出粉状，水泥烧失量大于8%。这表明水泥完全受潮，强度已全部丧失，成了废品，不具有活性。只能用球磨机等再粉碎，作为填充性混合材料加到新的水泥中（掺量按规定要求加）用来调整水泥标号等。

第三节　玻璃及玻璃纤维

一、平板玻璃

玻璃系由石英砂、纯碱、长石及石灰石等在1500～1600℃高温下熔融后经拉制或压制而成。

玻璃的种类很多，其分类方法有两种：按化学成分可分为钠钙玻璃、铝镁玻璃、钾玻璃、硼硅玻璃、铝玻璃和石英玻璃等，按玻璃的功能和用途可分为五种，见表2-8-5。

表2-8-5　玻璃的种类

类　号	类　别	玻璃品种
1	一般平板玻璃	普通平板玻璃
2	高级平板玻璃	浮法玻璃
3	声、光、热控制玻璃	热反射膜镀膜玻璃、低辐射膜镀膜玻璃、导电镀膜玻璃、磨砂玻璃、喷砂玻璃、压花玻璃、中空玻璃、泡沫玻璃、玻璃空心砖

续表

类 号	类 别	玻璃品种
4	安全玻璃	夹丝玻璃、夹层玻璃、钢化玻璃
5	装饰玻璃	彩色玻璃、压花玻璃、磨花玻璃、喷花玻璃、冰花玻璃、蚀刻玻璃、玻璃锦砖（玻璃马赛克）、镜面玻璃

（一）平板玻璃的分类

平板玻璃可分为普通平板玻璃（或称一般平板玻璃）和高级平板玻璃两类。

1. 普通平板玻璃

用石英岩、硅砂、钾长石、纯碱、芒硝等原料，按一定比例配制，经熔窑高温熔融，通过垂直引上或平拉、压延等方法生产出来的无色、透明平板玻璃，称为普通平板玻璃。

普通平板玻璃厚度系列除有 2mm，3mm，5mm，6mm 外，还有 4mm，8mm，10mm，12mm 等。最大幅面尺寸为 2000mm×2500mm。

2. 高级平板玻璃

高级平板玻璃又称浮法玻璃。系以石英砂、纯碱、白云石等原料，按一定比例配制，经熔窑高温熔融，玻璃液从池窑连续流至并浮在有还原气氛保护的金属液面上（如锡液等）摊成厚度均匀、上下两表面平行、平整、经火抛光的玻璃带，冷却硬化后脱离金属液，再经退火切割而成。

高级平板玻璃厚度系列有 3mm，4mm，5mm，6mm，9mm，10mm，12mm 七类。常见的为 3mm，4mm，5mm，6mm 厚度。最大幅面尺寸为 2500mm×3000mm。

（二）平板玻璃的性能和用途

1. 普通平板玻璃

普通平板玻璃具有良好的透明性和化学稳定性，高的强度、硬度及绝缘、隔音、隔热等特性。弱点是冲击韧性差，脆性大，易破碎，长期受潮会发霉。主要用作建筑物的门窗、屋面、墙体及室内外装饰、采光、隔声、隔热、防护等方面。一般 2~3mm 厚的用于民用建筑物，4~6mm 的用于高层建筑物的门、窗、商店、柜台、橱窗、温室暖房等方面。

2. 高级平板玻璃

高级平板玻璃具有表面平整光滑，厚度非常均匀，光学畸变很小等特点。适用于高级建筑门窗、橱窗、指挥塔窗、夹层玻璃原片、中空玻璃原片、制镜玻璃、有机玻璃模具，以及汽车、火车、船舶的风挡玻璃等。

（三）平板玻璃的质量标准

1. 普通平板玻璃

普通平板玻璃应符合国家标准的要求，其主要质量指标如下：

（1）厚度误差应符合表 2-8-6 的规定。

（2）玻璃板应为矩形，长宽比不得大于 2.5，2mm、3mm 玻璃尺寸不得小于 400mm×300mm，4mm、5mm、6mm 玻璃不得小于 600mm×400mm。

（3）弯曲度不得超过 0.3%。

（4）尺寸偏差（包括偏斜）不得超过 ±3mm。

表 2-8-6　普通平板玻璃厚度误差　　　　　　　　　　　　　　　　　　　　mm

厚　度	允许误差范围
2	±0.15
3	±0.20
4	±0.20
5	±0.25
6	±0.30

（5）边部凸出或残缺部分不得超过 3mm，一片玻璃只许有一个缺角，沿原角等分线测量不得超过 5mm。

（6）透光率：厚度为 2mm 的不小于 88%，3mm、4mm 的不小于 86%，5mm、6mm 的不小于 82%。

（7）玻璃不许有裂子、压口和破坏性的耐火材料结石疵点存在。

2. 浮法平板玻璃

浮法平板玻璃应符合国家标准的要求，主要质量指标如下：

（1）厚度偏差应符合表 2-8-7 的规定。一片玻璃薄差不得大于 0.3mm。

表 2-8-7　浮法平板玻璃厚度偏差　　　　　　　　　　　　　　　　　　　　mm

厚　度	允许偏差
3，4	±0.20
5，6	+0.20，-0.30
8，10	±0.35
12	±0.40

（2）尺寸偏差（包括偏斜）应符合表 2-8-8 的规定。

表 2-8-8　浮法平板玻璃尺寸偏差　　　　　　　　　　　　　　　　　　　　mm

厚　度	允许偏差	
	≤1500	>1500
3，4，5，6	±3	±4
8，10，12	±4	±5

（3）弯曲度不得超过 0.3%。

（4）边部凸出或残缺部分及缺角深度不得超过表 2-8-9 的规定。

表 2-8-9　浮法平板玻璃边部凸出或残缺及缺角深度　　　　　　　　　　　　mm

厚　度	凸出或残缺	缺角深度
3，4，5，6	3	5
8，10，12	4	6

（5）透光率应不小于表 2-8-10 规定的数值。

表2-8-10 浮法平板玻璃透光率

厚度,mm	透光率,%	厚度,mm	透光率,%
3	87	8	80
4	86	10	78
5	84	12	75
6	83		

（四）平板玻璃的验收

1.普通平板玻璃

（1）根据入库通知单或发货单与实物箱上注明的品种、规格等级核对相符，然后清点实有箱数，按每箱标明的数量计算到货总数。平板玻璃的计量单位以重量箱或平方米来计量。

①重量箱。

普通平板玻璃的计量单位一般以"重量箱"来计算，它是计算平板玻璃用料及成本的计量单位。一个重量箱等于2mm厚的平板玻璃$10m^2$（约50kg），其他厚度按表2-8-11系数结算。

表2-8-11 普通平板玻璃重量箱折算系数

玻璃厚度 mm	重量箱		重量箱折算系数	每重量箱玻璃的面积,m^2
	每$10m^2$玻璃重量,kg	折合重量箱数		
2	50	1	1.0	10.00
3	75	1.5	1.5	6.667
4	100	2	2.0	5.00
5	125	2.5	2.5	4.00
6	150	3	3.0	3.333
8	200	4	4.0	2.50
10	250	5	5.0	2.00
12	300	6	6.0	1.667

例：3mm厚的普通平板玻璃$25m^2$，折合重量箱为多少箱？

解：折合重量箱为：

$$25 \div 10 \times 1.5 = 3.75（箱）$$

②实际箱。

实际箱又称"包装箱"，分木箱和集装架两种。即一个木箱或一个集装架包装的玻璃叫做一个实际箱或者一包装箱（见表2-8-12）。

表2-8-12 普通平板玻璃包装箱与重量箱的折合关系

玻璃厚度 mm	$10m^2$玻璃折合重量箱	每包装箱（或集装架）	
		m^2	折合重量箱
2	1	30（木箱）	3
3	1.5	20（木箱）	3
		30（木箱）	4.5
		150（集装架）	22.5

续表

玻璃厚度 mm	10m² 玻璃折合重量箱	每包装箱（或集装架）	
		m²	折合重量箱
4	2	20（木箱）	4
5	2.5	20（木箱） 100（集装架） 150（集装架）	5 25 50
6	3	15（木箱） 90（集装架）	4.5 27

（2）透明窗玻璃采用花栏式木箱、集装箱或集装架包装。集装箱或集装架目前已被广泛采用。

（3）平板玻璃四角应为直角，如有缺角，按原角的等分角线测量不得超过5mm，每片玻璃只允许有一个缺角。平板玻璃允许呈浅绿色或浅蓝色，但表面不允许有擦不掉的白雾或棕黄色的附着物。

（4）检查包装是否符合出厂标准要求，如未按标准要求装箱而造成玻璃损坏，需向供货单位提出索赔并追查责任。包装箱不牢，应进行重钉、加固、清除锈钉。

（5）尺寸用金属尺测量。

厚度用千分尺在玻璃四边各取一点测量。

（6）弯曲度的测定：将玻璃板放在光滑平面上，弯度向上，在边板上放一直尺，用塞尺测所形成的最大空隙，计算求得弯曲度。

（7）斜边及缺角的测定：用直角尺放在玻璃上，再用直尺测量板边与直角边缘间的最大露缝或缺角的深度。

2. 浮法平板玻璃

（1）尺寸偏差测定。尺寸用精确到1mm的金属尺测量。

（2）厚度偏差测定。厚度用千分尺在玻璃四边上各取一点测量（精确到0.01mm）。

（3）弯曲度的测定。将玻璃垂直放置，不施加外力，沿板边水平放足够长的直尺，测量直尺边与玻璃板边间的最大间隙，并通过计算即得出弯曲度。

（4）尺寸偏斜及缺角的测定。用边长1m的直尺放在玻璃上，使角顶点和一边玻璃边对齐，测量直角尺另一端点与玻璃板边的距离。缺角深度是沿角平分线从角顶向内测量。

（5）气泡、夹杂物、划伤、线道、雾斑检验。

将玻璃垂直放置，与日光灯管平行并相距600mm，观察者距玻璃600mm，视线垂直玻璃观察，缺陷尺寸用精度1mm的金属尺放大10倍，精度0.1mm的读数用显微镜测定。

（五）平板玻璃的保管要求

（1）玻璃受潮易造成发霉粘片，储存时应注意防潮，防止与其他腐蚀性化工产品同库储存，仓库应干燥通风。

（2）玻璃箱码垛时必须立放，靠紧防止倾倒。

（3）在倒运、装卸过程中，要轻拿轻放，装车、船时，沿车、船前进方面将玻璃直立靠紧堆码，严禁摇动，防止倾倒，运输时应加盖篷布，防雨水浸入。

（4）入库时要按厚度规格等级堆码，先进先出。

二、玻璃纤维制品

（一）玻璃纤维的一般知识

玻璃纤维一般指硅酸盐熔体制成的玻璃态纤维或丝状物，即用石英砂、叶蜡石、石灰石、白云石等天然岩为主要原料，配以一定比例的硼酸、纯碱、铝氧粉及其他化工原料，经高温熔化后，通过耐高温材料制作的漏板，以 3000～5000m/min 的速度用旋转滚筒拉制而成，或用压缩空气、高压蒸汽喷吹法和离心成型法制取。

玻璃纤维按化学成分可分为无碱（代号E）、中碱（代号C）和低碱（代号F）三种。具有拉伸强度高、电绝缘性能好、不燃、耐腐蚀等特点。

（二）玻璃纤维的验收、保管

（1）玻璃纤维布和涂覆制品应紧密整齐地卷在硬纸管上，纸管内径为 32～35mm，表面不得有折叠和不匀称等现象，每卷玻璃纤维布用结实、柔软的包装材料封闭包装并用胶水粘牢或缝合。玻璃钢制品耐冲击性、耐磨性较差，要注意轻拿轻放，制品不允许有开裂。

（2）玻璃纤维布、玻璃钢制品和涂覆制品应贴上产品合格证，内容包括生产厂名称、制品代号、等级和主要用途、长度、重量和拼段数、产品标准编号、生产日期和批号。

（3）包装好的布和涂覆制品应装在干燥的木箱或类似的包装箱内，箱内应衬有防潮纸。玻璃钢制品如板、管等应用纸、草绳等柔软物进行隔垫。

（4）包装箱上必须注明生产厂名称、产品等级、卷数和重量、生产日期和批号、"小心轻放"和"切勿受潮"等字样。玻璃纤维受潮后轻者强度降低，重者使纤维完全粉化。

（5）各类玻璃纤维布和涂覆制品必须放置在干燥、通风的库房内保管，严禁日晒和雨淋。

第四节　沥青、石棉及石棉制品

一、沥青

（一）沥青的一般知识

沥青是由有机物构成的一种胶凝材料，属有机胶凝材料的一种，为复杂的高分子化合物及碳氢化合物与氧、氮、硫等形成衍生物的混合物。在常温下为黑褐色或黑色固体、半固体或粘性液体状态。

根据来源不同，沥青分为天然沥青、石油沥青和煤沥青三类。

（二）沥青的验收方法与保管要求

1. 验收方法

沥青到货后，应根据入库通知单或发货单核对实物的品种、规格、厂别。液体和半固体沥青为桶装，固体沥青用衬纸包裹，运输用荆条篓内衬蒲席包装。

（1）沥青均应过磅计量。

（2）外观验收。

①固体沥青敲裂后断口黑色发亮的质量较好，暗淡的较差。

②半固体沥青应是胶状体，能拉成细丝，拉得越细越长，质量越好。

③液体沥青粘性足、有光泽，没有沉淀和杂质，用木条插入桶内提起时，成为细长丝的质量较好。

（3）石油沥青与煤沥青的鉴别方法。

石油沥青与煤沥青的鉴别方法主要是在颜色、气味、密度、锤击、燃烧、变形、辨色等方面。

①颜色：石油沥青呈黑褐色，有光；煤沥青呈黑色，浑亮。

②气味：石油沥青较淡，煤沥青较强烈。

③密度：石油沥青约为 $1.0g/cm^3$，较轻；煤沥青约为 $1.25g/cm^3$，较重。

④锤击：石油沥青韧性好，有弹性感，声哑，断口整齐，呈贝壳状；煤沥青韧性差，性脆，声清脆，断口不整齐，有碎末。

⑤燃烧：石油沥青烟无色，略有石油味；煤沥青烟呈黄色，有刺激性臭味。

⑥变形：石油沥青受较小荷重时不变形，煤沥青受较小荷重时变形。

⑦辨色：石油沥青置于报纸上，滴洒汽油纸上呈现褐色斑点，若置于酒精中，溶液无色；煤沥青按石油沥青的方法试验，其结果纸上呈青色斑点，在酒精溶液中显黄色，并带有蓝绿荧光。

除上述方法之外，还可以取样品一小块（约1g）溶于30倍量的苯内，使它完全溶化，蘸一滴溶液滴于滤纸上，观察纸上斑痕。石油沥青纸上斑痕完全化光，呈均匀的棕色；煤沥青纸上斑痕分内外两圈，内圈呈黑色斑点，外圈呈棕色。

2. 保管要求

沥青是一种易软化粘结及燃烧的材料，煤沥青还有毒性。在运输、储存保管中，必须根据它的特性来加强管理，避免混杂、粘连、变质、失火和中毒。

（1）液体及半固体沥青多用铁桶储存装运，桶装沥青宜直立放置，以免沥青流失。在运输、储存中要防止混入杂质、砂和水分，以免降低沥青的质量。

（2）沥青材料因品种多，均呈黑色，易于混淆，进库验收时应按不同品种、牌号分类挂牌堆放，并且有间隔，避免混杂或粘连，沥青材料和溶剂应分开储放，远离火源。应先进先出，避免长期积压，以免变质。

（3）固体沥青多用竹篓衬纸包装：主要是防压、防热、防火。固体沥青在受热时易发生流淌或互相粘结现象，冷却后会冷凝成一大块而造成搬运时的困难。应储存在阴凉、通风、温度适中、干燥、远离热源、火源的仓库内，仓库地面应铺木板，以防受潮，同时可避免沥青蒸发影响保管人员的健康。堆放时，应有通道，以便检查。露天堆放，场地应平坦、干净，上面搭棚遮盖，使沥青不受大气、雨水和阳光的直接影响。

（4）沥青有毒性，特别是煤沥青含萘、蒽、酚等有毒性物质，使用及搬运时必须采取保护措施，严格执行操作规程，穿戴防护用具。皮肤外露部分涂防毒药膏，以防沥青蒸气及粉末直接接触皮肤，发生中毒事故。

（5）在仓库及堆放附近要准备干砂、铁锹、铁板和灭火器（泡沫灭火器、四氯化碳灭火机）等防火器材，预防火灾。

二、石棉

石棉是蕴藏在中性或酸性火成岩矿中的一种非金属矿物，呈灰、白、褐、浅绿、深绿等颜色。

（一）分类

按化学成分可分为蛇纹石石棉（温石棉）和角闪石石棉两大类，按纤维的长度可分为5至6个等级。

（二）石棉的用途

石棉的用途概括起来可分为七大类。

(1) 石棉水泥制品：如石棉水泥管、石棉水泥瓦、石棉水泥板等。

(2) 生产烧碱用棉：如化工部门所用的电解槽等。

(3) 石棉制品：如石棉纺织制品、石棉橡胶制品、石棉制动制品等。

(4) 石棉保温绝热制品：如蒸汽锅炉外壁和导管所用的保温层等。

(5) 石棉电工材料：如电气工业上用的高压器材底板、配电盘、配电板、仪表板等。

(6) 石棉沥青制品：是现代建筑工业和交通工业上不可缺少的材料。

(7) 石棉增强塑料制品：如火箭抗烧蚀材料、火箭尾喷火管及气象探空火箭、飞机的燃料箱、机翼导热管、轰炸机的柔性挡火板、大型雷达折射望远镜的天线等。

三、石棉制品

（一）石棉橡胶制品

1. 石棉橡胶板的分类及用途

石棉橡胶板根据使用条件不同可分为普通石棉橡胶板、耐油石棉橡胶板、夹金属网石棉橡胶板和特种石棉板。适用于不同气体压力、不同温度作用及油类介质作用的场合做密封衬垫。石棉橡胶板是由 65% ~75% 的纯净石棉缛绒与 10% ~15% 的橡胶以及硫磺、松香、粘土等掺和料共同制成的。

2. 石棉橡胶板的储存保管

石棉板橡胶应在 0~30℃ 的库房内存放，按不同品种、规格平放在货架上，如无货架应下垫木板，远离热源、火源存放，避免日光直射。成捆的包装可以立放，如平放，垛不应高于 1.5m，储存期为两年。

（二）石棉纺织制品

1. 石棉绳

(1) 石棉绳的分类。

石棉绳根据形状及编织方式分为四种类型：石棉扭绳、石棉方绳、石棉圆绳、石棉松绳。

石棉绳按烧失量分为五种牌号。其烧失量分别为不大于 32%，28%，24%，19%，16%。

石棉绳按生产工艺分为一般石棉绳和湿纺石棉绳。

(2) 外观质量。

外观要求松紧均匀，表面整洁，花纹紧密，无背股、外露线头、弯曲和跳线等现象。以上缺陷总数，10m 内不得超过七处。

(3) 用途。

用于热设备和热传导系统中垫塞及热绝缘材料。

2. 石棉布

(1) 分类。

石棉布分普通石棉布（SB）、夹金属丝石棉布（SBT 为夹铜丝、SBQ 为夹铅丝）、电解石棉布和隔膜石棉布等。

(2) 规格、型号。

石棉布的规格根据厚度和幅宽来划分。厚度有 1.5mm、2mm、2.5mm、3mm，幅宽有

1000mm、1200mm、1500mm。石棉布的型号按烧失量分为五种：SB-16（烧失量为16%）、SB-19、SB-24、SB-28、SB-32。

（3）质量要求。

符合石棉布抗拉强度要求。布表面应洁净、平整、织纹清晰，不允许有缺经、缺纬、跳线和线头明显外露等织造缺陷。含水量、烧失量均不超出有关规定。

（4）用途。

普通石棉布可以直接用于各种热设备和热传导系统作保温隔热材料。

（5）储存保管。

在储存保管过程中应注意防潮。石棉绳、布等纺织品容易吸潮，受潮后会降低绝热和绝电性能，掺入的棉纱和金属细丝也会因受潮而霉烂、锈蚀，使质量下降，影响使用。因此，应按原包装成包或成卷存放在干燥的库房料架上或木垫板上。存放时不宜堆积过高，以免重压变质。

3. 石棉填料

（1）分类。

按制造方法不同可分为油浸石棉填料和橡胶石棉填料两种。

油浸石棉填料是用润滑油和石墨浸渍过的石棉线（或铜丝石棉线）编制或扭制而成。

橡胶石棉填料是用石棉布或石棉线以橡胶为结合剂卷制或编织而成。

（2）规格型号及表示方法。

油浸石棉填料（YS）和橡胶石棉填料（XS）都分为三个牌号，其表示方法相同。

YS450 适用于蒸汽温度为450℃，压力为6MPa。

YS350 适用于蒸汽温度为350℃，压力为4.5MPa。

YS250 适用于蒸汽温度为250℃，压力为4.5MPa。

每个牌号的填料有方、圆和扭制三种，分别用汉语拼音字母大写 F、Y、N 表示。有的里面加铜丝用 T 加括弧表示，例如牌号 YSF（T）450（表示适用于蒸汽温度为450℃，压力为6MPa 的油浸石棉铜丝方填料）。

（3）验收、保管。

石棉填料入库时除检查品种、规格、尺寸外，还应注意外观检查。油浸石棉填料的表面花纹应均匀、平整，不应有外露线头、弯曲、跳线，石墨应浸涂均匀。油浸石棉填料的浸渍剂（包括油和石墨）含量应为25%~45%。橡胶石棉填料表面石墨内不应有尘土杂质，并不许有露线分层之处。外皮搭接处必须紧紧贴合好，不允许位于螺旋或圆盘的内侧。橡胶石棉填料应有一定的弹性，将填料绕在圆柱（直径为填料规格的4倍）上，180℃不应产生凸起、断线裂缝或分层现象。

填料储存在清洁、干燥的库房内。石棉填料应避免日光照晒、远离火源和热源，以防油分发挥，橡胶变质而老化。保管期为一年。

（三）石棉水泥制品

它具有一定的强度和电绝缘性，主要用于受高压电弧作用的各种电器零件以及做开关板，但它属于脆性材料，受力后易折断或缺棱掉角。因此，要注意质量检查和妥善保管。

石棉水泥板根据抗弯强度数值分250，300，400，500，600等型号。

1. 验收方法

(1) 根据入库通知单或发货单核对实物的品种、规格是否相符,并清点数量。

(2) 石棉板厚度要均匀。加工好的石棉板应切直角,未加工的允许四边为毛边。表面应平整光滑,不许有裂纹、孔洞和起层现象。

2. 保管要求

(1) 堆放场地应干燥、平坦,排水通畅。

(2) 石棉水泥板应按不同品种分别堆放,定量保管。

(3) 堆放时应将下部垫起,以免受潮。

(4) 装卸、搬运石棉水泥板时,不得互相撞击和任意抛掷。

(5) 用车船运输时,应将石棉水泥板堆放成一样高度,并使其固定,以免车船摇晃时撞坏。

第五节 砖、瓦、砂、石、灰

一、砖

(一) 砖的分类及用途

按所有原料不同将砖分为粘土砖和非粘土砖。

1. 粘土砖

粘土砖是用普通粘土烧制的砖。它以粘土、砂质粘土为主要原料,经采土、配料、成型、干燥、高温焙烧而成。

按其生产工艺分为机械砖和手工砖。制成的砖坯,要进行干燥。干燥的方法有自然干燥(凉坯)和人工干燥(利用烟气或热空气)两种。

粘土砖按用途分为普通粘土砖、承重粘土空心砖、非承重粘土空心砖、拱壳砖、花格砖、防潮砖及铺地缸砖等。

(1) 普通粘土砖。又称标准砖、统一砖,是尺寸为240mm×115mm×53mm 的矩形体实心砖。其技术指标有下列四项内容。

①外观质量:普通粘土砖外形应为规则形状的直角平行六面体。按其外观质量分为特等品、一等品、二等品三种。

②强度:通常以普通粘土砖的抗压强度来确定砖的标号,分为 50,75,100,150 及 200 五个标号。50 号砖的强度指标只限于手工砖使用,其强度见表 2-8-13。

表 2-8-13 普通粘土砖的标号

砖的标号	抗压强度,MPa		抗折强度,MPa	
	五块平均值(不小于)	单块最小值(不小于)	五块平均值(不小于)	单块最小值(不小于)
200	19.62	13.73	3.92	2.55
150	14.72	9.81	3.04	1.96
100	9.81	5.89	2.26	1.28
75	7.36	4.41	1.77	1.08

③抗冷性:指砖具有抗冻融的能力。

④对劣质砖限制:在成品中不允许混杂欠火砖、酥砖和螺纹砖(即砖的大面组织呈螺

旋状）。

（2）承重粘土空心砖。也称承重空心砖，是具有孔洞的一种承受载荷重量的粘土砖。为矩形有孔洞的平行六面体，尺寸大于普通粘土砖，孔洞率一般为15%以上。根据孔洞位置不同可分为竖孔空心砖和水平孔空心砖两种砖。

按抗压强度分为200，150，100，75四种标号。

（3）非承重粘土空心砖。非承重粘土空心砖的孔洞平行于受压面，孔数少、孔径大、孔洞率高、自重轻，一般多用于多层建筑非承重隔墙、外墙或框架结构的填充墙。

上述承重粘土空心砖和非承重粘土空心砖其规格表示方法是：长（mm）×宽（mm）×厚（mm）。

其型号有KM1型、KP1型和KP2型。其标号有200，150，100，75四种。

（4）拱壳砖。又称挂钩砖、拱壳空心砖，是砌筑拱形屋盖的异型空心砖。自重轻，施工简单，在不用模板支承的条件下，砌筑各种砖拱、薄壳屋盖，具有节约大量钢材、木材、水泥，降低工程造价等优点，但是挂钩易折，抗震性较差。

生产方法及基本性能与非承重空心砖基本相同。

①拱壳砖常见规格有：240mm×120mm×90mm，120mm×120mm×90mm，240mm×90mm×120mm。

②标号有：75号和100号两种。孔洞率为24%~29%。

③外观质量要求：拱壳砖的规格长短应一致，各面不允许有贯穿裂缝，孔壁间裂缝不得裂通，钩头、凹槽底裂缝或缺损长度不得超过砖宽的1/3。

④抗冻性按照普通粘土砖标准中有关15次冻融循环的规定。

（5）花格砖。花格砖是用于建筑装饰的空心砖，主要作建筑物的门厅、栏杆、花墙、窗格、屏风、围墙等。生产工艺方法同粘土空心砖，但对粘土原料的可塑料要求很高。它不仅可以增强建筑的艺术效果，而且可以节约木材、钢筋、水泥，降低工程造价。

（6）防潮砖。是以粘土为原料烧制而成的薄型方面砖，也称红地砖。其色泽多以绛红色为主，规格图案多样，耐压，耐磨，质坚，体轻，防潮。这种砖适用于公共场所、剧院、办公楼、公用建筑和民用建筑的门厅、厨房、浴室、厕所等地面。

（7）铺地缸砖。是用组织紧密的粘土胶泥压制成型干燥后，经焙烧而成的砖。其色泽为绛红色，强度高，耐磨，砖面有分格凹线条，将砖面分为9个或16个正方形。主要用于铺砌人行便道、公园通道等。其尺寸有200mm×200mm×40mm，230mm×230mm×40mm，250mm×250mm×40mm三种。

2. 非粘土砖

非粘土砖是以工业废料或其他资源为主要原料，以不同的工艺生产制成的砖。主要有内燃砖、蒸养砖、炭化砖和灰砂砖等。

（1）灰砂砖。又称蒸压灰砂砖、硅酸盐砖、白砖。是以石灰、砂子为主要原料（可以加入着色剂或掺加料）经坯制备、压制成型、饱和蒸汽压养护而成的砖。蒸汽压养护要求压力为0.78MPa，温度为175℃。

①灰砂砖的主要原料是石灰和砂子。砂子为河砂、山砂和海砂，掺入量占80%~90%，石灰（细磨生石灰）加入量为10%~20%，加入量为混合物重的8%~10%。

②灰砂砖按强度分为200、150、100三个标号。

③按外观分为一、二两个等级。

④外形为矩形体，外形尺寸与普通粘土砖相同（也有较长较宽的产品），色泽一般为灰白色。

（2）炭化砖。是以石灰、砂子和微量石膏为主要原料，经坯料制备，压制成型，然后利用二氧化碳气体（石灰窑废气）进行炭化而成的砖。

其中：150号用于基础及其他部位和受潮部位，100号砖用于防潮层以上的建筑部位，75号砖用于一般低标准或临时建筑物。主要规格有240mm×115mm×53mm。

（3）蒸养砖又称水泥铺地砖，是用干硬性混凝土压制成型后，经蒸汽养护而成的砖，其色泽呈灰色，耐压强度高，主要规格有格面砖、平面砖。砖面均呈正方形，砖面有凹条并分为9格及16格两类。

这种格面砖大量用于铺砌人行便道和公园通道，平面砖多用于铺砌广场、车道等，水泥铺地砖也有着色的彩色和图案砖，用它铺地面，艺术效果好。

水泥铺地砖砖面尺寸均为250mm×250mm的正方形。厚度有30mm，50mm，80mm等。

（二）砖的质量指标的含义

1. 砖的各部位名称

大面：承受压力的面称为大面，普通砖为240mm×115mm，空心砖为有孔洞的面。

条面：垂直于大面的较长侧面称为条面。四个侧面长度一致时，平行于抓孔的侧面为条面。

顶面：垂直于大面的较短侧面称为顶面，四个侧面长度一致时，垂直于抓孔的侧面为顶面。

2. 砖的尺寸量法

长度、宽度在两个大面上的中间处测量，厚度在两个条面和顶面的中间处测量。以毫米（mm）为计量单位，不足1mm的按1mm计算。

3. 缺棱掉角检查

（1）缺棱掉角在砖上造成的破损程度，以破损部分对砖的长、宽、厚三个棱边的投影尺寸来度量，称为破坏尺寸。

（2）缺棱掉角造成的破坏面，系指缺损部分对条、顶面的投影面积，只需测量二个破坏尺寸。石灰质胀裂或杂质等引起的凹坑亦按破坏面处理。

4. 裂纹检查

裂纹分为长度方向、宽度方向、水平方向三种，以对被测方向的投影长度表示，如果裂纹从一个面延伸到其他面上时，则累计其延伸的投影长度。当空心砖的孔洞与裂纹相通时，则将孔洞包括在裂纹之内一并测量。

砖的裂纹对砌体强度有着直接的影响，也是最严重的。它容易在裂纹处形成应力集中，从而使砖的强度大大降低。在施工中，由于裂缝间隙小，砂浆无法进入粘结，所以建筑物体在受外力作用时（如地震、地基下沉等）往往容易造成在砖的裂缝处断裂。

5. 弯曲测定

弯曲分大面和条面两种，测定时以钢尺沿棱角边贴放，择其弯度最大处，量砖面至钢尺间的距离，但不应把因杂质或碰伤造成的凹处计算在内。

6. 常见砖的外观质量等级

常见砖的外观质量等级见表2-8-14。

表2-8-14 常见砖外观质量等级表 mm

项目	普通粘土砖		蒸压灰砂砖		粉煤灰砖		承重粘土空心砖	
	一等	二等	一等	二等	一等	二等	一等	二等
尺寸允许偏差不大于 长度 宽度 厚度	±5 ±4 ±3	±7 ±5 ±3	±2	±3	±3 ±3 ±3	±4 ±4 ±3	尺寸大于180 ±5 尺寸大于115 ±4 尺寸大于90 ±3	±7 ±5 ±4
两个平面的厚度相差不大于	3	5	5	3	3	4	—	—
弯曲不大于	3	5	—	—	—	—	—	—
完整面不得少于	一条面和一顶面	一条面或一顶面	一条面和一顶面	一条面或一顶面	一条面和一顶面	一条面或一顶面	一条面和一顶面	一条面或一顶面
缺棱、掉角的三个破坏尺寸不得同时大于	20	30	20	30	20	30	30	40
裂纹的长度不大于： 大面上宽度方向及其延伸到条面上的长度。 大面上长度方向及其延伸到顶面上的长度和条顶面上的水平裂纹的长度	70 100	110 150	50 90	90 120	70 100	100 130	100 120	140 160
杂质在砖面上造成的突出高度不大于	5	5						32
混等率（指本等级中混入该等以下各级产品的百分数）不得超过（%）	10	15	10	15	15	20	10	15

（三）验收方法

（1）验收各类砖应根据发货单及质量合格证明，核对实物的品种、等级、规格是否相符，并点数验收。

（2）普通粘土砖和承重粘土空心砖等级及尺寸允许公差应符合表2-8-14的要求。

（3）外观质量检验。

①尺寸应一律整齐。

②棱角应完整无缺，棱成直线，角成直角。

③一般不应有裂缝（如有，极细小）。

④断面组织应细密一致，无粗大空隙，不含碎石等物质，不分层，以手指按断面不致成块下落。

⑤火候区别：欠火红砖呈淡红色或黄色，强度小，质轻，吸水率在25%以上，敲击声哑；过火红砖呈铁锈色，甚至有结疤现象（俗称瘤红砖），呈弯曲状，火候适当的砖无过深或过浅的色彩，无斑迹纹路，敲击后发出清脆的金属声音。

(4) 按标准要求进行抽检，每次取样200块，分两组进行。两组样品中检查出的不合格砖数量之差，一等砖不得超过五块，二等砖不得超过七块，否则需再复查一次。然后将四组检查结果进行平均，作为该批砖的混等率，据此确定砖的等级。合格后方可验收入库。

（四）保管要求

(1) 砖应按不同品种、规格、标号分别堆放，定量保管。

(2) 砖是脆性材料，堆放时要求地基坚实、平坦、干净，以保证堆垛稳固。

(3) 垛间留有走道，以利搬运，四周设排水沟。现场大量使用的砖应按施工平面布置图或指定地点堆放，不得任意乱放，避免多次搬运。

(4) 各类砖要求堆放整齐，普通粘土砖在堆放后，用灰在砖面上注明数量，做好标记，以防丢失。

(5) 砖的垛法要求一是稳固，二是便于计数。堆放时以侧放为宜，一般四块砖侧放在一起，叫做"一批"，每层四批，每12层之上平放8块（分二堆）为一垛，计200块或15层上平放10块（分二堆），计250块。

(6) 一般在保管得当的情况下，损坏率在0.5%～2%。如果管理不当，损耗率则大大超过上述数值，未遭损坏的砖也会由于边、角、面的损伤而降低等级。

(7) 在装卸过程中应轻拿轻放，严禁上下抛掷以保持棱角整齐。装车时应侧放，并注意尽量减少空隙，以免在运输途中激烈颠簸而破裂。空心砖装车时更应注意不得有空隙，如有空隙应用稻草、刨花等填充物填实。

二、瓦

瓦作为现代建筑屋面的防水和装饰材料，虽然使用范围逐渐减少，但仍占有一定比重。

瓦的发展方向是：形状和尺寸向薄型大面积发展，单位覆盖面积的重量向轻的方向发展。这样既减轻了屋顶的重量，又提高了施工效率和速度。

（一）石油工业常用瓦的分类及用途

1. 粘土瓦

(1) 按生产工艺分为：

①压制瓦：经过模压成型后焙烧而成的平瓦、脊瓦，称为压制平瓦、压制脊瓦。

②挤出瓦：经过挤出成型后焙烧的平瓦、脊瓦，称为挤出平瓦、挤出脊瓦。

③手工脊瓦：用手工方法成型后焙烧而成的脊瓦。

(2) 按用途分为：

①粘土平瓦：用于屋面作为防水覆盖材料的瓦，包括压制平瓦和挤出平瓦（简称平瓦）。

②粘土脊瓦：用于房屋屋脊作为防水覆盖材料的瓦，包括压制脊瓦、挤出脊瓦和手工脊瓦（简称脊瓦）。

(3) 按尺寸偏差、外观质量和物理性能分为优等品、一等品和合格品三个等级。

(4) 主要用途：用于工业平用建筑，粘土平瓦只能用于较大坡度的屋面，脊瓦用于铺盖屋脊。

2. 混凝土平瓦

混凝土平瓦为覆盖坡屋顶的屋面材料。

（1）主要部位的尺寸要求。

标准尺寸为400mm×240mm，385mm×235mm，瓦主体厚度（指除边缘以外的中间区域的厚度）为14mm。

（2）外观质量要求：瓦型清楚，瓦爪齐全，瓦面光滑，边角整齐。

（3）外观缺陷要求。

①裂纹：不允许有贯穿裂纹。

②瓦爪残纹：前、后爪只允许一爪有缺，但不大于爪高的1/3。

③瓦正面不允许有气泡、露砂、石灰质爆破。

④掉角：在瓦面上造成的破坏尺寸不得同时大于2mm。

⑤边筋残缺：不允许有外槽边缘边筋断裂，边筋的残留全高不得低于2mm。

（4）用途同粘土平瓦。

3. 石棉水泥瓦

以石棉纤维和水泥为主要原料，经制板，压成波形养护而成的轻型屋面材料。

（1）石棉水泥瓦分为大波瓦、中波瓦、小波瓦三种。此外还有与它配套的脊瓦。

（2）石棉水泥瓦规格是按照瓦的外形尺寸来定的。

（3）性能：具有防火、防潮、防腐、保温及耐热、耐磨、隔音、绝缘等性能。

（4）用途：广泛用于轻型屋顶的覆盖及装敷墙壁，由于幅面较大，易折断，运输存放时应双张花弧或井字堆垛。垛高不应超过1.8m，堆放场地必须平坦坚固。

4. 塑料波瓦

塑料波瓦分为两种。一种是用玻璃纤维增强的玻璃钢瓦，另一种是不用玻璃纤维增强的聚氯乙烯塑料波纹瓦。

（1）用玻璃纤维增强的玻璃钢瓦。简称玻璃钢瓦，是采用不饱和聚酯树脂和玻璃纤维，用手糊法制成。其特点是耐腐蚀性能好，对酸、碱、油均有良好的耐腐蚀作用，同时具有重量轻、强度高、耐冲击、耐高温、耐腐蚀、电介性能好、透微波性好、不反射雷达波、透光率高、色彩鲜艳、成型方便、工艺简单等特点。是一种良好的建筑材料。

①玻璃钢瓦的规格表示方法：长×宽×厚。计量单位为mm。

②用途：适用于各种建筑的屋面、遮阳、车站月台、凉棚等建筑，并可与石棉瓦搭配使用。

（2）不用玻璃纤维增强的聚氯乙烯塑料波纹瓦。简称塑料波纹瓦，是以聚氯乙烯树脂为主体加入其他配合剂，通过塑化、挤出或压延压波成型而得的，具有质轻、不燃、防水、耐化学腐蚀、耐日晒、强度高、透光率高、色彩鲜艳等特点。

①塑料波纹瓦规格的表示方法：长×宽×厚。计量单位为mm。

②用途：适用于各种凉棚、果棚、遮阳板和简易建筑物的屋面等处。

5. 玻璃瓦

玻璃瓦是以粘土为原料，经成型焙烧而成，表面上有各种有色的釉，防水性能高。主要产品有盖瓦、底瓦、檐头瓦、板瓦、筒瓦、滴水瓦等。

檐头瓦可以制作各种飞禽、走兽、花卉等图案，是我国陶瓷宝库中的古老珍品之一，具有传统的民族特色,色彩绚丽,质坚耐久,造型古朴。

常用的玻璃瓦有黄、黑、绿、蓝、青、紫、翡翠等颜色,另外还有肝色、金黄、柠檬黄、铬色、金星绿、宝蓝、铜绿、天蓝、锆钒蓝等。

(二)瓦的有效面积

瓦作为屋面使用时,需要互相搭接。因此,它所能够覆盖的面积和瓦本身的实际面积之和并不相等,覆盖面积总是小于实际面积。平均每块瓦所能覆盖的面积称作有效覆盖面积,简称有效面积。

有效面积是计算瓦的使用量,进行消耗量核算时必须使用的基本单位。其中,粘土瓦和水泥瓦的有效面积大致上可以按照瓦实际面积的70%计算,石棉水泥瓦的有效面积比率在75%~85%之间。

(三)瓦的验收方法

(1)验收应根据发货单及质量合格证明,核对实物的品种、等级、规格是否相符,并全部点数验收。

(2)外观尺寸应符合规定,形状端正,瓦色均匀。瓦的正面不应有裂缝孔隙。用小锤敲击应发出清脆的声音,不应有重浊或破裂的声音。

(3)平瓦及其脊瓦验收时应逐块清点,用稻草捆扎的瓦,应逐捆清点。一捆瓦一般为五块,在验收时可全部或抽样清点每捆是否足数。

(4)水泥瓦一般的外观检查,要求尺寸符合规定或符合出厂证明。瓦面不得有细微孔隙、裂缝、破角、破边,棱面不得有翘曲等缺陷,断面组织细密均匀,表面色泽均匀无斑迹。形状端正,铺盖密实吻合等。

(5)验收过程中,若对取样代表性或试验结果有怀疑时,可允许再进行一次复验,抽样数量加倍,作为最后判定质量的依据。

(四)瓦的保管方法

(1)各类瓦应按品种、规格、等级分别堆放,以便发放和保管。存放场地应坚实、平坦、干净。

(2)粘土瓦应横立堆放,瓦间排列要紧密,叠放高度不超过五层,每层中间需用木板、稻草等衬垫。一般采用五层为一堆法,即一层100张,二层90张,三层80张,四层70张,五层60张,一堆400张。堆与堆之间应留有走廊,脊瓦可侧立或平垛堆放。

(3)散装瓦,如瓦垛较低也可平放,或平放和立放交错,以使瓦垛稳固。

(4)装卸时应轻拿轻放,不得碰撞,不论在任何高度均不得抛掷。在装车时应将瓦捆扎成件后再装车。捆与捆之间应紧密排列并需在下部放衬垫材料,以防运输途中振动而受损。

三、砂

天然岩石经风化或人工破碎,粒径为5mm的颗粒状物统称为砂。

(一)砂的分类

1. 按矿物成分分类

按矿物成分分类,可分为以下几种类型。

(1)普通砂:是指自然山砂、河砂而言,它是由坚硬的天然岩石经自然风化逐渐形成的疏散颗粒的混合物。

(2) 石英砂：二氧化硅（SiO_2）含量在90%以上的砂称石英砂，它又可分天然石英砂和人工石英砂两种，人工石英砂是将石英砂岩焙烧、破碎、筛分而成。

(3) 长石砂：以长石含量为主的砂，一般是经人工破碎制成的。

(4) 方解石砂：将方解石或较纯石灰石经人工破碎而制成的砂。

(5) 粘土砂：是粘土含量较多的石英砂。

2. 按砂的形状分类

按砂的形状分类，可分为以下几种类型：

(1) 圆形砂：没有尖锐棱角的砂，以"○"表示。

(2) 多角形砂：面多，角多的砂，以"□"表示。

(3) 尖角形砂：面少角尖的砂，以"△"表示。

3. 按砂的用途分类

按砂的用途分类，可分为建筑砂、铸造砂、工业用砂三种。

(二) 建筑用砂

建筑用砂也称普通砂。即河砂、海砂。砂是用于建筑工程中配制砂浆混凝土的砂。它分为一般砂和级配砂两种，级配砂是砂的颗粒大小按一定比例搭配而成的较密实的砂。

为了保证建筑工程制备砂浆混凝土的质量，首先要控制砂的质量。砂对混凝土质量的影响，主要表现在砂子的纯度、颗粒级配、密度以及表面性质几个方面，而这几个方面也是评定砂子质量标准的关键所在。

1. 纯度

砂中常含有害杂质物云母、硫化物以及硫酸盐、粘土、灰尘、有机杂质和其他矿物。这些杂质对混凝土有害。因此，对制备砂浆和混凝土所使用的砂，有害杂质含量需给予限制，一般要求：云母不大于2%，硫化物及硫酸盐（折合SO_3）不大于1%，轻物质含量不大于1%，粘土及灰尘不大于5%，有机杂质只允许微量存在，常用比色来测定，颜色不得深于标准色，如深于标准色则应配制混凝土，进行强度对比试验。

2. 砂的颗粒级配和粗细度

砂的颗粒级配是指砂子颗粒之间的搭配情况。如砂的空隙率小，可使混凝土有密实的骨架，则填充骨架空隙的水泥浆可以减少。空隙率的大小，取决于颗粒之间的搭配情况。优良的颗粒级配，就是大小颗粒搭配堆积后形成的空隙率达到了最小的程度。因而级配直接影响水泥混凝土的性能，决定混凝土的强度和耐久性。

3. 普通混凝土用砂质量标准

普通混凝土用砂质量标准见表2-8-15。

表2-8-15 建筑用砂的质量指标和分级

类 别	SO_2含量,%	杂质含量,%			
		粘土灰尘	SO_3	云母	其他
普通砂、级配砂	—	<5	<1	<1	—
石英砂 1级 2级 3级 4级	≥97 ≥96 ≥94 ≥90	≤2	<1	—	<1 <2 <4 <8

4. 砂的验收方法

（1）根据发货单及质量合格证明，核对实物的品种、规格是否相符。

（2）数量验收时，应选择平坦坚实的场地，将砂堆成整齐的梯形，表面取平，丈量后求其体积：

$$梯形体积 = \frac{(顶面长 + 地面长) \times (顶面宽 + 地面宽)}{4} \times 高$$

也可以在车上进行量方验收。量方时应将砂堆放整齐，由于运输过程中砂子的沉降而密实，到达目的地时应将量方结果加 1.5% ~2.0%。

砂的含水率影响砂堆的体积，一般含水率在 5% ~7% 时砂堆体积最大。如增加或减低含水，均能使体积减小。在确定了砂的含水率及实测方数后，可参照表 2－8－16 所列经验数据直接求算砂的密度。

表 2－8－16　砂的含水率与密度

含水率 %	密度，kg/m³		含水率 %	密度，kg/m³	
	细砂	粗砂		细砂	粗砂
0	1370	1454	5	1167	1230
1	1362	1433	6	1140	1220
2	1342	1428	7	1128	1230
3	1290	1335	8	1143	—
4	1218	1260	9	1158	—

（3）外观验收：颗粒坚实、洁净，不得含有过多的粘土、泥灰、粉末、煤屑、云母、硫化物和草根等有害杂质。

5. 砂的保管

（1）砂应堆放于露天、平坦、结实的场地，应避免积水。袋装砂应于库房或料棚内堆放。

（2）料堆的位置应尽量靠近用料处，以减少搬运的工作量，堆放应远离垃圾及生活区，以防混入脏物降低砂的质量。

（3）不同品种、规格及产地的砂应分别堆放，特殊用途的级配砂应单独保管。

（4）为防止砂被风吹散失，储存期稍长的砂应采取一定的保护措施，例如：在砂堆上平铺一层砖或砂堆四周放置临时拦阻物等，也可在砂上浇一层稀白灰水，使表面凝成防风壳。

（5）为防止级配砂改变级配，堆放砂时勿从顶部连续卸料，应从侧面顺序堆放。

（6）装运应用槽帮车辆装运，如用平板车装运，应以芦席围四周，以防散失。

（三）铸造用砂

铸造用砂是主要的造型材料之一。砂型铸造是利用砂、粘土或粘结剂的混合料制成型砂。型砂具有可塑性，能塑制成所需铸件的形状，干燥后具有一定强度、透气性及耐火性。铸造后的砂型经过处理后能反复使用。

1. 铸造用砂的分类

（1）根据铸造用砂的成分不同有石英砂、长石砂、石英—长石砂、粘土砂、方解石砂和白云砂。

（2）根据铸造用砂的颗粒形状不同分圆形砂，用符号"○"表示；多角形砂，用符号"□"表示；尖角形砂，用符号"△"表示。

（3）按铸造用砂的颗粒大小不同分特粗砂、粗砂、中砂、细砂、特细砂五种。砂的粗细是用一套筛网来衡量的，根据砂的颗粒大小来决定砂的粗细组别，见表 2-8-17。

表 2-8-17 砂的组别和筛号对照表

原砂名称	组　别	主　要　筛　号
特粗砂	6/12 12/20	6，12 12，20
粗砂	12/30 20/40 30/50	12，20，30 20，30，40 30，40，50
中砂	40/70 50/100	40，50，70 50，70，100
细砂	70/140 100/200	70，100，140 100，140，200
特细砂	200/270 140/270	200，270，270 140，200，270

（4）按照铸造用砂筛分析结果，根据主要组成颗粒的数量作总量的百分比，分为粒度分散（用 F 表示）和粒度集中（用 J 表示）两种。

石英砂及石英长石砂粒度集中的主要组成部分不小于 70%，粒度分散不小于 55%；粘土砂则分别为不小于 60% 和不小于 45%。

（5）铸造用砂牌号表示方法如下例：

4　S　50/100　F　（○）

4——表示砂的等级，4级；

S——表示砂的矿物种类，石英砂；

50/100——表示砂的粒度组别，中砂；

F——表示砂粒度集中与分散程度，分散；

（○）——表示砂的颗粒形状，圆形。

2. 铸造用砂的验收

（1）铸造用砂入库时需检验数量是否相符。

（2）数量检查的方法。有条件的地方逐车过磅，无逐车称量的条件，应认真量方，计算出砂的容积，然后根据下式计算其质量：

质量（t）= 容积（m^3）× 密度（t/m^3）。

砂的密度可按下列方法确定。

①现场实测：在到货的一批砂中，单独堆一小堆，测量其容积并称量重量，根据上式计算其密度，再利用比值计算全部材料的质量。

②根据各个产地砂的密度资料进行计算。

③利用下述经验数据计算：松散状态的砂密度取值为 $1.4t/m^3$，密实状态的砂密度取值

为 $1.5t/m^3$。

砂的质量值由于含水率不同会有较大的变化，一般根据含水率为2%～3%的密度值计算，如含水率超过或低于此值，质量值应酌情增减。

(3) 袋装造型砂应从每批进货中进行抽验或全部过磅称量。

(4) 铸造用砂入库的质量验收主要检查颗粒度，有条件的地方进行过筛分析，条件不具备的地方应由有经验的工作人员进行判断。

3. 铸造用砂的保管要求

袋装的铸造用砂应入库保管。

(1) 堆垛不宜过高，以防将下部袋压破。

(2) 要防止受潮。

(3) 装卸时防止抛扔，不许野蛮装卸，以免破袋散失。

(4) 不同规格、品种的袋装砂应分垛堆放，垛与垛之间界限清楚并有明确标志，以防错拿错发。

(5) 散装砂可露天保管，但要采取措施防止风失。

(6) 不同品种规格的砂应分别堆放，堆放场地应平整坚实，防止混入泥土及造成清底困难。

(四) 压裂用砂

随着压裂工艺技术的发展，其运用的范围也越来越广泛，特别对深层及低产油层具有很好的发展前景。

为了把油层压开裂缝，一般是用高压泵向油层挤入压裂液。为了保护压开的裂缝处于张开状态，必须在挤入的液体中加入支撑剂（如砂子、陶粒）支撑已形成的裂缝。油层中被支撑剂所充填的一条或多条裂缝，就会大大地增加油层的渗透率，减少油流阻力，增加油井的产量。下面着重介绍石英砂在油田压裂的应用。

石英砂是岩石经自然界的风化作用，伴随着化学的、机械的作用而形成的。它是一种惰性矿物，岩石的其他成分在风化过程中被溶解冲击，而留下的多为纯净的石英砂。这种石英砂多产于沙漠、河滩或沿海地带，也称天然石英砂。除天然石英砂外还有人造石英砂及机制石英砂两种。代号为"S"。

(1) 石英砂的主要含量是 SiO_2，其中硅含量为46.7%，氧含量为53.3%。

(2) 石英砂的密度为 $2.6～2.65g/cm^3$。有白色和其他各种颜色，但是加热后颜色自行消失，条痕为白色，性脆而坚硬。石英砂热稳定性好，加热到1500℃时，开始软化，在1710～1756℃时熔化。石英砂除溶于氢氟酸外，不溶于其他酸碱类。

(3) 在压裂工艺中选用石英砂作支撑裂缝材料时，其质量要求应为：

①硅质含量应在96%以上；

②圆度（半径比）在0.6以上；

③颗粒分布在规定粒径内的重量达80%以上；

④杂质及粘土在0.5%以下；

⑤粒径一般为0.5～2mm。

使用前要根据砂粒的颜色、光泽、干净程度、石英含量、颗粒大小、圆度、强度、表面光滑程度等，进行综合分析，合理选用。

(4) 目前油田常用砂粒直径在0.8～1.2mm，1.0～1.5mm，1.5～1.8mm之间，也有用

0.5~0.8mm，1.8~2.0mm 或 2.0~2.5mm，2.5~3.0mm 的。

（5）验收方法：

①根据发货单及质量证明，核对实物的品种、规格是否相符。

②数量检查的方法，可逐车过磅。

③袋装压裂石英砂应从每批进货中进行抽验过磅称量。

④压裂石英砂入库的质量验收主要检查颗粒度，有条件的地方进行过筛分析，条件不具备的应由有经验的工作人员进行判断。

（6）保管要求：

①压裂石英砂应入库保管。

②要防止受潮和污染。

③装卸时防止杂质物进入砂堆内。

④不同规格的砂应分别堆放、保管，垛与垛之间界限应有明确标志，以防发错。

⑤堆放场地应平整坚实，防止混入泥土及造成清底困难。

四、石料

由于石料资源丰富，价廉易得，在建筑工业上使用得非常广泛。主要有天然石材、人造石材以及天然石材制品。

（一）天然石材

凡由天然岩石中开采而得的毛料，或经加工而成块状或板状的石材，统称天然石材。常见的有花岗石（俗称豆渣石）、石灰岩（俗称青石）、砂岩（俗称青条石）、大理岩（俗称大理石）等。

1. 按形状分类

（1）毛石：亦称片石，是形状不规则的，尺寸在 30~40cm 以上的石材。

（2）块石：形状比毛石整齐，无固定尺寸，但基本上形成六个面，是毛石的加工品。

（3）整形石：边角整齐，尺寸大致相同的加工石。长的称条石，方的称方石，是建筑物正面应用的主要石材。

整形石按形状又分整形石板及整形块石两类。加工成整形石的方法有锯凿斧剁、机蚀、磨光等多种方法。

（4）碎石和砾石：为配制混凝土作为骨料用。

（5）异形石：以毛石为原料加工成圆形、球形、槽形等不规则形状的石材。

2. 石料的品种、用途和质量要求

石料的品种、用途和质量要求见表 2-8-18。

表 2-8-18 石料的品种、用途和质量要求

品　种	用　途	质量要求
毛石	用于砌毛石基础、勒脚、墙身、堤坝和捣制毛石混凝土等	外观上要求石质一致，无裂纹、风化等现象。用在重要部位者应作强度试验，不得小于 10MPa（抗压强度）。用于严寒地区，气温低于 -15℃ 者应作抗冻试验
块石	用于砌基础、勒脚、桥墩、涵洞、墙身等	
整形石	用于砌墙身、踏步、地坪、纪念碑和砌拱等	
整形石	用于砌柱头、柱脚、楼梯踏步、窗台板、栏杆及其他装饰面等	

3. 天然石材的验收方法

(1) 根据发货单及质量合格证明，核对实物的品种、规格是否相符。袋装碎石垛好后清点袋数，并抽袋验收。

(2) 数量验收：

①碎石、砾石的数量验收与砂相同，选择平坦的场地将碎石、砾石堆成整齐的梯形，表面取平，丈量后求其体积。

②毛石、块石进行量方验收，其方法是在平坦的场地上尽可能紧密地堆成方形，然后用尺测量边长并计算出体积。

(3) 质量要求应符合表 2-8-18 的规定。

(4) 外观验收：碎石、砾石应查看其中粘土、杂物、软弱颗粒及针片状颗粒含量是否超出要求，如有怀疑，需根据质量指标要求项目进行测定；石碴等袋装品，主要查看包装质量。

4. 保管要求

(1) 碎石、砾石于露天堆放，场地应坚硬平整。

(2) 石子属于大堆料，料堆位置应尽量靠近使用处，以减少搬运距离，石子堆位应远离生活区及垃圾堆，以防脏污。

(3) 碎石、砾石在运输前，应先检查运输工具是否干净、完好，如有油渍或其他杂物要清除，破漏处要修补。有包装的白石子及颜色石子，在运输装卸过程中，应特别注意包装完整，发现破袋应及时堵塞或更换。

(4) 对碎石、砾石、米厘石等石材，主要是防止规格混杂和杂物的混入，碎石、砾石规格混杂会改变级配而降低质量，米厘石大小混杂则影响图案要求，尤其是制高级水磨石会有影响。

(5) 搬运块石时先用工具将石堆扒一缺口，使其坍落，然后在坍落处顺序拿取，不得站在整垛上任意拿取，以免塌方造成压伤事故。

(6) 整形块石装车时，要堆垛整齐，搬运及卸车过程中要轻拿轻放，不得摔掷，以保持块石的边角完整。

(二) 天然石材制品

1. 花岗石建筑板材

花岗石是一种天然石材，主要用于工程建筑、工艺雕刻和某些工业设备等。常见的花岗石建筑板材就是以花岗石荒料经加工制成的板状产品，一般用于较为重要的或高级建筑物。如要求比较耐久的公共建筑物、表面需要使用花岗石进行装饰的建筑物及其他土建工程，如桥墩、桥拱、堤坝等。

花岗石建筑板材根据用途、加工方法的不同，以及加工程序的差异，一般分为剁斧板材、机刨板材、粗磨板材、磨光板材四种。

剁斧板材表面粗糙，具有规则的条状斧纹；机刨板材表面平整，具有相互平行的刨纹；粗磨板材表面平滑，无光；磨光板材表面光亮，色泽鲜明，晶体裸露。

(1) 花岗石板材的包装和运输。

搬运板材应轻拿轻放，搬运时不得向光面倾斜，放时应以背面棱角先着地。长度超过 600mm 的板材，一律直立搬运，用绳抬运大型板材需衬垫木条。用起重设备装卸必须钩物挂好轻起、稳放，严禁碰撞，大型产品应单块装卸，箱装板材每次起吊不得超过一箱。

未包装板材运输，需符合规定，备好、用好支垫，用绳捆扎牢固。运行中要求平稳，严禁相互冲撞。

花岗石建筑板材有木箱包装和草绳包装两种。木箱包装是光面相对，中间衬纸，编号向上平行装入箱内，并用木丝或其他材料挤紧，每箱重量为500~700kg。草绳包装加工面相对，井字形捆扎或满扎，保护好棱角，大型产品可单块包装。

（2）花岗石板材的验收和保管。

入库验收时，收货仓库可抽样检验。抽样数量占总批量块数的10%，不足100块时，不得少于20块，如发现不合格品，可加倍抽查检验，不足20块者逐块检查，如不符合标准，则不予收货。

在储存保管时，凡粗磨合磨光板材应存放在库内，已装箱的板材亦应存入库内，如室外存放必须遮盖。入库后应按品种、规格、等级或工程部位分别存放。散置板材一般应直立码垛，光面相对，顺序倾斜放置。行间整齐，倾斜度一致，其倾斜度不应大于15°，层间加垫。

2. 天然大理石建筑板材

天然大理石是由石灰石、白云石、方解石和蛇纹石等变质而成。大理石具有致密的隐晶结构，纯大理石为白色，通常因含有多种杂质而呈灰色、墨色、黄色、红色、绿色等，当杂质非均匀分布时，大理石就有各种斑驳条级，所以纹理美观，色彩悦目。一般的耐用年限约40~100年，是上等的装饰材料，适宜于建筑内部的表面装饰。抗压强度极限达100~300MPa，但抗折、抗冲击强度不大，因此开采方便，易于雕琢、磨光。

（1）天然大理石建筑板材是用大理石荒料经过锯、磨、切等工序加工而成的产品，主要供建筑工程室内、外装饰用，镜面产品适宜于室内使用。

（2）天然大理石建筑板材的各个品种，以其加工磨光后所显示的花色、特征及原料产地来命名。板材规格分为定型、非定型两类。

常用定型产品及规格见表2-8-19。

表2-8-19 天然大理石定型产品规格　　　　　　　　　　mm

长	宽	厚	长	宽	厚
300	150	20	1200	900	20
300	300	20	305	152	20
400	200	20	305	305	20
400	400	20	610	305	20
600	300	20	610	610	20
600	600	20	915	610	20
900	600	20	1067	762	20
1070	750	20	1220	915	20
1200	600	20	—	—	—

天然大理石建筑板材磨光面不得带有直径超过1mm的明显沙眼，并不允许有明显的划痕。磨光产品的表面允许有不贯穿裂纹，贴面产品贯穿厚度的裂纹长度，一级品不得超过其顺延方向长度的20%，并且距板边60mm范围内不得有大致平行于板边的贯穿裂纹；二级

品贯穿裂纹长度不得超过其顺延方向长度的40%。天然大理石建筑板材允许粘接和修补，但粘接和修补正面不得有明显痕迹，颜色应与正面花色近似。

定型产品以50m²为一批，应达到色调与花纹基本调和；非定型配套工程产品每一部位色调深浅应逐渐过渡，花纹特征基本调和，不允许有突然变化。

天然大理石建筑板材有木箱包装和草绳包装两种。

产品入库以外观检验为验收的主要方法，观看是否符合标准。取样时，500块及以上者抽验40块，500块以下者抽验20块，不足20块者逐块检查。

天然大理石建筑板材宜于直立码放，光面相对，其倾斜度不应大于15°，垛高以1.6m为宜，底层及层间必须用木条或其他有弹性材料支垫。不能直立码放的产品，平放时应光面相对，地面必须平整，层间支垫点应在一个垂直线上，垛高以1m为宜。包装后的产品，可以码2m高。在储存保管中要注意防潮，一般应在库内存放，如存放室外，则应遮盖。

天然大理石建筑板材为易碎品，不论规格大小，搬运与装卸必须遵守轻拿轻放的原则，严禁摔滚。直立码放的产品起放时必须背面边棱先着地。木箱包装的产品，用起重设备装卸时，每次吊装以两箱为宜，防止因起吊受力挤坏木箱而损失产品。草绳包装的产品搬运时，不得提拉草绳，防止松散。

五、石灰

石灰是建筑工程应用最广泛的胶凝材料之一。它不仅可以单独使用，而且可以与其他矿物材料混合制成硅酸盐材料。

石灰是以石灰石（碳酸钙含量90%以上）为原料，经过煅烧而成的以氧化钙为主要成分的气硬性胶凝材料。

气硬性胶凝材料的含义是：只能在空气中凝结、硬化并且保持强度。如果放在水中就不能硬化且会松散、崩溃而失去强度。

（一）石灰的分类

1. 按化学成分不同分类

按化学成分不同，可分为以下几类：

（1）钙石灰：也称低镁石灰，其中氧化镁含量不超过5%。

（2）镁石灰：其中氧化镁含量为5%~20%。

（3）高镁石灰：也称白云石灰，其中氧化镁含量为20%~40%。

2. 按熟化速度不同分类

按熟化速度不同，可分为以下几类：

（1）快熟石灰：熟化速度在10min以内。

（2）半熟石灰：熟化速度为10~30min。

（3）慢熟石灰：熟化速度在30min以上。

3. 按粘土含量不同分类

按粘土含量不同，可分为以下几类：

（1）肥石灰（高石灰）：粘土含量小于2%，具有出浆量大，净浆可塑性好，有滑腻感。

（2）普通石灰：粘土含量为2%~6%。

（二）石灰的质量指标

石灰的质量指标见表2-8-20。

表 2-8-20 生石灰的技术指标

项目	钙质生石灰			镁质生石灰		
	一等	二等	三等	一等	二等	三等
有效氧化钙加氧化镁含量,% 不小于	85	80	70	80	75	65
未消化残渣含量（5mm 圆孔筛余）,% 不大于	7	11	17	10	14	20

（三）石灰的用途

（1）石灰在建筑中大量用于石灰砂浆、石灰水泥砂浆，石灰加入大量的水分制成的石灰乳可作建筑粉刷用，石灰还与粘土、黄土混合制成灰土。

（2）石灰在单独使用或与砂等惰性材料在常温下混合使用时，为气硬性材料，但当石灰与活性混合材料如粒状高炉矿渣、火山灰、硅藻土等磨细混合后则具有水硬性，如制石灰矿渣水泥、石灰火山水泥、石灰烧粘土水泥等。

（3）石灰与砂、石灰与煤渣、石灰与粉煤灰等材料混合，经过压制成型，压蒸养护，还可以制成许多种硅酸盐制品，如灰砂砖、灰渣砖、粉煤灰砖、炉渣砖等。

（4）石灰还是化学工业制作漂白粉，造纸工业代替碱的重要材料。

（5）以石灰为主和一些填充性材料（砂、石粉、铁矿粉等）混合，再加上一些增强的纤维材料，经过成型再通入 CO_2，就可以制成新型的建筑墙体材料。

（四）石灰的验收和保管

1. 石灰的验收

应根据发货单所列数量及订货合同规定的质量要求进行检验过磅。块灰为散装，石灰为袋装。

（1）数量验收：散灰在无法称量的情况下应根据体积和质量的换算关系，换算成质量。验收时首先在运输工具上或卸货堆好后，用尺量方，然后取一定体积的石灰称重（所取试样的堆积紧密程度应与所验灰的紧密度相近），用下式计算石灰密度：

$$试样密度 = \frac{试样质量（g）}{试样体积（cm^3）}$$

再按下式求出石灰质量：

石灰质量 = 石灰的量方体积 × 试样密度

石灰密度数值也可根据表 2-8-21 所列数值计算。

表 2-8-21 石灰密度体积表

石灰组成（块末比）	10:0	9:1	8:2	7:3	6:4	5:5	4:6	3:7	2:8	1:9	0:10
在密实状态下石灰密度,kg/m³	1470	1453	1439	1426	1412	1395	1379	1367	1354	1335	1320

利用上表计算时，不能直接用量方的体积计算，应将量方尺寸通过下式换算成紧密状态下的体积：

紧密状态石灰体积 =（60%～70%）×量方的体积

另外，应注意石灰水化的增减情况，并适当扣除重量。

（2）外观验收：验收块灰与粉灰的比例、块灰中欠火灰与过火灰的含量、灰中杂质含量等。过火灰与火灰的区别方法见表 2-8-22。

表 2-8-22 过火灰与火灰的区别方法

项 目	新鲜灰	过火灰	欠火灰
颜色	白色或黄色	色暗带灰黑色	中部颜色比边缘深
密度	小	大	大
硬度	疏松	质硬	外部疏松中部硬
断面	均一	玻璃状	中部与边缘不同

袋装石灰的外观验收主要检查包装情况，观察纸袋有无破损及被腐蚀的现象，对已散装或有散袋危险的应及时处理。

（3）检验石灰质量的简易方法：取整块石灰少许，置于小桶中，然后倒水融化，将融化后的石灰取出一部分，做成10cm的圆饼存放24小时后，置于0.6mm筛孔的筛内，在流动的水中冲洗，看遗留在筛内的渣子多少来确定其品质好坏，渣子少说明品质好。

2. 运输与保管

（1）散装的生石灰被雨淋湿或吸收空气中的潮气后，块灰会自动熟化崩裂成粉末，变成熟石灰。熟石灰进一步与空气中的二氧化碳作用生成碳酸钙（石灰石的组成物），使石灰结成坚硬颗粒，失去胶凝作用，同时，由块灰变成粉末后，容易被风吹失，也增加了装运的困难。因此，散装的块灰应严防雨、雪淋湿和其他形式的受潮（如地面的潮气和空气中的潮气等），预防的方法为：

①尽量储存于仓库或料棚中，不使石灰直接受潮。取用或发运时，应从边部顺序进行，防止破坏灰堆上部的保护壳。

②储运期不能长，一般不宜超过一个月。

③无条件入库、入棚，必须露天存放时可采取如下措施以减缓其受潮变质速度：选择地势高、排水好的堆放场地，将灰堆尽可能堆高并随时拍实，表面洒水拍实，使表面形成一层保护壳，保护壳不但能阻止和减缓雨、雪、潮气、空气的渗入，而且能防止风失和散失。在取用或发运时，应从边部顺序进行，防止破坏灰堆上部的保护壳。

④需长期存放的生石灰必须在密闭的环境中储存。

（2）生石灰受潮熟化时会放出大量热，从而引起易燃物燃烧，易燃物爆炸。因此，在运输和储存中，生石灰不得与易燃、可燃、易爆、易受热分解的各类物资混存。生石灰受潮后熟化产物——消石灰的碱性较强，有较强的腐蚀作用，在储运中要防止其损坏储运设备。

（3）袋装消石灰在运输及储运中，要防止由于装卸、搬运、受潮而造成包装袋破损，因此应在库房内或棚中存放。运输要用棚车或苫盖的敞车，在露天临时存放时应做好上盖下垫，防止受潮。消石灰储存期不得过长，以防碳化而使产品失去活性。

（4）石灰膏应用铁桶或专用车进行运输。容器必须严密，以防漏失。储存时上部用水封或用湿稻草等苫盖，防止直接接触空气碳化。水封或埋于地下储存的石灰膏可以长期存放，但要防止受冻。

（5）由于各种形态的石灰都有腐蚀性，会损伤人体皮肤或呼吸道，因此，装卸石灰的工作人员需有必要的劳动保护措施。

六、石膏

石膏是由含有结晶水的硫酸钙（$CaSO_4$）所形成的一种沉积型的天然矿物。在矿床中可以形成透明板状、柱状、半透明纤维状以及雪花状的晶体，同时有相当数量的致密块或泥质体，由于混有微量元素及杂质（如砂子、粘土、碳酸钙、黄铁矿等），石膏往往带有颜色，主要是青灰色和白色。

（一）石膏的分类

石膏按来源分，可分为天然石膏和工业废石膏（如氟石膏、磷石膏和盐石膏等）。

天然石膏分为石膏和硬石膏。

1. 石膏

石膏又称软石膏，为天然的二水合硫酸钙，成分为 $CaSO_4 \cdot 2H_2O$。

（1）根据石膏的结晶程度及形状不同，石膏又可分为：

①透明石膏：是透明、半透明的良好晶体，纯度高，$CaSO_4 \cdot 2H_2O$ 含量大于98%。

②纤维石膏：结晶呈长柱状或纤维状，有光泽的晶体，纯度较高，结晶较大，$CaSO_4 \cdot 2H_2O$ 含量大于95%。

③雪花石膏：结晶呈雪花状，晶体较小，纯度不如以上两种，$CaSO_4 \cdot 2H_2O$ 的含量在 85%~95% 之间。

④普通石膏：晶体堆积成粒状，致密块体，有时带有颜色，纯度较差，$CaSO_4 \cdot 2H_2O$ 的含量在 65%~85% 之间。

⑤土块石膏：晶体不显著，杂质很多，纯度差，$CaSO4 \cdot 2H_2O$ 含量小于65%。

（2）按颜色分有白石膏、黑石膏。

（3）按商品分为 A 型石膏和 B 型石膏。A 型石膏硬石膏含量很少，成分为 $CaSO_4 \cdot 2H_2O$；B 型石膏硬石膏含量较少，成分为 $CaSO_4 \cdot 2H_2O + CaSO_4$。

2. 硬石膏

硬石膏的化学成分是无水硫酸钙，其分子式为 $CaSO_4$。纯净的硬石膏为白色，如含有杂质则呈现出不同的颜色，如淡灰、淡蓝、淡红、红褐或黑色等。

石膏和硬石膏的性能比较见表 2-8-23。

表 2-8-23 石膏与硬石膏的性能比较

名　　称	莫氏硬度	密度 g/cm³	性能	颜色	在水中溶解度
石膏	1.5~2	2.2~2.4	柔软	纯者为白色，不纯为黑、红、褐、灰	较小
硬石膏	3~3.5	2.9~3.1	性脆	灰白至白，不纯者为蓝、红、黑	难溶于水

（二）石膏的用途

（1）我国石膏最大的用量是作水泥缓凝剂，石膏的使用量是水泥重的 3%~5%。石膏含量在 55% 以上的石膏矿产品都可用来作缓凝剂，高级水泥、高强度水泥等特种水泥的缓凝剂对石膏质量要求较高，一般水泥要求低些。

（2）作生产水泥的原料。以石膏为主要原料和矿渣、火山灰、粉煤灰等材料一起，可以制成不经煅烧的水泥——无熟料水泥。例如：主要由石膏及矿渣制成的石膏矿渣水泥，石膏和矾土制成的石膏矾土水泥。石灰、矿渣和部分石膏制成的石灰矿渣水泥等。

（3）制取石膏胶凝物质。石膏经不同温度的煅烧可以制成许多种石膏水泥。

（4）作石膏板材和建筑构件。用石膏为原料加工出的最终产品——石膏板和建筑构件，是近年来发展起来的新兴工业材料，石膏板可以代木制家具，石膏墙体板材是轻板体系的重要材料之一。

（5）作填充料。造纸、油漆、塑料工业中，也常常采用石膏做填充料，主要是利用石膏白度好、性质稳定、易于磨细的特性。

（6）制造硫酸铵化肥。用石膏、NH_3、CO_2为原料，可制取肥效较高的化肥硫酸铵。

（7）直接作农肥。石膏是较为有效的钙硫肥料，对多种作物都有明显的增产效果。石膏对于碱性土壤、烂泥田等还有土壤改良的作用。

（8）作陶瓷工业制坯模的材料。

（三）验收保管要求

入库验收时要检查品种、等级是否相符，并检查是否与合同数量相符，是否在运输过程中混入粘土、岩块等杂质，并进行适当处理。

各类、各级石膏应分堆保管，不得混杂。保管环境应当保持干燥及洁净，不得使其受潮和混入其他杂质及有色物。在保管时应与氯化铵、硝石和硼砂等隔离。

根据上述要求，石膏应在库房中保管。

第九章 机械产品

第一节 机械产品的基础知识

一、机械产品的分类

机械设备的门类繁多，其分类方法主要有：

（1）按机械设备的用途可分为通用机械设备（如压缩机、冷冻机等）和专用机械设备（如石油化工机械、冶金机械等）。

（2）按机械设备的能量转换方式可分为产生机械能的设备（如蒸汽机、内燃机等）、机械能转换成非机械能的变换机械设备（如水泵、风机等）和使用机械能工作的机械设备（如金属切削机床、锻压机械、起重机械等）。

二、机械设备常用的传动方式

传动是传动装置和传动系统的简称，是传递运动和动力的机构。传动的作用主要是：一是将原动机输出的运动或能量传递给工作装置，二是改变运动的形式、方向和速度。

机械设备常用的传动方式有机械传动、电气传动、液压传动和气压传动四种形式。

（一）机械传动

机械传动是由皮带轮、齿轮、轴等机械零件组成的传动机构。机械传动主要有皮带传动、链传动、齿轮传动等形式。

1. 皮带传动

皮带传动是靠套在皮带轮上的皮带与带轮之间的摩擦力，将主动轴上的运动和转矩传给被动轴的一种传动形式。

皮带传动又分为平皮带传动、三角皮带传动、高速皮带传动、同步齿形皮带传动和圆皮带传动等。

2. 链传动

链传动是由具有特殊齿形链轮和一条闭合的链条组成的。它靠有挠性的传动链与链轮齿啮合而传递扭矩。常用的类型有套筒滚子链和齿形链。

3. 齿轮传动

齿轮传动是机械传动中应用最广泛的一种机械传动形式，它靠一对齿轮的齿互相啮合传递运动和扭矩，它可以实现平行轴、相交轴和交错轴间的传动。齿轮传动的形式见图 2-9-1。

（二）电气传动

采用电力设备和电器元件，通过调整其电路参数（电压、电流、电阻等）来实现运动和动力传递的传动形式，称为电气传动。电气传动的效率高，控制灵活，易于自动控制和远距离控制。

（三）液压传动

采用液压元件，利用密封容器内的液体作为工作介质，以液体的压力能来转换和传递机械能的传动形式，称为液压传动。它既可以用于动力传动，又可以用于控制系统的传动。它能传递较大的功率，传动平稳，工作安全可靠，是近代机械制造中大有发展前途的一种传动形式。

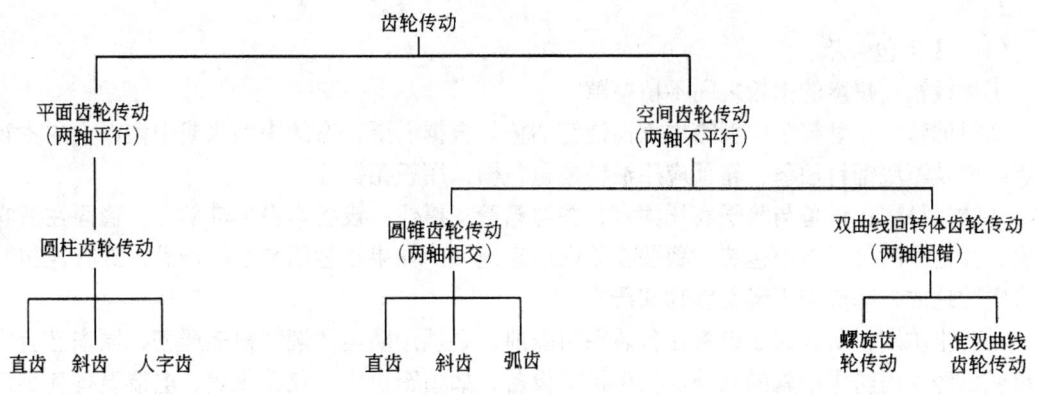

图 2-9-1 齿轮传动的形式

（四）气压传动

采用气压元件，利用气体作为工作介质，以气体的压力能来转换和传递机械能的传动形式，称为气压传动。工作原理与液压传动相似。气体传动动作灵敏，调整方便，无污染，结构简单，易实现自动控制，但其稳定性差，效率较低，常用于机床的定位、夹紧系统、汽车刹车系统等。

以上各种传动方式在机械设备中可单独使用，也可用两种或多种方式配合使用。目前仍以机械传动应用最多最广。

三、机械产品的包装规定

（一）包装形式

机械设备在运输、储存和管理过程中，都要采取一定形式的包装，以保护机械产品的质量和数量不受损失。包装分为内包装和外包装两类。

（1）内包装。一般不适合于陆路和水路运输及装载要求，但内包装一般能起到保护质量，防止破损，便于点数，防止丢失，便于携带、使用和管理的作用。内包装材料一般使用防潮纸（袋）、塑料薄膜（袋）、塑料盒（筒）、精制木盒（箱）和瓦楞纸盒、纸箱等，特殊的还设防震弹簧装置。

（2）外包装。外包装要牢固可靠，以适合陆路和水路运输及装载要求，要根据物体大小、轻重和考虑装卸作业的方式进行设计，以便承受一定压力。包装应经得起一般磋、碰、挤、勒、颠等。这里指的是外包装要求，在装卸运输和保管过程中还应按指示标志操作。包装所用材料要根据箱件的大小和轻重，正确、合理地选用。

（二）包装箱

1. 箱型

根据包装箱的体积大小及制作规定，分为四种箱型，见表 2-9-1。

表 2-9-1 包装箱的体积大小及制作规定

箱型	体积	制作规定							
		裹边	打腰	包角	框架	支撑	底托	气眼	开门
小型箱	$0.1m^3$ 以下	▲	▲	—	—	—	—	—	—
中型箱	$0.1 \sim 1.0m^3$	△	▲	—	△	△	△	△	—
大型箱	$1.0 \sim 8.0m^3$	—	—	▲	▲	▲	▲	▲	△
特大型箱	$8.0m^3$ 以上	—	—	▲	▲	▲	▲	▲	▲

注：▲表示必须照规定制作，△表示根据需要制作。

2. 箱类

(1) Ⅰ类包装箱。

①满板箱：拼凑的木板之间不留空隙。

②衬油毡：小型箱、中型箱内六面铺钉油毡。根据需要，有的中型箱或中型以上的木箱四周内壁及箱底铺钉油毡，箱顶应用油毡覆盖包檐，用板条钉住。

③物体稳固：设备与箱子底托固定，并与箱壁支撑住。设备本身可动部分，稳固在适宜位置，其他零附件另做小包装，稳装在箱内适宜地方。如果小型箱装小件产品，或其他包装凡有空隙地方，都应用干燥柔软物塞严实。

④防尘防潮：所有大小设备在包装箱封盖前，必须用防尘防潮物覆盖严密；原来已有内包装或已经采用防尘措施的除外。精密机电设备，如精密机床、仪器仪表、电器设备和小件产品的包装箱内，还应放置适量的吸潮剂。

(2) Ⅱ类包装箱。

①格板箱：适合装整装设备。木板之间留有一定空格，大箱留大格，小箱留小格，空格留 30～130mm 为宜，但所有木板宽度不得小于空格宽度。格板箱必须用坚韧席箔补空格，缺档作内壁并钉牢，以防桶破和掉落。

②衬油毡：办法与Ⅰ类包装箱一样。

③物体稳固：办法与Ⅰ类包装箱一样。

④防尘防潮：办法与Ⅰ类包装箱一样。

(3) Ⅲ类包装箱。

①纤板箱：结构为纤维板和木材。小型箱用木板条作框架，中型以上的木箱用木方作框架及支撑，用木料作底托。纤维板淋雨易变形、变质，必须内外夹住，特别是箱顶受雨积水易凹陷，损坏箱顶。因此，木质框架的空当幅面不宜过大。

②衬油毡：纤维板一般不用衬油毡。中型以上的大箱必要时木底托上铺油毡，顶盖上覆盖油毡。

③物体稳固：办法与Ⅰ类包装箱一样。

④防尘防潮：办法与Ⅰ类包装箱一样。

(4) Ⅳ类包装箱。

①瓦楞纸箱：体积在 0.1m³ 以下，宜装轻浮、易损件，总重量不超过 10kg，内衬防潮纸，外用绳捆或塑料袋打包。

②柳条筐、箩：体积在 0.5m³ 以下，装一般机电小产品，总重量不超过 20kg，内衬油毡，外部捆扎结实。

③小麻袋：体积在 0.5m³ 以下，装轻型不怕压的产品，总重量不超过 25kg，封口并捆扎结实。

四、机电产品验收的一般要求

(一) 验收执行单位的工作范围

(1) 采购部门向仓库部门、质检部门提供订货合同或协议书（抄件）。

(2) 仓库部门负责设备包装、数量（含随机附件）和外观质量的验收。

(3) 质检或使用部门负责产品性能的检验。

(二) 验收流程

(1) 根据合同及物资到货通知单。物资到库后，仓库部门进行包装、数量（含随机附件）和外观质量的验收。

(2) 需要做产品性能检验的物资，由仓库部门通知质检部门检验。

(3) 质量合格后仓库部门验收并开入库验收单。

(三) 验收内容

1. 验收凭证及资料核查

根据入库验收单、订货合同或协议书，对质量证明书、合格证、说明书、材质证、装箱单、计重单、发货明细表、货运单（含商务记录或普通记录）及随机图纸等进行核对。

2. 数量验收

(1) 计重物资按净重计算或按订货合同计算。定尺或按件标明重量的物资可以抽检，抽检比例按国家有关标准的规定，即检查水平Ⅱ（IL=Ⅱ）合格质量水平1.5（AQL=1.5）的抽检方案进行验收。

(2) 对有包装、捆扎的物资，抽检比例按国家有关标准，即检查水平S-2的抽检方案进行验收。对于拆包装后难以恢复包装的物资，可按供货部门标明的数量验收。

(3) 对于进口物资发现短缺时，需会同供货部门、采购部门、计量部门，按商检确认的检验方法进行复检。

(4) 计件物资应全部清点件数。定量包装的小件物资，应按批量总数不低于5%的比例抽检。

3. 包装和外观质量验收

(1) 根据入库凭证及资料，核对产品名称、规格、型号、牌号、批号、供货单位、生产厂名、包装标志等。

(2) 检查包装是否符合合同规定或包装标准。包装标志明显、清楚，与实物相符。包装若受潮、破损，则应拆包装检查。

(3) 外观质量的验收应按有关标准规定的机电产品外观质量验收的具体要求进行验收。详见表2-9-2。

表2-9-2 机电产品外观质量验收具体要求

验收产品名称或部位	验收的具体要求
漆层	应光洁均匀，色调一致，应无剥落、起皮、流痕、皱纹、粘附、气泡、龟裂、杂物和漏喷等现象
电镀层	应光滑明亮，应无锈蚀、斑点、起皮、剥落、氧化泛白以及其他缺陷
镜头、反光镜及玻璃制品	应平整光洁，透视和观测清晰无暇，应无裂痕、波纹、破碎、发乌等现象，镜头的水准泡应无影响观测的曲线
焊缝	应无开焊、裂缝、变形、损伤、锈蚀、焊穿、焊渣、溅渣、夹渣和气孔等现象
金属件及铸件	应无划伤、硬伤、损伤、锈蚀、变形、行刺、裂纹、裂痕、扭曲、砂眼及氧化皮等
绞线及钢丝绳	应紧密绞合，应无压扁、散股、松散、断丝、硬伤、擦伤、锈蚀、凹陷、层叠以及扭曲等现象
液压系统、管路及油水箱	应无渗油、漏油和滴油等现象
转动部分	应灵活、无杂声、跳动、卡住、过松、过紧以及失灵等现象

续表

验收产品名称或部位	验收的具体要求
塑料及橡胶	表面应光滑,均匀有光泽,应无气泡、裂纹、斑点、凹凸不平、粘合不严、畸形、龟裂及老化等现象
电器及仪表	应无受潮、发霉、损坏以及水迹等现象
刻度盘及表指针	刻度线粗细均匀,刻度清晰、醒目,字迹清楚,准确无误;指针正直,摆动灵敏,并能归到零位,应无弯曲、变形及卡针等现象
紧固螺栓	各部位应拧紧,不得松动,螺纹部分完好
电瓷件	应无生烧过火、氧化起泡、断裂、破碎、裂缝、裂痕、裂纹及影响产品质量等缺陷

4. 产品性能检验

根据订货合同及有关标准,同质检部门负责组织和进行机械、理化性能等检验。检验结果通知采购部门及仓库部门。

5. 进口物资检验

根据订货合同和有关标准,按照商品检验部门的规定检验。

(四) 验收记录

机电设备验收时,必须及时做记录。验收记录包括以下内容:

(1) 设备产品名称、规格、数量。

(2) 入库件数及包装情况。

(3) 到库日期及验收日期。

(4) 供货部门提供证件情况。

(5) 实物验收情况。

(6) 抽查的数量。

(7) 验收结果。

(8) 验收人员签字。

(五) 验收中的问题处理

(1) 到库物资证件不全或不符,作为待验物资处理,并应及时催促有关部门解决。

(2) 数量不符并且其损溢超过规定计量允许时,经核实后填写查询单,提交采购部门查询处理。

(3) 品种、规格错发,应将错发部分的情况提交采购部门与供货部门交涉处理。

(4) 外观质量和产品性能不合格,应将不合格情况、残损程度做出记录,提交采购部门和检验部门向供货部门交涉处理。

(5) 物资入库前已有残损短缺情况,但如有商务记录或普通记录等证件者,可按实际验收情况填写验收记录;若在记录范围外或无货运部门记录时,应查明责任,暂不办入库手续。

(6) 凡不予入库待验的物资,仓库均应妥善保管,单独存放,不得动用,并通知有关部门拒付货款。

(7) 进口物资数量短少,质量、包装不合格,应在索赔期内,按有关规定和办法处理。

第二节 金属加工机械设备

一、金属切削加工概念

要了解金属切削机床,需要从金属切削加工谈起。

金属切削加工是机械制造中的一种最重要零件加工方法。这种方法是利用刀具与工件的相对运动,切去工件上多余的金属层,最后使工件成为合格零件。加工时,工件与刀具均装在金属切削机床上(以下简称机床),由电动机发出动力,通过机床的传动系统,使刀具和工件各自获得相应的机械运动,从而进行切削工作。

二、金属切削机床在国民经济中的作用

金属切削机床就是用来对金属工件进行切削加工的设备。由于切削加工可以获得很高的加工精度和光洁度,能满足提高精度的要求,因此它在机械加工方法中一直处于主导地位。例如:在一般机械制造过程中,金属切削加工量占工作量的40%~60%,这使金属切削机床成为一般机械制造厂的主要装备。在这些工厂中,机床总台数约占设备总台数的60%~81%,可见它在机械制造行业占有突出地位。它是制造机器的机器,被誉为"工作母机"。

金属切削机床是生产过程中应用很广的产品,它的配套产品及耗用原材料很多,涉及许多行业和工业部门。如冶金、电机电器、电子、仪表、机床附件、工具等工业部门。因此一个国家或地区的机床产量和拥有量,不仅是机械制造能力的标志,在一定程度上,也是国民经济发展水平的标志。

三、金属切削机床的分类

金属切削机床大约经历了200多年的发展。目前,在世界范围内品种多达几千种,可按以下原则进行分类。

(1)按机床加工工件的大小和机床本身的重量分为中小型机床、大型机床、重型机床、超重型机床。

(2)按机床的加工精度分为普通机床、精密机床、高精度机床。

(3)按自动化程度分为一般机床、半自动机床、自动机床。

(4)按机床的万能性分为通用机床、专门化机床、专用机床、组合机床。

(5)按机床控制方式分为仿形机床、程控机床、数控机床。

(6)按加工性质和所用刀具的不同分为车床、钻床、镗床、磨床、齿轮加工机床、螺纹加工机床、铣床、刨床、拉床、切断机床、电加工机床、其他机床十二大类。这种分类使用较普遍,也被我国通用机床型号编制标准所采用。

四、金属切削机床型号编制方法

(一)通用机床型号编制

在型号的表示方法中,凡有"( )"的代号或数字,有内容时不带括号,无内容时则不表示;凡有"□"者均为大写汉语拼音字母;凡有"△"符号者为阿拉伯数字。

(二)通用机床型号表示方法说明

通用机床型号表示方法如下。

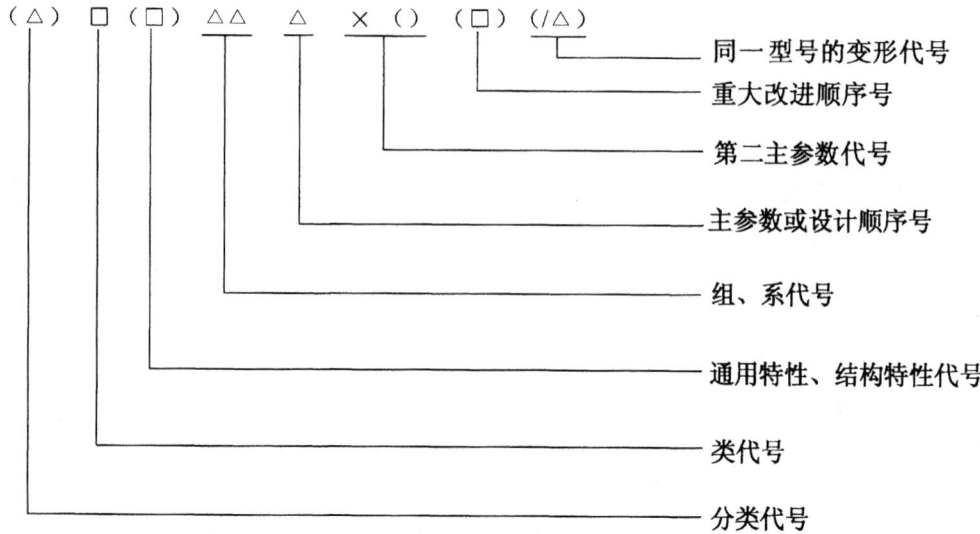

1. 分类和类代号

（1）在机床型号表示方法中，目前只有磨床有三个分类，用阿拉伯数字表示。

（2）类代号用汉语拼音表示，详见表2-9-3。

表2-9-3 机床的分类及类代号

类别	车床	钻床	镗床	磨床			齿轮加工机床	螺纹加工机床	铣床	刨插床	拉床	特种加工机床	锯床	其他机床
				一磨	二磨	三磨								
代号	C	Z	T	M	2M	3M	Y	S	X	B	L	D	G	Q

2. 通用特性及结构特性代号

（1）通用特性代号。

所谓通用特性，是指机床在精度、自动化、型式等方面的不同特征。机床的通用特性及代号用大写汉语拼音字母表示，详见下表所示。通用特性代号有统一的固定含义，在各类机床型号中表示的含义相同，这个代号仅用于普通型式而又有某种通用特性的机床。机床通用特性代号见表2-9-4。

表2-9-4 机床通用特性代号

通用特性	高精度	精密	自动	半自动	程序控制	轻便	万能	简式	自动换刀	仿形
代号	G	M	Z	B	K	Q	W	J	H	F

（2）结构特性。

机床的结构特性是指某类机床的主参数相同而结构、性能不同的机床。该代号用除通用特性代号和"I"、"O"以外的大写汉语拼音字母表示。结构特性代号为机床制造企业的自定代号。

在机床型号中有时可能会同时出现几种通用特性或出现既有通用特性又有结构特性的代号，其格式规定为通用特性代号排列于结构特性代号左侧。在几种通用特性代号中，最主要的通用特性代号应排列在最左侧。

3. 组、系代号

在机床型号的编制方法中，按机床结构性能及使用范围基本相同的原则，将每类机床分为十个组；在同一组机床中主参数、工件及刀具本身和相对运动特点基本相同，基本结构及布局型式相同的机床划为同一系，每个组又分十个系。组系代号用两位阿拉伯数字组成，前为组，后为系，分别用 0~9 表示。机床的类代号、组系代号一起共同组成机床的标准规定名称。

4. 主参数或设计顺序号

（1）主参数。是机床各参数中最主要的一个或两个参数，它反映了该机床的加工能力，是确定机床主要零、部件尺寸的依据。如车床上加工工件的最大回转直径，便是车床常用的主要参数。主参数采用折算值表示，即主参数的实际值（mm）乘以 1/10 或 1/100 等折算系数以后写于型号中。当折算值大于 1 时取整数表示，折算值前均不加 0；当折算值小于 1 时，则以主参数表示，并在前面加 0。

（2）设计顺序号。所谓设计顺序号，是指某些通用机床无法用一个主参数表示时，则其型号中采用设计顺序号来表示。它是由 1 开始，当设计顺序号小于 10 时则在设计顺序号之前加"0"。

5. 第二主参数代号

第二主参数代号是除主参数外的另一个表示机床加工能力的补充参数，用"×"号与主参数分开，读作"乘"。如车床上车削工件的长度便是车床采用的第二主参数。当第二主参数的变化引起机床结构较大变化时采用，第二主参数的折算系数一般是：对于长度用 1/100，对于直径、深度、宽度等用 1/10，对于模数、厚度等采用实际值。

6. 重大改进顺序号

重大改进顺序号是指机床的结构、性能有重大改进及提高，并按新产品重新设计、试制和鉴定的顺序号。它按汉语拼音字母 A、B、C 等的顺序选用（I、O 除外），以此区别于原机床品种的型号。

7. 同一型号的变型代号

同一型号的变型代号是指为了适应不同加工需要，在机床基本型式的基础上，仅仅改变机床的部分性能和结构时为了与原型机床区别而采用的代号。用数字 1、2、3 等的顺序表示，并用"/"分开，读作"之"。

（三）通用机床型号

通用机床型号举例。

（1）床身上最大工件回转直径为 400mm 的普通车床型号为：

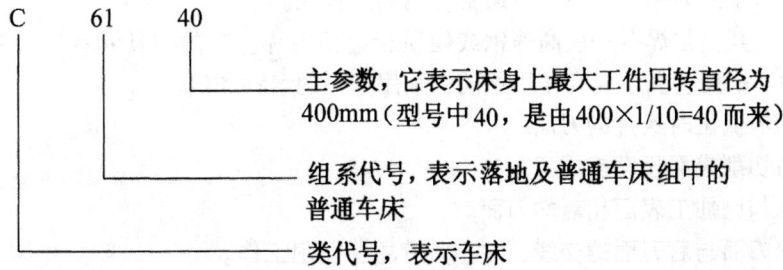

(2) 上述 C6140 型机床经第一次重大改进后,型号为 C6140A;经第二次重大改进后,型号为 C6140B;如此类推。

(3) C6140 型机床具有"精密"通用特性时,型号为 CM6140。

(4) 具有半自动通用性的,工作台最大工件回转 400 直径的曲轴磨床,其型号表示如下。

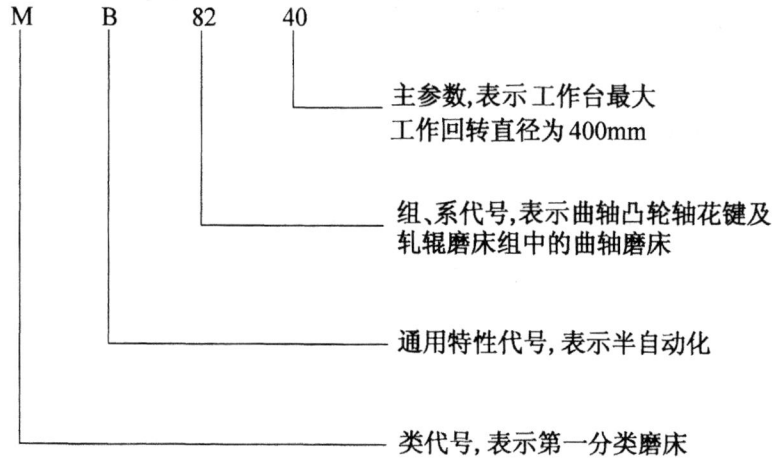

(5) 上述 MB8240 型磨床的第一种变型为 MB8240/1,第二种变型为 MB8240/2,如此类推。

第三节 刀 具

一、刀具概述

(一) 刀具的概念与作用

在切削加工中直接用于切削金属工件的工具称为金属切削刀具,简称刀具。它的切削机理有别于日常生活中用的刀具。切削刀具的切削过程主要是刀具对金属挤压,致使被挤压出的金属层通过塑性变形而成为切屑,而用刀劈柴时是借刀子的楔角使柴撕裂而分开。

刀具也是切削加工的必要条件,它好像是机床的牙齿,没有它是无法进行切削加工的。

(二) 刀具的几何形状元素

刀具特别是刀头的几何形状是刀具进行切削加工的基本条件。各类刀具的几何形状千差万别,但它们的切削部分均由一定的几何元素构成。刀具的几何元素又称为刀具元,它们包括刀刃、刀面、刀尖、刀角等构成刀具的要素。按它们位置和作用不同,赋予它们特定的名称和定义。这里我们以车刀为例,说明一下通常使用的刀具元。

外圆车刀的刀头,其上常焊有一块高速钢或硬质合金钢刀片。它的刀具元有三个刀面、两个刀刃和一个刀尖。根据它们位置和作用不同,采用如下的名称和定义。

(1) 前刀面:切屑流出时经过的刀面。

(2) 后刀面:与切削表面相摩擦的刀面。

(3) 副后刀面:与已加工表面相对的刀面。

(4) 主刀刃:前刀面与后刀面的交线,它担负着主要切削工作。

(5) 副刀刃:前刀面与副后刀面的交线,它担负次要的切削加工工作。

(6) 刀尖:主、副刀刃的交点。

上述刀具元的名称和定义为所有刀具所共用。

(三) 刀具材料简介

1. 对刀具材料的基本要求

不是任何金属材料都可用作刀具的，刀具材料应具备以下基本要求：
(1) 硬度一定要比工件硬度高。
(2) 高温硬度越高越好。
(3) 有足够的强度和韧性，以承受切削时的压力、冲击和振动。
(4) 耐磨性好。
(5) 有较好的热处理性能和刃磨性能。

2. 刀具材料简介

目前常用的刀具材料有以下几种。

(1) 碳素工具钢。

这是含碳量 0.6% 的高碳钢钢种，可用于制造刀具、量具、模具，故称碳素工具钢。用作刀具的碳素工具钢常见牌号有 T10A 和 T12A。牌号中"T"表示"碳"，数字表示千分之几的平均含碳量，"A"表示"优质"。热处理以后的表面硬度可达 HRC63~65，可满足一般刀具硬度要求，且具有较好的刃磨性，但高温硬度差，刃口在 200℃ 时硬度显著下降，故只能用于轻负荷、慢切削速度的刀具，如手锯条、丝锥、锉刀等刀具。

(2) 合金工具钢。

这是在碳素工具钢的基础上加入适量的 Cr、Mn、Si、W、V 等合金元素的低合金钢钢种。合金元素可以细化晶粒，提高强度、耐磨性和淬透性。因此，它们比碳素工具钢具有较高的耐磨性和高温硬度，切削速度可允许提高到 8~10m/min，但高温硬度仍不理想，热处理和刃磨的工艺性也较差。多用于制造低速刀具，如铰刀、圆板牙、手丝锥等刀具。常用牌号有 9SiCr、Cr2 等。

9SiCr 是含碳量 0.9%，Si 是含硅量 1%，Cr 是含铬量 1%。Cr2 前面没有数字表示含碳量大于 1%，Cr2 是含铬量 2%。

(3) 高速工具钢。

这是在碳素工具钢基础上加入较多的 W、Mn、Cr、V、Si、Mo、Nb 等合金元素的高合金钢钢种。它们除一般改善钢的机械性能与金相组织外，突出地提高了钢的高温硬度。当切削温度高达 600℃ 时，硬度仍无明显下降。因此可用于高速切削，切削速度可达 30m/min。此外它的强度、韧性、刃磨性、化学稳定性均好，是目前广泛应用的刀具材料。用它可以加工碳素结构钢和合金结构钢，制造有冲击负荷的铣刀和孔加工刀具。常用的牌号有 W18Cr4V、W6Mo5Cr4V2、W6Mo5Cr4V2A1 等。

(4) 硬质合金。

硬质合金是由碳化钨或碳化钨与碳化钛的粉末为基础，以钴作粘结剂，用粉末冶金法在真空或氢气还原炉中焙烧而成，俗称钨钢。其特点是硬度和高温硬度均超过高速钢。硬度不用淬火便可达 HRC70~75，能在 1000℃ 左右保持良好的切削性能，但它的韧性差，性脆怕振动。用它做刀具，切削速度可达 300m/min，能切削淬硬钢、白口铁、玻璃、大理石。目前，大部分车刀、端面铣刀、深孔钻头、某些麻花钻、某些铰刀、齿轮滚刀、立铣刀等都采用此种刀具材料做刀头。

硬质合金又可按成分分为钨钴钛合金（YT）、钨钴合金（YG）和万能合金（YW）三类。钨钴钛合金的主要成分为碳化钨、碳化钛和钴。它的特点是耐磨性好，但韧性差，适于加工钢材。钨钴合金的成分中没有碳化钛。它的特点是韧性较好，但耐磨性较差，适于加工铸铁等硬脆材料。万能合金除含有钨钴钛合金的三种成分外，还含碳化钽或碳化铌。它们的性能介于钨钴钛合金与钨钴合金之间，可以加工钢材也可以加工铸铁。常用的硬质合金牌号有 YT30、YT14、YT5、YW1、YW2、YG3X、YG6X、YG6C、YG8 等。牌号中 T 后的数字表示碳化钛质量分数。W 后的数字表示万能合金的编号数，G 后的数字表示钴的质量分数，X 表示细颗粒，C 表示粗颗粒。

（5）陶瓷。

陶瓷刀具主要成分为 Al_2O_3，用冷压或热压烧结而成。其特点是高温硬度特高，在 1350℃时还能工作，此外它的硬度、耐磨性和化学稳定性均好。缺点是特别脆、韧性差、抗弯强度低。可作高速切削刀具加工高硬度材料，但忌用于切削铝合金，因为此时工件表面有 Al_2O_3 产生，这种产物与刀具材料同成分，同种材料的摩擦系数很大，会增加切削摩擦阻力，恶化加工表面的光洁度，使加工表面产生屑瘤等病疵。

（6）金刚石。

金刚石有天然的和人造的，作为刀具材料多用人造金刚石，它是由石墨与合金催化剂在高温高压作用下转化而成，是一种超硬刀具材料。金刚石刀具可以加工硬质合金、陶瓷、玻璃、塑料、硬橡胶、铜和铝合金。切削速度可达 400～3800m/min，但不能加工钢铁材料，因为在高温下铁原子与碳原子发生作用转化为石墨结晶，此产物与刀具同成分，易使刀具损坏。

（7）氮化硼。

氮化硼刀具材料是以硅石、硼酸等为原料经高温冶炼而成。它的硬度仅次于金刚石，能加工淬用工具钢、冷硬铸铁和某些合金，加工精度和光洁度都很高，是数控机床上常用的刀具。

（四）刀具的分类

（1）刀具通常按用途分为六大类。

①切刀类刀具：指车刀、刨刀、插刀等。

②孔加工刀具：指麻花钻头、中心钻、扩孔钻、铰刀等。

③拉刀类刀具：指圆拉刀、花键槽拉刀等。

④铣刀类刀具：指圆柱铣刀、立铣刀、镶齿面铣刀、三面刃铣刀、键槽铣刀、锯片铣刀、螺钉槽铣刀、T 型槽铣刀、齿轮铣刀等。

⑤螺纹加工刀具：指丝锥、板牙、搓丝板、滚丝轮等。

⑥齿轮加工刀具：指齿轮滚刀、插齿刀、剃齿刀等。

（2）按刀具的结构组成不同分为整体刀具、镶齿刀具和组合刀具。

（3）按设计制造的复杂程度不同分为标准刀具和复杂刀具。

（4）按刀装夹方式不同分为有柄刀具和套式刀具。

二、常用孔加工刀具简介

（一）钻头

钻头是实体材料上加工圆柱形孔或把原有的孔扩大的刀具。主要用于各种孔的粗加工、半精加工、精加工之前的预钻孔。钻头的种类很多，有麻花钻头、深孔钻头、中心钻头、扁钻头、扩孔钻头、锪钻等。

麻花钻头

麻花钻头是用于在实体材料上钻出精度较低的孔，以利于进行扩孔、铰孔、镗孔和攻螺纹等。

（1）麻花钻的构造。

麻花钻结构由切削部分（刀头）、导向部分、容屑槽尾部、颈部和柄部组成。起切削作用的是切削部分，它具有横刀刃、主刀刃、前刀面、后刀面等刀具元，其中横刀刃起作初进刀和定心作用。导向部分起导向和修边作用，也是备磨部分。容屑槽是导出切屑用的，颈部是制造钻头时的退刀槽，柄部装夹用刀柄，此外它的后刀面为锥面，锥顶角大致在90°~150°之间变化，容屑槽的螺旋角大致在25°~32°之间。

（2）麻花钻的分类及常用品种。

麻花钻可按以下原则分类：

①按柄形分有直柄麻花钻和锥柄麻花钻，前者钻头直径较小，后者钻头直径较大。

②按导向部分长度分有长杆麻花钻和短麻花钻。

③按柄部长度分有一般麻花钻和长杆麻花钻。

④按螺旋线旋向分有常用的右旋麻花钻和焊用的左旋麻花钻。

⑤按材质分有常用的高速钢制的麻花钻和高速钻削时用的硬质合金（刀头）麻花钻。麻花钻上述分类特征可从具体品种名称上反映出来。

麻花钻的规格采用钻头直径（mm）表示。最小的麻花钻头直径仅有0.2mm，最大的有125mm。

麻花钻的全称包括品种名称和规格。例如：直柄短麻花钻 $\phi 20$、锥柄麻花钻 $\phi 32$、硬质合金直柄麻花钻 $\phi 14$ 等。常用麻花钻的应用场所及规范见表2-9-5。

表2-9-5 常用麻花钻的应用场所及规范

品 种 名 称	应 用 场 所	规格范围，mm
直柄短麻花钻	用于一般小孔加工，传递较小扭矩	$\phi 0.2 \sim \phi 20$
直柄长麻花钻	用于加工较深的小孔，传递小扭矩	$\phi 3 \sim \phi 13$
硬质合金直柄麻花钻	用于高速切削，可加工铸铁、钢、硬橡皮、塑料等硬脆材料	$\phi 5 \sim \phi 12$
直柄左旋麻花钻	用于自动机床或专用机床上钻孔	$\phi 1.1 \sim \phi 10$
锥柄麻花钻	用于一般孔加工，能传递较大的扭矩	$\phi 6 \sim \phi 125$
锥柄长麻花钻	用于加工较深的孔，传递较大的扭矩	$\phi 10 \sim \phi 50$
硬质合金锥柄麻花钻	与硬质合金直柄麻花钻用途相同，唯加工较大的孔，传递较大的扭矩	$\phi 6 \sim \phi 30$
锥柄长杆麻花钻	加工箱体零件上的孔或部位较深的孔	$\phi 10 \sim \phi 50$

（二）丝锥与板牙

1. 丝锥

丝锥的结构由工作部分和柄部分组成，工作部分显然是由外螺纹演变而来。在外螺纹的基础上制出锥角和直容屑槽，从而形成了切削部分的刀刃和校准部分的刀齿。因此它既具备螺纹要素又具备刀具元。

用丝锥攻丝时，工件上需预先钻出相应尺寸的孔，然后把丝锥套入孔中，旋转丝锥或工件均能切出内螺纹来。根据加工螺纹的精度要求，可用一支丝锥粗加工，或用2支或3支依次进行粗切、中切和细切。粗切的叫头锥，由它切去60%左右的切削量；中切的叫中锥，由它切去30%左右的切削量；细切的叫细锥，由它切去余下的10%左右的切削量。

头锥、中锥、细锥有两种设计制造的方法。一种叫等径设计法，这种方法保持它们的外径和中径不变，但内径依次变小，切削刃也依次变长，以此达到它们各自分担的切削量；另一种叫不等径设计法，这种方法是螺纹内径不变，但中径和外径依次变大，切削刃也一次变长，以此实现相应的粗、中、细切任务。

丝锥按加工方式和加工螺纹种类不同，通常分为手用丝锥、机用丝锥、螺母丝锥、圆柱管螺纹丝锥、圆锥管螺纹丝锥五类。每类还可以按螺纹牙型、精度等特征再细分。

丝锥规格一般采用螺纹外径×螺矩表示。丝锥全称一般包括品种名称、（牙型角）螺纹外径×螺距（精度等级）等项目。例如：

手用丝锥（粗）M10×1.5-3a，（粗）M10表示普通粗牙螺纹、外径为10mm，1.5表示螺距，3a表示精度号。

机用丝锥（细）M18×1.5-1，（细）M18表示普通细牙螺纹、外径为18mm，1.5表示螺距，1表示精度号。

圆柱管螺纹丝锥1/8in❶，表示英制螺纹，螺纹外径为1/8in。

圆锥管螺纹丝锥55°锥1/2in，55°表示牙型角，平均外径为1/2in。

各种丝锥的应用场所、牙型、精度和生产规范见表2-9-6。

表2-9-6 各种丝锥的应用场所、牙型、精度和生产规范

分类	应用场所	支数及设计方式	牙型	生产规范螺纹外径，mm
手用丝锥	装配或维修车间	1支 2支等径	普通粗牙螺纹 普通细牙螺纹 英制螺纹	普通螺纹 M1—M27 英制螺纹 1/8in—1in
机用丝锥	钻、车、攻丝机等机床上使用	1支 2支不等径 3支不等径	普通粗牙螺纹 普通细牙螺纹	M1—M52
长短柄螺母丝锥	用于螺母攻丝机上，加工螺母	1支	普通粗牙螺纹 普通细牙螺纹	M2—M52
圆柱管螺纹丝锥	加工圆柱管接头上的螺纹	1支	平顶英制 圆顶英制	柱1/8in—柱2in
圆锥管螺纹丝锥	在管接头上加工锥度内螺纹	1支	英制、平顶或圆顶，55°或60°	锥1/8in—锥2in

2. 板牙

板牙又叫圆板牙，是用来手工加工外螺纹的刀具，显然，它是由内螺纹演变而成的。在内螺纹的周边上均匀地开出几个容屑槽，也自然形成了刀刃和刀面等刀具元。板牙的外圆柱面上制有固紧孔，借此孔并通过紧固螺钉可将板牙装夹在板手套中。周边上还有一条直槽，叫调整槽。此槽平时不起作用，等到板牙磨损严重，达不到精度要求时，可将此槽锯开，再紧固在板牙套中使用，能微量地缩小径向尺寸，补偿它的磨损误差，达延长其工作寿命。

---

❶ 1in=25.4mm。

板牙按螺纹种类不同，有普通螺纹圆板牙、英制螺纹圆板牙、圆柱管螺纹圆板牙（牙型角55°）和圆锥管螺纹圆板牙（牙型角55°、60°）。

板牙的规格和丝锥相同。板牙的全称一般是品种名称（牙型角）螺纹外径×螺距。例如：圆板牙（普通粗牙）M8×1.25，表示普通螺纹、外径为8mm。各种板牙的应用场所、牙型、生产规范见表2-9-7。

表2-9-7 各种板牙的应用场所、牙型、生产规范

分类	应用场所	牙型	生产规范
普通圆板牙	手操作加工一般精度的外螺纹	普通粗牙 普通细牙 英制螺纹	粗牙 M1—M52 细牙 M3—M52 英制 1/8in—1in
圆柱管螺纹圆板牙	加工管接头的圆柱外螺纹	英制牙型角55°	柱 1/8in—柱 2in
圆锥管螺纹圆板牙	加工管接头的圆锥外螺纹	英制 55°或60°	锥 1/16in—锥 2in

扩孔钻用于工件上已有孔的半精加工，或用于铰孔前的预加工，加工精度比较高。

扩孔钻外形与麻花钻相似，但扩孔钻没有横刀刃，只能在已有的孔上扩大直径。此外，扩孔钻的容屑槽有三至四条，多于麻花钻，相应地增多了主刀刃和副刀刃，加强了导向作用，故使加工精度和光洁度比麻花钻提高。

扩孔钻按以下原则分类：

（1）按有无刀柄分为套式（无刀柄）扩孔钻和柄式扩孔钻。

（2）按柄形分为直柄和锥柄两种。

（3）按精度等级分为1#、2#、3#、4#，其中2#、4#用于半精加工，1#、3#用于铰孔前预加工。

扩孔钻的规格采用直径×长度，直径范围大致在$\phi 10 \sim \phi 80$mm之间。

扩孔钻的全称是品种名称、直径×长度、精度等级（硬质合金代号）等项。例如：锥柄扩孔钻$\phi 20 \times 210-1^{\#}$、硬质合金锥柄扩孔钻$\phi 17 \times 200-2^{\#}T$（"T"表示铸钴钛合金）、套式扩孔钻$\phi 40 \times 45-1^{\#}$。常用扩孔钻的应用场所及规范见表2-9-8。

表2-9-8 常用扩孔钻的应用场所及规范

品种名称	精度号	应用场所	规范，mm
长型锥柄扩孔钻 （短型锥柄扩孔钻）	1# 2#	1#用于铰孔前预加工孔 2#用于精度孔的终加工	$\phi 10 \sim \phi 32$
长型硬质合金锥柄扩孔钻（短型硬质合金锥柄扩孔钻）	1# 2# 3# 4#	1#用于铰孔前预加工孔 2#用于精度孔的终加工 3#用于铰孔前预加工孔 4#用于精度孔的终加工	$\phi 14 \sim \phi 38$
套式扩孔钻	1# 2#	用途与锥柄扩孔钻相同	$\phi 25 \sim \phi 80$

3．铰刀

铰刀是对工件上的孔进行精加工的刀具。其特点是容屑槽是直槽，周边上均匀分布很多

切削刃，工作时切屑很薄，故可对孔进行精加工。

铰刀可按以下原则分类。

（1）按动力源分有手动铰刀和机动铰刀。

（2）按有无刀柄分有套式和柄式两种。

（3）按柄形分有直柄和锥柄两种。

（4）按有无可调性分有一般铰刀和可调铰刀。

（5）按专用性分有一般铰刀、莫氏锥度铰刀、销子铰刀。

（6）按精度等级分有 $1^{\#}$、$2^{\#}$、$3^{\#}$ 等。

铰刀规格一般采用直径，对于可调铰刀采用直径调节范围；对于莫氏锥度铰刀采用莫氏锥号。

铰刀全称包括品种名称、规格、精度等级（硬质合金代号）。例如：直柄手用铰刀 $\phi 2 - 2^{\#}$、硬质合金锥柄机用铰刀 $\phi 7 - 2^{\#}G$、套式机用铰刀 $\phi 30 - 3^{\#}$。常用铰刀的使用场所及规范见表 2-9-9。

表 2-9-9 常用铰刀的使用场所及规范

品种名称	使用场所	规范，mm	备注
直柄手用铰刀	机修作业中用于手工操作铰孔	$\phi 1 \sim \phi 50$	导向部分较长
可调手用铰刀	机修作业中用于手工操作铰孔	一般制成24把，能加工 $\phi 6 \sim \phi 54$	
直柄机用铰刀	钻床、车床组合机床上使用	$\phi 3 \sim \phi 20$	导向部分较短
锥柄机用铰刀	钻床、车床组合机床上使用，用于铰直径适中的孔	$\phi 10 \sim \phi 32$	导向部分较短
套式机用铰刀	钻床、车床组合机床上使用，铰直径较大的孔	$\phi 25 \sim \phi 80$	
直柄硬质合金机用铰刀	钻床、车床组合机床上使用，用于高速切削	$\phi 6 \sim \phi 10$	硬质合金刀片镶于合金钢刀柄
锥柄硬质合金机用铰刀	钻床、车床组合机床上使用，铰削孔径较大	$\phi 10 \sim \phi 32$	

4. 中心钻

中心钻是用以在轴类工件上钻削中心孔的钻头。中心孔有两种形式：A 型称不带护套的中心孔，用于不准备多次维修的工件上；B 型称为带护套的中心孔，它多一个 120° 的护锥，起作保护 60° 的锥孔作用，用于准备多次维修的工件上。加工中心孔可以用简式中心钻钻出中心孔的头部，再用锪钻钻出锥面，但更多的是用复合中心钻一次加工好。

中心钻的规格采用钻孔（直径）部分的钻头直径表示，规格范围为 $\phi 0.5mm \sim \phi 6mm$。

中心钻的全称是品种名称、钻头直径。例如：带护套 60° 复合中心钻 $\phi 3$。

5. 锪钻

用来在工件上扩大已加工的锥孔的刀具叫锪钻。锪钻通常制成锥柄的，锥尖角 ϕ 常用 60°、90°、120° 等。

锪钻的规格采用直径×锥尖角。锪钻的全称是品种名称、规格。例如：锥柄锪钻 $\phi 50 \times 60°$。

三、螺纹加工刀具

螺纹加工刀具是用来加工内外螺纹的，按加工方法不同有以下类型。

（1）螺纹车刀：用以在螺纹车床上加工螺纹。

（2）螺纹梳刀：用以在螺纹铣床上加工螺纹。

（3）丝锥：用以在攻丝机上加工内螺纹，其中手用丝锥用于手工操作加工内螺纹。

（4）板牙：用于手工操作加工外螺纹。

（5）搓丝板：用以在搓丝机（一种锻压机械）上加工外螺纹。

（6）滚丝模：用以在滚丝机（一种锻压机械）上加工外螺纹。

四、刃具的验收及保管

（一）刃具的验收方法

（1）刃具表面的防锈油应均匀，无老化脱落或熔化等现象。

（2）对复杂刃具如拉刀、滚齿刀等不得有钝刃、崩刃和锈蚀、变形、弯曲等现象。

（3）验收时应戴手套，防止汗水沾在刃具上而发生锈蚀，影响刃具的质量。

（二）刃具的保管方法

（1）刃具应随内包装放入货架保管，也可堆码，但不得压坏内包装。成箱大批刀具可重叠堆码，但必须有下垫以保证通风干燥，以防受潮。

（2）硬质合金刀片体积小，易散失，应用纸盒包装，需标明牌号、型号、数量再放入料架内保管。

（3）每隔三个月检查一次油封情况，发现问题应及时维护保养。刃具的储存期以一年为宜（从出厂日算起）。

第四节　磨具与磨料

一、磨具概述

（一）磨具的概念

用于磨削、研磨、抛光的工具叫磨具。它包括砂轮、油石、磨头、砂瓦、砂布、砂纸、抛光轮、研磨膏等。其中砂轮、油石、磨头、砂瓦是固结磨具。固结磨具由磨料、结合剂和空隙三者组成。磨料是硬度很高的颗粒，磨削时它起着群集刀刃作用；结合剂使磨料颗粒粘结成形；孔隙起着容纳切屑细末的作用，还能将冷却液与空气带入磨削区，加强散热，减少工件被烧伤的危险。

（二）磨具的作用

我们知道，固结磨具可以看成是一种特殊的刀具。它具有群刃性和自锐性，能磨削铸铁和淬硬金属，同时又以获得高的加工精度及光洁度著称。磨具对磨削加工和磨床的发展起着重要作用。早期，固结磨具只能以天然刚玉（即天然宝石）和天然金刚石为磨料。由于这些磨料价格昂贵，限制了磨削的使用和磨床的发展。然而，20世纪以来，由于人造刚玉和人造金刚石的问世，促使磨具迅速发展，有了专业化的砂轮厂生产磨具，从而也使磨削加工和磨床得以迅速发展。

(三) 影响磨具工作的因素

影响磨具工作的因素有磨料的性质、磨料的粒度、磨具的硬度、结合剂的性质、磨具组成成分的比例、磨具断面形状、磨具的外形尺寸。

(四) 磨具的分类

磨具按使用方法和基本形状不同分为砂轮、磨头、油石、砂瓦、砂布、砂纸、砂带、研磨膏等，按材料不同分为刚玉、碳化硅、金刚石和烧结刚玉磨具。

(五) 磨具的硬度

磨具的硬度是指磨具在工作时受外力作用下，磨粒脱落的难易程度。磨粒不易脱落，则磨具硬度高，反之则软。磨具的硬度等级和代号见表2-9-10。

表2-9-10 磨具的硬度等级代号

硬度等级	大级	超软	软			中软		中		中硬			硬		超硬
	小级	软软	软1	软2	软3	中软1	中软2	中1	中2	中硬1	中硬2	中硬3	硬1	硬2	超硬
代号		D, E, F	G	H	J	K	L	M	N	P	Q	R	S	T	Y

(六) 常用磨具

1. 砂轮

砂轮是安装在各种类型的磨床和砂轮机上对不同形状和部位的工件进行磨削、开槽、切断的磨削工具，也是应用最广最多的一种磨具。砂轮按使用条件和其断面形状不同分为23种。砂轮名称、代号、规格及用途见表2-9-11。

表2-9-11 砂轮名称、代号、规格及用途

系列	名称	代号	规格	主要用途
平行系	平行砂轮	P	外径×厚度×孔径	用于外圆磨、内圆磨、平面磨、螺纹磨和装在砂轮机上磨削
	双斜边一号砂轮	PSX$_1$		用于磨齿轮齿面和磨单丝螺纹
	双斜边二号砂轮	PSX$_2$		用于外圆、端面同时磨削
	单斜边一号砂轮	PDX$_1$		主要用于刃磨铣刀、铰刀、插刀等
	单斜边二号砂轮	PDX$_2$		主要用于磨削各种锯齿、铣刀、铰刀等
	弧形砂轮	PH		用于磨弧形齿面和各种弧面、弧槽
	双斜边三号砂轮	PSX$_3$		用于外圆、端面、平面磨削
	单面凸砂轮	PDT		主要用于磨外圆、锥面和端面同时磨
	单面凹砂轮	PDA		主要用于内、外圆和平面磨削
	双面凹砂轮	PSA		主要用于外圆、平面、无心和刃具磨等
	单面凹带锥砂轮	P2A		用于磨端面和外圆
	双面凹带锥砂轮	PSZA		用于磨外圆、两侧端面
	薄片砂轮	PB		用于切断和开槽等
筒形系	筒形砂轮	N	外径×端面宽度	用于立式平面磨床上磨平面
	筒形带槽砂轮	NC		用于磨钻头尖和车刀

续表

系列	名称	代号	规格	主要用途
杯形系	杯形砂轮	B	外径×厚度×孔径	用于端面刃磨铣刀、铰刀、扩孔钻、拉刀等，也可用圆周磨平面、内圆
	碗形砂轮	BW		用于磨机床导轨、铣刀、拉刀、钻头等
碟形系	碟形一号砂轮	D_1		用于磨铣刀、铰刀、拉刀等，大尺寸的用于磨齿轮齿面
	碟形二号砂轮	D_2		用于磨锯片
	碟形三号砂轮	D_3		装在双砂轮磨机上磨齿轮
专用加工系	磨量规砂轮	JL		专用于平面磨外径量规、游标卡尺两内侧面及某些零件上槽的两侧
	磨针砂轮	JZ		用于磨针形工件
	磨收割机刀片砂轮	JP		适用于磨收割机刀片

以上砂轮中常用的品种有平行砂轮、双斜边二号砂轮、单斜边二号砂轮、薄片砂轮、筒形砂轮、杯形砂轮、碗形砂轮、碟形一号砂轮、碟形三号砂轮等。

2. 磨头

磨头是一种具有特殊形状的砂轮。它与砂轮的区别是尺寸小，其中心用粘结材料固定在钢杆上，装在软轴砂轮机上使用，能进行任何方向的磨削工作。主要用于加工磨削铸铁件、模型、工具、印模等工件及机器上不规则部位的小孔。磨头名称、代号、规格及用途详见表 2-9-12。

表 2-9-12 磨头名称、代号、规格及用途

名　称	代　号	规　格	用　途
圆柱磨头	MY	外径×高度×轴孔	平行砂轮不能用时，磨内圆、特殊表面等
截锥磨头	MJ		用于磨各种形状的槽沟及修角等
60°锥磨头	ML		用于磨尖孔和锥形面
椭圆磨头	MTZ		用于磨内圆特殊表面和模具壁形等
圆头锥磨头	MYT		
球形磨头	MQ		用于磨小半径圆角形等
半球形磨头	MBQ		用于磨内圆特殊表面

3. 砂瓦

砂瓦是由数片砂轮组合而成的磨具，用于立式磨床上进行较大的平面磨削，也可装在磨床的特种卡头上进行磨削。砂瓦名称、代号、规格及用途详见表 2-9-13。

表 2-9-13 砂瓦名称、代号、规格及用途

名　称	代　号	规　格	用　途
平形砂瓦	WP	全部尺寸	由数块拼装起来，用于平面磨削
扇形砂瓦	WS		
凸平形砂瓦	WTP		

续表

名　　称	代　号	规　格	用　　途
平凸形砂瓦	WPT	全部尺寸	由数块拼装起来，用于平面磨削
梯形砂瓦	WT		

4. 油石

油石是磨具中一种截面呈简单几何形状的长条形磨削工具。主要用于珩磨汽车、拖拉机、气体压缩机的缸套、超精加工轴承套、修磨各种工具和零件。常用的油石名称、规格、代号及用途详见表2-9-14。

表2-9-14　油石名称、规格、代号及用途

名　　称	代　号	规　格	主　要　用　途
长方油石 长方珩磨油石	SC SCH	宽度×高度×长度	超精、珩磨、抛光、去行刺、钳工用
正方油石 正方珩磨油石	SF SFH	边长×边长×长度	超精、珩磨和钳工用
三角油石	SJ	边长×长度	用于珩磨齿面、修理曲轴、钳工用
刀形油石	SD		各种钳工用
圆柱油石	SY	直径×长度	用于珩磨齿面、研磨球面、钳工用
半圆油石	SB		各种钳工用

5. 砂布和砂纸

砂布和砂纸统称为砂皮。它是将天然磨料或人造磨料用结合剂均匀地粘在布底或纸底上，固化而成的一种工件进行加工的研磨磨具。

砂布品种有0号、1号、2号、3号、4号、5号等。砂布为页状，又分为水磨砂纸和干磨砂纸。

（七）磨具的验收方法和保管要求

1. 磨具的验收方法

（1）磨具应无化学腐蚀变质和变色的现象。磨头、油石应用厚纸盒包装。

（2）砂布、砂纸的布底和纸底应结实而有韧性，不酥脆，不绵软，砂粒粘合均匀，牢固和刃角锋锐、耐磨，用手轻搓时不掉砂脱粒，没有受潮痕迹。

（3）磨具的标志和包装应符合国家的有关规定。

2. 磨具的保管要求

（1）磨具不能与油、盐、酸、碱及有害气体同存一库。树脂结合剂砂轮易受潮而软化变质，故库内相对湿度不大于65%~70%。

（2）对厚度较厚和直径为350mm以上的砂轮可直立放在料架上，最好不要叠码垛；对较小或较薄的砂轮，要垫平整的垫板，方可平叠摆放，但高度不得超过1000mm（树脂、橡胶结合剂砂轮，垛高不得超过500mm），以防止砂轮变形或破损；直径在25mm以下的砂

轮，可用绳串起来或用纸盒包装后进行保管；对于细粒度、软质、薄片、锐边的砂轮应在每层间垫硬纸板叠放在料架上，但要防止压碎底层砂轮，故叠放不宜过高。树脂、橡胶结合的薄片砂轮的叠放高度不得超过160mm。

（3）油石应用厚纸盒包装，以防跌落断裂。

（4）砂布、砂纸应用防潮纸包好放入干燥通风的料架上，以防止受潮发霉脱砂。若发现受潮时，应逐张打开晾干，切勿在阳光下曝晒和进行烘烤。

（5）在保管工作中应轻拿轻放，严禁碰撞、震动。在搬运时，严禁敲打、摔掷、翻滚包装箱。

二、磨料的分类

磨料是一种颗粒尺寸小、硬度高且锋利的磨削材料。磨料按国家规定分为刚玉系、碳化物系、高硬磨料系、软磨料系四个系。磨料的种类代号与特性详见表2-9-15。

表2-9-15 磨料的种类代号与特性

系列	名称	代号	特点
刚玉系	棕刚玉	A	棕褐色，硬度高，韧性大，价格便宜
	白刚玉	WA	白色，硬度比棕刚玉高，韧性比棕刚玉低
	铬刚玉	PA	玫瑰色或紫红色，硬度与白刚玉接近，韧性比白刚玉高
	锆刚玉	ZA	黑褐色，强度高，耐磨性好
	单晶刚玉	SA	浅黄色或白色，硬度和韧性比白刚玉高
	微晶刚玉	MA	颜色与棕刚玉相似，强度高、韧性和自锐性好
碳化物系	黑碳化硅	C	黑色有光泽，硬度比棕刚玉高，性脆而锋利，有良好导热导电性
	绿碳化硅	GC	绿色，硬度和脆性比黑碳化硅高，有良好导热导电性
	碳化硼	BC	灰黑色，立方晶体结构，强度比黑碳化硅高，耐磨性好
	立方碳化硼	SC	淡绿色，立方晶体结构，强度比黑碳化硅高，磨削力较强
高硬磨料系	天然金刚石	JT	硬度高，强度高，导热性好，但价格高
	人造金刚石	JR	硬度高，强度高，导热性好，比天然金刚石略脆，价格略低
	立方氮化硼		黑色或淡白色，硬度略低于金刚石，强度高，耐热性和对铁的化学稳定性高，自锐性能好
软磨料系	氧化铁 氧化铈 氧化铬		显微硬度低，不易擦伤工件，抛光能力氧化铈最强，氧化铁最软

三、磨料的粒度

（一）磨料粒度的概念及对磨削加工的影响

磨料的粒度是指磨料颗粒大小的程度。它直接影响着磨具的性能、加工的效率和表面光洁度。按国家有关规定磨料共有27个编号，号数越大磨粒的颗粒越小。粒度粗时，加工效率高但光洁度差；反之，粒度细时，光洁度好但加工效率低。应根据不同的加工要求选择适宜的磨料粒度。

（二）磨料粒度的分度方法

磨料粒度有两种分度方法，即筛分法和显微分析法。

所谓筛分法，是以每相邻两个筛网孔的公称尺寸来确定一个粒度号的，即磨料颗粒通过前一筛网而停留在后一筛网上来表示一个粒度号。这种方法适应于颗粒尺寸大于 $40\mu m$ 的磨料，粒度号越小表示颗粒越粗，粒度号越大则表示颗粒越细。

所谓显微分析法，是用显微镜观测磨料颗粒的宽度来确定粒度等级的。这种方法适用于颗粒尺寸小于 $40\mu m$ 的磨料划分粒度，其粒度号表示该粒度范围的颗粒的最大宽度。粒度号越小，表示颗粒越细。

四、磨料的验收和保管

（一）磨料的验收方法

（1）在磨料的包装物表面上应有如下标志：磨料名称、粒度、化学成分、重量、生产厂名、出厂日期等。验收时应特别仔细核对复查所有标志，特别应注重产品名称与实物是否相符，严格复查其重量。

（2）磨料的包装要求符合国家有关规定。磨料的包装应坚实牢固，确保在运输、搬运、保管中不破损、不受潮、不油污和泄漏。

（二）磨料的保管要求

（1）磨料应按品种、规格分别存入通风干燥的库房料架上。

（2）对价值昂贵的天然金刚石、人造金刚石、立方氮化硼磨料，应用透明塑料袋包封，并且注明品种、规格、数量和重量，存入能锁的料柜或保险柜内。

（3）当大量收发时，对天然金刚石、人造金刚石、立方氮化硼等磨料，应选择安全、洁净场地进行，以防失落。

五、一般工具

（一）分类及用途

一般工具的品种繁多，型号各异，规格不等，按驱动方式分为手动、电动、气动、液动等；按用途可分为木工工具、金属加工工具和电工、焊工、钳工工具等等。按它们的特性和用途分为以下九类。

1. 土石泥木工具

土石泥木工具包括锹、十字钢镐、锤、钢钎、撬棍、抹子、压子、分格器、缝溜子、缝扎子、铁锤、砌刀、砌铲、砖刀、锯、钻、刨、木工台虎钳、木工夹、木工角夹、木工铸头、锉、凿子、斧和油灰刀25类工具。

它们主要用于土建工程、筑路升矿、碎石打孔、安装维修、地质勘探、建筑工程等。

2. 手动工具

手动工具包括钳子、扳手、旋具、手动打包机和钢头五类工具。

主要用于夹持金属或其工件进行旋拧操作、包扎或打印字母或数字。

3. 电动工具

电动工具包括钻、锯切工具、修整磨光工具、风塑料焊枪、电动绕接枪、混凝土振动器、电刨、套丝工具、电动螺丝刀、电扳手和多用电动工具等。

主要用于钻孔、锯切、剪切、切割、磨光焊缝、水泥板及模具修整、去锈抛光、焊接塑料、消除气孔、捣实物件、加工外螺纹和内螺纹以及无线电修理等。

4. 钳工工具

钳工工具包括虎钳、锉刀、刮刀、划规、划针盘、钻、螺纹切削工具、锤和锯条锯架等工具。

主要用于夹持工件、锉削或修整金属工件、在金属表面划圆或弧、分度、划线定位、手摇钻孔、加工维修附件等。

5. 管子工具

管子工具包括管子台虎钳、管钳、管子割刀、扩管器、弯管器、管子铰板、金属管道钻孔机和手动式圆锥管螺纹套丝机等工具。

主要用于对金属钢管的各种加工,如锯切、弯曲、攻制外管螺纹等以及管子的上、卸扣用。

6. 电工工具

电工工具包括钳、真空镊子、电工刀、测电器、集成块测试夹、双列式集成电路起拔钳、脱焊器和高压测电器等工具。

主要用于内外线电工架设电线、电站线或广播线以及电工各种室内检修等。

7. 测量工具

测量工具包括刻度尺(钢直尺、钢卷尺、布卷尺、木折尺、量油尺)和卡钳(卡钳、弹簧卡钳)两类工具。

主要用于对工件的一般测量。

8. 气动、液动工具

气动、液动工具包括剪切工具、扭力工具、拉压工具、弯曲工具、扳动工具、切削、修整工具、充气枪、洗涤枪和吸尘器等工具。

主要用于剪切铜铝导线、薄板、钢芯铝绞线、钢丝绳,切断铸铁管,装卸螺栓或螺母,铆接压接,输电线路维修,更换瓷瓶及拉紧导线,冷弯碳素钢管、合金钢管和有色金属管等。

9. 其他工具

其他工具包括铁砧、白铁剪、硬质合金拉伸模坯、中心规、木工平尺、漆工工具、喷笔、皮风箱、金刚石工具、钢匙开牙机、手摇油泵、无活塞手压水泵、射钉工具枪、顶拔器、防爆扳手和防爆锤等。

(二)验收及保管

(1)验收。一般工具进货验收工作按机电产品验收规定进行。

(2)保管。一般工具应存放在干燥的库房内,摆放在货架上,若批量较大时也可装箱码垛。在保管期内应定期检查防止锈蚀。成套工具应按规格成套存放保管,不得拆散。带刃工具应注意刃口防护,不得残损。其他按机电产品保管要求进行保管。

第五节 标准紧固件

一、分类

紧固件是指在各种机械设备、框架及生活器具中起连接作用的螺栓、螺母、螺钉、垫圈等。按其结构可分为九大类。

（1）螺栓。包括六角螺栓与小六角头螺栓、方头螺栓与小方头螺栓、半圆头方颈螺栓与大半圆头方颈螺栓、T型槽用螺栓、地脚螺栓和双头螺栓等系列。

（2）螺钉。包括一字槽普通螺钉、十字槽普通螺钉、圆柱头内六角螺钉、紧定螺钉（包括无头一字槽紧定螺钉、内六角紧定螺钉、方头紧定螺钉）、吊环螺钉等系列。

（3）螺母。包括六角螺母、方螺母、圆螺母、蝶形螺母等系列。

（4）垫圈。垫圈包括平垫圈、弹簧垫圈和圆螺母用止动垫圈等系列。

（5）销。包括开口销、圆柱销、圆锥销与内螺纹圆锥销等系列。

（6）销轴。

（7）弹性挡圈。包括孔用弹性挡圈、轴用弹性挡圈等系列。

（8）键。包括平键、半圆键、普通楔键和钩头楔键等系列。

（9）铆钉。包括半圆头铆钉、沉头铆钉、平头铆钉和平锥头铆钉等系列。

二、表示方法及规格数据

（一）普通螺纹的代号及表示方法

粗牙普通螺纹应用字母"M"及公称直径表示，细牙普通螺纹应用字母"M"及公称直径×螺距表示。

例如：M10 表示公称直径为 10mm，螺距为 1.5mm 的粗牙普通螺纹；

M10×1.25 表示公称直径为 10mm，螺距为 1.25m 的细牙普通螺纹。

（二）英制普通螺纹代号表示方法

英制普通螺纹的代号，习惯用公称直径（单位为英寸）及每英寸牙数表示。

例如：7/16-14 表示公称直径为 7/16in 的粗牙英制普通螺纹。

三、用途与标准

（一）螺栓

螺栓的长度用 L 表示，可根据需要选用。

1. 六角头螺栓与小六角头螺栓

六角头螺栓与小六角头螺栓分为精制和粗制两种，其常用名称及用途详见表 2-9-16。

表 2-9-16　六角头螺栓名称及用途

	常用名称	光六角头螺栓、光螺栓
六角头螺栓（精制）	用途	适用于连接精度较高的机器上。小六角头螺栓六角头尺寸较小，适用于被连接件表面空间较小的场合，但不适用于多次装拆、被连接件强度较低和容易锈蚀的场合
六角头螺栓（粗制）	常用名称	毛六角头螺栓、毛螺栓、黑铁螺栓
	用途	螺栓一般热锻而成，除螺纹外，其余部分均不加工，适用于表面粗糙和对精度要求不高的钢铁和木质结构

2. 方头螺栓与小方头螺栓

普通粗制方头螺栓的用途与粗制六角头螺栓相同，小方头螺栓与小六角头螺栓的用途相同。

3. 半圆头方颈螺栓与大半圆头方颈螺栓

方颈螺栓用于铁木结构连接，如汽车车身、纺织机械、面粉机械、救生艇及铁驳船的连接等。

4. T型槽用螺栓

T型槽用螺栓主要用在机床、机床附件上的T型槽内，其特点是不完全卸下螺栓即可将连接件（或工件）拧紧或松脱。

5. 地脚螺栓

地脚螺栓专供埋于地基中，用来紧固机械或电器设备的底座。

6. 双头螺栓

双头螺栓分为A型和B型。两端都制有螺纹，用于被连接件之一不能安装带头的螺栓的场合，如汽车、拖拉机等的汽缸与汽缸盖之间常采用这种螺栓连接。

（二）螺钉

1. 一字槽普通螺钉

一字槽普通螺钉的常用名称及作用见表2－9－17。

表2－9－17　一字槽普通螺钉的常用名称及用途

常用名称	半圆头螺钉——圆头机器螺丝、圆机螺丝，沉头螺钉——平头机器螺丝、埋头螺丝，半沉头螺钉——半埋头螺丝、圆平螺丝，圆柱头螺钉——高圆头螺丝、起司头螺丝，球面圆柱头螺钉——高平头螺丝
用途	常用在不经常拆卸的地方。其特点是一般不用螺母，而在被紧固件之一制有螺纹孔，然后用螺钉使二者紧密地连接起来。广泛用于各种机器、工具、设备、车辆、船舶、器具和其他制品上

2. 十字槽普通螺钉

十字槽普通螺钉种类较多，常用的有梅花头螺钉。头部制有十字槽，槽形强度好，易于实现自动化装配，外形美观，但螺钉装拆时需用相应规格的十字形螺钉旋具配合使用。其用途与头部相似的一字槽普通螺钉相同，可以互相代用。

3. 圆柱头内六角螺钉

圆柱头内六角螺钉用于不允许钉头外露机件中，紧固力较大。如各种机床及其附件的连接。

4. 紧定螺钉

（1）无头一字槽紧定螺钉：用于固定零部件相对位置，特别是用在轴向定位，并在不允许钉头露出表面的场合中。其特点是紧固力小，所以常用在连接强度小的地方。

（2）内六角紧定螺钉：用途与一字槽紧定螺钉相同，其紧固力居中，用来固定相对位置。

（3）方头紧固螺钉：适用于钉头允许露出零部件上，其紧固力是最大的，用来固定相对位置。

（三）螺母

1. 六角形螺母

六角形螺母可分为六角螺母、六角薄螺母、六角开槽形螺母三种，与螺栓、螺柱和螺钉配合使用，起紧固被连接件的作用。粗制的用在表面粗糙的零件上；精制的用在表面精度高的零件上；薄的用在被紧固件表面空间受到限制的地方，也常用作防止主螺纹松扣的锁紧螺母；厚的和特厚的多用在经常装拆的地方；开槽的具有防止螺纹松动的作用，所以多用在具有振动和交变载荷的地方。

2. 方螺母

方螺母常与半圆头方颈螺栓配合，用于简单、粗糙的机件上，其特点是扳手转动角度大（90°），不易打滑。

3. 圆螺母

圆螺母多用来固定传动及转动零件的轴向位移，也常配合止推垫圈，锁定滚动轴承的内圈。圆螺母的装拆必须用专用扳手（钩形扳手）。

（四）垫圈

1. 平垫圈

垫圈垫在螺母下面，保护被连接件表面不被螺母擦伤，增大螺母与被连接件之间的接触面积，降低螺母作用在被连接件表面的单位面积压力。粗制的垫圈多配合粗制的螺母使用，精制的垫圈多配合精制的螺母使用，大垫圈多用于木质结构件上，小垫圈多配合小六角螺母使用。

2. 弹簧垫圈

弹簧垫圈装置在螺母的下面，用来防止螺母松动。

3. 圆螺母用止动垫圈

圆螺母用止动垫圈防止圆螺母松动，主要用于有外螺纹的轴或紧定套上，作固定轴上零件或紧定套上的轴承用。

（五）销

1. 开口销

开口销用于需经常拆卸的机件、轴及螺杆上带孔的螺栓上，使机件或螺母不至脱落。

2. 圆柱销

圆柱销用于机器轴上作固定零件、传递动力用，或用于工具、模具上，作零件定位用。

3. 圆锥销与内螺纹圆柱销

圆锥销表面上制有1:50锥度，销与销孔之间连接紧密可靠，具有对准容易、在承受横向载荷时能自销等优点。主要用于定位，也可作固定零件、传递动力用，多用于经常拆卸的地方。内螺纹圆锥销比普通圆锥销多一螺纹孔，用一螺栓旋入螺纹孔中，便于把圆锥销从销孔中取出。适用于不穿通的销孔或从销孔中很难取出圆锥销的地方。

（六）销轴

销轴分为A型和B型。销轴是作零件之间的铰连接用，其连接比较松动，拆卸方便。A型带有销孔，可配合开口销使用。

（七）弹簧挡圈

1. 孔用弹簧挡圈

孔用弹簧挡圈装于零件孔内，用于固定装在孔内零件（如滚动轴承外圈）的位置，防止其在孔内位移。装拆时需应用专用工具（孔用挡圈钳）。

2. 轴用弹簧挡圈

轴用弹簧挡圈用于固定安装在轴上的零件（如滚动轴承内圈）的位置，防止零件在轴上位移。装拆也需用专用工具。

（八）键

1. 平键

平键可分为 A，B，C 三种型式。平键是应用最广的一种键，它装在轴上，在轴与轴上的传动件（如齿轮、皮带轮等）之间，起连接和传递动力的作用。

2. 半圆键

半圆键主要用于荷载较小的连接或作为辅助的连接装置。在汽车、拖拉机和机床中应用较多，也常用于圆锥面的连接。

3. 普通楔键

普通楔键的上面有 1:100 的斜度，既能传递扭矩，也能传递单侧轴向力。它用于不要求严格对中、不受冲击和非变荷载的低速连接。

4. 钩头楔键

钩头楔键的用途与普通楔键相同，但它一般用于轴端零件与轴的连接，由于有钩头，易于进行拆装。

（九）铆钉

1. 半圆头铆钉

半圆头铆钉是用途最广的一种铆钉，供锅炉、容器、桥梁、吊车和桁架等钢结构铆接用。精制铆钉表面比较光洁，尺寸精度较高，用于对尺寸精度和表面状况要求较高的铆接。

2. 沉头铆钉

沉头铆钉用于表面需要平滑、不允许钉头外露的铆接，但被连接件表面需制出相应的锥孔。

3. 平锥头铆钉

平锥头铆钉主要用于钢结构件的铆接。

四、验收与保管

（一）验收

（1）标准紧固件的包装应完好无损。其外包装一般为木箱，内包装为硬纸盒。每个纸盒上应有品名、规格、数量，纸盒内应衬有油纸。

（2）紧固件的表面应无锈蚀、斑点并涂有防锈油。螺钉、螺栓、螺母的螺纹不应有断纹、双丝、压扁、毛刺、凹痕、裂口等缺陷。同规格的配合应松紧适度，不松晃并能拧到底。

垫片表面应平整光洁，不应有棱角、毛刺、裂纹等缺陷。侧面与平面应垂直。

开口销开缝整齐、紧密，尾部圆滑。

铆钉表面应光洁，不允许有裂口及巢孔。经镀锌及法兰处理的表面不应有气泡和脱皮现象。

（3）批量进货的紧固件，应按比例均匀抽检其外观质量及数量，抽检率为 1%～2%。

（4）炼油化工装置用合金螺栓、螺钉、螺母，应进行材质检验。

（二）保管

（1）紧固件应存放在干燥通风的库房内，库内不得进入腐蚀性气体。

（2）紧固件应带包装堆码，垛位整齐平稳，以防倒塌。垛底要适当垫高以利通风，垛高适当，防止倒垛并便于发货。

（3）炼油化工装置用合金螺栓、螺钉、螺母应按不同材质分别存放，不得混淆。发生混放不能辨别材质时，不得发放，应重新检验确定材质后方可发放。

（4）紧固件的储存期一般为一年（从出厂日期计算）。

（5）库存的紧固件发现有锈蚀时，应进行除锈及涂油保养。

第六节 量 具

一、量具的概念和作用

量具是指用于测量和检查物件的尺寸、几何精度及表面粗糙度的计量工具的统称。

对于金属切削加工，量具同样是必不可少的条件。它好像是机床的眼睛，凭它对工件的尺寸、形位精度、表面光洁度起保证作用。

现代机器和仪器制造，越来越向高精度发展，量具的测量精度如何，便成为精密机械和仪器发展的重要条件。量具除应用于加工过程外，还广泛应用于设备安装、调试、维修、验收以及其他物件检测场所。

二、量具的分类

（一）标准量具

这类量具只有某一固定尺寸，它们主要用作校正或调整其他量具的标准，也用于与被测物件进行比较，如量块、角度块等。

（二）极限量规

这类量具没有刻度尺，是一种专用的检验工具，用来检验某一工件极限尺寸是否合格，如塞规、卡规等。

（三）简单量具

这类量具一般具有刻度尺，可以在一定范围内测量工件尺寸，但结构简单，测量精度不高，如平尺、卷尺、角度尺等。

（四）计量仪器

这类量具或带有尺寸细分和放大系统，或能将被测量转换为其他物理量显示出来。总之，能将受测量转换为可直接观察的指示值，测量精度很高。它们又可按工作原理分为以下几种类型。

（1）游标式量具：带有游标细分机构的量具，如游标卡尺、游标量角器等。

（2）螺旋式量具：带有螺旋细分机构的量具，如外径千分尺、内径千分尺等。

（3）机械表盘式量具：带有机械放大系统的量具，如百分表、千分表等。

（4）光学式量仪：带有光学放大系统的量具，如JG学计、测长仪等。

（5）气动式量仪：这类量具是将被测量转换为气体的压力或流量作用的指示值来显示，如气压式量仪、流量计式量仪等。

（6）电动式量仪：这类量具是将被测量转换为电感、电容等电气参数作用的指示值来显示，如电接触式量仪、电感式量仪、电容式量仪等。

三、卡尺

卡尺主要是指游标卡尺，是利用游标原理制成的测量工具。

（一）游标卡尺的用途与分类

1. 游标卡尺的用途

游标卡尺主要用来测量工件的直线尺寸，如长、宽、高、内径、外径、深度等。

2. 游标卡尺的分类

（1）游标卡尺按用途不同分为普通游标卡尺（一般）、高度游标卡尺、深度游标卡尺、齿厚游标卡尺等。

（2）按结构不同分为带表游标卡尺、不带表游标卡尺和自锁游标卡尺等。

（3）按制造材料不同分为不锈钢游标卡尺和其他钢制游标卡尺。

（4）有的品种按型式又分为Ⅰ型、Ⅱ型和Ⅲ型。

3. 游标卡尺的技术指标

游标卡尺的技术指标有测量范围和游标读数值两项。测量范围因品种不同而不同，但读数值一般有0.01mm、0.02mm、0.05mm、0.10mm四种。

（二）带表卡尺

带表游标卡尺是指通过机械传动，将两测量爪相对移动而转变为指示表指针的回转运动，并借助尺身刻度和指示表，对两测量爪相对移动所分隔的距离进行读数的一种长度测量工具。带表卡尺的测量范围为0～300mm，指示表分度值有0.01mm、0.02mm、0.05mm，结构有Ⅰ型和Ⅱ型。

（三）不带表卡尺

1. 游标卡尺

根据国家标准规定，游标卡尺按型式不同分为Ⅰ、Ⅱ、Ⅲ、Ⅳ型。Ⅰ型游标卡尺主要用于测量内、外尺寸，台阶和深度等。测量范围有0～125mm，0～150mm。读数值有0.02mm、0.05mm、0.10mm三种。Ⅱ型游标卡尺主要用来测量内、外尺寸而没有深度尺，故称两用游标二长尺。Ⅲ型游标卡尺测量内尺寸时，在读数上应加上圆柱形内量爪的尺寸数值。Ⅳ型游标卡尺只有用来测量内外尺寸的一副下量爪，故称单面游标卡尺，但是具有微调装置。按国家规定，测量上限不小于200mm的游标卡尺都应具有微调装置，以减少测量误差。上述Ⅰ、Ⅱ、Ⅲ型的测量范围为0～200mm，0～300mm，读数值有0.02mm、0.05mm、0.10mm三种。Ⅳ型的测量范围为0～500mm、0～1000mm，读数值有0.02mm、0.05mm、0.10mm三种。

2. 高度游标卡尺

高度游标卡尺是利用游标读数值，用于机械加工中高度测量和钳工划线等。按国家规定其测量范围有0～200mm，0～300mm，0～500mm，0～1000mm。读数值有0.02mm、0.05mm两种。

3. 深度游标卡尺

深度游标卡尺是利用游标原理，对尺框测量面和尺身测量面相对移动而分隔的距离进行读数的一种测量工具。深度游标卡尺主要用于测量深度、台阶等尺寸。根据国家规定其测量范围有0～200mm，0～500mm，读数值有0.02mm、0.05mm。

四、千分尺和千分表

千分尺和千分表是比游标卡尺的测量精度更高的测量工具。

(一) 千分尺

千分尺是螺旋式测微量具的统称。它是利用螺旋测微装置将旋转运动变为直线运动来测量和读数的量具。

1. 千分尺的分类

千分尺按结构和用途不同，分为外径千分尺、内径千分尺、杠杆千分尺、内侧千分尺、奇数沟千分尺、深度千分尺、壁厚千分尺、板厚千分尺等。

2. 常用千分尺简介

(1) 外径千分尺。

外径千分尺是利用螺纹副原理对弧形尺架上两测量面间分隔的距离进行读数的精密长度和外圆直径测量工具。适用于对工件外形尺寸的精密测量。外径千分尺的测量范围按国家规定从 0~25mm 起到 500mm，间隔为 25mm，其中 0~25mm，25~50mm，75~100mm 制成两种分度值（0.01mm 和 0.001mm）；从 500~1000mm，间隔为 100mm，测量准确度为 0.01mm。测量范围在 300mm 以上的千分尺允许制成可调式或可换式测砧。

(2) 内径千分尺。

是利用螺旋副原理对主体两端球形测量面间分隔的距离进行读数的通用内尺寸测量工具。内径千分尺用于内孔、沟槽等内尺寸的精密测量，内径千分尺按测量特点和结构不同分为量杆式内径千分尺和卡脚式内径千分尺两种。量杆式内径千分尺测微头的测量范围为 0~25mm，分度值有 0.01mm、0.001mm 两种，测量面直径为 6.5mm。接上接长杆后的测量范围从 50~250mm 直到 2500~5000mm，共 18 档。卡脚式内径千分尺又称内测千分尺，它是利用螺纹副原理对两个圆弧测量面分隔的距离进行读数的精密内尺寸测量工具。主要用于小尺寸内径和槽宽的测量。它的测量范围有 5~30mm，25~50mm，125~150mm，共六档，内径千分尺的分度值为 0.01mm。

(3) 板厚千分尺。

板厚千分尺用于测量各种板材的厚度。它可分为 Ⅰ 型和 Ⅱ 型两种。Ⅰ 型板厚千分尺的测量范围为 0~10mm，0~15mm，0~25mm；Ⅱ 型板厚千分尺的测量范围为 0~25mm，分度值为 0.01 mm。

(4) 壁厚千分尺。

壁厚千分尺是利用螺旋副原理，对弧形尺架上的球形测量面和平测量面间分隔的距离进行读数的一种测量管子壁厚的工具。主要用于测量各种管子内径不小于 12mm 的管壁厚度尺寸。测量范围 0~25mm，分度值为 0.01mm。

(5) 奇数沟千分尺。

奇数沟千分尺是利用螺旋副原理测量槽数为 3、5 和 7 沿圆周均匀分布的工件外径尺寸的一种特殊量具。三沟千分尺的测砧夹角为 60°，测量范围为 1~15mm，15~20mm，20~35mm，35~50mm，50~65mm，65~80mm 等种类。五沟千分尺的测砧夹角为 108°，测量范围为 5~25mm，25~45mm，45~65mm，65~85mm 等种类。七沟千分尺测砧夹角为 128°34′17″，测量范围为 5~25mm，25~45mm，45~65mm，65~85mm 等种类，其分度值为 0.01mm。

(二) 千分表

量具中的百分表、千分表等均是长度测量工具之一。其工作原理是采用测量杆或杠杆测头的直径位移，通过机械传动系统转变为指针在表盘上的角位移，沿表盘圆周上有均匀的刻度。分度值和测量范围因品种不同而各异。

1. 品种

表类按结构和用途而命名，分为百分表和千分表。百分表又可分为内径百分表、大量程百分表、杠杆百分表等。

2. 测量指标和质量指标

表类测量指标以分度值而定，其测量指标和质量指标见表2-9-18所示。

表2-9-18 百分表、千分表测量范围、质量指标

名称	分度值，mm	测量范围，mm	名称	分度值，mm	测量范围，mm
百分表	0.01	0~3,0~5,0~10	内径百分表	0.01	6~450（有Ⅰ、Ⅱ两型）
大量程百分表	0.01	0~30,0~50,0~100	千分表	0.001	0~1,0~2,0~3,0~5
杠杆百分表	0.01	0~0.8	杠杆千分表	0.001	0~0.2

五、量具的验收和保管

（一）量具的验收

（1）量具各部件、附件应完整无缺，表面无毛刺、锈迹，弯曲变形，刻度应整齐、清晰，线条粗细均匀，工作面应平滑、无划痕和刻痕，而且光亮，机械运动部分应灵活，精度等级应与合格证相符。

（2）游标卡尺的刃口合缝应严密且不错位，游标在移动时无晃动和有卡阻等现象。

（3）千分尺的活动套管转动应平稳，全量程转动时无摩擦现象；量杆不应有手感觉到的轴向窜动和径向摆动；紧固手柄应紧固可靠。

（4）千分表的表面玻璃应无划痕、气泡或透视失真等现象，指针应平直并转动灵活；千分表在自由状态或装夹固定状态时，其测杆都应灵活移动。

（5）量块、量规、角度规及其他量具的表面应无水迹、刻痕、裂纹、损伤等缺陷，量规应有清晰的尺寸、精度等级的标志。

（6）冬季精密量具入库检查，应在室内放置若干小时后，等到箱内温度逐渐转为室温后再进行，以免水汽凝结在量具上。开箱的环境应清洁无尘，无有害气体存在，并不得用手直接触摸以防锈蚀。

（二）量具的保管

（1）量具应存放在防尘、防潮、防震、干燥通风的库房内保管。

（2）严禁把量具同酸、碱、盐及有害气体、化工产品同存于一库。

（3）量具在收发保管过程中，不得用手直接触摸，以防汗水浸入而发生锈蚀。

（4）量具应定期进行检查，发现问题如水痕、霉斑、锈蚀、油脂干脱或变质等情况，应及时保养和维护。

（5）零星小型量具应随同包装一起上货架保管，但不宜重叠过高。

（6）用箱包装的大型量具，若质量较轻，箱皮坚固且箱内衬垫好的可重叠码垛，但不

应超过2m高，其垛形应平稳端正，在垛下应垫底防潮。

（7）成套量具一律不准拆组拆套分散保管，以防附件失落和规格混乱。

（8）量具的光学部分，不允许用粗布擦拭或沾上油污。

（9）在定期（半年）检查和维护保养时，不允许加热清洗。量具的储存期从出厂日算起一般为一年。

（10）量具在搬运时要注意包装上的指示和标志，按所规定的要求进行装卸、搬运、堆码，严禁震动和摔掷。

第七节 轴 承

一、滚动轴承的基本概念

轴承是各种机械设备运转部位或可动部位上的一种常用的重要支承零件，用来确定机械设备中的轴相对于其他机械零件的位置。它可以减少机器零件间的相互摩擦，提高机械设备的效率，延长机械设备的使用寿命，提高机械设备的精度。因此，它是机械设备中不可缺少的机件。

按照轴承工作时其相对运动表面的摩擦性质，将轴承划分为滚动轴承和滑动轴承两大类别。

所谓滑动轴承，是指其相对运动表面的摩擦为滑动摩擦，它不带滚动体，轴瓦与轴颈的接触面是它的摩擦表面。滑动轴承多用于低转速、重负荷的转动部位或精度较高的中轴径处，对润滑系统要求较高。

所谓滚动轴承，是指其相对运动表面的摩擦为滚动摩擦，它带有滚动体，滚动体与套圈之间的点或线接触表面是它的摩擦表面。滚动轴承多用于高速转动的部位，承受的负荷一般较滑动轴承小，对润滑系统要求较低。

我们知道，在负荷相同的情况下，滚动摩擦阻力比滑动摩擦阻力要小得多。因此，滚动轴承比一般滑动轴承的突出优点是摩擦系数小，转动灵活，效率高，节约动力。此外，它还具有旋转精度高，润滑油耗量少，对转速和负荷的适应范围大，标准化程度高，采购供应方便等一系列优点。它的不足之处是耐冲击和耐重载能力差，寿命较短，有噪声。然而，由于它的优点突出，使它成为机器或仪器中最主要的支承方式，成为由专业化轴承厂生产的高度标准化的标准配件，同时也成为物资企业大宗经营的产品之一。本节凡简称轴承之处，均指滚动轴承。

二、滚动轴承的作用

滚动轴承在生产和流通中所起的作用，远非一般机械配件所能比拟。

（1）它是使用面极广、需用量极大的单机配套产品。

一般机械配件或附件只是某种单机的配套产品，或者说是某种主机的前阶产品，如机床附件只是机床的配套产品，然而滚动轴承却是所有单机通用的配套产品。不管哪种单机，从微型到重型，从低精度到高精度，从农业到工业，从一般到尖端，从民用到军用，凡涉及机械的生产领域，几乎都需要滚动轴承为之配套，而且许多机械中的轴承配套量很大。

（2）它是需用急、用量大的设备维修配件。

由于滚动轴承在机器中直接传递运动和动力，经常处于磨损、冲击、振动之中，容易损坏失效，使用期较短。轴承一旦失效，便需要用新品更换，否则主机便不能开动。生产单位为了保持设备完好率，要定期进行设备维修，轴承便是维修中的重要配件，用量也很大。

（3）它是高标准化、高质量要求的精密标准配件。

出于通用配件互换性的要求，轴承的标准化程度很高，各主要轴承生产国不仅有自己的国家标准，而且有轴承国际标准化组织制定的国际标准（ISO），为各国所通用。其次，轴承对主机的质量和正常工作要能保证，需得本身具备很高的质量。它的零件几何精度，均以 μm 计。因此，轴承工业是精密机械制造工业，轴承要由专业化轴承厂按严格的技术条件生产。

三、滚动轴承的基本构造

滚动轴承有向心球轴承和推力球轴承两种典型构造。向心球轴承是用以承受径向负荷的一种轴承。它由内圈、外圈、滚动体和保持架四件组成。外圈的内表面和内圈的外表面制有凹槽滚道，供滚动体在其间运动。保持架将滚动体彼此间离，使滚动体沿滚道均匀分布，以免互相碰撞和磨损。通常内圈固定在轴颈上，随轴转动；外圈装配在轴承座或机座上，保持不动，但也有外圈旋转而内圈不动的，如马车轴承。

推力球轴承是承受轴向负荷的一种轴承。它的紧圈相当于向心球轴承的内圈，紧固在轴颈上并随轴旋转。它的活圈相当于向心轴承的外圈，装在轴承座或机座上，工作时不转动。

为了满足不同的工作要求，滚动体除了钢球之外，还有圆柱滚子、鼓形滚子、圆锥滚子、滚针和螺旋滚子等。

四、滚动轮承的分类

滚动轴承可按以下诸原则分类。

（一）按负荷作用的方向分类

（1）向心轴承：主要用以承受径向负荷。

（2）推力轴承：仅能承受轴向负荷。

（3）向心推力轴承：能承受径向与轴向同时作用的联合负荷。

（4）推力向心轴承：主要用以承受轴向负荷，也能在承受轴向负荷的同时承受不大的径向负荷。

（二）按滚动体的种类分类

（1）球轴承：滚动体为钢球。

（2）滚子轴承：滚动体为滚子，包括圆柱滚子、鼓形滚子、滚针、圆锥滚子、螺旋滚子等。

（三）按滚动体的列数分类

按滚动体的列数分类有单列轴承、双列轴承、三列轴承、四列轴承；（5）多列轴承。

（四）按轴承的调心性能分类

（1）调心轴承：具有调心性能的轴承。

（2）非调心轴承：不具有调心性能的轴承。

（五）滚动轴承按外径尺寸分类

滚动轴承按外径尺寸分类详见表 2-9-19。

表 2-9-19 滚动轴承按外径尺寸分类

类别名称	微型	小型	中小型	中大型	大型	特大型
外径尺寸范围 mm	26 及以下或内径为 9 及以下	28~55	60~115	120~190	200~430	440 及以上

五、滚动轴承的代号

（一）代号的构成

滚动轴承的代号由基本代号、前置代号和后置代号三部分构成（不包括滚针轴承）。

| 1 | 2 | 3 | 4 | 5 | 6 | 7 | 8 | 9 | 10 | 11 | 12 | 13 | 14 |

1 为前置代号，表示成套轴承分部代号。

2、3、4、5、6 为基本代号。其中 2 表示类型代号，3 表示宽度系列代号，4 表示直径系列代号，5、6 表示内径代号。

7、8、9、10、11、12、13、14 为后置代号。其中 7 表示内部结构代号，8 表示密封与防尘、套圈变型代号，9 表示保持架结构及材料代号，10 表示轴承材料代号，11 表示公差等级代号，12 表示游隙代号，13 表示配置代号，14 表示其他特殊要求代号。

（二）基本代号

基本代号是滚动轴承代号的基础，表示滚动轴承的基本类型、结构和尺寸。主要包括类型代号、宽度系列代号、直径系列代号和内径系列代号组成。

1. 轴承类型代号

轴承类型代号见表 2-9-20。

表 2-9-20 轴承类型代号

类型代号	轴承类型	原标准代号	类型代号	轴承类型	原标准代号
0	双列角接触球轴承	6	6	深沟球轴承	0
1	调心球轴承	1	7	角接触球轴承	6
2	调心滚子轴承	3	8	推力圆柱滚子轴承	9
2	推力调心滚子轴承	9	N	圆柱滚子轴承	2
3	圆锥滚子轴承	7	NN	双列或多列圆柱滚子轴承	2
4	双列深沟球轴承	0	U	外球面球轴承	0
5	推力球轴承	8	QJ	四点接触球轴承	6

2. 尺寸系列代号

尺寸系列代号是由宽度（高度）尺寸系列和直径尺寸系列代号组合而成，详见表 2-9-21，2-9-22，2-9-23。

表 2-9-21 向心轴承、推力轴承尺寸系列代号

直径系列代号	向心轴承							推力轴承			
	宽度系列代号							高度系列代号			
	8	0	1	2	3	4	5	6	7	9	1	2
	尺寸系列代号										
7	—	—	17	—	37	—	—	—	—	—	—	—
8	—	08	18	28	38	48	58	68	—	—	—	—
9	—	09	19	29	39	49	59	69	—	—	—	—
0	—	00	10	20	30	40	50	60	70	90	10	—
1	—	01	11	21	31	41	51	61	71	91	11	—
2	82	02	12	22	32	42	52	62	72	92	12	22
3	83	03	13	23	33	—	—	—	73	93	13	23
4	—	04	—	24	—	—	—	—	74	94	14	24
5	—	—	—	—	—	—	—	—	—	95	—	—

表 2-9-22 向心轴承直径系列及宽度系列代号对照表

直径系列		宽度系列		直径系列		宽度系列	
新标准	原标准	新标准	原标准	新标准	原标准	新标准	原标准
7	超特轻7	1 3	正常1 特宽3	1	特轻7	0 1 2 3 4	窄7 正常1 宽2 特宽3 特宽4
8	超轻8	0 1 2 3 4 5 6	窄7 正常1 宽2 特宽3 特宽4 特宽5 特宽6	2	轻2 轻宽5	8 0 1 2 3 4	特窄8 窄0 正常1 宽0 特宽3 特宽4
9	超轻9	0 1 2 3 4 5 6	窄7 正常1 宽2 特宽3 特宽4 特宽5 特宽6	3	中3 中宽	8 0 1 2 3	特窄8 窄0 正常1 宽0 特宽3

续表

直径系列		宽度系列		直径系列		宽度系列	
新标准	原标准	新标准	原标准	新标准	原标准	新标准	原标准
0	特轻1	0 1 2 3 4 5 6	窄7 正常0 宽2 特宽3 特宽4 特宽5 特宽6	4	重4	0 2	窄0 宽2

表 2-9-23 推力轴承直径系列及宽度系列代号对照表

直径系列		宽度系列		直径系列		宽度系列	
新标准	原标准	新标准	原标准	新标准	原标准	新标准	原标准
0	超轻9	7 9 1	特低7 低9 正常1	3	中3	7 9 1 2	特低7 低9 正常0 正常0
1	特轻1	7 9 1	特低7 低9 正常1	4	重4	7 9 1 2	特低7 低9 正常0 正常0
2	轻2	7 9 1 2	特低7 低9 正常0 正常0	5	特重5	9	低9

3. 轴承内径表示法

我国滚动轴承内径尺寸范围为 0.6~2000mm，分四个段，每个尺寸段中又有标准内径和非标准内径之分。内径尺寸注法随尺寸段不同而不同，同时非标准内径又有其特殊标志。以下我们顺序讨论各尺寸段的内径标注法。

1) 0.6~9mm 段的内径标注法

这是微型轴承尺寸段，其内径总是注在第一位上，具体标注法有三种情况。

（1）3~9mm 中的整数尺寸。这是标准尺寸，只需将实际尺寸注入第一位即可。例如微型向心球轴承型号 1000025 中的 5 表示内径为 5mm。

（2）3~9mm 中的非整数尺寸。这是非标准内径尺寸。采用相近的标准尺寸注入第一补位，同时采用非标准内径的尺寸系列代号。所谓非标准内径尺寸系列代号，规定为直径系列（微型轴承注在第二位上）记 9；配以宽度系列记 0（宽度系列的 0 总是省略）。例如微型非标准向心球轴承型号 96 中 9 表示非标准内径，6 表示内径尺寸为 6.3mm。

(3) 0.6mm、1.5mm、2.5mm 三个带小数的标准尺寸,也是将实际尺寸注入第一位,但需用"/"隔开,使内径成为分母形式。例如微型向心球轴承型号 100008/1.5 中 1.5 表示内径为 1.5mm。

2) 10~19mm 尺寸段内径的标注法

这个尺寸段只有标准内径 4 个,其余是非标准内径,具体注法如下。

(1) 10mm,12mm,15mm,17mm 四个标准内径,它们分别用 00,01,02,03 作为代号注入一二数字上。例如向心球轴承型号 303 中的 03 表示内径为 17mm。

(2) 10~19mm 中非标准内径,它们用相近的标准内径代号,但需有非标准内径的尺寸系列代号 9 作标志,标在第三位上。例如非标准内径向心球型号 901 中的 9 表示非标准内径,01 表示内径为 12.7mm。

(3) 20~495mm 尺寸段内径标注法。

这个尺寸段的标准内径绝大多数可被 5 整除。具体注法如下所述。

①20~495mm 中能被 5 整除的标准内径,它们以 5 除所得的商作为代号,注入一二位上。例如向心球轴承型号 204 中的 04 表示内径为 4×5=20(mm)。

②20~495mm 中非标准内径,它们也采用以 5 除所得的商表示,商不是整数时,需取其接近商数的整值表示,同时在第三位上标注非标准代号 9。例如向心球轴承型号 906 中的 9 表示非标准内径,06 表示内径为 32mm。

③22mm,28mm,32mm 三个标准内径,它们在新标准中被采用的标准内径,不能被 5 整除。它们以实际尺寸标注在一二位上,并用"/"隔开成分母形式。例如圆锥滚子轴承型号 20079/22 中的 22 表示内径为 22mm。

④500mm 及以上大尺寸内径,均用实际尺寸表示,并将尺寸用"/"隔开,成为分母形式。例如圆锥滚子轴承型号 10777/750 中的 750 表示内径为 750mm。

(三) 前置代号

前置代号用字母表示,它表示成套轴承的分部件,用轴承结构形式表示,其含义见表 2-9-24。

表 2-9-24 前置代号及含义

代 号	含 义
L	可分离轴承的可分离内圈或外圈
R	不带可分离内圈或外圈的轴承
K	滚子和保持架组件
WS	推力圆柱滚子轴承轴圈
GS	推力圆柱滚子轴承座圈

(四) 后置代号

后置代号用字母或字母加数字表示。它由内部结构、密封防尘与外部形状变化、保持架结构及其材料改变、轴承材料改变、公差等级、游隙、配置及其他八组代号组成。

(1) 内部结构代号:用字母表示,其含义见表 2-9-25。

表 2-9-25　内部结构代号及含义

代　号	含　义
A, B, C, D, E	①表示内部结构改变。②表示标准设计，其含义随不同类型、结构而异
AC	角接触球轴承，公差接触角 α=25°
D	剖分式轴承
ZW	滚针保持架组件双列

（2）密封、防尘与外部形状变化代号：用数字加字母表示，其含义见表 2-9-26。

表 2-9-26　密封、防尘与外部形状变化代号含义

代　号	含　义
K	圆锥孔轴承，锥度 1:12（外球面球轴承除外）
K30	圆锥孔轴承，锥度 1:30
R	轴承外圈有止挡边（不适用于内径小于10mm的向心球轴承）
N	轴承外圈上有止动槽
NR	轴承外圈上有止动槽，并带止动环
RS	轴承一面带骨架式橡胶密封圈（接触式）
2RS	轴承二面带骨架式橡胶密封圈（接触式）
RZ	轴承一面带骨架式橡胶密封圈（非接触式）
2RZ	轴承二面带骨架式橡胶密封圈（非接触式）
Z	轴承一面带防尘盖
2Z	轴承二面带防尘盖
RSZ	轴承一面带骨架式橡胶密封圈（接触式），一面带防尘盖
RZZ	轴承一面带骨架式橡胶密封圈（非接触式），一面带防尘盖
ZN	轴承一面带防尘盖，另一面外圈上有止动槽
ZNR	轴承一面带防尘盖，另一面外圈上有止动槽并带止动环
ZNB	轴承一面带防尘盖，同一面外圈上有止动槽
2ZN	轴承两面带防尘盖，外圈有止动槽
U	推力球轴承，带球面垫圈

（3）轴承保持架结构、材料改变及轴承材料改变代号：当轴承有上述情况时，用这两个代号。

（4）轴承公差等级代号：用字母加数字表示，其表示方法及含义见表 2-9-27。

表 2-9-27　轴承公差等级代号及旧标准对照表

代　号	含　义	旧　标　准
/P0	公差等级符合标准规定的 0 级，代号中省略不表示	G
/P6	公差等级符合标准规定的 6 级	E
/P6$_X$	公差等级符合标准规定的 6_X 级	E_X
/P5	公差等级符合标准规定的 5 级	D
/P4	公差等级符合标准规定的 4 级	C
/P2	公差等级符合标准规定的 2 级	B

(5) 游隙代号：用字母加数字表示，其含义见表2-9-28。

表2-9-28　游隙代号与旧标准对照表

代　号	含　　义	旧　标　准
/C1	游隙符合标准规定的1组	1
/C2	游隙符合标准规定的2组	2
/C3	游隙符合标准规定的3组	3
/C4	游隙符合标准规定的4组	4
/C5	游隙符合标准规定的5组	5

(6) 配置代号：用字母表示，其含义为DB表示成对背对背安装；DF表示成对面对面安装，DT表示成对串联安装。

(7) 其他代号：对轴承的振动、噪声、摩擦力矩、工作温度、润滑等有特殊要求时，采用这个代号。

六、滑动轴承

(一) 滑动轴承的分类

(1) 滑动轴承按结构分为整体式轴套、对开式轴瓦及关节轴承。

(2) 滑动轴承按其制造材料可分为多层金属轴承（一般用巴氏合金、铜基合金、铝基合金制造）、单金属轴承、粉末冶金轴承、塑料轴承、橡胶轴承、宝石轴承。

(3) 滑动轴承按其受力形式分为径向滑动轴承、止推滑动轴承、径向止推滑动轴承。

(4) 滑动轴承按其润滑方式分为固体润滑、液体润滑、气体润滑、无润滑及自润滑滑动轴承。

石油天然气工业所用的机械设备中，使用较多的滑动轴承有整体轴套和对开轴瓦式滑动轴承，多采用液体润滑。滑动轴承在装配时，一般需进行刮削、研磨。

(二) 滑动轴承结构

(1) 整体式：一般用单金属加工成圆筒形，圆筒的内表面上开有数条油槽。

(2) 对开式：一般为多层金属轴承，多用巴氏合金成对制造，半圆形，多用于精度较高的中轴径处。

(3) 轴承：由滑动轴承发展而来，多用于机器人、数控机床等机械的某些连接处。其结构只有球面接触的内、外套。运动如同人的关节一样，因此称为关节轴承。

七、轴承的验收方法及保管要求

(一) 轴承的验收方法

1. 验收内容

轴承的验收工作包括三方面：数量、包装、外观质量验收。

(1) 数量验收。

保管员应按订购合同（或物资进库通知单）及装箱单全部清点数量。

(2) 包装验收。

滚动轴承的包装应符合国家的有关规定。内包装上应标有轴承的精度等级、代号。内包装应用聚乙烯薄膜袋或牛皮纸，包装纸应完好无损，不得有裸露现象。装箱的轴承、箱体应干燥口密封。箱内的轴承应摆放整齐，空隙填实。瓦楞纸包装箱重量不得超过25kg，并用塑料打包带捆紧。木箱不超过30kg，应用钢带钉紧。特大型轴承应单套缠裹三层，内层为聚乙烯带，中层为紧固带，外层为防水渗透塑料带。

滑动轴承表面应涂有防锈剂，并用不透水的材料进行包装。包装箱内应衬垫防水、防震材料，每箱重量不超过50kg。

（3）外观质量验收。

轴承到货时，应有出厂质量检验合格证书。轴承表面涂有防锈油脂，保证一年内轴承不会锈蚀。滚动轴承的端面上应有厂标、精度等级、代号等标记，并与内包装上的相符。轴承滚动体工作表面及内、外套圈的配合表面应光洁、无裂纹、无磨伤、压坑等缺陷。保持架不得有毛刺、裂纹、锈蚀。滚动体应转动灵活，无噪声。

滑动轴承的基体及配合表面不得有裂纹、夹渣、针孔、磕碰、毛刺、刮痕及锈蚀等缺陷，多层金属轴承层间结合牢，不能有脱层现象。

2. 验收规则

轴承少量到货时，应进行全检；批量到货时，按到货数量的一定比例开箱进行抽检。滚动轴承的抽检比例为1%，G级滚动轴承最少不得少于3套，最多20套。E，D，C级滚动轴承最少不得少于5套，最多30套。滑动轴承抽检比例为2%，但不少于5件，不多于50件。如果抽检不合格，应从原批中按比例加倍重新抽检。如重检中有一件不合格，不予验收入库。

（二）保管要求

轴承保管过程的基本任务是防尘、防锈，保证其精密度。因此，对存放轴承的库房及其周围的环境要求较高。

轴承应存放在防尘、防潮、干燥、通风的库房里，库内温度应保持在5~25℃之间，24h内温差不得超过5℃，库内相对湿度不得大于65%。应防止酸、碱、水蒸气及有害气体侵入库内，更不得与化学药品及化工原料同库存放。仓库内要保持地面、料架、垛顶、窗台等处无积尘，清扫仓库时，避免尘土飞扬。轴承禁止裸露存放，更不得赤手直接触及轴承表面。

除大型（外径200~430mm）、特大型（外径440mm及以上）轴承外，其余均应上架按系列、型号、精度分类摆放。货架与库房的墙壁应保持一定的距离，并远离水管、蒸汽管、暖气片。大型、特大型轴承可以就地摆放，但地面应做防潮处理，并在轴承下面垫木板，垫高30~50mm，以保证垛底通风良好。

推力轴承不得拆散存放，对开式轴瓦应成对存放。

搬运轴承时不得摔抛、磕碰。

轴承的储存期为一年。保管期内应定期进行检查，发现有锈迹，或每隔10~12个月，需重新进行清洗、油封维护保养。

（三）滚动轴承的维护保养

存放10~12个月的滚动轴承，要按启封—清洗—涂防锈油—包装工序进行维护保养。

1. 滚动轴承的清洗

我国对滚动轴承的清洗液及防锈材料作了具体规定。在对滚动抽承进行维护保养时，要按该标准规定选用清洗液及防锈材料。滚动轴承清洗的方法及步骤如下：

（1）防锈油封存的滚动轴承，用干净的汽油或煤油清洗，边清洗边用手旋转其外圈，直至将防锈油全部清洗干净，然后将轴承取出，放在干净的纸上，使其干燥。

(2) 防锈脂及厚油封存的轴承,应将轴承浸入温度为 95~100℃ 的 10 号机油或变压器油中,摆动 5~10min,直至防锈脂全部溶化完,取出待油流尽冷却后,再用汽油或煤油清洗。

(3) 用气相剂、防锈水及其他水溶性防锈材料封存的轴承,用油酸钠皂水溶液或 664 清洗剂进行清洗,清洗后用水漂洗,然后进行脱水干燥处理。清洗液的配方、清洗温度、清洗时间见表 2-9-29。

表 2-9-29 清洗液的配方、清洗温度、清洗时间

清 洗 液	配 方	温 度	清 洗 时 间
884 清洗剂	664 清洗剂 2%~3%,水余量	第一次 75~80℃,第二次室温	2~3min
油酸钠皂清洗剂	油酸钠 2%~3%,水余量	第一次 80~90℃,第二次室温	

2. 滚动轴承的除锈

滚动轴承存放期内如发现其内、外套的端面出现锈迹,需立即进行除锈,除锈方法及步骤为将清洗后的轴承用 000 号砂纸或细研磨膏以手工研磨,研磨方向要一致,并用力均匀。除锈时防止锈末掉进轴承滚道,除锈后的轴承,需重新进行清洗并油封。

3. 滚动轴承的油封防锈

清洗干净的轴承不得用手直接触摸,干燥后应立即涂防锈油(脂)或用气相防锈剂封存。

(1) 用 204-1 防锈油封存。

清洗干净并干燥的轴承浸涂稀释好的 204-1 防锈油(204-1 防锈油与汽油稀释剂的比例为 2∶1)或稀释型 204-1 防锈油,在室内晾干后,用聚乙烯薄膜和牛皮纸包装,或直接装入聚乙烯袋封口存放。

(2) 用 FY-5 防锈油封存。

清洗干净并干燥的轴承,先在 2%~3% 的石油磺酸钠和煤油的混合液中,摆动 2~3 min,取出后,在 3%~5% 石油磺酸钠和煤油的混合液中浸 2~3 min,取出;放入 8%~10% 的 FY-5 防锈油和煤油的混合液中,摆动 2~3 min,取出;再浸入 60%~70% 的 FY-5 防锈油和煤油的混合液中 2~3 min,取出。待油流尽后,内层用中性石蜡纸或聚乙烯薄膜包装,外层用牛皮纸包装或聚乙烯袋封装。

(3) 用气相剂封存(仅用于黑色金属轴承的防锈)。

用汽油或煤油清洗并干燥后的轴承,用气相缓蚀纸包好,外面用石蜡纸和中性牛皮纸包装,或装入聚乙烯袋封口存放。

用 664 及油酸钠皂水溶液清洗的轴承,在 7%~9% 三乙醇胺与水的混合液(或苯甲酸钠三乙醇胺)中,在室温下浸 1~2 min,取出后,浸 15 号气相液,取出后用 15 号气相纸单个包好,外层用石蜡纸和中性牛皮纸包装,或直接装入聚乙烯袋封口。

第八节 阀门及管路配件

一、阀门的用途与结构

阀门是安装在管道、设备或容器上,用来控制流体的流量、压力或改变流向的部件的总称,是石油、化工及工农业生产和人们日常生活中不可缺少的通用机械产品。

(一) 阀门的作用

阀门的作用有以下几个方面:

(1) 接通或截断管路中的流体通道。
(2) 防止管路中流体倒流。
(3) 调节管路中流体的压力和流量。
(4) 分配或混合管路中流体介质。
(5) 防止管路内的流体压力超值而引起的破坏作用,以保证管路上设备的安全运行。

(二) 阀门的结构

阀门的品种规格多,结构形式种类繁杂,但一般阀门都是由阀体、阀盖、密封装置(填料)、阀杆、驱动装置、启闭件(阀芯或称阀瓣)、阀座等主要部件组成。

二、阀门的分类

(一) 按阀门结构和使用范围分类

阀门按结构和使用范围不同分为11大类。阀门的种类和使用范围见表2-9-30。

表2-9-30 阀门的种类和使用范围

名 称	代 号	使用范围	适用介质
闸阀	Z	只作全开全闭用,不允许作节流阀用	水、油品、蒸汽、煤气
截止阀	J	只作全开全闭用,不作节流阀用	水、油品、蒸汽、煤气
节流阀	L	用以调节管道或设备介质的流量	水、油品、蒸汽、氨气
球阀	Q	只作开启关闭用,不作节流阀用	水、油品、蒸汽、氨、腐蚀性介质
蝶阀	D	只作全开全闭用,不可作介质分流用	水、油品、空气
隔膜阀	G	用于全开全闭	腐蚀性介质
旋塞阀	X	用于开启、关闭,可作一定程度的节流用,有的可作分配、换向用	水、油品、蒸汽、煤气
止回阀	H	自动防止管道或设备中介质的倒流	水、油品、蒸汽、煤气、氨等
安全阀	A	用于压力容器、锅炉、管道上,压力超过规定压力值时,自动排除过剩介质压力,确保其安全	水、油品、蒸汽、煤气、氨、空气等
减压阀	Y	用于自动降低设备或管道内介质压力	水、蒸汽、空气
疏汽阀	S	用于蒸汽管道和供热设备中,自动排除冷凝水,防止蒸汽泄漏	冷凝水

(二) 按阀门公称压力分类

阀门按公称压力分类见表2-9-31。

表2-9-31 按阀门公称压力分类

名 称	压力值,MPa
真空阀	工作压力低于标准大气压
低压阀	≤1.6
中压阀	2.5~6.4
高压阀	10~80
超高压阀	>100

(三) 按阀门的控制作用分类

按阀门的控制作用分类有:截断类阀门(主要用来通断管路中介质的流动)、调压类阀门（主要用来调节介质的流量和压力）、分流类阀门（用于分配、分离或混合介质的阀门）、止回类阀门（用于阻止介质倒流）、安全类阀门（用于对管路和设备起超压保护作用）。

（四）按阀门的工作温度分类

阀门按工作温度范围分类有：常温阀门（工作温度 $t = -30 \sim 120℃$）、中温阀门（工作温度 $t = 120 \sim 450℃$）、高温阀门（工作温度 $t > 450℃$）、低温阀门（工作温度 $t < -30℃$）、超低温阀门（工作温度 $t < -150℃$）。

（五）按阀门驱动方式不同分类

阀门按驱动方式不同可分为两大类：

(1) 他动阀门，即需要依靠外力驱动的阀门；

(2) 自动阀门，即无需外力而只需介质本身能量驱动的阀门。

（六）按阀门与管道连接形式不同来分类

按阀门与管道连接形式的不同分为：内螺纹连接阀门、外螺纹连接阀门、法兰连接阀门、焊接连接阀门、对夹连接阀门、卡箍连接阀门、卡套连接阀门。

三、截断类阀门

截断类阀门是用来控制管路开启或关闭的阀类，又称闭路阀。按结构不同，此类阀门又分截止阀、闸阀、隔膜阀、旋塞阀、球阀、蝶阀六种。

使用上对截断类阀门共同要求是：

(1) 在关闭状态时，应保证介质不从阀的通道中渗漏，即具有密封性。(2) 在开启状态时，应使介质流经阀门所受的阻力小，即流动阻力要小。(3) 启闭时操作力矩要小，或叫启闭扭矩要小。(4) 结构比较简单，操作比较方便，价格比较便宜。(5) 要有防水锤的性能。上述六种阀门在满足这些要求方面不尽相同，而是各有所长也各有不足之处，这决定了它们各自的使用范围。

（一）截止阀

1. 截止阀的启闭原理和应用范围

截止阀是利用阀瓣对阀座通道进行堵控而工作的。它的主要构件有阀体、阀盖、阀瓣、阀座、阀杆、驱动装置、密封装置等。

阀体与阀盖共同组成阀门的密闭流道。阀瓣与阀座是执行启闭任务的构件，又泛称封闭件。当阀瓣堵住阀座通道时，阀处于关闭状态；当阀瓣与阀座分离时，阀处于开启状态。为了使介质在关闭状态下不至渗漏，在阀瓣与阀座接触处，往往镶有光洁度很高的特种材料的密封圈。

阀杆是启闭运动的传动件，其一端连接阀瓣，另一端与手轮（或其他驱动装置）相连。阀杆上制有螺纹段，与阀盖上的内螺纹相副合，形成螺纹传动副。当手轮转动阀杆时，瓣杆作旋转运动的同时也作升降运动，从而带动阀瓣执行启闭任务。

为了防止介质从阀体内渗漏出来，在阀杆穿过阀盖处，制有填料函或其他轴封装置。

从截止阀的结构和启闭原理看，此种阀门的优点是：(1) 关闭时密封面（即阀瓣与阀座的接触面）具有锁紧力，密封性好，工作可靠；(2) 密封面之间的摩擦现象不严重，有利于延长阀的使用寿命；(3) 密封面的面积较小，有利于节省密封圈的材料和加工工时；(4) 通道的启闭是逐渐进行的，不易产生水锤现象。截止阀的缺点是：介质流过通道所受的阻力大，全开时阀瓣受介质的冲击，启闭扭矩大，结构也较为复杂。

由于截止阀在密封性方面具有突出优点，因而对介质压力适应性最强。高、中、低压均可应用,但对介质流量的适应性却由于流动阻力和启闭扭矩的影响而受到限制。一般公称通径多在200mm以下。

2. 截止阀的结构型式

按机械工业部标准确定,截止阀的结构形式有以下五种。

(1) 直通式:直通式的特点是进出端在一条水平线上,介质需转弯流经通道,阀杆垂直于管路。这种型式适应于直线管路。

(2) 直角式:其特点是进出端成直角,适用于垂直相交的管路。

(3) 直流式:其特点是进出端在水平线上,介质通过通道时不需转弯,阀杆斜置。由于阀杆长,结构较复杂,一般少用,主要用于减少流通阻力和要求保温的场合。

(4) 平衡直通式和平衡直角式:阀瓣为柱塞状,其内有小孔通向上部塞缸,可使高压介质通过小孔进入塞缸,使柱塞上下两端同时承受介质压力而平衡,因而大大减少了启闭扭矩。平衡式截止阀适用于高压力、大口径的场合。

(二) 闸阀

1. 闸阀的启闭原理与应用范围

闸阀是利用闸板对闸门通道进行闸控而工作的,它的主要构件也类似截止阀,有阀体、阀盖、阀杆、手轮(或其他驱动装置)、闸板和闸门等。与截止阀的主要区别是封闭件不同,闸阀的封闭件是闸板与闸门。当手轮(或其他驱动装置)转动阀杆时,阀杆带动闸板在垂直于闸门通道中心线的平面内作升降运动,从而执行启闭任务。

从闸门的结构和启闭原理看,闸阀具有以下优点:(1) 介质经过闸门通道时为直线流动,因而流动阻力很小;(2) 闸板启闭运动方向与介质流动方向垂直,因而启闭扭矩很小;(3) 在合理选取闸板结构时闸阀的密封性是可靠的,有些闸阀还能利用介质的压力来加强密封作用;(4) 闸板的启闭速度也是缓慢的,因而也具有防水击的性能。闸阀的缺点是:闸板启闭时对其密封面之间的摩擦较严重,全开时密封面受冲击,闸板和闸门座各有两个密封面,加工较复杂,造价较贵。

闸阀由于具有流动阻力小、启闭扭矩小、密封性较好等优点,因而对介质流量的适应性很强,公称通径范围一般从50mm到1800mm。这方面比截止阀占明显的优势,但密封性方面却不及截止阀,闸阀公称压力一般在1~16MP。

2. 闸阀的结构形式

闸阀的结构形式,按阀杆上丝杠部分所处的位置不同,和闸板的构造不同分为七种结构形式,它们是明杆楔式弹性闸板、明杆楔式单闸板、明杆楔式双闸板、明杆平行单闸板、明杆平行双闸板、暗杆楔式单闸板、暗杆楔式双闸板。

所谓明杆,是指阀杆的丝杠部分位于阀体之外。它的轴套螺母与手轮(或其他驱动装置)固装在一起,当手轮转动时,轴套螺母作旋转运动,而阀杆带动闸板只作升降运动,故又称为升降轴式。明杆结构能使阀杆丝杠和轴套螺母不受阀内介质作用,因而适用于腐蚀性介质和高温蒸汽的场合,但缺点是高度尺寸较大,螺纹副易受外界环境影响,因而要求有较好的环境条件。

所谓暗杆,是指阀杆丝杠部分处于阀体之内。它的轴套螺母固装在闸板上,当手轮转动时,阀杆随着作旋转运动,而轴套螺母带着闸板作升降运动,因而又称为旋转轴式。暗杆结构能使螺纹副不受外界环境的影响,但经常处于介质之中,且不便于进行滑润,因而适用于非腐蚀性介质而外界条件较差的场合。

闸板的结构形式较多，按其断面形状和构造，有弹性闸板、楔式单闸板、楔式双闸板、平行单闸板、平行双闸板等几种。

四、其他截断类阀门

（一）隔膜阀

隔膜阀是利用橡胶或塑料之类的膜片材料作为封闭件来启闭管路的截断类阀门。按启闭原理有截止式（启闭原理同截止阀）、闸板式（启闭原理同闸阀）和屋脊式三种，其中以屋脊式应用较广。下面我们仅介绍屋脊式，它主要由阀体、阀杆、隔膜和驱动手轮等件所组成。当手轮转动时，使阀杆升降而带动隔膜，从而启闭管路。隔膜阀的特点是：阀杆等运动部分由隔膜隔开，不与介质接触，省去了填料密封装置，能保证很好地密封。隔膜阀能适应各种腐蚀性的介质，或用于要求密封性高的管路。隔膜阀的阀体或用不锈钢制成，或用铸铁衬以搪瓷、橡胶、塑料制成。隔膜阀由于受到隔膜材料的强度限制，一般只适用于低压。公称压力通常为 0.6MPa，公称通径在 15～到 200mm，而且工作温度不高于 100℃。

（二）旋塞阀

旋塞阀是利用带孔的锥形阀塞在阀体内旋钮位置来启闭通道的阀门。按塞子是否采用油润滑而分为填料式（无油润滑）和油润滑式。

填料直通式旋塞阀结构由阀体、阀塞、填料、填料盖、顶塞螺钉等件组成。带孔的阀塞是关闭件，它与阀体相接触的整个表面均是密封面。阀塞上端是一方形头部，可用扳手套在其上拧动阀塞。如果阀塞原处于开启状态，把阀塞拧转 90° 后，阀塞的通孔不再与阀体通道对正，阀塞将通道堵塞，使之处于关闭状态。顶塞螺钉用于当阀塞与阀体咬紧时以顶松阀塞。

油润滑式旋塞阀加入润滑油的目的是为了加强密封性，减少密封面的磨损，减轻启闭扭矩。润滑油先装入塞子上部的螺孔中，然后拧动注油螺钉，使润滑油通过钢球止回阀，沿通孔进入密封面的油沟，最后通入下部储油室。当阀塞咬紧时，只需拧动注油螺钉，使储油室的油压加大，可使阀塞稍微向上提起而与阀体松开。

旋塞阀又可按与管路的通路要求制成直通式、L 形三通式和 T 形三通式。它除了起截断作用外，还能起换流作用。

旋塞阀的优点是结构简单，操作方便，流动阻力小，开启时密封面不受介质冲击。缺点是启闭时密封面受摩擦，启闭时间短促，易产生水锤现象，密封面加工较困难，不易保持密封性，温度高时易产生热卡现象。故旋塞阀一般只适用于低压，公称通径多在 15～200mm，工作温度不超过 100℃。

（三）球阀

球阀也是用旋转阀塞来启闭通道的，其启闭原理同旋塞阀，只是它的阀塞是球形阀塞。

球阀按结构型式分有浮动式和固定式两种，前者只在球塞上部装置阀杆，后者还在球塞下部装有阀轴。

（四）蝶阀

蝶阀是利用阀体内可以转动的蝶板作为关闭件来启闭通道的一种阀门。其主要部件有阀体、蝶板、蝶座。阀体为圆筒，蝶板呈圆盘形，可绕本身主轴旋转。当扭动手柄时，通过驱动装置使蝶板绕其主轴旋转到一定位置，蝶板与蝶座接触，使管路关闭。当手柄反向旋转时，便可开启蝶板。

蝶阀的结构形式有：杠杆式即主轴转动时通过杠杆启闭蝶板，垂直板式关闭时蝶板与管路中心线垂直，斜板式关闭时蝶板与管路中心线倾斜。

蝶阀的优点是流动阻力较小，与相同通径的其他截断类阀门比较，蝶阀的外形尺寸最小，结构较简单，重量较轻。缺点是密封性较差，特别是当介质压力较大时，便不能保证其密封性的要求；温度高时蝶板易变形，这也影响其密封性。故蝶阀适用于常温、低压、大通径的管路。公称压力一般是 0.25～1.0kMPa，公称通径在 100～3000mm，温度在 50℃ 以下。

五、截断类阀门的比较

综上所述，六种截断类阀门中，以闸阀、截止阀应用较为广泛，其余几种主要用于低压范围。为了便于分析比较，将截断类阀的特点及应用范围见表 2-9-32。

表 2-9-32　截断类阀门的特点和应用范围比较

类型	结构	流动阻力	启闭扭矩	启闭时间	密封性能	应用范围
闸阀	结构复杂，零件较多，结构长度比截止阀短，但高度较高	较小	小	长	密封面间有相对摩擦，易伤。全开时密封面冲蚀小	压力、温度、通径使用范围较宽（$PN1～16MPa$，$t\leq550℃$，$DN3～200mm$）
截止阀	结构比闸阀简单，但结构长度比闸阀长，开启高度比闸阀小	最大	大	较长	密封面间相对摩擦小，密封性能好。全开时阀瓣经常受冲蚀	压力、温度使用范围较宽，但通径受限制（$PN0.6～32MPa$，$t\leq550℃$，$DN3～200mm$）
隔膜阀	采用隔膜，不用填料，结构简单	大	较小	较长	隔膜用橡胶或塑料制成，容易保证密封	用于低压，温度、通径受限制（$DN0.6MPa$，$t\leq100℃$，$DN15～300mm$），多用于腐蚀性介质
旋塞阀	结构简单，外形尺寸小	小	大	短	密封面大，易磨损。高温易产生变形而被卡住，但油润滑旋塞阀密封性较好	除油润滑旋塞阀可用于高压外，一般用于低压，温度不宜过高或过低（$DN0.6～1.6MPa$，$t\leq100℃$，$DN15～150mm$）
球阀	中、小口径的球阀结构简单，体积较小，重量较轻	最小	较大	短	密封圈材料多采用塑料，摩擦系数较小，密封性能较好。全开时不会引起密封面的冲蚀	压力、通径使用范围较宽，但温度受密封圈材料的限制（$DN1.6～6.4MPa$，$t\leq150℃$，$DN10～700mm$）
蝶阀	结构简单，外形尺寸小	较小	较小	短	密封圈材料一般采用橡胶、塑料，密封性能好，但密封受冲蚀	多用于低压和中、大口径的阀门（$PN0.25～1MPa$，$t\leq50℃$，$DN100～300mm$）

六、节流阀与减压阀

节流阀与减压阀都属于通用管道阀门中的调节类阀。它们都是通过改变通道面积来调节流量和压力的阀门,只是对被调节的参数要求不同而有不同的构造、结构型式和用途。

(一) 节流阀

节流阀是通过改变阀体内通道面积来调节流量与压力的手(电)动阀门,主要用于要求降压较大的场合。例如将制冷循环中的制冷剂从冷凝压力降到蒸发压力,就是用节流阀来进行的。在管道中使用的节流阀,是由截止阀稍加改变而来的,所以又称截止型节流阀,与规格相同的截止阀比较,绝大部分零件都是通用的。差异之处有:

(1) 节流阀的阀瓣呈锥塞形或窗形或针形。节流阀正是依靠它的阀瓣距离、阀座的高度不同来改变通道面积,从而改变介质的流量和压力的。

(2) 节流阀的阀杆上的螺距要比截止阀小。这是为了满足微量地、准确地调节通道面积的需要,因而采用细牙螺纹。

(3) 为了反映阀瓣至阀座的距离,在阀的上部装有高度指示标尺,即高度指示器。

节流阀的结构型式也和截止阀相同,有直通式、直角式、直流式、平衡直通式和平衡直角式。节流阀虽然也能截断介质流过,起到关闭管路的作用,但密封性很差。这是因为阀瓣经常处于高速介质的冲击下,使密封面很快被侵蚀,故不能持久地起密封作用,所以在管路中不能代替截止阀使用。

(二) 减压阀

减压阀是通过改变阀体内通道面积来降低阀后介质压力并自动保持阀后压力不变的一种自动调节类阀门。它和节流阀一样,都是利用节流原理来降低阀后介质压力的,但节流阀却不能自动保持阀后介质压力不变,因为阀后压力总是随流量或阀前压力的改变而改变的,若欲使节流阀的阀后压力稳定,就必须按照进口介质压力的变化,或出口流量的变化来经常手动调节其阀瓣的开放程度,这种调节工作是不胜其烦的,所以在这种场合使用节流阀是极为不便的。减压阀却能利用介质本身的压力变化的能量,来自动地调节关闭件的开启程度,以达到稳定阀后压力的目的。因此当需要保持阀后压力稳定的场合时,就得使用减压阀。

减压阀也是截止型的。但它的构造远比节流阀复杂,按自动调节系统不同有不同的结构型式。下面我们以常用的活塞式减压阀为例,来说明减压阀的动作原理。

从活塞式减压阀的结构上看,为了构成阀瓣的自动调节系统,比截止阀或节流阀增设了副阀座、膜片、调节弹簧、调整螺钉、活塞等件。使用时拧动调整螺钉,顶开副阀,介质由进口小通道经副阀进入活塞上方。由于活塞面积比主阀瓣的面积大,介质对活塞的作用力(此力使阀趋向开启)大于对主阀的作用力(此力使阀趋向关闭)。因此活塞向下移动,使主阀瓣开启到一定程度,介质流向出口并同时进入膜片下方。出口压力还逐渐上升至所要求的数值,此时膜片下部受出口压力作用,膜片上部受调节弹簧张力作用,成平衡状态。如果管路内介质压力有波动,也能自行调节实现新的平衡。例如当阀后压力增加时,首先膜片上力的平衡受到破坏,下部介质压力大于上部弹簧张力,结果产生以下连续过程:膜片上移,副阀瓣向关闭方向运动→流入活塞上部的介质减少→活塞上部作用力下降→主阀瓣上移→阀内通道面积减少→使阀后压力下降,最终结果是在新的平衡中稳定了阀后压力。反之,阀后压力向下波动时,膜片上弹簧张力大于下部介质压力所产生的连锁过程次序和上述相同,但方向相反,最终导致阀后压力上升,并在新的平衡中稳定了阀后压力。

总之,当减压阀阀后压力上升时,调节系统会使阀后压力自动下降;当阀后压力下降时，调节系统会使阀后压力上升，这样使阀后压力保持在一定范围之内。

减压阀的结构型式，按照对主阀瓣的调节系统的结构不同，有薄膜式、弹簧薄膜式、活塞式、波纹管式、杠杆式等几种，它们在结构上差异较大，但动作的基本原理均类似。减压阀也由于其关闭件经常处于高压介质冲蚀之下，密封性差。因此在减压阀前后管路上应装有截止阀来承担关闭任务，并装有安全阀和压力表，以监视介质参数，还应设有旁通管路。

七、止回阀

止回阀是用来阻止管路中介质逆向流动，以免发生事故的。例如在锅炉的给水管路上，水泵的出水管路上，都不允许介质朝相反方向流动，否则就可能造成锅炉缺水或设备受倒流介质冲击而损坏。因此，凡是不允许介质倒流的管路上就需要装置止回阀。止回阀是利用介质本身动能来启闭管路的，属自动类阀门。止回阀根据启闭方式不同有升降式、旋启式和蝶式等几种。

(一) 升降式止回阀

升降式止回阀是一种截止型的止回阀，由阀盖、阀体、阀瓣、阀座等件组成。阀瓣可沿通道的垂直中心线移动，当介质顺着规定方向自左至右流动时，阀瓣就被介质压力顶开；当介质停止流动或倒流时，介质作用在阀瓣下面的压力消失，阀瓣在本身重量和倒流介质的压力作用下，降落在阀座上，将通道关闭。为了保证阀瓣沿正确方向运动，在阀盖上做有导向套。

上述止回阀又叫直通升降式止回阀，用于水平管路。此外还有用于竖直管路的立式升降式止回阀（包括用于水泵的升降式底阀）。

(二) 旋启式止回阀

旋启式止回阀利用阀瓣作旋转运动来启闭管路的止回阀，它的阀瓣为一圆盘状，通过杠杆吊于阀体内一固定轴上，杠杆可以带动阀瓣绕固定轴旋转。当介质按规定方向流动时，阀瓣受介质的压力作用，通过杠杆环绕固定轴旋转至阀门开启状态，当介质停止流动或倒流时，阀瓣在自重和逆流介质压力作用下，向下旋转至阀座上，将管路关闭。

旋启式止回阀按阀瓣又分单瓣式、双瓣式（包括双瓣旋启式底阀）和多瓣式三种。单瓣式的止回阀通常只用于公称通径在600mm以下的管路，因为单瓣阀阀瓣笨重，关闭时水力冲击很大，不宜用于过大的管路。管径大于6100mm以上时，应采用双瓣式或多瓣式止回阀。

旋启式止回阀与升降式止回阀比较，旋启式的流动阻力较小，但密封性较差。故旋启式多用于压力较低、管径较大的管路，而升降式则多用于压力较高、管径较小的管路。

(三) 蝶式止回阀

蝶式止回阀是由蝶阀稍加改变而来。蝶板可以绕其平面内某一轴旋转，当介质按规定流向自左至右流过时，介质压力推开蝶板使阀开启；当介质停止流动或倒流时，蝶板由于自重产生的转矩加上倒流介质压力的作用，反向旋转落于蝶板座上，将阀关闭。

蝶式止回阀保持蝶阀的特点：结构简单，尺寸小，流动阻力小，关闭时流体冲击力也较小，但密封性差，用于低压大通径管道。

八、安全阀

安全阀是利用排放多余介质的方法，来防止管路或设备中介质压力超过规定值的一种自动阀门，对管路或设备起超压保护作用。

当管路或设备中介质压力超过规定值时,安全阀自动开启,排放出一部分介质,以防止管路或设备中的介质压力继续升高;当介质压力降到规定值时,安全阀自动关闭,以保持管路或设备中介质的正常工作压力。

工作时,对安全阀有严格的要求:(1)动作必须灵敏,一旦出现超压时,要立即开启;当工作压力等于或稍小于规定值时,要立即关闭。(2)排除多余介质的能力要大,即在单位时间内放出介质要多,便于迅速消除险情,恢复正常状态。(3)阀的开启或关闭的介质压力要便于调整。(4)关闭件和阀座的密封面必须耐磨,无泄漏。(5)如果关闭件动作失灵时,要利于操作人员能很快用手打开阀,排放多余介质,以避免事故发生。

安全阀按封闭件的作用方式不同,有弹簧式、脉冲式和杠杆式几种,以弹簧式应用最广。下面我们将重点讨论弹簧式安全阀。

(一)弹簧式安全阀

1. 弹簧式安全阀的启闭原理

弹簧式安全阀是利用作用在阀瓣上的压缩弹簧的弹力来控制启闭的安全阀。阀瓣和阀杆下端相连,压缩弹簧位于上下两块弹簧压板之间。弹簧的弹力通过下压板及阀杆作用在阀瓣上,弹簧上压板被调节螺钉顶住,旋动该螺钉可以调节作用在阀瓣上的弹力。当介质压力超过规定值时,介质对阀瓣的作用力大于弹力,使阀瓣开放,排出多余介质。待介质压力降低到略小于规定值时,弹力使阀瓣复位,即阀瓣关闭。阀瓣上的反冲边或其上装有的调节圈,可以改变介质从通道口处喷出的流向,将介质的流速冲击力变为阀瓣的升举力,能使阀瓣迅速达到开启高度,利用调节圈还可以调节排放压力(即阀瓣开启到规定高度时的进口压力)和回座压力(即阀瓣关闭,介质停止排出时的进口压力)。

2. 弹簧式安全阀的结构型式

弹簧安全阀有多种结构型式,可按以下特征加以分类。

(1)按对排放介质的处置分,有封闭式和非封闭式。所谓封闭式,是指被排放的介质不由安全阀本身外泄出去,而是通过一根排泄管,导送至指定处所。封闭式安全阀适用于排放对人体或设备有害的介质,或需要回收的介质,如氨气、煤气、某些油类或化学液体等。所谓非封闭式,是指安全阀直接将多余介质排放到外界,故非封闭式安全阀适用于排放对人体或设备无害的介质,如空气、水、水蒸气等。

(2)按阀瓣全开时的高度分,有全启式和微启式。所谓全启式,是指阀瓣全开高度不小于喉径(这里所谓阀座喉径,是指通道的最小直径)的1/4,阀瓣常常是急剧开启的,即突然跳起达到全开高度。全启式安全阀多用于气体或蒸汽介质。所谓微启式,是指阀瓣全开高度为阀座喉径的1/20~1/40,阀瓣通常是渐渐开启的,是逐渐达到全开高度的。微启式安全阀主要用于液体介质。

(3)按有无手柄分,有带手柄式和无手柄式。带手柄式安全阀用于阀瓣动作有可能失灵的场合,一旦动作失灵,操作人员便可抬起手柄将阀瓣开启。故这种安全阀一般用于较高压力,较大通径和较高工作温度的场所。反之可用不带手柄的安全阀。

(4)个别情况下有双阀瓣式安全阀、带散热片式安全阀、带波纹管式安全阀等结构型式。所谓双阀瓣式安全阀是由两个阀瓣并装在一个阀体内组成的,可以增大其排放能力,常用于高压大通径管路中排放水或蒸汽。所谓带散热片式安全阀,是在阀体或弹簧罩上设置散热片,以降低弹簧腔室的温度,这种安全阀多用于高温介质。所谓波纹管式安全阀,是在阀瓣与阀杆之间装W波纹管,波纹管可将弹簧及导向机构等与介质隔离,这种安全阀多用于低温或腐蚀性介质的场合。

弹簧式安全阀的共共同特征是：启闭时阀瓣承受的载荷（即弹簧作用力）随开启高度而变化；对振动不敏感，可用于移动式设备上；允许加给的阀瓣载荷范围很大，例如使用螺旋弹簧时载荷可以高达 1000MPa。因此在安全阀中，弹簧式安全阀占有绝对优势。

（二）脉冲式安全阀简介

脉冲式安全阀是利用超压介质的压力，首先开启副阀，然后驱动主阀瓣而工作的。主阀瓣是反位安装在阀杆下端，阀杆上端与活塞相连，活塞下部托以弹簧，将活塞顶承于活塞缸的上部，从而将主阀瓣紧压于阀座上，使阀呈关闭状态。隔膜上部有压缩弹簧，下部空间与高压介质相通，在正常介质压力时，隔膜下部的介质压力与上部弹力平衡，主阀瓣与副阀瓣均处于关闭状态。当介质压力超过规定值时，隔膜下部介质压力大于上部弹力，使隔膜上升副阀开启，高压介质流入活塞缸。又由子活塞面积大于主阀瓣承压面积，因而介质对活塞的作用力大于它对阀瓣的作用力与弹力之和，导致活塞下降，主阀瓣开启，多余介质被排放。管路介质压力降到规定值时，副阀瓣在弹力作用下复位，关闭副阀，同时主阀瓣也在弹力作用下复位，关闭主阀。

脉冲式安全阀的优点是可以大大减少主阀的载荷，使主阀弹簧规格变小。缺点是结构较复杂，它主要适用于大通径高压力的场合。

（三）杠杆式安全阀简介

杠杆式安全阀是利用杠杆原理将荷重间接作用在关闭件上来控制阀的启闭的。阀瓣与阀杆底端相连，阀杆穿过阀盖可以上下移动，重锤挂在杠杆的一端，杠杆另一端安置在菱形支撑上（刀口），中间支承在阀杆的菱形支撑上（刀口）。

在正常介质压力时，阀瓣由重锤的荷重作用而被压在阀座上，使之关闭。当介质压力超过规定值时，介质对阀瓣的作用力大于荷重作用力，阀瓣开启，介质被排放出来。待压力下降到正常压力时，荷重使阀瓣复位，将阀关闭。若动作失灵，可用手将重锤上提，使阀开启。

杠杆式安全阀的特点是：荷重不随开启高度变化，结构也较简单；必须安装在水平位置上，否则荷重不能稳定；也不适用于有振动的场所或移动式设备上，因为它对振动很敏感，容易造成误动作；同时它也不能适用于压力过高的场所，一般荷重限制在 75MPa 以下。由于杠杆术安全阀存在上述缺陷，目前已趋于淘汰。

九、疏水阀

疏水阀是用来自动排除蒸汽管道内或蒸汽供热设备内的凝结水的一种阀门。在蒸汽管道或蒸汽供热设备中，凝结水起着有害作用，它阻止管道畅通；加速蒸汽冷却；使蒸汽参数不稳定；影响管路和设备的正常工作。因此需要用疏水阀将凝结水自动排除。

疏水阀也有多种结构型式，按启闭原理分，有浮子型、热膨胀型和热动力型三种。每一种还可按原理和结构上的差异再分若干型式。

（一）浮子型疏水阀

浮子型疏水阀是利用凝结水与蒸汽的重度差，使浮子升降来启闭通道的。按浮子结构不同有浮球式、浮桶式和钟形浮子式。

1. 浮球式疏水阀

浮球式疏水阀的浮子是一个空心球，若凝结水由左管进入浮球室内，积聚到一定程度时，浮球所受的浮力便大于其本身的重量，浮球即被浮升，离开阀座而开启通道，凝结水就经阀座通道排出。若凝结水连续进入阀体，亦可连续排出。当凝结水停止进入阀体时，待浮球室内凝结水排除到一定程度时，浮力便小于浮球重量，浮球下落，通道被关闭，阻止蒸汽溢出。浮球式疏水阀的优点是能连续工作，反应快，关闭时没有碰撞，不受进口压力波动的影响，适应性好。缺点是体积较大，浮球材料要求较高，制造较困难。由于优点较突出，浮球式疏水阀的使用范围最广。

2. 浮桶式疏水阀

浮桶式疏水阀的浮子是一金属浮桶，在浮桶的中心线处装置阀杆，杆上端装阀瓣，阀杆可沿导管随浮桶上下移动。工作时，浮桶室内要预先加水，使浮桶上浮，阀瓣将阀座的通道关闭。当凝结水流入浮桶室时，室内液面逐渐增高。待液面高于浮桶时，凝结水便溢入浮桶。当桶和凝结水重力之和超过浮力，浮桶便带着阀瓣下降，通道开启。浮桶内积水因受蒸汽压力作用，沿着导管上升，经过阀座通道并顶开止回阀瓣而排出。当浮桶内积水快排尽时，浮力便大于桶重而使浮桶再度浮升，阀瓣重新将通道关闭，以阻止蒸汽溢出。

浮桶式疏水阀的优点是间歇性工作，浮桶内外压力相同，可用较薄的材料制成；排水量较大；工作可靠。但缺点是启闭时发生冲击，密封面易损坏，对管路压力变化适应性不强，体积大，质量重，使用前需预先加水，使用后又需将水放出，诸多不便。目前浮桶式疏水阀仅在低压范围内还有使用。

3. 钟形浮子式疏水阀

此种疏水阀它的浮子是一个桶口朝下的钟形浮子，浮子悬挂在一杠杆下，其内装有热敏元件双金属片。当双金属片与高温蒸汽接触时，它能伸长并将浮子上顶部的气孔堵住，使浮子上部形成气囊，从而使浮子浮升适当位置。这时与浮子相连在同一杠杆上的阀瓣将通道关闭。当冷凝水进入浮子室时，使液面上升到一定高度，气囊中的蒸汽也渐冷凝为水，浮力降低，浮子以自重带动杠杆倾斜，阀瓣开启。冷凝水在蒸汽压力作用下经过通道而排出，同时浮子内的双金属片因温度下降而冷缩，以至将气孔开启，使浮子内的冷凝水得以溢出桶外，然后从通道中排出。

钟形浮子式疏水阀的特点与浮桶式疏水阀类同。唯体积较小，重量较轻，适用压力范围仍局限于低压之内。

(二) 热膨胀型疏水阀

热膨胀型疏水阀是利用热胀冷缩原理来控制的。按热敏元件不同，有双金属片式疏水阀和波纹管式疏水阀。前者是以双金属片的热敏性直接控制通道启闭的疏水阀，使用较少。下面我们仅简单介绍波纹管式疏水阀。此种疏水阀装有一个波纹管恒温器，其中储以易挥发液体（氯化乙烷、酒精、丙醇等）。波纹管的一端固定在阀盖上，另一端为自由端，装有锥形阀瓣。当阀内通以干燥蒸汽时，温度升高，波纹管内液体汽化膨胀，使波纹管向下伸延，阀瓣降落在阀座上，将通道关闭，阻止蒸汽溢出。当管路中凝结水流入疏水阀并积聚到一定量时，温度降到波纹管内的汽化液体又凝结，使波纹管缩小，向上收缩，阀瓣被开启，凝结水被排出。

热膨胀型疏水阀一般用于暖气设备上，公称压力可达 2.0MPa。

(三) 热动力型疏水阀

热动力型疏水阀是利用蒸汽和水的热力性质不同来直接启闭的疏水阀。按结构差异不同，有热动力式和脉冲式两种，下面仅介绍应用较广的热动力式疏水阀。

热动力式疏水阀当管路中凝结水由箭头方向进入阀体时，经过升孔冲开金属阀片而排出。此时阀片之所以开启，是因为阀片下部受介质压力作用的面积大于上部面积，故凝结水经过时阀片呈开启状，能连续排水。当蒸汽流来时，由于蒸汽排出时的体积膨胀，使阀片顶面受较大的压力作用，加上阀片自重，故阀片下降，通道关闭，阻止蒸汽逸出。

热动力式疏水阀的优点是结构简单，体积小，重量较轻，维护检修方便，排水量较大，不受进口压力波动的影响，适应性强。缺点是启闭时有碰撞，较易损坏，不能垂直安装使用。然而，由于它的优点较显著，目前在中高压管路中使用最广。

十、阀门的型号表示方法

阀门的型号编制方法按国家标准规定，它由七个单元组成。阀门型号表示方法如下。

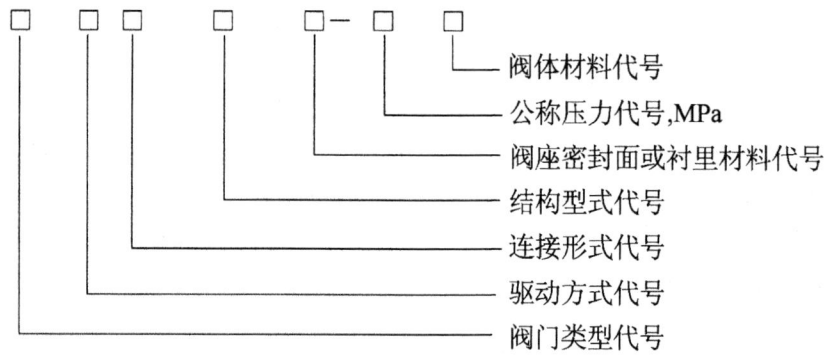

（一）阀门代号含义说明

（1）阀门类型代号用大写汉语拼音字母表示，如在类型代号前面加"D"，则表示低温阀；在截止阀代号前加"W"，则表示波纹管密封式（WJ）；在闸阀类代号前加"B"，表示加防爆装置（BZ）；加"W"，表示卧式安装（WZ）；加S，表示地下用闸阀（SZ 竖式安装）；在截止阀前加"G"，表示高压氮肥阀；在类型代号前面加"K"，表示抗硫阀门。

（2）驱动方式代号用阿拉伯数字表示，见表 2－9－33 阀门驱动方式及代号（自动阀门与手动阀门省略此项代号）。

表 2－9－33　驱动方式代号

传动方式	代号	传动方式	代号
电磁动	0	伞齿轮	5
电磁—液动	1	气动	6
电—液动	2	液动	7
涡轮	3	气—液动	8
正齿轮	4	电动	9

（3）阀门连接形式代号用阿拉伯数字表示，见表 2－9－34 阀门的连接形式及代号。

表 2－9－34　阀门的连接形式及代号

连接形式	代号	连接形式	代号
内螺纹	1	对夹	7
外螺纹	2	卡箍	8
法兰	4	卡套	9
焊接	6		

（4）阀门的结构型式代号用阿拉伯数字表示，阀门的结构型式代号见表2-9-35所示。

表2-9-35 阀门的结构型式代号

代号	旋塞	闸阀	截止阀、节流阀	球阀	止回阀	隔膜阀	蝶阀	疏水阀	减压阀	安全阀（弹簧式）	其他
0		明杆楔式弹簧闸板					杠杆式			带散热器全启式	
1		明杆楔式单闸板	直通式	浮动直通式（铸造）	直通升降式（铸造）	屋脊式	垂直板式	浮球式	薄膜式	封闭微启式	
2		明杆楔式双闸板			立式升降式				弹簧薄膜式	封闭全启式	
3	直通填料式	明杆平行式双闸板				截止式	斜板式		活塞式	封闭带扳手双弹簧微启式	
4	三通填料式	明杆平行式双闸板	角式铸造	浮动L形三通式	单瓣旋启式				波纹管式	封闭带扳手全启式	
5	四通填料式	暗杆楔式单闸板	直流式	浮动T形三通式	多瓣旋启式		钟形浮子式				杠杆式
6		暗杆楔式双闸板	平衡直流式		双瓣旋启式					不封闭带控制机构全启式	
7	油封直通式		平衡角式	固定直通式		闸板式	双金属片式			不封闭带扳手微启式	
8	三通油封式		波纹管密封式				脉冲式			不封闭带扳手全启式	
9					蝶形			热动力式			脉冲式

（5）阀门的阀座密封或衬里材料代号用大写汉语拼音字母表示，阀座密封面或衬里材料代号与涂漆标记见表2-9-36。

表2-9-36 阀门的阀座密封或衬里材料代号

密封面及衬里材料	代号	涂漆颜色	密封面及衬里材料	代号	涂漆颜色
铜合金	T	大红色	合金钢	H	天蓝色
巴氏合金	B	淡黄色	渗氮钢	D	天蓝色
橡胶	X	中绿色	渗硼钢	P	天蓝色
硬质合金	Y	天蓝色	衬胶	J	中绿色
尼龙塑料	N	紫红色	铸铁	Z	黑色
氟塑料	F	紫红色	搪瓷	C	

（6）公称压力代号用数值表示，单位是兆帕（MPa），常用公称压力值见表2-9-37。

表2-9-37 常用公称压力值　　　　　　　　　　　　　　MPa

0.1*	0.25*	0.4	0.6*	1.0*	1.6*
2.5*	6.4*	10.0*	16.0*	20.0	25.0
32.0	40.0	50.0	64.0	80.0	100.0

注：有*号表示常用值，为优选系列。

（7）阀体材料代号用大写汉语拼音字母表示，阀体材料代号和涂漆标志见表2-9-38。

表2-9-38 阀体材料代号和涂漆标志

阀体材料	代号	涂漆颜色	阀体材料	代号	涂漆颜色
灰铸铁 HT25-47	Z	黑色	黄铜 H62	T	不涂色
可锻铸铁 KT30-6	K	黑色	合金钢 Cr5Mo	I	中蓝色
球墨铸铁 QT40-15	Q	银色	模具钢 12Cr1MoV	V	中蓝色
铸钢 ZG25Ⅱ	C	中灰色	不锈钢 Cr18Ni9Ti	P	天蓝色或不涂色

阀门型号示例：

例1. Z942W-1.4　表示为由电动机驱动，采用法兰连接，结构为明杆楔式双闸板，阀座密封面直接在阀体上加工，公称压力为1.4MPa，阀体材料为灰铸铁的闸阀。

例2. KJ21T-2.5P　表示为由手动操作采用外螺纹连接，结构为直通式，阀座密封面为铜合金，公称压力为2.5MPa，阀体材料为不锈钢且抗硫腐蚀的截止阀。

（二）阀门的标志

阀门的标志是为了便于区分阀门的型号规格，以便于流通、使用和管理。内容主要有公称压力（PN，单位 MPa）、公称通径（DN，单位 mm）、工作温度（用1/10折算后表示，单位℃）和介质在阀门中流动的示意箭头。

例如：PN4.0/100 表示公称压力为4.0MPa，公称通径为100mm，箭头为介质在阀门中流动的方向。

十一、阀门的验收和保管要求

（一）阀门的验收方法

（1）阀门的标志、涂色应符合规定并与产品的型号对应。

（2）阀门在技术装配方面应无过松过紧的现象，填料应有适当的高度在压紧压盖后应不妨碍阀杆的转动，启闭件的运动要平稳灵活，无倾斜和卡阻等现象，阀门的通道两端应用非金属盲板封严，以防杂物和雨水浸入。

（3）阀件上凡未加工的外露表面均应涂漆，其要求和颜色都应按有关规定执行。

（4）高压阀门或合金钢阀门的材料，必须附有机械性能、化学成分的质量证明书。

（5）应按国家标准中的《工业用阀门的压力试验》对阀门进行水（油、气）、压强及密封性能试验。

（二）阀门的保管方法

（1）阀门应在干燥通风的库房内保管。公称通径小于40mm的阀门可整箱码垛保管，公称通径大于250mm的阀口可放入料棚内保管。阀门通道两端应用非金属盲板封闭，以防杂物进入或雨水进入而锈蚀阀门。

（2）保管期间阀门应为关闭状态，旋塞阀的启闭件应调到全升位置，止回阀的阀瓣应固定，凡带有弹簧的阀门应将弹簧调整到自由状态，其余阀门的启闭件应调到呈全闭状态。

（3）加工过的外露表面，如阀杆的升降螺纹、连接螺栓的外露螺纹表面、法兰面等均应涂防锈油脂以防锈蚀。

（4）水力传动的阀门，应将水放净擦干，涂上防锈油脂防锈。

（5）在阀门的进、发货过程中，严禁用手轮、手柄或其他传动机构作起重吊钩来使用。

十二、阀门的修复方法

阀门是一种涉及面极广而供销量大的通用机械产品。掌握阀门的一般修复方法，是物资保管人员保证供货质量和改进售后服务的需要，阀门的一般修复方法如下。

1. 除锈处理

在保管阀门的过程中，如果发现加工后的表面有锈蚀现象，应立即进行除锈维修处理。

（1）用除锈剂进行除锈可将有锈蚀的零件拆下来放入除锈液中进行除锈，也可以用刷子将除锈剂直接刷在锈蚀处（阀门密封面除外），直到把锈除尽为止，然后在煤油中洗净，再涂上防锈油，按包装规定进行包装。

（2）人工除锈修复可先用钢丝刷、砂布、砂纸等对锈蚀表面（阀门密封面除外）进行除锈，而后用煤油清洗干净，再涂上防锈油，最后进行包装。

2. 更换填料和密封垫

若阀门的填料损坏引起介质外泄，则需更换新的填料。方法是将填料压盖的螺栓卸掉，取出已坏的填料，新填料涂上黄油或凡士林将其适量装入，最后压上压盖并拧紧螺栓，达到阀门启闭灵活与不漏泄为合格。若密封垫损坏引起介质外泄，则需更换密封垫。更换的方法是将传动手轮或手柄与阀盖螺栓全部卸下，取出垫圈，换上新垫圈，再盖上盖和拧紧螺栓（对角线紧），最后装上手轮手柄，经密封试验不漏为合格。

3. 焊补和换漆

在阀门的阀体或法兰盘有缺陷时可进行焊补（高压阀门除外），焊后将其锉平并刷上新漆。若阀门的漆有起层、起泡、脱落现象，应将其清除干净，然后再刷上或喷上与原色相同的漆，达到验收标准即可。

第九节 工　业　泵

一、泵的概述

（一）泵的概念和作用

泵是用来输送液体或使液体增加动能的机器。它是把原动机的机械能转化为被输送液体的动能，以使液流达到规定的压力和流量。泵的用途极广，是工农业生产和人们生活不可缺少的重要设备，广泛用于给排水、机械制造、冶金、石油、化工、电力、造纸等部门的生产中。

（二）泵的分类

（1）泵按其工作原理不同分为：叶片泵，容积式泵，其他类型泵。

①叶片泵是指依靠叶轮旋转时的离心力、轴向力或离心—轴向力将能量传给液体，并使液体增压而输送液体的一类泵。结构不同的叶片类泵又分离心泵、轴流泵、混流泵和旋涡泵等。

②容积式泵是依靠工作室容积的改变来使液体获得能量而输送液体的泵。按结构不同，容积式泵又分往复泵和回转泵。往复泵有活塞泵、隔膜泵等，回转泵有齿轮泵、螺杆泵、滑片泵、凸轮泵、罗茨泵、偏心转子泵、三转子泵、摆线转子泵、柱塞泵（径向、轴向柱塞泵）等。

③其他类型泵是指利用流体本身动能或电磁力作用使流体获得能量来输送液体的泵。有喷射泵、水锤泵、电磁泵等。

（2）泵按其输送介质不同分为：清水泵，污水泵，油泵，杂质泵，泥浆泵，液氨泵，耐酸泵，耐碱泵。

（3）泵按其工作压力不同分为：低压泵，中压泵，高压泵，超高压泵等。

（4）泵按其用途不同可分为：工业用泵，农业用泵。

工业用泵又可分为化工泵、石油泵、给排水泵、锅炉给水泵、冷凝水泵、污水泵、泥浆泵、计量泵、电站用泵等。

（5）按泵的结构和使用范围不同分为：一般用途泵，特殊场合用泵，特殊用途泵等。

（三）泵的基本性能参数

泵的基本性能参数是反映各种泵工作时所具有的共性参数。反映了泵在工作状态变化时，其基本性能参数之间的变化规律和性能变化曲线，是泵工作性能的重要反映。其参数有以下几个。

1. 流量（Q）

流量是泵在单位时间内输送液体的体积或质量。体积流量用 Q 表示，单位是 L/s、L/min、m^3/h。质量流量用 G 表示，单位是 kg/s、kg/min、t/h。流量是反映泵工作能力大小的一个重要参数。在泵铭牌或说明书上标出的流量，是泵在其介质为清水状态下高效工作的流量，也叫做额定流量。

2. 扬程

扬程也称为压头，是指每千克的液体通过泵后所增加的机械能。用 H 表示，单位是米水柱（mH_2O）或帕（Pa）（$1mH_2O \approx 10^4 Pa$）。一般情况下，泵的扬程由吸上扬程和压出扬程两部分组成。在铭牌上标出的扬程值，是反映泵在其介质为清水状态下高效工作的扬程值，也叫做额定扬程，它与额定流量相匹配。

3. 功率（P）

功率表示泵在单位时间所做功的大小，用 P 表示，单位是千瓦（kW）。泵的功率分输出功率（P_u）、轴功率（P_a）、原动机输入功率或称配套功率（P_{gr}）。一般 $P_{gr} = 1.1 \sim 1.3 P_a$。

4. 效率（η）

效率是指泵输出功率（P_u）与轴功率（P_a）之比（用百分数表示），它表示轴功率的利用程度。效率越高，泵的使用越经济。一般在泵铭牌上标出的效率是泵的最高效率。

5. 转速（n）

转速是指泵在原动机的拖动下每分钟旋转的次数，用 n 来表示。

二、离心泵

（一）离心泵的用途与分类

1. 离心泵的用途

离心泵是依靠泵内的叶轮旋转时所产生的离心力来输送液体的，它广泛地应用于工农业生产中。离心泵具有结构简单，易于制造及维修，操作简单方便，重量轻，造价低，适应高转速和运行平稳等优点，同时从性能上看，离心泵的适用范围广（流量从 $5 \sim 20000 m^3/h$，扬程从 $9 \sim 2800m$），效率高（$\eta = 65\% \sim 95\%$）。离心泵最适用于大流量、液体粘度小、杂质少的场合。

2. 离心泵的分类

（1）按吸入口数目分为单吸泵和双吸泵。

（2）按叶轮级数分为单级泵和多级泵。

（3）按用途不同分为通用离心泵、专用离心泵或特殊场合用离心泵。通用离心泵有单级单吸离心泵、单级双吸离心泵、多级离心泵等。专用离心泵有深井泵、深井潜水泵、锅炉给水泵、冷凝水泵、耐腐蚀泵、注水泵、油泵和杂质泵等。

（4）按壳体剖分型式分为径向剖分式离心泵和轴向剖分式离心泵。

（二）离心泵的结构和工作原理

1. 离心泵的结构

离心泵的系列品种很多，但一般结构是由泵体、泵盖、叶轮、泵轴、密封环、轴承、轴封、托架、底座等主要部件组成。其中最主要的零件有泵体、泵盖、叶轮、泵轴等。

2. 离心泵的工作原理

当泵体内灌满水，并将动力传递给泵轴以带动叶轮在泵体内高速旋转时，泵内的液体随叶轮的叶片一起旋转，在离心力作用下，液体从叶轮中心被甩向叶轮外缘，以较高的速度流入泵壳的扩散型流道内，其速度减慢而压力增大，沿排出口流出。同时叶轮中心由于液体被甩出，故而形成局部真空低压区，在大气压力的作用下将储液池中液体压入叶轮的低压或中心真空区，由于叶轮连续高速旋转，泵就连续不断地吸入液体和排出液体。

（三）离心泵的性能参数

离心泵除有泵的基本性能参数外，还有下列参数：

（1）允许吸上真空高度 $H_{允许} = 2.5 \sim 9m$。

（2）比转数是反映离心泵的流量、扬程、转速之间变化规律的一个综合比较指标，是泵系列化、规格化的基础。

（四）离心泵的型号表示方法

常用离心泵名称代号见表2-9-39。

表2-9-39 常用离心泵名称代号

代 号	名 称	代 号	名 称
IS，B，BA	单级单吸悬臂式离心泵	PS	离心式砂泵
S，SA，Sh	单级双吸离心水泵	PH	离心式灰渣泵
SL，SLA	单级双吸立式离心水泵	PN	离心式泥浆泵
D，DS（DA）	分段式多级离心泵	PW	离心式污水泵
KDKDS	中开式多级离心水泵	Y	离心式油泵
J，JD	离心式深井泵	YG	管道式离心油泵
JQ，JQS，JQB	深井潜水泵	YT	筒式离心泵
G，GC，KG，DG	多级锅炉给水泵	F	单级悬臂式耐腐蚀泵
NB，NBA	冷凝水泵	FY	液下式离心耐腐蚀泵
NL	立式冷凝水泵	FS	塑料耐蚀泵
QY	充油电机式作业面潜水泵	Z	自吸离心泵
WQ	离心式污水潜水泵	WL（WZ，WX）	两级（自吸、离心）旋涡泵

1. IS型单级单吸离心泵

IS型单级单吸离心泵是按国际标准ISO 2858所规定的尺寸、性能设计生产的新型泵，已有很多个品种。IS系列泵性能范围：流量$Q = 6.3 \sim 400 m^3/h$，扬程$H = 5 \sim 125 m$。

离心泵的型号表示方法如下。

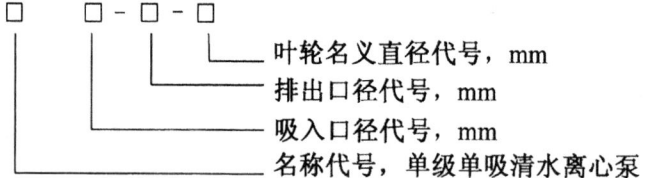

例如：IS80-50-250表示吸入口径为80mm，排出直径为50mm，叶轮名义设计标准直径为250mm的单级单吸清水离心泵。

2. 一般单级双吸式离心泵

单级双吸式离心泵主要用于输送温度不超过80℃的清水和物理及化学性质类似水的液体。其性能范围：流量$Q = 160 \sim 180 m^3/h$，扬程$H = 11 \sim 125 m$。该泵的特点是有一个双吸式叶轮，可从叶轮的两侧同时吸入液体以增加大流量。

单级双吸式离心泵由泵体、泵盖、叶轮、泵轴、密封环、轴套、填料套、填料、填料环、水封管、填料压盖、机座、电动机等主要零部件组成。

单级双吸式离心泵型号编制方法如下。

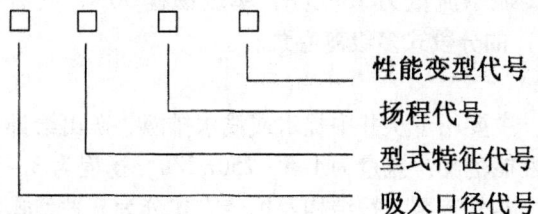

单级双吸离心泵型号表示方法说明：
(1) 吸入口径代号用阿拉伯数字表示，单位是 mm。
(2) 型式特征代号用 S 表示一般单级双吸式离心水泵。
(3) 扬程代号用阿拉伯数字表示它的设计扬程，单位是米水柱（mH_2O）或帕（Pa）。
(4) 性能变型代号用大写汉语拼音字母 A，B，C 等表示，其含义是第 1，2，3 等次切割叶轮。

例如：250S65B 表示吸入口直径为 250mm，扬程 65m，经过第二次切割叶轮外径的一般单级双吸离心水泵；600S100A 表示吸入口直径为 600mm，扬程为 100m，经过第一次切割叶轮外径的一般单级双吸离心水泵。

3．一般多级离心泵

一般多级离心泵用于输送温度不高于 80℃ 的清水或物理化学性质类似水的其他液体，适用于高层建筑的供水和矿山排水。多级离心泵的性能范围，流量为 $10\sim720m^3/h$，扬程为 $23\sim630m$。该泵的结构是将多个单级叶轮串联在一根泵轴上，液体依次从前一级叶轮的出口通过导轮压入下一级叶轮的入口，每经过一级叶轮，液体的压力增加一次，级数越多，液体增加的压力越大，扬程越高。通常情况下，叶轮级数不超过 13 级。当前多级离心泵趋向于高转速、少级数。

多级离心泵型号有以下两种表示方法，第一种是流量-扬程（Q-H）表示方法。其表示方法如下。

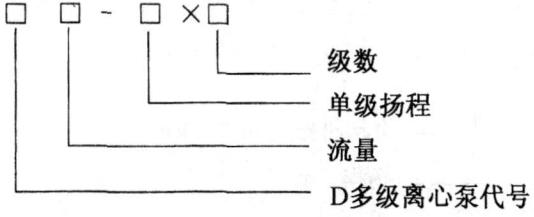

第二种为吸入口径-扬程（d-H）表示方法。其表示方法如下。

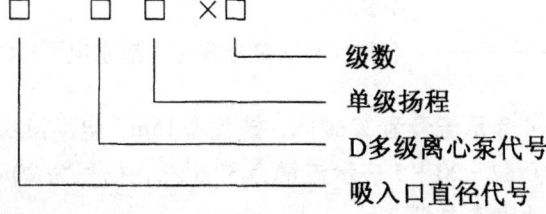

多级离心泵吸入口直径用数字表示，单位是 mm，多级离心泵代号用大写汉语拼音字母 D 表示，单级扬程用数字表示，单位是 m，级数代号用 $1\sim13$ 数字表示。

例如：D25-50×12 表示流量为 $25m^3/h$，单级扬程 50m，共有 12 级叶轮，总扬程为 600m（50m×12=600m）的分段式多级离心泵。

4. 小型潜水电泵

潜水电泵是专用泵，主要用于从井中提水或浅水排灌、矿山给排水、或物理化学性质类似清水的液体。该类泵性能范围：流量为 $1.5\sim250m^3/h$，扬程为 3~55m。根据国家有关规定，该泵为单级或多级立式外装型，按结构及配装方式分为五种型式，有单相干式下泵型电泵、干式下泵型电泵、干式上泵型电泵、充油上泵型电泵和充水上泵型电泵。小型潜水电泵型号表示方法如下。

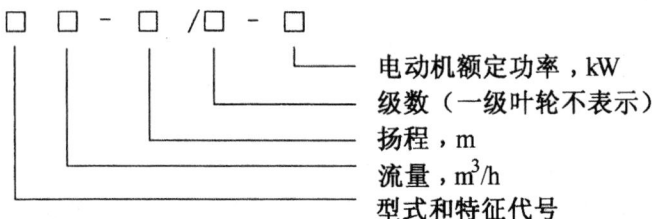

小型潜水电泵型号说明：型式和特征代号用大写汉语拼音字母表示，"Q"表示小型潜水电泵；"D"表示单相电动机（三相电动机不表示）；"Y"表示充油式电动机；"S"表示充水式电动机；"X"表示下泵式（上泵式不表示）。流量用数字表示，单位是 m^3/h。扬程为单级或多级扬程，用数字表示，单位是 m。级数用数字表示，单级不表示。电动机额定功率用数字表示，单位是 kW。

例如：Q40-28/2-3 表示流量为 $40m^3/h$，总扬程为 28m，2 级电动机，额定功率 3kW 的三相干式上泵小型潜水电泵。

5. 离心式污水潜水电泵

该泵主要用于输送含污物、纤维、固体颗粒的液体。该泵为单级单吸立式，泵与电动机共轴，叶轮分为开式、半开式、闭式三种。流量 $Q=2\sim600m^3/h$，扬程 $H=5\sim30m$。按排出液体的方式分为外装式、内装式、半内装式三种型式。离心式污水潜水电泵型号表示方法如下。

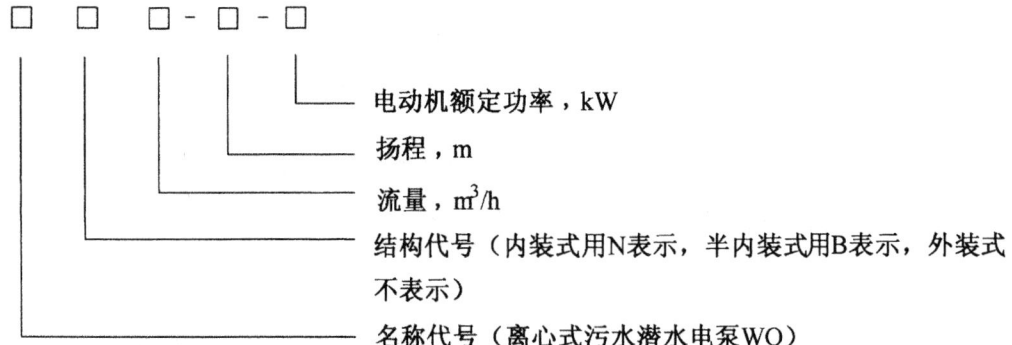

例如：WQ32-15-4 表示流量为 $32m^3/h$，扬程为 15m，电动机功率为 4kW 的外装式离心式污水潜水电泵；WQN32-20-5 表示流量为 $32m^3/h$，扬程为 20m，电动机额定功率为 5kW 的内装式离心式污水潜水电泵。

6. 井泵

井泵主要分为深井泵和潜水泵，主要用于低水位深井中抽水、石油和其他液体。该泵属于立式单吸式多级离心泵,分为地上和地下两部分。地上部分有安装出水管用的泵底座,在其上装有电动机;地下部分有吸水管、泵的工作部分和兼作扬水管用的连管。在扬水管中央有自动电动机,通过传动轴向泵的工作部分传递动力,工作部分由导叶与叶轮组成。电动机运转时,传动轴带动叶轮旋转,水从井中进入导叶与叶轮,并逐级增加压力,最后通过扬水管底座的水管排出。叶轮浸没在水中,启动前不需灌泵。深井泵的系列产品有 J、JD、SD、H 等类型。浓井泵的型号表示方法与离心泵一样。

例如：300J100×3 表示适用井径 $D \geqslant 300m$ 的深井泵,流量为 $100m^3/h$,共有 3 级叶轮。

潜水泵是将电动机与泵组合成一个整体并浸入水中进行提水和输送水的设备。它由潜水电动机、水泵（离心式、轴流式、混流式）、扬水管、控制开关等组成。潜水电动机内有密封装置,以防止水进入电动机内。密封方式有充油式、充水式和充气式三种,该泵的系列产品主要有 JQ,JQA,JQS,JQB 等类型。

例如：JQB-5-69 表示出水口直径为 127mm（5in）,比转数为 690,采用机械式密封的潜水泵。

三、往复泵

（一）往复泵的用途和结构

1. 往复泵的用途

往复泵是一种容积式泵。它是通过工作腔内的构件（活塞、柱塞、波纹管、隔膜等）的往复位移来改变工作腔内容积,从而实现液体的吸入和排出。往复泵具有扬程大、能自吸、流量与排出压力无关等优点。该泵广泛用于高扬程、小流量和对流量进行计量的场合,可输送粘性液体、化学液体,也可在水压机上用作动力泵。

2. 往复泵的一般结构

往复泵主要由水力作用部分和传动部分组成。水力作用部分由活塞（柱塞）、泵缸、吸水阀、排出阀、吸入管、排出管、工作室等组成,传动部分由原动机、减速器组成。

（二）往复泵的分类与工作原理

1. 往复泵的分类

（1）按活塞（柱塞）数目多少分为单联泵、双联泵、三联泵、多联泵（有四个以上活塞）。

（2）按工作原理及液力端结构特点分为活塞泵、柱塞泵、隔膜泵、油隔离泵、单作用泵、双作用泵、差动泵、单缸泵、双缸泵、三缸泵、多缸泵等。

（3）按泵排出压力大小分为低压泵（排出压力低于 2.5MPa）、中压泵（排出压力为 2.5~10MPa）、高压泵（排出压力大于 10~100MPa）和超高压泵（排出压力高于 100MPa）。

（4）按泵的工作用途分为计量泵、试压泵、注水泵、船用泵和清洗用泵。

①计量泵：包括柱塞计量泵、隔膜计量泵、波纹管计量泵、手动计量泵、电控计量泵、气控计量泵等。

②试压泵：是对阀门、管路和容器进行试压的泵。该泵有手动试压泵和电动试压泵。

③注水泵：主要向油层、煤层中注水的泵。

④船用泵：主要向船舶上输送各种介质的泵。

⑤清洗用泵：主要用于清洗机上提供压力清洗液的泵。

2. 往复泵的工作原理

当连杆机构驱动活塞自左向右移动时,泵缸内的工作室容积增大,导致泵缸内压力降低而使排出阀关闭,吸入阀在大气压力作用下被打开,液体经吸入管路进入工作室,当活塞移动至最右端时,工作室容积达到最大值,吸入的液体量也达到最大值,这一过程称为吸入过程。当活塞自右向左移动时，工作室容积变小，泵内液体压力增高而将吸入阀关闭，排出阀在液体压力作用下被打开，液体从排出口排出，活塞移至最左端时，工作室内容最小，完成其排出液体过程，这一过程称为排出过程。完成一个吸入和排出过程称为一个工作循环，当活塞在泵缸内往复运动时，往复泵就能不断地吸入和排出液体。

（三）往复泵型号的编制方法

往复泵的型号表示方法如下。

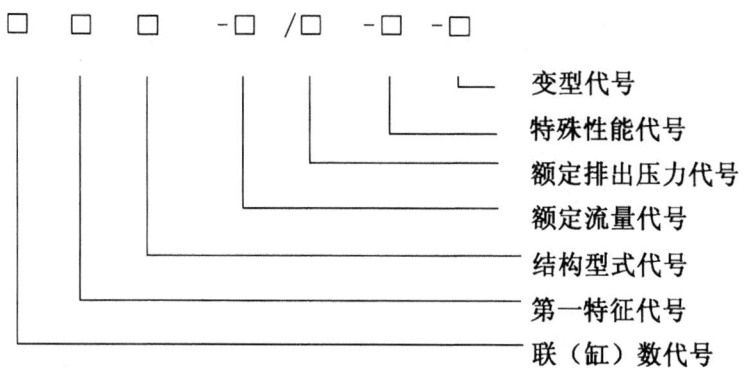

代号说明：

（1）联（缸）数代号用数字表示，单联不表示。

（2）第一特征代号指泵的驱动方式、输送介质、结构特点、功能和主要配套五类中最能代表泵的一个特征，泵的第一特征见表2-9-40。

表2-9-40 泵的第一特征

泵种	第一特征	代号	意义	泵种	第一特征	代号	意义
气（汽）动泵	输水	QS	气（汽）水	化工泵和清水泵	液氨	A	氨
	输油	QY	气（汽）油		氨水	AS	氨水
	其他	Q	气（汽）		催化剂	CJ	催剂
液动泵	液动	YD	液动		硅酸铝胶液	LY	铝液
试压泵	电动	DY	电压		去离子水	QZ	去子
	手动	SY	手压		水	S	水
计量泵	计量	J	计		醋酸铜氨液	TY	铜液
手动泵	手动	SD	手动		硝酸	X	硝
一般机动泵	隔膜	KM	颗膜		油	Y	油
	油隔膜	KY	颗油		蒸汽冷凝液	ZN	蒸凝
	水隔膜	KS	颗水	其他	船用	C	船
	水冲洗	KC	颗冲		上充	SC	上充
	柱塞	KZ	颗柱		注水	ZS	注水
	活塞	KH	颗活		增压	ZY	增压

(3) 结构型式代号，立式用 L，隔膜用 M，其他型式不注出。

(4) 额定流量代号，额定流量用数字表示，计量泵和试压泵的单位为 L/h，手动泵为 mL/次，其他泵为 m^3/h。对多联计量泵应列出各联缸的额定流量。

(5) 额定排出压力代号用数字表示，单位为 MPa。对多联计量泵应列出各联缸的额定排出压力，多联参数用逗号分开。

(6) 特殊性能代号用大写汉语拼音字母表示，特殊性能代号见表 2-9-41。

表 2-9-41 特殊性能代号

特殊性能	代 号	特殊性能	代 号
防爆	B	调节流量	T
防腐	F	保温夹套	W

(7) 变型代号用数字 1~9 表示。

例如：3J-2×2000/2，40/1.5-F2 表示第一、第二联额定流量为 2000L/h、额定排出压力为 2MPa，第三联额定流量为 40L/h，额定排出压力为 1.5MPa，并经过第二次变形的防腐三联卧式电动计量泵；SYL-35/6 表示额定流量为 35mL/次，额定排出压力为 6MPa 的立式单缸手动试压泵。

石油行业用于油田注水的泵，常用的排出压力为 14~22MPa。

四、齿轮泵

(一) 齿轮泵的用途和结构

齿轮泵属于容积式回转泵的一种，主要用于输送黏性液体，在各种机械或机床上及速度中等、压力不大的简单液压系统和润滑系统中作为辅助油泵。

齿轮泵的结构一般由主动齿轮、从动齿轮、泵体、泵盖、泵轴、轴承等主要零件组成。

(二) 齿轮泵的分类和工作原理

1. 齿轮泵的分类

齿轮泵的品种很多，按齿轮啮合方式不同分为外啮合齿轮泵和内啮合齿轮泵；按齿形分正齿轮泵、斜齿轮泵与人字齿轮泵。常用的是外啮合正齿轮泵。

2. 齿轮泵工作原理

齿轮泵是由电动机带动主动齿轮旋转，被动齿轮通过与主动齿轮啮合而转动。当齿轮逐渐分开时，吸入腔的容积逐渐增大，形成局部真空，在大气压力作用下，将储液箱内的液体经吸入管吸入，压出腔的空间（工作容积）因齿轮挤出液体而形成高压，由出油口排出高压液体。主动齿轮、被动齿轮不断旋转，泵便不断吸入和排出液体。

(三) 齿轮泵的型号

(1) 2CY-1.1-1.45-1；2CY 名称代号，表示双齿轮外啮合齿轮油泵；1.1 流量代号，表示流量为 $1.1m^3/h$；1.45 排出压力代号，表示排出压力为 1.45MPa；1 是设计顺序代号，表示经过一次结构设计。

(2) CH-4.5 表示流量为 4.5L/min 的齿轮油泵。

(3) KCB-18.3 表示流量为 18.3L/min，可控制排出压力的螺旋齿轮泵。

(4) 2CN-5.5/0.4-1 表示流量为 $5.5m^3/h$，排出压力为 0.4MPa，经过第一次结构设

计的双齿轮氨液泵。

五、螺杆泵

(一) 螺杆泵的用途和结构

螺杆泵是依靠一根或几根互相啮合的螺杆,通过旋转运动改变工作容积,从而实现液体增压并输送液体的机器。在化工、石油、矿山、机床、造船、食品等工业部门中被用来输送各种油、水等液体。该泵的特点是液体沿轴向流动,流量均匀连续,脉动小,运转平稳,无噪声,无振动,适用于输送粘度大、有微粒的液体。

螺杆泵的结构主要由泵体、泵套、主动螺杆、从动螺杆、轴封等部件组成。

(二) 螺杆泵的分类和工作原理

1. 螺杆泵的分类

螺杆泵按其啮合的螺杆数目的不同分为单螺杆泵、双螺杆泵、三螺杆泵、五螺杆泵等,按泵轴安装位置的不同分为卧式螺杆泵、立式螺杆泵两种。常用的是卧式三螺杆泵。

2. 螺杆泵的工作原理

当主动螺杆带动被动螺杆转动时,其相啮合处形成密封线,在密封线之间的螺纹槽中形成密封腔。随着螺杆转动,密封线从吸入腔移向排出腔,密封腔中的液体也连续地沿轴向推移到排出腔。由于密封线总是从吸入腔一端移向排出腔一端,致使吸入腔容积扩大,形成局部真空,得以吸入液体,而排出腔容积缩小,形成高压,得以连续压送液体。

常用螺杆泵的型号代号有 3G、3U、3GS、GNF 等。

(1) GNF40×4:GNF 是名称代号,表示高粘度耐腐蚀螺杆泵;40 是螺杆直径代号,表示螺杆直径为 40mm;4 是螺距代号,表示螺距为 4mm。

(2) 3G25×4-1.6/2.5:3 是螺杆数代号,表示 3 螺杆;G 是名称代号;25 是主螺杆外径代号,表示主螺杆外径为 25mm;4 是螺距代号,表示螺距为 4mm;1.6 是流量代号,表示流量为 1.6m^3/h;2.5 是排出压力代号,表示排出压力为 2.5MPa。

六、真空泵

(一) 真空泵的作用和分类

抽吸设备或系统中的气体并使其获得真空的泵,称为真空泵。真空泵主要用于真空冶炼、真空干燥、真空处理、真空浸渍、真空蒸馏、真空模拟装置及其他真空作业中。

真空泵按结构不同分为活塞式、水环式、滑阀式、旋片式、往复式等,按工作原理不同分为机械真空泵和扩散真空泵。机械真空泵是利用机械方法获得真空;扩散真空泵是利用高速油或蒸汽分子将稀薄气体中的分子带到高压强区域,然后被机械泵抽吸,常见的有水环式和往复式两种。

(二) 真空泵的型号

真空泵产品发展较快,但型号表示方法也不统一,现将有规律的部分介绍如下。

真空泵的型号由主型号和辅助型号组成,中间用"-"号隔开。主型号采用大写汉语拼音字母来表示泵的类组和结构,辅助型号表示泵的抽速大小、流量和设计序号,个别的也表明进排气口径。主型号含义见表 2-9-42。

表 2-9-42 真空泵的主型号含义

代 号	含 义	代 号	含 义
Z	真空泵	W	往复式结构
X	旋片式结构	H	滑阀式结构
S	水环式结构	D	定片式结构
K	高真空泵	YQ	医疗器械用泵
L	罗茨式	J	机组
PB	蒸汽喷射	B	悬臂式结构

(1) 2ZL-6：2 是级数代号，表示为双级；Z 是名称代号，表示真空泵；L 是结构代号，表示罗茨；6 是抽气速率，表示抽气速率为 $6m^3/min$。

(2) SZB-4：S 是特性代号，表示水环式；Z 是名称代号，表示真空泵；B 是结构代号，表示悬臂式；4 是水银柱高为 520mm 时的流量，表示在压力为 520mm 高水银柱时，流量为 4L/s。

七、工业泵的验收及保管

工业泵的验收和保管参阅机电产品的一般验收和保管要求。此外，泵体的疏排水口应开启，保持内部干燥，泵体内不得有积水。泵的进水口和水管的进出口应用木盖或木塞堵住，防止雨水及杂物落入。

第十节 风机和空气压缩机

一、风机

(一) 风机的用途

风机是用以输送和加压气体的机械。除了用于各种建筑物的通风换气和降温除雪之外，它还广泛应用于降温取暖、锅炉设备运行时的引风和送风、矿井隧道的通风换气、电站冷却塔的冷却通风、石油天然气的输送及石油化学工业生产过程中各种气体输送等。

(二) 风机的分类

(1) 按其工作原理不同，风机可划分为离心风机和轴流风机。

(2) 按其排出的风能不同，风机可划分为高、中、低压风机。一般来说，风压值小于或等于 1kPa 的风机称为低压风机，风压值在 1~3kPa 范围的称为中压风机，风压值在 3~15kPa 范围的称为高压风机。

(三) 风机的结构和工作原理

1. 轴流风机的结构和工作原理

轴流风机由叶轮、机壳、进风口、出风口、支架等部分组成。

轴流风机是利用叶轮旋转时产生的推力来输送气体的，气体沿轴向流动。它既可以作水平旋转，又可垂直放置，甚至不必接入通风管路而直接安装。

2. 离心风机的结构和工作原理

离心风机主要由叶轮、机壳和装有转轴的机座组成。

在原动机的带动下，叶轮高速旋转，叶轮中的气体在叶片推动和离心力作用下，由叶轮中心流向周边，接着被甩入壳体的流道内，经过流道后流速减慢，但压力增高，气体便从高压区进入输送管路进行输送。另外,在叶轮中心处,气体压力形成低于大气压力的真空状态,或形成低于进口压力的真空状态,靠此低压气体被抽入风机之内。

(四) 风机型号的表示方法

1. 轴流风机的型号表示方法

轴流风机的型号由叶轮型号、品种、规格三部分组成,其具体表示方法及含义如下。

(1) 型号:型号的表示方法如下。

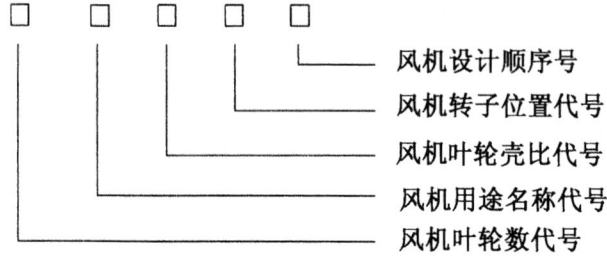

①风机叶轮数代号:对于单个叶轮的轴流风机可不表示,双叶轮用"2"表示。
②风机用途名称代号:指轴流风机在用途上的不同,其含义与离心风机一致。
③风机叶轮壳比代号:为叶轮底径与外径之比,取百分数的分子(两位整数)表示。
④风机转子位置代号:对于卧式用"A"表示,对于立式用"B"表示。
⑤风机设计顺序号:用数字表示风机产品设计次序的先后。

(2) 品种:轴流风机的品种是风机的机号,它以风机叶轮外径的分米数表示,并在前面冠以符号"No"。

(3) 规格:轴流风机的规格型式如下。

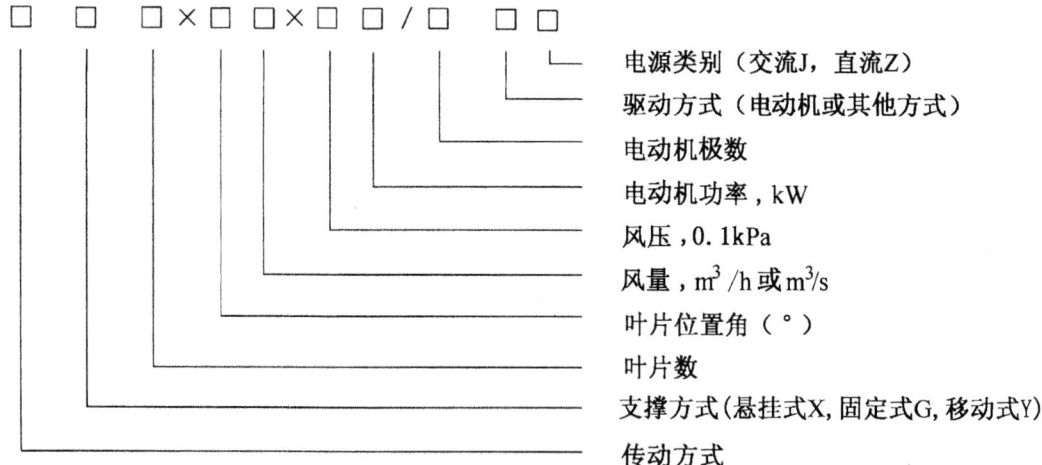

例如:T30No8A4×25°,表示此风机为一般通风换气用轴流风机,叶轮壳比为0.3,机号为No8(叶轮外径800mm),采用A式电动机直联传动,有4个叶片,叶片位置角为25°。

2. 离心风机的型号表示方法

离心风机的全称按风机的型号、品种、规格三部分组成,各部分的含义如下。

(1) 型号:型号是风机代号中的主要部分,以数字代号表示,反映风机具有的主要特征,具体表示方法如下。

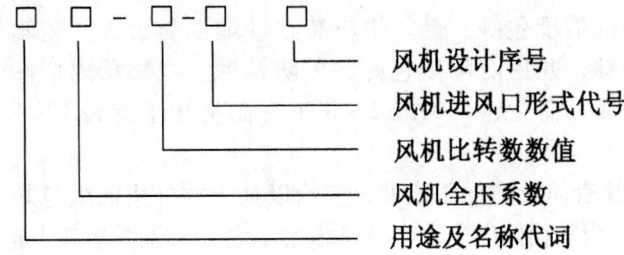

(2) 品种：离心风机的品种是风机的型号，它以风机叶轮外径的分米数表示，前面冠以符号"No"。

(3) 规格：离心风机的规格型式如下。

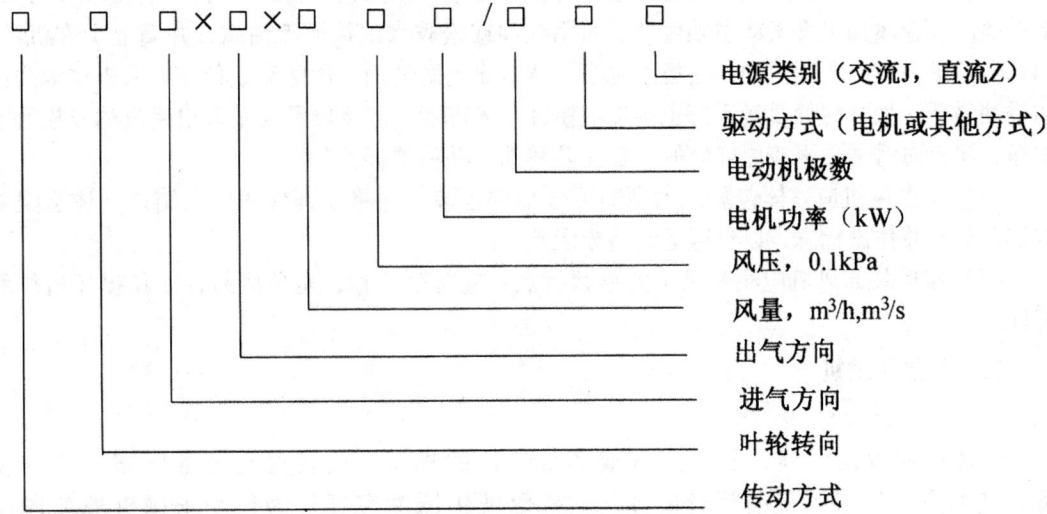

例如：G4-73-11No18D90°表示此风机为锅炉送风机，在最佳工况点的全压系数为0.4，比转数为73，单侧吸入式，第一次设计。机号为No18（叶轮外径1800mm），采用D式联轴器连接传动，叶轮转向为右旋（可省略），进风口为轴向进气（代号省略），出风口位置角为90°。

（五）风机的验收与保管

1. 验收

(1) 叶片应均匀分布在叶轮上，可用手转动主轴，其叶轮旋转时叶片不得触及机壳。

(2) 风机外表油漆层应光洁，色调一致，无流痕及脱落等缺陷。

(3) 机壳内部表面、叶轮、盖板及节流装置等均应涂红丹防锈漆。

(4) 电动机应无受潮、发霉现象。

2. 保管

(1) 露天存放应下垫30～50cm高，上盖要严密，进出风口向下并加盖封闭，以防雨水及杂物进入。

(2) 耐酸风机用料较脆，极易损坏，在搬运、保管、保养过程中，应防止磕碰。存放时，不宜重叠码垛。

（3）叶轮的轴孔、风机主轴与叶轮、联轴器或皮带轮配合的轴颈部分均需涂以工业凡士林，并用防潮油纸包好，键、销应装在轴端以防丢失。主轴外露表面，可涂酚醛清漆或工业凡士林，并用防潮纸包好，以防锈蚀。主轴承内应注入钙基脂，并将油杯盖紧，以防雨水浸入而生锈。每隔2~3个月需将转子旋转120°或180°，以防主轴弯曲。

（4）凡外露螺纹表面及精加工表面，应涂以凡士林并用油纸包好，以防锈蚀及碰伤。带有齿轮箱的风机，齿轮箱内应注入24号汽缸油，注入的油量应使齿轮全部浸入油内为宜，并将齿轮箱盖紧。每隔2~3个月应将齿轮转动20~30转，使油经常附于齿廓表面，以防锈蚀。

（5）存放在室内的风机，至少每半年检查一次，存放在室外的至少每三个月检查一次。如发现风机外壳及加工表面、主轴等已生锈，应立即进行除锈保养。其保养方法如下：

存放于露天货场上的风机极易脱漆生锈，应用钢丝刷除锈，再用1号砂纸打磨干净，重新补漆。凡金属加工表面或主轴生锈，可用汽油或松香水洗掉原涂油脂，并滴上少许机油，用0号砂纸除锈，再用汽油或松香水洗净，然后涂上防锈油，用防潮纸包好。风机轴承内的防锈油易干，如防锈油质量不好也会造成锈蚀。入库后，应将轴承与轴取出用汽油或松香水洗净，涂上防锈油后再按原样装好，加注防锈油，并将油杯盖紧。

（6）小型风机应整体包装，大型的可分部件包装，并将零部件固定在箱内。注意集中成套存放，并作出标志，以免搬运时造成混乱。

（7）搬运装卸风机应注意风机的形状特点，应起落平稳，避免倾斜，以免损坏机体和部件。

二、气体压缩机

（一）压缩机的用途

气体压缩机是压缩、压送空气或其他气体的机器，或者说是制备压缩气体的设备。在冶金、煤炭、石油等采矿部门，广泛使用压缩空气作为风动采掘机械和风动工具的动力。在机械制造、造船工业及其他工程建设中，也广泛使用压缩空气作为风动设备及风动工具的动力。压缩空气还作为控制动力源应用于电气开关控制、仪表控制和车辆制动等方面。此外，在喷漆、轮胎充气以及食品和纺织等工业上也广泛使用压缩机。

（二）气体压缩机的分类

1. 按工作原理分类

气体压缩机按工作原理分为透平式和容积式两大类。透平式压缩机利用叶轮和导轮进行工作，根据叶轮的不同又有离心式和轴流式之分，它们与相应的离心风机和轴流风机的结构及工作原理相同。容积式压缩机通过改变压气室（缸）的工作容积进行工作，它们又分往复活塞式和回转式两种类型，而往复活塞式应用最广泛。

2. 按压缩气体的性质分类

按压缩气体的性质不同，可分为空气压缩机、煤气和石油气压缩机、稀有气体压缩机、氧气压缩机、氮气压缩机、氨气和氟利昂气体压缩机等。其中氨气和氟利昂气体压缩机是制冷用压缩机，属制冷设备。

3. 按生产能力（排气量）分类

气体压缩机按生产能力分为大型排气量 $Q \geq 100$、中型排气量 $10 \leq Q < 100$、小型排气量

$1 \leqslant Q < 10$ 和微型排气量 $Q < 1$（Q 为排气量，单位 m^3/min）。

4. 按排出压力分类

气体压缩机按排出压力分为低压、中压、高压和超高压。低压 $0.2 < p \leqslant 1.0$，中压 $1 < p \leqslant 10$，高压 $10 < p \leqslant 100$，超高压 $p > 100$（p 为排出压力，单位 MPa）。

（三）活塞式压缩机的型号表示方法

活塞式压缩机的型号表示方法如下。

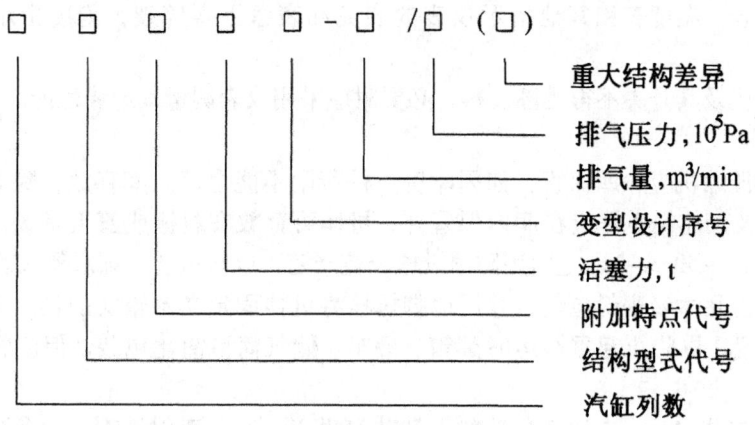

型号各部分的内容含义如下。

(1) 汽缸列数指汽缸的中心线数目。在结构型式中，L 型和 H 型列数为 1 时可不表示。

(2) 结构型式代号表示压缩机结构上的不同点，其含义见表 2-9-43。

表 2-9-43 活塞式压缩机的结构型式代号含义

代 号	含 义	代 号	含 义
Z	立式压缩机	L	气缸为角形排列
D	卧式压缩机	S	气缸为扇形排列
V	气缸为 V 型排列	X	气缸为星形排列
W	气缸为 W 型排列	H	气缸为对称平衡型排列

(3) 附加特点代号指结构型式代号尚未反映出来的一些特点，如 Y 表示压缩机是移动式，B 表示压缩机是半移动式，F 表示压缩机是固定风冷式。

(4) 活塞力以各缸中的最大活塞承受力表示，单位是 t，小于 1t 则不表示。

(5) 变型设计序号以数字表示。

(6) 排气量和排气压力以分式表示压缩机的性能参数，分子为排气量，分母为排气压力。它是型号的主要内容之一。

(7) 重大结构差异代号以罗马数字 Ⅰ、Ⅱ、Ⅲ、Ⅳ 等表示。

型号举例：

(1) 3W-0.9/7 表示该压缩机气缸为 3 列，W 型排列，活塞力小于 1t（省略），排气量为 $0.9 m^3/min$，排气压力为 0.7MPa 的活塞式压缩机。

(2) L3.3-13/320 表示该压缩机气缸为单列（省略），L 型排列，活塞力为 3.3t，排气量为13m³/min，排气压力为32MPa的活塞式压缩机。

（四）压缩机的验收与保管

1. 验收

（1）凡运转部分必须光滑灵活，不得过紧或过松。表面应无斑点、损伤，并应涂有防锈油层。

（2）风冷式散热片不得凸凹或碎裂。

（3）管路连接部分要牢固，不得松脱或断裂，铜管不得有瘪进和裂纹等现象。

（4）压力表、温度表和其他指示仪表的表壳和表盘不得碎裂，刻度指示针必须灵活准确。

（5）电动机及其开关不得受潮发霉，必要时应采用仪表测量其绝缘性能。

2. 保管

（1）气体压缩机应入库保管，如因库房条件所限不能全部入库存放，除电气设备、压力表、温度表及其他仪表等应在库内保管外，机体可存放在料棚或露天货场，但地面应干燥，并需下垫30~50cm高，上面用防雨设施苫盖严密，以防风沙、雨水侵入。

（2）机体应用木箱密封包装，并用地脚螺栓将机体固定在木箱底的垫木上，并标明箱内物体重心位置，以防止起重搬运时翻箱、翻车。储气筒可简化包装，但应符合运输安全要求。

（3）搬运与装卸时，应注意包装特点和装箱重心，避免歪斜倾倒。起落应平稳，不能碰撞，以确保安全。

第十一节 焊 接 材 料

焊接材料是指焊接时所消耗的材料。焊接材料有金属焊接材料，也有塑料等其他焊接材料，这里所指的焊接材料系金属焊接材料。

金属焊接材料按其性能和用途分为电焊条、焊丝、焊剂、钎料等。

一、电焊条

电焊条是焊接材料的一部分，其结构是由金属焊芯和药皮组成。金属焊芯的化学成分与焊件的化学成分相适应。药皮（涂料）是由某些矿石、铁合金、化学药品等按一定比例配合而成混合涂料，一般是在焊条外层。药皮的作用是改善焊缝质量和提高电弧焊的稳定性。

（一）分类

电焊条的品种很多，其分类方法主要有以下几种：

（1）按电焊条的材质可分为结构钢焊条、不锈钢焊条、堆焊焊条、低温钢焊条、铸铁焊条、铂耐热钢焊条以及其他特殊焊条。

（2）按焊接工艺可分为电弧焊条、气体保护焊条等。

（3）按电焊条药皮的酸碱性分为酸性电焊条和碱性电焊条。

（4）按电焊条药皮的化学成分组成分为钛型焊条、钛钙型焊条、钛铁型焊条、氧化铁型焊条、低氢型焊条、纤堆素型焊条、铁粉焊条。

（二）各种型号电焊条简介

1. 碳钢焊条

碳钢焊条主要用于一般低碳结构钢即碳素结构钢，某些品种亦可用于低合金结构钢。

1）类别系列

碳钢焊条按熔敷金属的抗拉强度分为 E43 系列（抗拉强度 σ_b 为 43kgf/mm²❶）和 E50 系列（抗拉强度 σ_b 为 50kgf/mm²）。

2）规格及药皮类型

规格用直径表示，具体规格有 1.6mm、2.0mm、2.5mm、3.2mm、4.0mm、5.0mm、6.0mm、8.0mm 几种，长度在 200～650mm 之间。药皮类型见表 2-9-44。

表 2-9-44 药 皮 类 型

代 号	药皮类型	焊接位置	焊接电源
00	特殊型	平焊 立焊 仰焊 横焊	
01	钛铁矿型		交流或直流正、反接
03	钛钙型		
08	石墨型		交流或直流
10	高纤维钠型或高纤维素钠型		直流反接
11	高纤维钾型或高纤维素钾型		交流或直流反接
12	高钛钠型		交流或直流正接
13	高钛钾型		交流或直流正、反接
14	铁粉钛型		
15	低氢钠型		直流反接
16	低氢钾型		交流或直流反接
18	铁粉低氢型		
20	氧化铁型或高氧化铁型	平焊、角焊	交流或直流正接
22			
23	铁粉钛钙型	平焊、角焊	交流或直流正、反接
24	铁粉钛型		
27	铁粉氧化铁型		交流或直流正接
28	铁粉低氢型	平焊、立焊	交流或直流反接

3）型号

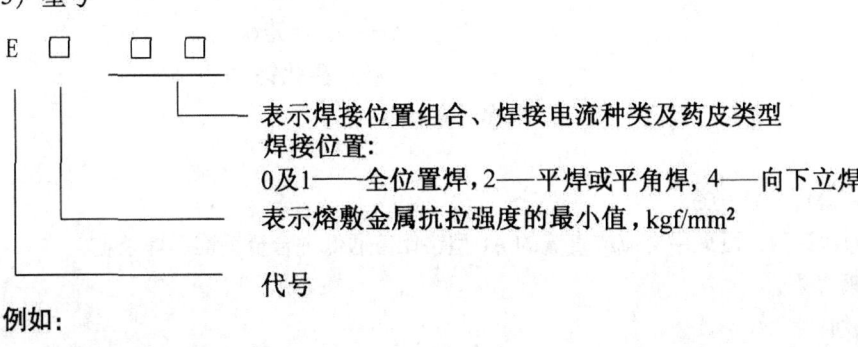

例如：

---

❶ 1kgf/mm² = 9.8MPa。

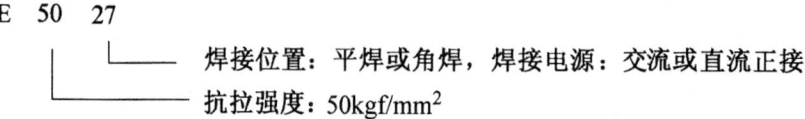

2. 堆焊电焊条

堆焊是指为增大或恢复焊件尺寸，或使焊件表面获得具有特殊性能的熔敷金属而进行的焊接。该焊条主要用于机械制造零部件的表面堆焊。

1）类别

堆焊焊条按用途和化学组成划分为普通低中合金钢、热强合金钢、高速钢、高合金钢及合金铸铁等。

2）品种、规格及药皮类型

堆焊焊条按制造工艺分为冷拔焊芯和铸造焊芯两种。规格用直径表示，有3.2mm、4.0mm～7.0mm，250～450mm。药皮类型有低氢钠型、石墨型等四种。

3）型号

堆焊电焊条表示如下。

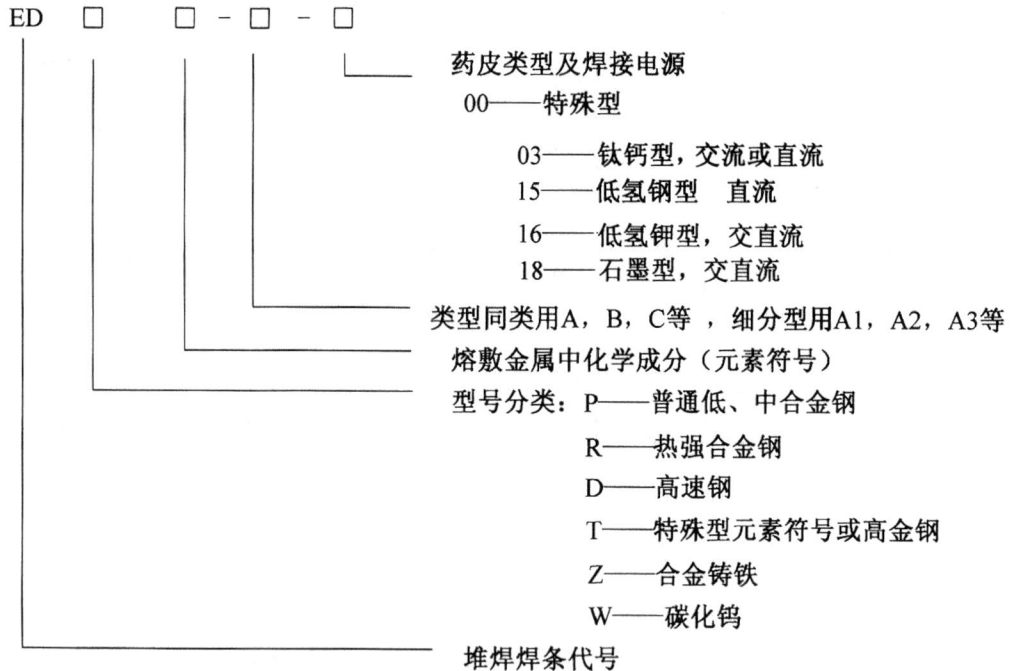

例如：EDPCrMo－A1－03

药皮类型为钛钙型，可采用交流或直流的A1型铬钼普通低中合金钢堆焊焊条。

3. 低合金钢焊条

1）类别系列

低合金钢焊条按熔敷金属的抗拉强度最小值，分为E43、E50、E55、E60、E70、E75、E85七个系列。

2）规格及药皮类型

焊条规格用直径表示有2.0mm、2.5mm、3.2mm、4.0~8.0mm，长度在250~450mm之间。其药皮类型有钛钙型、纤维型、低氢钠型等。

3）型号

低合金钢焊条的型号表示方法如下。

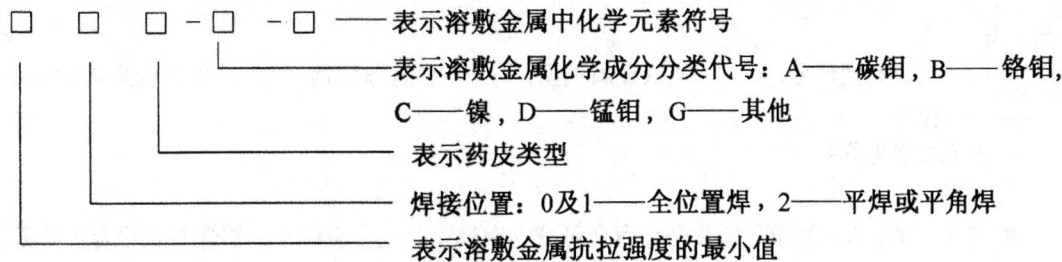

4. 不锈钢电焊条

不锈钢电焊条主要用于焊接铬不锈钢和铬镍耐蚀钢及耐热钢。

1）类型

不锈钢电焊条按药皮类型分为碱性（适用于反接）和其他类型药皮。编号为15的焊条碱性药皮中含有大量的钙，编号为16的焊条可以是碱性，也可以是钛型或钛钙型药皮。

2）规格

焊条的直径分为1.6mm、2.5mm、3.2mm、4~6mm，长度在220~400mm之间。

不锈钢电焊条型号表示如下。

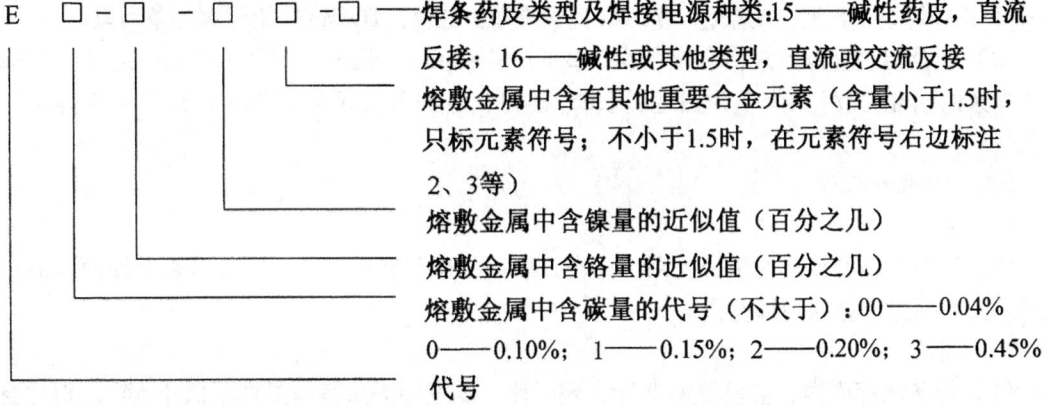

5. 铸铁电焊条

用于铸铁电焊工艺的电焊条称为铸铁电焊条。主要用于灰口铸铁、可锻铸铁、球墨铸铁及某些合金铸铁的补焊。

1）铸铁电焊条的分类

铸铁电焊条按化学成分分为钛基焊条、镍基焊条和其他焊条三大类。以上各类焊条按其化学成分又可分为多个品种或小类，如钛基焊条分为灰铸铁焊条和球墨铸铁焊条两种，镍基焊条又分为纯镍、镍铁、镍铜、镍铁铜焊条，其他分为纯铁焊条及碳钢焊条、高钒焊条。

焊条按制造工艺分为铸造焊芯焊条和冷拔焊芯焊条两类。

2）铸铁电焊条的规格

铸铁电焊条的规格用直径表示，铸铁焊芯焊条有4mm、5mm、6mm、8mm、10mm五种，冷拔焊芯焊条有2.5mm、3.2mm、4mm、5mm、6mm五种。长度一般有200mm、300mm、350mm、400mm、500mm、550mm、650mm等。

3）型号

按国家的有关规定，铸铁焊条型号表示方法如下。

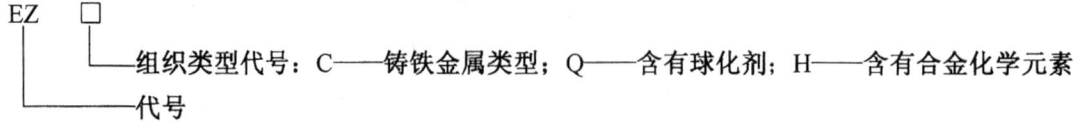

6. 有色金属电焊条

1）分类

按有色金属电焊条基础元素及合金命名可分为铜焊条及铜合金焊条，铝焊条及铝合金焊条，镍焊条及镍合金焊条等。

2）型号

有色金属电焊条型号表示如下。

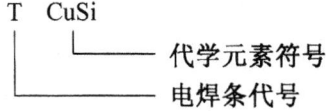

有色金属焊条常用的铜及铜合金焊条、铝及铝合金焊条，简要介绍如下。

（1）铜焊条和青铜焊条规格有直径为3.2mm、4~6mm，长度为350mm，其标色在焊条端部。TCu铜焊条为白色，TCuSi硅铜合金焊条为黄色，TCuSnA锡铜焊条（A组）为蓝色，TCuSnB锡铜焊条（B组）为茶色，TCuAl铝铜焊条为红色，TCuMnAl铝锰铜焊条为黑色。

（2）铝及铝合金焊条规格有直径为3.2mm、4~6mm，长度在350~355mm之间。其标色在焊条的端部，TAl铝焊条为白色，TAlSi硅铝合金焊条为黄色，TAlMn锰铝合金焊条为蓝色。

（三）验收和保管

1. 验收

检查焊条药皮的完整性是否受潮、损伤、脱落，用手轻敲焊条，听其是否有硬而脆的金属声，无硬而脆的金属声即受潮。

2. 保管

（1）焊条储存库内，应设置温度计、湿度计。低氢型焊条室内温度不低于5℃，相对空气湿度低于60%。

（2）焊条应按种类、牌号、批次、规格、入库时间（含生产时间）分类堆放，垛有标志，以防混乱。垛或货架离地面高度不小于300mm，离墙距离不小于300mm，架下应放干燥剂，严防受潮。特殊焊条储存与保管要求应高于一般焊条。

二、焊丝

（一）焊丝的分类

焊丝是指焊接时作为填充金属或作为导电的金属丝。

1. 按自然属性分类

焊丝按自然属性分为黑色焊丝和有色焊丝两大类。

2. 按制造工艺分类

焊丝按制造工艺分为实芯焊丝和药芯焊丝两种。

实心焊丝是用热轧盘元（又称线材）经拉拔加工而制成的。为了防止焊丝锈蚀，除个别品种（如不锈钢）外一般采用表面处理方法，防止生锈（如镀铜处理）。

药芯焊丝由薄钢带卷成圆形钢管或异形钢管的同时，填满一定成分的药粉，经拉制而成。

药芯焊丝按结构又可分为有缝焊丝和无缝焊丝，按内层填料又可分为药粉型（有造渣剂）和金属粉型（无造渣剂），按渣的酸碱度可分为钛型（酸性）、钙钛型（中性或弱碱）和钙型（碱性）等，按使用条件分为气体保护焊丝和自动保护焊丝等。

3. 按被焊材料或用途分类

焊丝按被焊材料或用途分为钢结构焊丝，铸铁焊丝，有色金属铜，铝等焊丝。

（二）黑色金属焊丝

黑色金属焊丝是指以黑色金属为原料加工而成的焊丝制品的统称。它主要用于钢结构焊接和铸铁焊接，一般包括碳钢焊丝、二氧化碳气体保护焊用焊丝、焊接用钢丝（含不锈钢丝）等。

（1）碳钢药芯焊丝分类。碳钢药芯焊丝根据药芯类型，是否采用外部保护气体，焊接电流种类以及对单道焊和多道焊的适合性进行分类。

（2）碳钢药芯焊丝规格、药皮类型及强度系列。规格有直径为 1.2mm、1.4mm、1.6mm、2.0mm、2.4mm、2.8mm、3.2mm、4.0mm 八种。药皮类型有氧化钛型及氧化钙—氟化物型。强度系列分为 43（抗拉强度 σ_b430MPa）和 50（σ_b500MPa）两种。

（三）二氧化碳气体保护焊用焊丝

该种焊丝主要用于低碳钢和低合金钢的焊接。

1. 品种

二氧化碳气体保护焊用焊丝按制造工艺分为镀铜焊丝和不镀铜焊丝两种，但镀铜焊丝的含铜量不大于 0.5%。

2. 规格

焊丝直径有 0.5mm、0.6mm、0.8mm、1.0mm、1.2mm、1.6mm、1.8mm、2.0mm、2.5mm、3.0mm、3.2mm 等规格。

3. 表面质量

焊丝表面必须光滑平整，不应有锈蚀和氧化皮，镀铜层要求均匀牢固，不允许存在油污和锈蚀，但经热处理者允许有氧化色。

焊丝表面允许有不超出直径允许偏差范围一半的划伤及不超出直径允许偏差的局部缺陷存在。

（四）焊接用不锈钢焊丝

1. 类别

焊丝按金相组织分为奥氏体型、铁素体型及马氏体型三大类，按交货状态分为冷拉态、软态、涂防锈油或不涂油。

2. 规格及盘重

焊丝直径有 0.6mm（盘重 1kg）、0.6~0.8mm（盘重 2kg）、0.8~1.2mm（盘重 5kg）、1.2~2.0mm（盘重 6kg）、2.0~3.5mm（盘重 8kg）、3.5~6.0mm（盘重 10kg）、6.0~9.0mm（盘重 12kg）。

（五）铸铁焊丝

铸铁焊丝主要用于灰口铸铁、可锻铸铁、球墨铸铁及某些合金铸铁的补焊。

1. 类型

铸铁焊丝按用途分为灰铸铁焊丝、合金铸铁焊丝、球墨铸铁焊丝，均为铁基。

2. 规格

焊丝直径有 3.2mm、4.0~12.0mm，长度在 400~650mm 之间。

三、有色金属焊丝

有色金属焊丝是指以有色金属为原料加工而成的焊丝制成品的统称，适用于特殊工艺焊接。

（一）分类

有色金属焊丝按金属元素名称分为铜及铜合金焊丝，铝及铝合金焊丝。

（二）常用铜及铜合金焊丝

1. 铜及铜合金焊丝

1）分类

铜及铜合金焊丝分为紫铜丝、黄铜丝、白铜丝、青铜丝四大类。

2）品种及规格

焊丝按供货状态分为直条焊丝和圈状焊丝。直条焊丝规格用直径表示，直径为 3.0~6.0mm，长度为 1000mm。圈状焊丝直径为 1.0mm、1.5mm、2.0mm、2.5mm。

3）焊丝代号及色标焊丝代号及色标。

焊丝代号及色标见表 2-9-45。

表 2-9-45 焊丝代号及色标

类　别	牌　号	代　号	识别颜色
铜	HSCu	201	浅灰
黄铜	HSCuZn-1	221	大红
	HSCuZn-2	222	苹果绿
	HSCuZn-3	223	紫蓝
	HSCuZn-4	224	黑色
白黄	HSCuZnNi	231	棕色
	HSCuNi	234	中黄
青铜	HSCuSi	211	紫红
	HSCuSn	212	粉红
	HSCuAl	213	中蓝
	HSCuAlNi	214	中绿

2. 铝及铝合金焊丝

主要用于惰性气体保护焊、等离子弧焊、气焊等焊接方法。

1）分类

铝和铝合金焊条分为纯铝、铝镁、铝铜、铝锰、铝硅合金五大类。按供货状态纯铝为硬态，其他为半硬态。

2）品种及规格

铝和铝合金焊丝按供货形态分为直条状、卷状、盘状三个品种。其规格为直条状直径为3.0~6.0mm，长为1000mm；卷状直径为1.0mm、1.5mm、2.0mm、2.5mm、3.0~6.0mm；盘状直径为0.8mm、1.0mm、1.2mm、1.6mm、2.0mm、2.4mm、3.2mm、4.0mm、4.8mm、5.6mm、6.4mm。

3）表面质量

焊丝表面应光滑，不应有裂纹、毛刺、凹陷、划痕及影响焊接性能的夹杂物存在。

（三）焊丝的验收与保管

1. 包装

焊丝包装方法有袋、盒、盘、卷等型式，但都采用防腐材料包装后装箱。

2. 标志

焊丝的标志在包装物上，而不是在产品的端部。

3. 质量验收

焊丝的外观质量验收是用肉眼检查其表面质量。焊丝的表面应光滑、无毛刺、凹坑、划痕、锈、油污、杂质。对于卷状或盘状焊丝，捆内不应有紊乱、弯折和波浪形，末端应明显易找。焊丝的材质应符合相应材料的规定。

4. 保管

焊丝的保管参照电焊条的保管要求。

四、焊剂

焊剂是指焊接时能够熔化成熔渣和气体，对熔化金属起保护和冶金处理作用的一种颗粒状物资。

（一）焊剂的分类

1. 按制造工艺分类

焊剂按制造工艺分为熔炼焊剂、烧结焊剂和粘结焊剂。

（1）熔炼焊剂是将一定比例的各种配料放在炉内熔炼，然后经过水冷粒化、烘干、筛选而制成的一种焊接材料。

（2）烧结焊剂是将一定比例的各种粉状配料加入适量的粘结剂，混合搅拌后经高温（400~1000℃）烧结成块，然后粉碎筛选而制成的一种焊接材料。

（3）粘结焊剂是将一定比例的各种粉状配料加入适量粘结剂，经混合搅拌、粒化和低温（400℃以下）烘干而制成的一种焊接材料。

2. 按自然属性分类

按自然属性分为黑色金属制品焊剂和有色金属制品焊剂。

3. 按化学成分分类

（1）按主要成分特性分为锰—硅型（代号MS）、钙—硅型（CS）、铝—钛型（AR）、铝—碱型（AB）、氟—碱型（FB）和特殊型（ST）。

（2）按SiO_2含量分为高硅、低硅和无硅三种。

(3) 按 MnO_2 含量分为无 MnO_2 型、低 MnO_2 型、中 MnO_2 型和高 MnO_2 型。

(二) 常用焊剂

常用焊剂有碳素钢埋弧焊用焊剂、低合金钢埋弧焊用焊剂。

1. 碳素钢埋弧焊用焊剂

碳素钢埋弧焊用焊剂颗粒度一般分为两种：一种是普通粒度，粒度为 40～8；另一种是细颗粒度，粒度为 60～14 目。

2. 低合金钢埋弧焊用焊剂

低合金钢埋弧焊用焊剂颗粒度一般分为两种：一种是普通粒度，粒度为 40～8；另一种是细颗粒度，粒度为 60～14 目。

(三) 焊剂的验收与保管

1. 包装

焊剂的包装应保证在正常条件下，在运输和储存过程中不损坏，在干燥库房内储存一年不变质。

2. 标记

在每个焊剂包装上都要标出焊剂碱度、型号和标准号、批号、净重、生产日期和制造厂名。

3. 随料的资料

随料的资料有焊剂质量证明书或使用说明书。

4. 验收

质量验收主要是检查焊剂颗粒度。对于普通颗粒的焊剂，颗粒度小于 40 目的不得多于 5%，大于 8 目的不得多于 2%；对于细颗粒度的小于 60 目的不得多于 5%，大于 14 目的不得多于 2%。

5. 保管

焊剂的保管与电焊条的保管要求相同。

五、钎料

钎料是指钎焊时用的填充金属。

所谓钎焊是指采用比母材熔点低的金属材料，将焊件和钎料加热到高于钎料熔点，低于母材熔点的温度，利用液态钎料润湿母材，填充接头间隙，并与母材相互扩散实现连接焊件的方法。

(一) 钎料的分类

1. 按自然属性分类

按自然属性钎料分为铜基、银基、铝基、锰基等。

2. 按熔点分类

钎料按熔点分为硬钎料和软钎料两种。

(1) 硬钎料：指熔点高于 450℃ 的钎料。
(2) 软钎料：指熔点低于 450℃ 的钎料。

(二) 常用钎料

常用钎料有铜基、银基、锰基等。

1. 铜基钎料

铜基钎料主要用于气体火焰钎焊、电阻钎焊、炉中气体保护钎焊、钎焊感应和浸渍钎焊等。

1) 分类

铜基钎料按化学成分分为铜及铜合金两大类。

2) 品种及规格

按供货形态分为丝状和带状。丝状规格直径为 1~6mm，圈状供货；带状其厚度为 0.4mm，宽度为 15mm、18mm、20mm，长度为 100mm、200mm，盒状供货。

2. 银基钎料

银基钎料系指以银为基，添加所需元素制成的钎料。它的主要用途和铜基钎料相同，但质量高。

1) 分类

银基钎料按化学成分分为银铜、银铝、银铜锂、银铜锌、银铜锡、银铜锌镉、银铜锌锡、银铜锌锰等。

2) 品种及规格

产品按供货形态有丝状和带状，丝状其规格校改直径为 0.5mm、1.0mm、1.5mm、2.0mm，圈状供应；直径为 2.5mm、3.0mm、4.0mm 且长度为 400mm、450mm、500mm，直条供货。带状的厚度为 0.05mm、0.10mm、0.15mm、0.20mm，宽度为 20mm、30mm、40mm、50mm、80mm、100mm、150mm，长度不大于 200mm。

3. 锰基钎料

锰基钎料主要用于气体保护的炉中钎焊、感应钎焊和真空钎焊等。

1) 分类

锰基钎料按化学成分分为锰镍铬、锰镍钴、锰镍铜。

2) 品种及规格

供货形态有丝状、带状和粉状。丝状直径为 0.5~2.0mm，长度不大于 500mm；带状厚度 0.05~0.5mm，宽度为 20~100mm；粉状规格为 0.15~0.05mm。

（三）钎料的验收与保管

1. 包装

铜基钎料包装：棒状每盒净重 10kg，每箱净重 50kg；圈状每圈 20kg；粉状每瓶 1kg，每箱净重 10kg；带状盒装 0.1kg 或 0.2kg，大盒净重 1kg，箱净重 5kg、10kg；丝状每捆 25kg，均应保证在正常装运和干燥条件下，包装物不损坏。

银基钎料的包装：应防止钎料被污染。

锰基钎料的带、丝状成品应涂油，并用防水纸包装，捆紧后装入塑料袋内，袋里放硅胶干燥剂再封袋口；粉状钎料装在小玻璃瓶内，瓶口盖紧并用蜡或真空胶密封再抽真空或加充保护气体。

2. 质量验收

验收时，用肉眼检查钎料表面是否光洁，有无擦伤、划痕、夹杂物和油污以及其他影响质量的缺陷。

3. 储存

锰基钎料中带状或丝状钎料应存放在放有硅胶的玻璃干燥器或抽真空的容器内，其他与其相应材料的保管要求相同。

第十二节　液压元件

机械设备的传动方式有多种，液压传动是其中的一种。所谓液压传动，就是在密封的容器内利用受压液体传递压力能，再通过执行机构把压力能转换成机械能而做功的传动方式。靠压力油传递能量的系统称为液压传动系统。在液压传动系统中能独立起到某种作用的组合件，称为液压元件。

一个完整的液压传动系统，都是由动力部分、执行部分、控制部分和辅助装置四个部分组成。而每一个部分又是由一个或若干个液压元件组成。

一、动力部分

液压传动系统的动力部分是液压油泵。它由电动机或内燃机带动，把机械能变成液压能，向传动系统各个回路供油，是推动整个液压系统工作的主要元件。

液压油泵按其结构类型可分为以下几种，见表2-9-46。

表2-9-46　液压油泵按其结构类型分类

名　称	分　类		基本代号
液压油泵	齿轮油泵	单级齿轮油泵	CB
		多联齿轮油泵	2CB、3CB
	叶片油泵	单叶片油泵	YB
		双级叶片油泵	Y2B
		双联叶片油泵	YYB
		变量叶片油泵	YBN
	柱塞油泵	径向柱塞油泵	JB
		轴向柱塞油泵	ZB

二、液压油泵的用途及型号说明

（一）齿轮油泵

1. CB型齿轮油泵

（1）用途：CB型齿轮油泵压力为10MPa，转速为1300~1625r/min，适用于推土机、铲运机、装载机、挖掘机等机械。

（2）型号说明如下。

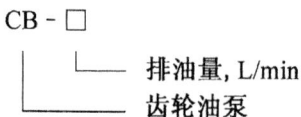

2. CB-B型齿轮油泵

（1）用途：CB-B型齿轮油泵属于低压油泵。具有结构简单、性能稳定等特点。它适用于金属切削机床和其他低压液压系统和润滑系统。

(2) 型号说明如下。

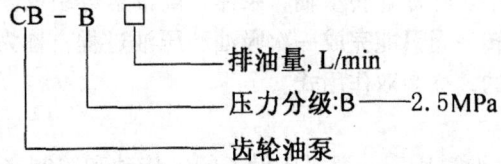

3. CB-F型单级齿轮油泵

(1) 用途：CB-F型单级齿轮油泵结构简单，工作可靠，对冲击负荷适应性好，多用于工程机械、矿山机械、农业机械及机床等方面。

(2) 型号说明如下。

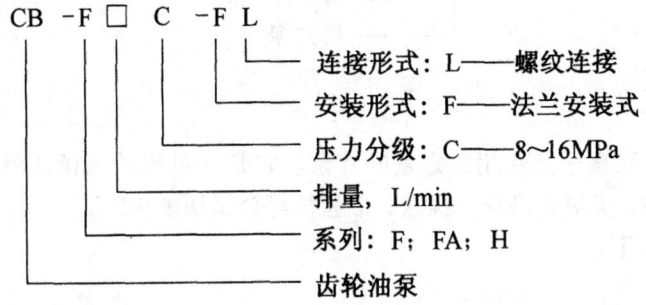

4. CB-E型齿轮油泵

(1) 用途：该泵额定压力为14MPa，转速为1800r/min，属于中高压齿轮油泵，又可作液动机。广泛用于工程机械、矿山机械、农业机械、金属切削机床及其他机械液压系统，最大特点是可作液压马达用。

(2) 型号说明。

CB表示齿轮油泵，E表示系列，E前面的数字表示排量（L/min）。

5. 3CB-F型多联齿轮油泵

(1) 用途：多联齿轮油泵，用以供给传动系统的压力油。它能达到分别向系统供油的目的，其结构简单、组合随意、工作可靠、维护方便，对冲击负荷适应性好，适用于挖掘机、推土机、吊车、装载机等机械液压传动系统上。多联齿轮油泵一般有双联、三联两种。

(2) 型号说明如下。

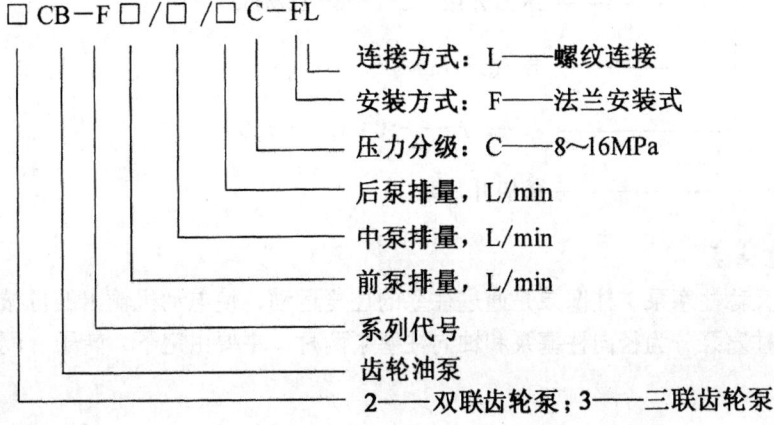

（二）叶片油泵

叶片油泵由转子、定子、叶片、转子轴、泵体、配油盘等组成。叶片油泵分为单作用式和双作用式两种。转子每转一周只能完成一次吸油和压油过程，称为单作用式。转子每转一周有两次吸油和压油过程的，称为双作用式。

1. YB 型叶片泵

（1）用途：YB 型叶片泵适用于一般机床设备的主传动和控制之用，或用于挖掘机、油压机等。油泵的工作压力为 603MPa。

（2）型号说明如下。

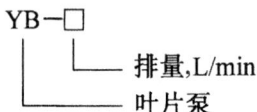

2. Y1B 型叶片泵

（1）用途：

Y1B 型单级叶片泵属于双作用式定量叶片泵。它是一种比较精密的液压元件，适用于工程机械、矿山机械，尤其是磨床、插床、滚齿机等金属切削机床。

（2）型号说明如下。

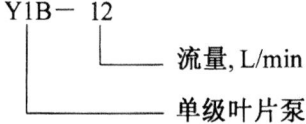

3. YB 型车辆叶片泵

（1）用途：YB 型车辆叶片泵具有一个油压作用的配油盘，可以自动补偿轴间隙，因此转速及压力较一般叶片泵高，用于起重运输车辆、工程机械及其他行走机械。

（2）型号说明如下。

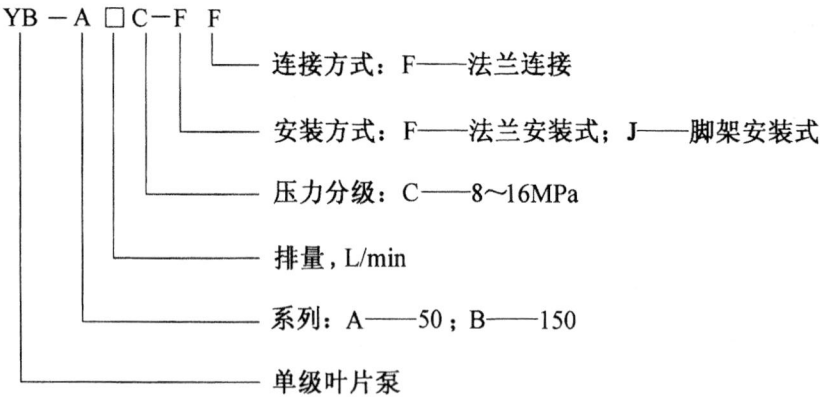

（三）柱塞油泵

柱塞油泵又称柱塞泵。柱塞泵是通过柱塞的往复运动，使电动机输出的机械能转换为液压能的装置。柱塞泵分为径向柱塞泵和轴向柱塞泵两种，主要由定子、转子、配油盘、衬套和柱塞组成。

1. JB 型径向柱塞泵

(1) 用途：JB 型径向柱塞泵是不可逆转的液压元件，油泵不能当马达用，泵的排量不可变。用于矿山工程、起重、运输等机械作压力能源。

(2) 型号说明如下。

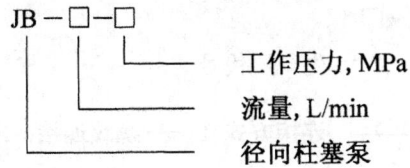

2. ZB 型轴向柱塞泵

(1) 用途：ZB 型轴向柱塞泵（油马达）是一种可逆转的液压元件，使用时同一元件既可作油泵，又可以作为油马达。广泛用于工程机械、起重机械、运输、建筑以及机床、船舶、矿山、冶金、锻压等各种机械。

(2) 型号说明如下。

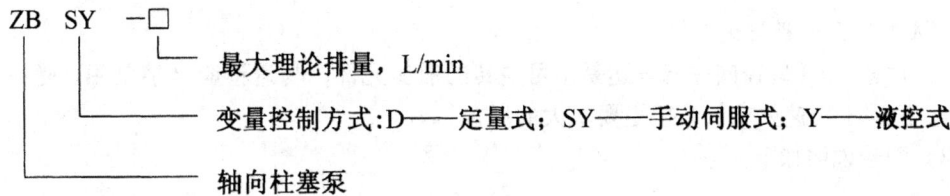

三、执行部分

液压传动系统的执行部分又称为液压执行器，其作用是将液压油泵输出的液压能转换为机械能进行工作。

（一）执行部分的分类

液压执行器主要分为液马达和油缸两类。

（二）液压执行器的用途及型号说明

1. 叶片式油马达

(1) 用途：叶片式油马达是由油泵供给压力油，根据进油方向的不同，获得正转和反转，以驱动机械的回转运动，如注射机的注射杆、磨床的磨头及其他机械的传动。

(2) 型号说明如下。

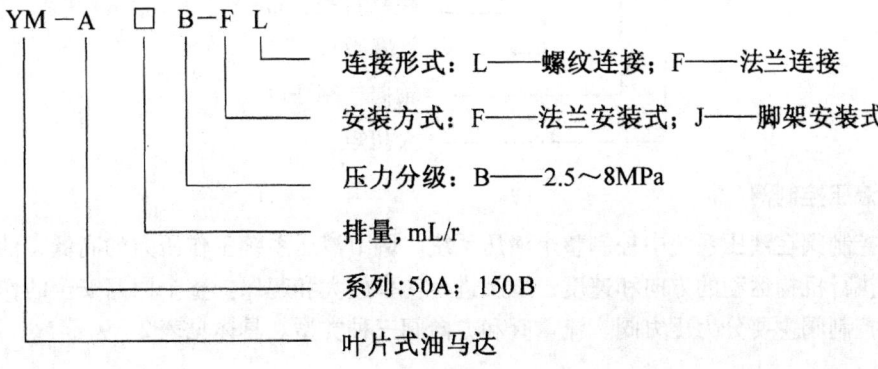

2. 齿轮式油马达

（1）用途：齿轮式油马达由油泵供给工作压力油，依据进油方向的不同获得正转和反转，输出扭矩和转速。适用于扭矩较小、转速较高的场合，多用于工程机械、农业机械等。

（2）型号说明如下。

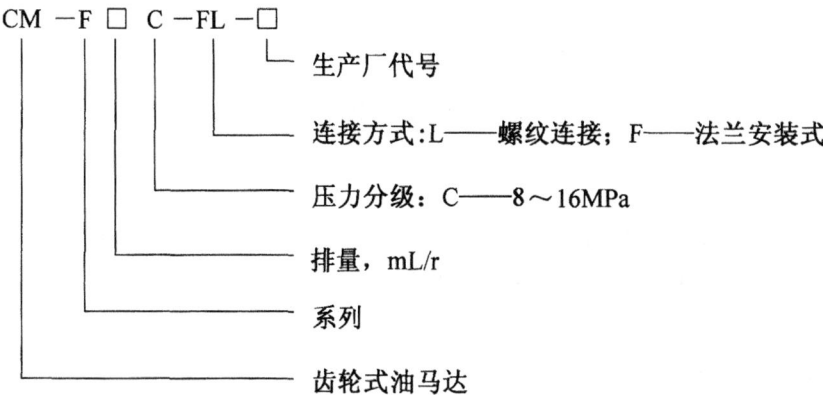

3. JM 型径向柱塞马达

（1）用途：JM 型径向柱塞马达是不可逆转的液压元件，马达不能当油泵用，是一种定量马达。适用于转速要求低、扭矩要求大的场合。

（2）型号说明如下。

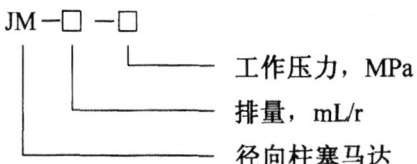

4. DZM 型轴向柱塞马达

（1）用途：DZM 型轴向柱塞马达是将液压能变为机械能的能量转换装置。该马达转速低，扭矩大，转动平稳，噪声小。适用于工程机械、起重运输机械的回转机构及行走机构中，同时也适用于冶金、石油行业等要求转速低、扭矩大的场合。

（2）型号说明如下。

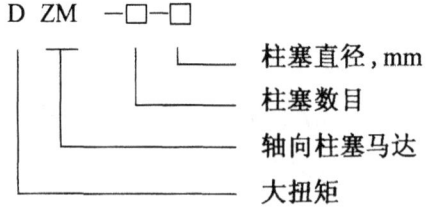

四、液压控制阀

液压控制阀在液压系统中控制整个液压系统，调节液压系统工作压力的高低、油量的大小、液压执行机构运动的方向和速度，以及进行功率放大和起保护整个回路安全的作用。

液压控制阀主要分为压力阀、流量阀和方向阀三种类型。具体见表 2－9－47。

表 2-9-47　液压控制阀分类及基本代号

名　称	分　类		基本代号
液压控制阀	压力阀	溢流阀	YF
		减压阀	JF
		顺序阀	XF
	流量阀	节流阀	LDF
		流量控制阀	QDFT
		单向减压阀	CDF
	方向阀	单向阀	DF
		电磁阀	
		换向阀	

（一）压力阀

压力阀是油路压力控制阀门，其主要作用是控制和调节油路的压力，保护整个系统的安全。主要分为溢流阀、减压阀和顺序阀。

1. 溢流阀

（1）用途：溢流阀是油路压力控制阀门，主要是防止系统过载，保护油泵和油路系统的安全，并保持油路的压力恒定。因此又称安全阀、定压阀。

（2）型号说明如下。

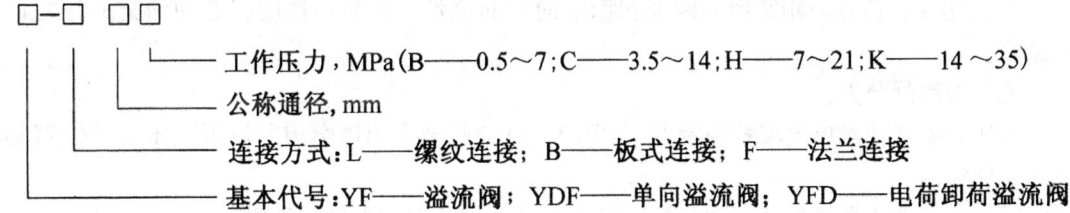

2. 减压阀、减压单向阀

（1）用途：减压阀（JF）是使阀门出口的压力低于进口油路的压力调节阀门，它可以将较高的进口油压降为所需的油压后输出，达到稳定油路工作压力的作用，使油路不受油泵压力及其他阀门工作压力波动的影响。减压单向阀（JDF）是由减压阀和单向阀组成，其作用与减压阀相同，但油流反向时，减压阀停止工作，而油流可以经单向阀或单向元件自由通过。

（2）型号与溢流阀形式相同。

3. 顺序阀

（1）用途：顺序阀是直接压力弹簧平衡式的压力控制阀门，顺序阀直接利用进口油路的压力来控制液压系统中各液压元件动作的先后顺序，以实现油路系统的自动控制。顺序阀内部装有单向元件时称为顺序单向阀，可以在油流反向通过时，不受顺序阀的控制。

（2）型号说明如下。

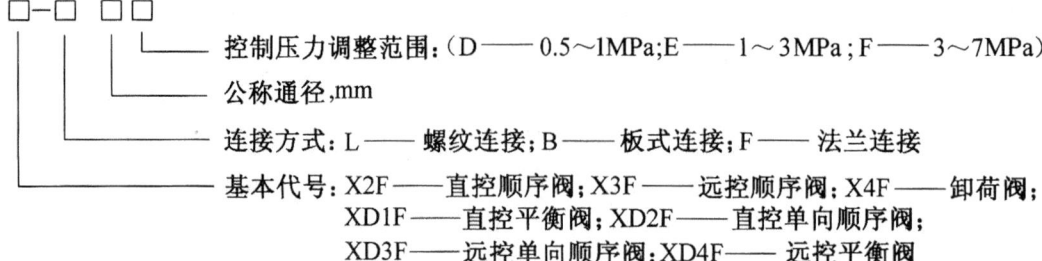

（二）流量阀

流量阀在液压油路中是用于控制和调节液压油量、保持油流的稳定、改变液压执行机构运动方向和速度的控制元件。主要分为节流阀、流量控制阀和单向减速阀三类。

1. 节流阀与单向节流阀

（1）用途：节流阀与单向节流阀是简易式流量控制阀门。它接在压力油路中，调节通过的液压油的流量，以改变油缸的工作速度。一个单向阀只在一个方向上起作用。

（2）型号说明如下。

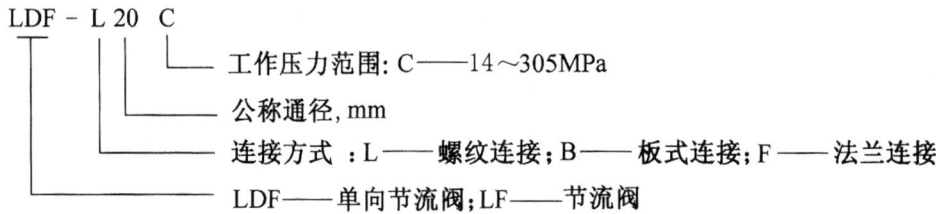

2. 流量控制阀

（1）用途：流量控制阀用来调节和稳定油路的流量，改变马达的转速和油缸的往复运动速度。

流量控制阀分为：

①压力温度补偿单向流量控制阀（QDFT 型），此阀由阀体薄刃节流器、压力补偿器和单向元件组成。

②压力补偿流量控制阀（QF 型），是由阀体、节流器和补偿器组成。

（2）型号说明如下。

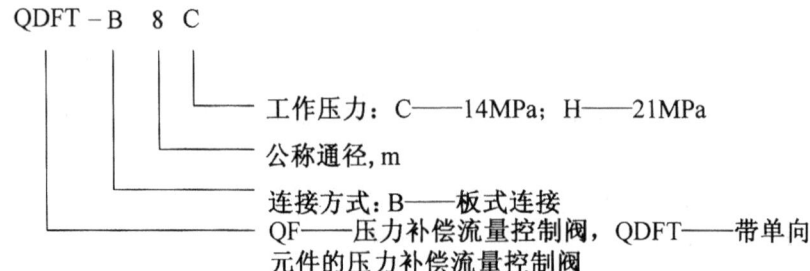

3. 单向减速阀

（1）用途：单向减速阀由机械控制的行程节流阀和单向阀组成，串连在油缸的油路中，用来自动调节限制油缸的行程和运动速度，避免冲击并达到精确定位。单向阀用于使回程油液自由通过。

（2）型号说明如下。

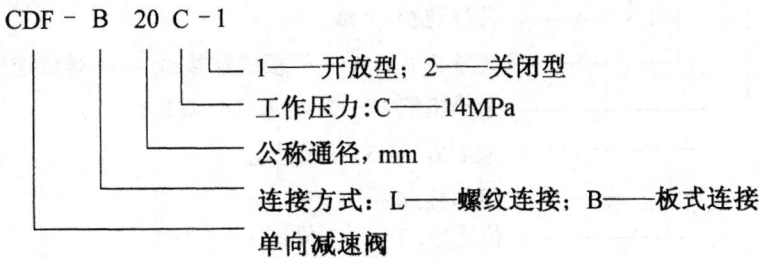

（三）方向阀

在液压系统中，方向阀是用来控制油流流动方向的元件，达到改变油马达的旋转方向和油缸的运动方向，也可以用来完成压力卸载和顺序动作等。主要有单向阀、电磁阀、换向阀等。

1. 单向阀

（1）用途：单向阀也称止回阀，作用是使油液只向一个方向流动而不得反流。

（2）型号说明如下。

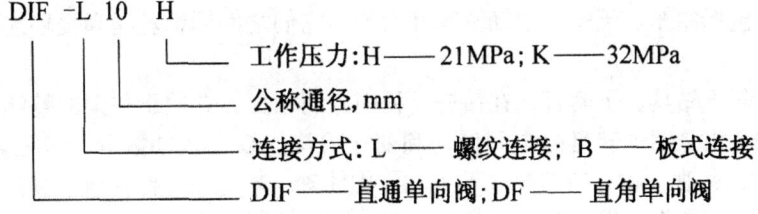

2. 电磁阀

（1）用途：用于机床的液压系统，控制液压油流方向。

（2）型号说明如下。

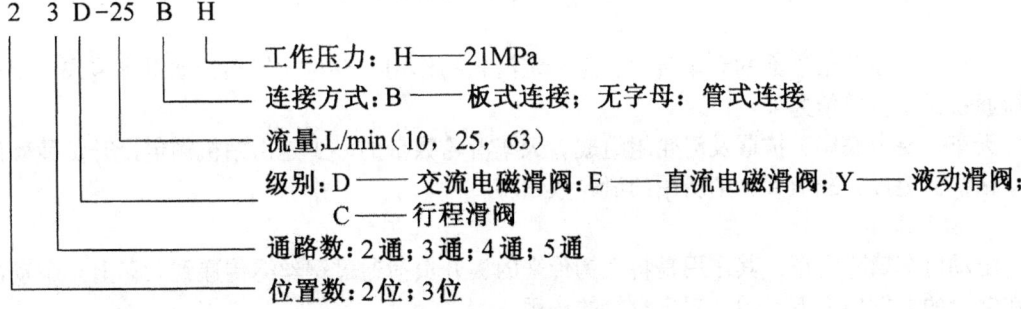

3. 手动换向阀

（1）用途：手动换向阀是手动杠杆操作的方向阀门，在液压系统中起换向和开关作用。一般是二位或三位四通阀门，其中间位置有各种滑阀机能方式，可以满足各种液压系统的需要。阀门位置的定位方式有弹簧自动复位和弹跳机构定位两种。

（2）型号说明如下。

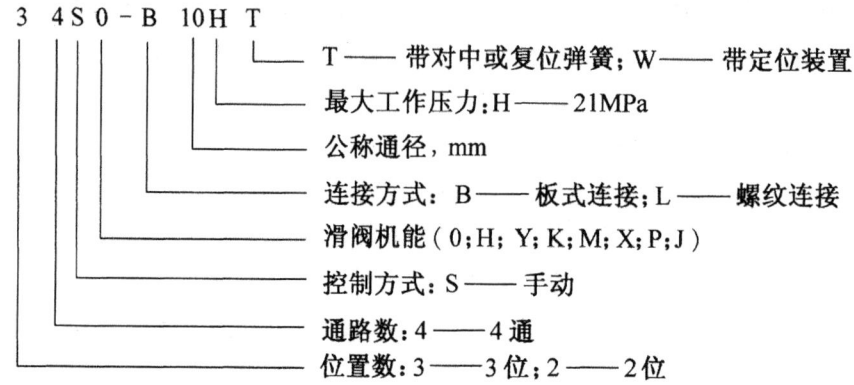

第十三节　石油钻井设备及配件

一、钻井提升系统

钻井提升系统是钻机的核心，钻进时用于加压、送进，即边钻进边下放钻具，使钻压维持在要求的范围内；钻头磨损后，又用于起出钻具，更换钻头后重新开钻。在钻井过程和完井过程中，它还用于下套管、油管等。

（一）提升系统结构

提升系统包括绞车、天车、游动滑车和大钩，它们之间用钢丝绳和提环连接。

1. 绞车

绞车用于起下钻具、下套管，在钻进过程中控制钻压，并用于井架的整体起立。在大多数情况下，绞车也是驱动转盘的中间传动和变速机构。绞车按轴数分类有三轴结构（传动轴、滚筒轴及猫头轴）和五轴结构（输入轴、中间轴、输出轴、滚筒轴及捞砂滚筒轴）。

绞车上带有缠绕钢丝绳的滚筒、猫头、卸扣器、控制装置、防碰天车装置、排绳器、转盘的变速和传动机构、润滑系统、支架、护罩等。

绞车上还带有带式刹车及辅助刹车。辅助刹车分为气刹车、水刹车和电磁涡流刹车。国产ZJ系列的大型石油钻机大多采用性能优异的电磁涡流刹车。

2. 天车

天车固定在井架顶部的天车台上，起着定滑轮的作用，并将大钩和游动滑车传来的提升负荷通过天车台传给井架。

天车主要由底座、护罩及滑轮组组成。天车滑轮数量的多少是由钻机额定提升负荷确定的，钻机额定提升载荷大，则所用的滑轮数量多。

3. 游动滑车

游动滑车简称游车，其作用是将大钩传来的提升负荷通过钢丝绳传递到天车上。游动滑车在钻台的上方作上下运动，起到滑轮的作用。

游动滑车滑轮组的结构与同一钻机天车的滑轮组相似，它们的滑轮、轴承、注油隔环、弹簧环、隔环和盖等零件均可通用。游动滑车的滑轮数一般比天车的滑轮数少一个，因此游动滑车轴的长度与两端结构也与天车轴不同。

4. 大钩

大钩是钻机提升系统的组成部分之一。根据其是否与游动滑车组成一个整体部件，大钩可分为普通大钩与游车大钩。

普通大钩通过其上的提环与游动滑车的提环连接,游车大钩则是大钩与游动滑车合成一个整体。游车大钩与普通大钩相比,少了两个提环,因而其结构紧凑,尺寸小,重量较轻。

大钩是用于提升重物的部件,上面设置有防止提环脱离的安全自锁装置和减振装置。

(二) 钻机提升系统设备的验收及保管

1. 绞车、天车、游动滑车和大钩的验收

(1) 绞车的润滑系统、控制系统、冷却装置及各管线连接处应无漏油、漏水和漏气现象。

(2) 绞车的护罩、各种刹车装置、防碰天车装置等外观部位应无损伤、锈蚀、变形等缺陷,绞车铭牌应与合格证相符。

(3) 天车、游动滑车的各滑轮应转动灵活,不允许有卡阻。游车大钩减振装置应密封良好,无渗漏,大钩的自锁装置应可靠。

2. 绞车、天车、游动滑车和大钩的保管

(1) 绞车应尽量放置在干燥通风的库房里,并远离腐蚀性物资。如因仓库条件所限,确实不能进库,必须选择干燥地面,并下垫上盖,创造近似于库内的条件方可露天存放。下垫30~50cm高,上盖防雨设备,防止风沙雨水浸入,以防损坏变形。

(2) 天车、游动滑车、大钩应存入干燥通风的库房内,并远离腐蚀性物资。

二、传动系统

钻机的传动系统起着把钻井动力设备所产生的机械能传递和分配给各工作机的职能,它是联系动力设备、提升系统、旋转系统、循环系统和控制系统的桥梁。传动系统包括减速、并车、倒转、变速等机构。

(一) 传动系统的分类

钻机的传动主要有机械传动、液力传动(机械—涡轮变矩器传动)、电传动和液压传动四种形式。

机械传动包括齿轮传动、链传动、皮带传动、气动摩擦离合器传动及万向轴传动等形式。

钻机齿轮传动主要应用于减速箱、正车箱、变速箱、钻井泵及转盘中。齿轮传动的特点是传动效率高,结构紧凑,使用寿命长,传动平稳,但齿轮制造及安装精度要求高,现场修理困难,不适于较大距离的传动。因而齿轮传动多用密闭式传动箱。大庆型钻机的减速箱、正车箱,各型钻机的倒挡齿轮、钻井泵的传动齿轮、转盘的大小锥齿轮等都是钻机使用齿轮传动的实例。

链传动是石油钻机中使用较广泛的一种,如F320-3DH钻机和大多数ZJ系列钻机的柴油机机组的并车及绞车、钻井泵的传动等都是通过链传动来实现的。国产钻机绞车的三轴传动几乎全部采用链传动。链传动的特点是传动扭矩大,速度快,距离远,效率高,但其传动噪声大。

皮带传动在石油钻机上主要是采用三角胶带或联组窄型胶带,如大庆型和少数ZJ系列钻机的柴油机并车及带动钻井泵、压风机等。

液力传动(机械—涡轮变矩器传动)比单纯采用机械传动的效果好得多,它是利用在柴油机动力输出端和减速机构之间安装涡轮变矩器来实现液力传动的。这种传动方式可以明显地改善传动的柔和性,通过涡轮变矩器内涡轮、导轮、泵轮之间液体的运动,吸收冲击和振动,可延长设备的使用寿命。当绞车负荷减小时,涡轮变矩器能使提升速度自动提高,节省起钻时间;当绞车负荷增大时,它又能使下放速度自动降低,从而避免钻具折断事故。

电传动是指用柴油机带动交流发电机发电,经可控硅整流,然后由直流电动机直接或经变速后驱动钻机的各种工作机。

液压传动在车装钻机上使用较为广泛,主要用于井架的起升。在大型钻机中,液压传动只用于局部地方,如液压防喷器、液动大钳、可控扭矩拆装架等。完整的液压系统由液压泵、液压执行机构、液压控制阀和液压辅件四大部分组成。

（二）钻机传动系统配件

钻机传动系统配件有离合器、链条、皮带、齿轮、万向轴等。下面简单介绍离合器和链条。

1. 离合器

离合器的作用是实现机件动力传递的离合。

离合器按传递方式分为摩擦离合器和牙嵌离合器,按传递方向分为单向离合器和双向离合器,按动力不同分为气动、液动和电动等。

钻机常用离合器型式为气胎式气动摩擦离合器。

2. 链条

1）链条的结构

石油钻机普遍使用套筒滚子链,套筒滚子链由轴、套筒、滚子、内外链板及轴销组成。

2）链条的系列

链条按链板厚度的不同分为基本系列和加重系列两个系列。

（1）基本系列：常用的链条其链板厚度约等于链条节矩的1/8。

（2）加重系列：其链板厚度为链条节矩增大一级基本系列的链板厚度。

三、防喷器及其控制系统

防喷器又称封井器。防喷器安装在钻台下面的井口上,用于防止地下油气及地下水从井口喷出或外溢,还可以用于压油、气井边喷边钻作业和强行起下钻。

防喷器封井可采用手动方式或液压操作方式,由于手动操作关井速度慢,现在已不采用。

（一）液压防喷器的分类

现在普遍采用的液压防喷器有三种基本类型,即闸板防喷器、多效能防喷器和旋转防喷器。

（二）液压防喷系统的组成

液压防喷系统由防喷器组、液压控制系统和防喷系统三部分组成。

1. 防喷器组

防喷器组可以由一种液压防喷器组成,也可由两种或三种防喷器共同组装而成,具体组合根据现场情况决定。

2. 液压控制系统

液压控制系统分遥控与非遥控两种,用于进行遥控的装置称为远程控制台。

3. 防喷系统

为了降低井口压力,液压防喷器设置了防喷系统,一般防喷系统由1个四通、8个手动平行闸阀和1个液动平行闸阀配以放喷管线组成。

（三）防喷器及控制系统的型号表示方法

防喷器及控制系统的型号表示如下。

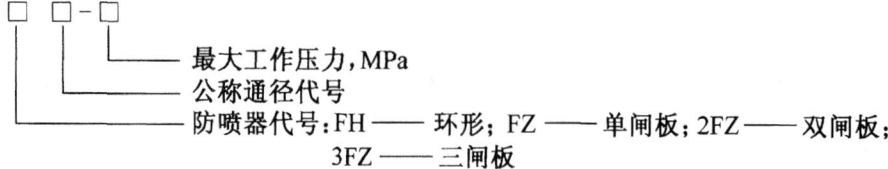

第十章 电工产品

电工产品的包装规定与机械产品的包装规定相同,详见第九章第一节。

第一节 电 机

一、电机

电机是一种将电能和机械能进行相互转换的旋转机械。

(一) 电机的分类

电机的种类繁多,其分类如下:

(1) 按能量转换方式分类,电机可分为电动机和发电机。

(2) 按电流种类分类,电机可分为直流电机和交流电机。交流电机又可分为异步电机和同步电机。

(3) 按容量和尺寸大小分类,电机可分为大型、中型、小型和微型四种。

(4) 按机壳的防护型式分类,电机可分为开启式、防护式、潜水式、封闭式和防爆式五种。

(5) 按相数分类,电机可分为单向电机和三相电机。

(二) 电机的表示方法

1. 电机型号的组成和编排

电机的基本型号由产品代号、规格代号、特殊代号和补充代号四个部分组成,其编排顺序如下。

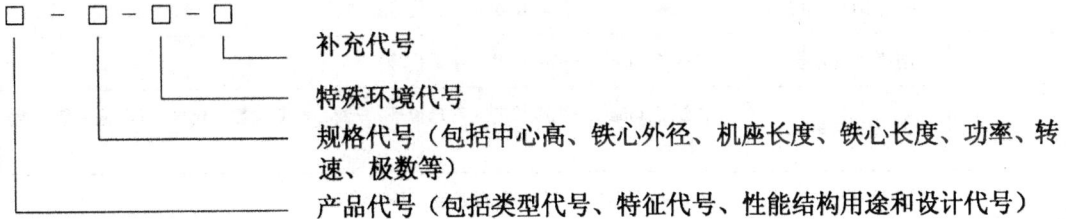

2. 电机型号代号及其含义

(1) 电机的类型代号用汉语拼音字母表示:异步电动机用 Y 表示;同步发电机用 TF 表示;汽轮发电机用 QF 表示;水轮发电机用 SF 表示;同步电动机用 T 表示;直流电动机用 Z 表示;直流发电机用 ZF 表示;测功机用 C 表示。

(2) 电机的特征代号见表 2-10-1。

表 2-10-1　电机的特征代号

性　　能		结　　构		用　　途	
代号	含义	代号	含义	代号	含义
Q	高启动转矩	O	封闭式	Z	起重用、轧钢用
K	快速	B	防爆式	Q	牵引用、配球磨机用

续表

性能		结 构		用 途	
代号	含义	代号	含义	代号	含义
H	高滑差率	W	卧式	Y	冶金用
D	多速	L	立式	K	配空压机用、矿山用
TD	齿轮调速	R	绕线式	G	辊道用
ZT	电磁调速	L	笼式	J	绞车用
P	频繁启动	S	双笼式（深槽式）	B	刨床用、泵用
Q	潜水运行	Z	座式轴承	T	电梯用
Z	串激	A	增安型	M	磨床（机）用
G	测速	ZY	正压型	W	户外用
				N	农用

（3）规格代号见表2-10-2。

表2-10-2　电机规格代号

序号	系列产品	规格代号
1	小型异步电动机	中心高（mm）-机座长度（字母代号）-铁心长度（数字代号）-极数
2	中大型异步电动机	中心高（mm）-铁心长度（数字代号）-极数
3	小型同步电机	中心高（mm）-机座长度（字母代号）-铁心长度（数字代号）-极数
4	中大型同步电机	中心高（mm）-铁心长度（数字代号）-极数
5	小型直流电机	中心高（mm）-机座长度（字母代号）
6	中型直流电机	中心高（mm）-机座长度（字母代号）-铁心长度（数字代号）-电流等级（数字代号）
7	大型直流电机	电枢铁心外径（mm）-铁心长度（数字代号）
8	汽轮发电机	功率（MW）-极数
9	中小型水轮发电机	功率（kW）-极数/定子铁心外径（mm）
10	大型水轮发电机	功率（MW）-极数/定子铁心外径（mm）
11	测功机	功率（kW）-转速（仅对直流测功机）
12	分马力电动机	中心高（或机壳外径mm）-机座长度（字母代号）-铁心长度-电压-转速（均用数字代号）
13	交流换向器电机	中心高（或机壳外径mm）-铁心长度-转速（均用数字代号）

（4）特殊环境代号为：高原用 G 表示；船用 H 表示；户外用 W 表示；化工防腐用 F 表示；热带用 T 表示；湿热带用 TH 表示；干热带用 TA 表示。

3. 型号举例

（1）YB112M－2，Y 表示三相异步电动机，B 表示防爆型，112 表示中心高度为 112mm，M 表示中机座，2 表示 2 极。

（2）ZF432/320，Z 表示直流，F 表示发电机，432 表示电枢铁心外径为 432mm，铁心长度为 320mm。

（3）YB160M4WF，Y 表示异步电动机，B 表示防爆型，160 表示中心高度为 160mm，M 表示中机座，4 表示 4 极，W 表示户外用，F 表示化工防腐用。

二、电动机

将电能转换成机械能的电机称为电动机。

（一）分类

电动机有直流电动机和交流电动机。直流电动机可分为他励电动机和自励电动机，交流电动机可分为同步电动机和异步电动机。异步电动机又分为单相异步电动机和三相异步电动机。三相异步电动机包括绕线式三相异步电动机和笼式三相异步电动机。

常用电动机的产品系列有以下三种：

（1）基本系列指适用一般用途的系列产品，如 Y 系列封闭笼式三相异步电动机，它运用于驱动无特殊要求的机械设备（钻井供水泵、搅拌机等）。

（2）派生系列指为适应拖动系统和环境条件的某些要求，在基本系列的基础上作部分改变的派生产品系列，如石油工业常用的 YB 系列，是在 Y 系列电动机基础上派生出防爆型异步电动机。

（3）专用系列指为适应某些机械配套的特殊要求而设计制造的，具有特殊结构的系列。如 YLB 系列探井泵用三相异步电动机，这种电动机是与深井泵配套的专用产品。

（二）电动机的结构

1. 一般电动机的基本结构

一般电动机主要由定子和转子两个部分组成，此外还有其他构件。电动机的定子是固定部分的总称，它主要由机座、铁心和绕组或磁铁等组成，铁心用硅钢片叠成。

转子是电动机旋转部分，由铁心、绕组和转轴组成，根据构造分成笼式和绕线式两种形式。

2. 外壳保护型式

电动机的外壳保护型式不同，其适应工作环境也不同。石油工业常用防护型交流异步电动机、封闭型三相异步电动机和防爆型异步电动机。

防护型电动机的外壳装有遮盖装置，能防水滴、铁屑或其他杂物在与垂直方向成 45°角以内落入电动机内部。配水泵用和配鼓风机用的电动机，多采用防护型电动机。

封闭型电动机内部与外界隔离，能防止灰尘、水滴或其他飞扬物侵入电动机内部。

防爆型电动机有严密的封闭结构，它的外壳又有较强的机械强度，一旦有爆炸性气体侵入电动机内部发生爆炸时，电动机外壳能承受爆炸时的压力，火花不会窜到外面以致引起外面气体再爆炸。

（三）电动机的用途

电动机的用途主要是为各种机器或机械装置提供动力，实现能量的转换。

YZT 三相异步电动机为钻探用，ZYY 永磁直流电动机为石油井下用，TX 中小型同步电动机是垂直防滴抽油用电动机。

三、发电机

将机械能转换成电能的电机称为发电机,发电机是一种作为电源的发电设备。

将机械能转换成直流电能的发电机称直流发电机,将机械能转换成交流电能的发电机称交流发电机。

(一) 发电机的分类

发电机按用途可分为汽轮发电机(QF)、水轮发电机(SF)、柴油发电机、中频发电机(频率范围为 100~10000Hz)。

按发电机产生的电流种类分为直流发电机和交流发电机。

按磁极的形式分为凸极式和隐极式发电机。

按冷却方式分为空气冷却、氢气冷却和液体冷却式同步发电机。

按励磁方式分为自励和他励发电机。

(二) 发电机的基本结构

发电机和电动机一样,基本结构的主要部分是由定子和转子组成,此外还有励磁机构、冷却机构和机壳等部分。发电机的定子作为电枢,而转子作为磁极,转子有凸极式和隐极式两种。

(三) 发电机的型号及其含义

发电机是成套电设备的配套产品之一,常用的发电机有以下四种:

(1) TF2-S-24-4 表示一般同步发电机,第二次设计,三次谐波励磁,功率24kW,4极。

(2) ZF432/320 表示直流发电机,电枢铁心外径为432mm,铁心为320mm。

(3) SFW2000-8/1730 表示功率为2000kW,8极,定子铁心外径为1730mm的卧式水轮发电机。

(4) QF-0.5-2 表示功率为500kW,转速为3000r/min,空冷式的汽轮发电机。

四、电机的验收与保管

(一) 验收

(1) 电机轴伸应无弯曲,换向器铜片无氧化成凹凸现象,电机外表应无裂痕、变形、损伤、锈蚀、砂眼。

(2) 检查电机机械部分的坚固性、灵活性和接触的严密性。电机所有紧固螺栓不得松动,出线端接线完好。用手拨动转子转动,转子要灵活,无杂声。电刷与换向器的接触良好,不跳动。对探井水泵用的三相异步电动机,还应观察风扇风叶转动方向是否符合技术规定的方向。

(3) 用兆欧表测量电机的绝缘电阻值,一般绝缘电阻可按绕组的额定电压,即每1kV不少于1MΩ为合格。

(二) 保管

(1) 电机应保管在干净的库内,库内温、湿度应适宜,并无剧烈变化。温度在5~35℃,相对湿度不高于80%,库内无酸碱物品和强酸蓄电池。

(2) 无外包装的电机在起重和扛抬时绳索应系在吊环上,而不准系在转轴上。

(3) 大型电机要用帆布等盖好。电机转子轴的伸出部分应涂上工业用凡士林,并用布或纸包好,炭刷取出放在小盒内保管,滑环(或整流子)亦用纸包住保管。

(4) 电机线圈上积有干燥的灰尘时，可用清洁的布或软纸去擦。要严防虫、鼠咬蚀电机的绝缘材料。

(5) 电机的储存期限一般不超过一年。长时间储存的电机，每半年由专业技术人员测量一次绝缘电阻。

第二节 变 压 器

一、变压器的用途和分类

（一）用途

变压器是一种能够把交流电电压升高或降低而不改变频率的静止电气设备。主要用于电力输配系统中升高或降低交流电压，也常用来调节电网中的电压和改变其他设备的电流和电压。

（二）变压器的分类

变压器按用途分类可分为：电力变压器、调压变压器、仪表用变压器、矿用变压器、试验用变压器和特殊用变压器六类。

特殊用变压器又包括：电炉变压器、自耦变压器、互感变压器、整流变压器、防爆变压器、中频变压器等。

变压器按相数可分为单相变压器、三相变压器和多相变压器等。

变压器按冷却方式可分为油浸式变压器、干式变压器、充气式变压器等。

二、变压器的结构

（一）变压器的器身

一般变压器最基本结构部分是器身。变压器的器身是变压器的核心部分，是由铁心和绕组两部分组成。

变压器的铁心是磁路部分，又是它的机械骨架。铁心由铁心柱和铁轭两部分组成。铁心一般用 0.30~0.35mm 的硅钢片叠成。

变压器的绕组是电路部分，一般用电气性能、耐热性能和机械性能较好的电磁线绕制成圆形。变压器有两个绕组，一个称为原绕组，另一个称为副绕组。原绕组跟交流电源相连接，副绕组跟负载相连接。原、副绕组的匝数不相同，升压变压器原绕组的匝数比副绕组的匝数少，而降压变压器原绕组的匝数比副绕组的匝数多。

（二）电力变压器的基本结构

电力变压器具有一般变压器最基本的结构部分，也有它的特有结构。一般电力变压器主要由铁心、绕组、油箱及冷却装置和出线装置等部分构成。

铁心结构可分为心式或壳式两类。心式结构是绕组包围铁心柱；壳式结构是铁心包围绕组的顶面、底面和侧面。三相电力变压器多采用心式结构。

三、变压器的系列及型号

（一）变压器的型号组成

变压器的全型号由系列型号和品种型号两部分组成。前者说明产品属于什么系，后者进一步表明在这个系列里是哪一品种。系列型号由产品类别、相数、冷却方式和其他结构方式特征四部分组成，品种型号由设计序号、额定容量、高压绕组的电压等级系数三部分组成。其编排如下。

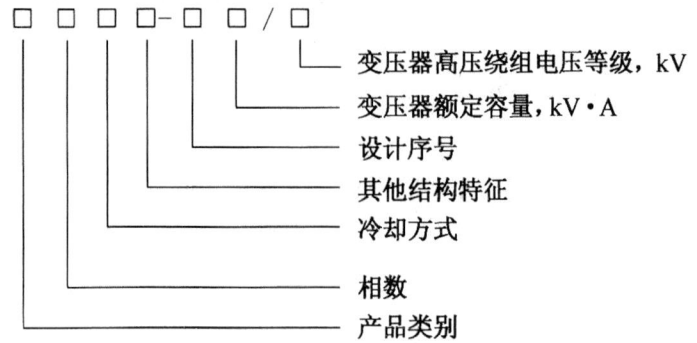

(二) 变压器型号的代号及含义

变压器的系列型号代号由汉语拼音字母表示，详细内容见表2-10-3，冷却方式的代号标志及适用范围见表2-10-4。

表2-10-3 变压器的系列型号代号

产品类别		相 数		其他结构特征	
代号	含义	S	三相	S	三绕组式
O	自耦变压器	D	单相	—	双绕组式
H	电弧炉变压器	—	—	K	带电抗
BH	封闭电弧炉变压器	—	—	Z	带有载荷分接开关
ZU	电阻炉变压器	—	—	A	感应式
G	感应电炉变压器	—	—	L	铝线
Z	整流变压器	—	—	—	铜线
HU	化成变压器	—	—	N	农村用
K	矿用变压器	—	—	C	串联式
Y	试验变压器	—	—	T	成套式
D	低压大电流变压器	—	—	D	移动式
T	调压变压器	—	—	H	防火式
TN	电压调整器	—	—	Q	加强式
TX	移相器	—	—	—	—
BX	焊接变压器	—	—	—	—
J	电压互感器	—	—	—	—
L	电流互感器	—	—	—	—
JL	电力变压器	—	—	—	—

表2-10-4 冷却方式的代号标志及适用范围

冷却方式	代号	适 用 范 围
干式自冷式	AN	一般用于小容量干式变压器，由于空气比油的冷却作用差，因此容量偏小，电流密度偏低
干式风冷式	AF	线圈下部设有风道并用冷却风扇吹风，提高散热效果，用于500kV·A以上变压器时是比较经济的
油浸自冷式	ONAN	油浸式变压器容量在不大于6300kV·A时采用。线圈和铁心中热油上升，油箱壁上或散热器中油下降而形成循环冷却。散热能力为500W/m² 左右，但维护简单

续表

冷却方式	代号	适 用 范 围
油浸风冷式	ONAF	油浸式变压器容量在 8000～31500kV·A 时采用。以吹风加强散热能力,空气流速为 1～1.25m/s时可散热 800W/m² 左右,但风扇功率约占变压器总损耗的2%
强油风冷却	OFAF	220kV 及以上的油浸式变压器采用。以强油风冷却器的油泵使冷油由下进入线圈间,热油由上进入冷却器吹风冷却。当空气流速为 6m/s,油流量为 25～40m³/h 时可散热 1000W/m² 左右,但风扇和油泵的辅机损耗占总损耗的5%
强油水冷却	OFWF	与上一种冷却相比,只是冷却介质为水,但强油水冷却器常另外放置,当水流量为 12～25m³/h 时,油流量为 25～40m³/h,散热量可达 10000W/m²
强油导向风冷和水冷式	ODAF 和 ODWF	与 OFAF 和 OFWF 方式不同之处在于把冷油直接导向线圈的线段内,线段的热量可很快带走,使线圈最热点温度下降,提高线圈的温升限值,使变压器绝缘结构复杂

(三) 型号示例

例如:JDJJ-25:J 表示电压互感器;D 表示单相;J 表示油浸式;J 表示接地保护;25 表示电压等级为 25kV。

四、电力变压器的选用

合理选用电力变压器具有很重要的经济意义。在选用变压器时,一般应考虑以下几个方面的内容。

(一) 容量

变压器的容量应选得适当,因为变压器空载运行时所需的无功功率,几乎等于满载时需无功功率的 80%,若容量选得过大,不仅投资增加,而且由于变压器轻载运行,会使空载损耗增加,功率因数下降,从而使电力系统的损耗增大,给国家造成损失;若容量选得过小,会使变压器易于超负荷,有损坏变压器的危险。

具体选择的方法是,首先计算本单位用电设备的铭牌功率的总和 $P_总$,由于设备不可能同时运行,运行时不可能同时达到满载,因此计算功率 $P_计 = KP_总$ (K 一般为 0.2～0.5),设备数量多,则 K 小,设备的数量少,则 K 大。

再由本单位用电设备的平均功率因数求出计算容量 $S_计 = P_计/\cos\phi$,一般取 $\cos\phi = 0.85$ 即 $S_计 = P_计/0.85$。

最后再按电力变压器的容量等级选用 $S \geq S_计$,但应留有一定的余地。

(二) 额定电压和变比

所选变压器的原边电压应满足当地用电电网的电压要求,这一条件在订货时可以变比的形式写在型号的后面。

(三) 台数

计算容量 $S_计$ 求出后,如果选用两台或多台变压器,则每台必须同时满足以下两个条件:

(1) 负载用电必须可靠,即每台变压器单独运行时,其容量必须保证大于或等于用电容量的总和。

(2) 季节性负载或昼夜负载变化大的要求,即高峰期间可并联运行,低峰期间可单台运行,以减少损耗。其中每台 $S \geq 0.6 S_{计}$。

变压器并联运行指的是将变压器的原、副绕组同标号(原、副绕组中对应的同极性的端点)的出线端连在一起,再接到母线上。

并联运行的变压器必须满足以下 3 个条件,即变压比、短路电压、绕组连接组均相同。

(四)其他选择

选用变压器除了以上几条之外,还需综合考虑冷却方式、使用环境、频率及短路电压百分比等,才能选用合适的变压器。

例:某单位所在地用电电网电压为 10kV,动力设备铭牌总功率为 2880kW,照明设备总功率为 420kW,设备的功率因数为 $\cos\phi = 0.9$,需要系数 K 取 0.4,使用于易燃的场合,应选用什么样的变压器:

解:
$$P_{总} = 2880 + 420 = 3300 \ (kW)$$
$$P_{计} = KP_{总} = 0.4 \times 3300 = 1320 \ (kW)$$
$$S_{计} = P_{计}/\cos\phi = 1320/0.9 = 1466.7 \ (kV \cdot A)$$

若选一台,由 $S > S_{计}$ 应选 1600kV·A 的变压器。若选两台,由 $S \geq 0.6 S_{计} = 0.6 \times 1466.7 = 880.02$(kV·A),应选 1000kV·A 的变压器,变压比应为 10/0.4,采用副边星形连接有中线即可实现动力、照明均能使用,阻抗电压 5% 以下取 4.5%。

答:所选变压器为 JLJH - 1600/10(变压比为 10/0.4、副边连接形式为 Y_0、阻抗电压为 4.5%)一台或 SLH - 1000/10(变压比为 10/0.4、副边连接形式为 Y_0、阻抗电压为 4.5%)两台。

五、电力变压器的包装、运输

(一)电力变压器的包装

电力变压器在包装前应进行外观和内部的清洁检查、处理,部件和技术资料应齐全。

(1)油浸式不拆卸运输的变压器,本市内可以不包装。若运往外地,一般用板箱包装。木料一般为松木、桦木、榆木,不得使用有影响强度的节子、疤洞眼、裂缝和腐朽木料。

(2)油浸式可拆卸运输变压器,拆卸后,主体及储油柜、散热器、小车、净油器、安全气道、长 2m 以上的大型管件,不用木箱包装,可用草席或粗麻片包裹,并用有足够强度的绳子捆扎紧。风冷却器及主控制箱用"花板"箱包装,并用螺栓将其固定在包装箱底托上,防止运输时损伤。

(3)油浸式户内变压器、干式变压器等,选用防水塑料袋包好后作为内包装;外包装是"半花板"(满板箱盖),箱内上面铺 1~2 层沥青油毡纸,变压器用螺栓固定在底托上,周围用柔软物塞紧。

(二)电力变压器的运输

(1)油浸变压器一般当充合格的变压器油运输,若运输有困难可以不充油,但应充干燥氮气,也允许将部件拆下分开运输。

(2)运输时必须保证变压器的部件、组件、零件不受潮,不受损伤。

(3)运输过程中,不允许有剧烈震动、颠簸、撞击和横卧等现象发生。

(三)电力变压器的入库验收、储存条件和堆垛方法

1. 电力变压器的入库验收

变压器进入仓库后,必须进行验收,其内容如下:

(1) 变压器本身不应有机械损伤，箱盖螺栓完整无缺，密封衬垫密封良好，无渗油现象，油管不应有压扁现象。

(2) 变压器外表涂层光洁，色调均匀一致，不应存在油漆流痕、气泡、脱皮、锈蚀等。

(3) 高低压套管不应向外渗油。

(4) 附件齐全，对大型电力变压器应附带零件、变压器油、温度计、气体继电器，风冷式变压器应有风扇，强迫油循环变压器应有电动油泵、冷却器、散热器、油枕等。容量在 1800kV·A 以下的配电变压器不带附件。

(5) 用摇表（兆欧表）检查高、低压绕组间及绕组与外壳间的绝缘电阻，应与检验时的数据进行比较，若有显著下降，需对其试验项目进行全面检查。

2. 电力变压器的储存条件

(1) 户外使用的变压器，若因仓库面积限制，可以露天存放，但应严加苫盖。户内使用的变压器，必须存放在干燥通风的仓库内，库房温度在35℃以下，相对湿度在80%以下。北方严寒地区，要防止变压器油冻结。

(2) 变压器不宜与酸、碱等化学物品混存，库内不应有有害绝缘的气体和灰尘。

(3) 油浸变压器应远离火源，并需加强消防安全。

3. 电力变压器的堆垛方法

(1) 重量在 1t 以下的变压器，可以重叠码垛，但包装强度要好，堆垛高度不超过 3m。

(2) 重量在 1t 以上的变压器，宜单台平放，若要放在露天，每台变压器下应垫高 30~50cm，库内存放，可根据地面潮湿情况，适当垫高，以便通风防潮。堆垛、装卸时，切忌碰伤瓷套管。

(四) 电力变压器的保管、保养

一般的电力变压器怕潮、怕震、怕火，因而在保管期间应采取以下措施：

(1) 经常检查变压器是否漏油，防止变压器油的老化。为此应将变压器的充油高压瓷套管竖立在专门的木架上，以免发生漏油、渗油现象，变压器各种阀门不要任意乱动。

(2) 为了防止金属结构锈蚀，应在其表面涂上工业用凡士林。若外壳漆皮脱落，要用相同颜色的油漆均匀涂盖。冷散热器的眼孔要用闷头封闭，以免湿气、杂物进入。冷却油和油泵的油应全部放出，所有的进出口法兰盘均用闷头堵严。

(3) 变压器上有干燥灰尘时，可用清洁布或软纸擦掉，不可用沾有油或潮湿的布、纸，若有带油的灰尘，可用四氯化碳液去擦，切忌用汽油、煤油、柴油去擦。

(4) 气体继电器应装入木盒保存。瓷套管要用麻布包裹，草绳扎紧，以免受撞击而破损。

(5) 大型变电器的附带另装变压器油，应储存在专用的危险品库（或油库）中。

(6) 长期保存的变压器，至少每半年检查一次绝缘电阻。储存期限以出厂保修期为准，最多不超过一年。

第三节 高压电器

一、高压电器概述

(一) 高压电器的用途和分类

高压电器是额定电压在 3kV 及其以上的电器。高压电器主要用于发电厂、配电所和变电站中，起着控制、保护和安全隔离三个方面的作用。

高压电器按照它本身的作用可分为四类：

（1）开关电器——断路器、隔离开关、负荷开关。

（2）保护电器——熔断器和避雷器。

（3）限流电器——电抗器。

（4）测量和继电保护电器——电流互感器、电压互感器。

（二）对高压电器的基本要求

（1）在正常负载电流下能保证可靠和长期运行。

（2）有一定的过载能力。

（3）在最大短路电流作用下，应有足够的热稳定性和电动稳定性。

（4）绝缘安全可靠，既能承受工频最高工作电压的长期作用，也能承受短时过电压的作用。

（5）应当力求结构简单、便于生产、元件标准化、通用性强及安装维修方便等。

（三）高压电器产品型号编制

高压电器产品型号表示如下。

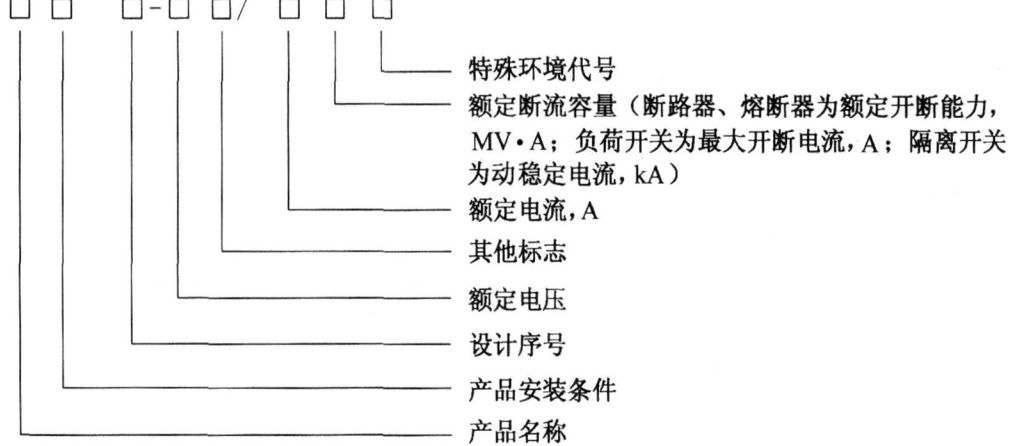

（1）产品名称及产品安装条件含义见表2-10-5。

表2-10-5 产品名称及产品安装条件含义

产品名称	产品安装条件 代号	防爆的 B	铁道的 T	户内的 N	户外的 W	手动的 S	电磁的 D	电动机的 J	弹簧的 T	气动的 Q	重锤的 Z	液压的 Y
空气断路器	K		KT	KN	KW							
多油断路器	D			DN	DW							
少油断路器	S			SN	SW							
磁吹断路器	C			CN	CW							
配电装置	P	PB										
负荷开关	F			FN	FW							

续表

产品安装条件 代号 产品名称		防爆的 B	铁道的 T	户内的 N	户外的 W	手动的 S	电磁的 D	电动机的 J	弹簧的 T	气动的 Q	重锤的 Z	液压的 Y
隔离开关	G			GN	GW							
接地开关	J			JN	JW							
熔断器	R			RN	RW							
操动机构	C					CS	CD	CJ	CT	CQ	CZ	CY
辅助开关	F											
接线板	J											

(2) 高压电器其他标志和特殊环境代号见表 2-10-6。

表 2-10-6 高压电器其他标志和特殊环境代号

其他标志		特殊环境条件	
代号	含义	代号	含义
G	产品的部分改进	T	按临时措施制造
D	隔离开关带接地	TH	湿热带
X	操动机构带箱子	TA	干热带
K	带有快速分装置	G	高原
H	带有限流的电阻器	H	船用
R	负荷开关带熔断器	F	化工防腐用
F	可分相操作		
Z	带有重合装置		
T	带有脱扣器		
J	加强绝缘		

(3) 举例说明。

① DW3-110G/600-3500：表示户外高压多油断路器，设计序号为 3，额定电压为 110kV，额定电流为 600A，额定断流容量为 3500MV·A。

② FN4-10/600：表示户内负荷开关，设计序号为 4，额定电压为 10kV，额定电流为 600A。

二、高压电器主要产品介绍

（一）隔离开关

1. 隔离开关的用途和分类

(1) 用途：隔离开关是高压开关中最简单的一种开关。它没有专门灭弧装置，因此不能开断负荷电流及短路电流。其作用是在线路基本没有电流时，将电气设备和高压电源隔开或进行线路切换。

（2）分类：按安装场所不同可分为户内式和户外式两种。户内式隔离开关的额定电压一般不超过35kV，户外式隔离开关不受电压限制。按极数分为单极、三极两类，按绝缘柱的数目分为单柱式、双柱式及三柱式三类。35kV以上的户外式隔离开关还可带有接地闸刀。

2. 隔离开关的基本结构

隔离开关主要由导电回路（触头和闸刀）、绝缘支柱、操动系统及底座等几部分组成。

3. 对隔离开关的基本要求

（1）绝缘性能要可靠，特别是断口绝缘，在打开位置时，触头之间应具有足够的绝缘距离，而且要显而易见。

（2）具有足够的动热稳定性，触头可靠地保持在合闸位置，无熔焊，能顺利进行操作。

（3）带有接地闸刀的隔离开关，必须装有连锁机构，以保证主闸刀断开后，接地闸刀闭合，先断开接地闸刀后闭合隔离开关。

（4）结构简单、动作可靠、户外隔离开关还应有破冰能力。

（二）负荷开关

1. 负荷开关的用途和分类

负荷开关是一种可以开断负荷电流的高压电器。它与隔离开关相比，结构相似，由于负荷开关增加了简单的灭弧装置，所以能够带负荷操作，但不能切断短路电流。

负荷开关可以和高压熔断器组合成一个整体，叫做综合开关。这样可以用负荷开关分断负荷电流，用高压熔断器分断过负荷电流和短路电流。在10kV以下不重要的或功率较小的场合代替价格较高的断路器具有显著的经济性。

负荷开关比较适用于很少发生短路，经常处于正常工作情况下接通或断开的电路，如城市居民用电、农业生产用电、车间变电所等。

负荷开关按安装场所分为户内和户外式负荷开关。户内的负荷开关有FN1、FN2和FN3型，其中FN2和FN3型是采用传动机构带动的压气装置，分闸时喷出压缩空气将电弧吹熄。目前10kV及以下线路常用的有FN2－10、FN3－10、FN2－10R、FN3－10R负荷开关，其中FN2－10R、FN3－10R型带有RN1型熔断器，可以作过载和短路保护。户外10kV及以下线路常用的有FW2－10、FW4－10、FW5－10型负荷开关。

按灭弧方式，负荷开关可分为自动产气式负荷开关、压气式负荷开关、油浸式负荷开关、六氟化硫负荷开关及真空负荷开关。

2. 对负荷开关的要求

（1）在给定条件下应能可靠长期地运行，载流部分温度升高不超过损害电器性能的温度，保证绝缘不因受热而发生损坏。

（2）能承受额定电压、最高工作电压的作用。

（3）在短路电流作用下有足够的热稳定性和电动稳定性。

（4）结构简单，有明显的断点。

3. 负荷开关的型号

负荷开关的型号表示如下。

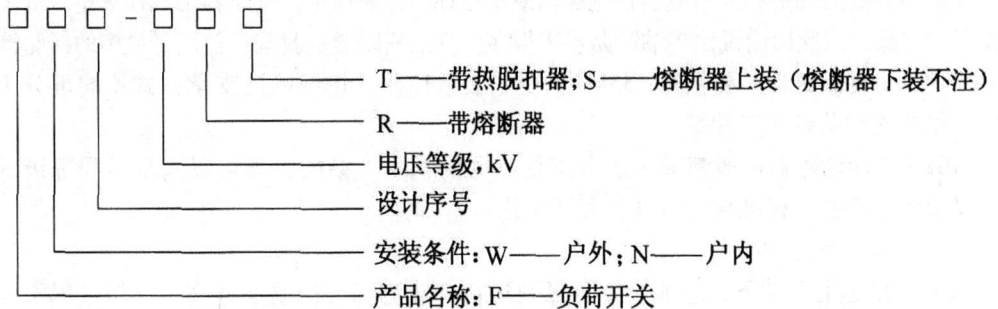

例如：FN3-10RT/S，F 表示负荷开关，N 表示户内，3 表示设计序号，10 表示额定电压为 10kV，R 表示带熔断器，T 表示带热脱扣器，S 表示熔断器装在电源侧上端。

(三) 高压断路器

1. 高压断路器的用途与分类

高压断路器是专用在有负荷时接通和断开电路，以及短路故障时自动迅速地断开短路电流。它在电力系统中承担着控制和保护的双重任务，因此，高压断路器具有相当完善的灭弧装置和足够的断流能力，以适应其工作要求。

断路器一般由触头系统、灭弧装置、操动机构及外壳等几部分组成，在很大程度上决定于灭弧方法和灭弧装置的结构。

根据灭弧介质及作用原理，高压断路器可分为油断路器、压缩空气断路器、六氟化硫断路器、真空断路器、固体产气断路器和磁吹断路器。六氟化硫断路器开断能力强，断口电压便于做得较高，允许连续开断次数较多，适用于频繁操作，噪声小，无火灾危险，因此在高压和超高电路中应用越来越多。

2. 断路器的操动机构

断路器的操动机构是为动、静触头分闸、合闸，维持在合闸和分闸位置的设备，在生产上一般将操动机构制成单个独立电器以备选用。

操动机构可以分为手动机构、电磁机构、弹簧机构、液压机构、气动机构等。在 110kV 及以下的电路中我国目前常用的是前三种机构。

液压操动机构成套性强，不需要用户增加庞大的附加设备，合闸速度快，平稳，通用性和系列性好，在 110kV 以上的少油断路器中广泛使用，但由于制造工艺要求高、成本贵，所以电压等级较低的断路器不宜采用。

3. 几种断路器简介

1) 多油断路器

多油断路器的触头系统和灭弧装置放在装满了变压器油的铁箱里，油作为灭弧介质及导电部分之间、导电部分与油箱之间的绝缘介质，因用油量较多，所以叫多油断路器。电压为 10kV 及以下的多油断路器采用共箱式结构，一般不专设特殊灭弧装置，其三相触头放在同一油箱内。电压为 35kV 及以上的多油断路器，采用分箱式结构，每相触头单独放在一个油箱中，且都有特殊的灭弧装置。

由于多油断路器用油量多、体积庞大、消耗原材料多，且有火灾和爆炸危险，维修换油麻烦，因此未能得到进一步发展。我国目前除 35kV 电压级外，其他电压级的多油断路器已停止生产或减少生产。

2) 少油断路器

少油断路器的触头和灭弧室装在绝缘筒或不接地的金属筒中，变压器油只作灭电弧介质和触头间的绝缘，因此用油量比多油断路器少得多。少油断路器是我国目前用量最多的断路器。

户内式少油断路器主要供 6～35kV 内配电装置使用，按绝缘筒支承方式不同可分为悬臂式、中支式和落地式三种。

110kV 少油断路器一般都采用多节支柱串联的积木式结构，既可以满足不同等级的需要，又有利于产品的标准化、系列化和通用化。

4. 对断路器的要求

（1）在给定的条件下，应能长期可靠地运行，载流部分的温度升高，不超过损害电气性能的温度。

（2）要有足够的分断能力，能可靠分断短路电流。

（3）对装有自动重合闸的断路器，要求应能可靠地按规定完成其重合闸次数。

（4）要求结构简单、尺寸小、重量轻及安装检查、维修方便。

5. 高压断路器的型号

高压断路器的型号表示如下。

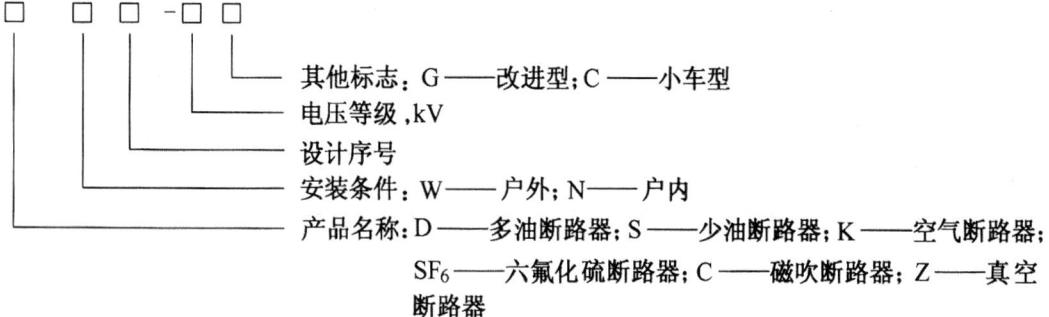

例如：SN8-10/600-200，表示户内安装少油断路器，设计序号为 8，额定电压为 10kV，额定电流为 600A，断流容量为 200MV·A。

（四）高压熔断器

1. 高压熔断器的用途与分类

高压熔断器是 35kV 及以下的小容量电网中广泛采用的一种电器产品。它能保护电气设备免受负荷和短路电流的损害，一般高压熔断器都具有一定的灭弧能力，如固体产气灭弧或石英砂灭弧。

高压熔断器的保护原理与低压熔断器工作原理没有什么区别。由于熔断器的结构简单、价格便宜、短路保护动作迅速、安装简易和维修方便等优点，因此被广泛地用在 3～35kV 的电网中来保护线路和变压器。在 35kV 变电所的 6～10kV 侧，也经常与负荷开关联合使用，来代替价格较贵的油开关。

高压熔断器按其熔管动作特点分为固定式和自动跌落式两种，按其使用地点不同可分为户内式和户外式。

2. 户内高压熔断器

户内高压熔断器主要为 RN1、RN2、RN3、RN4 系列。户内高压熔断器用于高压电力线路及设备的过载和短路保护，它可配熔断体的额定电流等级分别为 2A、3A、5A、7.5A、10A、15A、20A、30A、40A、50A、75A、100A、150A。RN2 和 RN4 系列熔断器供交流电压互感器短路保护用，在短路电流达到最大值之前，熔断器即可切断电路。RN4 系列熔断器体积较小。RN3系列高压限流熔断器用于电力线路的过载及短路保护。这种熔断器具有较大的切断能力，可保护电力系统分出的支线。

户内式熔断器的熔体埋没在石英砂里，瓷管又密封，熔断器动作时不发出声音。所以，RN1、RN3系列熔断器装有动作指示器；RN2、RN4系列没有装有指示器，依靠互感器副边仪表的读数判断熔断器是否动作。

3. 户外式高压熔断器

在户外经常采用跌落式熔断器，跌落式熔断器是采用自产气式的灭弧方式，当过电流或短路电流将熔丝熔断时，在管内产生电弧，熔管内衬的消弧管在电弧的作用下分释出大量气体，而使电弧熄灭。熔管在上、下弹性触头的推力和熔管自身重量的作用下迅速跌落形成明显的隔离间隙。

4. 高压熔断器的型号

高压熔断器的型号表示如下。

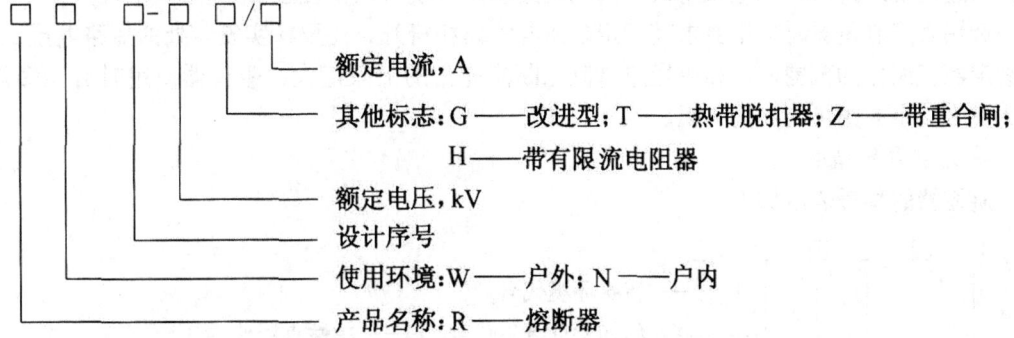

例如：RN1-10，R表示熔断器，N表示户内，1表示设计序号，10表示额定电压为10kV。

（五）避雷器

1. 避雷器的用途与分类

避雷器是用来保护线路和设备，免受瞬时过电压的损害，限制续流的持续时间和幅值的一种装置。电力系统的过电压是由于大气中的雷电或电力系统内部的操作过程所产生的。前者叫大气过电压，后者叫操作过电压。大气过电压一般为几百万伏，甚至上亿伏，操作过压也会达到数倍的额定电压。无论是大气过电压，还是操作过电压，对设备和绝缘都可能造成损坏，或使设备寿命缩短，或立即造成停电事故。因此在电力系统中广泛使用各种避雷器来限制过电压，以便对设备和线路进行可靠的保护。

避雷器虽有许多种类，大体上分为管型和阀型两类。

阀型避雷器一般安装在发电厂与变电所内，以便保护发电机、变压器和各种高压电器的绝缘。管型避雷器主要用于输电线路保护，也可用于小容量的配电变压器。一般管型避雷器的性能不如阀型避雷器好。

2. 阀型避雷器

阀型避雷器的基本组成元件是火花间隙和阀性电阻。为了防止受潮和外界条件的影响，火花间隙和阀性电阻都装在一只密封得很好的瓷筒中。

使用中，阀型避雷器是与受它保护的绝缘并联的，在正常情况下，火花间隙有足够的绝缘强度，不会被正常工作电压击穿。当有雷电过电压时，高压波沿线路袭来，避雷器的火花间隙被击穿而接地，此时阀性电阻阻值变得很小，这样把巨大的雷电就泄入大地。随之，作用在阀性电阻上的电压只是正常工作电压,电阻就变得很大,有限的工频电流被火花间隙切断,电弧很快被熄灭,因此电路又恢复了正常工作。由于避雷器的电阻如同阀门一样具有自动限制电流的特性,所以把这种避雷器叫阀型避雷器。

选用阀型避雷器时,应根据被保护设备的类型及其额定电压,选择相应型号和电压等级的避雷器。如果在海拔2000m及以上的地区,那就需要选用高原型避雷器。在安装高原型避雷器时,应注意制造厂提出的特殊要求,例如对FCZ-35GY型避雷器,安装时应打开放气螺栓,使其内外气压一致,然后再把螺栓装上。

3. 管型避雷器

管型避雷器构造简单,它是由灭弧管、内间隙和外间隙三部分组成的。

灭弧管是由纤维或有机玻璃材料制成的,这些材料在电弧作用下能产生大量气体。

它的工作原理是:当雷击时,内、外间隙都被击穿,把雷电泄入大地。雷电过后,由于仍有工频短路电流在管内产生电弧,在电弧的作用下,管内产生大量气体,形成很大的压力,迅速向管外排出,把电弧熄灭,消除短路状态,使线路恢复正常工作。

选用管型避雷器时除了要求其额定电压与线路相符外,还要核实安装处的短路电流是否在额定断流能力的范围内。如果短路电流比断流能力的上限值大,避雷器使用时可能爆炸,而比下限值小的则可能不能灭弧。

4. 避雷器的型号

避雷器的型号表示如下。

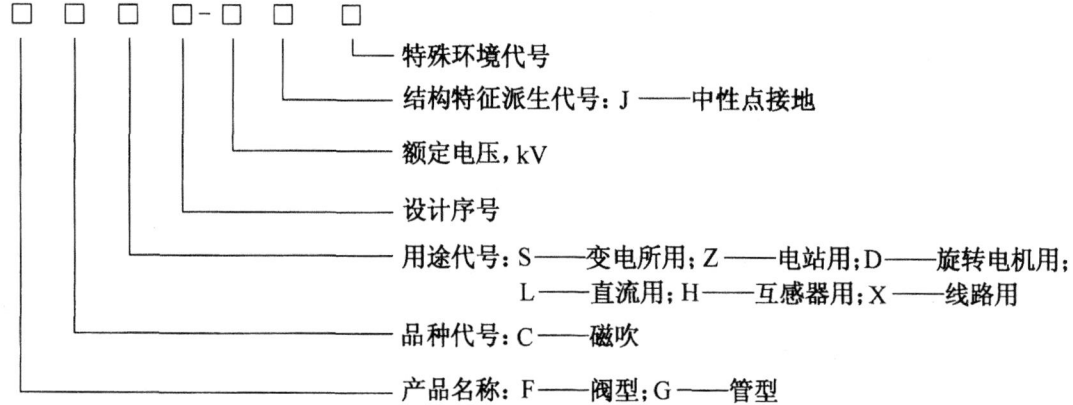

例如:FS1-0.5,表示变电所用阀型避雷器,额定电压为0.5kV;GXW35/(0.7-3)表示纤维管型,线路用管型避雷器,额定电压为35kV,电流下限为0.7kA,电流上限为3kA。

三、高压电器的管理

(一)订货、运输

(1)高压电器订货时需注明产品名称、型号、额定电压、额定电流、额定断流容量和数量。

(2)高压开关电器若要配用操动机构时,也应注明配用的操动机构的名称、型号、分合闸操作线圈的电压。

(3)高压电器整体产品或分别运输的部件都要适合水、陆运输及装载要求的包装,应保证在运输过程中不致遭到损坏、变形、丢失及受潮,对于外露的表面要有预防腐蚀的措施。

（4）在包装前应将电器可动部分保持在一定的固定位置，应将电器的油箱或储气筒上凡与大气相通的孔口完全封闭。

（5）出厂的每套（台）高压电器应附有产品合格证（包括出厂试验数据）、安装使用说明书及装箱单等，并将全部资料用塑料袋装封随电器装箱，放在箱内妥善易找之处。

（二）入库验收

（1）每台高压电器应附有产品合格证、使用说明书及装箱清单，在产品上有铭牌，验收时以核对型号规格和零部件。

（2）各类型绝缘子、套管等电瓷制品要仔细查看，一般不允许有裂纹，瓷件稍有损坏就会严重影响使用和安全。

（3）有金属支架脚瓷件的支脚与瓷体胶结部位，胶结应牢固，衔接的瓷体要衔接良好。储油部分不渗油，紧固件不松动。

（4）所有连接导电部分的螺钉、螺帽应镀有防腐层和设有防松装置，镀层应光亮，无起皮、剥落、氧化泛白等缺陷，其他金属部位也应光洁细致，无锈蚀氧化、裂纹、变形等缺陷。

（5）各绝缘部件不应有水浸、发霉的痕迹，不应有老化、变质、起层、起泡、破碎、开裂等现象。

（6）金属构架、底板及传动机构应有接地螺钉，接地螺钉处应有明显的接地标志。

（三）储存条件

（1）高压电器应放在干燥防尘、无腐蚀性气体的库房内，库内温度在 5～35℃ 之间，相对湿度不大于 80%。

（2）存放在露天货场的大型户外式高压电器，应有栅架、苫垫、密封等措施，避免雨淋、地潮及恶劣气候的影响。

（四）保管保养

（1）存放码垛应视其包装材料、包装形式、坚固程度和叠码承受力。一般高大件可以单独码垛，对于可以重叠码垛的，垛形必须端正平稳，防止压坏包装，损坏电器，包装箱上的标志应明显可见。

（2）储存期间应经常检查有否受潮、锈蚀，发现脱漆生锈的应设法除锈上漆。

（3）瓷件与金属衔接部分的护圈，胶垫如有老化、变质或储油部分渗漏，均应采取措施或联系有关部门及时检修。

（4）高压电器以出厂保险期为仓库储存期限。

第四节 低 压 电 器

一、低压电器概述

（一）低压电器的概念和分类

低压电器通常是指在交流、直流 1200V 及以下的电路中，起着控制、保护和调节作用的电气设备。其特点是品种规格繁多，应用面极广，需要量大，是一切使用电能的行业中不可缺少的重要电气元件。

低压电器包括刀开关和转换开关、熔断器、自动开关、控制器、接触器、启动器、控制继电器、主令电器、电阻器、变阻器、调整器、电磁铁。可按控制的对象概括为两大系统

（1）低压配电电器：主要用于低压配电系统及动力装备中。配电系统对电器的要求是在正常和故障的情况下工作可靠，有足够的热稳定性。这类电器包括刀开关、熔断器、自动开关等。

（2）低压控制电器：主要用于电力传动系统中。传动系统对这类电器的要求是工作准确可靠，操作频率高，寿命长和尺寸小。这些电器主要包括继电器、接触器、主令电器、变阻器、控制器、电磁铁等。

低压电器按它的动作性质又可分为自动切换电器和非自动切换电器。自动切换电器是指它完成接通、分断、启动、反向和停止等动作是自动进行的，如自动开关、接触器等。非自动切换电器又称为手控电器，它主要是用手直接操作来进行切换的，如刀开关、转换开关、主令电器等。

（二）低压电器的型号编制

低压电器种类多，其型号也显得比较复杂。低压电器的型号编制是采用汉语拼音字母和阿拉伯数字组成。

低压电器的型号表示如下。

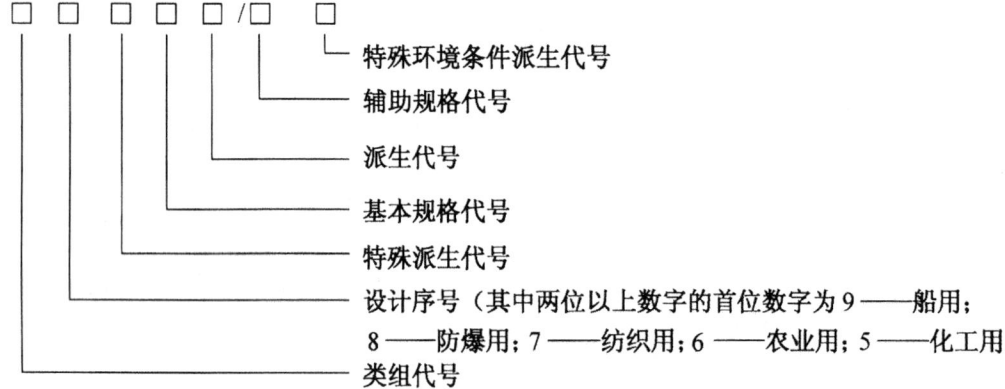

1. 类组代号

H——刀开关和转换开关，其中：HD——刀开关；HH——封闭式负荷开关；HK——开启式负荷开关；HR——熔断器式开关；HS——刀形转换开关；HZ——组合开关。

R——熔断器，其中：RC——插入式；RH——汇流排式；RL——螺旋式；RM——密闭管式；RR——快速；RT——有填料管式；RX——限流。

D——自动开关，其中：DL——照明；DM——灭磁；DS——快速；DW——万能；DX——限流；DZ——装置式。

K——控制器，其中：KG——鼓形；KP——平面中频；KT——凸轮。

C——接触器，其中：CG——高压；CJ——交流；CP——平面中频；CS——时间；CZ——直流。

Q——启动器，其中：QA——按钮式；QC——磁力；QJ——减压；QS——手动；QU——油浸；QX——星三角；QZ——综合。

J——控制继电器，其中：JL——电流；JR——热；JS——时间；JT——通用；JW——温度；JZ——中间。

L——主令电器，其中：LA——按钮；LK——主令控制器；LS——主令开关；LT——足踏开关；LU——旋钮；LW——万能转换开关；LX——行程开关。

Z——电阻器，其中：ZB——板形元件；ZC——冲片元件；ZG——管形元件；ZS——烧结元件；ZT——铸铁元件；ZX——电阻器。

B——变阻器，其中：BC——旋臂式；BL——励磁；BP——频敏；BQ——启动；BS——石墨；BT——启动调速；BU——油浸启动；BW——液体启动；BX——滑线式。

T——调整器，其中：TD——电压。

M——电磁铁，其中：MQ——牵引；MW——起重；MZ——制动。

2. 通用派生代号

J——交流、防溅式，Z——直流、自动复位、防震、双重任务，W——无灭弧装置，N——可逆，S——有锁住机构、手动复位、防水式、三相、三个电源、双线圈，P——电磁复位、防滴式、单相、两个电源、电压，K——开启式，H——保护式、带缓冲装置，M——密封式、无磁，Q——防尘式手车式，L——电流的，F——高返回、带分励脱扣。

3. 特殊环境条件派生代号

T——按临时措施制造，TH——湿热带，TA——干热带，GY——高原，H——船用，F——化工防腐用。

例1. RT0 - 600/400 TH

RT——有填料管式熔断器，0——设计序号，600——额定电流为600A，400——熔体电流为400A，TH——湿热带型。全型号名称为湿热带型600A有填料管式熔断器，其熔体额定电流为400A。

例2. CJ12B - 150

CJ——交流接触器，12——设计序号，B——灭弧方式采用栅片，150——额定电流150A。全型号名称为150A交流接触器，采用栅片灭弧。

二、低压配电电器

（一）刀开关和转换开关

1. 刀开关

刀开关主要用于成套配电中隔离电源及作为不频繁地接通和分断容量不太大的供电线路，在农村和小型工厂也经常应用刀开关直接启动小容量的笼式异步电动机。

刀开关按刀的极数分为单极、双极和三极，按操作方式分为直接手柄操作式、杠杆机构操作式和电动机构操作式，按开关转换方向分为单投和双投等。

刀开关的主要参数：

（1）额定电压。刀开关在长期工作中能承受的最大电压称为额定电压。目前生产的刀开关一般是交流500V以下，直流440V以下。

（2）额定电流。刀开关在合闸位置允许长期通过的最大工作电流，称为额定电流。大电流刀开关的额定电流一般为100~1500A，小电流刀开关的额定电流为10~60A。

（3）分断能力。刀开关在额定电压下能可靠分断的最大电流称为分断能力。通常刀开关在额定电压下，它只能分断直流或交流额定值以下的电流，若无灭弧罩或是采取中央手柄操作式的刀开关，只能作隔离开关用。

（4）电动稳定性。发生短路故障时，如果刀开关能通过某一最大短路电流，并不因其所产生的巨大电动力的作用发生变形、损坏或者触刀自动弹出的现象，则这一短路电流（峰值）就称为刀开关的电动稳定性电流。通常电动稳定性电流为其额定电流的数十倍。

（5）热稳定性。发生短路事故时，如果开关能在一定时间（通常为1s）内通过某一最大短路电流,并不会因温度急剧升高而发生熔焊现象,则这一短路电流就称为刀开关的热稳定性电流。通常刀开关热稳定性电流为其额定电流的数十倍。

此外,还有机械寿命和电寿命等参数。

刀开关的选用主要根据被控回路额定电压、额定电流及短路电流产生的热稳定性来考虑。

刀开关型号表示如下。

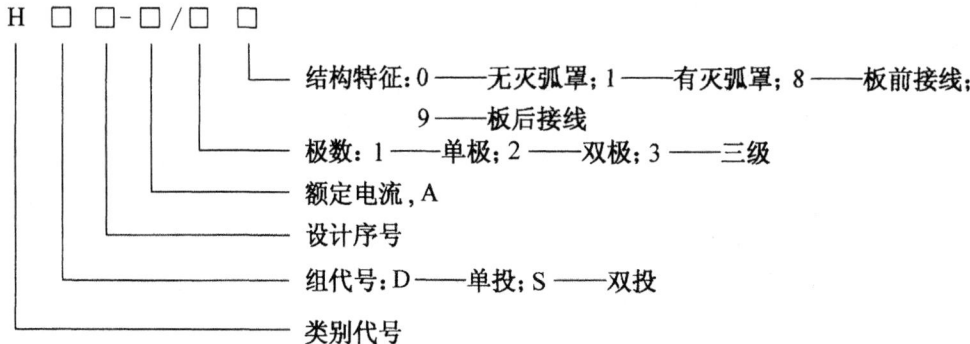

例如:HDB-200/31 表示单投三极刀开关,其额定电流为200A,带有灭弧罩。

2. 转换开关

转换开关又称为组合开关,它是刀开关的一种,只不过刀开关的操作是板上和板下的动作,而转换开关为左右旋转操作,它把静插座装在胶木盒内,整个位置向立体发展而减少安装面积。转换开关结构简单,操作可靠,能组成各种不同接法的转换开关,适用于不同电路的要求,因此,在自动控制设备和配电设备中获得广泛的应用。

转换开关型号表示如下。

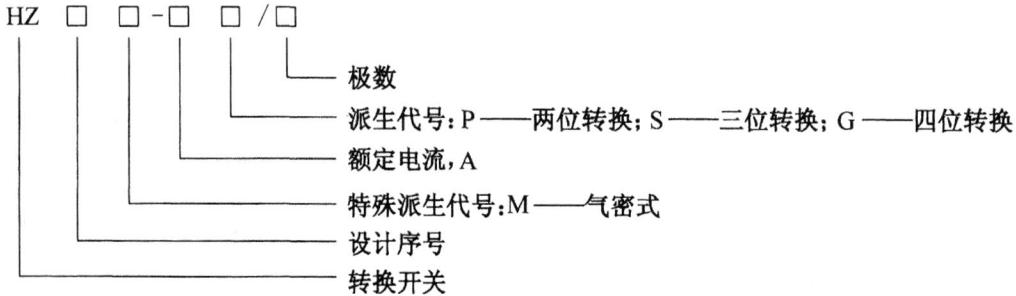

(二) 熔断器

1. 用途和分类

低压熔断器主要用于配电装置中作为保护电路用。其特点是结构简单、使用方便、价格低廉、工作可靠、安装面积小、分断能力大,但其熔体一般无自复性。

熔断器的熔体一般用低熔点的金属丝或金属薄片制成,串联于被保护电路中作为人为设置的薄弱环节。在正常情况下,熔体就是导体,电流可以通过,当发生过载或短路故障时,金属丝或薄片因过热而熔化,自动切断故障电路。

熔断器一般按灭弧方式可分为无填料和有填料式熔断器,按结构分开启式、半封闭式和封闭式三种,按时间分为快动作、慢动作及快慢动作的熔断器。

2. 常见低压熔断器简介

(1) 瓷插入式熔断器。

RC1 和 RC1A 系列瓷插入式熔断器是我国目前大量生产的熔断器，广泛用于照明和小型电动机的保护，其额定电流为 5~200A。

(2) 无填料封闭管式熔断器。

无填料封闭管式熔断器主要有 RM10 和 RM7 系列产品。这种熔断器是用钢纸管作熔管，用变截面的锌片作熔体。当熔体熔断产生电弧时，电弧热量能使钢纸管局部分解，产生高压气体使电弧很快熄灭，熔体可以更换使用比较方便。

(3) RT0 系列有填料熔断器。

RT0 系列有填料式熔断器，是目前广泛使用的熔断器之一。它的结构一般由管体、熔断指示器、石英砂填料和熔体四部分组成。管体由高频电瓷制成，强度高耐热性好。熔断指示器是一根与熔体并联的康铜丝，用以指示熔体是否烧断。管内充满石英砂，借此增加电弧熄灭能力。这种熔断器的特点是分断能力高，安全可靠，但价格较贵，更换熔体不方便。

(4) 螺旋式熔断器。

RL 系列螺旋式熔断器也是我国目前广泛使用的熔断器之一。其特点是分断能力高，更换熔断管（芯）方便。

(5) 快速熔断器。

RS0 和 RS3 系列快速熔断器，是在 RT0 系列熔断器的基础上发展的，主要用于保护可控硅整流设备。它与 RT0 系列熔断器的区别是：熔体采用的是变截面的薄银片（含银量不小于 99.9%）以满足快速熔断器的特殊要求。

3. 熔断器的选用

因为熔断器和熔断体的额定电流表示意义不同，所以首先选择熔断体的额定电流，然后根据熔体和保护对象再去选择熔断器。熔体额定电流的确定方法如下。

(1) 对变压器、电炉及照明负载，熔体的额定电流应稍大于或等于实际负载电流。

(2) 对电动机线路熔体的额定电流等于电动机额定电流的 1.5~2.5 倍（用熔断器保护电动机过载不可靠，所以电动机的过载保护不用熔断器而用其他保护电器）。

多台电动机时线路熔体的选择：

总熔体额定电流 =（1.5~2.5）× 功率最大的一台电动机的额定电流 + 其余电动机额定电流之和。

(3) 在配电系统中选择各级熔断器时要求前一级熔体比后一级熔体的额定电流大 2~3 倍，以防越级动作，扩大停电范围。

(三) 自动开关

1. 用途与分类

自动开关又称自动空气开关或空气断路器，是低压配电网络中重要的保护电器之一。当电路发生短路，不允许过载、失压等不正常现象时，能自动切断电路，或在正常条件下用来不频繁的切换电路。

根据自动开关的制造和使用习惯，它可分为塑料外壳式自动开关、框架式自动开关、快速自动开关、限流自动开关等几种。

2. 典型产品简介

(1) 框架式自动开关。

框架式自动开关因所有部件都安装于一个金属框架上而得名，主要用于交、直流低压配电线路和电动机的保护线路中。DW10 系列是全国统一设计，目前大量生产的代表产品，额定电压为交流380V和直流440V，有二极和三极两种。二极用于直流，三极用于交流，分断能力为10~40kA，额定电流有200A，400A，600A，1000A，1500A，2500A，4000A 7个规格。

（2）塑料外壳式自动开关。

塑料外壳式自动开关的特点是具有安全保护的塑料外壳，适用于保护设备的过电流，除了用于框架式自动开关相同的场合外，还用于公共建筑物和住宅宿舍中的照明电路。DZ10系列是全国统一设计，有代表性的产品，此外还有DZ5系列也常用。DZ10系列规格有100A，250A，600A。DZ5系列规格有10A，20A，25A，50A。

三、低压控制电器

（一）主令电器

主令电器是用在控制电路中用以发布命令的电器。主要包括按钮开关、行程开关、万能转换开关和主令控制器等。

1. 按钮开关

按钮开关是一种以短时接通或断开小电流电路的电器，它不直接控制主电路的通断而在控制电路中发出指令去控制接触器、继电器等电器，再去控制主电路。

为了便于操作人员辨别和操作，按钮可做成带颜色的，可分为红、黄、蓝、白、绿、黑等，有的还加用文字标志。

按钮主要根据使用的场合、触头数目、种类及按钮的颜色进行选择。

2. 行程开关

行程开关的作用与按钮开关相同，只是其触头的动作不是靠手按，而是利用生产机械某些运动部件的碰撞而使触头动作、接通或断开某些电路，达到一定的控制要求。

行程开关有各种结构和工作方式，按其结构分为按钮式和滚轮式，按其触点的动作速度分为瞬时和非瞬时动作，按有无触点分为有触点和无触点（如接近开关），按其能否自动复位分为自动复位和非自动复位等。

3. 万能转换开关

万能转换开关是一种对电路进行各种转换的主令电器。主要用于高压断路器，低压自动开关的分合闸，开关板线路的换接，电流表、电压表的换相测量等处，它因用途广泛而得名。LW5型万能转换开关是我国自行设计的代表性产品。

（二）接触器

1. 接触器的用途及分类

接触器是一种适用于远距离频繁地接通和断开交直流主电路及大容量控制电路的电器。

接触器主要按主触头通过电流种类分为交流接触器和直流接触器。它们的工作原理相同，结构上稍有不同。我国生产的交流接触器有CJ10、CJ12等系列。CJ10适用于交流500V，额定电流150A的电路中，适用于频繁启动及控制交流电路；CJ12系列主要用于冶金、轧钢及起重机等电气设备，CJ12系列额定电流为100~600A，主触头极数分二极、三极、四极和五极。直流接触器以CZ0系列为最新结构，用于直流电压440V、额定电流为600A及以下的直流电力线路之用，并适宜于频繁启动，停止直流电动机以及控制直流电动机的换向或反接制动。

2. 接触器的型号

（1）直流接触器的型号表示如下。

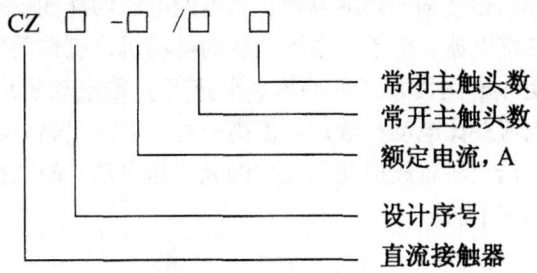

例如：CZ0-40/2 表示直流接触器，设计序号为 0，额定电流为 40A，常开触头为 2。

（2）交流接触器的型号表示如下。

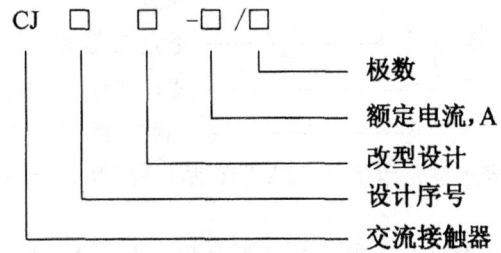

例如：CJ12B-100/2 表示交流接触器，设计序号为 12，B 改型，额定电流为 100A，二极。

3. 接触器的选择

（1）选择接触器的类型。根据所控制的电动机或负载电流类型选择交流负载用交流接触器，直流负载用直流接触器。

（2）接触器触头额定电压应选择大于或等于负载回路电压。

（3）主触头额定电流应大于或等于额定负载电流，当交流接触器控制电动机正反转时，接触器的额定电流应增大 1 倍。

（4）吸引线圈的额定电压应等于控制电源的电压。

（5）接触器的触头数量、种类应满足控制线路的要求。

（三）继电器

继电器是根据一定的信号，如电流、电压、时间、温度和速度等，来接通和分断小电流电路。特点是体积小，重量轻，但对动作的准确性则要求较高。

继电器的种类很多，一般可分为控制继电器（如中间继电器、速度继电器等）和保护继电器（如过流继电器、欠压继电器和热继电器等）。下面介绍几种常用继电器。

1. 热继电器

热继电器是利用电流热效应使触头动作的电器，主要用于保护电气设备过热，一般应用较广泛的是双金属片热继电器。

双金属片式热继电器是利用双金属片在受热后发生弯曲的特性来断开触点所制成的热继电器。工作原理是加热元件经常通过负载电流，双金属片受热后发生弯曲，但弯曲程度比较小，触头仍保持闭合。当电流达到一定值时，双金属片因温度升高而弯曲加大，片端离开了触头，触头被弹簧拉开，使主电路得到保护。若要触头重新闭合，需经过一定的冷却时间后靠手动复位（或自动复位）。

热继电器的选择主要是根据电动机额定电流来确定热继电器的型号及热元件的电流等级，在一般情况下可选择两相结构的热继电器，当电网电压均衡性较差，工作环境也较差的地方可选用三相结构的热继电器。对于三角形接线的电动机，应选用带断相保护装置的热继电器，如电动机拖动的是冲击性负载（如冲床、剪床等）或电动机启动时间较长时，选择的热继电器元件的额定电流要比电动机额定电流高一些，但由于热继电器本身电流等级并不多，而热元件编号很多，选用时首先应使热元件的电流与电动机的电流相适应。

热继电器的型号表示如下。

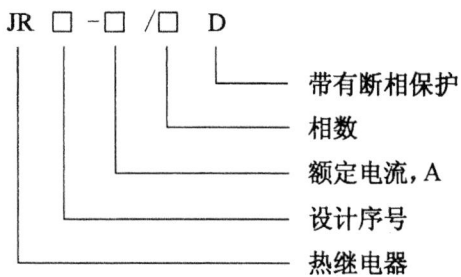

例如：JR16-20/3D 表示额定电流为20A 带有断相保护的三相结构热继电器。

2. 过电流继电器

过电流继电器主要用于频繁、重载启动场合作为电动机或主电路的过载和短路保护，常用的有 JL14 系列，还可以作为电压继电器、中间继电器、欠电流继电器之用。

过电流继电器的型号表示如下。

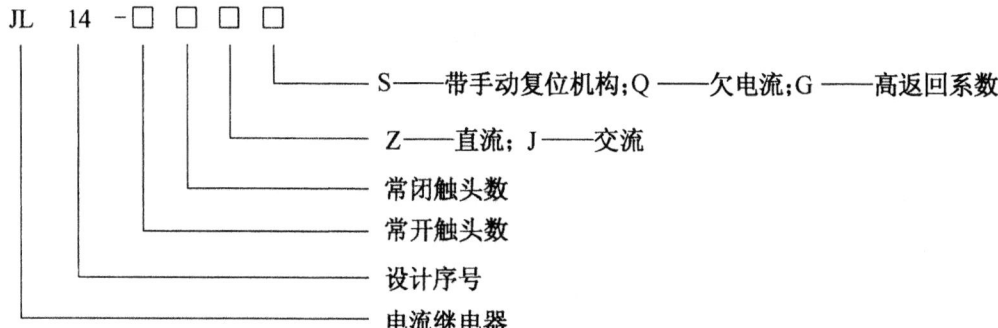

例如：JL14-11ZQ 表示直流欠电流继电器常开触头数为1，常闭触头数为1。

3. 中间继电器

中间继电器（JZ）是用以扩大接点数目或容量，来增加被控制的电路数的继电器，常用的中间继电器有 JZ7 和 JZ8 系列。

JZ7 系列中间继电器适用于交流500V，触头额定电流为5A 的控制电路中，其操作频率可达1200 次/h，其寿命不小于300 万次。

JZ8 系列中间继电器，适用于交流500V，直流电压至440V 的控制电路中，交直流中间继电器基本结构相同，仅区别于线圈和铁心，交流铁心开槽并埋有短路环。

4. 时间继电器

时间继电器是一种延时动作的继电器，从它接受信号（例如线圈通电）到执行动作（即触头动作），具有一定的时间间隔。

时间继电器种类很多，有电磁式、电动式、空气阻尼式（气囊式）、晶体管式。其中电动式时间继电器（JS11）的延时精确度高，且延时时间可以调得很长（由0.5min到几小时，甚至达72h），但价格较贵。目前在交流电路中广泛应用的是气囊式时间继电器(JS7-A)，它结构简单，延时范围较大（0.4~180s）。

（四）启动器

启动器根据电动机的启动方式可分为直接启动器和减压启动器两大类。我国目前生产的有磁力启动器、自耦减压启动器等，这些启动器只适用于交流笼式异步电动机。用于直流电动机和交流绕线式异步电动机的启动器都是用各种可变电阻装置。

1. 星三角形启动器

星三角形启动器是一种降压启动设备，它是通过改变电动机定子绕组的接线来达到减小启动电流的目的，即启动时把电动机定子绕组接成星形，启动完毕后再接入三角形连接。采用这种启动方法，启动电流特性很好，而转矩特性较差，所以它只适用于无载或轻载的启动场合。

手动星三角形启动器（QX2系列）是采用不同外缘形状的凸轮控制触头组件来实现的。手动星三角启动器一般无过载和失压保护。

自动星三角启动器（QX3系列）由交流接触器、时间继电器和控制按钮等组成，供三相鼠笼型异步电动机作星三角启动及停止用，并具有过载、断相及失压保护作用，在启动过程中时间继电器能自动地将电动机定子绕组由星形转换成三角形连接。

星三角启动器的型号表示如下。

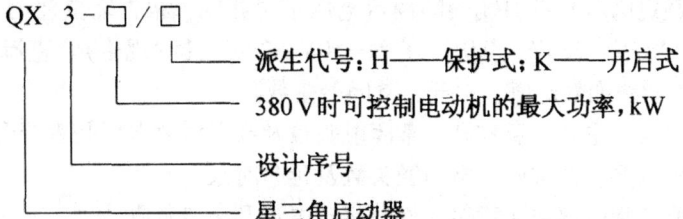

例如：QX3-30/H表示能控制30kW电动机，结构型式为保护式星三角启动器。

2. 自耦减压启动器

自耦减压启动器（又叫补偿器）是利用自耦变压器将电压降低到55%、64%、73%以减少启动电流。这种启动器的优点是降低电压的挡数多，可以调节启动电流和转矩。缺点是结构复杂、体积大、重量大、价格高。

目前生产的自耦减压启动器主要有QJ3系列（手动）和QJ01系列（自动）。

自耦减压启动器的型号表示如下。

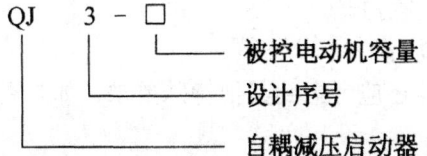

3. 磁力启动器

磁力启动器是一种全压启动器，它是由交流接触器和热继电器组合成的启动器，用来远距离频繁控制三相笼式异步电动机的直接启动、停止和改变旋转方向之用。

磁力启动器型号表示如下。

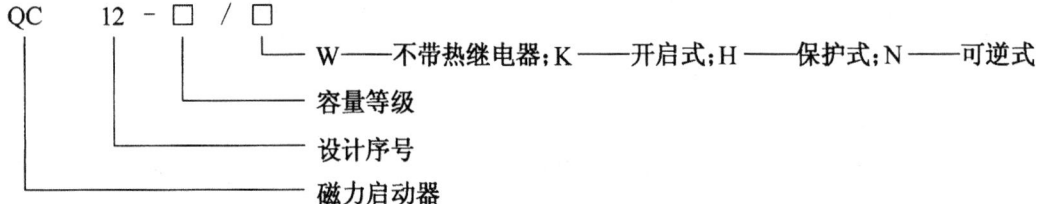

例如：QC12-2 表示磁力启动器启动容量等级为 2，即线电压为 220V 时，被启动容量为 2.2kW，线电压为 380V 及 500V 时，被启动的电动机容量为 4kW。

四、低压电器的管理

（一）订货

填报低压电器申请计划或签订合同时，不仅要注明所需产品的名称、型号、数量和计量单位（台、件、只、组或套）等，而且还要注意不同电器的规格数据，如规格、外形尺寸的数据及安装方式、操作方式各类产品的数据，其基本结构是由输入元件和输出元件所决定的。不同产品的结构、用途不同，其规格数据也不相同。以下对几种常见低压电器举例说明。

（1）刀开关和转换开关：只有输出回路，因此订货时除注明名称、型号、数量和计量单位外，也要注明额定电流（即规格）和接线方式（即安装方式，板前或板后接线）。

（2）熔断器由于其额定电流和熔体额定电流不尽相同，需分别注明。

（3）接触器额定电压和吸引线圈的额定电压不尽相同，根据需要注明（吸引线圈电压一般有交流 36V、127V、220V、380V，直流 110V、220V 几种规格）。直流接触器常采用磁吹灭弧，要注意灭弧线圈额定值，常开、常闭触头数。

（4）中间继电器：主要注意常开、常闭触头数及吸引线圈电压是否符合用户要求。

（5）时间继电器要注意常开、常闭触头数及延时时限。

（6）热继电器订货时要求注意热元件的额定电流及额定范围。

（7）自动开关由于结构复杂、保护性能完善，它既具有输入回路元件（如欠压、分励脱扣器），又具有输出回路元件（如过流脱扣器、热脱扣器的热元件），因此订货时要注意以下几点：

①主电路电流种类（交流或直流）。

②极数及出线方式。

③额定电压。

④过流脱扣器的额定电流及额定范围。

⑤是否要附加欠压、分励脱扣器。

⑥操作方式（手扳或电动）。

除以上要求外，各类电器还应考虑到其他特殊要求，如是否湿热带型（TH）、高原型（GY）、化工防腐型（F）等。

（二）入库验收

（1）每台低压电器应附合格证、使用说明书，产品上必须有铭牌，并且应标明产名或产标、规格及制造日期。

（2）产品的外观应光洁美观，所有黑色金属制成的零部件，除摩擦部件外均应有防腐镀层（镀锌、电镀或涂防锈漆或涂工业用凡士林等）。触头的外表不准有毛刺、锈斑。塑料件、胶木件不准有裂纹、麻点等缺陷。

（3）观察或用手拧动所有紧固螺钉以及引出导线，不得有自动松脱现象。

（4）对操作机构和指示器应检查在闭合与分断过程中，能否顺利地自由脱扣，如检查自动开关时，用手扳动手柄使开关闭合，用脱扣器操作几次脱扣，看能否自由脱扣，观察手柄能否停在"通"、"断"和自由脱扣位置上。

（5）用摇表（即兆欧表）测量绝缘电阻：用500V摇表以120r/min的转数摇测带电部分与外壳、带电部分之间的绝缘电阻应不低于1MΩ。如果低压电器产品绝缘不良，除不能保证其正常运行外，还会直接影响到整个供电网络和操作人员的人身安全。

（三）储存条件

（1）低压电器应存放在干燥、通风、防潮、防尘的库房内，库内温度最好保持在5～35℃，相对湿度在80%以下，如果在露天货场存放时，应有妥善苫垫、密封、栅架等保管措施，避免雨淋、地潮及恶劣气候的影响。

（2）低压电器不能与破坏绝缘和腐蚀金属的有害气体混存一库，并防止有导电性的尘埃积在产品上。

（3）库内要保持清洁，并防止有剧烈震动。

（四）保管保养

（1）成批装箱的产品可以重叠码垛，但垛高不宜超过3m，垛形要端正平稳，防止倾斜倒塌。垛底应根据地面防潮情况适当垫高，使垛底通风，不受地面潮湿。

（2）零星小型产品可以上货架保管，但不宜叠置过高，以免倒垛。

（3）在装卸、码垛时必须轻拿轻放，严禁扔、撞、甩等，以免损坏胶木件及其他零件，尤其是灭弧罩更宜破损。

（4）低压电器产品怕震动，怕尘埃，怕高温，怕冰冻。在保管期间应勤检查，及时发现问题，及时解决，如胶木件发霉，应晒干、擦去霉斑，涂上无色绝缘清漆；纸制熔管受潮发霉可用变压器油擦去霉点并烘干，然后做耐压试验（2000V/min），未被击穿者可以使用。

（5）低压电器的手柄及操作机构，金属部件表面可涂一层工业用凡士林，如有氧化锈蚀应及时采取除锈措施。

（6）低压电器以出厂保险期为储存期限，但最长不超过一年半是允许的。仓库管理人员应经常注意到期时间，发货时做到先进先发。

第五节 开 关 柜

一、高压开关柜

（一）用途

高压开关柜属于配电用的高压成套电器，主要用于3kV、6kV、10kV三相交流系统接受和分配电源之用。

（二）结构

高压开关柜的型号有多种，其结构均由高压一次线路、二次线路、绝缘瓷瓶、金属台架等部分组成。

（三）分类

高压开关柜按柜子特点可分为开启式和封闭式，按元件固定特点分为固定式、手车式，按母线分为单母线式和双母线式,按安装地点可分为户内式和户外式。

(四)型号

高压开关柜的型号由基本型号和规格组成,具体表示如下。

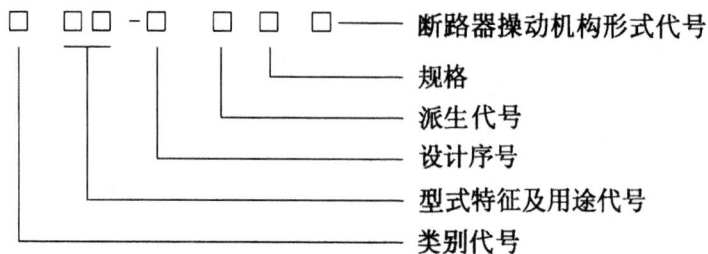

高压开关柜型号中类别代号、型式特征及用途代号和断路器操动机构形式代号都用汉语拼音字母表示,规格用数字表示,详细含义见表2-10-7。

表2-10-7 高压开关柜型号中类别代号、型式特征及用途代号的含义

类别代号		型式特征及用途代号		派生代号		断路器操动机构形式代号	
代号	含义	代号	含义	代号	含义	代号	含义
G	高压开关柜	B	防爆式	A	第一次改进	S	手动
		C	手车式	B	第二次改进	D	电动
		F	封闭式	C	第三次改进		
		G	固定式				
		K	矿用控制用				
		S	双母线				
		W	户外				
		N	户内				
		R	高压电熔器柜				

例如:GG-1A-03D,G表示高压柜,G表示固定式,1表示设计序号,A表示第一次改进,03表示一次线路方案编号,D表示断路器操动机构形式为电动。

二、低压开关柜

(一)概念

低压开关柜用于发电厂、变电所低压交(直)流配电和工矿企业车间配电所配电的低压成套电器。额定工作电压交流500V以下,直流400V以下。

(二)分类

1. 按用途分类

(1)控制屏(台)及保护屏:作为发电厂、变电所集中控制、保护、测量及信号用。

(2)动力配电箱:用于车间动力配电及控制电动机。

(3)照明配电箱:用于控制照明用电器、照明给电。

2. 按结构分类

(1)户内式、户外式。

(2) 固定式、手车式（抽屉式）。
(3) 开户式、封闭式。

3. 按操作位置和维修位置分类

(1) 单面操作。
(2) 双面操作。

（三）低压开关柜的结构

低压开关柜的骨架都是用角钢和钢板焊接而成，主要有屏式和箱式两种结构。

低压开关柜所用的元件很多，最主要的有自动开关、接触器、刀开关、转换开关、低压熔断器、继电器、测量仪表、互感器、组合开关等电器元件。

（四）低压开关柜的型号、举例

1. 低压开关柜的型号

低压开关柜的型号由基本型号加规格代号组成。基本型号采用汉语拼音字母及阿拉伯数字表示，具体表示如下。

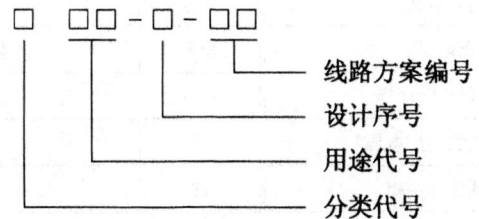

低压开关板型号常用字母及含义见表 2-10-8，低压开关板型号组合及含义见表 2-10-9。

2. 低压电器型号举例

(1) 低压配电屏。

例如：BSL-1-02，B 表示低压配电屏，S 表示双面维护，L 表示动力用，1 表示第一设计，02 表示一次线路方案编号 02。

表 2-10-8 低压开关板型号常用字母及含义

分类代号	汉语拼音字母	形式特征及用途代号
板（低压板）	B	变（变电站）
	C	抽（抽屉式）
	D	单（单面维护）；电镀用
	F	封（封闭式）；发（发电机）
	G	固（固定式）
	H	火（火电）
	J	静（静电容器）
	K	开（开启式）；控（控制用）
	L	力（动力）
	M	照（照明）

续表

分类代号	汉语拼音字母	形式特征及用途代号
屏（控制屏）	P	—
屏台（控制屏台）	PT	—
	R	入（嵌入式）
	S	双（双面维护）；水（水电）
	T	同（同期，同步）
	W	外（户外式）
箱（动力箱、照明箱、控制箱）	X	
	Z	直（直流）
	Y	移（移动式、移动电容器）

表2-10-9 低压开关板型号组合含义

型号	型号组合含义	型号	型号组合含义
PGL	低压配电屏	XLF	防尘式动力配电箱
BDL	单面维护低压配电屏	XLW	户外动力配电箱
BN	户内固定式农用配电屏	JX	控制箱
BFC	抽屉式低压开关柜	JT	控制台
BJ	低压静电容器柜	XK	户内动力控制箱
BJF	封闭式低压静电容器柜	XLK	箱式户内动力控制箱
BJZK	开启式自动控制静电容器柜	XW	户外端子箱
BZ	户内开启式直流配电屏	XJ	端子箱
BKZ	户内开启式直流控制屏	XM	户内挂墙式照明配电箱
BD	电镀用控制板	XMR	户内入墙式照明配电箱
PK	控制屏（电站用）	CKA	合闸电源装置
PTK	控制屏台（电站用）	BZGN	镉镍电池直流屏
PT	同期屏	GBJ	功率因素自动补偿电容器屏
XL	封闭式动力配电箱	GCK	抽屉式低压开关柜

（2）控制屏台。

例如：PTK-1-001/61，PT 表示屏台组合，K 表示控制用，1 表示第一次设计，001 表示第001号方案，61 表示统一设计年份。

三、开关柜的验收与保管

（一）验收

（1）开关柜的骨架底脚应平稳，成组并列使用的高压开关柜应整齐，柜与柜间不应有显著的缝隙。

（2）开关柜应有接地装置，并有明显的接地符号，柜门应有锁，门转动灵活，操作把手应灵活。

(3) 高压柜的两侧，柜与柜之间，断路器与主母线之间，断路器与隔离开关之间应有隔板隔开。

(4) 金属零件的镀层应牢固，紧固件应有防腐层。

(5) 骨架与板面焊接牢固，无脱焊、焊穿、夹渣、裂缝等现象。螺钉应紧固，操作手柄安装正确。

(6) 各电器元件、仪表、母线、连接线应完好无损，连接牢固，接触良好。

(二) 保管

(1) 开关柜一般应放在库房内保管，库房要通风防潮、干燥、防尘，温度在5~35℃，相对湿度不超过80%。

(2) 存放高压开关柜的库房内必须断绝火源，防止震动。

(3) 开关柜不能重叠码垛，要直立平放，不许倾斜，防止变形。

(4) 低压开关柜一定要成套保管，对一些需要拆开单独保管的元件和附件，一定要写明分箱号码，并做好标记。

(5) 开关柜内瓷件及仪表应防震、防撞击。

(6) 开关柜储存期最长不宜超过一年半。

第六节 电工材料

在输电、变电、用电和传递信息的线路中使用的材料及制造各种电气设备所用的材料，都称为电工材料。

电工材料包括常用的各种电线、电缆、电瓷产品、绝缘材料等。

一、电线

电线是传输电能、传递信息的一种电工线材产品。常用的电线有裸电线、电磁线和布电线等。

(一) 裸电线

1. 裸电线的概念

裸电线是只有导体，没有绝缘层、保护层的电线，它是电线电缆中最基本、最简单的线材。

裸电线的一部分供给各种电线电缆作线芯，另一部分在电机、电器、变压器等设备中作为构件使用。此外，它还可直接输电，传递信息。

2. 裸电线的分类和型号

裸电线按材质分为裸铜线、裸铝线、裸铝合金线等。

按形状和结构可分为圆单线、裸绞线、软接线和形线等。

裸电线的型号由类别、特征和派生三部分组成，其编号如下。

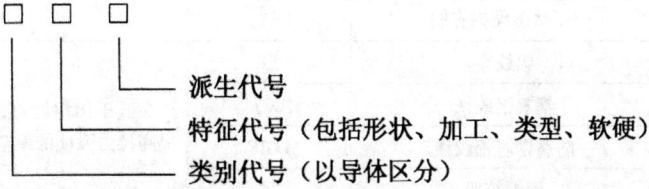

裸电线的类别、特征、派生代号见表2-10-10。

表 2-10-10 裸电线的类别、特征、派生代号

类别（以导体区分）	特 征				派生
	形状	加工	类型	软硬	
C——电车线	B——扁形	F——防腐	J——加强型	R——柔软	A——第一种
G——钢（铁）线	D——带形	J——绞制	K——扩径型	Y——硬	B——第二种
HL——热处理型铝镁硅合金线	G——沟形	X——纤维编织	Q——轻型	YB(BY)——半硬	1——第一种
L——铝线	P——排形	YD——镀银	C——触头用		2——第二种
M——母线	T——梯形	Z——编织	Z——支撑型		3——第三种
S——电刷线	Y——圆形				4——第四种
T——铜线	K——空心				
TY——银铜合金					

例如：LGJJF，L 表示铝线，G 表示钢芯，J 表示绞线，J 表示加强型，F 表示防腐，该产品的名称为防腐加强型钢芯铝绞线。

各种裸电线的类别、名称、型号及用途见表 2-10-11。

表 2-10-11 各种裸电线的类别、名称、型号及用途

类 别	产品名称	型 号	主要用途
电工圆铜线	软圆铜线	TR	本产品适用于制造电机、电器设备绕组、安装配电设备及其他电工方面使用
	硬圆铜线	TY	
	特硬圆铜线	TYT	
电工圆铝线	软圆铝线	LR	
	H_4 状态硬圆铝线	LY_4	
	H_6 状态硬圆铝线	LY_6	
	H_8 状态硬圆铝线	LY_8	
	H_9 状态硬圆铝线	LY_9	
电工铜扁线	软铜扁线	TBR	供制造电机、电器及电气装备绕组的导体
	H_1 状态硬铜扁线	TBY_1	
	H_2 状态硬铜扁线	TBY_2	
电工铝扁线	软铝扁线	LBR	
	H_2 状态硬铝扁线	LBY_2	
	H_4 状态硬铝扁线	LBY_4	
	H_8 状态硬铝扁线	LBY_8	
架空输电线	铝绞线	LJ	高低压架空输电线用。LGJ 型用于需要提高拉力强度的架空输电线
	钢芯铝绞线	LGJ	
	防腐钢芯铝绞线	LGJF	
	硬铜绞线	TJ	

续表

类　别	产品名称	型　号	主　要　用　途
母线	硬铜母线	TMY	用于配电设备及其他电路设备安装，作汇流排母线
	软铜母线	TMR	
	硬铝母线	LMY	
	软铝母线	LMR	
	梯形铜排	TPT	
其他	软铜绞线	TJR	电机电器用，连接电刷用，天线用等
	铜电刷线	TS	
	镀锡铜电刷线	TSX	
	铜编织线	TZX，TZXP	
	裸铜天线	TT，TTR	

（二）圆单线

圆单线是圆形的单根导线。它包括硬、半硬及软的圆铝单线，硬、软及镀锡的软圆铜单线，热处理型及非热处理型的铝合金单线，铝包钢单线和铜包钢单线等。圆单线主要作为构成各种电线电缆和裸线的半制品，同时也直接作为产品用于架空的通信明线、广播线以及用在小容量的配电电力线路中。

材料不同或型号不同的圆单线，其抗拉强度、伸长率、电阻率的大小不同，应用的场所就不同。

（三）裸绞线

裸绞线是用多根圆单线或型线按一定方式绞合或嵌合而成的。它包括硬铝绞线、各种钢芯铝绞线、扩径空心铝绞线及扩径钢芯铝绞线、硬铜绞线、热处理型及非热处理型的铝合金绞线和钢芯铝合金绞线。

钢芯铝绞线是架空电力线路上最常用的导线，其结构的一般标志方法是标出铝线和钢线的根数。例如：由 24 根铝线和 7 根钢线构成的钢芯铝绞线标志为 24/7。不过在实际使用中往往表示为铝线根数/铝线直径 + 钢线根数/钢线直径。

例如：LGJ 型钢芯铝纹线规格是：标称截面积为 $10mm^2$，其结构为 6/1.50 + 1/1.50，表示此钢芯铝绞线钢芯为 1 根，钢芯线直径是 1.50mm，钢芯外一层是铝线，有 6 根，铝线直径为 1.50mm。

又如，LGJJ 加强型钢芯铝绞线规格是：标称截面积为 $150mm^2$，结构为 30/2.50 + 7/2.50，表示由 7 根直径为 2.50mm 的钢线构成钢芯，钢芯外有 5 层 30 根直径为 2.50mm 的铝线绞合。

（四）软接线和型线

软接线多以铜导体为材料，采用复杂的有规则同心式绞合方法或采用束绞法绞合而成。

裸铜软接线是用 TR 型圆铜单线绞成，作为电气装置的连接或接地线等之用。我国生产的裸铜软接线的型号、结构和用途见表 2 – 10 – 12。

表2-10-12 我国生产的裸铜软接线的型号、结构和用途

型 号	结构特点	主要用途
TJR	股线采用有规则绞合,再接有规则绞合复绞。股节距比不大于20倍,复绞时不大于15倍	供移动或半移动电器设备连接线用,如开关、电热器等
TJR-1		
TJR-2	采用束绞,无复绞,节距比不大于15倍	供无线电设备内部连接线用
TJR-3	股线采用束绞,再按有规则绞合复绞,股线节距不大于20倍,复绞时不大于15倍	供电器设备要求较柔软的引出线,接地线用
TJR-4		供电器设备如整流器、可控硅的要求特别柔软的引出线用

型线是一种为满足不同的电线电缆及电气设备元件的要求,而制成矩形、梯形、葫芦形等不同几何形状的截面的导体。其中包括母线、扁线、异形线及电车线等产品。

（五）验收

（1）裸圆线必须粗细均匀,扁线必须宽窄一致、厚薄均匀,边缘不应有锯齿状缺陷。裸线表面应光滑,不得有斑痕、毛刺、裂口、伤痕、散股、断丝、锈蚀以及氧化变质等现象。

（2）硬圆铜线、铝单线不得焊接,整轴整卷应为一整根,每卷应用软线捆扎三处以上。

（3）绞线应紧密整齐绞合,不应有断丝、松股、层叠或擦伤等缺陷。成盘的裸绞线及电车线的内外两端应分别固定在绞盘的外侧和内侧。

（4）验收质量合格证和说明书。包装上应有厂名、规格、型号、重量、技术标准等标签。

（六）保管

（1）裸线怕受潮和化学腐蚀,应存放在干燥、通风的库房内,严禁与酸性物质和有腐蚀性固体、气体同库存放,库内相对湿度不得大于70%。

（2）不得将无包装的铜线和铝线重叠在一起,以免发生电化学作用使铝线遭受腐蚀。

（3）如品质不合要求,或已经损坏而尚能使用的裸线,不得与合格品混码在一起,应分开存放。

（4）小型、小批的裸线应上货架保管,包装成批的可连同包装重叠码垛,垛高不得超过1.5m,以防底层重压变形,每隔三月倒垛一次。

（5）裸线保管要勤检查,以出厂保险期为储存期限,最长不超过一年。

二、布电线

建筑工程或一般工业的低压动力系统和照明系统以及日常生活中作分布电能用的绝缘电线称为布电线。

（一）结构

布电线一般是由导体和绝缘层构成,有些产品在绝缘层外用橡皮、聚氯乙烯塑料护套或植物纤维、人造纤维等编织成保护层。布电线的导体是由各种金属材料制成,如铜、铝线等,绝缘层大多数是橡皮或塑料。

（二）布电线的型号

布电线的型号编排如下。

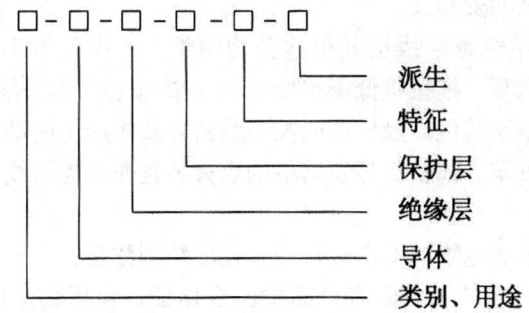

布电线型号各部分的代号及其含义见表2－10－13。

表2－10－13　布电线型号各部分的代号及其含义

类别、用途	导体	绝缘层	保护层	特征	派　生
B——布电线	L——铝	X——橡皮	H——橡套	R——软	1——第一种，户外用 2——第二种，105～105℃耐温
R——日用软线	T——铜	Y——塑料（聚氯乙烯）	HF——非燃橡套	Q——轻型	
Y——移动用		F——复合绝缘	V——塑料护套	Z——中型	
Q——汽车用		Y——聚乙烯塑料	L——蜡克线	G——高压	
F——飞机用		XD——丁基橡胶	BL——玻璃丝编织蜡克线	P——屏蔽	
J——电机引接线		XC——硅橡胶	N——尼龙护套	S——双发	
YH——电焊机用		VF——丁聚复合	B——玻璃丝编织	B——平型	
A——安装用			F——丁聚复合物	T——耐热	
DC——电气化车用				W——户外	
UM——矿工帽用					

型号示例：

(1) 型号 BLY－1 表示户外的聚氯乙烯塑料绝缘的铝芯布电线。

(2) 型号 RXS 表示橡皮绝缘编织双绞软铜线，即通用花线。

(3) 型号 BLXF 表示铝芯橡皮绝缘氯丁橡皮护套电线。

（三）布电线的分类及用途

按用途不同布电线分为通用绝缘电线和专用绝缘电线两类。

通用绝缘电线包括橡皮绝缘电线，塑料绝缘电线，橡皮、塑料绝缘软线和塑料绝缘屏蔽线等。

专用绝缘电线包括电机引接线、汽车和拖拉机用电线、飞机用绝缘电线、电焊机软接线、橡套软接线等。

(1) 橡皮绝缘电线广泛地适用于交流电压为500V及以下，直流电压为1000V及以下的各种电器装置、仪器仪表、电信设备、动力及照明电路，起固定敷设作用。

(2) 塑料绝缘电线除了逐步取代橡皮绝缘电线作为动力和照明线路用线之外，还大量应用于各种电工器材中作为普通安装电线使用，其中包括一些用于无线电装置的电线。

(3) 橡皮、塑料绝缘软线是使用范围极为广泛的通用产品，适用于交流电压250V或直流电压500V及以下的各种移动式动力、照明、控制、信号系统中作为连接线用，以及中小型电器、仪表中作为柔软的安装线。

（4）汽车、拖拉机用绝缘电线按其用途分为两类，一类是汽车、拖拉机用绝缘电线，另一类是高压点火线。汽车、拖拉机低压绝缘电线主要用于汽车、拖拉机中发动机、仪表、照明等的连接，另外也用于其他内燃机照明控制线路以及机床上的动力控制线路。

高压点火线主要供汽车、拖拉机等发动机的点火装置作为连接线之用。

（四）验收

布电线验收时，除按裸电线的要求进行外，还应特别注意：

（1）绝缘电线的每一包装，应附有产品检验合格证，包括制造厂名、电线型号、芯线数、标称截面、额定电压、长度、重量、制造日期及电工专业标准等内容的标签。

（2）各种绝缘电线的导电线芯表面应光滑、无锈、无伤，线径应与所标规格相符。

（3）橡皮绝缘层应厚度均匀，不得有老化、龟裂、僵硬等现象。棉纱编织层应浸透防腐涂料，其表面无发黄或发粘现象。

（4）涂蜡、沥青的电线，必须使蜡涂得发光，沥青要浸透。

（5）塑料线的塑胶表面应色调一致，无槽纹、气泡、杂质、变色、老化、开裂、偏心、凹凸异状、薄厚不均、机械损伤等缺陷。

（五）保管

布电线的保管除做好一般常规保管（温度适宜0～30℃，湿度不超过80%，库内通风、干燥、防尘防潮等）外，特别注意如下几方面：

（1）要防止布电线太阳曝晒和闷热，以免橡皮发粘变质，胶体熔化、硬化。库房必须在向阳玻璃窗上涂上白漆。

（2）布电线不能与酸、碱物品及矿物油类接触，库内不得有破坏绝缘层及腐蚀金属的有害气体存在。

（3）布电线码垛时，要下垫枕木及防潮纸，重叠码垛不宜过重，以免电线受压力过大变形，或使橡皮厚薄不均匀而影响绝缘性能。

（4）定期进行检查：冬季每月一次，夏季每周一次，每隔三个月倒垛一次，储存期最长不宜超过两年。

三、电缆

（一）电缆的结构和分类

1. 电缆的结构

电缆是用来传输电力、传递信号的一种电工材料。电缆的基本结构是由导体、绝缘层和保护层三个部分组成。导体主要有铜芯和铝芯，绝缘层分绝缘纸、橡皮、塑料（聚乙烯、聚氯乙烯及交联聚乙烯）绝缘，保护层分内护层和外护层。

2. 电缆的分类

电缆的种类很多，其分类方法如下：

（1）按绝缘层不同，可分为油浸纸绝缘电缆、橡皮绝缘电缆、聚氯乙烯塑料绝缘电缆、聚乙烯及交联聚乙烯塑料电缆。

（2）按电缆的保护层不同，可分为裸铝包电缆、钢丝或钢带铠装电缆、橡塑护套电缆等。

（3）按电缆的线芯数目不同，可分为单芯、双芯、三芯、四芯及多芯电缆。

（4）按电缆用途不同，可分为电力电缆、控制通信电缆以及专用电缆等。

3. 电缆的型号

电缆的型号主要由下面7个内容组成。

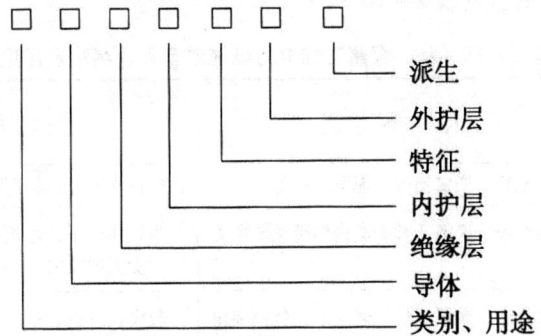

电缆型号中各部分代号的含义见表2-10-14。

表2-10-14 电缆型号代号的含义

类别、用途	导体	绝缘层	内护层	特征	外护套	派生
V——塑料电缆 X——橡皮绝缘电缆 YJ——交联聚乙烯塑料绝缘电缆 Z——纸绝缘电缆 G——高压电缆 K——控制电缆 P——信号电缆 U——矿用电缆 UC——采掘机电缆 UZ——电钻电缆 W——地球物理工作电缆 WB——油泵电缆 WC——海上探测电缆 WE——野外探测电缆	L——铝线芯 T——铜线芯	V——聚乙烯塑料 X——橡皮 XD——丁基橡皮 Y——聚乙烯塑料	H——橡套 HF——非燃橡套 L——铝包 Q——铅包 V——塑料护套	CY——充油 D——不滴流 F——分相护套 P——贫油、干绝缘 P——屏蔽 C——滤尘器用 C——重型 D——电子显微镜用 G——高压 H——电焊机用 J——交流 Z——直流	0——相应的裸外护套 1——一级防腐 2——二级防腐 3——单层细钢丝铠装麻被 4——双层细钢丝麻被 5——单层粗钢丝麻被 6——双层粗钢丝麻被 9——内铠装	1——第一种 2——第二种 110——110kV 120——120kV 150——150kV 0.3t——拉断力0.3t 1——拉断力1t TH——温热带用

(二)普通电缆

普通电缆包括电力电缆、控制电缆和信号电缆等。普通电缆广泛地应用于输变电、电气装备和控制及通信线路中。

1. 电力电缆

电力电缆是指电力系统中用于传输和分配较大功率电能用的电缆。它广泛应用于发电厂、变电所、工矿企业的动力引入或引出线中,还用于跨越江河海峡的电力输送电路。电力电缆有油浸纸绝缘、塑料绝缘、橡皮绝缘等,目前使用最广泛的是各种塑料绝缘电力电缆。

1) 聚氯乙烯电力电缆

聚氯乙烯塑料绝缘电力电缆的线芯数目有单芯、双芯、三芯和四芯,线芯截面为1~

800mm², 共25挡, 内护层常采用聚氯乙烯护套。目前我国生产的聚氯乙烯塑料绝缘电力电缆额定电压为1kV和6kV, 不同型号的聚氯乙烯电力电缆, 应用的场合也不同。聚氯乙烯电力电缆的型号、名称及用途见表2-10-15。

表2-10-15 聚氯乙烯电力电缆的型号、名称及用途

型号		名 称	用 途
铜芯	铝芯		
VV	VLV	聚氯乙烯绝缘,聚氯乙烯护套电力电缆	敷设在室内、隧道内、管道中
VV_{29}	VLV_{29}	聚氯乙烯绝缘,聚氯乙烯护套内钢带铠装电力电缆	敷设在地下,电缆能承受机械外力作用,但不能承受大的拉力
VV_{30}	VLV_{30}	聚氯乙烯绝缘,聚氯乙烯护套裸细钢丝铠装电力电缆	敷设在室内、矿井中,电缆能承受机械外力作用,并能承受相当的拉力
VV_{39}	VLV_{39}	聚氯乙烯绝缘,聚氯乙烯护套内细钢丝铠装电力电缆	敷设在水中,电缆能承受相当的拉力
VV_{50}	VLV_{50}	聚氯乙烯绝缘,聚氯乙烯护套裸粗钢丝铠装电力电缆	敷设在室内、矿井中,电缆能承受机械外力的作用,并能承受较大的拉力
VV_{59}	VLV_{59}	聚氯乙烯绝缘,聚氯乙烯护套内粗钢丝铠装电力电缆	敷设在水中,电缆能承受较大的拉力

2) 交联聚乙烯电力电缆

交联聚乙烯绝缘电力电缆主要有单芯和三芯等结构, 导电芯有铜芯和铝芯两种, 线芯截面为16~500mm², 共13挡。国产的交联聚乙烯绝缘电力电缆每相均有内、外层屏蔽层, 一般采用聚乙烯护套。交联聚乙烯型号不同, 应用的场所也有些不同。交联聚氯乙烯电力电缆的型号、名称及用途见表2-10-16。

表2-10-16 交联聚氯乙烯电力电缆的型号、名称及用途

型号		名 称	用 途
铝芯	铜芯		
YJLV	YJV	交联聚乙烯绝缘,聚氯乙烯护套电力电缆	敷设在室内、外隧道内、管道中及松散土壤中,不能受机械外力作用,但能经受一定的敷设牵引
$YJLV_{29}$	YJV_{29}	交联聚乙烯绝缘,聚氯乙烯护套内钢带铠装电力电缆	敷设在地下,电缆能承受机械外力作用,但不能承受大的拉力
$YJLV_{39}$	YJV_{39}	交联聚乙烯绝缘,聚氯乙烯护套内细钢丝铠装电力电缆	敷设在水中,电缆能承受相当的拉力
$YJLV_{29}$	YJV_{29}	交联聚乙烯绝缘,聚氯乙烯护套内粗钢丝铠装电力电缆	敷设在水中,电缆难承受较大的拉力

2. 控制、信号、通信电缆

控制电缆和信号电缆都是多芯电缆, 两者在结构上无显著的差别, 在一定范围内可以通用。控制电缆的电压等级为交流500V, 线芯截面有0.75mm²、1.0mm²、1.5mm²、2.5mm²、

$4mm^2$、$6mm^2$ 和 $10mm^2$ 等几种，除 $10mm^2$ 的是由 $7mm×\phi1.33mm$ 的单线绞合外，其余均是由每芯一根的软铜线构成，线芯数最多达 37 根。控制电缆可以通过较大的控制电流，主要用于配电装置中连接仪表和仪器，也可以固定敷设，作为操作回路和保护回路中的电器、仪表接线用。

信号电缆大多数是交流 220V 的，线芯均为单芯软铜线，截面仅有 $0.5mm^2$、$0.75mm^2$ 两种，芯数多达 61 根。信号电缆主要用于传输信号，如铁路信号、电报及自动化机械的线路装置信号等。

通信电缆是传输电话、电报、广播和数据等电信用的绝缘电缆，按其元件结构类型通信电缆可分为对称和同轴电缆两种。目前公共通信网中的通信电缆分为三大类，市内通信电缆、长途对称通信电缆和同轴（干线）通信电缆。

（三）石油专用电缆

由于石油工业的特殊性，在石油企业生产中除了使用一般的电力、控制和通信电缆外，还使用石油专用电缆。

常用的石油专用电缆有地球物理探测电缆、潜油泵电缆、七芯铠装电缆、油矿探测电缆、油井加热电缆、地震电缆、三芯深井射孔电缆及单芯过油电缆等。

1. 探测电缆

常用的探测电缆有地球物理用野外探测电缆、矿井探测电缆、野外用轻型电缆和海上无磁性勘探电缆等。

探测电缆类产品型号的编制，多以字母 W 列为首位，其余字母的含义见表 2-10-17。

表 2-10-17 探测电缆类产品型号编制表

类别用途	导体	绝缘	护套	特性	派生
W——地球物理用电缆	T——铜	Y——聚乙烯 X——橡皮	H——橡皮 VF——复合物	Q——轻型 G——改进	0.3、0.6、0.5 0.2、4、6、7 （表示电缆承受的总拉断力，单位为1000kgf，1kgf=9.80665N）
WE——野外探测电缆	J——钢铜混绞型线芯	E——乙丙胶 BP——共聚物	HY——耐油橡套 F——非燃护套	M——加热	
WT——轻便型探测电缆					

例如：WJH-0.3，W 表示地球物理用探测电缆，J 表示钢铜混绞型线芯，H 表示橡皮护套，0.3 表示能承受的总拉断力为 300kgf。

不同型号的探测电缆用途也不同，部分探测电缆的名称、型号及用途见表 2-10-18。

表 2-10-18 部分探测电缆的名称、型号及用途

型 号	名 称	用 途
WJH-0.3	地球物理工作用三芯橡皮绝缘套电缆	用于油井探测，钻井深度不大于300m，电缆拉力不大于300kgf
WJH-0.5	地球物理工作用三芯橡皮绝缘套电缆	用于探测海底或有水的地方，电缆拉力不大于500kgf
WJH-1	地球物理工作用三芯橡皮绝缘套电缆	用于探测海底或有水的地方，电缆拉力不大于1000kgf

续表

型　号	名　称	用　途
WJH-2	地球物理工作用三芯橡皮绝缘套电缆	用于油井探测，钻井深度不大于2000m，拉力不大于2000kgf
WJH-4	地球物理工作用三芯橡皮绝缘套电缆	用于油井探测，钻井深度不大于3000m，拉力不大于4000kgf
WJHY-4 WJHF-4	地球物理工作用三芯橡皮绝缘耐油橡套电缆	用于含有大量石油用石油散发性气体场合下，拉断力不大于4000kgf
WCL4	油矿测井电缆	用于石油、矿山及其他矿藏多线自动测量用
WCVF4	油矿测井电缆	用于石油、矿山及其他矿藏多线自动测量用
WTJNV-0.2	野外用三芯轻便电缆	供连接电子仪器作测量井层电气参数用
WTJHY-0.35	野外用三芯轻便电测电缆	供连接直流100V及以下的电子仪器作为测井层电气参数用
WTJHQ-1	野外用高强度轻便电测井电缆	用于野外条件下，作为地质矿藏勘测用

2. 油井加热电缆

油井加热器用的电缆，一般为三芯，标称截面$16mm^2$或$18mm^2$。例如型号为WAMA，名称为油井加热电缆，固定敷设于油井作加热清蜡用，规格为$3 \times 16mm^2$或$3 \times 18mm^2$。

油井加热电缆的结构中线芯数和标称截面大小不同，其质量和用途也不同。

3. 地震电缆

地震电缆主要供地面地震仪勘探时连接检波器，并传送微弱的地震信号至地震勘探仪器之用，其型号类别代号为WTM，如塑料护套地震检波电缆的型号是WTMV，氯丁护套地震检波器电缆的型号为WTMH。

4. 油矿用其他电缆

油、气井除用上面所讲的电缆外，还使用潜油泵电缆、射孔电缆、电钻电缆和测井电缆等。这些电缆一般用型号、结构规格表示，其规格用"线芯根数×标称截面"表示。如：

三芯深井射孔电缆，型号为WSB-6220V，规格为3×1.0（mm^2）。

单芯过油管射孔电缆，型号有WGSB-3，WGSB-3-3和WGSB-3-2，规格分别是1×1.33（mm^2）、1×1.0（mm^2）和1×1.93（mm^2）。

井下电钻电缆型号为UZ，井下各种移动电器设备屏蔽用橡套软电缆型号为UP。电动潜油泵电缆型号为WBEYL型、WBEBL型、WBS型及WBHY20型等。

（四）电缆的验收和保管

1. 电缆的验收

（1）卷绕电缆的铁盘或木盘应完整无损，其铁盘或木盘板面应有出厂标牌，牌上标明生产厂名、电缆名称、规格型号、额定电压、电缆长度、重量、盘号、制造日期，盘面上应有标明滚动方向的箭头。

（2）各种电缆表面的防腐保护层应无断裂、机械损伤和压扁等缺陷，裸钢带铠装应光滑平整无锈蚀并涂有沥青油；保护层石油沥青不应有熔化及流失现象。

(3) 各种油浸纸绝缘和充油、充气的电缆两端应密封良好，不得有泄漏现象。

(4) 电缆应紧密整齐地卷绕在牢固的铁、木盘上，内层一端应从孔眼引至盘外侧固定并加钉保护盒，以防磨伤；外层一端固定在内侧上，包装盘的周围应钉有保护板。

2. 电缆的保管

(1) 电缆曝晒后会缩短电缆的使用寿命，塑料电缆过冷即硬化，会降低绝缘能力。在 -10℃ 时，橡皮绝缘容易老化发脆。因此电缆应存放在库内或四周有遮蔽的货棚内保管，并应防止日晒、雨淋、过冷、过热。

(2) 橡皮电缆及聚氯乙烯电缆不能与酸类及矿物油等接触。

(3) 电缆可以重叠码垛，垛高应以立码两盘为宜，垛形为立放压缝，在垛的底层两端必须用三角形的木块卡住，以防滚动翻码。垛底可根据地面防潮情况适当垫高，以利通风不受地潮。

(4) 如电缆零星切割发货，应先在切割点的两端约相距 15cm 的地方，用铁丝扎紧后，方能切割，以免电缆护层松散。铅包电缆切割后，应立即将端头用铅皮妥善包裹，严密焊封，以免漏油后降低电缆的耐电压性能。焊封端头的焊药应用松香或松香膏，不得采用盐酸等。其他电缆必须用绝缘胶布、胶带严密封包。

(5) 电缆在保管期间，应每隔半年滚动一次，即将向下存放的铁盘或木盘边滚翻朝上。

(6) 有护层的电缆或无钢带铠装的电缆，若发现沥青熔化、钢带生锈时，应立即用5号沥青涂上。

(7) 矿用电缆的外包钢丝容易生锈，应涂上机油保护。

(8) 通信电缆内有气体，如零星切割，必须送厂，不得自行切断，以免电缆漏气变质。

四、电瓷产品

电瓷产品又称为瓷瓶或瓷套。电瓷件供绝缘用或固定带电导体，是电器、变压器、配电设备及线路等所必要的部件，故电瓷件又称为绝缘子或电力电瓷。

(一) 结构

瓷件的主体结构采用粘土、长石、石英等烧结而成，并装有金属件，其形状多样，有盘形、球形、槽形、针式、管式、蝶形等。

(二) 型号

电瓷件的代号、名称、结构及连接形式见表 2-10-19。

电瓷件的型号由六个内容组成，其编排顺序如下。

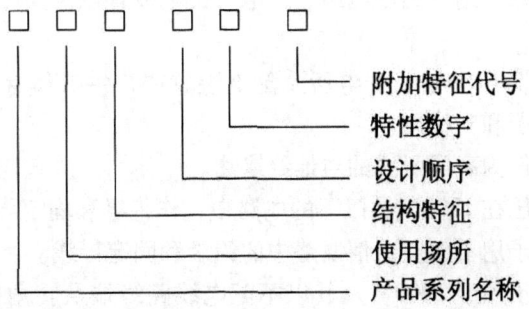

表 2-10-19 电瓷件的代号、名称、结构及连接形式

产品类别、名称		结 构 形 式		连 接 形 式	
代号	含义	代号	含义	代号	含义
X	瓷悬式绝缘子	Q	加强绝缘	M	木担直脚
LX	钢化玻璃悬式绝缘子	Z	内胶装	MC	加长木担直脚
XPX	按机电破坏负荷值表示瓷悬	L	联合胶装	T	铁担直脚
P	线路针式绝缘子	S	棒形	W	弯脚
Z	支柱绝缘子	X	悬挂式	Y	下附件形状为圆形
PD	低压线路针式绝缘子	P	针式	N	上、下附件为单螺孔
ED	低压线路蝶式绝缘子			L	上、下附件安装孔均为螺孔
U	低压布电线用瓷管				
J	拉紧绝缘子				
SC	全瓷式瓷横担绝缘子				
TK	通信线路针式绝缘子				
N	瓷夹板				
T	通信线路针式绝缘子（螺纹连接）				

例如：P-6W 表示额定电压为 6kV，弯脚针式绝缘子；PQ-35T 表示额定电压为 35kV，铁担直角，加强绝缘线路针式绝缘子。

（三）电瓷产品的分类和用途

1. 分类

电瓷产品又叫绝缘子，其种类很多，常见的分类方法有以下几种：

（1）按其用途可分为电站绝缘子、电器绝缘子和线路绝缘子三种。

电站绝缘子又可分为支柱绝缘子和套管绝缘子，电器绝缘子也可分为支柱绝缘子和套管绝缘子，线路绝缘子按其形状可分为针式、悬式、蝴蝶式绝缘子以及瓷横担绝缘子和铁道接触网用耐污棒形瓷绝缘子。

（2）按其额定电压分为高压绝缘子和低压绝缘子。

（3）按其安装的场所可分为户内绝缘子和户外绝缘子。

2. 用途

高压线路绝缘子是用来固定架空输、配电导线和户外配电装置软母线，并使它们与接地部分绝缘；高压支柱绝缘子用于高压电站、变电所配电装置以及高压开关设备中，作高压导电部分的绝缘支持物。

高压穿墙套管用于高压电站、变电所及配电装置中，供导体穿过隔板（墙壁或楼板）或其他接地物时作绝缘子和支柱用。

电器用套管绝缘子作为高压引线的对地绝缘物。

低压绝缘子用于电压在 1200V 及以下的电路中，作绝缘和固定导线用。

通信线路针式绝缘子用于架空通信线路中的绝缘和固定导线。

低压线路蝶形绝缘子用于 1200V 及其以下配电线路终端及转角杆上，作为绝缘和固定导线用，也广泛被用作线路悬式绝缘子相配合，作为线路金属具中的一个元件。

（四）电瓷件的验收

(1) 电瓷件应木箱包装，大型瓷件应固定在木箱内，小型瓷件之间及瓷件与箱壁间应填软性衬垫物。

(2) 每批交货的瓷件应有产品检验合格证。

(3) 外观尺寸的偏差及壁厚偏差应在有关规定范围内。

(4) 瓷件几何形状偏差不得超过有关规定：

①椭圆度。电器和配电装置用瓷件的有限结构部位，直径不大于250mm的不应超过$0.01d+2.5$mm（d为瓷件直径，mm）；直径大于250mm的不应超过$0.02d$。

②不平行度。电器和配电装置用瓷件的两端面不平行度，不应超过1.5%。

③中心轴弯曲度。实心棒型瓷件不应超过瓷件长度的0.8%，电器和配电装置用瓷套不超过其长度的1%，瓷横担不超过其长度的1.5%。

④盘形悬式和针式瓷件的伞盘变形度不超过伞径的2%。

(5) 瓷件釉面应光滑、均匀。

(6) 以螺纹和金属附件连接的瓷件，螺纹应均匀、光滑、完整，螺纹缺牙不超过螺纹总长的10%。

(7) 瓷件外表釉面针孔的总面积不超过外表面缺陷总面积的1/2。

(8) 线路绝缘子瓷件不允许有裂纹，但线路棒式绝缘子、电器和配电装置用作为主绝缘及承受较大冲击机械负荷的瓷件，允许在距离主体（包括电极）部位1cm以外的伞、棱上有裂纹，裂纹宽度不应超过0.05cm，单个长度不超过1cm。

（五）电瓷件的保管

(1) 电瓷件应存放在干燥通风的库房或料棚内。存放电瓷件的库房相对湿度小于80%，并且不得同库存放有害气体及其他笨重物资，防止金属件锈蚀和瓷件撞击破碎。

(2) 成批装箱瓷件可连箱码垛，但垛不宜过高，垛形应稳固防止倾斜倒塌。垛底应垫高30cm以上，便于通风。零星瓷件上货架保存时，每层瓷件间应垫一层薄板。

(3) 保管期间严禁撞击、震动。

(4) 电瓷件储存期限一般不宜超过一年半。

五、绝缘材料

电工技术中把电阻系数大于$10^6\Omega\cdot m$的物质所构成的材料称为绝缘材料。它与导电材料相反，在其上施以直流电压时，只有极微小的电流通过，一般可认为是不导电的，因此绝缘材料又称为电介质。

（一）绝缘材料的用途

绝缘材料在电气设备中的用途非常广泛，其主要用途可归纳为以下几点：

(1) 将导体与其他部分相互绝缘。

(2) 将不同带电部分隔离开来，使电流按一定的方向流动。

(3) 保证各种电容器达到所需要的电容量。

(4) 根据各种电气设备的技术要求，起冷却散热、机械支撑、传递和承受机械力、灭弧、改变电位梯度、防潮、保护导体等各种不同的作用。

（二）绝缘材料的分类

绝缘材料按其来源分为天然绝缘材料和人工合成绝缘材料两类，按其形态分为气体、液体和固体绝缘材料三类。气体绝缘材料主要有空气、氮气及六氟化硫等高耐电强度气体,液体绝缘材料主要有变压器油、硅油、电缆油等,固体绝缘材料主要有塑料、胶木、酚醛树脂、云母、电瓷等。物资部门经营管理的主要是固体绝缘材料。根据绝缘材料的应用或工艺特征,将其分为六大类:

(1) 绝缘漆、树脂和胶类。常用的有溶剂浸渍漆、无溶剂浸渍漆、覆盖漆、胶粘漆、熔敷粉末、硅钢片漆、漆包线漆、胶等。

(2) 浸渍纤维制品类。常用的有漆布、漆绸、合成纤维漆布、玻璃纤维漆布、混织纤维漆布、防电晕漆布、漆管、绑扎带等。

(3) 层压制品类。常用的有有机底材层压板,无机底材层压板,防电晕及导磁层压板,覆铜箔层压板,有机底材层压管、棒,无机底材层压管、棒等。

(4) 塑料类。常用的有木粉填料塑料、其他有机物填料塑料、玻璃纤维填料塑料、云母填料塑料、其他矿物填料塑料、无机填料塑料等。

(5) 云母制品类。常用的有云母箔、管、带,柔软云母板,塑料云母板,换向器云母板,衬垫云母板等。

(6) 薄膜、粘带和复合制品类。常用的有薄膜、薄膜粘带、橡胶及织物粘带、薄膜绝缘纸、薄膜玻璃漆布复合箔、薄膜合成纤维复合箔、多种材料复合箔等。

(三) 常用的绝缘材料简介

1. 层压制品

两层或多层浸有树脂的纤维或织物经叠压、热压结合成的整体称为层压制品。

根据使用要求,层压制品可制成具有优良介电、机械性能和耐热、耐油、耐霉、耐电弧、防电晕等特性。层压制品主要作电机、电器的绝缘构件以及无线电、电子设备和其他设备中的印刷电路板。

层压制品类产品名称由树脂、底材和基本名称组成。基本名称指产品的形态,如板、管、棒、覆铜箔板、防电晕板、导磁板等。普通层压板、管、棒的名称应在树脂和底材之间加"层压"两字,如型号3240为环氧酚醛层压玻璃布板,该产品的胶粘剂是环氧酚醛树脂,底材是电工用无碱玻璃布,产品的形态是板状。

(1) 酚醛层压纸板。

酚醛层压纸板是由木质纤维或棉纤维浸以酚醛树脂,经热压固化而成的板状层压制品,又称为胶纸板。

酚醛层压纸板具有较高的电气性能、机械性能和良好的加工性能,它可以进行锯、钻、车、铣等机械加工而不出现裂缝和脱落现象,且具良好的耐油性,可在高温条件下或在变压器油中使用。酚醛层压纸板的缺点是耐电弧性差。它适用于对电性能要求较高的电机、电器设备中作绝缘用,还可用于无线电、电话的高频设备中作绝缘结构零件。

我国生产的酚醛层压纸板的常用型号有3020、3021、3022、3023,板面积不小于380×48(mm^2)。3020、3021、3022的标称厚度为$0.2 \sim 50mm$,3023的标称厚度为$0.4 \sim 4mm$。

(2) 环氧酚醛层压玻璃布板。

环氧酚醛层压玻璃布板是用无碱玻璃布浸以环氧酚醛树脂经叠合、热压而成的板状材料。它具有很高的机械强度,介电性能好,耐水性和耐热性较好,浸水后的介电性能稳定。

环氧酚醛层压玻璃布板适用于要求高机械强度,高介电性能以及耐水性能好的电机、电器设备中作绝缘结构零部件,并可在变压器油中使用。

环氧酚醛层压玻璃布板的型号为3240，板面积不小于380×480（mm²），标称厚度为0.2~80mm。

2. 电工用塑料

电工上使用的以树脂为主，配合各种填料和添加剂等制成的粉状、粒状或纤维状材料称为电工用塑料。它具有优良的介电性能和较高的机械性能。主要用于塑制成各种规格、形状的电工设备绝缘零部件以及作为电线电缆的绝缘和护层。

（1）酚醛木粉压塑料。

酚醛木粉压塑料是以粉醛树脂为胶粘剂，木粉为主填料的压塑料。其流动性大，对有机溶剂和非氧化性酸、碱的作用较稳定，具有一定的介电性能和机械强度，但性脆、耐电弧性差，产品型号有4010，4012，4013等。

（2）聚乙烯及交联聚乙烯。

聚乙烯具有优良的电气性能，其相对介电系数在很宽的频率范围内几乎不变，介电损耗非常小，且耐酸、耐碱、耐溶剂性都好，耐潮耐寒性优良。它主要作通信电缆和电力电缆的绝缘，电压等级可达225kV。由于聚乙烯有良好的耐水性，可作潜水电动机的绕组绝缘，但聚乙烯软化温度低，其使用温度在75℃以下。为了改善聚乙烯的耐热性和耐软化性，就将其交联成为交联聚乙烯。

3. 薄膜及复合制品

（1）聚酯薄膜。

聚酯薄膜是由对苯二甲酸二甲酯、乙二醇在催化剂和稳定剂作用下，经酯交换、缩聚、拉伸定向而成的薄膜。它的厚度很薄，但具有较高的机械强度和介电性能，耐有机溶剂性好。其缺点是易醇解和水解，耐碱性和耐电晕性差。

聚酯薄膜适用于中小型电机的槽绝缘、匝间绝缘和线圈绝缘以及其他用途的电工绝缘。

薄膜产品名称由化学组分和基本名称构成，基本名称就是薄膜。聚酯薄膜产品型号是6020，标称厚度为0.04mm、0.05mm、0.07mm、0.1mm。

（2）聚酯薄膜绝缘纸复合箔。

聚酯薄膜绝缘复合箔是由聚酯薄膜粘贴于一层绝缘纸（青壳纸）上，并经压平而成。其表面光滑，无孔隙、裂纹及导电杂质，在使用中剪切或弯折180°时，无分层现象，介电性能良好，有一定的柔软性和较高的机械强度。适于作电机、电器的槽绝缘、衬电绝缘和匝间绝缘。

例如：型号为6530的材料是由聚酯薄膜、玻璃漆布组成。根据复合制品的命名法，该产品的名称是聚酯薄膜玻璃漆布复合箔。

（3）聚酯薄膜聚芳酰胺纤维纸复合箔。

聚酯薄膜聚芳酰胺纤维纸复合箔是一种新型的绝缘材料，它是由聚芳酰胺纤维纸与聚酯薄膜经粘合剂粘合而成，具有良好的介电性能和防潮性能，机械强度高，柔软性好。它广泛用在F级电机中作槽绝缘及相间绝缘。用这种复合箔作槽绝缘的F级电机比原E、B级电机尺寸可缩小25%~30%，重量减轻20%左右。近年来在干式变压器中也开始使用这种绝缘材料，其主要产品型号为6640。

（四）绝缘材料的质量指标

绝缘材料的主要质量指标有体积电阻率、击穿电压、抗张力、耐油性、耐热性及弹性。

（五）绝缘材料的验收

（1）各种绝缘材料必须有产品检验合格证，不同类型的绝缘材料要按其级别等级分别检验。

（2）绝缘材料的包装要完好。绝缘漆桶不应有破漏，封口要严密。层压制品表面不应磨损，薄膜材料外包的防潮纸应无撕破等。

（3）绝缘材料应满足电工产品对其性能的要求，因此，有条件的单位应对绝缘材料的主要性能如电性能、耐热性能和机械强度等指标进行检验，应符合相应的材料指标。

（六）绝缘材料的保管

（1）绝缘材料应保管在湿度不宜过大的库房内，适宜的温度为10~35℃，空气相对湿度在80%以下，地面应为干燥的水泥地或木板地。库房内禁止大量洒水或洗刷地面，库房绝对禁止生火。

（2）绝缘材料应分设专门库房保管，不得与化学药品、化工原材料及粉末金属等混存一室。

（3）绝缘材料应分品种、分规格存放，并应标出各种材料的出厂日期及有效期限，保证先进先出。

（4）搬运、盘点、发放时要小心谨慎，不使绝缘材料受到机械损伤，应使包装物保持良好。

（5）绝缘漆在储存时，每隔两个月应将漆桶翻一次，且垛高不宜超过三层。层压制品堆码时，每张纸板应隔垫薄纸，以免表面磨损；云母制品应存放在库房中的料架上，层间以纸隔开。薄膜材料均为成卷包装，外面包有防潮纸，应入架存放，只准堆放一层，如大量储存时可原箱存放。

（6）绝缘材料自生产日期起储存期限如下：浸渍纤维材料为6个月，酚醛纸、布板及棒为18个月，酚醛纸、布管为6个月，云母制品为2~3个月，聚酯薄膜为一年，聚酰亚胺薄膜为2年。

第七节 仪器仪表

一、电工仪器仪表

电工仪器仪表是指利用电子技术测量有关的电学量和磁学量，而且可以将温度、压力、流量、速度等非电量变换为电量再加以测量的仪器仪表。它具有测量准确度高、测量速度快等特点，并便于实现自动检测和远距离测量。

（一）电工仪器仪表的分类

电工仪器仪表按用途可分为标准型和实用型两种。标准型的精度较高，主要用来检验校准各种有标高的测量仪表，如直流电位差计、交流电桥等。供实际测量用的仪表称实用测量仪表，如电流表、电压表等。电工仪器仪表还有下述分类。

（1）按测量方法分类：

①直读式仪表，如电流表、电压表等。

②比较式仪表，如电桥、电位差计等。

（2）按作用原理分类：

①磁电式仪表，如$1C_2$系列直流电表。

②电磁式仪表,如1T₁系列交流电表。

③电动式仪表,如D_{34}-W单相功率表。

④感应式仪表,如DS_2三相有功电表。

⑤铁磁电动式仪表,如45D₁系列交流表。

⑥流比计,如ZC-7型兆欧表。

⑦振动式、电子式等仪表。

(二) 型号表示方法

1. 开关板盘上指示电表的型号表示方法

开关板盘上指示电表的型号表示如下。

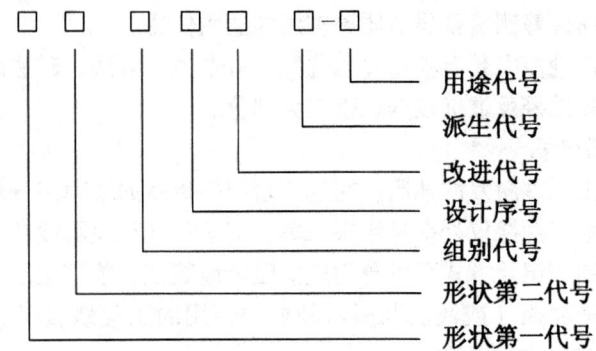

2. 类别代号和组别代号的确定

类别代号和组别代号用汉语拼音首位字母表示。

(1) 开关板盘上指示电表。指示电表的类别代号和组别代号是按外壳形状尺寸特征确定的。

(2) 电工仪表产品的型号、类别、代号见有关产品标准。

二、验收与保管要求

各类仪器仪表的验收保管方法大致相同,具体要求如下。

(1) 开箱时应注意不能使用铁锤敲箱,避免震坏仪表。开箱后取出包装盒先清扫尘埃,再开盒看表,避免尘土落入表内。精密仪表冬季到货,应先在库内放置2h后方可开箱,避免温差太大使潮气浸入表内。

(2) 刻度盘的刻度应清晰醒目,不得有脏迹、模糊、不平等现象,指针转动应灵敏。

(3) 仪表接线柱及所有旋钮不能残缺和松动。

(4) 保管要求:

①仪器仪表必须放在干燥通风的封闭式仓库内,环境温度不得有剧烈变化,最好能控制在5~30℃之间,相对湿度在70%以下。

②库内不得有腐蚀性气体存在,不允许有任何化学药品和酸性物质存在,库房周围应防震、防磁。

③仪表最好放在特制的料柜内,每个仪表均应有防潮纸并放在纸盒内。若存放在普通料架上,则应挂布帘防止潮气及尘埃的侵染,对于0.5级以上的精密仪表必须存入料柜。

④在料架内存放,纸盒不能堆放过高,以防底层压坏。

⑤仪表在搬运和码垛时,严禁翻滚、摔掷、侧卧、倒置。必须轻搬、轻放,注意包装上的标志,以免损坏仪表。

⑥仪表在保管期间，必须严防受潮。一旦发现受潮，立即将仪表取出，待干燥并加防潮剂后，再将仪表包装入盒或入箱。

⑦仪表及其附件、备件要防止锈蚀，仪表外面有螺纹的金属部分应涂中性凡士林。如发现外观有发霉等情况，可用汽车蜡擦亮。要及时发现问题，及时解决。

⑧仪表要按入库时间不同分别摆放，一定做到先进先出。

⑨仪器仪表出库前应由专业技术人员进行校验。

⑩仪器仪表储存期一般最长为一年。

三、地质勘探仪器仪表

石油地质勘探专用仪器仪表主要是指物探类与测井类的仪器仪表，其他地质勘探中使用的仪器仪表如罗盘、经纬仪等测量仪属地质调查用的通用仪器。

地球物理勘探在石油勘探中具有极重要的位置，有重力、电法、磁法勘探。物探仪器仪表分为地震勘探、非地震勘探及辅助仪器仪表三大部分。

（一）地震勘探仪器仪表

地震勘探是利用人工地震激发的地震波在地下岩层中传播的规律来分析地质结构的一种寻找石油构造的方法。地震勘探仪器就是用来采集、记录和处理地震波产生的信息。

地震仪器根据其控制和记录方式可以分为模拟磁带地震仪、数字地震仪和遥测数控地震仪。近年来又发展了工程勘探（或浅层勘探）领域中使用的工程地震仪、垂直地震剖面测量中的VSP和开发地震中的井间地震系统。

1. 数字地震仪

数字地震仪是利用检波器将输出的信息进行放大、滤波并数字化后，按一定格式记录在磁带上的一种地震勘探仪器。数字地震仪有车载式、便携式或两者兼容三种，其所接收的地震道数通常有48道、96道、120道，它们主要用于地震二维勘探。

2. 遥测数控地震仪

遥测数控地震仪由若干分布在排列上的采集站和中央控制系统、数字磁带机等组成。通过电缆或无线传输，把各采集站的数字化地震数据传输到中央处理系统进行记录和回收。它可进行单线和多线采集，满足三维勘探的需要。每线记录道数达120道以上，以车载型式为主。

3. 工程地震仪、VSP和井间地震系统

（1）工程地震仪。

工程地震仪是用地震勘探方法在工程地质勘探和浅层、低速带地质调查中使用的装备。一般为便携式，地震道数在24道以下，具有信号增强、噪声监视等功能。

（2）垂直地震剖面（VSP）井下三分量检波器。

主要用于垂直地震剖面法测量，井下三分量检波器被置于井下被测层段最低点，沿垂直方向逐点上提，接收来自地面激发的地震波，研究井周围地质构造及岩石变化。

产品分为两种，一种是液压推靠，另一种是机械推靠。

（3）井间地震系统。

这是一种在油田开发区进行井间层析成像的测量方法。该系统包括两部分，井下震源和井下多道接收器。井下震源有重锤敲击震源、电火花震源、气枪、水枪、导爆索等。井下多道接收器是将3~5个井下三分量检波器的短节，用电缆连接置于井下，接收来自另一井中的震源激发地震波，经井下数传短节数字化后，再经电缆送到地面仪器接收。它比普通VSP

效率提高数倍，又由于井下激发、井下接收，可达到高分辨率的效果。

（二）非地震勘探仪器

非地震勘探的物探方法有重力、电法和磁法勘探，它们分别利用自然重力场、磁力场和人工激发的电磁波在地层中传播的信息，获得和了解地层结构。

1. 重力勘探仪器

重力勘探仪器分金属弹簧重力仪、石英弹簧重力仪和海洋重力仪。近年来国外又发展了航空重力仪和井下重力仪。

从测量精度又可分为毫伽（$10^{-5}m/s^2$）与微伽（$10^{-8}m/s^2$）级重力仪。

重力仪在石油勘探中多用于地质构造的普查。

2. 磁法勘探仪器

目前，该类仪器主要有 CHHK1-68 型海空核子旋进磁力仪和 IGS2/MP4 型质子磁力仪。它们多应用于配合重力勘探，对探区的基岩、沉积岩厚度进行判断，测量精度不大于 ±2nT（2×10^{-9} 特斯拉）。

3. 电法勘探仪器

电法勘探仪器包括大地电磁测深仪、激发电位仪、磁偶源频率测深仪和电场差分仪，这些仪器多用于油气田普查中对大地构造的勘察。它们分别利用于天然源场信号或人工建立的电磁场，测量电磁场在地层中的变化，以获得地层和构造的情况，是地震勘探难以获得资料的地区进行勘探时使用的一种方法。

非地震勘探仪器也属于高精度测量仪器，按其特性及使用要求有车载型和便携型。

（三）物探辅助仪器仪表

物探辅助仪器仪表是指在地球物理勘探中，配合野外施工使用的各种仪器仪表，包括用于数据采集的检波器、可控震源的电子扫描器、相关叠加器、爆炸机、采集站、交叉站、电源站、定位仪、解释工作站、现场处理机，对检波器和配套电缆进行检测的仪器及用于信息处理的计算机和辅助设备等。物探辅助仪器仪表的品种及型号繁多，下面介绍主要的几种。

1. 地震检波器

（1）用途与分类。

检波器是地震勘探中的一次仪表，它检拾由地下传来的微弱地震信号，送入地震仪器进行处理。按其结构分为动圈式、涡流式和压电式三种。目前常用的为数字级检波器，其自然频率由 2.5~100Hz 多种系列，普遍使用的为 10Hz。按其使用环境可分为地面检波器、沼泽检波器、井下检波器（VSP）、海洋检波器、三分量检波器等。

在勘探中一般采用多个检波器组合形式使用，通常有 9~12 个检波器以不同的串、并方式组成检波器串，每个检波器间用组合电缆相互连接，并有一定的组合间距，以便抑制地震勘探中的干扰信号。

（2）验收与包装要求。

检波器一般以检波器串的形式箱式包装，包装箱除具有通常的标志外，还应注明组串形式。

检波器串连接电缆接头应牢固可靠，检波器夹子无锈蚀，组合电缆的长度要符合规定要求，检波器尾锥无松动，外壳无裂痕。

包装完好的检波器可以任何方式运输，但应避免受潮、受重物挤压。

2. 遥测地震仪器野外站（采集站、交叉站、电源站）

采集站是遥测地震仪数据采集的必备设备。检波器接收的地震信号，通过采集站处理并数字化后，由数传电缆送入遥测地震仪。

交叉站是遥测地震仪在进行三维勘探用多线接收时的一种辅助设备，它串插在各条测线上，汇集一条测线中各采集站数据，进行必要的处理后，将数据送向遥测地震仪，以达到多线观测的能力。

电源站是向采集站提供电源的一种装置。

这些站对于不同型号的遥测地震仪有不同的性能指标，连接方法也不相同。

验收要求：各种野外站由于其使用环境恶劣，因此应有坚固的外壳及防水性能，站体外露插座应带有密封罩。

3. 其他物探输助仪器仪表

（1）地震震源控制仪器仪表。

①爆炸机。按其功能分为有线爆炸系统和无线遥控爆炸系统，按起爆电压的大小有200V、300V、500V、600V等。对于无线遥控爆炸系统，为了遥爆指令的传输，其包括有编码器和译码器，现常用的型号为 SBD – 600、SSS – 200、SSS – 300 型。

②可控震源电子扫描器。它是进行可控震源激发信号施工时的辅助仪表，用它对可控震源的扫描频率、扫描长度进行控制。

（2）定位仪是用于野外施工中测线的测量定位工作。通常使用的有经纬仪、测距仪等，目前已较广泛使用全球卫星定位系统（GPS）。

（3）数据处理仪器仪表包括各种现场数据处理设备、地震信号相关叠加器以及用于室内资料处理的各种型号计算机、解释工作站等。

由于物探仪器仪表均属于电子、通信等类设备，其入库验收及仓库保管要求与电子及通信设备的要求相同。

四、采油仪器仪表

采油仪器仪表种类繁多，品种复杂，按其用途可分为以下两大类高压试井仪器及低压试井仪器。

高压试井仪器用于生产井井下参数的测试，如井下温度计、井下压力计、井下流量计和取样器等仪器。

低压试井仪器用于在地面测试采油井况参数，如测量液面深度的测深仪、井口温度计、井口压力计等仪器。

（一）高压试井仪器仪表

1. 机械式井下压力计

根据感压元件和记录方式的不同，机械式井下压力计分为弹簧管式、弹簧式及其他型式井下压力计。

（1）弹簧管式井下压力计。

①用途。它主要用于测量各种电、水、气井的井下压力的变化情况，可测流压、静压和压力恢复曲线。

②结构。一般由外壳、记录部分、感压部分和最高温度计四部分组成。

③原理。仪器采用多圈式椭圆形弹簧管作压力测量元件，用毛细管连通波纹管和弹簧管，其内腔充满传压介质。被测压力作用于波纹管上，波纹管压缩，容积变小，由于传压介

质不可压缩，使弹簧管自由端随压力变化而成比例伸展，并带动装在自由端的记录笔在水平方向旋转，在记录筒内的记录卡片上划出印痕，同时记录筒在钟机的带动下匀速移动，这样就可得到压力记录卡片。根据卡片上的印痕位置测出被测点的压力值。

（2）弹簧式井下压力计。

①用途。用于测量油、气、水井的井下压力。

②结构。与弹簧管式井下压力计相同，区别在于感压元件为弹簧。

③原理。在压力作用下，经活塞杆作用于弹簧上，缸力变化弹簧产生相应形变，带动记录笔在记录机构上纵向移动，记录井下压力。

（3）其他类型的机械式压力计。

①用途。主要用于测量油井井底压力的微小变化，适用于油田井间干扰测试和压力恢复曲线的测试。

②工作原理。这种仪器以气体（空气、氮气）为工作介质，事先在地面从上阀往仪器室中充入高压气体，以此气体的压力为比较压力，仪器下入井里后，气室压力与井下压力平衡，当井内压力变化时，与气室压力形成压力差，推动感压系统的活塞在缸套中移动，通过记录系统记录活塞移动的距离而测得井下压力的微小变化。

2. 电子压力计测试系统

井下电子压力计测试系统，除井下压力传感器外，还配有信息转换、计算机、绘图仪、打印机等。其测量精度高于机械式压力计，故有高性能压力测量系统之称。

按其工作方式不同，可分为地面直读式电子压力计测试系统和井下存储式电子压力计测试系统。

（1）地面直读式电子压力计测试系统。

①结构。一般由井下电子压力计、单芯或多芯铠装电缆和地面压力测读系统三部分组成。

②原理。利用物理原理制成的各种类型的压力传感器（应变式、压电式、电容式、振弦式、固态压阻式等），常附带有温度传感器，用单芯或多芯电缆下入井内预定深度，通过压力传感器将被测压力转换成相应的电信号。温度传感器将被测温度转换成相应的电信号，两种电信号经电极传输至地面，由地面压力测读系统将信号放大，实时显示、处理、打印和绘图，同时可将数据记录在磁盘上。

（2）井下存储式电子压力计测试系统。

①结构。此种仪器一般由一次仪表和二次仪表两大部分组成。一次仪表由压力/温度传感器、电子存储器、电源（电池组和供电器）三部分组成，二次仪表由地面回放设备组成。

②工作原理。将已编程的井下仪器（包括压力/温度传感器、电子存储器和电源等），用录井钢丝下入井内预定深度，传感器将被测的压力和温度转换成相应的频率信号，存储在电子存储器中。测试完毕，仪器提出井后，通过地面回放设备，将电子存储器内的数据回放出来，进行打印、处理和解释。

3. 机械式井下温度计

（1）用途及分类。井下温度计用于测量油、气、水井的井下各点温度。机械式井下温度计一般分为温包式和双金属片式两种。

（2）结构。它的结构与机械式CY613型井下压力结构基本相同，只是用温包或双金属片代替波纹管。

(3) 工作原理。

①温包式井下温度计的工作原理。当被测温度发生变化时，温包中的感温液体（甲苯）的体积发生变化，经毛细管使多圈弹簧管内腔压力增高，弹簧管自由端产生角位移，角位移的大小与温度的变化成比例，自由端带动记录笔，在记录纸上划出曲线，根据记录曲线即可得到被测温度。

②双金属片式井下温度计的工作原理。将加工成条形的双金属片绕成直径为8.4mm，螺距为6mm，约20圈的直螺旋柱，一端固定在仪器本体上，另一自由端连接记录笔，当被测温度变化时，双金属片螺旋管的自由端产生相应的角位移，同时带动记录笔在记录纸上记录出被测温度。

4. 井下流量测试仪器

（1）用途。井下流量计主要用于测量油、水井井下产量或注入量。

（2）分类。按其测量原理可分为浮子式和涡轮式两种。

（3）结构。

①浮子式流量计的结构。它由锥管、浮子、弹簧、记录机构、钟机和绳帽等组成。

②涡枪式流量计的结构。它由电磁泵、泄压阀、集流器（皮球或集流伞）、涡轮、涡轮变送器、地面记录仪和电缆等部件组成。

（4）工作原理。

①浮子式流量计是利用密封段与测试管柱配套，并定位于被测层段的配水器上，使注入地层的全部液体流过仪器的锥管，冲动锥管里的浮子，通过浮子杆拉伸弹簧，并带动记录笔产生位移。当冲击力与弹簧力平衡时，笔尖就相对稳定在一个位置上。根据预先在室内作出的浮子位移高度与流量关系曲线，即可查出井下相应的流量值。

②涡轮式流量计是利用被测介质流过涡轮变送器时，冲击涡轮转动，装在涡轮端面上的永久磁铁随之转动，在感应线圈中产生电信号，通过电缆传至地面记录仪器。通过记录涡轮的转数即可求得该转数下相应的流量。

5. 井下取样器

（1）用途。井下取样器用于取得油田生产井在一定层段上液体的原始样品，以便在地面上对井下液样进行高压物性分析。

（2）分类。取样器种类很多，但样筒的结构大体相似，只是因井下采油工艺和流体特性的不同，其阀关闭的方式有所区别。可分为钟机式、锤击式、压差式、挂臂式和提臂式五种。常用的是钟机关闭式取样器。

（3）结构。井下取样器由液样管、拉杆、钟机、弹簧、锁扣、绳帽及上下凡阀等部分组成。

（4）工作原理。仪器在下井前打开上、下阀，并用拉杆挂住上、下阀，装上对好时间的钟机。当仪器下入井里到达取样层位后，在钟机作用下关闭上、下阀，即可完成取样。

6. 机械式井下钟机

（1）用途。机械式钟机是机械式井下测试仪器的配套装置。其作用是带动井下仪器的记录机构作机械运动，展开记录卡片的时间坐标，从而反映出被测参数随时间变化的关系。此外，时钟还可用作井下仪器的定时系统，如井下取样器的时钟控制等。

（2）分类。①按直径分，可分为小直径钟机（与直径25mm以下仪器配套）和常规仪器钟机（与直径36mm以上仪器配套）。

②按使用温度分,可分为高温时钟(耐温155~370℃)和常温时钟(耐温155℃以下)。

③按时间分,可分为长时钟(120~360h)、普通时钟(12~120h)和短时钟(2~12h)。

(3)结构。一般由壳体、机架、操纵机构、齿轮系统、发条组和离合器等部分组成。小直径钟机外壳本身应能承受与其配套仪器的耐压性能。

(4)工作原理。它与普通机械式手表和钟表的原理相同。利用操纵机构和不同轮系控制发条力的释放,以控制主轴的转动速度,达到不同走时的要求。一般走时越长,发条越长。

(二)低压试井仪器仪表

1. 抽油机示功图测试仪器

(1)用途。抽油机示功图测试仪器主要用于测取抽油机、抽油泵、抽油杆的工作状况。

(2)分类。一般分为机械式和电子式两种。机械式仅能测绘示功图,电子式除能测绘示功图外,还可打印出图形上各点的数据。目前已发展到仪器与计算机连接或信息无线发射传输。

2. 液面探测仪器仪表

(1)用途。液面探测仪主要用于测试抽油机井的液面深度,以了解油井的产液能力,掌握井下生产动态,为制定稳产高产措施提供可靠的技术依据。

(2)分类。仪器按记录方式可分为单笔测深仪和双笔测深仪两种,按性能可分为浅井测深仪、中深井测深仪及超深井测深仪三种。

3. 入库验收及保管要求

低压试井仪器大部分为机电结合式,以电气为主的仪器,一般为分件包装。因此整套仪器验收时应注意各包装箱上的标志,逐项清查备用附件及随机资料。

在保管时注意同型号、同规格的仪器应放置在一起,特别是一次仪表与二次仪表应配套存放,以免发错。库房温度应保持在15~35℃之间,相对湿度应小于85%。

五、井下测试仪器仪表

井下测试仪器仪表是油气田勘探与开发的主要工具之一,所测资料是地层评价、油藏描述的主要资料来源。它品种繁多,型号复杂。按结构和记录信号模式可分为模拟测井仪器、数字测井仪器和计算机测井仪器(又称数控测井仪器),按用途可分为以下三类:

(1)地球物理测井或叫裸眼井测井仪器仪表,用于地层参数的测试;

(2)生产井测井仪器仪表,用于产液剖面、注入剖面的测试;

(3)工程测井仪器仪表,用于套管质量、井径等参数的测试。

因工程测井与生产测井结合密切,在油田有时统称为生产测井。

(一)裸眼井测试仪器仪表

裸眼井测试仪器仪表是由地面系统设备、下井仪器和辅助设备组成。它利用多种井下仪器测量井孔不同地层的声、光、电、核辐射特性信息,通过电缆将信息输到地面仪器记录处理,得到地层的电阻率、孔隙率、渗透率、岩石密度和含水饱和度以及含油饱和度等参数,结合地质资料分析并判别计算出油井和区块油田原油的地质流量和产能。

油田常用的裸眼井测试仪器仪表有JD581多线电测仪、数字测井设备和数控测井仪。

(二)生产测井仪

这类仪器在我国石油专用仪表中是最薄弱的一环。各油田都有自己研制的仪器在使用,因此，型号较多，主要有 AT⁺ 数控测井仪，它的地面仪器是由一套电子计算机和一些接口面板组成。

（三）验收及保管要求

（1）成套仪器一般直接发往用户，开箱组装后由使用单位技术人员进行室内和现场的验收试验。一般应实测三口井方可认为仪器验收合格。

（2）单件仪器和部件应按装箱单逐项清点仪器及附件，随机文件和有关试验数据资料应齐全完好。

（3）仪器包装应完好无损，箱外应有明显标志。仪器表面及金属件应无损坏、锈蚀，无缺件。

（4）仪器应按系统（地面仪器与井下仪器）成套存放在 15~35℃ 的干燥库房内，库房内相对湿度不大于 85%，且无腐蚀性介质存在。

（5）对放射性仪器应将仪器和放射源分开存放，放射源必须锁在放射源库（带屏蔽保护的库房）内，由专人保管。

（6）仪器存放期为一年，但每半年应进行检查，并进行防潮防锈处理。

第三部分 相关知识

第十一章 现代物流知识

第一节 物流的基本知识

一、物流的概念

物流的概念是在发展中形成的。早期的物流称为实物分配或物的流通，此概念最早源于美国。物流（physical distribution）在1915年，最早由美国学者阿奇·萧在《市场流通中的若干问题》一书中提出。那时，西方一些国家正处于经济危机，企业界为了扩大销售，提出了销售和物流的问题，着重研究在销售过程中的物流。

在第二次世界大战中，美国军队研究和建立了"后勤"（logistics）理论，将战时物资的生产、采购、运输、配给等活动作为一个整体来进行统一布置，并在战争活动中加以实践和应用，取得了很好的效果。战后，"logistics"的理论被应用到企业界，内容涵盖了整个生产过程和流通过程。

因此，在欧美国家中一般所指的"logistics"的内涵比"physical distribution"的外延更为广泛，而"physical distribution"一般仅是指销售物流。20世纪60年代日本从美国引进称为物流，20世纪70年代末我国从日本引进物流这一概念，采用日本的名称。

（1）物流的定义：指物品从供应地向接受地的实体流动过程。根据实际需要，将运输、储存、装卸、搬运、包装、流通、加工、配送、信息处理等基本功能有机结合。

物流是指为了满足客户的需要，以最低的成本，通过运输、保管、配送等方式，实现原材料、半成品、成品及相关信息由商品的产地到商品的消费地所进行的计划、实施和管理的全过程。

（2）物流的构成：商品的运输、仓储、包装、搬运装卸、流通加工，以及相关的物流信息等环节构成的。物流活动的具体内容包括以下几个方面。

①用户服务；
②需求预测；
③订单处理；
④配送；
⑤存货控制；
⑥运输；
⑦仓库管理；
⑧工厂和仓库的布局与选址；
⑨搬运装卸；
⑩采购；

⑪包装；

⑫情报信息。

(3) 物流的基本概念——"物流"、"商流"和"流通"。

如图 3-11-1 所示，在商品的生产和消费之间存在各种间隔，需要通过"流通"将商品的生产和商品的消费加以连接。

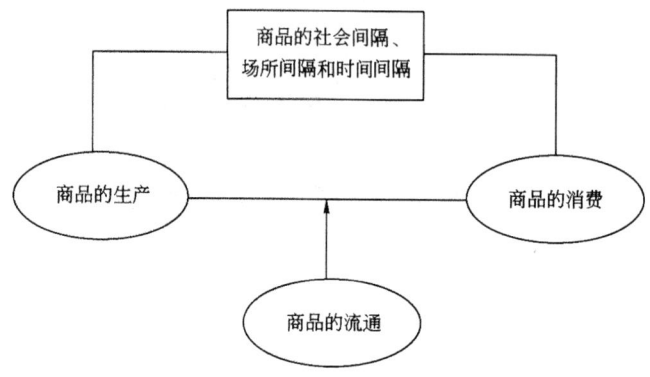

图 3-11-1 商品的流通

商品的生产和消费之间存在的间隔与连接这些间隔的解决方法如下所述。

①社会间隔：商品的生产者和商品的消费者有所不同，需通过商品的交易完成沟通。

②场所间隔：商品的生产场所和消费场所不在同一地方，需要商品的运输进行连接。

③时间间隔：商品的生产日期与商品的消费日期不尽相同，通过商品的保管加以衔接。

人们通过"商流"消除了商品的社会间隔，通过"物流"消除了商品的场所间隔和时间间隔，二者共同实施的结果完成了商品的所有权和商品实体的转移，即商品的流通。

二、物流的分类

(一) 按照作用分类

1. 供应物流

生产企业、流通企业或消费者购入原材料、零部件或商品的物流过程称为供应物流，也就是物资生产者、持有者至使用者之间的物流。

(1) 工厂的供应物流，是指生产活动所需要的原材料、备品备件等物资的采购、供应活动所产生的物流。

(2) 流通领域的供应物流，是指交易活动中从买方角度出发在交易中所发生的物流。

2. 销售物流

生产企业或流通企业售出产品或商品的物流过程称为销售物流，也是指物资的生产者或持有者与用户或消费者之间的物流。

(1) 工厂的销售物流是指售出产品。

(2) 流通领域的销售物流，是指在交易活动中从卖方角度出发的交易行为中的物流。

3. 生产物流

生产物流包括从工厂的原材料购进入库起，直到工厂成品库的成品发送出去为止的物流活动的全过程。生产物流和工厂企业的生产流程同步。

4. 回收物流

回收物流是指对某些物资的回收和再加工的过程产生的物流。对回收物流的管理和控制,难度很大。

5. 废弃物流

废弃物流是指对商品的生产和流通系统中所产生的无用的废弃物的处理过程产生的物流。

（二）按照物流活动的空间范围分类

1. 地区物流

对地区物流的研究应根据所在地区的特点,从本地区的利益出发组织好相应的物流活动,并充分考虑到利弊两方面的问题,要与地区和城市的建设规划相统一和妥善安排。

2. 国内物流

为国家的整体利益服务,在国家自己的领地范围内开展的物流活动称为国内物流。已被纳入国家总体规划的内容。它的规划和发展应该充分发挥政府的行政作用,具体包括如下内容:

（1）物流基础设施,如公路、港口、机场、铁道的建设,以及大型物流基地的配置等。

（2）各种交通政策法规的制订,包括铁路、公路、海运、空运的价格规定,以及税收标准等。

（3）为提高国内物流系统运行效率,进行与物流活动有关的各种设施、装置、机械的标准化。

（4）对各种物流新技术的开发和引进以及进行对物流技术专门人才的培养。

3. 国际物流

对国家之间和世界各大洲之间进行的原材料与产品的流通称为国际物流。

（三）按照物流系统性质分类

1. 社会物流

社会物流是指以一个社会为范畴,以面向社会为目的的超越一家一户的物流。因其带有宏观性和广泛性,所以也称之为大物流或宏观物流。

社会物流研究的内容包括:

（1）对再生产过程中随之发生的物流活动的研究。

（2）对国民经济中的物流活动的研究。

（3）对如何形成服务于社会,面向社会又在社会环境中运行的物流的研究。

（4）对社会物流体系结构和运行的研究。

2. 行业物流

在一个行业内部发生的物流活动称为行业物流。行业物流系统化的结果使行业内的各个企业都得到相应的利益。

3. 企业物流

在企业经营范围内由生产或服务活动所形成的物流系统称为企业物流。

三、物流系统化

（一）系统和物流系统的概念

系统是由相互作用和相互联系的若干组成部分结合而成的具有特定功能的有机整体。在系统的概念中有"目标、部件和连接"三个要素,这也是系统的三个特点。

（1）目标:每个系统都有其特定的系统目标。

（2）部件:每个系统都是由多个部件组成。

(3)连接：在系统中的各部件相互之间存在联系。

可以认为"系统是为了有效地达到某种目的的一种机制"，物流系统就是"为了有效达到物流目的的一种机制"，而物流的目的是"追求以最低的物流成本向客户提供优质的物流服务"。

(二) 物流系统的组成

物流系统的物理组成可以用图3-11-2来表示，物流系统由"物流作业系统"和支持物流系统的信息流动系统，即"物流信息系统"两个子系统组成。

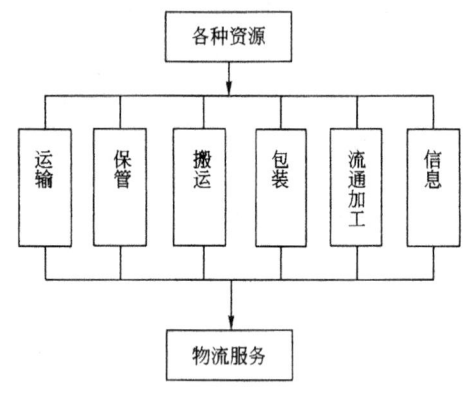

图3-11-2 物流系统的组成

1. 物流作业系统

物流作业系统是指在商品的运输、保管、搬运、包装、流通加工等作业中使用各种先进的手段和技术，将商品的生产点、物流点、运输配送路线和运输手段组成一个合理有效的网络系统，并以此来提高物流活动的效率。

2. 物流信息系统

物流信息系统是指在保证商品的采购订货、进货、库存保管、出货和商品配送过程的信息通畅的基础上，使通信据点、通信线路、通信手段网络化，从而提高物流作业系统的效率。

(三) 物流系统化的目的

物流系统化的目的可以归纳为以最快的速度，最低的费用，安全、可靠地为客户提供物流服务。具体的可以列出以下6个方面：

(1) 按预定的交货期将客户所订货物及时并正确地送交客户。
(2) 尽可能减少客户所需的订货断档。
(3) 适当配置物流据点，提高配送效率，维持适当的库存。
(4) 提高运输、保管、搬运、包装、流通加工等作业效率，实现省力化、合理化。
(5) 保证订货、出货和配送的信息畅通无阻。
(6) 尽可能使物流的成本降到最低。

(四) 物流是电子商务的重要组成部分

随着因特网在全世界的飞速发展，电子商务作为在因特网上最大的应用领域，已经广泛地引起了世界各国政府的重视和支持，引起了企业界和民众的注意并得到了快速的发展。

1. 电子商务的概念

电子商务的任何一笔网上交易，都必须涉及信息流、商流、资金流和物流等这几种基本的"流"，而物流作为整个交易的最后一个过程，其执行结果的好坏将对电子交易的成败起着十分重要的作用。

在许多关于电子商务的定义中，对电子交易过程中信息流和资金流的电子化有较多的描述，大都没有提到物流的概念。这是因为电子商务的概念首先由美国提出，而美国的物流管理技术经过80多年的发展已经相当完善，故在对电子商务进行定义时对电子商务过程中物流的电子化就相应比较简单。而在我国物流业的起步较晚，物流现代化的水平也很低，所以在发展电子商务时，必须要注意配备现代化的物流管理模式，否则电子商务就难以开展。因此，我国的专家在对电子商务的定义中包括了物流电子化的过程，认为物流电子化是电子商务的基本组成部分，缺少了现代化的物流过程，电子商务的过程就不完整。

电子商务的概念模型由电子商务实体、电子市场、交易事务、信息流、商流、资金流和物流等基本要素构成。如图3-11-3所示。

在电子商务的概念模型中，企业、银行、商店、政府机构和个人等能够从事电子商务的客观对象被称为电子商务实体。电子市场是电子商务实体在网上从事商品和服务交换的场所。交易事务是指电子商务实体之间所从事的例如询价、报价、转账支付、广告宣传、商品运输等具体的商务活动内容。

2. 电子商务的组成

电子商务的任何一笔交易都由信息流、商流、资金流、物流4个基本部分组成。

（1）信息流：指商品信息的提供、促销行销、技术支持、售后服务等内容，也包括诸如询价单、报价单、付款通知单、转账通知单等商业贸易单证，以及

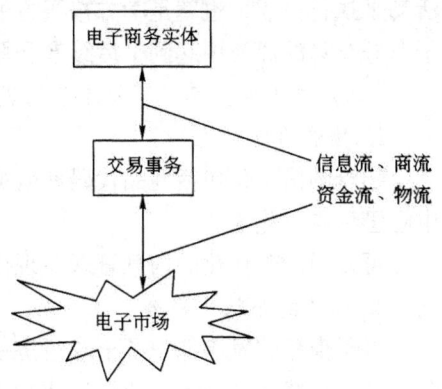

图3-11-3　电子商务的概念模型

交易方的支付能力和支付信誉。信息流作为连接的纽带贯穿于电子商务交易的整个过程中，起着串联和监控的作用。

（2）商流：指商品在购、销之间进行的交易和商品所有权转移的运动过程，具体是指商品交易的一系列活动。

（3）资金流：主要是指交易的资金转移过程，包括付款、转账等。

（4）物流：是指交易的商品或服务等物质实体的流动过程，具体包括商品的运输、储存、配送、装卸、保管、物流信息管理等各种活动。

3. 电子商务交易的流程

电子商务交易的流程可以归纳为如下6个步骤。

（1）在网上寻找产品或服务的信息，发现需要的信息。

（2）对找到的各种信息进行各方面的比较。

（3）交易双方就交易的商品价格、交货方式和时间等进行洽谈。

（4）买方下订单、付款并得到卖方的确认信息。

（5）买卖双方完成商品的发货、仓储、运输、加工、配送、收货等活动。

（6）卖方对客户的售后服务和技术支持。

在上述步骤中，"商品的发货、仓储、运输、加工、配送、收货"实际上是电子商务中物流的过程，这一过程在整个流程中是实现电子商务的重要环节和基本保证。

4. 物流在电子商务流程中的重要性

物流在电子商务流程中的重要性主要表现在：

（1）物流是生产过程的保障。

①供应物流从生产全过程的原材料采购开始，将生产所需的材料采购到位，保证生产的进行；

②生产物流涉及的原材料、半成品的物流贯穿于生产的各工艺流程之间，以实现生产的流动性；

③回收物流进行对生产过程中的部分余料和可重复利用的物资进行回收;

④废弃物流完成对生产过程中废弃物的处理。

(2) 商流的结果由物流完成。

商流活动的最终结果是将商品所有权由供方转移到需方。商流的结果必须由相应的物流活动来执行完成,也就是卖方按买方的需求将商品实体以适当的方式和途径转移。物流在电子商务交易的商流中起到了后续者和服务者的作用。

(五) 电子商务环境下物流业的发展趋势

1. 物流的信息化

物流的信息化包括商品代码和数据库的建立、运输网络合理化、销售网络系统化和物流中心管理电子化等。

可以说,现代化的信息管理是现代化物流的基础和保证。

2. 物流的全球化趋势

电子商务的发展加速了全球经济一体化的过程,其结果将使物流企业向跨国经营和全球化发展。全球经济一体化的趋势使物流企业向跨国经营和全球化发展,要求物流企业和生产企业更紧密地联系在一起,花费大量时间和精力更好地从事物流服务。

3. 物流业的多功能化发展

在电子商务的环境下,物流向集约化阶段发展,这是一体化配送中心(integration)的概念。因此物流业不仅要能提供仓储和运输服务,还必须进行配货、配送和各种提高附加值的流通加工服务项目,或者按客户的特别需要提供其他的特殊服务。

4. 物流企业的服务目标

更好地满足客户对服务的需求并服务得更好,最终使物流企业与客户企业结成双赢的战略伙伴关系。

对物流企业而言,不断提高对客户的服务质量和服务水平是它们的追求目标,这也正是物流企业提高和获得经济效益的基础。

四、物流的基本功能

(一) 运输

运输是指把物品作空间的移动,它是物流系统中非常重要的一部分,是物流系统的核心环节。由于原料货源、零件供应、工厂、仓库和消费者常常分散在较大的区域内,要使企业产品快速、高效地到达目的地,就必须具备良好的运输条件,选择一定的运输方式。也就是说合理组织商品运输是保证高质量物流服务的关键。

(二) 储存

储存是对物品的保存与管理,它具有时间调整和价格调整的机能。储存是在保证物品质量的前提下,依据一定的管理规则,在一定的期限内把物品存放在一定的场所的活动,它是物流系统的一个重要组成部分。

(三) 装卸

装卸是存在于运输与保管两端的物品处理工作,是指物品在指定地点以人或机械装载或卸下。主要活动是装载和卸货活动,同时还包括物品的挑选、堆码、取货、备货、分类等作业及附属于这些作业活动。物流成本中装卸费用所占的比重较大,装卸活动的合理化至关重要。

（四）包装

包装是指在流通过程中为保护商品、方便运输、促进销售，按照一定技术方法而采用的容器、材料及辅助物等总体名称。物品包装是物流的起点，物品包装的合理化是物流系统合理化的重要内容，也是物流的基础。合理包装的主要目的是为了降低包装成本，提高物流系统的整体效益。

（五）流通加工

流通加工是物品流通过程中的辅助加工活动，是流通领域从事的简单生产活动，具有生产制造活动的性质。流通加工是指物品从生产者向消费者流动的过程中，按照用户的要求，对物品施加包装、计量、分拣、刷标志、拴标签、组装等作业的总称。流通加工是一项创造新的价值的活动，通过流通加工可以对生产过程中商品不符合用户的需求方面加以弥补，使之更好地满足用户的需求，实现商品的价值。

（六）配送

配送是指在经济合理区域内，根据用户要求，对物品进行挑选、加工、包装、分割、组配等作业，并按时送达指定地点的活动。对物流来讲，配送几乎包括了所有的物流构成要素，或是某个小范围中物流活动的体现。也有人称配送是物流的一个缩影。

（七）信息处理

物流系统的整体效益的提高，除了做好运输、储存、装卸、包装、流通加工等工作外，更重要的是要做好物流系统的信息处理工作，包括信息收集、传送、处理等以及与订货、发货的货款支付相关的商流信息。通过计算机技术、通信技术、网络技术手段可以将有关信息在企业间实时传递，实现信息共享，大大加快了信息的处理和传递速度，从而使物流活动的效率和快速反应能力得到提高。

第二节 现代物流采购管理知识

一、现代采购的概念

（一）采购

从采购反映的经济活动过程看，通常主要指组织或企业的一种采购行为，其采购的对象主要是生产资料。采购包含两层基本含义：一层为"采"，即选择，从许多对象中选择若干个之意；另一层为"购"即购买，通过商品交易的手段把所选的对象从对方的手中转移到自己手中的一种活动。因此，所谓采购指在一定的时间、地点条件下通过交易手段，实现从多个备选对象中，选择购买能够满足自身需求的物品的企业活动过程。

（二）现代采购

现代采购是指运用现代科学技术和方法，通过计算机网络实现从信息收集、供应商选择、采购、运输、库存，使用全过程信息化、网络化，最大限度地满足生产的需要，降低采购物流成本实现采购目标。

二、采购分类与采购程序

（一）采购分类

按照采购范围可分为国内采购和国外采购；按照采购时间可分为长期合同采购和短期合同采购；按照采购主体可分为个人采购和组织采购；按采购的方法可分为传统采购和科学采购。

（二）采购程序

采购程序通常包括以下 9 个步骤：（1）发现需求；（2）需求说明、制定采购计划；（3）选择供应商；（4）价格洽谈、签订采购合同；（5）采购订单安排；（6）订单跟踪；（7）接收和验货入库；（8）结算；（9）采购档案管理。

三、采购决策与采购管理

（一）采购方式

所谓采购方式是指企业在采购中运用的方法和形式的总称。经常采用以下 3 种方式：议价采购、比价采购、招标采购。

（二）采购决策

所谓采购决策，是指企业采购人员对采购中一些重大问题进行选择的一种行为。任何决策都是为了实现一定的组织目标，因而采购决策也是为了实现一定的采购目标。

1. 企业采购目标

企业采购目标主要是：通过物资供应采购，保证生产、经营活动的正常进行；科学采购，保证合理库存；保证供应商产品质量的不断提高；发展有竞争力的供应商，建立长期合作关系；实现低成本等。

2. 采购决策内容

对一个企业来讲，采购决策是否科学，将直接影响企业的运作成本。企业决策主要包括采购价格、采购数量、采购品种、规格、供应商选择、交货期、采购中的运输方式选择、采购中货款结算的决策。

（三）采购管理的目标

采购管理的总目标是为了保证企业的物资供应。怎样才能保证物资供应的有效性，通过实施采购管理应做到：选择合适的供应商、适当的质量、适当的时间、适当的数量、适当的价格。

四、商品分类及质量

（一）商品的概念

商品是指用来交换、能满足人们某种欲望和需求的产品。

对于商品的概念可分为传统的商品概念和扩大的商品概念。扩大的商品概念中的商品整体包括核心商品、有形商品、附加商品三个层次的内容。

（二）商品的分类原则

商品的分类原则是对商品进行科学分类的重要依据。为了使商品分类满足某些特定的需要，在分类时一般应遵循系统性原则、稳定性原则、专一性原则。

（三）商品分类

商品分类根据不同的用途可以选取不同的分类标志，常用的分类标志有商品的原材料、用途、化学成分、外观形态、加工工艺等。在这里，我们只列举最普遍的分类方法和按照商品用途作为标志的分类方法。

（1）最普遍的分类方法：将所有的商品分为消费品和产业用品两大类。根据购买习惯，将消费用品划分为便利品、选购品、耐用品和非渴求品等；根据生产与供给的不同情况，将产业用品划分为设备用品、原材料、生产消耗品、作业消耗品、管理用具等。

（2）商品用途作为分类标志。商品用途决定了使用价值，也是衡量商品质量高低的重要依据,按用途作为分类标志在商品分类中运用得很广泛。它不仅适合对商品大类的划分,也适合对商品类别、品种的进一步详细分类,而且便于企业和消费者选购。

一般来讲,按用途可将商品分为衣着商品、电子商品、食品商品、日用化学品四类。

(四) 商品的质量标准

质量标准可以归纳为适用性、可靠性、经济性三个基本方面。

(1) 衣着类商品的质量标准。对衣着商品的质量要求不仅要考虑用途因素,还要考虑使用因素。衣着商品的质量标准可以概括为舒适性、耐用性、安全性、方便性、美观性、经济性等。

(2) 食品商品的质量标准。食品的质量直接关系到人们的生活与健康。因此,对食品类商品标准就是具有营养价值,无毒无害,符合卫生标准,色、香、味、形俱佳。

(3) 电子、电器商品的质量标准。电子、电器商品一部分属于高档耐用消费品,其质量要求侧重于坚固耐用性;另一部分属于中小型电器商品,在日常生活中使用频繁,其质量要求侧重于功能有效性和使用方便。二者都以电为能源,共同的质量要求是安全、可靠、节能。

五、采购行为分析

(一) 工业品采购行为类型

由于企业购买本身的重要性和购买数量的不同,使得采购决策程序有的简单,有的复杂。根据采购对象将工业品采购行为分为三类:简单重购、修正重购和新任务采购。

(二) 影响采购决策的主要因素和采购过程

(1) 影响采购决策的主要因素是经济因素和个人因素,还有环境因素、组织因素、人际因素。

(2) 工业品采购过程:业务采购者的行动贯穿整个过程。确认需求、确定所需物品的特性和数量、拟定指导购买的详细规格、调查和鉴别困难的供应来源、提出具有合法性建议、评价建议、选择供应商、安排订货程序、工作绩效的反馈和评价。

六、采购谈判的原则

(一) 影响采购谈判的因素

影响谈判实力强弱的因素有7个方面:(1) 交易内容对双方的重要性;(2) 各方对交易内容和交易条件的满足程度;(3) 竞争态势;(4) 对于上扬行情累进程度;(5) 企业信誉和实力;(6) 对谈判时间因素的反应;(7) 谈判的艺术和技巧。

(二) 采购谈判中应遵循的原则

(1) 采购谈判中的基本原则:①合作原则。它包括量的准则、质的准则、关系准则、方式准则。②礼貌原则。它包括得体准则、慷慨准则、赞誉准则、谦逊准则、一致准则、同情准则。

(2) 采购谈判中的具体原则:不轻易给对方讨价还价的余地;不打无准备之战,不打无把握之战;不要轻易放弃客户;不要急于向对手摊牌或展示自己的实力;要为对手制造竞争气氛;对自己确定的谈判目标要有机动的幅度并留有可进退的余地;注意信息的收集、分析和保密;在谈判中应多听、多问、少说;要与对方所希望的目标保持接触;要让对方从开始就习惯于己方的谈判目标。

七、物流采购合同管理

(一) 物流采购合同的概念

(1) 合同。也叫契约，有广义和狭义之分。广义的合同是指发生一定债权债务的协议；狭义的合同是属双方当事人之间为实现某特定的目的而确定、变更、终止双方债权债务的协议。

(2) 经济合同。是指法人之间、法人与其他经济实体之间为实现一定的经济目的，明确相互之间权利义务关系的协议。

(3) 采购合同。是指物流企业根据市场需要，向物资生产企业或其他物资流通企业购买某种物资而签订的协议。

(二) 物流采购合同的内容

物流采购合同的内容，也称物流采购合同的条款。它包括：

(1) 采购物资的种类、名称、规格型号、等级、花色、技术标准、数量和计量单位，该物资是否是成套设备等。

(2) 交货时间、交货地点、交货方式、交货单位或交货人、物资的验收。

(3) 货款的结算：物资的单价与总价。结算方式、开户银行、账号与账户名称。

(4) 履约合同的经济责任。

(5) 合同的附则及其他条款。

(三) 物流采购合同的种类

按照标的物的产业归属和交易内容划分为：工矿产品采购合同、农副产品采购合同、易货贸易合同、补偿贸易合同、特殊贸易合同、特殊采购合同等。

(四) 采购合同的实施

(1) 物资采购合同的签订包括合同签订前的准备工作、签订物流合同的程序、合同的草签与正式签订、合同的公证与鉴证。

(2) 物流采购合同的履行：应按合同要求交付物资，按合同规定及时进行货款结算；履行价款和酬金的支付规则、采购合同履行过程中价格发生变动时的履行规则、会同争议解决规则。

(五) 物流采购市场的调查与渠道选择

1. 物流采购市场调查的功能

市场调查有两层含义：一是指以市场为对象的调查研究活动或调查工作过程，它是一种经济调查；二是指研究和阐述市场调查理论和方法的一门科学，它是市场调查实践经验的科学总结，是了解市场、认识市场的有效方法和手段。

物流采购市场的调查，是指企业运用科学的方法，有系统、有目的地搜集市场信息，记录、整理、分析市场情况，了解市场的现状及其发展趋势，为市场预测提供客观的、正确的资料。

采购市场调查的作用：它是企业进行经营决策的基础，是调整和矫正采购计划情况的重要依据，是改善企业经营管理的重要工具。在企业经营管理中具有十分重要的作用。

2. 物流采购市场调查的程序

采购市场调查既是一项经济工作，又是一项科学实验，它具有很强的科学性。为了保证市场调查的准确性，必须遵循一定的科学程序。一般可分为以下3个阶段。

第一阶段：调查准备阶段。包括确定采购市场调查目标、确定调查项目和方案、选择资料的收集方法。

第二阶段：调查实施阶段。包括设计调查表格、收集资料。

第三阶段：调查结果处理阶段。包括分析整理、编写调查报告。

采购市场调查的具体方法有询问法、观察法、实验法三大类。

3. 物流采购渠道选择的原则

物流采购渠道选择的原则有：系统原则、量力而行原则、民主原则、讲究效益原则。

4. 物流采购渠道选择的一般标准

物流采购渠道选择的一般标准有：产品质量合格、价格低、费用省、交付及时、服务好。

（六）库存控制的功能和原则

库存控制，就是通过适量的库存，用最低的存货成本实现对企业生产经营的供应，即最佳或经济合理的供应。科学的控制库存是提高企业经济效益的重要手段。

（1）库存控制的功能：保证生产经营的正常运作需要，稳定生产经营的规模，降低供需所带来的经营风险。

（2）库存控制的原则：经济效益原则、完整性原则、安全性原则、实效性原则。

（七）政府采购的特点、目标和原则

1. 政府采购的概念和特点

政府采购也称公共采购，是指各级国家机关、事业单位和团体组织，使用财政性资金采购依法制定的集中采购目录以内的或者采购限额标准以上的货物、工程和服务的行为。政府采购具有采购资金来源的公共性、采购的非赢利性、采购主体的特定性、采购的广泛性与复杂性、采购的政策性、采购的规范性、金额庞大性的特点。政府采购的意义在于政府采购为政府运作提供人力和物力的保障，政府采购活动促进企业甚至整个国民经济的竞争力，政府采购是政府落实各项方针政策的关键环节，政府采购是体现政府责任的方式。

2. 政府采购的目标和原则

政府采购目标的实现，必须依靠完善的政府采购立法和有效的政府采购制度保证。

（1）政府采购的目标是：经济性和有效性目标、宏观调控手段、保护环境、促进国际贸易、稳定物价。

（2）政府采购的原则：有效竞争的原则、公开公平公正的原则、物有所值的原则、推动国内竞争和促进产业发展的原则、防腐倡廉的原则。

（八）招标采购

（1）招标的特点：政府采购方式按照招标范围可将采购方式划分为公开的竞争性招标采购、选择性招标采购、限制性招标采购。我们主要对公开的竞争招标采购的特点介绍，它的特点有招标程序的公开性、招标程序的公平性、有效地实现了物有所值的目标、招标程序的公正性。

（2）公开招标的过程应该由招标、投标、开标、评标、决标（或授予合同）等阶段组成。

第三节 现代物流技术设施

一、仓储设施

（一）仓库内的货架

仓库内的货架是钢结构的高层货架，一般在10m左右。应用电子计算机自动控制巷道堆垛机及其他出、入库设备，将货物自动上、下高层货架，实现货物存、取自动化。它具有节省劳动力、改善保管人员劳动条件、节省仓库占地面积等优点，但因为建设投资大、对管理人员素质要求高等原因目前还没有采用。

（二）推、拉式活动料棚

这种料棚由若干组成，安装在固定的钢轨上，整个料棚或每节均可沿轨道移动，每节料棚的框架结构用型钢焊接，棚顶及侧墙用瓦楞铁皮或玻璃钢瓦装配。这种料棚对露天存放的物资有较好的防护作用。由于各节料棚可以随意开合、移动，所以不影响巨型机械装载作业。它还有建造容易、造价较低等优点。

（三）储仓

专门用于储存粉状、小颗粒或块状散装物料的料仓。形状多为圆形，下部为漏斗形。装料多采用风动或机械输送方式，卸料依靠物体的自重。目前，储仓多用于散装水泥的存储。

（四）组合式移动料架

这种料架是由标准的构件或单元体根据使用要求组装而成，可以拆解。保管人员可以根据存储物体的尺寸，对储存空间进行调整。每个料架下安装有行走轮，使料架在固定的轨道是上移动，多组料架可在同一轨道上同时移动，并密集排列，取消料架的通道空间。存、取作业时移动料架，形成通道空间，作业完后料架移回原位置。采用这种料架，大大地提高了库房的仓容利用率，同时，也改善了物资的储存条件。

二、物料集装器具

物料集装器具是一种现代化的装货器具。它包括集装箱、集装架、集装袋、集装笼、托盘、托架等。

（一）集装器具的特点

（1）按标准尺寸制造，并与运输设备相适应，是运输工具的组成部分。

（2）由于装卸机械相适应的结构，便于机械快速装载、搬运。

（3）随同物料由发货地可直达仓库，货物在中转时不需换装。

（4）装卸、搬运物料时可减少货物的包装。

（5）可多次使用。

（二）集装箱

集装箱是一种内部几何容量大于 $1m^3$ 以上的大型箱状容器。一般用型钢焊成框架，装有顶盖、底板和侧壁。按其制造结构分为封闭式、开放式、折叠式三种集装箱。按用途区分为通用集装箱和专用集装箱。我国目前使用的标准集装箱尺寸见表3-11-1，国际标准化组织集装箱尺寸见表3-11-2。

表3-11-1 我国标准集装箱尺寸

型号	高 mm	宽 mm	长 mm	总量 t	名义容量 t	内部容积 m^3
1AA	2591	2438	12192	30.48	30	65.7
1CC	2591	2438	6058	20.32	20	32.1
10D	2438	2438	4012	10	10	19.6
5D	2438	2438	1968	5	5	9.1

表3-11-2　国际标准化组织集装箱尺寸

高×宽×长，mm（ft）	重量，t
2438×2438×2991（8×8×10）	10.16
2438×2438×6053（8×8×20）	20.32
2438×2438×9125（8×8×30）	25.4
2438×2438×12191（8×8×40）	30.48

（三）托盘

托盘是与叉车配合使用的一种堆货、搬运的集装工具。它主要用于形状规范或包装尺寸一致的大宗物资。如袋装水泥、袋装粉料。它还可以在仓库中代替料架作为储存设备使用。按照托盘制造结构的不同，可分为平板式、立柱式和箱式托盘。

我国铁路常用的平托盘尺寸为：长1250mm，宽850mm，900mm，950mm，1000mm。

国际标准化组织托盘尺寸为：长1100mm，宽800mm，900mm，1100mm。

三、电子计量设备

（一）电子计量设备的原理

电子计量设备是机械与电子仪表有机结合的计量工具，它的工作原理是将物体的质量通过力传递机构、称重传感器转变成电信号输出，经放大的电信号在显示仪表上显示出物体的质量。其物理转换过程见图3-11-4。

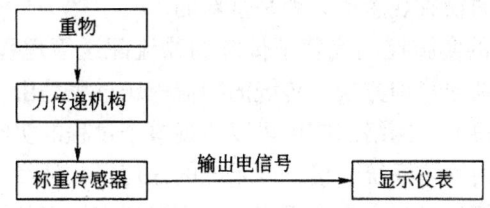

图3-11-4　电子计量设备物理量转换过程示意图

（二）电子计量设备的特点

（1）结构简单，体积小，质量轻。对安装、使用环境要求低。

（2）反应速度快，准确度高，有的还可以动态计量。

（3）由于是电信号输出，因此可以实现远距离计算机自动控制并打印结果。

目前已广泛使用的电子计量设备有电子台秤、电子吊钩秤、电子汽车衡、轨道衡、电子皮带秤等。

第四节　电子商务与物流配送

一、电子商务与物流配送的概念

电子商务是在Internet开放的网络环境下，基于浏览器/服务器的应用方式，实现消费者的网上购物、企业之间的网上交易和在线电子支付的一种新型的交易方式。电子商务与传统商务的本质区别，就是它以数字化网络为基础进行商品、货币和服务交易，目的在于减少信息社会的商业中间环节，缩短周期，降低成本，提高经营效率，提高服务质量，使企业有效地参与竞争。

物流配送定位是在为电子商务的客户提供服务时，根据电子商务的特点，对整个物流配送体系实行统一的信息管理和调度，按照用户订货要求，在物流基地进行理货工作，并将配好的货物送交收货人的一种物流方式。这一先进的、优化的流通方式对流通企业提高服务质量、降低物流成本、优化社会库存配置，从而提高企业的经济效益及社会效益具有重要意义。配送制作为现代物流的一种有效的组织方式，代表了现代市场营销的主方向，因而得以迅速发展。

以网络计算为基础的电子商务催化着传统物流配送的革命。

回顾配送制的发展历程，可以说经历了三次革命。初期阶段就是送物上门。为了改善经营效率，国内许多商家较广泛采用了把货送到买主手中，这是商务的第一次革命。第二次物流革命是伴随着电子商务的出现而产生的，这是一次脱胎换骨的变化，不仅影响到物流配送本身，也影响到上下游的各体系，包括供应商、消费者。第三次物流革命就是物流配送的信息化及网络技术的广泛应用所带来的种种影响，这些影响是有益的，将使物流配送更有效率。我们称这些影响为物流配送的第三次革命。

电子商务对传统物流配送的冲击和影响。

（1）给传统的物流配送观念带来深刻的革命。传统的物流配送企业需要置备大面积的仓库，而电子商务系统网络化的虚拟企业将散置在各地的分属不同所有者的仓库通过网络系统连接起来，使之成为"虚拟仓库"，进行统一管理和调配使用，服务半径和货物集散空间放大了。这样的企业在组织资源的速度、规模、效率和资源的合理配置方面都是传统的物流配送所不可比拟的，相应的物流观念也必须是全新的。

（2）网络对物流配送的实施控制代替了传统的物流配送管理程序。一个先进系统的使用，会给一个企业带来全新的管理方法。传统的物流配送过程是由多个业务流程组成的，受人为因素影响和时间影响很大，网络的应用可以实现整个过程的实时监控和实时决策。新型的物流配送的业务流程都由网络系统连接，当系统的任何一个神经末端收到一个需求信息的时候，该系统都可以在极短的时间内作出反应，并可以拟定详细的配送计划，通知各环节开始工作。这一切工作都是由计算机根据人们事先设计好的程序自动完成的。

（3）物流配送的持续时间在网络环境下会大大缩短，对物流配送速度提出了更高的要求。在传统的物流配送管理中，由于信息交流的限制，完成一个配送过程的时间比较长，但这个时间随着网络系统的介入会变得越来越短，任何一个有关配送的信息和资源都会通过网络管理在几秒钟内传到有关环节。

（4）网络系统的介入，简化了物流配送过程。传统物流配送整个环节极为烦琐，在网络化的新型物流配送中心里可以大大缩短这一过程。在网络支持下的成组技术可以在网络环境下更加淋漓尽致地被使用，物流配送周期会缩短，其组织方式也会发生变化。计算机系统管理可以使整个物流配送管理过程变得简单和容易。网络上的营业推广可以使用户购物和交易过程变得更有效率、费用更低，可以提高物流配送企业的竞争力。随着物流配送业的普及和发展，行业竞争的范围和残酷性大大增加，信息的掌握、信息的有效传播和其易得性，使得用传统的方法获得超额利润的时间和数量会越来越少。网络的介入，使人们的潜能得到充分的发挥，自我实现的需求成为多数员工的工作动力。

在传统的物流配送企业中，大量的人从事简单的重复劳动，人是机器、数字和报表的奴隶，劳动的辛苦是普遍存在的。在网络化管理的新型物流配送企业，这些机械的工作都会交给计算机和网络，而留给人们的是能够给人以激励、挑战的工作。人类的自我实现的需求得到了充分的满足。

综上所述，推行信息化配送制，发展信息化、自动化、现代化的新型物流配送业是我国发展和完善电子商务服务的一项重要内容，势在必行。

二、电子商务下的物流配送

电子商务下物流配送，就是信息化、现代化、社会化的物流配送。它是指物流配送企业采用网络化的计算机技术和现代化的硬件设备、软件系统及先进的管理手段，针对社会需求，严格地、守信用地按用户的订货要求，进行一系列分类、编配、整理、分工、配货等理货工作，定时、定点、定量地交给没有范围限度的各类用户，满足其对商品的需求。可以看出，这种新型的物流配送是以一种全新的面貌，成为流通领域革新的先锋，代表了现代市场营销的主方向。新型物流配送能使商品流通较传统的物流配送方式更容易实现信息化、自动化、现代化、社会化、智能化、合理化、简单化，使货畅其流，物尽其用，既减少生产企业库存，加速资金周转，提高物流效率，降低物流成本，又刺激了社会需求，有利于整个社会的宏观调控，也提高了整个社会的经济效益，促进市场经济的健康发展。

新型物流配送除具备传统物流配送的特征外，还具备以下基本特征：

（1）信息化。通过网络使物流配送由信息武装起来。实行信息化管理是新型物流配送的基本特征，也是实现现代化和社会化的前提保证。

（2）现代化。传统的物流配送虽然也具备相当的现代化程度，但要求并不是十分严格，较电子商务下的新型物流配送相比，无论在水平、范围、层次等多个环节上都有很大的不足和欠缺。现代化程度的高低是区别新型物流配送和传统物流配送的一个重要特征。

（3）社会化。同现代化一样，社会化程度的高低也是区别新型物流配送和传统物流配送的一个重要特征。很多传统的物流配送中心往往是某一企业为给本企业或本系统提供物流配送服务而建立起来的。有些配送中心虽然也有为社会服务的，但同电子商务下的新型物流配送所具备的真正社会性相比，具有很大的局限性。

三、新型物流配送中心的特征及运作类型

（一）新型物流配送中心的特征

根据国内外物流配送业的发展情况，在电子商务时代，信息化、现代化、社会化的新型物流配送中心可归纳为以下几个特征：

（1）物流配送反应速度快。电子商务下，新型物流配送服务提供者对上游、下游的物流配送需求的反应速度越来越快，前置时间越来越短，配送时间越来越短，物流配送速度越来越快，商品周转次数越来越多。

（2）物流配送功能集成化。新型物流配送着重于将物流与供应链的其他环节进行集成，包括物流渠道与商流渠道的集成、物流渠道之间的集成、物流功能的集成、物流环节与制造环节的集成等。

（3）物流配送服务系列化。电子商务下，新型物流配送除强调物流配送服务功能的恰当定位与完善化、系列化，除了传统的储存、运输、包装、流通加工等服务外，还在外延上扩展至市场调查与预测、采购及订单处理、向下延伸至物流配送咨询、物流配送方案的选择与规划、库存控制策略建议、货款回收与结算、教育培训等增值服务；在内涵上提高了以上服务对决策的支持作用。

（4）物流配送作业规范化。电子商务下的新型物流配送强调功能作业流程、作业、运

作的标准化和程序化，使复杂的作业变成简单的易于推广与考核的运作。

（5）物流配送目标系统化。新型物流配送从系统角度统筹规划一个公司整体的物流配送活动，处理好物流配送活动与商流活动及公司目标之间、物流配送活动与物流配送活动之间的关系，不求单个活动的最优化，但求整体活动的最优化。

（6）物流配送手段现代化。电子商务下的新型物流配送使用先进的技术、设备与管理为销售提供服务，生产、流通、销售规模越大，范围越广，物流配送技术、设备及管理越现代化。

（7）物流配送组织网络化。为了保证对产品促销提供快速、全方位的物流支持，新型物流配送要有完善、健全的物流配送网络体系，网络上点与点之间的物流配送活动保持系统性、一致性，这样可以保证整个物流配送网络有最优的库存总水平及库存分布，运输与配送快捷、机动，既能铺开又能收拢。分散的物流配送单体只有形成网络，才能满足现代生产与流通的需要。

（8）物流配送经营市场化。新型物流配送的具体经营采用市场机制，无论是企业自己组织物流配送，还是委托社会化物流配送企业承担物流配送任务，都以"服务—成本"的最佳配合为目标。

（9）物流配送流程自动化。物流配送流程自动化是指运送规格标准，仓储货物和货箱排列、装卸和搬运等按照自动化标准作业，商品按照最佳配送路线等。

（10）物流配送管理法制化。宏观上，要有健全的法规、制度和规则；微观上，新型物流配送企业要依法办事，按章行事。

（二）物流配送中心的运作类型

物流配送是流通部门联结生产和消费，使时间和场所产生效益的设施，提高物流配送的运作效率是降低流通成本的关键所在。物流配送又是一项复杂的科学系统工程，涉及生产、批发、电子商务、配送和消费者的整体结构，运作类型也形形色色。考察传统物流配送中的运作类型，对我们设计新型物流配送中心的模式具有重要的借鉴作用。

（1）物流配送中心按运营主体的不同，大致有四种类型：

①以制造商为主体的配送中心。这种配送中心里的商品全部是由自己生产制造，用以降低流通费用、提高售后服务质量和及时地将预先配齐的成组元器件运送到规定的加工和装配工位。从商品制造到生产出来后条码和包装的配合等多方面都较易控制，所以按照现代化、自动化的配送中心设计比较容易，但不具备社会化的要求。

②以批发商为主体的配送中心。商品从制造者到消费者手中之间的传统流通有一个环节叫批发。一般是按部门或商品类别的不同，把每个制造厂的商品集中起来，然后以单一品种或搭配向消费地的零售商进行配送。这种配送中心的商品来自各个制造商，它所进行的一项重要活动是对商品进行汇总和再销售，而它的全部进货和出货都是社会配送的，社会化程度高。

③以零售业为主体的配进中心。零售商发展到一定规模后，就可以考虑建立自己的配送中心，为专业商品零售店、超级市场、百货商店、建材商场、粮油食品商店、宾馆饭店等服务。社会化程度介于前两者之间。

④以仓储运输业者为主体的配送中心。这种配送中心最强的是运输配送能力，地理位置优越，如港湾、铁路和公路枢纽，可迅速将到达的货物配送给用户。它提供仓储储位给制造商或供应商，而配送中心的货物仍属于制造商或供应商所有，配送中心只是提供仓储管理和

运输配送服务。这种配送中心的现代化程度往往较高。

（2）从物流配送的模式上来看有三种主要类型：

①集货型配送模式。该种模式主要针对上家的采购物流过程进行创新而形成。其上家生产具有相互关联性，下家互相独立，上家对配送中心的储存度明显大于下家，上家相对集中，而下家分散具有相当的需求，同时，这类配送中心也强调其加工功能。此类配送模式适于成品或半成品物资的推销，如汽车配送中心。

②散货型配送模式。这种模式主要是对下家的供货物流进行优化而形成。上家对配送中心的依存度小于下家，而且配送中心的下家相对集中或有利益共享（如连锁业）。采用此类配送模式的流通企业，其上家竞争激烈，下家需求以多品种、小批量为主要特征，适于原材料或半成品物资配送，如机电产品配送中心。

③混合型配送模式。这种模式综合了上述两种配送模式的优点，并对商品的流通全过程进行有效控制，有效克服了传统物流的弊端。采用这种配送模式的流通企业，规模较大，具有相当的设备投资，如区域性物流配送中心。在实际流通中，多采取多样化经营，降低了经营风险。这种运作模式比较符合新型物流配送的要求（特别是电子商务下的物流配送）。

四、电子商务下新型物流配送中心应具备的条件

（一）高水平的企业管理

新型物流配送中心作为一种全新的流通模式和运作结构，其管理水平要求其达到科学化和现代化。只有通过合理的科学管理制度、现代化的管理方法和手段，才能确保物流配送中心基本功能和作用的发挥，从而保障相关企业和用户整体效益的实现。管理科学的发展为流通管理的现代化、科学化提供了条件，促进流通产业的有序发展和企业内部管理的机遇，开拓市场，同时，还要加强对市场的监管和调控力度，使之有序化和规范化。总之，一切以市场为导向，以管理为保障，以服务为中心，加快科技进步是新型物流配送中心的根本出路。

（二）新型物流配送中心对人员的要求

新型物流配送中心能否充分发挥其各项功能和作用，完成其应承担的任务，人才配置是关键。为此，新型物流配送中心的人才配置要求必须配备数量合理、具有一定专业知识和较强组织能力、结构合理的决策人员、管理人员、技术人员和操作人员，以确保新型物流配送中心的高效运转。知识对经济增长的作用只有当知识为劳动者所掌握之后才能显现出来，人才开发和利用是促进知识经济发展的根本。知识经济一方面要求人才的专业化程度不断加深，另一方面又要求人才能够全面发展，以适应多变的外部环境，这就给人才的培养和开发带来了机遇和挑战。新型物流配送中心的发展需要大量的各种专业人才，从事经营、管理、科研、仓储、配送、流通加工、通信设备和计算机系统维护、贸易等业务。因此必须加大人才培养的投入，培养和引进大批掌握先进科技知识的人才，并给其以施展才华的机会；还应对现有职工进行有计划的定期培训，形成系统的学习科技知识的制度；在企业里引入竞争机制，形成能上能下的局面。要提高员工的科技创新意识，培养企业对知识的吸纳能力，促进物流产业的人力资源得到开发和利用，造就大批符合知识经济时代要求的物流配送人才，利用各种先进的科学技术和科学方法，促进物流配送产业向知识密集型方向发展。

（三）新型物流配送中心对装备配置的要求

新型物流配送中心面对着成千上万的供应厂商和消费者以及瞬息万变的市场，承担着为众多用户的商品配送和及时满足他们不同需要的任务，这就要求必须配备现代化装备和应用

管理系统，具备必要的物质条件，尤其是要重视计算机网络的运用。通过计算机网络可以广泛收集信息，及时进行分析比较，通过科学的决策模型，迅速做出正确的决策，这是解决系统化、复杂化和紧迫性问题最有效的工具和手段，同时采用现代化的配送设施和配送网络，将会逐渐形成社会化大流通的格局。专业化的生产和严密组织起来的大流通，对物流手段的现代化提出了更高要求，如对自动分拣输送系统、立体仓库、水平垂直、分层、分段旋转货架、AGV 自动导向系统、商品条码分类系统、悬挂式输送机这些新型高放大规模的物流配送机械系统有着广泛而迫切的需求。自动分拣输送系统能将不同方向、不同地点、不同渠道运送的不同物资，按照类型品种、尺寸重量及特殊要求分拣输送后集中在指定的主库或旋转货架上，其输送速度高（最高达 150m/s），分拣能力强（最高达 30000 件/h），规模大（机长高达几十甚至数百米），卸货及分拣的通道多（最高达 200 个以上），适用的货物范围广，是面向 21 世纪配送网络的大型物流机器系统。自动分拣输送系统与立库、旋转货架设备能适应市场需求，可以提供更完美的服务，在为多用户、多品种、少批量、高频度、准确、迅速、灵活等服务方面具有独特的优势。

五、物资配送

（一）物资配送的概念

物资配送是目前在发达工业国家广泛采用的一种现代化物流方式。它是按照用户要求的品种、数量、质量及供应时间等，把用户所需要的各种物资，从物资配送中心直接送到用户手中的一种流通方式。

（二）物资配送的形式

（1）按物资配送的品种和数量划分。

①单品种（或少品种）大批量的物资配送。

②多品种小批量的物资配送。

③配套物资配送。

（2）按物资配送的时间和数量不同划分。

①定量配送。

②定时配送。

③定时、定量配送。

④定时、定量、定点配送。

⑤即时配送。

（三）物资配送必须具备的条件

（1）建立物资配送中心。物资配送中心不同于我们现有的仓库，它除具有存储物资的功能外，还需具备对物资进行分拣、倒装、加工、包装等功能。它既是物资的集中配送发出中心，又是物资信息的汇集中心，它还是仓储作业调度中心。这样，才能及时满足各种不同用户的不同要求。

（2）物资配送中心具有较强的汇集、加工及传递信息的功能。这样才能准确、灵活、高效地指挥、控制、协调物资的选配、运输、汇集。

（3）装卸作业机械化，运输工具专用化，以最佳的（经济、合理）运输路线将物资按时、按需送到用户处。

（4）物资配送的全过程均由电子计算机进行管理。

第五节 现代化管理方法

目前，在企业管理工作中应用的现代化管理方法，主要有以下几种：方针目标管理，全面质量管理，价值工程，市场预测，滚动计划，ABC 分类法，看板管理等。这里针对企业物资保管工作中常用的 ABC 分类管理法和全面质量管理法两种进行介绍。

一、ABC 管理法

ABC 分类管理法又叫重点管理法。是一种已被广泛应用的基本管理法。它对管理的目标进行数理统计、排列和分类，以找出管理重点。

我们应用 ABC 管理法对企业物资消耗或库存进行分析时，可以发现，在品种上只占消耗或库存物资总量的很少一部分物资，其金额却占总额的大部分，而在品种上有很大比重的物资，其资金所占的比重却很小，另外还有一部分物资，在品种和金额上都占有相应的比重，这样就可以把消耗或库存的物资分成 A、B、C 三类。在实际工作中，还可以把某些对生产建设特别重要的物资也列为 A 类物资。

ABC 分类管理法在物资保管过程中，主要用于对物资的库存、采购资金、物资消耗及周转的管理和控制。应用的程序如下：

（1）选择管理的目标。保证仓储物资的质量，加快库存物资的周转。

（2）选择数理统计与分析的对象。库存物资的品种及其相应的库存数量、储备定额和他们的周转的情况。

（3）划分 A、B、C 三类物资。根据数理统计及分析结果将占有储备定额资金 70%～80% 而品种为 5%～15% 的物资划为 A 类物资；占有储备定额资金 5%～15% 而品种为 70%～80% 的物资划为 C 类物资；其余品种的物资为 B 类物资。

（4）针对 A、B、C 三类物资，分别制定不同的仓储管理、库存控制及信息反馈措施进行管理。对 A 类物资进行重点管理，对 B、C 类物资实行一般管理。最后，达到保证库存物资质量，降低库存数量，加快周转及减少费用的目标。

二、全面质量管理

全面质量管理是为了保证最经济地生产用户满意的产品，以质量第一为方针，综合运用各种质量管理方法为手段，由企业全体职工参加的，并贯穿于从产品的开发、研究设计、生产制造、市场销售，直到售后服务全过程的质量管理活动的总称。

企业物资供应部门的全面质量管理与产品生产有所不同，可引申为：为保证按用户的要求（产品性能、供应时间、售后服务等），最经济地供应用户满意的物资，以质量第一为方针，综合运用适应的管理方法和手段，由物资供应部门全体员工参加的并贯穿于从物资计划、采购、运输、装卸、收发、储存，直到投入使用全过程的质量管理活动。物资仓储是企业物资供应管理工作的一个环节，它是物资供应质量中的一个或几个阶段。

（一）实行全面质量管理的目的

实行全面质量管理的目的是为了提高企业的素质，加强在市场中的竞争能力，在最经济的基础上生产出用户满意的优质产品，创造最优的服务质量。

对于物资仓储部门，实行全面质量管理的最终目的，是为了提高仓库的整体素质，在最经济的基础上，通过各业务环节的优质管理、优质工作、为用户提供优质的服务，以保证所储存的物资质量优良，并按用户的要求发出或送至生产现场，满足生产建设的需要。

(二) 全面质量管理遵循的原理和原则

全面质量管理遵循的基本原理,有美国经济学家朱兰提出来的朱兰质量曲线。他将质量管理分为13个环节,以螺旋线方式循环上升。以后,瑞典的桑德霍姆从企业管理的角度出发,将朱兰质量螺旋曲线归纳为企业内部八个质量职能和企业外部两个环节的质量循环图。我国质量管理系列标准GB/T 19000—2000 中规定,质量管理依据的原理和原则是根据各种不同产品的结构,确定相应的质量环。它将产品质量管理的全过程划分为11个阶段,包括市场调查,设计、规划的编制和产品的研制,生产用原料及备品、配件的采购,生产工艺的准备,产品的生产制造,产品的检验和试验,产品的包装和储存,产品的销售和发运,产品的安装和运行,产品的售后技术服务与维护,产品用后的处置。

根据质量管理的原理,物资仓储质量管理的全过程可划分为八个阶段,包括物资接运、装卸、倒料、验收、堆码、苫垫及建账、储存、保管、保养、包装、发出(送料)、凭证、账务、资料处理,物资质量信息收集和反馈。

(三) 全面质量管理的特性

(1) 系统性。全面质量管理是对产品的质量或服务质量进行全过程管理。对质量环节都有明确的质量责任,并给予权限,建立质量管理机构,配备必要的人力与设备,制定各种标准与规章制度。因此,质量管理是全系统的管理。

(2) 全员性。企业职工全员参加管理。要求全体人员在自己的岗位上尽职尽责,做好本职工作,达到质量管理的要求。企业各业务部门各负其责,承担质量责任,同心同力,相互协调,使质量管理活动正常进行,保证企业生产出优质产品以满足用户的要求。企业领导者要亲自组织,大力支持,带头参加和推动全面质量管理,并承担质量管理的责任。

(3) 预防性。对影响产品或服务质量的因素(技术、管理和人),要事先进行分析,找出重点,将质量控制由事后检验变成事先管理控制,将不合格品在形成过程中消灭。

(4) 科学性。全面质量管理不是凭感觉、印象和经验进行管理,它是根据事实和数据进行分析和判断,综合运用现代科学技术和科学管理方法进行管理,用大量的质量记录和事实说话,它不是抽象的空洞的形式主义的管理。

(5) 服务性。全面质量管理把为用户服务的思想贯穿企业的内部和外部。在企业的内部,上一道工序要为下一道工序的工作服务;在企业外部,产品和服务质量要满足用户的要求,要做好售后服务,发挥产品的固有使用价值。

(6) 质量与经济的统一性。实行全面质量管理,不但要最大限度地满足用户的要求,同时,也要保护本企业的利益。要体现出质量与数量的统一,质量与效益的统一。

(四) 全面质量管理的方法与工具

(1) 管理的基本方法——PDCA 循环法。

PDCA 循环法,是由美国质量专家戴明提出的。目前,已普遍用于我们进行的各项工作中。每个 PDCA 循环表示完成一件工作的四个阶段,即计划、实施、检查、处理。用相应英语单词的第一个字母大写表示。PDCA 循环呈螺旋形不断前进,其循环方式见图 3 – 11 – 5。

P (Plan 计划) 阶段:在这个阶段,人们根据收集的信息、统计资料、原始记录等,找出存在的问题,并对影响质量的各因素进行分析,找出影响质量问题的主要原因,针对这些原因制定解决或管理的对策和工作计划。

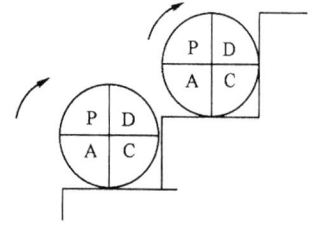

图 3 – 11 – 5 PDCA 循环图

D（Do 实施）阶段：按 P 阶段制定的对策和工作计划予以实施。

C（Check 检查）阶段：对 D 阶段的实施情况进行检查，看是否达到计划预期的目标。

A（Action 处理）阶段：对 C 阶段检查的结果进行处理。哪些是成功的经验，哪些是失败的教训，还有哪些遗留问题。对成功的经验及做法继续保留并写入标准或规定中，对失败的做法及遗留问题转入下一个工作循环。

(2) 全面质量管理常用的 7 种工具。

①调查表法。调查表是根据我们需要调查问题的内容和特性自行设计的。它的格式多种多样，应用的范围极为广泛。如我们经常做的库存物资质量状况调查表、积压物资情况调查表等。

②数据分层法。它是对统计数据分门别类地进行归纳，分层次进行管理的一种方法。在实际工作中我们应用的很多。如对库存积压物资调查的数据，可以按进库时间的不同，分为进库一年、两年、三年无发出动态三个层次整理出数据，或按不同的材料分为钢材、机电设备、化工产品、配件等类别，分别整理出数据，以便进行分析。

③排列图法。它建立在帕累托原理的基础上。将影响质量的因素及该因素造成质量问题的频率划分成柱形图，并求出各因素造成质量问题的百分比，将各相应因素累计百分比的点划在图上连成一条曲线，从图中可以直观地找出影响质量的主要因素及问题，以及各种因素所处地位的排列次序，如我们对库存物资的报废原因进行分析时就可以用这种方法。

④因果分析图法。因为它的形状像鱼刺、像树枝，所以因果图又叫树枝图、鱼刺图。它是用来分析和寻找造成质量问题的原因，从而找出主要原因，以便我们有针对性地解决这些问题。

⑤直方图法，也称质量分布图法。主要用来分析产品质量的波动规律，判断生产过程是否稳定，寻找改进生产的方法。

⑥控制图法，又称管理图法。适用于对不同的管理目标、不同过程的管理工作。它是利用划有控制界线的控制图对生产或管理过程进行分析和控制的一种方法。

⑦散布图法，又称相关图法。将与产品质量有关的因素，成对的在散布图中分别作为 x、y 坐标，这两个因素之间的相关数据，用点在图中表示出来，通过观察数据点的分布、趋势，分析两种因素的相关关系和它们之间关系的密切程度。

除以上常用的 7 种工具外，日本的质量管理方法研究会又提出 7 种新的质量管理工具，它们是关联图法、系统图法、KJ 法、矩阵法、矩阵数据解析法、过程决策程序图法和箭条图法。

(五) 质量管理小组活动

由于全面质量管理具有全员性的特点，因此，质量管理小组活动是积极开展群众性质量管理活动的一种形式，是企业开展全面质量管理工作的一个重要组成部分。

(1) 质量管理小组的组建。

质量管理小组又称 QC 小组。是由现场管理人员和生产操作工人组成。它针对生产操作中出现的各种质量问题，自主地组织并开展有关质量管理和质量改进活动。小组也可聘请有关技术人员参加。小组人数一般 3~10 人，根据小组活动课题确定具体人数。

小组采取自愿参加或以行政组织形式组成。可以跨班组、跨部门组建。小组组建后，要到质量管理主管部门进行注册。当小组停止活动半年以上时，则小组予以注销。

(2) 质量管理小组活动的程序及要求。

①选择课题，确定目标。质量管理小组活动的课题应根据本部门的总目标选择生产操作或服务质量中存在的实际问题，也可选用户或下道工序提出的问题。课题选择后，应确定活动目标。目标尽可能是定量值，课题不宜选得过大，目标值不宜定得太高，一般应能在1~3个月内取得成效。

②现场调查，分析原因。课题选择好，目标值确定后，运用质量管理的方法进行现场调查工作。通过调查取得数据，运用质量管理的工具进行原因分析，找出主要因素。

③针对原因，制定对策。针对找出质量问题的主要因素，经过小组讨论研究，提出解决问题的具体对策，并将执行对策的内容及完成日期落实到具体人。

④实施对策，检查执行结果。在实施对策的过程中，小组需互通信息，相互协调。通过对计划完成情况的检查，掌握计划执行的进度及问题解决的程度，适当调整计划。当整个计划完成后，小组开会检查目标值完成的情况，解决了哪些问题，仍存在哪些问题，检查结果应定量的用数据表示。

⑤总结经验，写出成果报告。小组在检查执行结果的基础上，要总结并肯定成功的做法和经验，上报主管部门批准后，补充订入有关的标准或规章制度中执行，对仍未解决的问题，转入下一个活动课题。小组活动取得的成果，还要按规定要求写成果报告书，并经企业主管部门鉴定认可，好的成果，可在成果发布会上发表，参加评奖。

（六）仓库全面质量管理的基础工作

为了切实搞好仓库的全面质量管理工作，首先必须动员全体职工认真作好各项技术基础工作。它包括以下几个方面：

（1）做好仓库的标准化工作。逐步制定和完善从物资接运到物资出库各工作环节的质量标准、每个作业工序的工作标准及仓储管理工作的管理标准。这样，仓储工作质量的好与差才有一个衡量的尺度。标准建立以后，要严格贯彻执行，定期检查执行情况。

（2）做好计量及质量检验工作。计量及质量检验工作是保证物资入库质量最重要、最根本的工作。要制定物资计量及质量检验规程，配备必要的设施、设备、器具，建立健全各种质量验收的原始记录，保证各项原始记录数据完整、准确、真实。

（3）仓库要建立质量管理机构，配备专职或兼职的质量管理人员，对物资质量和服务质量问题，组织有关人员进行研究处理。

（4）明确仓库各部门及岗位的质量责任及权利，对各工作岗位的工作质量尽量做到定量考核。

（5）开展全体职工的质量管理教育和培训工作。

参 考 文 献

［1］中国石油物资装备总公司．石油工业仓库保管工技术培训统编教材（第一、二、三、四册）．北京：石油工业出版社，1995
［2］于兵．非金属材料大全．北京：中国物资出版社，1997
［3］郝渊晓．现代物流采购管理．广州：中山大学出版社，2003
［4］吴清一．现代物流概论．北京：中国物资出版社，2003
［5］杨铁林．保管人员岗位实务知识．北京：中国物资出版社，1991
［6］大庆物资供应处．物资保管员操作指南．哈尔滨：黑龙江人民出版社，1996
［7］中国石油物资装备总公司．物资仓储管理基础知识．北京：石油工业出版社，1994